《宁夏栽培中药材》编委会

编　　著：李明[1]　张新慧[2]

参编人员：刘华[1]　李吉宁[3]　李云翔[7]　安魏[7]　陈宏灏[4]　安钰[1]　郭生虎[5]　陈虞超[5]

于荣[6]　付雪艳[2]　陈靖[2]　张清云[1]　包杨梅[1]　高伟[1]　李海洋[8]　王银库[9]

张毓麟[9]　龙澍普[10]　李生兵[10]　赵云生[2]

注：1 宁夏农林科学院荒漠化治理研究所

2 宁夏医科大学药学院

3 宁夏大学西部生态中心

4 宁夏农林科学院植保所

5 宁夏农林科学院农业生物技术中心

6 宁夏职业技术学院

7 宁夏农林科学院枸杞工程研究所

8 同心县预旺镇农技服务中心

9 隆德县中药材产业办公室

10 盐池县中药材技术服务站

宁夏栽培中药材

李　明　张新慧◎编著

黄河出版传媒集团
阳光出版社

图书在版编目（CIP）数据

宁夏栽培中药材 / 李明，张新慧编著.—银川：阳光出版社，2019.12

ISBN 978-7-5525-5169-3

Ⅰ.①宁… Ⅱ.①李… ②张… Ⅲ.①药用植物 – 栽培技术 – 宁夏 Ⅳ.①S 5 6 7

中国版本图书馆 CIP 数据核字（2020）第 004733 号

宁夏栽培中药材 李 明 张新慧 编著

责任编辑 王 燕 马 晖
封面设计 黄 健
责任印制 岳建宁

 黄河出版传媒集团
阳 光 出 版 社 出版发行

出 版 人 薛文斌
地　　址 宁夏银川市北京东路 139 号出版大厦（750001）
网　　址 http://www.ygchbs.com
网上书店 http://shop129132959.taobao.com
电子信箱 yangguangchubanshe@163.com
邮购电话 0951-5014139
经　　销 全国新华书店
印刷装订 银川银选印刷有限公司
印刷委托书号 （宁)0014867

开　本 787mm×1092mm　1/16
印　张 32.5
字　数 600 千字
版　次 2019 年 12 月第 1 版
印　次 2020 年 3 月第 1 次印刷
书　号 ISBN 978-7-5525-5169-3
定　价 168.00 元

前 言

与中药材结缘始于二零零三年初春。

那一年三月，我从宁夏农林科学院银北盐碱地改良试验站调入荒漠化治理研究所工作，当时所里人员很少，又大多从事水土保持和防治治沙研究。而我在大学里刚好学的是土壤与植物营养专业，毕业后又一直从事盐碱土改良和农作物栽培工作，因此，有幸被宁夏著名的防沙治沙科学家、宁夏中药材产业首席专家蒋齐先生看中，安排我去刚成立不久的红寺堡开发区实施宁夏"8613"中药材科技支撑项目，开展甘草种植技术研究与示范推广。从那时起，我便在日复一日地劳碌奔波和相依相伴中渐渐对甘草、中药材及中药材事业有了深深的挚爱和浓浓的眷恋。

近二十年光阴岁月里，我从不识药材的门外汉，到今天对中药材如数家珍，了解它们就像自己的孩子。

近二十年光阴岁月里，我从对药材习性两眼一抹黑，到今天指导农民种出最好最优的中药材，帮助他们改变中药材种植中的错误观念，大大提升了中药材质量。

近二十年光阴岁月里，宁夏中药材种植及加工技术体系不断成熟和完善，而我也在不断遇到困难、努力寻求答案、积极解决问题中得以成长，2016年荣幸地被自治区中药材产业指导组遴选为中药材产业技术服务专家组组长。

近二十年光阴岁月里，宁夏中药材产业取得了快速的发展，建成了盐池甘草种质资源圃和六盘山药用植物园，形成了南部六盘山区、中部干旱风沙区和北部引黄灌区三个特色鲜明的地道中药材种植带，建立了以中部干旱带盐池县、红寺堡区、同心县（下马关镇）扬黄灌溉为核心区域的甘草规范化种植基地；以同心县预旺镇及周边地区为核心区域的银柴胡规范化种植基地；以海原县西安镇及周边地区为核心区域的小茴香规范化种植基地；以隆德县、彭阳县为优势核心区域的六盘山黄芪、党参、黄芩种子、种苗规范化繁育基地；以隆德县、彭阳县、西吉县移民迁出区和退耕还林地为核心区域的柴胡、秦艽、黄芩、大黄原生态种植基地；以隆德县、泾源县等冷凉阴湿区为核心区域的温室育苗——水地移栽为模式的金莲花规范化种植基地；以隆德县、彭阳县为优势核心区域的黄芪、党参、板蓝根优质药材绿色规范化种植基地；以平罗县、惠农区为核心区的菟丝子种植基地；以彭阳县为核心区域的苦杏仁、桃仁规范化种植基地等 9 大产业示范基地。中药材种植面积、产量与产值实现全面增长。截至 2018 年年底，全区中药材面积达 68.9 万亩（不含枸杞、山桃、山杏），药材总产量 10.13 万吨，产地初加工及饮片生产能力约 1 万吨，中药材产业总产值达到 15 亿元。栽培药材 38 种，中宁枸杞子、盐池甘草、同心银柴胡、平罗菟丝子、海源小茴香、彭阳苦杏仁、原州黄芪、六盘山柴胡、秦艽等大宗药材品种的产地是被国内市场公认的道地产区，其中盐池甘草、同心银柴胡、六盘山黄芪、秦艽获得了国家农产品地理标志认证，盐池甘草获批为国家驰名商标。

"药材好，药才好"。中药材是中药产业的源头，其质量的好坏不仅影响中药的疗效，也关系着患者的身心安全。目前，宁夏中药材人工种植还不够规范，栽培药材技术落后，使得药材种子、土壤、农药及药材采收、加工、储藏等全过程的质量管理措施难以有效实施，不利于整个中药产业的健康发展。因此，规范中药材种植加工技术，对于进一步促进中药材规范化基地健康持续发展，实现宁夏中药材现代化基地"提档升级"，具有十分重要的意义。

《宁夏栽培中药材》是宁夏农林科学院自主研发项目"六盘山重点地道药材标准化栽培技术集成研究与示范"（NKYG-16-02）和国家中药材产业技术体系中卫综合试验站的主要成果，同时也是作者等近二十年来从事中药材GAP技术研究和推广的智慧结晶。本书内容包括了六部分，第一章关于药材地道性之商榷；第二章宁夏中药生态农业模式的构建与实践；第三章宁夏中药材种植区划；第四章宁夏主要栽培药材；第五章宁夏中药材田间杂草及其中的药用植物资源；第六章宁夏中药材产业发展报告（2008）。书中内容系统、全面、力求通俗易懂，并具有实用性和可读性，目的是使技术人员能用得上，种植农户能看得懂，企盼能为教学、科研、临床、管理、企业、农户等各方面人员提供有用借鉴。

本书由李明研究员、张新慧教授主要著作完成。其中，第一、二、三章由李明、李云翔、安钰、刘华、张新慧等完成；第四章由李明、张新慧、安钰、刘华、陈宏灏、郭生虎、陈虞超、于荣、付雪艳、安魏、张清云、包杨梅、高伟、李海洋、王银库、张毓琳、龙澍普、李生兵、赵云生等共同完成；第五章由李明、李吉宁、刘华、张新慧完成；第六章由李明、张新慧、刘华等完成；栽培技术中病虫害防治部分由陈宏灏提供资料，全书由李明、张新慧定稿。

尽管我们在编写过程中竭尽所能，但由于编录的药材品种较多，参与的作者较多，加之中药材栽培学科起步相对较晚，宁夏栽培中药材还存在许多值得探讨和研究的地方，需要在实践中不断总结和完善。因此，本书的遗漏和错误在所难免，恳请各位专家、同道和读者提出宝贵意见，以便今后修改、补充和完善！

李　明

2019 年 8 月于银川

目录

第五章　宁夏中药材田间杂草及其中的药用植物资源

第六章　宁夏中药材产业发展报告(2018)

第一章　关于药材地道性与
道地性之商榷

第一节　药材地道性的沿革

关于地道药材与道地药材,我国历代医药学家都极为重视,历代名家本草文献中多有论述[1]。

"地道药材"的概念最早见于东汉药物专著《神农本草经》中:"土地所出、真伪新陈,并各有法",强调了区分产地,讲究地道的重要性,如巴豆、巴戟天、蜀漆、秦皮、吴茱萸、阿胶等。梁代陶弘景所著的《本草经集注》有:"案诸药所生,皆有境界",从药名、产地、形态三方面阐述了地道药材的重要性[2-4]。唐宋时期,经济发达、文化活跃,地道药材也得到进一步发展与完善,出现了世界上第一部官方修订的药典——《新修本草》,其中有:"动植形生……离其本土,则质同而效异",再一次阐明了特定的生态环境对同一药材质量的影响。除《新修本草》外,出现的其他一些本草著作也就道地药材作了论述,如孙思邈的《千金翼方》载:"用药必依土地",寇宗奭的《本草衍义》载:"凡用药必择州土所宜者,则药力具,用之有据"。明清以来,本草著作中道地药材的论述较为丰富。明初著名药学家陈嘉谟阐述了药物产地的重要性,有"凡诸草本、昆虫,各有相宜地产。气味功必,自异寻常……不可代者"。明代伟大医药学家李时珍十分注重道地药材,所著《本草纲目》有"性从地变,质与物迁"的记载,其中记载的药物1 892种,大部分均标明其出产地。近代以来,道地药材研究发展较快。1959年出版了《中药材手册》《药材资料汇编》,不仅收集了全国老药工的药材鉴别经验资料,后者还按西怀类、川汉类、南广类、山浙类等类别收录各药材,充分体现了道地药材区划的思想。1989年《中国道地药材》出版,这是我国第一部论述道地药材的专著,该书围绕道地药材的形成与发展、传统集散地、栽培与养殖、产地加工与贮藏、质量分析与评价等方面进行了系统论述,概括性地指出中国古代的道地药材观可以用4个字概括即"天药相应"[5]。2006年6月1日,我国颁布的《中药材生产质量管理规范》指出,道地中药材是指传统中药材中具有特定的种质、特定的产区或特定的生产技术和加工方法所生产的中药材。

第二节　地道药材的形成要素

地道药材是该药材原物种在其产地的种系与区系的发生发展过程中,长期受着孕育该物种的历史环境条件与人类活动而形成的特殊产物。中医认为,地道中药材因汲取日月精华,汇聚天地灵气而有着与生俱来的生命力,进入人体后能达到"天人合一"的治病奇效。地道药材的要素主要有种质来源、产地因素、生长习性、生长年限与采收季节、加工与炮制5个方面。

首先,特定的种质资源是保障药材地道性的先决条件,确定原植物的属、种是判断地道药材是否为正品的最基本条件,药材质量的好坏与其品种有直接关系。如大黄,有掌叶组和波叶组,其中掌叶组有掌叶大黄、唐古特大黄、药用大黄,前两种称为北大黄,后一种称为南大黄,为正品;而波叶组有藏边大黄、河套大黄、华北大黄,非正品。优良品种是形成地道药材的内在因素,它控制着生物体内有效成分的合成。中药有效成分含量的多少及配比直接决定着中药质量的优劣、临床疗效的好坏。黄璐琦等指出,道地性越明显,其基因特化越显著[6]。特定的基因是药材品质和地道性形成的关键因素之一[7]。

其次,中药材历来讲究原产地。由于我国地域很广,从北部寒冷的黑龙江到南部四季常青的海南岛,从西部的青藏高原到东部的沿海平原及大小岛屿都盛产药材,气候与地势十分复杂,我国中药材品种也繁多,各地区的土壤、水质、气候、降水量等自然条件,都能影响药用植物生长、开花、结果等一系列生理过程,特别是土壤成分更能影响中药内在成分的质和量,因此天然形成的药材才会达到最佳的治病效果。中药材生长习性独特,有的喜阴、有的喜光,有的喜湿、有的耐旱,有的耐寒,有的耐盐碱……改变了药材生长习性的药不能称之为好药。

再次,中药材种类繁多,入药部位不同,最佳采收季节也不同。因此,根据不同品种的药用要求,合理采收,对保证药材质量,保护和扩大药源有重要意义。孙思邈在《千金翼方》中载："夫药采取,不知时节,不以阴干暴干,虽有药名,终无药实,故不依时采取,与朽木不殊,虚费人工,卒无裨益"。谚语:"三月茵陈四月蒿,五月六月当柴烧"。黄芩五寸长才能用。甘草、大黄栽培 3 年以上质量才能稳定。薄荷在阴雨连绵或久雨初晴 2~3 天内采收,含油量可达 75%。桑叶应在霜降节气之后采收,此时所采集的叶备受自然界寒润之气,中医处方有"霜桑叶"一说。

最后,采后初加工和炮制,也是保证药材地道性的关键环节。中药加工炮制,一是减毒性,二是增加疗效,三是改变归经。凡药材采收后,都要在产地进行初步加工。加工的目的首先是为了除去杂质和非入药部位,以保证药材纯净;其次是根据不同药材的质地和要求,采取不同的加工方法,如切片、切断、去皮、去须、蒸、煮、发芽、搓揉等处理,以去除水分、防止霉烂,便于贮存,以确保药材质量。炮制技术乃是中药的核心。如半夏有毒,临床大都经炮制后使用,分为法半夏、姜半夏、童子尿半夏。用盐卤、生石灰炮制的法半夏,用于健胃;姜半夏则是治疗妇女妊娠反应;生半夏则是催吐的;童子尿半夏,主治跌打损伤、胃里咳血。

第三节　我国的主要地道药材及产地

长期以来,由于自然条件、用药历史及药用习惯的不同,决定了我国各地生产、收购的药材种类不同,所经营的中药材种类和数量亦不同,在药材种植、生产、流通等方面形成了明显的区域化的特征。我国各省区主产药材分布如下。

山西:主要有浑源、恒山黄芪,陵川、五台山、长治、平顺、潞川党参,稗山红枣,榆社五花龙骨,晋城连翘等。

河北:主要有西陵知母,热河黄芩、远志、黑柴胡、口防风、邢枣仁,白洋淀芦根,坝上金莲花,以及安国的祁紫苑、祁薏米、祁芥穗、祁白芷、祁菊花、祁花粉、祁大黄、祁山药传统的 8 大祁药。

北京:主要有黄芩、知母、远志、苍术、瞿麦等。

天津:主要有酸枣、山楂、丹参、板蓝根、茵陈等。

内蒙古:主要有杭锦旗梁外甘草,蒙古黄芪,左旗肉苁蓉,多伦赤芍,固阳正北芪、郁李仁,科尔沁旗麻黄以及桔梗、黄芩、金莲花等。

山东:主要有平邑金银花,郯城银杏,东阿阿胶,蒙阴全蝎,沂水蟾蜍,莒县黄芩,临胸丹参,青州山楂,沂源桔梗,文登西洋参、黄芪,平阴玫瑰,长清栝楼,菏泽丹皮,鄄城地黄,莱芜白花丹参,莱阳北沙参等著名地道药材。

　　河南:主要有沁阳山药、武陟牛膝、温县地黄、孟州菊花等4大怀药。此外,林县山楂、安阳天花粉、禹白芷、裕丹参、密二花、息半夏、桐桔梗、山茱萸、辛荑花、冬凌草、禹南星、密银花、濮红花等药材地道,质优量大。

　　安徽:主要有铜陵凤丹皮、宣城木瓜、霍山石斛、阜阳半夏、歙县山茱萸以及亳菊、贡菊、祁术、芍药、牡丹、太子参、女贞、白前、独活、侧柏、木瓜、前胡、茯苓、苍术、半夏等。

　　吉林:主要有抚松人参和平贝母,双阳梅花鹿茸,长白山林蛙油,集安辽五味,延边淫羊藿等。

　　辽宁:主要有清源关木通以及细辛、五味子、龙胆、关黄柏、北苍术等。

　　黑龙江:主要有杜尔伯特关龙胆、关防风,饶河关黄柏等。

　　江西:主要有信州砒石、清江枳壳、新余香薷以及汉防己等。

　　江苏:主要有宜兴太子参,金坛毛苍术,太仓薄荷,吴地茱萸,滁州滁菊。

　　湖北:主要有武治、荆州龟板,应城石膏,随州金头蜈蚣,恩施紫油厚朴,利川黄连,咸丰白术,板桥党参,襄阳麦冬,罗田茯苓,巴东独活,资阳、长阳木瓜等。

　　湖南:主要有湘阳湘莲子,辰州、新晃朱砂,石门雄黄等。

　　浙江:主要有白术、白芍、浙贝母、杭白菊、延胡索、玄参、麦冬、温郁金八味中药材,由于其质量好、应用范围广及疗效佳而为历代医家所推崇,世人称"浙八味";以及浙江东部的鄞县、天台、仙居的铁皮石斛等。

　　福建:主要有泽泻、厚朴(建朴)、青黛(蓝靛、建青黛)、栀子(黄栀子)、栝楼(瓜蒌)、枳壳(绿衣枳实)、陈皮、葛根、香橼、阳春砂仁、使君子、乌梅、茯苓、白莲(建莲子)、银耳、薏苡仁、建曲、姜黄、枇杷叶、棕榈子、益智、肉桂、金边地鳖虫、金钱白花蛇、蕲蛇、海螵蛸、海藻、海金沙、琥珀、铜青等。

　　广东:主要有高要肉桂、巴戟天,高州、徐闻高良姜,德庆何首乌,阳春砂仁,肇庆广防己,华州化橘红,新会广陈皮,石牌、高要、化州广藿香以及南海广地龙等。

　　海南:主要有屯昌益智仁,万宁广藿香以及沉香、砂仁等。

　　广西:主要有大新、南宁蛤蚧,永福罗汉果,兴安白果,南宁八角茴香,靖西三七,合蒲珍珠,兴安勾藤,防城肉桂,隆林石斛等。

　　四川:主要有川芎、乌头、川贝母、川木香、麦冬、白芷、川牛膝、泽泻、半夏、鱼腥草、川木通、芍药、红花、大黄、使君子、川楝、黄皮树、羌活、黄连、天麻、杜仲、桔梗、花椒、佛手、枇杷叶、金钱草、党参、龙胆、辛夷、乌梅、银耳、川明参、柴胡、川续断、冬虫夏草、干姜、金银花、丹参、补骨脂、郁金、姜黄、莪术、天门冬、白芍、川黄柏、厚朴等。

云南：主要有文山三七、中甸云归、丽江木香、怒江云连、维西云苓、西双版纳萝芙木、盈江荜拔、彝良石斛等。

贵州：主要有赫章、遵义明天麻，万山朱砂，罗甸艾片，遵义杜仲，铜仁吴茱萸等。

西藏：主要有亚东胡黄连、连坝麝香、巴青冬虫夏草等。

新疆：主要有巴楚甘草、和静软紫草、阜康阿魏、天山雪莲、和田管花苁蓉、伊犁伊贝母以及塔城红花等。

青海：主要有玉树、果洛冬虫夏草，西宁大黄，海东甘肃贝母，海南羌活，黄南、果洛、海北的秦艽，黄南、班玛、玛沁的甘松等。

甘肃：主要有岷县当归、金塔甘草、文县党参、武都红芪、兰州百合、庆阳五花龙骨等。

陕西：主要有平利绞股蓝、商洛丹参、子洲黄芪、汉中附子、略阳杜仲、大荔沙苑子等。

宁夏：主要有中宁枸杞，盐池西正甘草，陶乐麻黄、锁阳，同心银柴胡，海原小茴香，原州膜荚黄芪，隆德柴胡、秦艽、铁棒锤，平罗菟丝子，彭阳苦杏仁，永宁肉苁蓉等。

第四节　地道药材与道地药材定义的讨论

"道地药材"的概念和本质，目前尚无一致的表述，一般认为道地药材是指具有特定的生产区域、生产历史悠久、栽培加工技术精细、质量优良且为传统公认的名优正品药材。近年来，由于中药现代化基地建设的推进，中药材跨区域随意引种，药材质量良莠不齐，劣质药材鱼目混珠。中药材历来讲究原产地，是为"地道"，这是五千年来中医发展史上通过实践摸索出的规律。长期以来的中医临床验证表明，药材一旦改变了生长环境，药效就会受到一定程度上的影响。中药材是中医防病治病的物质基础，其质量好坏直接影响临床疗效。"药材好，药才好"，只有好的药材，才能有好的治病良药。因此，如何规范原产地药材和非原产地药材，实现优质优价，保障药材质量，实现"安全、有效、稳定、可控"成为中药现代化建设的首要目标。根据地道药材形成的 4 个因素：特有种质、特定的产地环境、特定的生产技术和传统的炮制方法，将地道药材与道地药材作以下定义，以供商榷和完善。

地道药材,指具有原产地基源植物特征的特定种质,原产地种植和传统的、特定的加工炮制方法生产的中药材。地道药材与原产地域产品概念近似,其产地为地道产地或产区。

道地药材,指同种异地(非原产地)生产,采用生产加工技术较好,且保持有原产地形态及商品特征,遗传信息或指纹图谱特征上没有差异,采用传统的、特定的加工炮制方法生产,药效俱佳的中药材。其产地可称为道地产地或产区。

以枸杞为例,宁夏中宁在历史上是我国枸杞药材的最地道产区。但近年来,随着枸杞新品种培育、种苗繁育及栽培技术的不断提高和市场需求的影响,青海、内蒙古、甘肃、新疆、河北等地都在引种宁夏枸杞,这些地方所产枸杞的质量和品相差别很大,特别是青海产枸杞,果形大、味甜,其外观品相甚至略优于宁夏中宁枸杞,但宁夏中宁却是世界公认的地道产区,国内一般以宁夏中宁产品质量最优,这是因为枸杞喜沙质土壤和排水良好的地方,具有耐寒、耐旱的特性,所以宁夏中宁地区的气候、土壤最适宜枸杞的生长。如何用概念区分宁夏中宁枸杞与青海、新疆等宁夏域外产枸杞?我们采用"地道"概念来定义宁夏中宁枸杞,其产区为地道产区;用"道地"概念来定义青海、内蒙古、甘肃、新疆、河北等宁夏域外地区(非原产地)枸杞,其产区为道地产区。

综上,用地道与道地的概念,更容易区分原产地与非原产地药材,使地道药材概念表述更加准确和清晰,更为实用;对于维护原产地药材的地道性,更有意义。

参考文献

[1] 郭宝林. 道地药材的科学概念及评价方法探讨[J]. 世界科学技术—中医药现代化, 2005, 7 (2): 57–61, 140–141.

[2] 苏天安, 范少敏, 雷国莲. 论道地药材的起源与发展[J]. 现代中医药, 2002, (3): 46–47.

[3] 韩邦兴, 彭华胜, 黄璐琦. 中国道地药材研究进展[J]. 自然杂志, 2011, 33(5): 281–285.

[4] 谢宗万. 论道地药材[J]. 中医杂志, 1990, 31(10): 43–46.

[5] 胡世林. 中国道地药材[M]. 哈尔滨:黑龙江科学技术出版社, 1989.

[6] 黄璐琦, 郭兰萍, 胡娟, 等. 道地药材形成的分子机制及其遗传基础[J]. 中国中药杂志, 2008, 33(20): 2303–2308.

[7] 张艺, 范刚, 耿志鹏, 等. 道地药材品质评价现状及整体性研究思路[J]. 世界科学技术—中医药现代化, 2009, 11(5): 660–664.

编写人:李明　安钰　陈靖　张新慧

第二章　宁夏中药生态农业模式的构建与实践

第一节　道地药材与环境生态条件的适应性

中药是我国具有原创优势的传统科学产物,2016 年 2 月 14 日, 国务院常务会议审议通过了《中医药发展战略规划纲要(2016—2030 年)》,中医药发展上升为国家战略。"药材好,药才好",品质优良、疗效显著的道地药材,从古至今,一直是中药材的"品质标杆"。《神农本草经》记载"土地所出,真伪新陈,并各有法。"说明了道地药材由于地域环境的差异,甚至是历史文化的积累变迁而不可替代。然而,随着需求量的激增,道地野生药材资源锐减,有些药材几近濒危,资源稀少,如膜荚黄芪符合植物学特征的标本极难采到。现在市场上栽培药材大量流通,良莠不齐,劣质药材拉低了临床疗效[1],对中医药造成了不良的影响,曾有一段时间"中医毁于中药"甚嚣尘上。道地药材的特殊品质是道地药材的基因型、特定的生态环境、栽培措施和特定的产地初加工及炮制方法共同作用的结果。道地药材的化学组成有其独特的自适应特征,道地性越明显,其基因特化越明显,而"逆境效应"是环境对道地药材形成影响的一种重要表现,道地性可能是在经历了无数次环境胁迫中获得[2]。中药材遗传变异是物种对不同环境及生态条件的长期适应与自然选择的结果,种内变异是道地药材区别于其他中药材品质优劣和疗效差异的实质[3]。越来越多研究表明,逆境胁迫和微生物环境可能是造成药材特殊品质形成的重要因子[4]。

第二节　中药生态农业模式的形成

一、生态农业思潮兴起与现代生态农业的发展

生态农业的兴起,始于人类对环境污染的反思及对石油农业模式的否定。自 20 世纪 80 年代以来,生态农业在我国得到一定程度的关注,发展到 20 世纪 90 年代,有学者提出了高效生态农业概念[5],使生态农业得到了进一步的发展,追求可持续发展和经济效益、生态效益和社会效益的高度统一,成为高效生态农业发展的目标。进入 21 世纪,高效生态农业的实践发展和理论研究取得一系列成果,黄河三角洲高效生态经济区、鄱阳湖生态经济区、浙江省区域发展高效生态农业战略相继实施。与此同时,我国的经济进入快速发展,经济社会进入全面转型时期,农业发展步入向现代农业转型的快车道,"高产、优质、高效、生态、安全"五位一体高效生态农业成为现代农业发展的终极目标,这一目标也完全契合了习近平新时代中国特色社会主义思想"建设人与自然和谐共生的现代化"的基本要求。高效生态农业是生态农业的升华和提高,是一种高质量的现代农业发展模式,是我国经济社会转型时期实现农业转型升级发展的重要战略选择[6]。

现代生态农业的实现是在保护、改善农业生态环境的前提下,按照生态学原理和经济学原理,运用现代科学技术成果和现代管理手段,先进的设施和经营理念以及传统农业的有效经验建立起来的,其目标是获得较高的经济、生态和社会效益。现代生态农业又明显不同于一般农业,它是现代农业与生态农业的有机融合,也是高效、复杂的人工生态系统工程,更是先进的农业生产体系[7,8],有助于实现循环、低碳、绿色、高效等可持续发展目标,积极推进现代生态农业发展有利于改善我国农业生产环境、提高农产品质量和农产品在国际市场的竞争力,特别是中药材规范化基地建设具有十分重要的意义。

有机农业是指遵照一定的有机农业生产标准,不使用转基因,不使用化学合成的农药、化肥、生长调节剂等物质,遵循自然规律和生态学原理,协调种植业和土地供给平衡,通过可持续发展的农业技术来维持持续稳定的农业生产体系的农业生产方式[9]。生态农业与有机农业相辅相成,不可分割,生态农业针对的是农业生产体系,强调农业过程中的生态及资源的综合性配置,其目标是良好的可持续发展;有机农业针对的是农业生产方式,强调诸多生态种植模式和技术,其目标是生产有机产品[10]。

绿色农业是指充分运用先进的科学技术、机械装备和管理理念,以促进农产品安全、生态安全、资源安全和经济高效,协调统一为目标,以实行农产品标准化为手段,走持续农业发展模式,生产绿色食品。绿色农业与当今人类返璞归真、融入自然、追求绿色的理念相一致,其本质与生态农业、有机农业一样都是拒绝化学农业[11~17]。

二、基于近自然林业理念的中药生态农业的演绎与发展

(一)中药生态农业

中药材是具有独特的品质特征的农业产出物,与农产品相比,更注重于品质、产地和初加工。郭兰萍[18]等认为,中药材与农业生产不同,农业生产主要追求产量,而中药材,人们更加重视其品质而不是产量。药材中植物次生代谢产物含量的多少决定了中药材品质的优劣,在一定条件下,药用植物的初生生长和次生生长是一对矛盾。如大量施肥通常会提高中药材的产量,但却会造成其次生代谢产物积累的减少,并因此影响质量。因此,从质量角度考虑,很多中药材在生产过程中应减少或避免使用化肥。

长期以来,中药材生产多在山区和欠发达地区,或者即使在丘陵或平原地带,由于中药材通常是多年生的,为了避免中药材与粮食作物争夺土地资源,中药材也多栽培在山坡或贫瘠的土地上,生产基地基础设施薄弱,小规模分散经营占主体地位,形成了独特的生境要求,这也是中药农业区别于其他农业的地方。现代中药农业发展中,由于企业或农场的参与,集约化程度的提高,中药材生产规模逐步提升,连作障碍、病虫害等也有不同程度的发生。相对于农业作物,多数中药材种植规模还是较小。但另一方面,面对高度集约化的现代农业生产,起步较晚,仍处于地缘经济及小农经济、管理相对粗放的中药材野生抚育或仿野生栽培的中药农业,具有常规农业所不具有的优势[19~21]。

(二)基于近自然林业理念的中药生态农业

近自然林业是近代林业发展中形成的一个新的理念,要求林业的发展应与自然相适应,以保障林业发展与自然和谐相处,从而实现林业生产在生态效益及经济效益方面的效益最大化。孟锐[22]认为要想实现近自然林业,仅仅依靠人们的理解及认知是不够的,需在发展过程中,采取有效措施,长期的监测,悉心抚育,尽量保持森林自然状态。近自然林业的核心思想,强调了对森林进行周到及细心调控的抚育模式,近自然的主体是建立在天然植物群体基础上的天然植物群体。

中药药性归于其本身的自然属性,是药材在形成(生长)过程中与自然环境相互作

用的产物,包括药物的形状、颜色、质地、气味,以及所含的活性及其他未知成分等,这些都是中药药性属性形成的基础。在药材形成(生长)的过程中,各种环境要素彼此联系、相互影响,长期作用,锻造出药材的自然属性。基于对环境要素的风、寒、暑、湿、燥、火等药性认识,是古人对天地环境的认知;气候因子、土壤因子和地形因子等,则是现代科学对自然环境因素的认知。

自然环境是物质存在的基本条件。古代医药学家认识到中药药性的形成与药物生长的自然环境因子密切相关,中医学理论的奠基之作《黄帝内经》,曾多次出现过"天人相应"的论述。如"人以天地之气生,四时之法成",即人要靠天地之气提供的物质条件而获得生存,只有适应四时阴阳的变化规律,才能发育成长。中医认识疾病的性质有寒热之分,与中药的温、凉、寒、热属性是相辅相成的,而其酸、苦、甘、辛、咸等五味,则通过与阴阳、五行等理论相互配属、类比,从而形成了中药"四气五味"的药性认识。刘完素《素问病机气宜保命集》云:"酸苦辛咸甘淡六味者成乎地",故温热凉寒四气由天所出,取象于天;酸苦甘辛咸五味由地所出,则取象于地[24]。

郭兰萍、杨利民等以生态学原理为指导,以中药材质量与药性形成规律为基础,采用现代农业技术,如水肥的精细化管理、病虫草害的生态防控、土地的保护性耕作等等,建立了实现中药材"安全、优质、高效"的生产模式,即中药材生态种植的"四不""三好"理念。"四不"指,不与粮食争地——利用荒山荒坡,开发低质土地;不惧山高林密——利用逆境效应,提高药材质量;不与虫草为敌——实施适度防控,促进用药安全;不负山清水绿——实施少耕免耕,保持水土生态。"三好"指,中药材生产过程中要寻找中药材的"好伙伴、好家居、好邻居",以达到实现天地人药合一的和谐目标[18]。

第三节 宁夏中药生态农业的实践

2000年宁夏被国家科技部认定为"国家中药现代化科技产业种植基地(宁夏)",经过十余年的不断发展,已形成了以枸杞、菟丝子为主的中北部卫宁平原、银川平原引黄灌区药材种植区,以甘草、银柴胡、小茴香等沙旱生特色药材为主的中部干旱风沙区药材种植区,以黄芪、党参、黄芩、柴胡、秦艽等道地特色药材为主的南部六盘山半阴湿冷凉区药材种植区3个特色鲜明的优势道地中药材种植区,培育成了面积、产量、质量稳定的8大产业基地和15个科技创新示范基地。

（1）以中部干旱带盐池县、红寺堡区、同心县（下马关镇）扬黄灌溉为核心区域的甘草规范化种植基地。

（2）以同心县预旺镇及周边地区为核心区域的银柴胡规范化种植基地。

（3）以海原县西安镇及周边地区为核心区域的小茴香规范化种植基地。

（4）以隆德县、彭阳县、西吉县移民迁出区和退耕还林地为核心区域的六盘山柴胡、秦艽、大黄、黄芩近自然原生态规范化种植基地。

（5）以隆德县、彭阳县为优势核心区域的六盘山黄芪、党参、黄芩、板蓝根种苗繁育及药材规范化种植基地。

（6）以中宁、沙坡头区及清水河流域为优势核心区域的枸杞药材规范化种植基地。

（7）以平罗县、惠农区等银北引黄灌区为核心区域的菟丝子规范化种植基地。

（8）以彭阳县为核心区域的苦杏仁、桃仁规范化种植基地。

2018年，全区中药种植面积达68.97余万亩（不包括六盘山区的山杏、山桃，宁夏枸杞），药材总产量84 837.3 t，总产值158 222.9万元。种植品种包括枸杞、甘草、银柴胡、麻黄、黄芪、小茴香、菟丝子、柴胡、胡芦巴、肉苁蓉、秦艽、大黄、板蓝根、黄芩、党参、郁李仁、当归、苦杏仁、牛蒡子、铁棒锤、金莲花、芍药、菊花、独活、射干、酸枣、山药、草红花、木香、防风、地黄、白芷、桔梗、甘遂、莱菔子、沙苑子、苦参、艾草38种。构建了基于"适地适药"理念的宁南山区柴胡、秦艽、大黄、黄芩近自然原生态种植，基于秋覆膜技术的黄芪绿色种植，中部干旱带银柴胡原生态种植和海原小茴香国际质量管理规范种植等四种中药生态农业模式。

一、基于"适地适药"的宁南山区中药材仿野生原生态种植模式

宁夏南部山区包括固原市的全部和中卫市的部分区域，属黄土丘陵沟壑区，海拔大部分为1 500~2 200 m。地理特征表现为丘陵起伏，沟壑纵横，梁峁交错，山多川少，塬、梁、峁、壕交错，区域内有六盘山高山丘陵区，葫芦河西部黄土梁、峁丘陵地区，葫芦河东部黄土梁状丘陵地区，茹河流域黄土梁、塬丘陵地区，清水河中上游洪积冲积平原区，清水河中游西侧黄土丘陵、盆、墕区，清水河中游东侧黄土丘陵山地区等类型，立地类型多样。

近十余年以来，市县政府和科技部门坚持"适地适药、生态种植"宏观指导，在中药材生产布局上，结合药材的生长习性和立地类型，按照"黄芪、党参入川，柴胡、秦艽上山，黄芩可川可山"原则，在土壤肥力较好的河川台地开展黄芪、黄芩药材种苗繁育；在相对平整、耕种历史较长的梯田台地上移栽黄芪、黄芩和覆膜种植板蓝根、金莲花；在

移民迁出区的弃耕地上实施黄芩、柴胡、秦艽、大黄的仿野生原生态种植。

(一)林药间作模式

隆德县是宁夏中药材重点产出基地,"十五"期间,实施了全县范围内的退耕还林区的林药间作生态产业示范建设。至"十二五"末,共发展林药间作18万亩,占全部退耕还林面积的73.2%。"十三五"期间,全县在陈靳新和、温堡大麦、北山、山河边庄、凤岭新化和观庄倪套等6个示范区发展林下药材6万亩,其中,秦艽仿野生栽培示范点2个,分别为陈靳新和村、温堡大麦沟村;柴胡仿野生栽培示范点4个。通过实施林药间作,不仅使退耕还林区的生态环境和自然条件有了很大改观,而且提高了土地利用率,增加了农民收入。

(二)弃耕地中药材原生态种植模式

2015年彭阳县中药材技术协会在城阳乡杨坪村油坊梁移民迁出区弃耕地上,共种植了黄芩、柴胡、大黄药材2 000余亩,管理3年,黄芩可产种子35 kg/亩,鲜药350 kg/亩;大黄可产种子40 kg/亩,鲜药2 000 kg/亩;柴胡200株/m² 左右。这种原生态种植模式,实现了年年有新的种子产生落地,年年有新的药材长出来,年年有老的药材可供采挖,坚持挖大留小,实现了药材的可持续生产。

(三)药药套种模式

党参与大黄套种。充分利用了大黄高杆,党参蔓生茎的植物学特点,大黄行距1.4~2.4 m的带宽,在带间种植党参,高矮搭配,优势互补,提高了土地利用率和光能利用率。

党参与黄芪套种。其做法是,黄芪覆膜种植,垄宽120 cm,沟宽60 cm,前期不除草,待草长到50 cm左右,草籽没有成熟,将草割倒,全部覆盖到沟中,第二年在枯草下播种党参,枯草遮阴为党参种子萌发创造了有利条件。

(四)以草抑草、草药共生模式

彭阳县朝那生物科技有限公司探索了以草抑草、草药共生模式。第一年移栽的黄芪地,不采取任何除草措施,待到秋末冬初,进行耙耱镇压,枯草覆盖,既起到了保墒效果,又起到了抑草的效果;第二年黄芪出苗后,地里杂草明显减少。

二、基于秋覆膜的黄芪绿色种植技术

基于秋覆膜技术的黄芪绿色种植技术是由宁夏农林科学院荒漠化治理研究所与宁夏盐池拓明农业开发有限公司联合研发的,使黄芪出苗整齐,生长旺盛,降低了播种量,减少了杂草和药剂防除对黄芪产量和质量的影响,是一种理想的节本增效和防治杂草的栽培技术。此项技术有效地降低了种植投入成本,提高了水资源的利用率,田间测产产量明显提高,大大提高了秋播黄芪越冬的成活率,有效地解决了春季播种杂草无法彻底解决的疑难问题。其核心技术内容为:"春发草库、伏耕除草、秋季精播、双膜覆盖、农机农艺、生态种植"。2019 年 4 月 13~14 日,在陕西省宁强县举行的首届中国中药生态农业交流大会暨中国生态学学会中药资源生态专业委员会第八次学术会议上,国家中药材产业技术体系黄璐琦院士和吉林农业大学中药材学院院长杨利民教授将这一模式称为"黄芪种植宁夏模式",作为中药材生态种植案例介绍。该项技术的优点如下:一是利用 5~7 月春夏歇地,秋季播种结合三伏天翻地,可以晒死虫卵、病菌,减轻病虫害的发生;二是先让杂草生长 2~3 个月,至夏末秋初,在杂草种子没有成熟前耕翻,既增加了土壤有机质,又极大地减少了土壤中杂草种子库数量,杂草防除率达到了70%以上;三是秋季播种可以充分利用秋季多雨、墒情充足的优势,提高发芽率及保苗率;四是覆膜有利于土壤保温蓄墒,进而利于翌年幼苗返青,延长生育期,增加产量;五是降低种植种子投入成本、杂草防除成本,最终节省整体种植成本。

黄芪绿色种植技术模式,目前已被宁夏中药材产业指导组、宁夏中药材产业技术服务专家组,确定为宁夏中药材产业主推技术之一。2016 年宁夏盐池拓明农业开发有限公司应用此项技术示范种植黄芪面积 3 000 亩,2017 年示范种植面积达 2 000 亩。同时,技术辐射推广至宁夏同心县、红寺堡区、隆德县、原州区等,示范种植 1 000 余亩。2018 年在宁夏全域推广近 5 000 亩。

三、黄芪、黄芩双膜覆盖栽培技术

黄芪、黄芩双膜覆盖栽培技术是由宁夏农林科学院荒漠化治理研究所李明、同心县预旺镇农技服务中心李海洋等,在黄芪秋覆膜种植技术的基础上总结创新出来的。具体方法是:选用 2MBJ-1/4 型机械式精量覆膜穴播机,后面加两层膜覆膜设备,可一次性完成双层膜覆盖和穴播作业,播种 4~6 d 齐苗(具体根据出苗时间确定),揭掉上层膜,然后在下层膜的膜面上每隔 2 m 打一土腰带,以防大风揭膜。采用双层膜覆盖,既能解决因干旱严重不能出苗和降雨后的板结问题,又能提高地温使黄芪提前 2~3 d 出苗。该技术除了具有地膜覆盖的保墒、增温、增光和抑制田间杂草的作用外,最主要的是加强农艺与农机的深度结合,双层膜覆盖、打孔播种、覆土镇压等多工序一次性完成,提高工作效率,减少劳动力投入。

四、中部干旱带银柴胡原生态种植技术

同心县地理上是鄂尔多斯台地西部与黄土高原北部的衔接地带,海拔 1 240~2 624 m,

北部为山地与山间平原区,南部为黄土丘陵。属中温带干旱和半干旱地区,属于典型的大陆性气候。年均降水量 272 mm,蒸发量 2 325 mm;日照时数 3 054 h,有效积温为 3 100~3 500℃;年均无霜期 182.8 d。区域内耕作历史较长,土壤肥力较好的农田,适宜种植银柴胡、甘草、黄芪、黄芩、红花、红柴胡等药材。2003 年起,在政府的推动和中药材科技企业的引领下,同心县东部五个乡镇(马高庄、田老庄、张家塬、预旺、下马关)旱塬区,种植 8 万多亩银柴胡,为 1.2 万名农民创造了就业岗位,药材收入达 4 800 多万元,约占当地药农纯收入的 1/3。中药材从无到有,成为全国银柴胡药材的唯一主产区,并带动了甘草、黄芪、黄芩、板蓝根等其他药材的大面积种植。银柴胡的具体种植方法,即每年 8 月下旬至 9 月上旬,耕翻压草,播种耙糖,当年出苗,可安全越冬,第二年进行 1~2 次的人工除草,第三、四年基本不除草,由于是雨养农业区,所以全程基本不施化肥,属典型的中药生态农业模式。

五、海原小茴香生产质量国际管理规范的应用

海原县属中温带半干旱区,具有典型的大陆性气候特征,年均降水量 268~450 mm,从南到北递减;蒸发量 2 136~2 369 mm(平均 2 268 mm),干燥度 1.8~3.2;年平均日照时数 2 716 h,年平均辐射总量 566.23 kJ/cm²,气温北高南低,有效积温 2 398℃,无霜期 156 d,是我国种植小茴香的适宜地区之一。另一适宜种植区为甘肃省民勤县。

海原县华山中药材种植专业合作社,依托海原县得天独厚的地理资源优势,采用欧盟 Mabagrown®全程质量管理理念,建立优质小茴香种植基地,每年向欧盟马丁·鲍尔集团(德国专门从事草药和水果蔬菜、药用茶、调味品和绿茶、香料、草药粉末、植物药、草药、水果和茶提取物、脱咖啡因茶、茶香精、活性植物药物成分和营养补充剂等贸易活动的公司)出口优质小茴香 150 t 左右。Mabagrown®生产技术及管理办法的核心内容如下。

(1)基地须有平行生产计划,并做好明确区分 Mabagrown®产品与常规产品的工作。

(2)种植过程中如需使用任何农药,都需向公司报备,经允许后按公司指导方法用药,并如实记录用药情况,如农药种类、用药浓度、用药地块、日期、使用面积。

(3)所有生产加工场地,严禁吸烟,场地、装载器具、设备都必须注意清洁、卫生,不得与有害物质接触,并做好仓库防虫、防鼠工作。

(4)生产者在管理 Mabagrown®生产基地过程中必须保持严谨、认真的工作态度,如实记录作物生长期内各阶段的管理,包括用工、除草、施肥、采摘、加工、运输及仓库防虫防鼠等,不能迫于压力填写虚假内容。

（5）Mabagrown®产品在加工、入库和运输时,管理员必须做好监督和检查工作。在生产过程中,管理员若发现有不符合 Mabagrown®要求的行为,必须及时指出、纠正,并上报公司项目负责人,公司将会根据实际情况进行追踪验证。

（6）产品加工、贮存时场地要垫放彩条布。严防掺入如玻璃碎片、编织袋丝、粉尘、沙砾等杂质。Mabagrown®产品不能与其他非 Mabagrown®产品同时加工,以防止混淆。

（7）所有 Mabagrown®产品贮存库必须标明"原料仓库"字样。每批产品入库后,管理员都要及时挂上标签,其标签内容包括品名、农户姓名、农户编号、负责人、入库日期、批号等信息,并记录产品出入库信息。

（8）Mabagrown®要考虑轮作（最多连续种植 2 年）。生产者不可破坏当地生态环境以及人文环境,垃圾要分类处理妥当。

第四节 中药材生态农业实践的意义

中药材的临床治疗作用赋予其品质的独特性,其种植技术源于农作物种植,但却和农作物有着十分明显的区别。一方面,中药材是中医临床的物质基础;另一方面,中药材的治疗属性、品相道地是首要的,这也是区别于农作物的所在。因此,中药材生产需要独具特色的发展方向和思路。

改革开放以后,我国社会经济快速发展,人民物质条件不断丰富,工业现代化高速发展。但同时,环境不可避免地遭受到了不同程度的破坏,水污染、大气污染、土壤污染,导致大量家种中药材重金属超标,而在种植中滥用化肥、农药,致使中药材农残超标,加之种植技术不规范和无序采收等问题的不断发生,中药材质量堪忧。保障中药材绿色、道地、无污染、可追溯,推动和实现中药材"有序、有效、安全"目标,势在必行。

中药材生态种植是我国中医药事业和天然药物产业健康发展的必由之路。在生产基地建设上,优先考虑原产地和立地类型,因地制宜,适地适药;在生产环节上,实行中药材仿生栽培,半野生栽培,近自然栽培,基于农机农艺耦合的高效绿色栽培等中药生态农业模式,对于保证中药资源的可持续利用,提高栽培药材质量,实现中医药大健康产业的可持续发展,具有十分重要的意义。

参考文献

[1] 王程成, 赵慧, 严颖, 等. 道地药材品质形成机制的组学研究思路[J]. 中国中药杂志, 2018,43(11): 2407-2409.

[2] 黄璐琦, 郭兰萍, 胡娟, 等. 道地药材形成的分子机制及其遗传基础[J]. 中国中药杂志, 2008, 33(20): 2303-2308.

[3] 唐仕次. 基于药用植物亲缘学的北沙参"辛味"探索研究——兼论象思维的中药药性的科学内涵[D]. 北京: 中国中医科学院, 2011.

[4] 袁媛, 周骏辉, 黄璐琦. 黄芩道地性形成"逆境效应"的实验验证与展望[J]. 中国中药杂志, 2016, 41(1): 139-143.

[5] 王晓玥, 宋经元, 谢彩香, 等. RNA-Seq 与道地药材研究[J]. 药学学报, 2014, 49(12): 1650-1657.

[6] 姜艳, 刘奇, 冯尚国, 等. 环境因子对杭白菊黄酮类化合物和绿原酸含量的影响[J]. 中国现代应用药学, 2018, 35(2): 225-230.

[7] 黄国勤, 赵其国, 龚绍林, 等. 高效生态农业概述[J]. 农学学报, 2011, (9): 23-33.

[8] 翁伯琦, 刘荣章, 刘明香, 等. 现代立体农业发展要实现新的跨越[J]. 福建农业学报, 2012, 27(01): 93-98.

[9] 杨瑞珍, 陈印军. 中国现代生态农业发展趋势与任务[J]. 中国农业资源与区划, 2017, 38(5): 165-168.

[10] 范晓萍. 生态农业与西部资源合理利用[J]. 山西农业大学学报, 2008, 7(5): 481-487.

[11] 王晶. 我国现代乡村绿色住区规划与设计初探——以关中新农村为例[D]. 西安: 西安建筑科技大学, 2007.

[12] 王欧, 张灿强. 国际生态农业与有机农业发展政策与启示[J]. 世界农业, 2013, 35(1): 48-52.

[13] 丁长琴. 我国有机农业发展模式及理论探讨[J]. 农业技术经济, 2012, 31(2): 122-128.

[14] 骆世明. 论生态农业的技术体系[J]. 中国生态农业学报, 2010, 18(3): 453-457.

[15] 谢春凤, 蒋劲松, 向青松, 等. 中国生态农业发展探讨[J]. 现代农业科技, 2009, 28(20): 315-317.

[16] 董成森, 邹冬生. 论生态农业向有机农业的战略转变[J]. 求索, 2007, 27(1): 27-29.

[17] 田云, 张俊飚. 中国绿色农业发展水平区域差异及成因研究[J]. 农业现代化研究, 2013, 34(1): 85-93.

[18] 郭兰萍, 王铁霖, 杨婉珍, 等. 生态农业——中药农业的必由之路[J]. 中国中药杂志, 2017, 42(2): 231-234.

[19] 郭兰萍, 周良云, 莫歌. 中药生态农业——中药材 GAP 的未来[J]. 中国中药杂志, 2015, 40(14): 3360-3366.

[20] 郭兰萍, 张燕, 朱寿东. 中药材规范化生产 10 年: 成果、问题与建议[J]. 中国中药杂志, 2014, 39(7): 1143-1151.

[21] 黄娅. 中药材规范化生产及 GAP 认证发展现状[J]. 亚太传统医药, 2006, 2(3): 42.

[22] 王新民, 介晓磊, 李明, 等. 我国中药材的生产现状、发展方向和措施[J]. 安徽农学通报, 2007, 13(7): 107–110, 142.

[23] 孟锐. "近自然"林业理论及其在我国的应用空间[J]. 四川林业科技, 2012, (03): 53–58.

[24] 刘完素. 素问病机气宜保命集[M]. 北京: 人卫生出版社, 2005.

编写人：李明　安钰　刘华　张新慧

第三章 宁夏中药材种植区划

第一节 宁夏的自然环境与药用植物分布特征

一、地表形态复杂多样、资源优势突出

宁夏位于中国中部偏北,位于北纬35°14′~39°14′、东经104°17′~109°39′。处在黄河中上游地区及沙漠与黄土高原的交接地带,与内蒙古、甘肃、陕西等省、自治区为邻,跨东部季风区域和西北干旱区域,西南靠近青藏高寒区域,大致处在我国3大自然区域的交汇、过渡地带,地势南高北低。南部是黄土地貌,以流水侵蚀为主;北部以干旱剥蚀、风蚀地貌为主,是内蒙古高原的一部分。境内有较为高峻的山地和广泛分布的丘陵,也有由于地层断陷又经黄河冲积而成的冲积平原,还有台地和沙丘。地表形态复杂多样,是我国生态特征的缩影。独特的地理环境和气候条件也使该区域成为我国西北地区药用植物种质资源的典型代表区域和资源优势突出的"一个独具特色的天然药库"[1]。

二、药用植物分布南北差异显著,呈过渡性

宁夏属于北温南带半湿润区向中部、北部的北温中带半干旱、干旱区过渡的类型。由于位于中国季风区的西缘,夏季受东南季风影响,时间短,降水少,7月最热,平均气温24℃;冬季受西北季风影响大,时间长,气温变化起伏大,1月最冷,平均气温-9℃。全区年降水量为183~677 mm。南部六盘山区阴湿多雨,气温低,无霜期短。北部日照充足,蒸发强烈,昼夜温差大,全年日照达3 000 h,无霜期150 d左右,是中国日照和太阳辐射最充足的地区之一。

由于温度分布很大程度上受地形地势的支配,降水分布是季风影响程度和地形条件造成,形成了"南寒北暖、南湿北干"的气候特点,南北气候差异大,从药用植物分布显示出由温带半湿润区向干旱区过渡的特征,自然植被有森林、灌丛、草原、荒漠、湿地等基本类型。南部六盘山自然保护核心区森林资源十分丰富,被专家称之为"黄土高原的绿岛",药用植物资源丰富,是宁夏中药材主要产区;中、北部半荒漠、荒漠及平原地区,土地面积宽广,约占全区面积的 60% 以上,但是这个地区因为气候干旱,植被显示沙生草原特征,植物资源贫乏,覆盖度很低,分布植物约 100 余种,是宁夏沙旱生药材的主产区[2,3]。

三、药用植物区划界线明显

黄河从宁夏西北部干旱地区穿过,形成植物生长茂盛,生物资源丰富,土地肥沃,农业发达的引黄灌区,著名的地道药材宁夏枸杞分布在这个地区。黄河水灌溉不到的毗邻地区宁夏河东荒漠或半荒漠地带,地表植物覆盖度很低,生长着旱生、超旱生或沙生植物,药用植物种类与引黄灌区明显不同,形成了界线分明的不同分布区。

坐落在荒漠草原中的罗山、月亮山、贺兰山因山上降水量显著高于山脚及其毗邻干旱地区,其植物资源丰富,分布大面积针阔混交林和云杉纯林,植被层层,色调分明,与毗邻干旱地带的植物资源界线分明。

第二节　宁夏中药资源基本状况

一、资源种类

据第四次全国中药资源普查宁夏(试点)(自治区普查办数据)初步统计,全区 19 个试点县(市、区)采集植物资源 1 264 种(其中药用植物约 800 余种),分属 132 科,608 属;全国药用植物重点调查 497 种常用中药,宁夏有 190 种,占全国重点调查品种的 38.2%。

2014 年宁夏农林科学院荒漠化治理研究所对宁夏盐池县等中部干旱带中药材田间杂草进行了普查,共普查到 34 科 87 属 132 种杂草,其中,具有药用属性的植物有 34 科 80 属 114 种,占全部杂草种数的 86.4%。114 种药用植物,在《本草纲目》《本草学》《证类本草》《中药大辞典》《中华人民共和国药典》等古今典籍及《宁夏中药志》中有记载,其中《中华人民共和国药典》收录的有 23 种,占全部药用植物的 20.2%,分别是萹蓄、马齿苋、葶苈子、蒺藜、远志、地锦草、菟丝子、车前草、苍耳、蒲公英、猪毛蒿、芦苇、益母草、细叶益母草、甘草、薄荷、地肤、瞿麦、王不留行、银柴胡、苘麻、天仙子、小天仙子。

2016 年宁夏农林科学院荒漠化治理研究所、宁夏大学西部生态中心对宁夏六盘山地区隆德县中药材田间杂草进行了普查，共普查到 25 科 71 属 110 种杂草。其中，具有药用属性的植物有 24 科 60 属 90 种，占全部杂草种数的 81.82%。这 90 种药用植物在《本草纲目》《本草学》《证类本草》等古方典籍中均有记载，《宁夏中药志》全部收录，其中历版《中华人民共和国药典》收录的有 24 种，分别是木贼、大麻、萹蓄、掌叶大黄、鸡爪大黄（唐古特大黄）、马齿苋、石竹、瞿麦、地肤、芥菜、播娘蒿、独行菜、荠菜、龙芽草、委陵菜、藜藜、冬葵、车前、平车前、黄花蒿、艾蒿、刺儿菜、旋覆花、蒲公英。

二、中药文献记载的宁夏传统地道药材

枸杞子 *Lycium barbarum* L.（宁夏枸杞子）

银柴胡 *Stellaria dichotoma* L.var. *lanceolata* Bge.（银州银柴胡）

甘　草 *Glycyrrhiza uralensis* Fisch.（西正甘草）

麻　黄 *Ephedra sinica* Stapf.（陶乐草麻黄）

肉苁蓉 *Cistanche deserticola* Ma（宁夏"左旗"苁蓉）

锁　阳 *Cynomorium songaricum* Rapr.（陶乐锁阳）

小茴香 *Foeniculum vulgare* Mill.（海原小茴香）

黄　芪 *Astragalus membranaceus* Bge.（原州黄芪）

菟丝子 *Cuscuta chinensis* Lam.（平罗菟丝子）

胡芦巴 *Trigonella foenum-graecum* L.（中宁地产）

柴　胡 *Bupleurum chinense* DC.（隆德柴胡，也称北柴胡）

以上药材是宁夏极具特色的地道中药材，享誉国内外。

三、宁夏栽培药材种类

2018 年，全区中药种植面积达 68.97 余万亩（不包括六盘山区的山杏、山桃及 34.7 万亩宁夏枸杞），药材总产量 84 837.3 t，总产值 158 222.9 万元。种植品种包括枸杞、甘草、银柴胡、麻黄、黄芪、小茴香、菟丝子、柴胡、胡芦巴、肉苁蓉、秦艽、大黄、板蓝根、黄芩、党参、郁李仁、当归、苦杏仁、牛蒡子、铁棒锤、金莲花、芍药、菊花、独活、射干、酸枣、山药、草红花、木香、防风、地黄、白芷、桔梗、甘遂、莱菔子、沙苑子、苦参、艾草 38 种，其中，六盘山地区以秦艽、柴胡、黄芪、黄芩、板蓝根、大黄、党参为主的半冷凉、半阴湿地区地道药材 20.9 万亩；中部干旱带以甘草、银柴胡、黄芪、黄芩、板蓝根等为主的沙生中药材稳定在 33.4 万亩；银北引黄灌区菟丝子种植 15 万亩。培育了隆德、彭阳、原州区、同心、红寺堡、盐池、平罗等药材种植或加工大县，各市县区均形成了具有鲜明特色

的药材品种。

第三节 宁夏栽培药材种植区划

为进一步推进宁夏中药材产业快速发展,全面落实《中医药法》《中医药发展战略规划纲要(2016–2030年)》《中医药健康服务发展规划(2015—2020年)》《中药材保护和发展规划(2015–2020年)》《中药材产业扶贫行动计划(2017—2020年)》《自治区党委、人民政府关于推进创新驱动战略的实施意见》《宁夏中药材产业创新发展推进方案》,充分发挥中药材产业优势,凝聚多方力量推进中药材产业提档升级。

一、指导思想

认真贯彻落实中共中央总书记习近平2018年10月22日,在广东考察中关于推进中医药产业化、现代化的指示精神、宁夏第十二次党代会精神、宁夏中药材产业指导组《宁夏中药材产业创新发展推动实施方案》,以"有序、有效、安全"为发展目标,坚持中药材"产地道地化、种源良种化、种植生态化、生产机械化、产业信息化、产品品牌化、发展集约化、管理法制化"等"八化"发展,以创新驱动中药材产业现代化。

二、发展目标

建设8个规范化生产科技示范基地,实现中药材生产GAP备案管理全覆盖,构建绿色优质药材质量控制体系,形成布局合理、功能互补、配套协作、融合发展的产业格局。

一是实现中药种植业产值达到15亿元,全区中药材面积稳定在100万亩,其中种植面积70万亩、林药间作面积30万亩,建成标准化生产示范基地30万亩,建设5万亩优良种子种苗繁育基地。

二是打造盐池甘草、同心银柴胡、海原小茴香、彭阳苦杏仁以及六盘山黄芪、柴胡、秦艽、板蓝根等大宗优势品牌中药材,争取2~3个单品种药材年销售收入达0.5亿~1.0亿元,进入全国中药基地共建联盟名单,确立全国重要的中药现代化基地,将宁夏打造成我国的"西部药谷"。

三、区划原则

1.自然条件

根据宁夏各典型生态区域、地理位置、地形地貌、海拔、气候、土壤、植被等条件的

相似性来划分。

2.生长习性

根据药材的生长习性,坚持"适地适药",进行生态种植,即黄芪、党参入川,柴胡、秦艽上山,黄芩可川可山。

3.产地道地化

坚持道地产区生产道地药材,同时注重生态种植,避免与粮食作物争地。

4.社会经济条件

根据所在种植区人口、土地资源、农业生产条件、中药材种植文化和药材生产利用情况来划分。

四、主要种植分区

宁夏年降水量为183~677 mm,由南向北递减,六盘山南麓600 mm以上,黄土丘陵区300~600 mm,中部干旱带200~300 mm,银川平原和卫宁平原200 mm左右。农业区划为:宁南山区雨养农业区、中部干旱带农牧交错区、中北部引黄河水灌溉农业区。自然条件复杂多样,从南至北有明显的差异,中药资源的区域性特征显著。为了准确反映中药资源及种植现状的地区差异,参照农业区划,依据宁夏生态立地条件、药材生长习性、种植现状,把宁夏全区中药材种植区域划分为3个一级区,10个二级区。

1.六盘山半阴湿冷凉药材区

(1)六盘山西麓隆德县柴胡、秦艽、黄芪、黄芩、板蓝根、大黄、防风、金莲花、艾草药材区。

(2)六盘山东麓彭阳县山杏、山桃、黄芪、黄芩、党参、柴胡、秦艽、芍药、板蓝根、红花、射干、艾草药材区。

(3)六盘山北麓原州区黄芪、黄芩、芍药、板蓝根、红花、艾草、柴胡、秦艽、射干药材区。

(4)六盘山西麓西吉县柴胡、秦艽、黄芪、金莲花、艾草药材区。

(5)六盘山南麓泾源县柴胡、秦艽、金莲花药材区。

2.中部干旱带沙旱生药材区

(1)盐池县、红寺堡区甘草、麻黄、黄芪、红花、枸杞、射干药材区。

(2)同心县银柴胡、甘草、黄芪、黄芩、红柴胡、红花、艾草、枸杞药材区。

(3)海原县小茴香、枸杞、黄芪、黄芩、红花药材区。

3.中北部引黄灌区药材区

（1）卫宁平原中宁县,沙坡头区枸杞、金银花药材区。

（2）银北引黄灌区平罗县,惠农县菟丝子、红花、金花葵药材区。

4.宁夏重点地道药材规范化种植基地布局

以《宁夏中药材产业创新发展推进方案》为指导,优化宁夏中药材生产布局,重视《中华人民共和国药典》收录药材及其产区的道地性,坚持适地适药,限制中药材盲目引种,实现"有序、有效、安全"目标,重点加强 8 个优势地道药材规范化种植基地的建设和优化升级。

（1）以盐池县、红寺堡区、同心县（下马关镇）扬黄灌溉区为核心区域,建设提升甘草规范化种植基地。

（2）以同心县为核心区域,建设提升银柴胡规范化种植基地。

（3）以海原县为核心区域,建设提升小茴香规范化种植基地。

（4）以平罗、惠农、贺兰、兴庆区为核心区域,建设提升菟丝子规范化种植基地。

（5）以隆德县、彭阳县为核心区域,建设提升六盘山黄芪,党参,黄芩种子、种苗规范化繁育基地。

（6）以彭阳县、隆德县、西吉县移民迁出区和退耕还林地为核心区域,建设提升六盘山柴胡、秦艽、黄芩等地方优势道地药材原生态种植基地。

（7）以彭阳县为核心区域,建设提升苦杏仁、桃仁规范化生产加工基地。

（8）以固原市为核心区域,建设提升六盘山黄芪、党参、红花、板蓝根、芍药、金莲花等地方优势道地药材绿色规范化种植基地。

第四节　宁夏栽培药材种植分区论述

一、六盘山半阴湿冷凉药材区

（一）六盘山西麓隆德县药材区

1.区域范围与概况

隆德县地处黄土高原西部,系祁连山地槽与华北地台的过渡带,六盘山西麓。位于北纬 35°21′~35°47′,东经 105°48′~106°15′。境内群山绵亘,峰峦叠嶂,沟壑纵横,山势错落。地形东高西低,十山九沟,六盘山东峙,7 条河西流,形成谷地,丘陵插嵌众水之间。最高海拔 2 942 m,大部分区域在 1 900~2 500 m 之间。地貌类型分为黄土丘陵沟壑区(占 55.70%)、阴湿土石山区(占 33.26%)、河谷川道区(占 11.04%)。

隆德县气候属中温带季风区半湿润向半干旱过渡性气候,春季低温少雨,夏季短暂多雹,秋季阴涝霜早,冬季严寒绵长,素有"溽暑有风还透骨,芳春积雪不开花"之说。年平均气温 5.6℃,为全区最低气温,1 月气温最低,极值为-27.3℃;7 月气温最高,极值为 32.4℃。年平均日照时数 2 303.5 h,无霜期 125 d,最少 94 d。年均降水量 766.0 mm,多集中在夏秋两季,尤以 7、8 两个月为降水集中季节。灾害性天气主要有大风、干旱、冰雹、霜冻等。河谷川道农牧区属湿润干旱过渡地带,气候温暖干燥,黄土丘陵农林区半干燥温热。

隆德县分布有始成土、黑垆土、黑麻土、新成土、棕壤土、灰褐土、黪土、山地草甸土、草甸土、沼泽土 10 个类型。隆德县总耕地面积 64.3 万亩,粮食作物面积 40 万亩左右,豆类面积 7 万亩左右,马铃薯面积为 15 万亩左右;玉米面积 5 亩左右。其他经济作物 10 万亩以上。

2. 适宜发展的药材种类

隆德县境内植物共 93 科 788 种,其中药用 90 科 618 种。《隆德县志》记录苔藓植物 41 种,蕨类植物 18 种,裸子、被子植物 729 种。被子植物为优势种群,分 86 科 337 属,占全国被子植物总科数的 28.5%,占总属数的 11.3%,占总种数的 2.9%。788 种植物中,资源植物 322 种 11 类。国家重点保护的稀有植物有桃儿七、黄芪 2 种。

近年来,按照"政府引导、企业主体、市场运行、科技引领"的理念,采取"公司+基地+科技+农户"的模式,推动中药材产业转型升级,加强规范化基地建设。以六盘山道地中药材黄芪、党参、板蓝根、黄芩等为主,在固原国家农业科技园核心区(沙塘镇许沟村)建立规范化基地 5 176 亩(种子种苗繁育 1 100 亩);以柴胡、秦艽、黄芪、黄芩、板蓝根、大黄、防风、金莲花等为主,在联财、神林、观庄、凤岭 4 个乡镇 18 个示范村种植1.46 万亩(种子种苗繁育 1 500 亩);带动全县种植大田药材 4.2 万亩;以林药间作为主要模式,建立六盘山野生资源修复与保护区 4 万亩(六盘山药用植物园 5 300 亩)。引进上海医药公司和广州香雪集团,培育壮大六盘山中药材资源、西北药材、国隆中药材等产业化龙头企业,扶持福源、葆易圣、弘瑞元等药企 20 家、专业合作社 5 家,培育农民经纪人 15 人。落实中药材种植加工机械购置补贴政策,新建中小型中药材加工厂 5家、家庭作坊 15 家。加快中药材市场交易建设,以龙头企业为带动,精深加工、营销为链条,建立"公司+基地+科技+农户"的经营模式,逐步实现中药材由种植向加工、营销全产业链转型。培育特色中药材品牌。以六盘山药用植物园为核心,采集移植、引种驯化道地中药材 188 种,种植 300 亩;完成黄芪、板蓝根国家地理标志认证 2 个,黄芪、秦艽、板蓝根国家 GMP 认证 3 个。广州香雪集团、恒瑞源药业、福源药业、葆易圣药业、国隆中药材科技有限公司通过国家 SC 认证。

隆德县属南部暖温带立地带,包括黄土丘陵区和六盘山山地区 2 个立地区。区域内耕作历史较长、土壤肥力较好的农田,适宜种植黄芪、黄芩、党参、芍药、板蓝根、金莲花、艾草等药材,而移民迁出区的撂荒地、坡梯田等土壤肥力相对较差的农地适宜柴胡、秦艽、大黄等仿野生种植。

(二)六盘山东麓彭阳县药材区

1. 区域范围与概况

彭阳县位于宁夏东南边隅,六盘山脉东侧,泾河水系上游。东、南、北、西分别与甘肃镇原县、平凉市、环县,宁夏原州区接壤。彭阳县位于北纬 35°41′~36°17′,东经 106°32′~106°58′。北部属黄土丘陵沟壑区,海拔 1 294~1 992 m,地形起伏,沟壑纵横;中部属河谷残塬区,海拔 1 248~1 872 m,地势平坦,川塬相间;西南部属土石质山区,海拔 1 900~2 416 m,地势陡峭,局部青砂裸露,岩硝剥离。

彭阳县属典型的温带大陆性气候,光热资源丰富,年平均气温 7.4℃(红河、茹河流域 8.5℃),年均日照时间 2 518 h,≥10℃活动积温 2 500~2 800℃,无霜期 147~168 d,年均降水量 350~550 mm,年蒸发量 1 360.6 mm。风向冬春西北,夏秋东南,主要是西北风,年均风速 2.7 m/s,自然灾害主要是干旱、霜冻、大风、沙尘暴等。

2. 适宜发展的药材种类

自 20 世纪 60 年代群众自发种植中药材以来,彭阳县种植区域遍布全县 12 个乡镇,种植品种有黄芪、黄芩、党参、银柴胡、生地、板蓝根、丹参等近 30 个。目前中药材种植已从当地几代人养家糊口的辅助手段,逐步转变为他们脱贫致富的有效途径之一。2017 年以来,彭阳县委、县政府把中药材确定为五大优势特色产业之一,着力构建集种植、加工、营销为一体的中药材产业发展体系,全力推进中药材产业稳步健康发展。一是制定产业发展扶持政策,制订了《彭阳县产业脱贫富民实施方案》,将中药材产业纳入“全覆盖项目”补贴,对于集中连片新种 5 亩以上苗栽黄芪、黄芩、党参每亩补贴 500 元,红花、芍药每亩补贴 200 元,板蓝根每亩补贴 100 元。支持新型经营主体自建或探索开展通过企业补贴农户的方式创建“五优”基地,对集中连片创建 300 亩以上黄芪、黄芩、党参覆膜育苗基地每亩补贴 1 000 元;500 亩以上苗栽黄芪、黄芩、党参基地每亩补贴 500 元,板蓝根种植基地每亩补贴 100 元,红花、芍药种植基地每亩补贴 200 元。二是加强示范基地建设,通过"项目引导,企业运作"模式,建成百亩以上药材种植基地 51 个(其中:企业大户基地 22 个、村集体 29 个)、500 亩以上示范基地 7 个、千亩以上示范基地 4 个、育苗基地 4 个,引领全县种植中药材 8.1 万亩(其中:大田种植 4.1 万亩、林下种植 4 万亩),辐射带动 694 户精准扶贫户种植中药材 7 028 亩,户均 10 亩。三是培育龙头企业,确定了以北京恒润泰和健康科技有限公司、彭阳县壹珍药业有限公司和固原杏林药业有限公司为主的 3 家龙头企业,对全县所有种植户和合作社采取订单种植和互助合作形式,形成中药材产业联合体,签订订单购销合同,形成了"企业+合作社+基地+农户"产业发展模式和利益共享、风险共担的利益联合机制。四是完善科技服务体系,依托"新时代农民讲习所"、农村实用人才培训基地和中药材企业,深化与区内科研院校知名专家的合作,邀请专家开展中药材技术咨询服务和科技培训。成立中药材产业技术服务组,选派本县技术人员为种植户开展产前、产中指导,确保种植户能够及时掌握栽培新技术和市场信息。

彭阳县地处南部暖温带立地带,包括黄土丘陵、六盘山山地 2 个立地类型区。土壤以侵蚀黑垆土、山地灰褐土为主。北部、中部以侵蚀黑垆土为主,西南部以山地灰褐土为主。土壤质地主要为轻壤土(占 72.4%)和中壤土(占 20.6%),保水保肥性好,通透性好,土层深厚,耕性良好,自然肥力较高,盐碱含量低。有耕地面积 125.5 万亩,主要农业产业有草畜、马铃薯、玉米、瓜菜等。

区域内耕作历史较长、土壤肥力较好的农田,适宜种植黄芪、黄芩、党参、芍药、板蓝根、红花、艾草、射干等药材,而移民迁出区的撂荒地、坡梯田等土壤肥力相对较差的农地适宜柴胡、秦艽、大黄等仿野生种植。

(三)六盘山北麓原州区药材区

1. 区域范围与概况

原州区位于六盘山北麓,北纬 35°34′~36°38′、东经 105°58′~106°32′。海拔 1 470~2 900 m。地势南高北低,山地、丘陵、河谷平原相嵌。其中山地占总面积的 33.2%,东部黄土丘陵区占 46.3%,中部、北部为清水河河谷平原,占 20.5%。

原州区基本属温带大陆性半阴湿半干旱气候,年平均气温 6.0~6.2℃,≥10℃年活动积温为 1 500~2 800℃;年光照时数在 2 520 h 以上,年日照百分率为 57.3%,无霜期 105~125 d;年均降水量 450 mm 左右,且时空分布不均,蒸发量 1 770 mm 左右;处于森林草原向荒漠草原的过渡地带。自然灾害主要有干旱、霜冻、冰雹等。

原州区土壤以黑垆土、新积土、山地灰褐土为本区域主要垂直地带性土壤,另外还有山地草甸土、山地粗骨土、盐土等。现有耕地156.2万亩,农业人口人均占有耕地5.3亩,其中水浇地28.4万亩,占耕地面积的18.2%。林地面积98.3万亩,牧草地面积101.1万亩。境内主要有木本植物200多种,草本植物360多种,药用植物400多种,粮油作物19种,盛产小麦、玉米、马铃薯、胡麻、莜麦、向日葵等,小杂粮、土豆系列产品及甘草、枸杞、蕨菜等在宁夏都享有盛名。

2. 适宜发展的药材种类

原州区地处南部暖温带立地带,包括黄土丘陵、六盘山山地2个立地类型区。区域内耕作历史较长、土壤肥力较好的农田,适宜种植黄芪、黄芩、党参、芍药、板蓝根、红花、艾草、射干等药材,而移民迁出区的撂荒地、坡梯田等土壤肥力相对较差的农地适宜柴胡、秦艽等仿野生种植。

(四)六盘山西麓西吉县药材区

1. 区域范围与概况

西吉县地处六盘山西麓,北纬35°35′~36°14′、东经105°20′~106°04′。海拔1 688~2 633 m,南北长74 km,东西宽67 km,总面积3 143.9 km²,西部和西南部与甘肃会宁、静宁两县接壤,北部与海源县毗邻,东部及东南部与固原、隆德两县相连。六盘山纵延于东,月亮山横亘于北。

西吉县地处大陆性季风气候的边缘,属中温带半湿润向半干旱过渡的地区,年平均气温为5.3℃,年降水量427.9 mm,降水年际变幅大,时空分布不均,其中7~9月降水量占60.9%,无霜期120~150 d,年均气温5.3℃,≥10℃年活动积温1 669.6~2 450.8℃,年日照时数2 322.3 h,年均降水量440 mm,年均蒸发量1 482.3 mm。自然条件恶劣、水土流失严重,旱灾、冻灾、冰雹等发生频繁。

西吉县土壤主要有黑垆土、浅黑垆土、山地灰褐土、绵黄土等。地处东、北部的土石山区为六盘山和南华山接合地带,土壤为山地灰褐土;位于西部黄土丘陵沟壑区土壤以侵蚀黑垆土为主,其次是浅黑垆土和黑垆土;分布于葫芦河川及其支流马莲川、什字川、好水川以及清水河川道,为河流洪积冲积而成,有些地方表土还覆盖有黄土丘陵侵蚀而来的淤积物,土质不一,以沙质土为多。

2. 适宜发展的药材种类

原州区地处南部暖温带立地带,包括土石山区、黄土丘陵和河谷平原3种类型。区域内耕作历史较长、土壤肥力较好的农田,适宜种植黄芪、黄芩、党参、芍药、板蓝根、红花、艾草、金莲花等药材,而移民迁出区的撂荒地、坡梯田等土壤肥力相对较差的农地适宜柴胡、秦艽等仿野生种植。

(五)六盘山南麓泾源县药材区

1. 区域范围与概况

泾源县位于宁夏最南端,北纬 35°14′~35°38′、东经 106°12′~106°29′。泾源县在陇东黄土高原西部,地势由西北向东南倾斜,境内地形以低山丘陵为主,西部为六盘山石质山地,有以米缸山为脉络的大小山峰 40 多座。最高米缸山海拔 2 931 m,山高路陡,气候高寒阴湿,年降水量大于 740 mm,是全县主要的水源涵养区;中南部为沟壑丘陵地带,地势较平缓,川、塬地较多,海拔在 1 700~2 100 m,年降水量大于 630 mm,是全县主要的农耕区;东北部为与六盘山山脉相连的土石山地,属低山丘陵区,地势高寒,海拔在 1 608~2 200 m,最低为柳家河坝 1 608 m,年降水大于 650 mm,是全县农林牧区。

泾源县属中温带半湿润气候区,主要气候特征是气温低、雨量多、湿度大、日照少、无霜期短、春秋气候变化剧烈,灾害性天气多。年均气温 6.9℃,1 月平均气温–7℃,7 月平均气温 17.4℃。极端最高气温 30.1℃,极端最低气温–26.3℃。年均降水量 650.9 mm。年日照时数 2 242 h,全年无霜期 132 d,年平均相对湿度 60%~70%。

2. 适宜发展的药材种类

泾源县属于南部暖温带立地带,是典型的六盘山山地立地类型区,土壤以山地灰褐土为主,其次为黑褐土、草甸土等。区域内耕作历史较长、土壤肥力较好的农田,适宜种植黄芪、黄芩、党参、金莲花等药材,而移民迁出区的撂荒地、坡梯田等土壤肥力相对较差的农地适宜柴胡、秦艽等仿野生种植。

二、中部干旱带沙旱生药材区

(一)盐池县、红寺堡区药材区

1. 区域范围与概况

(1)盐池县　盐池县地理位置为北纬 37°16′~38°15′、东经 105°37′~106°21′。地势南高北低,海拔 1 295~1 951 m,南北明显分为黄土丘陵和鄂尔多斯-缓坡丘陵两大地貌单元,地处鄂尔多斯台地向黄土高原过渡地带。南部为黄土丘陵区,海拔均在 1 600 m 以上。这里山峦起伏,沟壑纵横,梁峁相间,水土流失严重。北部鄂尔多斯台地缓坡丘陵区,海拔多在 1 400~1 600 m,地势较为平缓。

盐池县属温带大陆性季风气候,干旱少雨多风,气候干燥,年均降水量不足 300 mm,

年蒸发 2 026 mm,年均气温 7.7℃,年均日照时数 2 901 h,无霜期 128 d。年均风速 2.8 m/s,冬春两季最为严重,冬季盛行偏北风,夏季盛行偏南风,常有沙尘暴和旱灾等灾害发生。

(2)红寺堡区 红寺堡区地处北纬 37°10′~37°29′、东经 105°45′~106°31′,海拔 1 240~1 450 m。地势南高北低,属于山间丘陵地貌区,主要由缓坡丘陵、洪积扇、风沙地、洪积平原及苦水河、甜水河的河谷平原构成。

红寺堡区属典型大陆性气候,海拔 1 230~1 950 m。年均气温 8.4℃,年均降水量 277 mm,年均蒸发量 2 050 mm,干燥度在 3.5 左右,年日照时数 2 900~3 550 h,无霜期 165~183 d,年均大风天数 55 d 左右,最大风速 30 m/s。

2. 适宜发展的药材种类

盐池县属于北温带立地带,包括台地-风沙区和南部黄土丘陵 2 个立地区,土壤有 9 个大类,即灰钙土、风沙土、黑垆土、盐土、新积土、草甸土、堆垫土、白僵土和裸岩。红寺堡区跨北部中温带立地带和南部暖温带立地带 2 个立地带,主要包括 2 个类型区:东、北部黄土丘陵,西、南部台地-风沙区 2 个立地区,土壤由灰钙土、风沙土和盐土 3 个类型组成。以灰钙土为主,广泛分布于区域内。

区域内耕作历史较长、土壤肥力较好的农田,适宜种植甘草、黄芪、银柴胡、红花、射干等药材。其中,红寺堡区域内,有灌溉条件、土壤肥力较好的农地可以种植枸杞。

(二)同心县药材区

1. 区域范围与概况

同心县地处宁夏中南部,位于北纬 36°14′~37°32′、东经 105°17′~106°41′,是鄂尔多斯台地西部与黄土高原北部的衔接地带,海拔 1 240~2 624 m。北部属山地与山间平原区,自西向东分布为米钵山,清水河河谷平原,烟筒山和黑阴湾山,红寺堡平原、罗山、韦州平原、青龙山。大罗山主峰海拔 2 624.5 m,为宁夏中部最高山峰。南部为黄土丘陵。

同心县属中温带干旱和半干旱地区,大陆性气候明显。年均降水量 272 mm,年均蒸发量 2 325 mm;年日照时数 3 054 h,年均气温 8.4℃,极端低温-27.3℃,极端高温 37.9℃,年均无霜期 182.8 d,年均大风日数 25 d,最多达 45 d;干旱、沙尘暴、高温、霜冻等自然灾害频繁。

2. 适宜发展的药材种类

同心县跨北温带和南部暖温带 2 个立地带,包括 3 个类型区:西、南部黄土丘陵沟垦区,东部台地-风沙区地区,中部清水河川地扬黄灌溉区。土壤以淡灰钙土和黑垆土为主。东、西、南部黄土丘陵区土壤主要有淡灰钙土,其次是新积土和流动风沙土,土壤母质含盐量较高,底层全盐含量较大。中部清水河川地扬黄灌溉区土壤主要为新积土、底盐新积土及灰钙土,土层深厚,质地适中。区域内耕作历史较长、土壤肥力较好的农田,适宜种植银柴胡、甘草、黄芪、黄芩、红花、红柴胡、艾草等药材。其中,有灌溉条件、土壤肥力较好的农地可以种植枸杞。

(三)海原县药材区

1. 区域范围与概况

海原县地处北纬 35°06′~37°07′、东经 105°09′~106°10′。海原县属黄土高原地带,是黄河中游黄土丘陵沟壑区第五副区。全境地形复杂,沟壑纵横,地貌类型多样。中低山和丘陵、塬、梁、峁、塝、谷、川交错相间。其中南华山、西华山、月亮山突立中南部,清水河、金鸡儿沟、西河、苋麻河、中河等黄河一、二级支流纵横交错。地势西南高而东北低,海拔高度 1 300~2 995 m,丘陵、山地交错分布,山地形成孤立突起的块状,被黄土丘陵包围,地形高低起伏,支离破碎,占土地总面积的 90% 以上。

海原县属中温带半干旱区,具有典型的大陆性气候特征,历年平均气温 3.6~8.6℃(年均 7.1℃),气温北高南低,≥0℃的活动积温 3 097.6~3 210.0℃,≥10℃活动积温 2 329.3~2 662.3℃,无霜期 125~169 d(平均 156 d),年均降水量 268.4~450.0 mm,从南到北递减;蒸发量 2 136~2 369 mm(平均 2 268 mm),干燥度 1.8~3.2;年平均日照时数 2 716 h,日照率 61%,年平均辐射总量 566.9 kJ/cm²;年风速 17 m/s 的大风日数达 20 多日。

2. 适宜发展的药材种类

海原县地跨北部中温带和南部暖温带 2 个立地带。主要包括台地-风沙区立地区、黄土丘陵立地区、六盘山山地立地区 3 个立地区,全县共有 9 个土壤类型。具有明显的地带性特征。地带性土壤由南向北依次分布有:山地灰褐土、黑垆土、山地灰钙土、灰钙土、粗骨土等。区域内可种植小茴香、枸杞、黄芪、黄芩、红花等药材,其中灌溉条件、土壤肥力较好的农地可以种植枸杞。

三、中北部引黄灌区药材区

(一)卫宁平原中宁县、沙坡头区药材区

1. 区域范围与概况

(1)中宁县 "中国枸杞之乡"中宁县位于宁夏中部,地处宁南山区黄土高原和引

黄灌区的衔接段,位于北纬 37°10′~37°49′、东经 105°27′~106°06′。中宁县地形复杂,山川兼有,西北靠腾格里沙漠,东南和毛乌素沙地相连。四面高、中间低,北部、东部和南部多为山地和丘陵,海拔 1 200~2 200 m,占全县土地总面积的 81.75%。黄河自西部东转横贯全境,把全县切割为南北两部分,沿黄河两岸是一条东西狭长的带状冲积平原,海拔 1 160~1 200 m,面积占全县土地总面积的 18.25%。

中宁县属于典型的大陆性气候,光照资源丰富,热量充足,干旱少雨,风沙大,自然灾害多。年均气温 9.1℃,无霜期 140~170 d,年日照时数 2 883.1 h,年均降水量 220 mm,年均蒸发量 2 055.3 mm,干燥度 3.91。自然灾害有风沙、山洪、冰雹、霜冻等。

(2)沙坡头区 中卫市地处宁夏、内蒙古、甘肃 3 省区的交界点,也是黄河自流灌溉第一地,位于北纬 36°59′~37°43′、东经 104°17′~105°37′。境内地形复杂,地势由西南向东北倾斜,南北高中间低。北部为腾格里沙漠,中部为黄河冲积平原,黄河南岸为南山台地、南部为香山中低山丘陵地区,最高海拔 2 361.6 m,最低为 1 194 m,南部香山地区为黄土丘陵及石质山区,沟壑纵横,植被稀少,水土流失严重,大部分为退化的天然牧场。北部干旱沙漠区以新月形沙丘链为主的腾格里沙漠东南前缘,海拔1 700~1 200 m。

沙坡头区属典型的大陆性气候,沙漠气候特征非常明显。干旱少雨,西北风较多,昼夜温差大。日照时数为 2 854.9 h,年均气温 8.4℃,无霜期 167 d,年降水量 188.4 mm,年蒸发量是 2 100~2 400 mm,沙漠地区蒸发量为 3 206.5 mm。灾害性天气主要有旱灾、冰雹、霜冻、大风、沙尘暴、暴雨、干热风等。

2. 适宜发展的药材种类

中宁县地处北部温带立地带,包括宁夏平原、台地-风沙区 2 个立地区,土壤以淡灰钙土、灌淤土为主,其次还有盐土、风沙土、新积土、湖土、砾石土等。中部引黄灌区为黄河冲积平原,土壤以灌淤土为主。灌区北部至腾格里沙漠东南前缘,主要土壤为淡灰钙土和风沙土。北部为干旱风沙区,土壤以风沙土为主。

沙坡头区地处北部温带和南部暖温带 2 个立地带,包括宁夏平原、台地-风沙区和黄土丘陵 3 个立地区。北部干旱沙漠区是以新月形沙丘链为主的腾格里沙漠东南前缘,土壤为风沙土。南部香山地区为黄土丘陵及石质山区,土壤以淡灰钙土为主。中部引黄灌溉区土壤主要为灌淤土。

区域内有灌溉条件、土壤肥力较好的农地可以种植枸杞和少量的金银花,次一类的农地可以种植郁李仁。

(二)银北引黄灌区平罗县、惠农区药材区

1. 区域范围与概况

宁夏银北引黄灌区位于宁夏北部,东西宽约 88.8 km,南北长约 119.5 km,位于北纬 38°21′~39°25′、东经 105°58′~106°39′。处在中国西部的黄河上游地区,西依贺兰山、东濒黄河、北连内蒙古,由黄河冲积平原和贺兰山东麓的洪积扇组成,包括永宁县北部的 4 个乡(增岗、胜利、望远和通桥),银川郊区,贺兰、平罗、惠农 3 县区及农垦系统的国有农场,是宁夏引黄灌区的主要农业区之一。海拔1 090.0~3 475.9 m,按地形地貌可分为贺兰山山地、贺兰山东麓洪积扇冲积平原、黄河冲积平原和鄂尔多斯台地 4 种类型。地势南畅北通,西高东低,东西窄而南北长。东跨黄河,与内蒙古鄂尔多斯市为邻;西临贺兰山,与内蒙古阿拉善盟隔山相望;北依黄河水,与内蒙古鄂托克后旗相邻。温带大陆性气候,光热资源充足,土地资源丰富,自然条件比较适宜,水稻、小麦、玉米、马铃薯等是本地的传统作物,发展粮食作物生产具有极大的优势。

2. 适宜发展的药材种类

宁夏银北引黄灌区土地资源数量大、质量好,有耕地 160 多万亩,宜农荒地约 125 万亩,贺兰山山前和河东半荒漠草场 200 多万亩,灌区分布的主要土壤类型有灌淤土、盐渍土、灰钙土、湖土、草甸土、白僵土等,其中多数土壤的矿质营养丰富,质地适中,土层深厚,地形平坦,灌溉便利,适宜机耕。区域内,适宜种植菟丝子、枸杞、红花、金花葵等药材。

参考文献

[1] 邢世瑞. 宁夏中药志[M]. 第二版, 上卷. 银川: 宁夏人民出版社, 2006.

[2] 邢世瑞. 宁夏中药资源[M]. 银川: 宁夏人民出版社, 1987.

[3] 张源润, 蒋齐, 许浩, 等. 宁夏宜林地立地类型划分及造林适宜性评价研究 [M]. 银川: 阳光出版社, 2012.

编写人:李明　安钰　刘华　张新慧

第四章　宁夏主要栽培药材

第一节　枸　杞　子

一、概述

来源:本品为茄科植物宁夏枸杞(*Lycium barbarum* L.)的干燥成熟果实。夏、秋两季果实呈红色时采收,热风烘干,除去果梗,或晾至皮皱后,晒干,除去果梗。

生长习性:枸杞喜冷凉气候,耐寒力很强。当气温稳定在7℃左右时,种子即可萌发,幼苗可抵抗-3℃低温。春季气温在6℃以上时,春芽开始萌动。枸杞在-25℃越冬无冻害[1]。枸杞根系发达,抗旱能力强,在干旱荒漠地仍能生长。生产上为获高产,仍需保证水分供给,特别是花果期必须有充足的水分。光照充足,枸杞枝条生长健壮,花果多,果粒大,产量高,品质好。枸杞多生长在碱性土和沙质壤土,最适合在土层深厚、肥沃的壤土上栽培[2]。

质量标准:执行《中华人民共和国药典》(2015年版一部)[3]。

【性状】本品呈类纺锤形或椭圆形,长6~20 mm,直径3~10 mm。表面红色或暗红色,顶端有小突起状的花柱痕,基部有白色的果梗痕。果皮柔韧,皱缩;果肉肉质,柔润。气微,味甜。种子20~50粒,类肾形,扁而翘,长1.5~1.9 mm,宽1.0~1.7 mm,表面浅黄色或棕黄色。

【鉴别】本品粉末黄橙色或红棕色。外果皮表皮细胞表面观呈类多角形或长多角形,垂周壁平直或细波状弯曲,外平周壁表面有平行的角质条纹。中果皮薄壁细胞呈类多角形,壁薄,胞腔内含橙红色或红棕色球形颗粒。种皮石细胞表面观不规则多角形,壁厚,波状弯曲,层纹清晰。

【检查】水分不得过13.0%。

总灰分不得过 5.0%。

重金属及有害元素铅不得过 5 mg/kg,镉不得过 0.3 mg/kg,砷不得过 2 mg/kg,汞不得过 0.2 mg/kg,铜不得过 20 mg/kg。

【浸出物】不得少于 55.0%。

【含量测定】含枸杞多糖以葡萄糖($C_6H_{12}O_6$)计不得少于 1.8%。含甜菜碱($C_5H_{11}NO_2$)不得少于 0.30%。

【性味与归经】甘,平。归肝、肾经。

【功能与主治】滋补肝肾,益精明目。用于虚劳精亏,腰膝酸痛,眩晕耳鸣,阳痿遗精,内热消渴,血虚萎黄,目昏不明。

【用法与用置】6~12 g。

【贮藏】置阴凉干燥处,防闷热,防潮,防蛀。

二、基原考证

(一)本草记述

枸杞子最早记载于《神农本草经》[4],曰:"枸杞,味苦,性寒。主五内邪气,热中,消渴,周痹。"《吴普本草》[5]曰"羊乳";《抱朴子》[6]曰"象柴、纯卢、仙人杖、却老、天精";《日华子本草》[7]曰"地仙";《本草衍义》[8]曰"枸棘"[l];《草木便方》[9]载为"狗地芽";《本草经集注》[10]曰"苟起子";《救荒本草》[11]记为"甜菜子";《藏府药式补正》[12]曰"杞子"。宋·史子玉《枸杞赋》[13]曰:"匪藻匪芹,强名曰杞,或云羊乳,亦云狗忌。"《本草纲目》[14]载为"枸杞子,又因枸杞活龄长久者,干根怪异,多类犬形,故名杞狗"。唐·白居易《和郭使君题枸杞》诗云:"不知灵药根成狗,怪得时闻夜吠声。"宋朝苏轼诗曰:"苓龟亦晨吸,杞狗或夜吠。"又《枸杞》诗:"灵龙或夜吠,可见不可索。仙人倘许我,借杖扶衰疾。"近现代,中医学有了进一步的发展,我国各种中医药书籍大量出现,枸杞子的有关名称更加丰富。如《河南中药手册》记为枸杞、红青椒、枸蹄子;《陕甘宁青中草药选》[15]中枸杞子别名有野辣椒、红果子。《中草药学》[17]中枸杞子又名土杞子、枸茄子、狗奶子、红耳坠、红榴榴[16]。枸杞又有西枸杞、宁夏枸杞子、中宁枸杞、津枸杞、血枸杞、北枸杞等别名。如上所述,枸杞子名称的古今记载有枸杞、枸忌、羊乳、象柴、仙人杖、却老、天精、地仙、枸棘、狗地芽、枸杞子、甜菜子等多种,但历代本草及现代资料中记为正名的仍为枸杞或枸杞子。

(二)基原物种辨析

枸杞子(Gouqizi、英文名 *Fructus Lycii*)是茄科(*Solanaceae*)枸杞属(*Lycium*)植物。

枸杞族植物呈灌木状,叶不分裂,花为漏斗状或筒状钟形,呈紫色、浅紫色,果萼仅宿存于浆果基部,不包围果实。这个族有 3 个属,即 *Grabowskia*、*Lycium*、*Phrodus*,中国仅有枸杞 1 属。枸杞属植物全世界约有 80 种,间断分布于全球的温带地区:欧洲 3 种;亚洲 7~8 种;澳大利亚 1 种;美洲约 45 种,美国的亚利桑那州和阿根廷是世界上枸杞属植物的两个分布中心;南非 6 种,常作观赏植物,由于它们多有叉状分枝、具刺,一般用作绿篱。可以利用以下特征对枸杞子进行真伪鉴别:真品枸杞子类纺锤形,略扁,长 6~21 mm,直径 3~10 mm,表面鲜红或暗红色,略具光泽,肉厚,味甜,微酸[18]。

20 世纪 70 年代对我国西北五省(自治区)、河南、河北和天津地区的枸杞属植物进行了深入调查,确定了中国枸杞属种质资源计 7 种和 3 个变种。

1. 枸杞(*Lycium chinense* Mill.)

从植被角度分析,枸杞是长在森林区内低海拔地段的一个森林区分布种,其分布东起日本、韩国、朝鲜,直达我国的东北、华北、华中、华南和西南,西可到喜马拉雅和巴基斯坦, 是一个常见的典型东亚种。该种中有一个变种——北方枸杞 [*Lycium chinense* Mill. var. *potaninii*(Pojark.) A. M. Lu],分布于河北北部、山西北部、陕西北部、甘肃西部、青海东部、内蒙古、宁夏和新疆,多长在山地阳坡和沟谷地。

2. 宁夏枸杞(*Lycium barbarum* L.)

宁夏枸杞又名甘枸杞,主要分布在川北、华北北部、内蒙古、陕西、甘肃、宁夏、青海和新疆,从植被角度分析,这是一个草原荒漠区分布种。由于在我国有悠久的栽培史,有的已野生化。该种于 1740—1743 年被引入法国,欧洲及地中海沿岸国家普遍栽培并逸为野生。该种的变种——黄果枸杞 (*Lycium barbarum* L. var. *auranticarpum* K. F. Ching),只生长在宁夏银川地区,多长在田边和宅旁。《全国中草药汇编》中记载枸杞子为茄科枸杞属植物宁夏枸杞(*Lycium bararum* L.)或枸杞(*Lycium Chinese* Mill)的果实。

1977 年版的《中华人民共和国药典》记载:枸杞为茄科植物宁夏枸杞(*Lycium bararum* L.),为落叶灌木,高达 1~3 m。茎直立,主枝多条,粗状,淡灰黄色,上部分枝细长,先端弯曲下垂,断枝刺状,长 1~4 cm。叶互生或数片簇生于短枝或长枝顶上;叶稍厚,狭披针形或披针形,长 2.5~6.0 cm,宽 0.5~1.5 cm,先端尖,基部楔形,下延成叶柄,全缘,上面深绿色,下面灰绿色,无毛。花单生或数朵簇生于长枝上部叶腋,花细,长 1.5~2.0 cm;花萼杯状,先端 2~3 裂,先端边缘有纤毛。花冠漏斗状,筒部顶端 5 裂,裂片卵形,向后反卷,粉红色或浅紫红色,有暗紫色脉纹,边缘有纤毛;雄蕊 5 枚,生于花冠中部,花丝细,不等长,花药长圆柱形,纵裂;子房上位,2 室,柱头头状。浆果倒卵形或卵

形,红色或橘红色。种子多数,扁平肾形。花期5~6月。果期6~11月。

3. 黑果枸杞(*Lycium ruthenicum* Murr.)

黑果枸杞广布于我国的陕西北部、宁夏、甘肃、青海、新疆和西藏,中亚、高加索和欧洲也有分布。该种枸杞的生态适应表现在更耐干旱,常长在盐碱化的荒地上。

4. 截萼枸杞(*Lycium truncatum* Y.C.Wang)

截萼枸杞分布于山西、陕西北部、内蒙古和甘肃,多长在海拔800~1 500 m的山区。

5. 新疆枸杞(*Lycium dasystemum* Pojark.)

新疆枸杞除分布于我国的新疆、甘肃和青海省区外,还分布于中亚地区,多长在海拔1 200~2 700 m的山坡、沙滩或绿洲处。该种的变种——红枝枸杞(*Lycium dasystemum* Pojark. var. *rubricaulium* A. M. Lu)仅产于青海诺木洪地区,长在海拔2 900 m的灌丛中。

6. 柱筒枸杞(*Lycium cylindricum* Kuang et A.M. Lu)

柱筒枸杞产于我国的新疆地区。

7. 云南枸杞(*Lycium yunnanense* Kuang et A.M. Lu)

云南枸杞发现于云南省的禄劝县和景东县,多长在海拔1 360~1 450 m河滩沙地的潮湿处或丛林中。

中国枸杞属植物的自然分布,除海南省外,其他各地均有。台湾地区分布的种为枸杞(*L. chinense* Mill.)。在这些种类中,我国传统医药广泛利用的有两种,即枸杞(*L. chinense* Mill.)和宁夏枸杞(*L. barbarum* L.)。但是,长期以来,对这两种枸杞的记述十分混乱。考证我国古书上的枸杞图均为(*L. chinense* L.)(叶卵形、花萼多数为3裂)。1963年版的《中华人民共和国药典》将两种枸杞均予以收载,可1977年版至2000年版只收载了宁夏枸杞;在医药书上常有"西枸杞"和"津枸杞"的记载,例如《中华药海》写道:西枸杞为宁夏枸杞的干燥成熟果实,津枸杞又名津血杞和杜杞子,为枸杞的干燥成熟果实。这显然是将在20世纪80年代中期以前,我国两大栽培枸杞产区(即宁夏和天津)的枸杞当作了不同的种。学者在20世纪70年代对天津静海县和河北青县的栽培枸杞进行调查,这里的栽培枸杞与宁夏栽培枸杞是同一个种,即*L. barbarum* L.。20世纪80年代只有河北一些地区栽培的是枸杞(*L. chinense* Mill.)的一个变种,即北方枸杞(*L. chinense* var. *potaninii*),它曾被卫生部药品生物制品检定所检定为"新异品种",其形态识别可参考《中国植物志》[19]。枸杞和宁夏枸杞之间的区别见表4-1。

表 4-1　中国两种枸杞的鉴别

项　目	枸杞(*Lycium chinense*)	宁夏枸杞(*Lycium barbarum*)
习性	多分枝灌木	灌木或栽培呈小乔木状
茎	弯曲或俯垂	直立,栽培者树干直径可达 10~20 cm
叶	卵形、长椭圆形、卵状披针形	披针形、长椭圆状披针形
花萼	常常 3 中裂	常常 2 中裂
花冠	筒部短于裂片	筒部长于裂片
花冠裂片	有缘毛	无缘毛
种子	长约 3mm	长约 2mm
果味	甜而略带苦味	甘甜而无苦味
中国分布型	森林区	草原荒漠区

三、道地沿革

先秦时期的历史文献中,枸杞单名为"杞",又作"机"。秦汉之时,正式定名为枸杞[20]。枸杞是药食同源植物,古时为人们日常食用原料之一。在其发展历史中,枸杞的栽培逐渐发展,并导致药用部位也逐渐改变,而其道地产区也发生了较大改变。

秦汉时期,《五十二病方》就有了枸杞根入药的记载。《神农本草经》[4]言:"枸杞,味苦,寒。主五内邪气,热中,消渴,周痹。久服,坚筋骨,轻身不老"。

魏晋南北朝,枸杞是服食要药记载。如《抱朴子仙药篇》[6]云:"象柴,一名托卢是也。或云仙人杖,或云西王母杖,或名天精,或名却老,或名地骨,或名苟杞也。"古人认为其有助于得道成仙,而誉其为"仙人之杖"。《名医别录》[20]曰:"冬采根,春、夏采叶,秋采茎、实,阴干",指出枸杞的根、茎、叶均可入药,未言枸杞子。《本草经集注》云:"今出堂邑,而石头烽火楼下最多。其叶可作羹,味小苦。俗谚云:去家千里,勿食蔓摩、枸杞,此言其补益精气,强盛阴道也……枸杞根、实,为服食家用,其说乃甚美,仙人之杖,远自有旨乎也"[10]。堂邑,在南朝梁代时相当于今天江苏六合县一带。

隋唐时期,《药性论》[21]谓枸杞"补精气诸不足,易颜色、变白,明目安神,令人长寿",并指出枸杞叶"作饮代茶,能止渴,清烦热,益阳事,解面毒"。唐代刘禹锡的《传信方集释》[22]亦载用枸杞叶煮粥治疗劳损。《食疗本草》[23]云:"叶及子:并坚筋能老,除风,补益筋骨,能益人,去虚劳……根:主去骨热,消渴。"对枸杞不同部位的功效进行了初次的分述。唐代盛行服食,枸杞的服食更是如此,故有大量的诗文提及枸杞,如白居易《和郭使君题枸杞》诗:"不知灵药根成狗,怪得时闻吠夜声",据传枸杞根有似狗者,最灵,故名枸杞。刘禹锡亦有诗云:"僧房药树依寒井,井有香泉树有灵。翠黛叶生笼石甃,殷红子熟照铜瓶。枝繁本是仙人杖,根老新成瑞犬形。上品功能甘露味,还知一勺可延龄。"又如孟郊《井上枸杞架》:"深锁银泉甃,高叶架云空。不与凡木并,自将仙盖同。影疏千点月,声细万条风。进子邻沟外,飘香客位中。花杯承此饮,椿岁小无穷。"唐代流行服食枸杞,直接导致了枸杞栽培的大发展。《千金翼方》中对枸杞种植方法进行了最早的也是较为全面的记录。从其所载来看,当时以扦插为主的无性繁殖和种子繁殖两种方法已经广泛应用于枸杞栽培,而每种繁殖方法又分别采用开沟种植和挖坑种植两种栽培模式,并对整地、施肥、灌水、采收方法和时间等各个生产环节都有十分具体的要求,栽培技术已经相当成熟。之后的《山居要术》《四时纂要》也载有枸杞的种植方法。

唐代枸杞栽培的发展,不仅满足了求仙服食或者日常饮食的需要,更最终导致了枸杞药用部位的改变。最初种植枸杞的目的,是为了采集其幼苗,作为日常服食的原料,繁殖方式、栽培技术以及采收方法,都是围绕增加基叶的产量而制定的。但随着种子繁殖的普及,采种成为重要环节,用于采食的枸杞园中必然留一部分植株令其开花结果,专供采种,兼以食用。晚唐以后,种子繁殖逐渐成为枸杞栽培的主要方式。随着枸杞种子需求数量的日益增加,种植面积相应扩大,从而促进了果用枸杞栽培的发展。所以,在《四时纂要》[24]中不仅没有记述无性繁殖的方法,还首次对"收枸杞子"进行了专门记载,指出"九日收子,浸酒饮,不老,不白,去一切风"。《雷公炮炙论》[25]论述枸杞的炮制为:"凡使根,掘得后,使东流水浸,以物刷上土,了,然后待干,破去心,用熟甘草汤浸一宿,然后焙干用。其根若似物命形状者上。春食叶,夏食子,秋、冬食根并子也。"又提出以枸杞为辅料来炮制巴戟天,"凡使,须用枸杞子汤浸一宿,待稍软,漉出,却,用酒浸一伏时,又漉出,用菊花同熬,令焦黄,去菊花,用布拭令干用。"

两宋时期有《本草图经》[26]:"今处处有之。春生苗,叶如石榴叶而软薄堪食,俗呼为甜菜;其茎干高三、五尺,作丛;六月、七月生小红紫花;随便结红实,形微长如枣核。其根名地骨。春夏采叶,秋采茎实,冬采根",并提及"今枸杞极有高大者,其入药极神良。"与前代所用枸杞,也非同一种类。《梦溪笔谈》[27]也提到枸杞,云:"枸杞,陕西极边生者,高丈余,大可作柱,叶长数寸,无刺,根皮如厚朴,甘美异于他处者。《千金翼方》云:"甘州者为真,叶厚大者是,大抵出河西诸郡,其次江池间圩埂上者,实圆如樱桃,全少核,暴干如饼,极膏润有味",与《本草图经》所言极高大者相类似。

南宋末年,《博闻录》[28]言种枸杞法:"秋冬间收子,净洗日干。春耕熟地作町,阔五寸。纽草秆如臂大,置畦中,以泥涂草秆上,然后种子;以细土及牛粪,盖令遍。苗出,频水浇之。又可插种。"

　　总体来讲,宋代种植枸杞已由单纯采摘茎叶和果实,转向全草兼收,应用范围进一步扩大。正如苏东坡在《小圃五咏·枸杞》[29]一诗中描述,枸杞"根茎与花实,收拾无弃物",而成书于金元之际的《务本新书》也说:"枸杞,宜故区畦种。叶做菜食,子、根入药",这充分说明,在人工栽培的园圃之中,根、茎、叶、花和果实都是采收的对象,产品趋于多元化,大大提高了综合利用率和生产效益。

　　元朝初年,枸杞栽培技术有了新的突破,"新添"了小苗移栽和伏天直接由枸杞植株压条育苗两项新技术。具体方法是:"秋收好子,至春畦种,如种菜法。"待来年"三月中,苗出时,移栽如常法。伏内压条特为滋茂",采用这两种方法,培育出的种苗肥壮而高大,移栽成活率高。同时,还简化了扦插的复杂工序,直接将枸杞茎"截条长四五指许,掩于湿土地中,亦生"[30],形成了可以推广的壮苗繁育和移栽技术。至此,传统的枸杞栽培技术已经全部形成。

　　大约自元朝初年开始,枸杞利用的重点已经发生了转变。从鲁明善《农桑衣食撮要》[30]中"春间嫩芽叶可做菜食"的记载说明,种植枸杞主要是为了采摘其果实,苗叶只是在"春间"作为蔬菜食用。

　　明清时期,《本草纲目》[14]载:"古者枸杞、地骨取常山者为上,其他丘陵阪岸者皆可用。后世惟取陕西者良,而又以甘州者为绝品。今陕之兰州、灵州、九原以西枸杞,并是大树,其叶厚根粗。河西及甘州者,其子圆如樱桃,暴干紧小,少核,干亦红润甘美,味如葡萄,可作果食,异于他处者"。河西,泛指黄河上游流域以西的广大地区,即今陕西、甘肃、宁夏等省、自治区;兰州,即今兰州一带;九原,即内蒙古后套地区、黄河南岸的鄂尔多斯市(伊克昭盟)北部。

　　《本草纲目》还指出枸杞因药用部位不同,其性味和功效均有显著差别:"枸杞苗叶味苦甘而气凉,根味甘淡气寒,子味甘气平。气味既殊,则功用当别",其以枸杞子为滋补药、地骨皮为退热药的主张得到后世的认同与传承。如:"春采枸杞叶,名天精草;夏采花,名长生草;秋采子,名枸杞子;冬采根,名地骨皮"。

　　明清时期,枸杞的种植技术没有太大创新,但种植规模逐步扩大。据明代方以智在《物理小识》[31]中记载"惠安堡(疑为宁安堡,即今宁夏中宁县)枸杞遍野,秋实最盛"。至清代乾隆年间,"宁安(今宁夏中宁县)一带,家种杞园。各省入药甘枸杞,皆宁产也"[32]。

　　医药市场入药枸杞,已经全部是人工栽培的产品,野生枸杞已经退出医药市场。

四、道地药材产区及发展

(一)道地药材产区

枸杞子在我国西北、华北地区都有分布,其中最负盛名的是宁夏枸杞,其余主要分布于甘肃、山西、新疆、青海、陕西、河北、内蒙古等地。宁夏枸杞栽培历史悠久,果实粒大、色艳、质优,属药材珍品,其药用价值和营养价值极高,是一种"药食同源"的功能性保健食品。

枸杞在先秦、秦汉时期一般只叫"杞""枸杞",产地为今湖南省、四川省、山西省、河北省。《山海经》中枸杞的产地在东次二经(今湖南)、中次九经(今四川)。《名医别录》[20]记载"枸杞,生于常山及诸丘陵阪岸",即恒山山脉。到唐代,孙思邈《千金翼方》[33]记载:"甘州者为真,叶厚大者是",也就是说,唐朝以甘肃所产的枸杞为道地药材无疑。明代《物理小识》[31]中记载"西宁子少而味甘,它处子多"。一直到清代才将宁夏作为枸杞的主产区。现将枸杞的道地产区沿革列表 4-2 如下。

表 4-2　枸杞的道地产区变迁

年　代	产　　地
先秦	湖南、四川
秦汉	山西、河北
唐	甘肃
明	青海
清	宁夏
近代	宁夏
现代	宁夏、甘肃、青海、新疆

宁夏自清代以来至今,一直是枸杞的道地产区,具有深远的历史优势。宁夏中宁是全国最大的枸杞交易市场,但其交易商品——枸杞,却源于多数省份的栽培。

(二)产区生境特点

《名医别录》[20]曰:"枸杞,生常山平泽及诸丘陵阪岸。颂曰:今处处有之"。"古者枸杞、地骨,取常山者为上,其他丘陵阪岸者皆可用,后世惟取陕西者良,而又以甘州者为绝品,今陕之兰州、灵州、九原以西,枸杞并是大树,其叶厚根粗,河西及甘州者,其子圆如樱桃,暴干紧小少核,干亦红润甘美,味如葡萄,可作果食,异与他处者,则入药大抵以河西者为上"。枸杞生于沙质土,黄土沟沿、路旁、村边随处可见枸杞。枸杞主产于宁夏、甘肃、青海、新疆等地,我国东北及西北各省、自治区、沙区均有分布。对比古今枸杞子分布与产地可知,自古以来,枸杞子一直广泛分布全国各地,其中以宁夏所产枸杞子质量最佳。

宁夏作为宁夏枸杞的道地产区,种植区已经从以前的中宁、银川地区发展到惠农、海原和固原北部。枸杞曾经长在黄河流域的河岸,时至今日,枸杞仍然栽种在黄河水可灌溉的土地。

(三)道地药材的发展

枸杞自作为药食两用的中药大品种以来,其需求量便与日俱增。选育出优质高产的栽培品种成为迄今在研究的重要课题。枸杞属在我国分布有 7 种 3 变种,在我国北方属于野生资源较为丰富的植物类群。在栽培选育上,宁夏优先选育已有一定栽培历史,品种丰富(以提供较多优良表型),繁殖能力强,抗病抗虫的野生种或品种作为种质来源。

在清朝就已经有了枸杞栽培的记载。清代乾隆年间宁夏《中卫县志》[32]云："宁安一带,家种杞园。各省入药甘枸杞,皆宁产也。"当时的枸杞基原为枸杞($L.$ $chinense$ Mill.)或是宁夏枸杞($L.$ $barbarum$ L.),即使结合本草记载也已很难考证。就现存量而言,可能是二者均有。因为枸杞($L.$ $chinense$ Mill.)的种子较少,繁殖速度远远跟不上宁夏枸杞($L.$ $barbarum$ L.),如果当时没有栽培枸杞($L.$ $chinense$ Mill.),而只栽培了宁夏枸杞($L.$ $barbarum$ L.),枸杞($L.$ $chinense$ Mill.)的现存数目一定非常少。

宁夏枸杞本身粒大味甘,极有可能符合现代人将其作为保健食品的口味,若继续培育提高其粒度等性状,更会隐含巨大的经济利益。多地均以宁夏枸杞($L.$ $barbarum$ L.)作为种源选育,其取得的巨大成就毋庸置疑,目前大品种有宁杞一号、宁杞二号、宁杞五号、宁杞七号、宁杞九号、精杞一号、精杞二号、蒙杞一号、蒙杞二号、菜果子、绿洲一号、白条、麻叶一号、麻叶二号等品种,在我国北方多个省份均有种植。

早在 1963 版《中华人民共和国药典》把枸杞($L.$ $chinense$ Mill.)和宁夏枸杞($L.$ $barbarum$ L.)均作为枸杞子的来源。这是由于当时枸杞的知名度、流通量、需求量都十分有限,也没有严格的枸杞质量等级导致的多基原入药。自 1977 版《中华人民共和国药典》,至今,宁夏枸杞($L.$ $barbarum$ L.)为枸杞子的唯一正品基原。

五、药材采收和加工

枸杞为无限花序的连续花果植物,适时采果是保证质量的一个主要技术环节。当果实由青绿色变成橙红色即已成熟,可及时采摘。采果过迟或过早以及方法不当都会影响果的质量。采果必须注意以下三个方面的问题:一是雨后或早晨果实表面上水分太多时不宜采摘,待果面上的水分干后再采;二是采果时要轻摘,轻拿,轻放,果篮里果不可盛的太多,要防止采果时果实受伤或压烂;三是当中午阳光强烈气温过高时(即37℃以上)不可采收,否则采晒后果实易变黑,影响质量。

机械化采收存在易损伤、误采、漏采的突出难题,而该难题又与枸杞干果高品质需求相矛盾,严重制约枸杞产业向机械化高效采收方向发展。

农业部南京农业机械化研究所果蔬茶创新团队在5年内,联合盐城市盐海拖拉机制造有限公司、宁夏农林科学院枸杞工程技术研究所和无锡华源凯马发动机有限公司等先后开展调研、方案论证、样机试制、试验与改进等工作,成功研制枸杞气振复合采收机。一方面,在不能减少枸杞产量的前提下,修正枸杞栽培农艺,主根对其多层枝条分布两侧,为隧道式跨行枸杞采收技术提供农艺基础;另一方面,提出枸杞挂果冠型仿形、气振复合采收技术,结合机、电、气控制技术,研制枸杞气振复合采收机,实现枸杞气振连续采收和采摘关键部件仿形调控功能,达到枸杞快速脱果、低损伤、低误采的目标。通过现场试验,该机达到枸杞机械化采收农艺指标要求,一次枸杞采净率达到90%,鲜果损伤率控制在5%以内,一台机器抵15个人工,鲜果烘干后,干果品相亮泽,鲜有黑果,达到干果销售要求。

枸杞果实干燥的方法可以分为晒干和烘干两种。采用这两种方法应根据农时季节和气候条件而定。在夏季采收时(即6月份)多数采取晒果,而在秋果采收时若遇阴雨连绵或连续阴天时要进行烘干,以确保果实不发霉不变黑。

枸杞传统的晒干方法:先将鲜果均匀摊薄于晒席上摊晒,头两天中午阳光强烈时要移至阴凉处晾晒,因暴晒后易成僵子,色泽不佳,且不易干燥。待15:00以后再移至阳光下。第三天可整天暴晒,直至全干,一般要晒7~10 d才能干燥。若遇阴雨天,要进行烘干。烘房的温度控制在50~55℃,在烘干过程中,要勤翻动,使之受热均匀,一般烘1~2 d,果实不软不脆,含水量在10%~12%即可。果实干燥后,应除去果柄,分级包装。

大规模规范化种植的枸杞园区,由于面积集中,日采收量大,不可能有大面积的晾晒场地和较多的果栈,仅靠日光晒干已不能适应集约化生产的需求,也达不到无公害的卫生指标,于是体现现代科技进步的机械脱水干燥装置及工艺技术应运而生,如太阳能烘干法、热泵烘干法、真空脉动烘干法。

晒果和烘果要注意两个问题:一个是当枸杞果晒(烘)到用手紧握后再松手枸杞果自然松散,并且果子不破烂即成干果;另一个是当晒(烘)到果柄和果实连接部、不出小水珠后温度高于36℃低于40℃时果的质量不会受影响。

经干燥后的枸杞果,就可进行脱果把和去杂质工作。将已晒干(或烘干)的果实放在一个布袋里(袋长 180 cm,宽 50 cm)由 2 个人各拉一头,用力来回拉送,拉后再往地上轻轻摔打,使果实和果把分离,然后将此脱把的果实倒出布袋,用簸箕扬去果把和杂质。也可用细眼筛子筛选,去把去杂保果纯净。

六、药材质量特征和标准

(一)本草记述的药材性状及质量

药材性状是衡量药材传统质量的评价指标,本草对道地枸杞性状的描述很少,"古者枸杞、地骨,取常山者为上,其他丘陵阪岸者皆可用,后世惟取陕西者良,而又以甘州者为绝品。今陕之兰州、灵州、九原以西,枸杞并是大树,其叶厚根粗,河西及甘州者,其子圆如樱桃,暴干紧小,少核,干亦红润甘美,味如葡萄,可作果食,异与他处者,则入药大抵以河西者为上"。

(二)道地药材质量特征的研究

1. 资源化学成分

枸杞植物中所含化学成分类型丰富,主要包括多糖类、氨基酸类、黄酮类、生物碱类、类胡萝卜素类、肽类、有机酸类、甾醇类、萜类、微量元素等多种类型化学成分[34-36]。

(1)枸杞多糖　枸杞多糖(LBP)是宁夏枸杞中主要的化学成分,占枸杞子干重的 5%~8%,是酸性杂多糖同多肽或蛋白质构成的复合性多糖。大多数研究利用的都是枸杞多糖的粗品,对于其提取分离和纯化方法及其组成成分和结构的分析研究报道较少。从宁夏枸杞子中分离得到 4 个水溶性肽多糖[37]。

(2)氨基酸类　枸杞子中存在 20 余种氨基酸,总量为 9.14%,含有人体必需的 8 种氨基酸,枸杞叶与枸杞子中氨基酸成分类似,但叶中氨基酸含量(12 mg/100 g)高于枸杞果实(9 mg/100 g)[38]。地骨皮中分离出由 8 个氨基酸组成的肽类化合物,枸杞素 A (lyciumin A)、枸杞素 B(lyciumin B)、枸杞素 C(lyciumin C)、枸杞素 D(lyciumin D)[39]。

(3)黄酮类　枸杞子中含有多种黄酮类化合物,总黄酮含量高达 13%[40]。

(4)类胡萝卜素类　枸杞子橘红色的物质基础是其中的类胡萝卜素类物质,其占枸杞子干重的 0.03%~0.50%。枸杞 98.6%类胡萝卜素均以酯化形式存在,其中玉米黄素双棕榈酸酯占其类胡萝卜素总量 77.5%,是枸杞子中的主要类胡萝卜素[41,42]。玉米黄素是一种黄色色素,与此同时它还是叶黄素的同分异构体与 β-胡萝卜素的衍生物,具有保护视网膜中的黄斑区域。枸杞子的明目功效来源于此,是一种玉米黄素的食物来源[43]。

（5）生物碱类　枸杞植物中含有较丰富的生物碱,枸杞子中主要含有甘氨酸甜菜碱(glycinbetaine),简称甜菜碱(betaine)[44]。

（6）其他　枸杞属植物还含有大量营养成分,如粗脂肪、粗蛋白、维生素、微量元素等[45,46]。

2.资源化学动态

（1）不同产地枸杞子中多糖含量比较研究　对不同产地枸杞子样品的多糖含量进行测定,结果显示不同产地枸杞子样品含量顺序是:宁夏>新疆>内蒙古>青海>河北>陕西>山西>甘肃[47]（见图4-1）。野生和栽培的枸杞子样品多糖含量比较:栽培>野生。这可能也是历来药用枸杞子采用宁夏枸杞为其基源植物的原因之一。

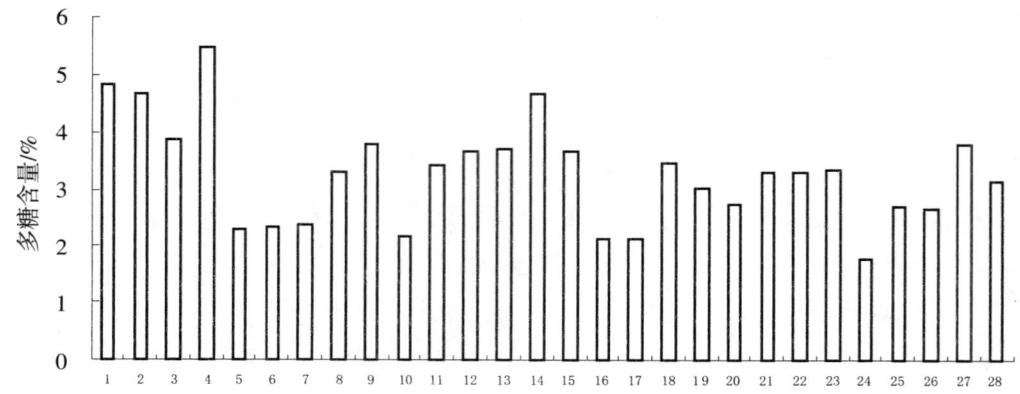

1.宁夏南梁农场(1) 2.宁夏红封堡(2) 3.宁夏农科院园林场 4.宁夏中宁宁杞一号栽培 5.山西夏县野生 6.山西清徐药店购买 7.四川绵阳药店购买 8.内蒙古超市购买 9.安国药材市场购买(1) 10.内蒙古包头药店购买 11.内蒙古乌海野生 12.内蒙古乌海栽培 13.新疆枸杞王产品 14.新疆精河 15.新疆石河子 16.甘肃靖远野生 17.甘肃景泰 18.青海超市购买 19.青海宁杞一号栽培 20.青海药店 21.安国药材市场购买(2) 22.青海都兰诺木红农场栽培 23.陕西药材市场购买(1) 24.陕西药材市场购买(2) 25.陕西商洛 26.河北巨鹿栽培 27.河北安国购买 28.山东章丘野生

图4-1　不同产地野生、栽培枸杞子中多糖含量的比较

采用苯酚硫酸比色法测定宁夏不同产地不同采摘期枸杞子中多糖含量[48],结果显示:惠农尾闸镇、惠农燕子墩乡、平罗头闸镇、平罗黄渠桥镇、同心县、固原原州区等各地不同采摘期的枸杞子中枸杞多糖含量均存在差异,以惠农尾闸镇多糖含量为最高,且各地枸杞的头茬果多糖含量均最高,而秋果含量最低。

（2）不同产地不同采收期枸杞子中氨基酸动态变化研究　应用氨基酸分析仪对宁

夏不同产地不同采摘期枸杞子中氨基酸进行测定分析,结果显示各地不同采摘期的枸杞子中氨基酸含量均存在差异,且以平罗黄渠桥镇氨基酸总含量为最高。常见 18 种氨基酸含量都比较丰富,其中天门冬氨酸、谷氨酸、脯氨酸和丙氨酸的含量相对较高,其他氨基酸的含量相对较低。总体上,头茬果氨基酸总量比盛果期高,但脯氨酸的含量为盛果期大于头茬果[49]。

(3)不同产地枸杞子中总黄酮含量的比较研究　应用分光光度法比较宁夏同心等 9 个产地的枸杞子黄酮含量,发现宁夏同心和宁夏银川南梁枸杞子的黄酮含量较其他地区高很多[50],平均含量高达 669.5 mg/100 g,而其他产地平均含量为 564.3 mg/100 g。

(4)枸杞中类胡萝卜素含量的动态变化　枸杞子成熟过程中类胡萝卜素的变化主要是玉米黄素双棕榈酸酯的积累,采用 HPLC 法测定青果期到红熟期玉米黄素双棕榈酸酯含量,含量从 0.148 mg/100 g 增加到 303 mg/100 g,占红熟期类胡萝卜素总量的 70%以上。其他类胡萝卜素酯的含量较少,成熟过程中相对变化较小[51]。

(5)枸杞中不同部位生物碱含量变化　采用 HPLC 法测定枸杞中甜菜碱、颠茄碱和天仙子胺的含量,宁夏产枸杞果实中含甜菜碱 0.797%~1.180%,比较枸杞果实、根以及枝芽中颠茄碱和天仙子胺的含量,结果表明,果实和枝芽中两种生物碱含量较高,且颠茄碱含量高于天仙子胺,根中两种生物碱含量最低[52]。

(三)枸杞质量标准

我国目前枸杞产品标准有国家标准 GB/T 18672—2002《枸杞（枸杞子)》,SN/T 0878—2000《进出口枸杞子检验规程》以及《中华人民共和国药典》。

国家标准《枸杞(枸杞子)》于 2002 年颁布实施。标准涉及感官指标 6 项、理化指标 8 项、卫生指标 9 项,是我国第一个枸杞产品国家标准,首次将枸杞多糖、农药残留及有毒有害、重金属列入了标准范围,并提出枸杞多糖的检测方法,填补了没有枸杞国家标准的空白。

《进出口枸杞子检验规程》是 20 世纪 90 年代制定、2000 年修订的我国最早的枸杞产品行业标准。标准规定了进出口枸杞子的取样和检验方法,涉及感官指标 4 项、理化指标 5 项,并依据以上指标将枸杞划分为 4 个等级,卫生指标 2 项。该标准首次界定了枸杞产品的术语、定义,提出了取样方法和检验方法,将二氧化硫、致病菌作为进出口枸杞子检验的重要卫生指标予以控制,为枸杞产品标准体系的建设奠定了重要的基础。

《中华人民共和国药典》(2015 年版一部),提出了枸杞子的鉴别方法（薄层色谱法),理化指标5项,包括水分、总灰分、重金属、有害元素、浸出物、含量测定。

七、药用历史及研究应用

(一)传统功效

《古今名医药论》[53]记载:"枸杞子,润而滋补,兼能退热,而专于补肾、润肺、生津、益气,为肝肾真阴不足、劳乏内热补益之要药。老人阴虚者十之七八,故服食家为益精明目之上品。昔人多谓其能生精益气,除阴虚内热明目者,盖热退则阴生,阴生则精血自长,肝开窍于目,黑水神光属肾,二脏之阴气增益,则目自明矣。"《景岳全书》[54]中张介宾曰:"味重而纯,故能补阴,阴中有阳,故能补气,所以滋阴而不致阴衰,助阳而能使阳旺。"《本草汇言》[55]:"俗云枸杞善治目,非治目也,能壮精益神,神满精足,故治目有效。"《重庆堂随笔·卷下》:"枸杞子,专补以血,非他药所能及也。"《新编抗衰老中药学》记载枸杞子为补肾之剂,性味平和,补阴养血,益精明目。古文献中早已记载枸杞子是一种延缓衰老药,描述为"轻身、乌须、明目、延年……"不少补益方剂如右归丸、七宝美髯丹、杞菊地黄丸等配伍中都有枸杞子。《名医别录》[20]曰:"冬采根,春夏采叶,秋采茎、实,阴干。下胸胁气,客热头痛,补内伤大劳嘘吸,强阴,利大小肠"。综上可知,古本草中关于枸杞子的功效及主治的记载有:"补肾、润肺、补肝、明目、生精益气、补阴养血"等,与现代药典"滋补肝肾,益精明目,用于虚劳精亏,腰膝酸痛,眩晕耳鸣,阳痿消渴,血虚萎黄,目昏不明"基本一致。

(二)临床应用

1.《本草纲目》

今考《本经》所言枸杞,不只是根、茎、叶、子。《别录》乃增"根大寒、子微寒"字,似以枸杞为苗。而甄氏《药性论》乃云:枸杞甘,平,子、叶皆同,似以枸杞为根。寇氏《衍义》又以枸杞为梗皮,皆是臆说。陶弘景言枸杞根实为服食家用。西河女子服枸杞法,根、茎、叶、花、实俱采用。则《本经》所列气、味主治,盖通根、苗、花、实而言,初无分别也,后世以枸杞子为滋补药,地骨皮为退热药,始歧而二之。窃谓枸杞苗叶,味苦甘而气凉,根味甘淡气寒,子味甘气平,气味既殊,则功用当别,此后人发前人未到之处者也。《保寿堂方》载地仙丹云:此药性平,常服能除邪热,明目轻身。春采枸杞叶,名天精草;夏采花,名长生草;秋采子,名枸杞子;冬采根,名地骨皮;并阴干,用无灰酒浸一夜,晒露四十九昼夜,待干为末,炼蜜丸,如弹子大。每早晚备用一丸,细嚼,以隔夜百沸汤下。此药采无刺味甜者,其有刺者服之无益。

2.《本草经疏》

枸杞子,润而滋补,兼能退热,而专于补肾、润肺、生津、益气,为肝肾真阴不足、劳乏内热补益之要药。老人阴虚者十之七八,故服食家为益精明目之上品。昔人多谓其能生精益气,除阴虚内热明目者,盖热退则阴生,阴生则精血自长,肝开窍于目,黑水神光属肾,二脏之阴气增益,则目自明矣。枸杞虽为益阴除热之上药,若病脾胃薄弱,时时泄泻者勿入,须先治其脾胃,俟泄泻已止,乃可用之。即用,尚须同山药、莲肉、车前、茯苓相兼,则无润肠之患矣。

3.《本草汇言》

俗云,枸杞善能治目,非治目也,能壮精益神,神满精足,故治目有效。又言治风,非治风也,能补血生营,血足风灭,故治风有验也。世俗但知补气必用参、芪,补血必用归、地,补阳必用桂、附,补阴必用知、柏,降火必用芩、连,散湿必用苍、朴,祛风必用羌、独、防风,殊不知枸杞能使气可充,血可补,阳可生,阴可长,火可降,风湿可去,有十全之妙用焉。

4.《本草通玄》

枸杞子,补肾益精,水旺则骨强,而消渴、目昏、腰疼膝痛无不愈矣。枸杞平而不热,有补水制火之能,与地黄同功。

5.《本草正》

枸杞,味重而纯,故能补阴,阴中有阳,故能补气。所以滋阴而不致阴衰,助阳而能使阳旺。虽谚云,离家千里,勿食枸杞,不过谓其助阳耳,似亦未必然也。此物微助阳而无动性,故用之以助熟地最妙。其功则明耳目,添精固髓,健骨强筋,善补劳伤,尤止消渴,真阴虚而脐腹疼痛不止者,多用神效。

6.《本草求真》

枸杞,甘寒性润。据书皆载祛风明目,强筋健骨,补精壮阳,然究因于肾水亏损,服此甘润,阴从阳长,水至风息,故能明目强筋,是明指为滋水之味,故书又载能治消渴。今人因见色赤,妄谓枸杞能补阳,其失远矣。岂有甘润气寒之品,而尚可言补阳耶?若以色赤为补阳,试以虚寒服此,不惟阳不能补,且更有滑脱泄泻之弊矣,可不慎欤。

7.《要药分剂》

枸杞子,按《本经》《别录》并未分别子、皮、苗、叶,甄权、《大明》以后遂分之。但《本经》《别录》虽总言枸杞之用,而就其所言细体会之,如《本经》言主五内邪气,热中消渴,周痹风湿;《别录》言下胸胁气、客热头痛;应指皮与苗叶言之,所谓寒能除热者是也。

《本经》言久服坚筋骨,耐寒暑;《别录》言补内伤大劳嘘吸,强阴,利大小肠,应指子言之,所谓甘平能补者是也。《大明》等条分缕析,只是发挥以尽其用耳。

8.《重庆堂随笔》

枸杞子,《圣济》以一味治短气,余谓其专补以血,非他药所能及也。与元参、甘草同用名坎离丹,可以交通心肾。

(三)现代药理学研究

现代药理活性研究表明,枸杞具有免疫调节、抗氧化、抗衰老、抗肿瘤、抗菌、抗病毒、降血糖、降血脂、降血压、保护肝肾及生精细胞、神经保护等良好的药理活性。近些年来,从枸杞中提取的多糖被证实为中药枸杞子中提高免疫活性和抗衰老的有效成分,引起了国内外的高度重视。

1. 抗氧化作用

研究表明,枸杞子醇提物和水提物均有较强的抗氧化作用,存在一定的剂量效应关系,并且枸杞醇提物清除羟自由基($\cdot$OH)和超氧自由基($\cdot$O^{2-})的能力要强于水提物[56]。枸杞子乙酸乙酯提取部位对羟自由基($\cdot$OH)有很强的抑制和清除作用,并具有浓度依赖性,可清除邻苯三酚自氧化体系产生的超氧自由基($\cdot$O^{2-}),对抗其对红细胞的氧化作用[57]。枸杞总黄酮类化合物(TSL)可阻断 Fe^{2+}-Cys-His 体系诱发的鼠肝粒体脂质过氧化, 当 TSL 终浓度在 0.025~2.000 mg/ml 范围时, 对 MDA 的阻断率为 38.38%~99.96%,呈剂量-效应关系,扫描电镜观察到 TSL 对脂质过氧化所致红细胞形态结构的破坏具有保护作用。

2. 抗衰老作用

枸杞子水煎剂作用下的小鼠比 D-半乳糖(D-Gal)致免疫衰老模型小鼠胸腺和脾脏初始 T 细胞数目显著增加[58],表明枸杞子可以保护胸腺器官的功能性,延缓胸腺相关的免疫衰老,即从分子水平上证实了枸杞子具有延缓衰老和免疫保护的作用。枸杞水提液能调节年老大鼠的脑组织中 NO 含量,提高脑组织抗氧化能力。枸杞果实均富含抗衰老作用的维生素,如 ascorbic acid、β-carotene 和 tocopherols 等,这可能是其具有良好的抗氧化、抗衰老作用的原因之一。

3. 抗肿瘤作用

实验证明,从枸杞子 50%乙醇提取物中分得的单体化合物莨菪亭(Scopoletin),具有显著的抑制人前列腺癌 PC3 细胞增殖的活性,其 IC50 值为 (157.04±25.45)μg/ml。近年来报道枸杞子所含的莨菪亭对体外培养的胃腺癌(MK-1)、宫颈癌(Hela)、黑色素瘤（B16F10）细胞有抑制作用。用透析方法从枸杞子中获得的小分子物质（相对分子量12 000），可抑制小鼠体内 S180 纤维肉瘤的生长，手术后乳腺癌患者使用枸杞小分子注射，其外周血淋巴细胞的杀伤活力明显高于对照组[59]。宁夏枸杞果实提取物可以通过激活巨噬细胞，促进效应细胞和靶细胞结合等途径达到抗癌效果。

4. 抗菌、抗病毒活性

从枸杞叶、茎和根皮中纯化得到的 Lyciumoside I 对幽门螺杆菌（Helicobater Pylori）有显著抑制作用。从枸杞根皮乙酸乙酯提取部位中分离得到的 Dihydro-N-caffeoyltyramine、trans-N-caffeoyltyramine、cis-N-caffeoyltyramine 和（+）lyoniresinol 3α-O-β-D- glucopyranoside 均对白色念珠菌（Canidia albicans）有抵抗作用，显示其抗真菌活性，其中前 3 种对人红细胞无溶血作用，化合物（+）lyoniresinol 3α-O-β-D- glucopyranoside 除对白色念珠菌（C. albicans）有很强的抗真菌作用外，对耐甲氧西林金黄色葡萄球菌（MRSA）和致病真菌均有强的抑制作用，且对人红细胞无溶血作用，可作为先导化合物开发抗菌药[60]。

5. 降糖作用

宁夏枸杞子水提物对四氧嘧啶诱发的糖尿病小鼠血糖有明显的降低作用，同时可以增加血清胰岛素含量达到抗糖尿病作用[61]；一定剂量的宁夏枸杞叶、果柄及宁夏、甘肃、河北产地的地骨皮水煎剂对四氧嘧啶糖尿病小鼠均有明显的降血糖作用，且降糖效果已经达到了目前临床治疗糖尿病所使用的降糖西药降糖灵（苯乙双胍）的降糖效果。地骨皮水煎液可显著降低四氧嘧啶所致糖尿病大鼠血糖值，对正常大鼠的血糖也有一定的降低作用，还可提高糖尿病大鼠血清胰岛素及肝脏糖原的含量，表明地骨皮具有改善胰岛功能、促进肝糖元合成的作用，对糖尿病及其并发症防治有益。地骨皮对2 型糖尿病（T2DM）大鼠肾病也有防治作用，可减少 NF-κB 的表达，降低血清炎症因子，从而改善肾脏病理和肾功能。

6. 降血脂、抗粥样动脉硬化作用

枸杞籽油可增加实验家兔血浆中高密度脂蛋白胆固醇（HDL-C）、载脂蛋白 A（APoA）的含量，降低血浆中总胆固醇（TC）、甘油三酯（TG）、低密度脂蛋白胆固醇（LDL-C）、载脂蛋白 B（APoB）的含量、增强血清中超氧化物歧化酶（SOD）、谷胱甘肽过氧化物酶（GSH-PX）、总抗氧化酶（T-AOC）的活性，降低血清中丙二醛（MDA）的含量；降低蛋白激酶 C（PKC）、基质金属蛋白酶（MMP-2、MMP-9）在血管中的表达，表明枸杞籽油有显著抗动脉粥样硬化效应[62]。

7. 降压作用

一定浓度的枸杞子水煎剂有降压作用,浓度增大后降压作用增强,饮用枸杞水煎剂能降低 TG、升高 HDL 含量,但 TC 含量先明显增加后随着饲喂浓度的增加才有所降低,说明枸杞可以作为保健品及高血压的辅助治疗药物。枸杞提取液对肾源性高血压造成的脏器损害具有保护作用,能够预防由于氧自由基造成的损伤,其作用机制与调节血管活性物质水平和抗氧自由基损伤有关[63]。

从枸杞属植物中分离得到的化合物 kukoamirne A、lyciumins A、lycinmins B、(S)-9-hydroxy-E-10,Z-12- octadecadienoic acid、(S)-9-hydroxy-E-10,Z-12,Z-15-octade-catrienoic acid 和 rutin 等均具有降压活性,其中化合物 166 和 167 分别溶解于山梨醇酯后,再与适量的消毒生理盐水混合制成针剂,现已应用于临床治疗高血压[18]。

8. 免疫调节作用

枸杞根、地上部分和果实的提取物对角叉菜胶致大鼠足拓肿胀和 CCl₄ 所致肝脏损伤等都有保护作用[64]。高剂量的黑果枸杞(*L. ruthenicum*)色素对环磷酸胺(Cy)引起的免疫力低下小鼠有增强免疫功能作用。枸杞汁具有双向免疫调节的作用。

9. 保肝作用

宁夏枸杞(*L. barbarum*)对酒精性肝损伤大鼠具有脂质过氧化及保护肝细胞的作用[65]。枸杞(*L. chinense*)根、地上部分、果实的提取物对 CCl₄ 所致的肝脏损伤有保护作用,枸杞(*L. chinense*)果实对 CCl₄ 所致的肝脏损伤保护的机制可能与其抗氧化作用和调节细胞色素 P450 2E1(CYP2E1)的表达有关。

从本属植物中分离得到的甜菜碱(betaine),是一种季铵型生物碱,在体内起甲基供体的作用,可促进脂肪代谢,抑制脂肪肝,脑苷脂类化合物可显著降低 CCl₄ 所致受损细胞释放的谷丙转氨酶(GPT)和山梨醇脱氢酶(SDH)的水平,发挥保护肝脏的作用[18]。枸杞(*L. chinense*)果实氯仿:甲醇提取物对 CCl₄ 所致大鼠肝脏细胞毒性有显著的保护作用,进一步分离的活性化合物 zeaxanthin 和 zeaxanthin dipalmitate 的乙酸乙酯提取部位也有显著保肝作用。

10. 神经保护作用

研究表明,枸杞果实水提物可通过抑制促凋亡信号通路来发挥神经保护作用,此提取物可以显著降低乳酸脱氢酶(LDH)的释放水平,抑制 β 淀粉样蛋白(Aβ)caspase-3 酶的活性,可治疗高血压大鼠视网膜的神经退化。继续对枸杞果实的研究可能会为阿尔茨海默氏症和青光眼视网膜神经节细胞丧失提供新的治疗途径[66]。

（四）现代医药应用

目前，枸杞子在临床上的应用方法已经非常多了，可单味煮服，也可制作成药酒饮用，或者与其他药物配伍同服。枸杞子还可以做成丸子、药膏、药散服用。中医主要将其与生地、麦冬、菊花、元参等药物配伍使用，用于治疗眼干、眼涩、视物模糊。若要治疗阳痿、遗精、腰酸等症，通常与肉桂、附子、杜仲等药配伍。

枸杞子具有丰富的营养，保健价值受到人们广泛的关注。以宁夏枸杞来说，这是当前最常见，应用最广泛的药食两用枸杞品种，具有粒大、肉厚、籽少等优点。研究显示，平均每 100 g 枸杞子中含有粗蛋白 4.5 g、粗脂肪 2.3 g、碳水化合物 9.1 g、类胡萝卜素 96 mg、甜菜碱 0.3 mg。同时，还含有很多氨基酸、维生素、钙、钾等微量元素。可见，枸杞子具有非常好的药用价值与保健功效。自古以来，枸杞子就是老百姓生活中营养滋补佳品。目前，在民间枸杞子的食用方法可概括为四大类：一是作为零食服用，枸杞子味甘，性平，可生吃，但要注意每天食用量，防止造成肝火过盛；二是泡成药酒服用，枸杞酒不仅能降血糖、抗衰老、增强细胞免疫力，还能改善视力模糊、头晕眼花等症状；三是将枸杞子加入粥汤，不仅能调味还具有较好的保健价值；四是与菊花搭配制成菊花枸杞茶，适合百姓日常饮用，尤其是上班族，能起到养肝明目、抗疲劳、抗衰老的作用。

在日趋竞争激烈的国际国内市场环境中，枸杞生产企业为了生存和发展，不断根据消费状况和市场需求，从不同层面开发了枸杞产品，形成了覆盖低端、中端和高端的产品结构。从市场调研结果来看，我国枸杞产业低端产品主要是以枸杞鲜果和干果为主，包括中宁枸杞、甘肃靖远枸杞、新疆精河枸杞，以及近年来发展较快的青海有机枸杞和黑枸杞，且消费市场主要面向国内。中低端产品主要是以枸杞为辅助材料或原料开发的枸杞茶、枸杞果脯和枸杞粉汁，还包括枸杞蜜饯、全粉胶囊、浓缩汁、枸杞芽茶和含茶制品等。中高端产品主要是枸杞果酒、枸杞提取物和枸杞籽油等，还包括多糖、色素、叶黄素、胡萝卜素和玉米黄素等提取物，还有多糖胶囊和籽油胶囊等。枸杞高端产品主要是美容化妆品、医药保健品，以及依托枸杞种植、采摘、加工等委托延伸的文化旅游产品，中高端和高端中关于养生、保健、医疗等产品消费主要面向国际市场。

八、资源综合利用和保护

（一）资源综合开发利用

枸杞作为药食两用植物，含有丰富的营养成分，为其较高的食用价值和独特的保健作用提供了物质基础。近年来宁夏等地在枸杞子功能性食品开发方面进行了积极有效的探索，各种保健食品相继上市。国内市场上已开发的枸杞食品主要是酒类、复合饮料类、乳制品类、特色食品等。已有研制成果的枸杞食品有枸杞红啤酒、枸杞豆腐、枸杞冰淇淋、芦荟枸杞饮料、枸杞核桃乳等。其中,宁夏枸杞产品的开发已形成了5大系列30多个品种,其由传统的中药材范畴扩展到了饮料食品、酿酒业、营养保健等行业。

近年来国内市场根据枸杞叶的生物活性成分,开发了系列的具有降血压、降血糖、降血脂以及耐缺氧功能的枸杞叶茶。由宁夏培育的无果枸杞芽茶也在市场上占有一席之地。

枸杞籽中含有18% 左右的油,枸杞籽油中含有多种脂肪酸,许多微量元素和生物活性成分,具有营养、药用、保健作用,有很大的应用开发价值,可广泛应用于保健食品、化妆品、医药、食品添加剂、饮料营养补充剂等领域。甜菜碱报道作为饲料添加剂,可明显提高乳牛的产奶和家禽的产蛋量等。此外,枸杞子的深层次开发利用尚为不足,如枸杞子天然色素应用较少,可考虑开发利用,如能深入研究、综合利用,不仅使其经济价值得以提高,同时使其有限的资源得以充分利用。

(二)新药用部位开发利用

枸杞叶,俗称天精草,《本草纲目》中记载其具有除烦益志,补五劳七伤,壮心气,去皮骨节间风,消热毒,散疮肿,除风明目之功效。现代药理学研究也证明,枸杞叶具有增强机体耐缺氧及免疫调节能力、降血糖血脂等活性。枸杞叶中含有黄酮类、生物碱、萜类和甾类等多种生物活性物质,并含有大量的微量元素、矿物质和丰富的蛋白质及20多种氨基酸。研究还发现,枸杞叶中的成分和枸杞果实中所含成分基本一致,是不可忽视的药用植物资源。

(三)资源利用和可持续发展

枸杞产业是朝阳产业,通过政府引导、果农实践、科研机构研发及企业等相关主体的共同努力使其健康、可持续发展,同时也是实现以地方特色产业促进经济发展的重要保障。制定合适的发展战略将成为引领枸杞产业高效、可持续发展的核心。枸杞产业目前缺乏国际营销人员,运营过程不规范是其发展的劣势;绿色食品前景广阔,为具有良好发展环境的枸杞产业提供发展机会,也为开放的国际市场提供了发展机遇;冒牌枸杞和绿色贸易壁垒是发展劣势。将枸杞产业发展所面临的外部机遇、威胁与内部优势、劣势分别进行匹配,指出应拓展绿色枸杞食品市场规模,实现生态化发展,抓机遇、扩充国内外两个市场;以绿色食品需求潜力巨大为契机,规范产业运营过程,提升内部人才素质,稳步拓展枸杞市场;应规范竞争秩序,以质取胜,提升产业标准档次,拓展国际市场;应注重产业形象建设,调整运营模式,优化产业资源配置,改进出口策略,最终实现宁夏枸杞产业的可持续发展。

九、枸杞栽培技术要点

(一)栽培生产技术

苗木定植:春季栽植应在苗木发芽前的 3 月下旬到 4 月中旬进行。秋季栽植在苗木停止生长后落叶时进行。定植时按株行距 1 m×2 m(或 1 m×3 m)划行定点挖穴,定植穴规格为 40 cm×40 cm×40 cm。穴内先施入厩肥加复合肥,将心土填入,混合均匀后盖表土 5 cm,最后放入苗木,栽植后要及时整园灌水 1 次。

土、肥、水管理:早春 3 月下旬浅翻春园,翻晒深度 8~13 cm。既提高土温,疏松土壤,保墒减少水分蒸发,还能把早春初生长的杂草,全部翻压在下面。初夏 5 月上旬中翻,翻晒深度比春翻要深一点。这次中翻以除草为主要目的,兼有改善通气条件,减少水分蒸发,促使养分缓缓吸收,保证春枝生长壮、开花多、不落花的目的。初秋 8 月中下旬深翻秋园,翻晒深度 20~23 cm。要求树冠下 10~15 cm,以防伤害根系。要保证枸杞的正常"有效失水"和果实成熟,只有靠灌溉解决。在生产中,一般沙壤地、壤土地多采用 5 月、6 月、9 月各灌水 1 次,7 至 8 月灌水 4 次,全年灌水 7 次。沙土地全年灌水 8 次。植物生长离不开肥料,施基肥一般在 10 月至第二年的 3 月之间,以秋施为宜,施肥量占全年施肥量的 40%左右。追肥在 6 月中旬,施肥要求以磷为主,磷肥要占施肥量的 50%以上,这有利于春七寸枝花芽的分化,施肥量占全年施肥量的 30% 左右。 7 月中下旬,施用时应以氮肥和钾肥为主, 占全年施肥量的 20%左右。8 月下旬至 9 月上旬,应多施氮肥和钾肥,以保证叶片的良好发育,为树体制造养分,占全年施肥量的10%左右。

枸杞修剪:树形结构,目前较常用的树形是三层楼树形,树高 1.6~1.7 m,冠幅 1.3~1.6 m,分三层结果的三层楼树形。这种树形容易根据栽植密度,修剪出适合的冠幅。

修剪方法:①短截,剪去一个枝条的一部分,称短截。枸杞的剪截程度划分为轻、中、重三级,截剪程度愈重,对枸杞树体的刺激就愈大。 正确运用短截,可以根据需要促进分枝,复壮树势。②疏剪,把一个枝全部剪除。

修剪时期:①休眠期修剪:在冬季枸杞落叶以后至春芽萌动前进行,也叫冬剪,通过修剪达到均衡树势,调节生长和结果的关系;改善通风透光条件,培养稳固、圆满的优质高产树形。②生长期修剪:首要任务就是及时疏除徒长枝,保证留下的枝条能获得较多的养分。一般相隔 8~10 d 进行 1 次。另外,对于生长季节前期生长的位置相对居中的徒长枝,如果需要再培养新树冠,可以通过短截的方法,培育出新的冠层。

(二)特色技术规范和标准

1.高产树体结构

高质量的树形要求叶幕层的厚度(以主干到叶幕外缘)以 70~75 cm 为宜,各层间休眠期修剪后以 35~40 cm 为宜,叶幕间生长季节交接在 25~35 cm,以保证通风透光良好。

2.不同时期结果枝条的数量指标

在 1 年中枸杞结果枝条,按照形成时期不同,分为老眼结果枝条、春七寸枝结果枝条和秋七寸枝结果枝条 3 大类,一般休眠期修剪后老眼果枝留枝数量以每株 120~150 条比较适中,全年单株各类结果枝条数以 400~500 条为宜。

3.产量指标

成龄枸杞优质高产树各类枝条生产的果实比例关系是老眼果枝产量占全年总产量的 22%~25%;春七寸果枝产量占 55%~60%;秋七寸果枝产量占 15%~23%比较适宜。

参考文献

[1] 胡世林. 中国道地药材[M]. 哈尔滨: 黑龙江科学技术出版社, 1989.

[2] 江苏新医学院. 中药大辞典[M]. 上海: 上海科学技术出版社, 1985.

[3] 中华人民共和国药典委员会. 中华人民共和国药典(一部)[M]. 北京: 中国医药科技出版社, 2015.

[4] (清)孙星衍,孙冯翼辑. 神农本草经[M]. 太原: 山西科学技术出版社, 1991.

[5] (魏)吴普. 吴普本草[M]. 北京: 人民卫生出版社, 1987.

[6] (东晋)葛洪. 抱朴子[M]. 上海: 上海古籍出版社, 1990.

[7] 韩保昇. 日华子本草[M]. 合肥: 安徽科学技术出版, 2005.

[8] (宋)寇宗奭. 本草衍义[M]. 太原: 山西科学技术出版社, 2012.

[9] (清)刘善述. 草木便方[M]. 重庆: 重庆出版社, 1988.

[10] (南北朝)陶弘景. 本草经集注(辑校本)[M]. 北京: 人民卫生出版社, 1994.

[11] (明)朱橚. 救荒本草[M]. 北京: 中国书店出版社, 2018.

[12] 张山雷. 藏府药式补正[M]. 上海: 上海科学技术出版社, 1958.

[13] 范云飞. 枸杞赋 [M]. 北京: 人民卫生出版社, 2010.

[14] (明)李时珍. 本草纲目[M] .呼和浩特: 内蒙古人民出版社, 2006.

[15] 兰州军区后勤部卫生部. 陕甘宁青中草药选[M]. 北京: 人民卫生出版社, 1971.

[16] 南京药学院《中草药学》编写组. 中草药学[M]. 南京: 江苏科学技术出版社, 1980:.

[17] 路安民, 王美林. 关于中药现代化中的物种鉴定问题——基于枸杞分类和生产问题的讨论[J]. 西北植物学报, 2003, 23(7): 1077–1083.

[18] 匡可任, 路安民. 枸杞属 [A]. // 匡可任, 路安民. 中国植物志. 第六十七卷. 第一分册. 北京: 科学出版

社, 1978.

[19] 杨新才. 枸杞栽培历史与栽培技术演进[J]. 古今农业, 2006(03): 49-54.

[20] (南北朝)陶弘景. 名医别录[M]. 北京: 人民卫生出版社, 1986.

[21] (唐)甄权. 药性论[M]. 安徽: 皖南医学院, 1983.

[22] (唐)刘禹锡. 传信方集释[M]. 上海: 上海科学技术出版社, 1959.

[23] (唐)孟诜. 食疗本草[M]. 北京: 人民卫生出版社, 1984.

[24] (唐)韩鄂. 四时纂要(卷四)[M]. 北京: 农业出版社, 1981.

[25] (南北朝) 雷敩. 雷公炮炙论[M]. 南京: 江苏科学技术出版社, 1985.

[26] (宋)苏颂. 本草图经[M]. 合肥: 安徽科学技术出版社, 1994.

[27] (北宋)沈括. 梦溪笔谈[M]. 北京: 中央民族大学出版社, 2002.

[28] (南宋)陈元靓. 博闻录[M]. 北京: 中华书局, 1999.

[29] (宋)苏轼. 小圃五咏·枸杞//苏轼著. 苏东坡全集[M]. 珠海: 珠海出版社, 1996.

[30] (元)鲁明善. 农桑衣食撮要[M]. 北京: 农业出版社, 1962.

[31] (明)方以智. 物理小识(卷九)[M]. 上海: 商务印书馆, 1937.

[32] (清)黄恩锡. 中卫县志(卷三)[M]. 银川: 宁夏人民出版社, 1990.

[33] (唐)孙思邈. 千金翼方[M]. 沈阳: 辽宁科学技术出版社, 1997.

[34] 杨薛康, 海春旭, 梁欣, 等. 枸杞提取物的抗氧化作用[J]. 第四军医大学学报, 2007, 28 (6): 518-520.

[35] 张丽, 李灵芝, 柴煊. 枸杞子乙酸乙酯提取部位的抗氧化活性研究[J]. 武警医学院学报, 2008,17(4): 267-269.

[36] 龚灿, 热娜·卡斯木, 衣不拉音·司马义, 等. 新疆枸杞子对大鼠肝微粒体脂质过氧化损伤体外模型的影响[J]. 新疆医科大学学报, 2007, 30(l): 40-42.

[37] 赵春久, 李荣芷, 何云庆, 等. 枸杞多糖的化学研究[J]. 北京医科大学学报, 1997, 29 (3): 231-240.

[38] 王彦明, 王一农. 枸杞多糖对去势雌性大鼠骨质疏松的作用[[J]. 中国骨质疏松杂志, 2008, l4(8): 576-578.

[39] 杨风琴, 陈少平, 马学琴, 等. 地骨皮的醇提取物及其体外抑菌活性研究[J]. 宁夏医学杂志, 2007, 29 (9):787-789.

[40] 黄元庆, 鲁建华, 沈泳, 等. 枸杞总黄酮类化合物脂质过氧化研究[J]. 卫生研究, 1999, 28(2): 115-116.

[41] 白红进, 汪河滨, 罗锋. 黑果枸杞色素的提取及其清除 DPPH 自由基作用的研究[J]. 西北农业学报, 2007, 16(2): 190-192.

[42] 陶大勇, 王选东, 陈荣, 等. 黑果枸杞色素的体外抗氧化活性研究[J]. 中兽医医药杂志, 2007, 4:15-17.

[43] 白红进, 周忠波, 杜红梅. 黑果枸杞叶片甲醇提取物清除自由基活性的研究[J]. 时珍国医国药, 2008, 19(2): 326-327.

[44] 张云霞, 王萍, 刘敦华. 枸杞活性成分的研究进展[J]. 农业科学研究, 2008, 29 (2): 79~83.

[45] 贾琦珍, 陶大勇, 陈瑛, 等. 黑果枸杞色素对巨噬细胞的激活作用的研究[J]. 中兽医医药杂志, 2008, 27

(l): 29–30.

[46] KT Ha, SJ Yoon, DY Choi, et al. Protective effect of *Lycium chinense* fruit on carbon tetrachloride-induced hepatotoxicity[J]. J Ethnopharmacol, 2005, 96 (3): 529–535.

[47] 姚霞, 许利嘉, 肖伟, 等. 不同枸杞子中枸杞多糖的含量分析[J]. 医药导报, 2011, 30(04): 426–428.

[48] 付艳丽, 姜成忠, 王亚菲, 邢艳萍. 比色法测定不同产地等级枸杞中多糖含量[J]. 黑龙江医药, 2002(4): 253–254.

[49] 王益民, 王玉, 任晓卫, 张宝琳. 不同枸杞品种氨基酸含量分析研究[J]. 食品科技, 2014, 39(2): 74–77.

[50] 李红英, 彭励, 王林. 不同产地枸杞子中微量元素和黄酮含量的比较[J]. 微量元素与健康研究, 2007 (05): 14–16.

[51] 初乐, 赵岩, 和法涛, 等. 不同加工处理方式对枸杞色素的影响[J]. 粮油加工(电子版), 2014(2): 81–84.

[52] 周晶, 李光华. 枸杞的化学成分与药理作用研究综述[J]. 辽宁中医药大学学报, 2009, 11 (6): 93~95.

[53] 潘远根. 古今名医药论[M]. 北京: 人民军医出版社, 2008.

[54] (明)张景岳. 景岳全书[M]. 太原: 山西科学技术出版, 2006.

[55] (明)倪朱谟. 本草汇言[M]. 北京: 中医古籍出版社, 2005.

[56] 黄元庆, 谭安民, 沈泳. 枸杞黄酮类化合物清除氧自由基及对小鼠L1210癌细胞能量代谢的抑制作用 [J]. 卫生研究, 1998, 27(3): 109–111.

[57] 张丽, 李灵芝, 柴煊, 等. 枸杞子乙酯乙酯提取部位的抗氧化性研究[J]. 武警医学院学报, 2008, 17(4): 267–269.

[58] 古丽热·玉苏甫. 枸杞子提取物对四氧嘧啶诱发的小鼠糖尿病模型的影响[J]. 中国临床医药研究杂志, 2007, 175: 1–2.

[59] 张晓宇. 枸杞子抗癌作用及临床研究概述[J]. 职业与健康, 2007, 23(18): 1657–1658.

[60] 陆宁海, 吴利民, 付其林, 等. 枸杞抑菌活性的初步研究[J]. 山西农业科学, 2007, 35(4): 68–70.

[61] 李英杰, 齐春会, 张永祥. 枸杞多糖免疫调节作用机制研究进展[J].中国新药杂志, 2004, 13 (10): 882–885.

[62] 苏宇静, 王辉. 枸杞籽油开发应用[J]. 中国油脂, 2004, 29 (8): 56–58.

[63] 潘正军, 王新风, 杨占军. 宁夏枸杞水煎剂对实验性高血压小鼠血压和血脂含量的影响[J]. 淮阴师范学院学报(自然科学版), 2007, 6(4): 327–329.

[64] 郑军义, 赵万洲. 地骨皮的化学与药理研究进展[J]. 海峡药学, 2008, 20(5): 62–65.

[65] 李国莉, 杨建军, 赵伟明. 枸杞对酒精性肝损伤大鼠保护作用的研究[J]. 宁夏医学院学报, 2007, 29(3): 275–277.

[66] 王文宏, 刘相和, 迟焕芳. 枸杞子提取液对单眼视觉剥夺性弱视大鼠视网膜的保护作用[J]. 神经解剖学杂志, 2010, 26(3): 268–272.

编写人：安魏　秦垦　张新慧

第二节 甘 草

一、概述

来源:本品为豆科植物甘草(*Glycyrrhiza uralensis* Fisch.)的干燥根和根茎。

生长习性:甘草的适应性强,在干燥的沙漠草原,土壤为沙壤土、灰钙土、棕钙土地带生长良好;在草甸灌淤土、盐渍化和盐土、土壤较黏重、地下水位较高的地带也能生长[1]。

质量标准:执行《中华人民共和国药典》(2015 年版一部)[2]。

【性状】甘草根呈圆柱形,长 25~100 cm,直径 0.6~3.5 cm。外皮松紧不一。表面红棕色或灰棕色,具显著的纵皱纹、沟纹、皮孔及稀疏的细根痕。质坚实,断面略显纤维性,黄白色,粉性,形成层环明显,射线放射状,有的有裂隙。根茎呈圆柱形,表面有芽痕,断面中部有髓。气微,味甜而特殊。

【检查】水分不得过 12.0%。

总灰分不得过 7.0%。

酸不溶性灰分不得过 2.0%。

重金属及有害元素,照铅、镉、砷、汞、铜测定法(通则 2321 原子吸收分光光度法或电感耦合等离子体质谱法)测定,铅不得过 5 mg/kg,镉不得过 0.3 mg/kg,砷不得过 2 mg/kg,汞不得过 0.2 mg/kg,铜不得过 20 mg/kg。

有机氯农药残留量为含总六六六(α-BHC、β-BHC、γ-BHC、δ-BHC 之和)不得过 0.2 mg/kg;总滴滴涕(pp'-DDE、pp'-DDD、op'-DDT、pp'-DDT 之和)不得过 0.2 mg/kg;五氯硝基苯不得过 0.1 mg/kg。

【含量测定】含甘草苷($C_{21}H_{22}O_9$)不得少于 0.5%,甘草酸($C_{42}H_{62}O_{16}$)不得少于 2.0%。

【炮制】除去杂质,洗净,润透,切厚片,干燥。

【性味与归经】甘,平。归心、肺、脾、胃经。

【功能与主治】补脾益气,清热解毒,祛痰止咳,缓急止痛,调和诸药。用于脾胃虚弱,倦怠乏力,心悸气短,咳嗽痰多,脘腹、四肢挛急疼痛,痈肿疮毒,缓解药物毒性、烈性。

二、基源考证

(一)本草记述

传统本草有关甘草物种植物形态记载见表4-3。

表4-3 本草中有关甘草物种形态的描述

典　籍	物种描述
本草图经(宋)	春生青苗,高一二尺;叶如槐叶;七月开紫花似柰;冬结实作角,子如毕豆;根长者三四尺,粗细不定,皮赤,上有横梁,梁下皆细根也
证类本草(宋)	附图府州甘草、汾州甘草
本草衍义(宋)	甘草枝叶悉如槐,高五六尺,但叶端微尖而糙涩,似有白毛。实作角生,如相思角,作一本生。子如小扁豆,齿啮不破
本草纲目(明)	甘草枝叶悉如槐,高五六尺,但叶端微尖而糙涩,似有白毛,结角如相思角,作一本生,至熟时角拆,子扁如小豆,极坚,齿啮不破
本草乘雅半偈(明)	春生苗,高五六尺,叶如槐,七月开花,紫赤如柰冬,结实作角。如毕豆,根长三四尺,粗细不定,皮亦赤,上有横梁,梁下皆细根也。青苗紫花,白毛槐叶
本草易读(清)	枝叶如槐状,结角如相思子。二、八月采根
本草崇原集说(清)	根长三四尺,粗细不定,皮色紫赤,上有横梁,梁下皆细根也

(二)基源原物种辨析

《本草图经》"春生青苗……叶如槐叶……紫花似柰;冬结实作角,子如毕豆……皮赤,上有横梁,梁下皆细根也。"《本草衍义》"叶端微尖而糙涩,似有白毛。实作角生。子如小扁豆。"《本草纲目》"甘草枝叶悉如槐,……叶端微尖而糙涩,似有白毛,结角如相思角,作一本生……子扁如小豆,极坚"《本草乘雅半偈》"青苗紫花,白毛槐叶",由以上植物形态描述来看,传统医用甘草应是甘草 *G. uralemsis* Fisch.。结合甘草产地记载分析,传统本草所载甘草也与当前甘草 *G. uralensis* Fisch.分布相符合。

《宁夏中药志》[3]记载甘草 *G. uralensis* Fisch.别名国老(《名医别录》),甜草(东北、内蒙古),甜根子(陕西)。多年生草本;根及根茎木质粗壮,直径 1~3 cm,外皮褐色,里面淡黄色,具甜味。茎直立,多分枝,高 30~120 cm,密被鳞片状腺点、刺毛状腺体及白色或褐色的绒毛,叶长 5~20 cm;托叶三角状披针形,长约 5 mm,宽约 2 mm,两面密被白色短柔毛;叶柄密被褐色腺点和短柔毛;小叶 5~17 枚,卵形、长卵形或近圆形,长 1.5~5.0 cm,宽 0.8~3.0 cm,上面暗绿色,下面绿色,两面均密被黄褐色腺点及短柔毛,

058

顶端钝,具短尖,基部圆,边缘全缘或微呈波状,多少反卷。总状花序腋生,具多数花,总花梗短于叶,密生褐色的鳞片状腺点和短柔毛;苞片长圆状披针形,长 3~4 mm,褐色,膜质,外面被黄色腺点和短柔毛;花萼钟状,长 7~14 mm,密被黄色腺点及短柔毛,基部偏斜并膨大呈囊状,萼齿 5,与萼筒近等长,上部 2 齿大部分连合;花冠紫色、白色或黄色,长 10~24 mm,旗瓣长圆形,顶端微凹,基部具短瓣柄,翼瓣短于旗瓣,龙骨瓣短于翼瓣;子房密被刺毛状腺体。荚果弯曲呈镰刀状或呈环状,密集成球,密生瘤状突起和刺毛状腺体。种子 3~11 粒,暗绿色,圆形或肾形,长约 3 mm。花期 6~8 月,果期 7~10 月。

(三)近缘种和易混淆种

1. 近缘种

《中华人民共和国药典》[4](历版一部)均记载,甘草为豆科植物乌拉尔甘草(*G. uralensis* Fisch.)、胀果甘草(*G. inflata* Batal.)、光果甘草(*G.glabra* L.)的干燥根及根茎。

胀果甘草(*G. inflata* Batal.):多年生草本;根与根状茎粗壮,外皮褐色,被黄色鳞片状腺体,里面淡黄色,有甜味。茎直立,基部带木质,多分枝,高 50~150 cm。叶长 4~20 cm;托叶小三角状披针形,褐色,长约 1 mm,早落;叶柄、叶轴均密被褐色鳞片状腺点,幼时密被短柔毛;小叶 3~7(9)枚,卵形、椭圆形或长圆形,长 2~6 cm,宽 0.8~3.0 cm,先端锐尖或钝,基部近圆形,上面暗绿色,下面淡绿色,两面被黄褐色腺点,沿脉疏被短柔毛,边缘或多或少波状。总状花序腋生,具多数疏生的花;总花梗与叶等长或短于叶,花后常延伸,密被鳞片状腺点,幼时密被柔毛;苞片长圆状披针形,长约 3 mm,密被腺点及短柔毛;花萼钟状,长 5~7 mm,密被橙黄色腺点及柔毛,萼齿 5,披针形,与萼筒等长,上部 2 齿在 1/2 以下连合;花冠紫色或淡紫色,旗瓣长椭圆形,长 6~9(12)mm,宽 4~7 mm,先端圆,基部具短瓣柄,翼瓣与旗瓣近等大,明显具耳及瓣柄,龙骨瓣稍短,均具瓣柄和耳。荚果椭圆形或长圆形,长 8~30 mm,宽 5~10 mm,直或微弯,二种子间胀膨或与侧面不同程度下隔,被褐色的腺点和刺毛状腺体,疏被长柔毛。种子 1~4 枚,圆形,绿色,径 2~3 mm。花期 5~7 月,果期 6~10 月。

光果甘草(*G. glabra* L.),也叫洋甘草、欧甘草,多年生草本;根与根状茎粗壮,直径 0.5~3.0 cm,根皮褐色,里面黄色,具甜味。茎直立而多分枝,高 0.5~1.5 m,基部带木质,密被淡黄色鳞片状腺点和白色柔毛,幼时具条棱,有时具短刺毛状腺体。叶长 5~14 cm;托叶线形,长仅 1~2 mm,早落;叶柄密被黄褐色腺毛及长柔毛;小叶 11~17 枚,卵状长圆形、长圆状披针形、椭圆形,长 1.7~4.0 cm,宽 0.8~2.0 cm,上面近无毛或疏被短柔毛,下面密被淡黄色鳞片状腺点,沿脉疏被短柔毛,顶端圆或微凹,具短尖,基部近圆形。总状花序腋生,具多数密生的花;总花梗短于叶或与叶等长(果后延伸),密生褐色的鳞片状腺点及白色长柔毛和绒毛;苞片披针形,膜质,长约 2 mm;花萼钟状,长 5~7 mm,疏被淡黄色腺点和短柔毛,萼齿 5 枚,披针形,与萼筒近等长,上部的 2 齿大部分连合;花冠紫色或淡紫色,长 9~12 mm,旗瓣卵形或长圆形,长 10~11 mm,顶端微凹,瓣柄长为瓣片长的 1/2,翼瓣长 8~9 mm,龙骨瓣直,长 7~8 mm;子房无毛。荚果长圆形,扁,长 1.7~3.5 cm,宽 4.5~7.0 mm,微作镰形弯,有时在种子间微缢缩,无毛或疏被毛,有时被或疏或密的刺毛状腺体。种子 2~8 粒,暗绿色,光滑,肾形,直径约 2 mm。花期 5~6 月,果期 7~9 月。

2. 易混淆种

关于中国甘草属植物种质分类,现国内主要有两种观点[5]。

第一种观点是李学禹(1993)根据化学成分与比较形态学相结合的原则,提出的甘草属新分类系统。他将国内甘草属植物分为 18 个种,3 个变种,即:

乌拉尔甘草(*G. uralensis* Fisch.)

光果甘草(*G. glabra* L. Gen. Pl)

胀果甘草(*G. inflate* Bat. in. Act. Hort. Petrop.)

刺果甘草(*G. pallidiflora* Maxim.Fl.Amur.)

云南甘草(*G. yunnanensis* Cheng f.et L.K.)

粗毛甘草(*G. aspera* Pall.)

黄甘草(*G. eurycarpa* P.C.Li.)

圆果甘草(*G. squamulosa* Franch.)

膜荚甘草(*G. korshinskyi* G.Grig.)

少叶甘草(*G. paucifoliolata* Hance)

石河子甘草(*G. shiheziensis* X.Y.Li.)

阿拉尔甘草(*G. alalensis* X.Y.Li.sp.nov.)

大叶甘草(*G. macrophylla* X.Y.Li)

紫花甘草(新种)(*G. purpureiflora* X.Y.Li.sp.nov.)

垂花甘草(新种)(*G. nutantiflora* X.Y.Li.sp.nov.)

平卧甘草(新种)(*G. prostrate* X.Y.Li et D.C.F.sp.nov.)

疏花甘草(新种)(*G. laxirlora* X.Y.Li et D.C.F.sp.nov.)

无腺毛甘草(新种)(*G. eglandulosa* X.Y.Li. sp. nov.)

密腺甘草(变种)(*G. glabra* L.var. *glandulosa* X.Y.Li.)

落果甘草(变种)(*G. glabra* var. *caduca* X.Y.Li.)

疏小叶甘草(变种)(*G. glabra* L.var. *laxifoliolata* X.Y.Li.)

第二种观点是杨昌友(1997)依据世界权威著作《邱园名录》(Index kewensis)、1981年出版的《中亚植物检索表》第6卷、1977年出版的《西巴基斯坦植物志豆科》(100册)、1948年出版的《苏联植物志》第13卷、1973年出版的《苏联植物志》1~30卷修订补充本以格鲁波夫(Grubov)《亚洲中部植物》(第一卷),1997年在《植物学研究》(第十九卷第三期)中发表的《对于甘草属的新分类系统评论》,文中对李学禹的"甘草属新分类系统"提出了质疑,坚持新疆甘草非17种,而是4种,即中国甘草属植物有7种,分别为乌拉尔甘草、光果甘草、胀果甘草、粗毛甘草、刺果甘草、圆果甘草、云南甘草。

三、道地沿革

(一)本草记述的产地及变迁

传统本草有关甘草道地产区的记载在不同时代有不同的变化,参考相关本草典籍,有关本草中甘草道地产区记载详见表4-4。

表4-4　本草中有关甘草产地的描述

典　籍	产地描述	备　注
神农本草经(汉)	生河西积沙山及上郡	河西基本上是指武威往西的广大地区;上郡今陕西榆林东南
名医别录(汉)	生河西川谷积沙山及上郡	
本草经集注(南北朝)	生河西积沙山及上郡。河西、上郡不复通市。今出蜀汉中,悉从汶山诸地中来。赤皮断理,看之坚实者,是抱罕草,最佳。抱罕,羌地名。青州亦有,不如	汶山诸地在今四川茂汶羌族自治县;抱罕即甘肃兰州、陇西、甘谷一带
新修本草(唐)	同本草经集注	
千金翼方(唐)	生河西川谷积沙山及上郡药出州土:岐州、并州、瓜州	岐州:陕西凤翔县。并州:山西太原。瓜州:甘肃安西县
本草图经(宋)	生河西川谷积沙山及上郡,今陕西及河东州郡皆有之	河东:今山西及河北西北
证类本草(宋)	生河西川谷积沙山及上郡附图府州甘草、汾州甘草	府州:陕西府谷;汾州:山西汾阳
本草衍义(宋)	今出河东西界	

典　籍	产地描述	备　注
本草品汇精要（明）	山西隆庆州者最胜	今延庆县
本草纲目（明）	今出河东西界	即今陕北、宁夏毛乌素沙地一带（含盐池等地）
本草蒙筌（明）	产陕西川谷	
本草乘雅半偈（明）	出陕西河东州郡及汶山诸夷处	
本草易读（清）	生河西山谷积沙山及上郡	
本草从新（清）	出大同	
本草崇原集说（清）	甘草始出河西川谷、积沙山，及上郡，今陕西河东州郡皆有之	
本草问答（清）	虽不生于河南中州，而生于极西之甘肃，亦由甘肃地土敦浓，故生甘草。根深者至四五尺	
本草简要方（民国）	产热河绥远者最佳	内蒙古中部、河北、辽宁、内蒙古交界
中国道地药材	现时甘草分东、西，西甘草以内蒙古伊盟、巴盟所产为佳(宁夏、甘肃产品亦好)，东甘草产于东北、河北、山西。东、西甘草数量有限，新疆成了新的基地	
中华本草	内蒙古、甘肃、宁夏质量最佳	
新编中药志	以内蒙伊盟杭锦旗、巴盟磴口、甘肃、宁夏、阿拉善左旗一带所产质量佳	
宁夏中药志	西甘草主产地为内蒙古鄂尔多斯、阿拉善左旗，宁夏，陕西榆林。其中尤以内蒙古杭锦旗(历史上称"梁外草"主产地)，宁夏盐池县、灵武市、红寺堡区、同心县(历史上"西正甘草"主产地)所产最具有代表性	宁夏盐池县、灵武市、红寺堡区、同心县

由表 4-4 可以看出，不同时期有关甘草产区有不同的历史记载，从地理分布看，以甘肃、宁夏、陕西、山西、内蒙古最为集中，兼有青海、河北、山东等地有零星分布，这与当前甘草实际分布区域相符。古代甘草道地产区记载虽因时而异，但是也有一定的变化规律。不同时代都以陕、甘、宁地区为基本中心，随时代变迁，甘草道地产区有东移之势，至宋代时期，陕西、山西甘草逐渐繁荣，出现府州甘草、汾州甘草。时间延至明代，山西仍是甘草的主要道地产区，并且区域扩至北京一带。到了清代，受疆域演变的影响，

甘草产地已经逐渐向北、东方向延伸至内蒙古、东北一带,直到现代这一地区已经成为甘草的主产区。新疆甘草产区的历史上记载甚少,但是因其资源丰富,已逐渐成为商品甘草的主要来源。

当前甘草商品通常被分为梁外草(产于内蒙古鄂尔多斯市杭锦旗一带)、王爷地草(产于内蒙古阿拉善左旗)、西正草(产于宁夏盐池、陶东、平罗一带)、上河川草(产于内蒙古鄂尔多斯市拉达特旗一带)、边草(产于陕西北部靖边、定边一带)、西北草(产于甘肃民勤、庆阳、张掖、玉门等地)、下河川草(产于内蒙古包头附近的土默特旗、托克托和林格尔等地)、东北草(产于内蒙古东部、辽宁的昭乌达盟、吉林的哲盟、黑龙江的呼盟等地)、新疆草(产于新疆)。并认为梁外草及王爷地草品质最优,为地道药材。

(二)本草记述的产地及药材质量

本草中有关甘草产地质量信息的描述不是很多,《本草经集注》云[6]:"河西、上郡不复通市。今出蜀汉中,悉从汶山诸夷中来。赤皮断理,看之坚实者,是抱罕草,最佳。青州间亦有,不如"。《本草品汇精要》[7]云:"山西隆庆州者最胜"。《本草简要方》:"产热河绥远者最佳"。另外,在一些方志中也有相关的信息,《重修镇原县志》:"(平凉府志)县北境最多(辑志)甘草产于邑中者坚实长大,较抱罕最良。故宋志注为原州土贡,根节具用"。《本草图经》载:"今陕西及河东州郡皆有之。……今甘草有数种,以坚实断理者为佳。"即今陕北、宁夏毛乌素沙地一带(含盐池等地);《药物出产辨》:"产内蒙古,俗称王爷地。"即今鄂尔多斯台地一带(含宁夏盐池等地)。近代有"梁外草""西正草""王爷地草"和"河川草"等道地药材品牌,其中产于宁夏盐池、陶东、平罗等地称为"上河川草",即西正甘草。

四、道地药材产区及发展

(一)地道药材产区

根据历代本草和史料记载,甘肃、宁夏、内蒙古、陕西、山西等省(自治区)都曾经是甘草的道地产区。不同产地的野生甘草药材,在外观性状和内在品质上均存在一定差别,在多年的流通过程中,逐渐形成了多种商品药材道地性品牌。近代在流通领域略享声誉的有"梁外草""西正草""王爷地草"和"河川草"等道地药材品牌。进入20世纪,随着胀果甘草的开发利用,新疆已经成为我国重要的甘草产区,在传统道地药材产区的基础上,形成了我国甘草产区的新格局。按照地理区域通常划分为"西草""东草"和"新疆草"3大产区[5]。①东草区:位于内蒙古高原东南部,以科尔沁沙地为中心,地理区域包括内蒙古东南部多个旗县,辽宁西北部、吉林西部和黑龙江西南部数县,所产药材称为"东甘草"或"东草",也称锦州大草。20世纪80年代全国资源普查,该区多数旗县的甘草蕴藏量均在1 000 t以上。②西草区:以鄂尔多斯高原西部的毛乌素沙地和库布齐沙漠为中心,向西可延伸到巴丹吉林沙漠和河西走廊地区,地理区域包括内蒙古西南部、宁夏中部、甘肃西北部、陕西和山西北部的部分旗县,所产药材统称为"西甘草"或"西草"。其中,产于内蒙古杭锦旗称为"梁外草";产于内蒙古阿拉善左旗称为"王爷地草";产于内蒙古达拉特旗称为"西正草";产于宁夏盐池、陶东、平罗等地称为"上河川草";产于内蒙古土默特旗、托克托和和林格尔等地称为"下河川草";产于陕西北部靖边、定边等地称为"边草";产于甘肃民勤、庆阳、张掖、玉门等地称为"西北草"。20世纪80年代全国资源普查,该区多数旗县的药材蕴藏量均在1 000 t以上,鄂托克前旗和宁夏盐池县的蕴藏量在100 000 t以上。③新疆草区:地理区域几乎囊括新疆绝大多数县,是目前我国野生甘草资源分布面积和蕴藏量最大的区域,所产药材统称"新疆甘草"。因生长于同块土地的3种甘草属植物的药材在外观上区分困难,市场流通的"新疆甘草"可能是来源于某一种或几种甘草属植物的纯品或混品。

1946年梅白迻编写的《宁夏资源志》称:"甘草为宁夏第一大特产",20世纪甘草一致被称为宁夏"五宝"之一。20世纪80年代,宁夏盐池县开始了乌拉尔甘草人工种植。此后,经过"十五"至"十二五"十余年的努力,人工甘草基地建设的布局已具规模,2014年全区形成了以盐池、红寺堡、同心为核心的种植基地。在盐池沙边子建立了我国占地面积最大(50亩)、收集种质材料最多(3个种共21份种质)的甘草种质资源圃。1995年宁夏盐池县被国务院首批百家中国特色之乡命名委员会命名为"中国甘草之乡"。2011年盐池甘草获国家工商总局"中国驰名商标"。2013年盐池甘草获国家农业部"国家农产品地理标志"。

(二)产区生境特点

中国是甘草的主要分布区,广泛分布在三北地区的干旱、半干旱和荒漠地域,自然生长于北纬36°~50°、东经75°~123°的带状区域内,包括新疆、内蒙古全境,甘肃、宁夏、青海、陕西、山西、河北北部,辽宁、吉林、黑龙江西部,毛乌素沙地为其中心分布区。胀果甘草主要分布在中国,多数分布于新疆南疆和东疆地区,塔里木河、叶尔羌河及和田河流域为其集中分布区,在哈萨克斯坦、乌兹别克斯坦、土库曼斯坦、吉尔吉斯斯坦和塔吉克斯坦也有分布。光果甘草主要分布于欧洲地中海地区,北非、中亚细亚和西伯利亚亦有分布,中国在新疆的伊犁河谷地区形成以光果甘草为优势种的甘草群落。

甘草自然分布区最显著的特点是夏季酷热,冬季严寒,昼夜温差大。在新疆阿勒泰地区,年均气温 3~6℃,极端最低气温-47℃以下,全年无霜期 120 d 左右,在新疆吐鲁番盆地区,7 月份平均气温 33℃,极端最高气温 47.6℃,甘草都能自然生长。道地药材产区,一般年均气温 4~12℃,日照时数 2 600 h 以上,≥10℃积温 3 000~3 800℃,无霜期 150 d 以上,最适宜甘草生长和栽培。甘草具有较强的抗旱性,能够适应很低的空气湿度条件,在年降水量 500 mm 以下地区均能生长。塔里木盆地年降水还不足100 mm,年蒸发量大于 3 000 mm,空气相对湿度多在 30%以下,如此干旱环境只要有适宜的土壤水分供应甘草就能正常生长。道地药材产区的年降水量一般在 200~400 mm。甘草属于阳性植物,可耐一定庇荫,在杨树和榆树的疏林下可自然生长,光照不足会影响生长和药材产量。

　　甘草对土壤要求不严,分布区内土壤类型有石灰性草甸黑土、栗钙土、棕钙土或灰钙土等含钙土壤,均可自然生长。甘草耐盐碱能力较强,《中华人民共和国药典》收载 3 种耐盐碱能力强的甘草属植物,以胀果甘草、光果甘草、甘草的顺序递减。胀果甘草能在盐化草甸土、草甸盐土甚至结皮盐土上生长,甘草主要分布在含盐量 0.1%~0.2%的土壤上,能忍耐含盐量 0.3%~0.6%的盐化条件。甘草是钙质土壤的指示指物,最适宜栽培土地为富含钙质、含盐量不高、腐殖质含量较高的微碱性沙质壤土,pH 为 7.8~8.5。

(三)道地药材的发展

　　甘草道地药材的形成源于野生资源,受野生资源的规模及其自然更新能力的限制,及其近几十年过度采挖的影响,目前野生甘草的生产能力还不足 20 世纪 50 年代的 1/3,与不断增长的社会需求相差甚远。遵循道地药材基本理论,科学开发栽培生产技术建立规模化生产基地,是甘草道地药材产业发展的必由之路。道地药材生产发展受多种因素制约:野生甘草采挖带来的植被和环境破坏;野生甘草自然生长的土地多为贫瘠沙地不适宜规模化人工种植;栽培甘草的药材质量与野生甘草相比存在显著差异,特别是甘草酸含量平均低 30%以上,需要开发有效的特用生产技术。发展道地药材生产,必须坚持生态保护和经济效益有机结合,人工种植为主,科学保护和合理利用野生资源为辅,多种生产技术模式并举的原则。可采用的生产方式:抚育、恢复和保护性利用野生资源;利用道地药材产区适宜野生甘草的土地,采用仿野生栽培技术,恢复和扩大野生资源;选择适宜地区和土地,开发特用性生产技术模式,建立规模化生产基地。

五、药材采收和加工

(一)本草记载的采收和加工

历代本草对于甘草采收加工的记载较为简略。《本草经集注》[6]载"二月、八月除日采根,暴干,十日成。去芦头及赤皮,今云阴干用"。《本草图经》:"采得去芦头及赤皮,阴干用"。《雷公炮炙论》[8]在甘草条下载有:"凡使,须去头尾尖处……"《本草蒙筌》[12]:"甘草身选壮大横纹,刮皮生炙随用"。由以上可以看出,甘草传统的采收期为"二、八月",采后基本的加工方式为去芦头、去皮,干燥方法为暴干、阴干等。

(二)采收和初加工技术研究

现代研究表明,甘草药材中甘草酸含量在不同的采收年限和采收季节存在一定的差异。甘草酸含量随采收年限的延长(1~3年)而逐渐增加,以生长3~4年采收为宜。在不同的生长季节,甘草酸的含量也不同,一般认为6~7月甘草酸含量最高,其他季节相对较低。

多种本草中都有对甘草去除栓皮加工的记载。有研究表明,甘草粗皮中甘草酸含量相对较高,除去外皮的粉甘草在加工过程中会损失一部分活性成分;另有研究发现,不带糖链的黄酮类成分在去皮过程中大量流失。因此,甘草是否进行去皮加工值得进一步商榷。

(三)道地药材特色采收加工技术

药材采收和初加工技术不同产地之间存在一些差别,"梁外(内蒙古杭锦旗一带)甘草"产区,药材加工技术总结如下。

人工种植甘草生长3年采收(4~5年更好)。春秋两季采挖,秋季更佳。初加工主要环节为去杂—净制—分级—干燥—包装。①去杂:检出杂质,清除泥沙。②净制:剁下芦头,切掉损伤、霉烂部分,剪下支根和须根。③分级:按商品规格标准分成条草(3级)、毛草,或不分级的统货。④干燥:将条草码放在水泥浇筑的露天或搭有遮雨棚的晾晒场自然干燥,地面以木料垫起,用苇席遮蔽雨雪风沙,干燥至含水量12.0%以下。

六、药材质量特征和标准

(一)本草记述的药材性状及质量

道地性状为道地药材的传统质量评价指标,是药材质量特征的客观历史总结,具有简单实用且较为稳定的特性。相对于甘草比较普遍的道地产区的记载,本草对甘草道地性状的描述比较一致,主要从颜色、大小、质地、断面、整体性状等几个方面进行了描述,并分别用"最佳""良""佳""功力尤胜"等形容其相应质量,详见表4-5。

表4-5 主要本草有关甘草道地性状的描述

典 籍	性状描述
本草经集注(南北朝)	赤皮断理,看之坚实者,是抱罕草,最佳。
新修本草(唐)	同本草经集注
本草图经(宋)	甘草有数种,以坚实断理者为佳
本草纲目(明)	大径寸而节紧断文者为佳
本草品汇精要(明)	根坚实有粉而肥者为好
本草乘雅半偈(明)	以坚实断理者佳。取黄中通理者
本草蒙筌(明)	身选壮大横纹
本草易读(清)	大而紧结者良
本草备要(清)	大而紧结者良
本草从新(清)	大而结者良。名粉草(弹之有粉出)
本草崇原(清)	以坚实断理者为佳
得配本草(清)	大而结紧断文者为佳,谓之粉草
本草述钩元(清)	大至径寸而结紧。横有断纹者佳
本草简要方(民国)	老者黑色。名铁甘草。功力尤胜
中国道地药材	体重实,粉性足
新编中药志	皮细紧、色红棕、断面黄白色、粉性足者为佳
中华本草	皮细紧、色棕红、质坚实、断面黄白、粉性足者为佳
朔方道志	中黑者名铁心甘草,最良

由表4-5可见,外表"赤皮""结紧""横纹";质地"坚实";大小"大径寸""壮大";断面"断理""粉性""黄白"为传统评价甘草质优的性状标准。历代对甘草道地性状的认识比较一致。其中,"大""横纹""坚实""粉性"是记述频率比较高的性状特征,"赤皮"性状虽记述频率不高,但是记述时间较早,并为《新修本草》和现代本草所承认。"断面黄白"是现代本草所记述的甘草优良性状特征,在古代本草中,只有《本草乘雅半偈》中有相关的描述"取黄中通理者"。另外,《本草简要方》和《朔方道志》提出"黑"的颜色性状,并且明确指出"功力尤胜""最良",而现代商品学对甘草"黑心节"所占药材的比例进行了严格的限制,两者相互矛盾。

甘草可以通过表面横纹性状来表征表现其内在质量(结紧断文、结紧、横有断纹者佳);"坚实"主要指药材质地而言;"粉性"是断面的一个指标,粉性强(纤维少)则质量好(粉而肥者为好、弹之有粉出);"黄白"虽然不是传统本草记载的性状,但是现代本草认为是评价质量优良的一个标志;表面颜色红棕色(赤皮)、体积"大径寸""壮大"等也是甘草的重要外在性状指标;另外在商品流通中,甘草体态指标(顺直、分叉)也是一个重要的指标,顺直者为好。综上所述,甘草的道地性状质量评价指标可以总结为条杆顺直、粗大、表面红棕色、横纹、质地坚实、断面黄白、粉性足者佳。

(二)道地药材质量特征的研究

药材中具有化学成分的种类及其含量是药效作用的物质基础,也是药材质量评价的主要指标。现代研究证明,甘草中主要有三萜皂苷类、黄酮类、多糖类化合物等多种生物活性物质[9]。甘草酸是三萜皂苷类化合物的主要活性成分,水解后产生二分子葡萄糖醛酸和一分子18β-甘草次酸。现已报道的甘草黄酮类成分可以分为黄酮类、黄酮醇类、二氢黄酮类、查耳酮类、异黄酮等几大类,其中代表性化合物主要有甘草苷、异甘草苷、甘草素、甘草查耳酮A等[10]。

现代研究表明,甘草化学成分与本草记述的道地性状存在一定的关联性。具有色棕红、断面黄色、粉性强等特征的样品,甘草酸、甘草苷含量较高。表面颜色特征(淡红色、暗酱色)、甘草断面特征(颜色黄、白;粉性强、弱)都与其一种或数种活性成分的含量存在一定的相关性。表面颜色暗酱色、断面颜色黄色、粉性强的性状特征,与甘草苷含量具有明显正相关,表面颜色淡红色、断面颜色白色、粉性弱者含量普遍偏低;断面颜色黄色、粉性强的药材中,甘草酸含量显著高于断面白色、粉性弱者。另外,表皮颜色的深浅、断面粉性强弱以及表面具横纹或纵纹等性状,与异甘草素、甘草次酸和总黄酮等化学成分含量相关。上述研究结果表明,表面颜色特征、断面特征、粉性、横纹等存在一定物质基础特征,本草以此作为甘草质量评价的指标具有一定科学意义,也可以作为现代进行道地药材评价的指标。

多项研究证明,不同产地甘草的质量之间存在较大差别[11]。对芹糖基甘草苷、甘草苷、芹糖基异甘草苷、异甘草苷、甘草查尔酮B、甘草素、刺甘草查尔酮、异甘草素和甘草酸9种化学成分含量的测定结果表明,不同产地药材中9种成分的含量均存在不同程度的差异。化学成分的指纹图谱,能够较好地反映药材中主要成分的种类和数量特征信息,多数研究报道,不同产地的野生甘草和不同产地的栽培甘草的化学指纹图谱之间均存在一定差异,可用作道地药材特征的研究[10]。新疆甘草中甘草酸的含量一般较高,但甘草苷含量相对其他地区较低。由此说明,多部本草以产地评价甘草质量的方法具有科学性,产地可作为评价甘草道地药材质量的基本要素。

历代本草记述的甘草以野生为对象,目前栽培品已成为主流商品。大量研究证明,栽培品的甘草酸含量较野生明显偏低。通过对黑龙江、吉林、辽宁、内蒙古、陕西、宁夏、甘肃、新疆的 99 份野生和栽培药材样品测定发现,野生样品的甘草酸含量 90% 以上达到《中华人民共和国药典》(2015 年版)规定的含量下限标准(2.0%);生长 2~4 年的栽培样品有近一半达不到该标准,而且在外观性状上与野生品也有明显区别;在野生甘草的生长环境下仿野生栽培(生长 7~8 年及以上)的药材,其外观性状和化学成分与野生品较接近。

(三)道地药材质量标准

《中华人民共和国药典》(2015 年版一部)中收载甘草的质量评价标准主要包括性状、鉴别、检查、含量测定等几个方面,其中含量测定以甘草酸和甘草苷为指标,规定甘草酸含量不得少于 2.0%,甘草苷含量不得少于 0.50%(以干燥品计算)。另外,检查项中规定总灰分不得过 7.0%,酸不溶性灰分不得过 2.0%,并对有害重金属元素含量及农药残留量的限量作了规定。

甘草药材的商品规格主要以性状判断,根据国家中医药管理局和卫生部制定甘草的药材规格标准(1984 年《76 种药材商品规格标准》),甘草分为西草、东草两个品别,西草 5 个规格(大草、条草、毛草、草节、疙瘩头),8 个等级(大草统货,条草一等,条草二等,条草三等,草节一等,条草二等,毛草统货,草节统货、疙瘩头统货);东草 2 个规格(条草和毛草)4 个等级(条草一等,条草二等,条草三等,毛草统货)。其分级依据主要是药材长度、直径大小及药材外观等。例如,西草条草一等的性状特征描述为干货,呈圆柱形,单株顺直,表面红棕色、棕红色或灰棕色,皮细紧,有纵纹;斩去头尾,切面整齐;质坚实、体重、断面黄白色,粉性足;味甜,长 25~50 cm,顶端直径 1.5 cm 以上,间有黑心,无须根、杂质、虫蛀霉变。上述标准的制定以野生药材为对象,王文全等根据当前野生甘草和栽培甘草商品生产的实际情况,在甘草酸和甘草苷等《中华人民共和国药典》规定指标符合标准的前提下,依据药材长度、顶(粗)端直径、外表性状等指标,提出了甘草药材的商品规格等级标准。野生甘草 4 个规格(条草、草节、毛草、统货),栽培甘草 3 个规格(条草、毛草、统货),其中条草均分为 3 个等级:长度 20~50 cm,顶端直径一等大于 1.5 cm、二等 1.0~1.5 cm、三等 0.5~1.0 cm。

七、药用历史及研究应用

(一)传统功效

甘草味甘,性平,入脾、胃、肺经,最早记载于东汉时期的《神农本草经》,被列为药之上乘。后世,东汉《伤寒论》、汉末《名医别录》、唐代甄权所著的《药性论》、唐代《药性本草》、宋代张元素撰《珍珠囊》、元代王好古著《汤液本草》、明《日华子诸家本草》中均有甘草药用记载。明代李时珍集各家所长,在《本草纲目》[113]中记述:"甘草主治五脏六腑寒热邪气,坚筋骨,长肌肉,倍气力,金疮旭解毒,久服轻身延年"。"诸药中甘草为君,治七十二种乳石毒,解一千二百草木毒,调和众药有功,故有'国老'之号。通入手足十二经",可见甘草可补气、缓急,中医临床多入复方,功在调和诸药、降低诸药毒副作用。

(二)临床应用

在传统临床应用中,甘草多以复方入药,通过和、缓、补等法达到止痛、去火、补益、调和诸药、解百草毒等功效,进而治疗多种疾病。术、干漆、苦参为之使,恶远志,反大戟,芫花,甘遂,海藻。元代王好古的《汤液本草》中记载[114]:"附子理中用甘草,恐其僭上也;调胃承气用甘草,恐其速下也;二药用之非和也,皆缓也。小柴胡有柴胡、黄芩之寒,人参、半夏之温,其中用甘草者,则有调和之意。中不满而用甘为之补,中满者用甘为之泄,此升降浮沉也。风髓丹之甘,缓肾急而生元气,亦甘补之意也。"道出了甘草调和诸药药性的功用。

(三)现代药理学研究

现代医学研究证实,甘草具有多种药理活性,主要包括保肝、止咳、镇静、抗溃疡、抗炎、抑菌、抗病毒、抗肿瘤、抗氧化、抗变态反应、抗过敏、解毒、神经保护、美白、降糖、增强记忆力等作用。

甘草复方及提取物多用于各类肝病的防治,近年来物质基础研究证实甘草保肝的有效成分主要为甘草酸、甘草次酸等三萜类成分和甘草黄酮类成分。甘草具有良好的润肺、止咳、祛痰功效,甘草制剂及其提取物甘草酸、甘草次酸等均有一定的镇静作用。甘草具有良好的抗溃疡贡献,其主要有效成分是甘草酸及其衍生物,甘草黄酮也具有一定抗溃疡功效。甘草提取物及制剂具有一定的抗炎、抗菌、抗病毒活性,对多种革兰氏阴性菌、革兰氏阳性菌及人类免疫缺陷病毒(HIV-1)、传染性非典型肺炎病毒(SARS)、呼吸系统病毒、水泡性口膜炎病毒等多种病毒均表现一定的抑制作用。甘草可直接有效抑制乳腺癌、欧利希肿瘤、埃列希腹水肿瘤、子宫内膜癌及多种实体瘤的生长和细胞增殖,同时还能有效抑制肺癌的转移,诱导胃癌细胞凋亡。甘草提取物具有良好的清除自由基和抗氧化的功效,能有效提高机体的抵抗力。甘草及其提取物可作为毒性拮抗剂,用以对抗某些抗肿瘤药、抗结核药的肝、肾及骨髓毒性等,疗效明显,其减毒的物质基础为甘草酸及其代谢产物。甘草提取物具有一定的降糖、降胆固醇作用,可有效预防糖尿病的血管并发症和保护肾脏机能,有效缓解高胆固醇血症。甘草具有盐皮质激素样作用,可调节妇女体内睾酮的含量,诱导生长激素的生成等。

长期、过量服用甘草提取物及其制剂时,也会产生不良反应,目前报道的有:过敏反应、假性醛固酮增多症,以及消化系统、神经系统、呼吸系统、内分泌系统出现的不良反应等。

(四)现代医药应用

现代研究表明,甘草中的甘草酸类成分是中药复方的有效部位之一。以甘草酸作为保肝活性物质的药物,目前已开发出四代产品,有效提高了甘草的生物利用度,增强了肝脏靶向性,降低了不良反应。第一代制剂是甘草甜素(甘草酸)片;第二代选用β-甘草酸单铵盐为主要成分,做成复方甘草酸苷类,且开发出了多种剂型;第三代以甘草酸二铵为主要成分,是α体和β体的混合物;第四代开发出甘草酸单一立体异构体镁盐,18α-甘草酸含量达98%以上,目前仅有注射剂面世。

除保肝作用外,甘草酸、甘草次酸具有促肾上腺皮质激素作用,能减少尿量及钠排出,增加钾排出,血钠上升,血钙降低,可用于解毒、抗炎、镇咳、抗肿瘤、抗溃疡、抗菌等,其甘草酸锌盐还可用作补锌药物。甘草酸铁盐、铝盐对治疗胃及十二指肠溃疡疗效显著,其产品在荷兰、德国等多个国家已申请专利。

八、资源的综合利用和保护

(一)宁夏甘草产业发展现状

甘草是宁夏的重要药用植物资源和自然植被组成部分,分布于宁夏中部干旱、半荒漠草原,野生资源蕴藏量大,种群优势突出。甘草曾被列入宁夏"五宝"之一,为宁夏地方区域经济发展和我国中药材产业提供了巨大的市场空间。20世纪七八十年代,由于过量采挖和无遏制的滥挖,加上封育禁牧前草场严重超载过牧,致使野生资源遭到极大破坏,不仅造成草地严重沙化、退化,也使本来就十分脆弱的生态环境更加恶化。近年来,由于开展了天然野生乌拉尔甘草种质资源保育基地建设,通过抚育更新、病虫害防治等措施,使天然草场得到有效保护,与此同时在现有耕地上发展人工甘草种植,在一定程度上遏制了对天然野生甘草的采挖,从根本上起到了保护草原生态环境的作用,促进了经济和环境的协调发展。

1. 资源现状

1960 年盐池甘草面积为 1 300 亩,2000 年为 500 万亩,2012 年为 310 万亩。据宁夏农林科学院荒漠化治理研究所 2012 年网格式调查:目前,盐池县野生甘草主要分布在大水坑镇以北、青山乡以西、花马池镇西北的高沙窝镇、冯记沟乡等地区,总面积为 310 万亩。其中,甘草地上部分密度在 5 000 株/亩以上的面积为 31 万亩,占全县野生甘草分布面积的 10%,主要集中分布在冯记沟乡马儿庄;密度在 3 000~5 000 株/亩的面积为 28 万亩,占全县甘草分布面积的 9%,主要分布在冯记沟乡、高沙窝镇以南地区;密度为 1 000~3 000 株/亩的面积为 66 万亩,占全县甘草分布面积的 21%,主要分布在高沙窝镇、花马池镇以北、冯记沟东南、大水坑西北等地;密度小于 1 000 株/亩的面积为 185 万亩,占全县甘草分布面积的 60%。

经分析,造成甘草面积锐减的原因有以下几方面。

(1)天气干旱是甘草资源严重退化的最重要原因

表 4-6　盐池县近 10 年降水　　　　　　　　单位:mm

年　份	6 月	7 月	8 月	6~8 月平均降水量	年降水量
2005	54.8	43.5	43.3	141.6	380.0
2006	9.8	60.8	54.8	125.4	212.1
2007	59.1	12.1	44.3	115.5	284.1
2008	0.4	27.4	107.8	135.6	266.7
2009	3.3	64.0	131.4	198.7	280.7
2010	46.7	4.4	57.1	108.2	248.4
2011	10.3	76.2	44.2	130.7	402.8
2012	55.3	75.2	39.5	170.0	308.0
2013	30.0	104.1	14.5	148.6	288.2
2014	35.5	21.8	58.4	115.7	346.9
2015	11.8	16.8	81.6	110.2	—

(2)人工柠条林是甘草资源严重退化的重要原因　根据宁夏农林科学院荒漠化治理研究所 2007 年研究资料表明:①适宜的林药间作恢复模式一定程度上增加了土壤含水量、物种数和植被的盖度,但是人工柠条林的密度过大反而引起土壤水分、植被盖度下降及单个植物优势度的增加;②就多样性而言由于 3 m 带距内的人工甘草恢复区

和野生甘草自然恢复区猪毛菜优势种密度相当大,出现的频率和盖度很高,使得其他那些弱的物种在群落中比例很低,致使 3 m 带距内的人工甘草恢复区和野生甘草自然恢复区植物多样性很低。总体表现为多样性 8 m 带距内的人工甘草恢复区>6 m 带距内的人工甘草恢复区>野生甘草自然恢复区>3 m 带距内的人工甘草恢复区的趋势。

目前,盐池县人工柠条林面积约为 600 万亩,大面积人工柠条林的栽植,对于提高植被盖度遏制沙漠化起到了巨大的作用。但是,同时由于柠条的较强耗水优势,而抑制了甘草等原生植被发育。其结果是,3 m 带距的柠条林带中几乎看不到甘草植株。

(3)滥采盗挖是引起盐池县北部甘草资源减少的主要原因 经调查发现,在盐池县典型甘草分布区内实生苗仅占 14.95%(表 4-7),而萌生苗比例占到了 85.05%。其中,实生苗和萌生苗在北部地区分别占 5.41%和 94.59%,在中部地区分别占 3.33%和 96.67%,在南部地区分别占 36.11%和 63.89%。调查结果表明,野生甘草适宜的采挖强度为 30%左右,而在盐池县中北部,特别是高沙窝镇、王乐井乡,用翻转犁采挖,采挖深度在 80 cm 以下,实生苗和萌生苗几乎无一剩余。每年采挖面积在 1 万亩以上,造成甘草资源减少在 10 万亩以上。

表 4-7 萌生苗与实生苗的比例调查　　单位:%

地 区	实生苗比例	萌生苗比例
北部	5.41	94.59
中部	3.33	96.67
南部	36.11	63.89
均值	14.95	85.05

(4)土地开发也是引起盐池县甘草资源减少的主要原因 近年,盐池县随着扬黄灌区土地开发利用,特别是冯记沟乡,甘草资源减少 10 万亩。

农业综合开发,马儿庄 2008 年以前是甘草种子主要采集区,自 2009 年农业综合开发项目实施以来,该地已经连续多年无甘草产量产出。

光伏电的建设,使王乐井乡、高沙窝镇甘草资源减少 5 万亩以上,风力发电的建设使盐池县花马池镇甘草资源减少 5 万亩以上。

近年来随着降水量的减少,尤其是 6~8 月降水量的减少,甘草资源,特别是种子的减少,2014—2015 年收成仅占 2013 年的 3%。

(5)过度禁牧挖是减少甘草种子繁殖与异花授粉 甘草是异花传粉,风媒花。自

2000年禁牧以来,甘草开花,只能靠风力传播。据2013年在王乐井乡狼洞沟调查,在围栏网的两侧,一面放牧,另一面禁牧,放牧的区域甘草种子的亩产量为0.42 kg/亩,不放牧甘草种子亩产量为0.145 kg/亩。

表4-8　种子的结子率调查　　　　　　　　　　　　　　　　　　　单位:kg/亩

地　区	放牧一侧甘草种子亩产量	禁牧一侧甘草种子亩产量
1	0.50	0.100
2	0.35	0.200
3	0.40	0.150
4	0.43	0.130
平均	0.42	0.145

（6）病虫害的危害是甘草资源减少的另一原因　近些年,天然野生甘草病虫害增加。尤其是萤叶甲、胭脂蚧的危害使甘草资源减少。2010—2015年,甘草萤叶甲的危害上升20%,胭脂蚧的危害上升6%。

表4-9　甘草病虫害调查　　　　　　　　　　　　　　　　　　　　　单位:%

年　份	萤叶甲	胭脂蚧
2010	15.41	3.40
2012	23.33	4.90
2013	24.50	6.70
2014	27.80	8.50
2015	36.11	10.80
均值	25.43	6.86

2. 种植现状

甘草人工种植,不仅是保护野生资源和环境的要求,也是提高农民收入,发展地方经济的必要手段。在中药材人工种植中,按照规范化(GAP)的要求,采取标准化的操作,则是与国际接轨,提高甘草质量、效益与竞争力的唯一途径。20世纪80年代,宁夏开始了乌拉尔甘草野生变家种的试验研究,20世纪90年代进入生产性的试验研究阶段,目前栽培的关键技术已经初步解决,并进入了规模生产的初级阶段,至20世纪90年代末由于企业的广泛参与而得到了快速发展,宁夏逐步形成了平罗、中宁、红寺堡、灵武、盐池为重点的种植区。后来,经过"十五"期间的整体推动,宁夏人工甘草基地建设的布局已具规模,截至 2005 年年底围绕甘草试验研究、种苗繁育和规范化种植,建成了 8 个规范化种植示范基地,形成的天然道地药材资源保护和生态化、人工种植基地建设规模化、规范化、经营格局多元化的中药材种植基地建设开发模式,切实推动了全区中药材规范化种植,为争取国家 GAP 验收打下了基础。

甘草人工种植技术不断成熟,产量和经济效益显著增加。宁夏农林科学院自 20 世纪 80 年代起,就在乌拉尔甘草的中心产区——中国甘草之乡宁夏盐池县,开始了有关甘草栽培方面的研究。建立了生产优质药材的《甘草种苗质量标准》及氮、磷、钾肥对甘草产量影响预测控制模型;确定了自然无灌溉条件和非充分灌溉条件下甘草各生长季节(月)的基本耗水量与节水灌溉制度;提出了甘草重大危害性害虫胭脂蚧的科学防治方法,即移栽前、若虫期、珠体期、成虫期分时段综合防治法,使防治方法更具有时效性和高效性。在甘草研究理论上和栽培管理技术上均有了新的重大突破,创新了甘草人工栽培技术体系,在全国率先制定了宁夏回族自治区地方标准《乌拉尔甘草栽培技术规程》(DB/T513—2007),国家标准也正在申报中。

2006 年以来,由于《甘草标准化种植技术规程(SOP)》的实施,人工甘草的产量逐年提高, 水地甘草平均产量由 2004 年以前的 400 kg/亩提高到 2007 年的 625.8 kg/亩(盐池、灵武、红寺堡开发区加权平均值),其中红寺堡开发区水地甘草平均产量达到了 1 000 kg/亩, 最高产量达到了 1 500 kg/亩。2007 年盐池县采挖人工甘草 20 000 亩,产量 800 万 kg 以上,产值达 6 000 万元;灵武市采挖人工甘草 1 000 亩,产量约 40 万 kg,产值达 300 万元;红寺堡开发区采挖人工甘草 10 000 亩,产量约 1 100 万 kg,产值达 1.1 亿元。

甘草已成为中部干旱带发展地方县域经济的新型支柱产业和促进农民增收的新经济增长点。

家种甘草存在问题:一是种子来源受限,质次价高;二是药材产量不均衡,质量不稳;三是病、虫、草害绿色防控技术难度大、防治成本高;四是劳动力价格高,致使种植管理成本高;五是受进口影响,甘草市场价格低迷;六是以甘草药材为原料的新产品少、产业链短等问题。

3. 质量现状

药材质量完全实现了可控,产品质量得到了有效保证。通过对盐池、红寺堡甘草种植基地的环境检测结果分析,甘草种植基地大气环境质量良好,TSP、SO_2、NO_2 和氟化物均符合《环境空气质量标准》(GB3095—1996)二级标准,黄河水和盐池地下水检测的各项指标均符合《农田灌溉水质量标准》(GB5084—92)的二级标准,可以作为农田灌溉水水源;对甘草种植基地的土壤中重金属和农药残留的检测,土壤环境质量符合GBl5618—1995《土壤环境质量标准》的二级标准,按照《绿色食品产地环境质量现状评价技术导则》中对土壤条件的评价标准,属清洁水平;对宁夏栽培甘草有效成分含量的检测和农药残留及重金属的检测,符合《中华人民共和国药典》(2015年版一部附录IX B)规定。综合检测结果表明,宁夏甘草种植基地的土壤、水质、大气和甘草有效成分、农药残留及重金属含量均符合绿色中药材栽培的环境质量要求,人工栽培甘草的甘草酸含量平均为 2.1%,高于《中华人民共和国药典》中甘草酸含量 2.0% 的法定标准。

4. 研究现状

2015年4月9日由宁夏科技厅会同有关省厅组织有关专家,对宁夏农林科学院等单位承担的国家"十二五"科技支撑计划项目"西北地区特色中药材规范化种植及大宗中药材综合开发技术研究"课题"西北区域大宗中药材甘草规范化种植基地优化升级及系列产品综合开发研究"(2011BAI05B01)进行了验收。

(1)课题在宁夏盐池、甘肃酒泉建立甘草种质资源圃共 40 亩,选育出 3 个遗传多态性和药效成分含量高、抗褐斑病及适应强的优良甘草新品系;建立了基于土壤养分丰缺指标和甘草优化施肥模型的高效施肥技术体系;研究提出了机械、生态和化学防治相结合的甘草田杂草安全防除技术,减少成本 62.5%;研制出集开沟、分苗、覆土于一体的甘草移栽机,降低成本 77.0%;建立了甘草主要病虫害预测预报及综合防治技术,在甘草胭脂蚧关键生物学、生态学特性、传播扩散规律及其综合防控技术上取得突破,防治效果 90.0% 以上;集成建立了甘草可持续发展 SOP 升级技术体系和模式,提升了甘草规范化种植水平。

(2)课题建立了甘草黄酮类成分富集方法、甘草醇溶性提取部位 HPLC 指纹图谱、化学模式识别等分析方法;明确了土壤养分与甘草酸的相关性;通过甘草药材质量评价和农药残留、重金属等指标安全性评价的研究,提升完善了甘草药材质量标准。

(3)优化提升了甘草次酸及衍生产品合成工艺,总收率超过 1.1%,生产成本下降 30% 以上;研究出乙酰甘草次酸、甘草酸单铵盐、甘草酸单钾盐等系列产品生产工艺及其生产加工质量标准,实现了常量化生产;研发了乙酰甘草次酸含量 HPLC 测定方法和基于 ELISA 的甘草酸快速微量分子检测方法及检测试剂盒;开发出以甘草药材为原料的甘草甜味素 R–21、甘草含片、甘草卫生洗液、甘草香皂新产品 4 个。

（4）在宁夏和甘肃建立了甘草规范化种植优化升级核心示范区 7 个共 3.42 万亩，带动示范区 11.48 万亩，鲜草平均亩产量提高了 37%~50%，最高 1 500 kg；建成甘草次酸等产品 30 t 年生产能力的生产线。课题科技成果登记 3 项，申请专利 13 项，授权 6 项，制定标准 9 项，发表论文 29 篇，培养研究生 8 名，培训农民 3 522 人次。经济、社会、生态效益显著，应用前景广阔。

（二）宁夏甘草产业发展中存在的问题

1. 种子短缺将是长期制约甘草药材产业发展的首要瓶颈

我国每年出口内销需甘草 40 多万 t 干品，90 万 t 鲜品，按亩产鲜甘草 600 kg 计算，每年采挖 150 万亩才能平衡。3 年的生产周期，就得有 450 万亩人工甘草的留床，且每年都得新增 150 万亩，全国仅宁夏、内蒙古、甘肃、陕西……几个省（自治区）种植甘草，而贫穷落后和恶劣的生态环境总是伴随在甘草适生区。如果用常规技术搞种子直播，种植成功率大概 50%，种成 150 万亩需要播种 300 万亩才能完成。若每亩用种 6 kg，需甘草种子 1 800 万 kg。如果用常规技术育苗移栽，每亩成苗 8.0 万株，需要育苗 20 万亩，需种子 160 万 kg。我国目前还没有成规模的人工甘草种子繁育基地，一般人工甘草生长 4 年才能开花结实，而多数情况下人工甘草生长至第四年也是病虫害的高发期，甘草自然死亡较为严重。当前甘草种子主要依赖内蒙古、宁夏野生甘草保护区采收，受自然条件的制约，产量品质低且不稳定，全国甘草种子年产量 40 万~60 万 kg，只能种 30 万~50 万亩甘草，全部成功也只能供应满足 20%~30% 的市场需求。种子短缺这个瓶颈在短期内无法突破。

宁夏盐池县、灵武市、红寺堡等地及其周边区域是我国乌拉尔甘草核心分布区域，也是乌拉尔甘草种质核心区。2010 年前后，盐池县正常年份甘草种子产量可有七八吨，由于农业、能源产业开发，以及人工柠条林影响，盐池天然草场甘草种子的生产力越来越弱，2017 年甘草种子几乎绝收。但另一方面，盐池县高沙窝镇是开展人工甘草种植最早的地方之一，甘草种子的交易延续了近 30 年，至今高沙窝镇仍然是全国甘草种子集散流通中心，流通量占全国总量的 2/3。据估算，全国每年甘草种子量不足 300 t，几乎完全依赖于野生甘草，人工甘草种子产量很低，甘草种子严重匮乏。甘草种苗也只有盐池田丰甘草种植合作社、荣峰甘草产业合作社、宁夏拓明农业开发有限公司在繁育，每年生产面积不到 1 000 亩，可供移栽面积 5 000 亩。由于受口岸甘草价格冲击，甘草种植积极性不高，甘草种子基本上属于有价无市，甘草种苗出货不畅。

2. 病虫害防治意识淡薄、防治上不讲科学,标准化栽培技术(SOP)普及到位率低,是制约产业发展的又一瓶颈

地道药材甘草的病虫害防治应坚持"预防为主、综合防治"的原则,综合防治是根据甘草的生理、生态学特性和病虫害的生长发育规律,结合栽培技术与田间管理,从生物与环境的整体观点出发,本着预防为主的指导思想和安全、有效、经济、简便的原则,因地制宜,合理运用农业的、生物的、化学的、物理的方法及其他有效的生态手段,进行科学防治,把病虫害的危害控制在经济阈值以下,以达到提高经济、生态和社会效益的目的。调查发现,农民对甘草病虫害防治意识淡薄且防治上不讲科学。而当病虫危害严重时,则是"病急乱投医",其结果是不但没有收到应有的防治效果,反而造成了不必要的浪费和经济损失。

药材作为一种特殊的植物,生产中必须严格按照国家中药材生产质量管理规范(GAP)进行管理,按照标准化栽培技术规程进行种植,才能实现中药材"安全、有效、稳定、可控"。例如甘草,切不可当成一个单纯的"草"去种,而是应该把它真正的当"药"去管理。但尚有一些农民或企业,对一些关键环节,如育苗地的选择与整治、苗床施肥、种子质量、播种时期、覆膜方式,以及移栽地的整治、种苗的选择、种植规格等均没有认真地对待,操作随意性大,管理粗放,技术不规范,以种草的观念去种药,以至采挖时产量很低。

3. 技术储备不足在一定程度上限制了药材产业的进一步发展,药材规范化种植中一些关键技术亟须突破

一是药材种子处理技术、保苗技术仍不过关,直接导致了育苗成苗率低,影响了种苗产量。如乌拉尔甘草种子千粒重为 10~12 g,每千克种子数 8 万~10 万,但实际生产中每千克种子成苗数却仅为 1 万,种子成苗率 10%~12%。如果将甘草种子成苗率提高 10 个百分点以上,可使种苗生产数量在当前的基础上提高 1 倍,直接增加种植面积 1 倍。盐池县 2006~2008 年招标甘苗种子分别为 25 t、40 t、60 t, 甘草净育苗 3 500 亩、5 000 亩、6 000 亩,成苗数为 25 000 万、40 000 万、60 000 万, 移栽 2.5 万、4 万、6 万亩甘草,种苗不足部分均从内蒙古、甘肃、陕西,甚至新疆调入。调入的种苗多数种苗质量较差或带有病虫害。

盐池县扬黄灌区和井灌区立地条件下甘草育苗技术尚未成熟,技术储备不足。扬黄灌区的土壤耕作历史相对较短,土壤熟化度差,肥力较差,灌水有时不及时,在这类地上育苗,时间一定不能太早,适宜的育苗时间是 6~7 月,这期间气温相对稳定,风也

少,降水也相对多一些,有利于出苗后保苗;井灌区由于常年浅层高矿化度地下水灌溉,土壤盐渍化严重,这类地块的土壤质地相对黏重一些,灌水后宜板结,所以宜采用灌后播种育苗。而对于这两类地,目前在育苗方面尚没有一个成熟的技术体系,育苗技术基本上是以经验技术为主。

由于宁夏甘草播种的时间多为5月中旬以后,一般足年出圃的种苗基本上能达到三级规格以上,即长度≥30 cm,茎粗≥0.5 cm。部分农民为了追求经济利益,提前出苗,而移栽中注重数量,不重视质量。优质的种苗生产优质的药材,劣质的种苗无论是对药材的产量还是商品质量都具有较大的影响。种苗分级销售,分级移栽,优级优价是实现药材标准化生产的重要措施。

二是甘草等药材自然死亡是目前限制甘草产量提高的重要因素。据调查,甘草的移栽成活率基本在90%左右,而之后在每一年的生长中,都有10%以上的自然死亡率,至生长2~3年采挖时,每亩的收获率约为70%,若种苗质量太差,收获率还有可能低到60%,甚至是50%。

三是甘草等主要特色药用植物人工种植过程中重大危害性生物的综合控制防治技术有待进一步研究解决。甘草为宁夏重点地道药材,"十五"期间,宁夏在甘草病虫害种群及防治技术方面取得了较大的进展,预防控制技术有了突破。但是,仍有一些药农在种植过程中不注重预防,导致了种植过程局部发病严重,给防治造成了较大的困难,有的甚至绝产。

4. 甘草采挖技术落后,增加了种植成本

目前,甘草采收机具多采用大功率拖拉机牵引单铧犁或其他采挖机,一是有效采挖深度浅,约为50 cm,采收率70%左右;二是挖断的甘草根不能即时带出土,必须大量人力拣出,费时费工,亩采收费用高达300元,增加了种植成本。2008—2009年红寺堡区中药材协会分别从山东、陕西、甘肃、北京等地利用民间资金引进了多台甘草采挖机,其中以宁夏金龙公司从山西引进的稍为理想一些,可以比老式采挖机节省用工2/3以上,但是有效采挖深度大约为35 cm,有效采挖率约为70%。

5. 药材产量低,县域间产量水平不均衡

2006年以来,由于《甘草标准化种植技术规程(SOP)》的实施,人工甘草的产量逐年提高,水地甘草平均产量由2004年以前的400 kg/亩产提高到2009年的625.8 kg/亩(盐池、灵武、红寺堡开发区加权平均值),其中红寺堡开发区水地甘草平均产量达到1 000 kg/亩,最高产量达到了1 500 kg/亩。盐池水地甘草最高产量达到1 368 kg/亩,水地移栽 2 年平均产量达到 1 024 kg/亩，旱地 1 年甘草平均产量达到 269 kg/亩，旱年 2 年平均产量达到 542 kg/亩。

表 4-10　盐池县水地甘草不同种植方式产量比较

种植年限与种植方式	年 限/年	收获株数/个	亩产量/kg	径 粗/cm	主根长/cm	根 长/cm
城西滩刘八庄 2008 年 4 月移栽的甘草	1	17 508.0	445.97	0.909	32.7	52.3
城西滩二堡村 2008 年 4 月移栽的高密度甘草	1	27 747.0	544.02	0.990	29.6	55.8
马儿庄沃能公司 2007 年秋季移栽甘草(喷灌)	1	20 010.0	463.43	0.968	25.8	43.7
平均		21 755.0	484.50	1.000	29.4	50.6
城西滩刘八庄 2007 年 4 月移栽的甘草	2	17 897.0	933.03	1.125	27.9	59.7
城西滩田记掌 2007 年 4 月移栽的甘草	2	17 175.0	938.80	1.26	28.3	75.4
城西滩二堡村 2006 年秋季移栽的甘草	2	21 531.0	1368.75	1.478	32.1	63.3
王乐井郑堡子村 2007 年 5 月移栽的甘草	2	17 235.0	857.46	1.163	34.3	58.8
平均		18 459.5	1024.50	1.300	30.7	64.3

表4-11 盐池县旱地甘草不同种植方式产量比较

种植年限与种植方式	年限/年	收获株数/个	亩产量/kg	径粗/cm	主根长/cm	根长/cm
城西滩刘八庄旱地2007年秋季移栽	1	15 967.0	345.97	0.812	34.7	68.6
麻黄山后洼嶂岘村旱地2007年秋季移栽	1	12 419.0	247.99	1.015	23.2	42.0
麻黄山后洼嶂岘村旱地2008年春季移栽	1	11 105.0	214.71	0.824	32.8	44.4
平均		13 163.7	269.60	0.900	30.2	51.7
柳杨堡王孝旱地2006年秋季移栽	2	8 871.0	656.46	1.298	38.3	61.5
麻黄山阳洼村旱地2007年春季移栽	2	12 419.0	443.56	1.034	36.1	49.5
城西滩刘八庄旱地2007年5月移栽	2	14 193.0	526.36	1.048	29.0	65.7
平均		11 827.7	542.10	1.100	34.5	58.9

从表4-10和表4-11可以看出,水地明显优于旱地;无论是水地还是旱地,秋移栽生长量优于春移栽;高密度产量高于低密度。由此可见,适当高密度是今后甘草栽培的方向。

2007年盐池县采挖人工甘草20 000亩,产量800万kg以上,产值达6 000万元;灵武市采挖人工甘草1 000亩,产量40万kg以上,产值达300万元以上;红寺堡开发区采挖人工甘草10 000亩,产量1 100万kg以上,产值达1.1亿元。

虽然2009年整个面上的平均产量比2004年提高了50%以上,但产量却极不均衡,就产地来说,红寺堡区水地甘草产量明显高于盐池县300~500 kg/亩。

6. 中药材产业仍处于原料生产和销售的低水平阶段,缺乏后续产业或后续产品加工产业链,不能产生更大的经济效益和社会效益

宁夏的甘草主要以普通原料在市场销售,药材加工水平仅停留在饮片加工方面,盐池万顺欣药材加工厂、红寺堡绿苑公司、灵武银湖公司等几家饮片初加工厂,因为原料不足,也基本处于停产状态;在产品深加工领域,虽然,宁夏大学在甘草深加工领域获得了多项专利,但这些技术却没有在宁夏很好地应用。目前,宁夏没有一家甘草深加

工企业,仅有的一家甘草加工企业——盐池县润达甘草生物科技有限公司,也只是以甘草作为添加剂生产甘草茶,需求量有限,对本地市场拉动不明显。由此可见,甘草深加工方面表现出了典型的"三低",即甘草及其粗制品附加值低,技术含量低,经济效益低。因此,只有搞深加工,才能在销售上变被动为主动,这样一是不受市场的季节性制约,二是把质量优势转变成经济优势。

(三)我国甘草市场前景与宁夏甘草产品竞争力

1. 我国甘草市场前景

甘草是我国传统的出口创汇大宗药材,在国际市场中享有较高声誉,出口到世界30多个国家和地区,甘草和甘草提取物在国外主要用于医药、食品、烟草业,少量用于化妆品。目前,世界上甘草主要出口国有俄罗斯、土耳其、希腊、意大利等国。主要进口国家和地区有美国、欧盟、日本、韩国、东南亚各国以及中国港澳地区。目前在世界上可供出口的国家不多,甘草来源范围进一步缩小,一些发达地区有资源的国家,出于保护生态环境,甘草需求量也靠进口。我国出口的甘草主要销往日本、韩国等亚洲国家和中国香港、台湾地区,而甘草液汁及浸膏主要销往欧美和东南亚等地。

近20年来,甘草年销量一直居高不下,其原因有三:一是药用量的稳定增长;二是出口量的逐年增加;三是非医药行业对甘草的开发利用,如卷烟业、食品业等。从20世纪50年代到20世纪末,我国甘草原料和饮片出口量由每年500 t增加到5万~6万 t,50年间增长100倍。美国是全世界最大的甘草提取物进口国,近年来美国从中国进口甘草酸每年2 800~3 200 t。我国出口到韩国、日本、中国香港、欧洲的甘草酸总量大于出口到美国的。我国仅甘草酸出口这一项每年超过6 000 t,再加上国内甘草酸需求和国内外甘草原料和饮片需求,中国在出口量不增加的情况下,每年需要含酸量3.5%以上的野生甘草40万 t,需毁坏甘草长势中等的草原400万亩(内蒙古中部采挖野生甘草平均每亩鲜草200~300 kg,整理成干品约定100 kg)。如果野生原料断档,用人工技术种植的甘草酸含量2%的干甘草提取甘草酸,约需干原料60万 t,需每年采挖150万亩。那么,每年留床面积就需保持在450万亩以上。社会需求的迅速增长和甘草应市量的供不应求,必然拉动市场价格的不断攀升,干统货收购价格由2001年的4.5元/kg上升到2007年9.0元/kg(表4-12)。

表 4-12　20 世纪 50 年代到 2017 年甘草收购价格变化情况　　　　　单位:元/kg

年　份	单　价
20 世纪 50 年代	0.2 元(干统)
20 世纪 60 年代	0.4 元(干统)
20 世纪 70 年代	0.8 元(干统)
20 世纪 80 年代中	1.6 元(干统)
20 世纪 80 年代末	2.2 元(干统)
20 世纪 90 年代中	3.0 元(干统)
20 世纪 90 年代末	4.0 元(干统)
2001 年	4.5(干统) 1.8(鲜统)
2002 年	5.0(干统) 2.0(鲜统)
2003 年	5.5(干统) 2.2(鲜统)
2004 年	6.0(干统) 2.5(鲜统)
2005 年	6.5(干统) 2.8(鲜统)
2006 年	8.0(干统) 3.5(鲜统)
2007 年	9.0(干统) 4.0(鲜统)
2008 年	8.0(干统) 3.0(鲜统)
2009 年	9.0(干统) 4.0(鲜统)
2010 年	12.0(干统) 4.5(鲜统)
2011 年	13.0(干统) 5.6(鲜统)
2012 年	12.0(干统) 3.0(鲜统)
2013 年	12.0(干统) 3.0(鲜统)
2014 年	11.0(干统) 2.8(鲜统)
2015 年	10.0(干统) 2.5(鲜统)
2016 年	12.0(干统) 3.5(鲜统)
2017 年	14.0(干统) 5.0(鲜统)

2. 宁夏甘草市场竞争力

宁夏在历史上是传统的乌拉尔甘草的地道产区,盐池县、灵武市、红寺堡等及其周边区域系我国乌拉尔甘草核心分布区域,所产甘草以色红皮细、质重粉足、条干顺直、口面新鲜而著称,商品甘草种质极纯,世人冠以"西镇甘草"称号,也称"西正甘草",畅销国内外,与内蒙古杭锦旗,鄂托克前旗的"梁外甘草"齐名。南朝陶弘景《名医别录》记载[15]甘草"生河西川谷积沙山及上郡"。《本草图经》载[16]:"今陕西、河东州郡皆有之。……今甘草有数种,以坚实断理者为佳。"即今陕北、宁夏毛乌素沙地一带(含盐池等地);《药物出产辨》[17]:"产内蒙古,俗称王爷地。"即今鄂尔多斯台地一带(含宁夏盐池等地)。由于盐池甘草有着得天独厚的区位优势和深厚的历史积淀,1995年宁夏盐池县被国务院首批百家中国特色之乡命名委员会命名为"中国甘草之乡"。

2002—2005年,宁夏农林科学院联合宁夏药品检验所对在盐池、红寺堡等地采集到的323份人工种植的甘草样品进行了检测分析(见表4-13):甘草酸含量均值为2.14%,符合中华人民共和国药典要求。《中华人民共和国药典》(2015年版甘草酸含量为2.0%)。宁夏药检所对宁夏野生与栽培甘草(1~8年生)的TLC指纹图谱分析,图谱信息显示3年生以上的栽培甘草的指纹图谱信息与野生甘草基本相同。同时,宁夏甘草种植基地的土壤、水质、大气和甘草有效成分、农药残留及重金属含量均符合绿色中药材栽培的环境质量要求。

表4-13 宁夏栽培甘草质量分析　　　　单位:%

	甘草酸	甘草苷	总黄酮
最大含量	4.5000	2.5000	7.400 0
最小含量	0.8000	0.5000	2.500 0
平均含量	2.1391	1.4818	5.079 7
标准差	0.5959	0.5593	1.387 9
CV	27.8567	37.7457	27.322 4

九、甘草及栽培技术要点

(一)立地条件

适宜的地道产区为宁夏及其周边地区。

甘草是钙质土的指示植物。甘草适种土壤为风沙土、灌淤土、灰钙土、灰漠土、黄绵土、红黏土、黑垆土、盐渍土等。甘草不宜在土质黏重、重度盐碱地及排水不良的土壤中种植。

(二)种植环境

应远离工矿厂区和城镇,周围 500 m 以内没有企事业单位和居民区,3 km 之内没有污染源。

(三)种子质量

晾晒合格后的甘草种子,定量分装入通透性较好的无毒无污染的种子专用包装袋。

种子质量分级应符合三级以上标准,包括三级,即纯度≥96%、净度≥80.0%、千粒重≥10.0 g、发芽率(处理后)≥70.0%。

(四)育苗

1. 选地

育苗地宜选择有多年耕种史,无病虫或严重草害史,熟化土层厚,土壤肥力较好的沙壤或壤土地,且处于种植区或靠近种植区,交通方便,有防风林网的区域。

2. 整地施肥

机械深翻 20~30 cm,精细耙耱。同时结合整地均施腐熟农家肥 3~5 m³/亩,磷酸二铵或复合肥 30~50 kg/亩。

3. 种子处理

甘草种子表皮为坚硬的蜡质层,须经破皮处理后才能吸水萌发。种子处理方法:通常用谷物碾米机处理法,即调整机器磨片到合适间隙,碾磨 1~2 遍,以划破种皮且不碾碎种子为宜;硫酸拌种法,即 1 kg 甘草种子用 98%浓硫酸 30 ml 充分拌种 20~30 min,清水冲洗干净,阴干留置。

4. 浸种

水地或墒情较好的育苗地,播前 10 h 左右,将 60~70℃热水倒入种子内,边倒边搅拌至常温,再浸泡 2~3 h,滤干水分放置 8 h 左右即可播种。

5. 播种

育苗最适宜时间为 5 月中下旬。6 月上旬至 8 月上旬亦可播种,但当年不能出圃移植,宜翌年出圃。

育苗播量为 6~10 kg/亩,也可视芽率情况,加大播量。

播前先浇水,干后浅耕播种,正常播深为 1~3 cm。

6. 播种方法

机械播种法:选择 8~12 行的谷物播种机,播深 1~3 cm,行距 8~10 cm。

7. 覆膜方法

采用宽幅育苗,膜宽 240~400 cm,平铺,膜的两侧埋入土中,踩实。同时应在膜面上每隔 2~3 m,拦腰覆土,为防止大风揭膜。出苗后及时放风练苗,以避免放风不及时或放风过急而造成生理性死苗。

8. 苗圃(地)灌水

苗出齐后灌第二水,苗高 10 cm 灌第三水,后期若干旱灌第四水。

9. 追肥

结合灌水每次追施"天脊"牌高效复合肥(22-9-9)20~25 kg/亩或者"天脊"牌高效复合肥(22-9-9)10~15 kg/亩加尿素 10~15 kg/亩,全年 2~3 次。

叶面肥选择寡糖链蛋白 6%可湿性粉剂中保阿泰灵;喷施时期以苗高 10 cm 以上和幼苗分枝期,全年 2~3 次;喷施浓度为 20~25 g 原药兑水 15 kg。

10. 除草

人工除草应结合中耕进行,出苗期不宜除草,以免拔除杂草时,将甘草幼苗带出。苗地杂草不宜超过 10 cm。拔除的杂草应及时清理出苗地。

芽前除草:选择在当年第一次灌水时实施。适用药剂为乙草氨、施田补等芽前选择性除草剂,剂量为 50%乳油 300 ml/亩,施用时期为杂草芽前,施用方法为喷雾或随水滴施。

芽后除草:适用药剂为豆草特,防除对象为除禾本科以外 1 年生杂草,剂量为 250 ml/亩,施用时期为杂草 4 叶期以前,施用方法喷雾或随水滴施。注意事项,施用后 3 年不能种粮食作物。

高效盖草宁:防除对象为禾本科杂草,高效广谱除草剂,剂量为 50 ml/亩,施用时期为杂草出来,灌水后施,施用方法为喷雾,为提高药效可加入有机硅助剂。

11. 甘草苗期病害

生理性病害:田间表现为甘草苗成片死亡,部分子叶发白,呈灼伤状,根系完整,根部及根茎部未腐烂,拔苗时地上部与地下部不分离,根部表皮色泽同土壤色泽,无坏死状,死苗未有任何气味;常发于雨后高温、气温陡降等气温变化异常时,幼苗周围空气温度急剧上升或下降,根部吸水供应不上,导致幼苗失水,并产生生理性死苗。防治措施上选择熟化土壤,适期播种,加强出苗期田间管理。

立枯病:主要表现为幼苗根茎基部变褐色,根茎收缩细缢,直立枯死;幼苗出土后即可受害。多为种子受侵染出现种腐或幼苗枯死。防治措施上,用绿享1号、绿享3号,或移栽灵防治,药量参考使用说明,间隔期3~5 d。

猝倒病:主要表现为幼苗根茎基部水浸状,局部收缩细缢,猝倒死亡;幼苗出土后即可受害。高温高湿造成幼苗根部发病;防治方法同立枯病。

12. 甘草蚜虫

①发生规律:蚜虫多附着于叶片背面及嫩茎处,淡绿、褐绿或黑绿色。5~8月是发生期,局部地甘草植株受害较重。

②防治时期:根据田间局部蚜虫发生与监测情况,进行防治。

③防治措施:吡虫啉1 500倍液喷洒。

(五)移栽

1. 移栽时间

春季移栽的适宜时间为土壤解冻至5月上旬。

秋季移栽的适宜时间为种苗完全停止生长至土壤完全封冻之前。

2. 苗龄和规格

乌拉尔甘草种苗质量应为苗龄达到1年以上,生长量达到三级以上标准方可采挖移植,即种苗长度>30 cm,横径>0.6 cm。

3. 种苗检疫与药剂处理

胭脂蚧为甘草重大害虫,应作为重点检验对象,为防止种苗异地带虫传播,有效减少种苗虫源和移栽地的虫源,避免和减轻的胭脂蚧等害虫危害,移栽前必须对种苗进行严格的植物检疫或药剂处理。

(1)药剂喷洒消毒　出土种苗集中喷施药剂后堆放,用塑料薄膜覆盖放置1~2 d后进行移栽。

(2)种苗浸泡消毒　出土种苗急需移栽,用大型水桶配好药液,将所栽的苗放在药液浸泡3~5 min,即可进行移栽。

(3)药剂选用　用40%辛硫磷乳剂或10%高效氯氰菊酯800~1 000倍液等进行消毒。

4. 土壤处理

对于新垦地或周边有野生甘草的地块,移栽时可进行毒土处理,以减少野生甘草胭脂蚧的虫源。具体方法为辛硫磷颗粒剂3~6 kg/亩或毒死蜱颗粒2~3 kg/亩,拌土均匀撒入垄沟中,再放置种苗。

5. 移栽方法

（1）移栽前　施入农家肥,底施化肥不超过 15 kg/亩,以防伤芽,影响种苗返青。

（2）移栽密度　水地移栽密度为 18 000~22 000 株/亩,行距小于 30~35 cm,株距小于 12 cm。旱地移栽密度为 12 000 株/亩以上,行距小于 40 cm,株距小于 13 cm。

6. 灌水施肥

水地移栽后一周内开始灌第一水,6 月中下旬灌第二水;7 月中下旬灌第三水,全年灌水 3~4 次。

水地可结合灌第二水,每次随水追施"天脊"牌高效复合肥(22-9-9)20~25kg/亩或者"天脊"牌高效复合肥(22-9-9)10~15 kg/亩加尿素 10~15 kg/亩,全年 2~3 次。翌年再追施 2~3 次。

7. 除草

（1）中耕除草　旱地可结合中耕除草或雨后进行旱追施,具体方法为将肥料均匀撒入地表,结合中耕除草,使肥土混合。

叶面肥宜选用磷酸二氢钾和寡糖链蛋白 6% 可湿性粉剂中保阿泰灵。苗高 10 cm 以上和幼苗分枝期各喷施 1 次。喷施浓度以 20~25 g 原药兑水 15 kg 为宜。

田间杂草防治应做到早除、勤除。在 5 月中下旬、6 月中下旬和 7 月中旬结合中耕进行,9 月下旬应刈割地上部分的全部杂草,对于病虫害严重的田块,应彻底清理并焚烧掩埋,以防止越冬菌源、虫源,减轻病虫害危害程度。

（2）药剂除草

①芽前除草。适用水地甘草,可选择在当年第一次灌水时实施。适用药剂为乙草氨、施田补等芽前选择性除草剂,剂量为 50%乳油 300 ml/亩,施用时期为杂草芽前,施用方法为喷雾或随水滴施法。

②芽后除草。以播前翻耕除草、机械中耕和人工除草为主。化学除草,应选择低残留的已登记的除草剂。

8. 主要病害防治

甘草锈病:在 4 月上旬发生始期,5~6 月是夏孢病株的发生盛期,发病适宜温度为 20~25℃,7 月中旬以后,是冬孢病株发生盛期。9 月以后随着气温下降,甘草停止生长;防治措施,首先应消灭和封锁发病株与发病中心,清除地上病株,尤其是秋季刈割、清洁田园的病枝落叶可减少下半年的病原。4 月下旬至 5 月上旬, 甘草 80%植株露芽 1~2 cm, 锈病植株达 20%时用 20%粉锈宁 1 200 倍液或 97%敌锈钠 300 倍液喷雾防治,间隔 7 d 喷雾 1 次,共 2 次。

甘草白粉病:病株主要在田间病株残体上越冬,次年秋季降雨多,湿度大有利于该病的发生蔓延。防治措施上,用 20%粉锈宁 800~1 000 倍液或硫黄胶悬剂 300 倍液喷雾,视病情相隔 7 d 加强 1 次。

甘草根腐病:人工甘草主要靠水流、土壤传播,根部伤口侵入。防治措施上,应注意天气预报,防止大水漫灌;发现病株用 50%甲基托布津 800 倍液或 75%百菌清 600 倍液进行灌根。

9. 主要虫害防治

甘草胭脂蚧:一年发生一代,9 月以后,一部分若虫在卵囊内越冬,另一部分若虫破囊后活动寄生寄主越冬,翌年 4 月随着气温的升高,卵囊内若虫爬出寻找寄主,固定危害,吸食甘草汁液,5~7 月上旬形成蚧壳,进入老熟期,8 月中旬成虫羽化、交尾产卵期,完成一个生活世代。防治措施为:①药剂防治,即用 50%辛硫磷乳油灌根;②采用挖隔离沟和清除虫源的方式。

甘草萤叶甲:成虫在枯枝、落叶下、土逢中越冬,翌年 4 月中下旬甘草幼芽萌发开始取食危害,一、二代幼虫危害加重,5 月下旬至 8 月为发生盛期。防治措施为,在甘草生长季节,可采用乐斯本 1 000 倍液或 1 500 倍液或千虫克 800 倍液喷洒。加强田间管理,冬季灌水,秋季刈割、清除田间枯枝落叶,减少越冬虫源与翌年虫口基数。

甘草蚜虫:5~8 月是发生期,局部地甘草植株受害较重。防治措施为,用吡虫啉 1 500 倍液或 20%高效溴氰菊酯 2 000 倍液或千虫克 800 倍液喷洒。

甘草小绿叶蝉:一年发生 3~5 代,主要以幼虫、成虫危害豆科、榆树等多种植物,7~8 月是发生盛期。防治措施为,在危害高峰期常采用敌敌畏乳液 1 000 倍液,喷施可达 90%以上的防效。

10. 采挖时期

直播种植 3 年后采挖,移栽种植宜 2 年后采挖,采挖季节应在秋季。

参考文献

[1] 蒋齐, 王英华, 李明, 等. 甘草研究[M].银川: 宁夏人民出版社, 2009.

[2] 中华人民共和国药典委员会. 中华人民共和国药典(一部)[M].北京: 中国医药科技出版社, 2015.

[3] 邢世瑞. 宁夏中药志. 第二版, 上卷[M]. 银川. 宁夏人民出版社, 2006.

[4] 中华人民共和国药典委员会. 中华人民共和国药典(一部)[M]. 北京: 中国医药科技出版社, 2010.

[5] 胡世林. 中国道地药材[M]. 哈尔滨市: 黑龙江科学技术出版社, 1989.

[6] (南北朝)陶弘景. 本草经集注(辑校本)[M]. 北京: 人民卫生出版社, 1994.

[7] (明)刘文泰. 本草品汇精要[M]. 北京: 人民卫生出版社, 1982.

[8] (南北朝)雷敩. 雷公炮炙论[M]. 上海: 上海中医学院出版社, 1986.

[9] 高雪岩, 王文全, 魏胜利, 等. 甘草及其活性成分的药理活性研究进展[J]. 中国中药杂志, 2009, 34(21): 2695-2700.

[10] 段天璇, 于密密, 刘春生, 等. HPLC法同时测定甘草指纹图谱暨甘草苷、甘草酸含量[J].中成药, 2006, 28(2): 161-163.

[11] 侯娟, 黄旭初, 张建军, 等. 疆野生甘草与栽培甘草的质量特征比较[J]. 科技信息, 2008,(21): 21-22.

[12] (明)陈嘉谟. 本草蒙筌[M]. 北京: 人民卫生出版社, 1988.

[13] (明)李时珍. 本草纲目[M]. 呼和浩特: 内蒙古人民出版社, 2006.

[14] (元)王好古. 汤液本草[M]. 北京: 人民卫生出版社, 1987.

[15] (南北朝) 陶弘景. 名医别录[M]. 北京: 人民卫生出版社, 1985.

[16] (宋)苏颂. 本草图经[M]. 合肥: 安徽科学技术出版社, 1994.

编写人:李明　安钰　龙渼普　李生兵　张新慧

第三节　银柴胡

一、概述

来源:本品为石竹科植物银柴胡(*Stellaria dichotoma* L. var. *lanceolata* Bge.)的干燥根。春、夏间植株萌发或秋后茎叶枯萎时采挖;栽培品于种植后第三年9月中旬或第四年4月中旬采挖,除去残茎、须根及泥沙,晒干。主产于宁夏。

生长习性:喜温暖、冷凉气候,具有耐旱、耐寒、喜光、忌水渍的特性。

质量标准:执行《中华人民共和国药典》(2015年版一部)[1]。

【性状】本品呈类圆柱形,偶有分枝,长15~40 cm,直径0.5~2.5 cm。表面浅棕黄色至浅棕色,有扭曲的纵皱纹和支根痕,多具孔穴状或盘状凹陷,习称"砂眼",从砂眼处折断可见棕色裂隙中有细砂散出。根头部略膨大,有密集的呈疣状突起的芽苞、茎或根茎的残基,习称"珍珠盘"。质硬而脆,易折断,断面不平坦,较疏松,有裂隙,皮部甚薄,木部有黄、白色相间的放射状纹理。栽培品有分枝,下部多扭曲,直径0.6~1.2 cm。表面浅棕黄色或浅黄棕色,纵皱纹细腻明显,细支根痕多呈点状凹陷。几乎无砂眼。根头部有多数疣状突起。折断面质地较紧密,几乎无裂隙,略显粉性,木部放射状纹理不甚明显。气微,味甘。

【检查】酸不溶性灰分不得过 5.0%。

【浸出物】照醇溶性浸出物测定法项下的冷浸法测定,用甲醇作溶剂,不得少于20.0%。

【炮制】除去杂质,洗净,润透,切厚片,干燥。

【性味与归经】甘,微寒。归肝、胃经。

【功能与主治】清虚热,除疳热。用于阴虚发热,骨蒸劳热,小儿疳热。

二、基源原考证

(一)本草记述

传统本草有关银柴胡物种的记载主要集中在植物根部形态的描述,有关本草中银柴胡植物形态记载见表 4-14。

表 4-14 本草中有关银柴胡物种形态的描述

典 籍	物种描述
雷公炮炙论(南北朝)	柴胡,凡使,茎长软,皮赤,黄须。……凡采得后,去髭并头,用银刀削去薄皮少许,却以粗布拭净,细锉用之。柴胡出平州平县,即今银州银县也。
本草图经(宋)	柴胡,以银州者为胜。二月生苗甚香,茎青紫,坚硬,微有细线,叶似竹叶而稍紧小,亦有似邪蒿者,亦有似麦门冬而短者。七月开黄花。生丹州结青子,与他处者不类。根似芦头有赤毛如鼠尾,独窠长者好。二、八月采根暴干。
本草别说(宋)	柴胡惟银夏者最良。根如鼠尾,长一二尺,香味甚佳。
本草纲目(明)	银州,即今延安府神木县,五原城是其废迹。所产柴胡,长尺余而微白且软,不易得也。近有一种根似桔梗、沙参,白色而大,市人以伪充银柴胡,殊无气味,不可不辨。
神农本草经疏(明)	按今柴胡俗用者二种,色白黄而大者为银柴胡。
本草原始(明)	今以银夏者为佳,根长尺余,色白而软,俗呼银柴胡。
本草汇(清)	柴胡产银夏,色微白而软,为银柴胡。
本经逢原(清)	银州者良,今延安府五原城所产者,长尺余,肥白而软。
百草镜(清)	银柴胡出陕西宁夏镇,二月采叶,名芸蒿。长尺余微白,力弱于柴胡。
本草纲目拾遗(清)	银州柴胡软而白。

(二)基源物种辨析

《雷公炮炙论》[2]所记载的银州柴胡应是指伞形科柴胡属红柴胡(*Bupleurum scorzonerifolium* Willd.)，银州，今指辽宁铁岭。红柴胡:多年生草本,可药用,高30~60 cm。主根发达,圆锥形,支根稀少,深红棕色;茎单一或2~3,基部密覆叶柄残余纤维,细圆,有细纵槽纹;叶细线形,基生叶下部略收缩成叶柄;花瓣黄色,舌片几与花瓣的对半等长,顶端2浅裂;果广椭圆形,长2.5 mm,宽2 mm,深褐色,棱浅褐色,粗钝凸出的特征相符合。同样,《本草图经》[3]载:"柴胡,以银州者为胜。二月生苗甚香,茎青紫,坚硬,微有细线,叶似竹叶而稍紧小,亦有似邪蒿者,亦有似麦门冬而短者。七月开黄花。生丹州结青子,与他处者不类。根似芦头,有毛如鼠尾,独窠长者好。二、八月采根暴干。"也与红柴胡的特征相符合。

《本草别说》:"柴胡惟银夏者最良。根如鼠尾,长一二尺,香味甚佳。"《本草纲目》[4]:"银州,即今延安府神木县,五原城是其废迹。所产柴胡,长尺余而微白且软,不易得也。近时有一种,根似桔梗、沙参,白色而大,市人以伪充银柴胡,殊无气味,不可不辨",《本草原始》:"今以银夏者为佳,根长尺余,色白而软,肥白而软。"《神农本草经》[5]:"按今柴胡俗用者二种,色白黄而大者为银柴胡",《本草汇》:"柴胡产银夏者,色微白而软,为银柴胡。"《本经逢原》:"银州者良,今延安府五原城所产者,长尺余,肥白而软",《百草镜》:"银柴胡出陕西宁夏镇,二月采叶,名芸蒿。长尺余微白,力弱于柴胡。"《本草纲目拾遗》:"银州柴胡软而白"。上述古籍所记述的特征与《宁夏植物志》描述:多年生草本,高20~60 cm。主根粗壮而伸长,直径1~3 cm,根头处多疣状突起。根与地上茎之间常有一段埋入地下的茎,长10~20 cm,或更长,粗壮,地上茎直立而纤细,节部膨大,从下部开始多次二歧分枝,全株呈扁球状,密被短毛。叶对生,无柄,茎下部叶较大,上部叶较小,叶片披针形,长0.5~3 cm,宽2~7 cm,全缘,先端锐尖,基部圆形或近心形,稍换茎。二歧聚伞花序生枝顶,开展,具多数花,苞片与叶同形而较小,花梗纤细,长0.8~2 cm,萼片5,短圆状披针形或披针形,长约4~5 mm,宽约1.5 mm,先端锐尖,边缘白色,膜质,背面具短毛;花瓣5枚,近椭圆形,长约3.5 mm,宽约2 mm,白色,先端二叉状分裂至中部,具爪;雄蕊10,5长5短2轮生,花丝基部合生,黄色;雌蕊1,子房上位,近球形,花柱3。蒴果宽椭圆形,长约3 mm,直径约2 mm,成熟时顶端6齿裂,外被宿存萼;通常含种子1枚,种子卵圆形,长2.0~2.5 mm,直径1.8~2.0 mm,深棕色,种皮密布小突起。花期6~8月,果期7~9月的特征相符合,应是石竹科繁缕属植物银柴胡(*Stellaria dichotoma* L. var. *lanceolata* Bge.)。

结合本草中有关植物性状描述和产地的记载,从物种角度来看,历代应用的银柴胡药材为石竹科植物银柴胡(*Stellaria dichotoma* L. var. *lanceolata* Bge.)这个种。道地性状特征的描述为"条杆顺直、粗大、表面微色、质地柔软、断面色白"。但就银柴胡药材的鉴别,应从性状特征和理化指标两个方面鉴别。

性状鉴别特征为[6]:根呈类圆柱形,长 15~40 cm,直径 1.0~2.5 cm,支根多已碎断。表面黄白色或淡黄花,纵皱纹。明显,向下渐呈向左扭曲状,疏具孔状凹陷(细根痕),习称"沙眼"。顶端根头部略膨大,密集灰棕黄色、疣状突起的茎痕及不育芽胞,习称"珍珠盘"。质硬而脆,易折断,断面有裂隙;皮部甚薄,木部有黄、白色相间的放射状纹理(射线与木质部束相间而致)。气微,味淡、略甘。以根条细长、表面黄白色并显光泽、顶端有"珍珠盘"。质细润者为佳。

(三)近缘种和易混淆种

1. 银柴胡近缘种

从历代本草记载来看,银柴胡的原植物应该是伞形科柴胡属的植物,虽然无从查证以石竹科植物作为正品银柴胡的由来,但是历史上所使用的银柴胡原植物是伞形科柴胡属植物(*Bupleurum chinense* DC.)。

银柴胡[(变种)*Stellaria dichotoma* L. var. *linearis* Fenzl],披针叶繁缕(本经逢源)、披针叶叉繁缕(东北草本植物志),牛肚根(陕西)。茎及花梗被 1 列短柔毛;叶片线形,长 5~20 mm,宽 1~2 mm,无毛;萼片长圆形,约长 3 mm,外面无毛。本变种叶的大小及被毛的疏密程度常多变化。原变种与线叶繁缕(变种)的叶形有过渡,两者的毛也由密到疏,有时仅茎及花梗被短柔毛,其余部分则无毛。线叶繁缕的叶特别狭,被毛极少[7,8]。

2. 银柴胡混淆种

丝石竹[又名霞草、欧石头花、山蚂蚱(*Gypsophila paniculata* L.)]的根,呈略扁的长圆锥形,扭曲不直,长 10~22 cm,直径 0.7~4.5 cm。根头部常有分叉,有多数小形突起的茎痕。外皮大半已除去,未去净处,具棕白相间的花纹。质坚体重,不易折断,断面不平坦,有多数黄白色花纹交互排列成近似环状,一般为 2~4 层。气弱,味苦、麻舌,并有刺激性。产于山东、山西等地。锥花丝石竹(又名:线形瞿麦、圆叶丝石竹)的根,呈圆柱形,外皮淡黄色,顶端有多数残茎痕迹。断面黄白色。味甘。产于山西、甘肃、新疆等地。

三、道地沿革

(一)本草记述的产地及变迁

传统本草有关银柴胡道地产区的记载在不同时代有不同的变化,参考相关本草中

有关本草中甘草道地产区记载详见表4-15。

表4-15　本草中有关银柴胡产地的描述

典　籍	产地描述	备　注
本草别说(宋)	柴胡惟银夏者最良。根如鼠尾,长一二尺,香味甚佳	银夏,今陕西米脂、佳县
本草纲目(明)	银州,即今延安府神木县,五原城是其废迹。所产柴胡,长尺余而微白且软,不易得也。近有一种根似桔。梗、沙参,白色而大,市人以伪充银柴胡,殊无气味,不可不辨	银州,今陕西神木县
神农本草经疏(明)	按今柴胡俗用者二种,色白黄而大者为银柴胡	
本草原始(明)	今以银夏者为佳,根长尺余,色白而软,俗呼银柴胡	银夏,今陕西靖边
本草汇(清)	柴胡产银夏者,色微白而软,为银柴胡	银夏,今陕西靖边
本经逢原(清)	银州者良,今延安府五原城所产者,长尺余,肥白而软	银州,今陕西延安
百草镜(清)	银柴胡出陕西宁夏镇,二月采叶,名芸蒿。长尺余微白,力弱于柴胡	宁夏镇,宁夏镇总兵府,今宁夏银川市
宁夏中药志	多年生草本,高20~60 cm。主根粗壮而伸长,直径1~3 cm,根头处多疣状。银柴胡已有近400年的药用历史,古今一直认为宁夏产的银柴胡质量最佳	宁夏、内蒙古、陕西毗邻的荒漠草原地带

　　由表4-15可以看出,自宋代《本草别说》起,到明、清时期,历史记载的银柴胡的产地均为今陕西榆林地区,至清后期《百草镜》中所记载的银柴胡产地,变革为今宁夏银川。现今,银柴胡主要分布于我国宁夏、内蒙古、陕西毗邻的荒漠草原地带。土壤多为土层深厚,质地疏松,透水性好的沙质壤土。

　　(二)本草记述的产地及药材质量

　　《本草别说》:"柴胡惟银夏者最良。根如鼠尾,长一二尺,香味甚佳"。《本草纲目》:"银州,即今延安府神木县,五原城是其废迹。所产柴胡,长尺余而微白且软,不易得也。近有一种根似桔梗、沙参,白色而大,市人以伪充银柴胡,殊无气味,不可不辨"。《本草原始》:"今以银夏者为佳,根长尺余,色白而软,俗呼银柴胡。"《神农本草经疏》:"按今柴胡,俗用者二种,色白黄而大者,为银柴胡"。《本草汇》:"柴胡产银夏者,色微白而软,为银柴胡"。《本经逢原》:"银州者良,今延安府五原城所产者,长尺余,肥白而软"。《百草镜》:"银柴胡出陕西宁夏镇,二月采叶,名芸蒿。长尺余微白,力弱于柴胡"。《本草纲目拾遗》:"银州柴胡软而白"。《宁夏中药志》[9]:银柴胡已有近400年的药用历史,古今一直认为宁夏产的银柴胡质量最佳。

四、道地药材产区及发展

(一)道地药材产区

根据历代本草和史料记载,宁夏、内蒙古、陕西毗邻的荒漠草原地带是银柴胡的道地产区[10,12]。近年来,宁夏红寺堡区、同心县有较大面积种植。银柴胡在宁夏的主要分布区为东经105°~107°30′、北纬37°~39°,主要生长在宁夏中、北部的腾格里沙漠边缘的中卫市、鄂尔多斯台地;西南毛乌苏沙漠边缘的灵武、盐池、同心、陶乐等县市的部分地区及贺兰山东麓。宁夏中、北部的荒漠草原灰钙土地带,亦有适宜银柴胡的生长环境,由于常年无节制的采挖,在其分布区内已很难采到野生银柴胡,只有在草原围栏内才能采到,平均密度仅为 0.24~5 株/100 m²[13]。

(二)产区生境特点

野生银柴胡生长在海拔 1 200~1 500 m 的半荒漠地带和沙漠边缘的松沙土内,极耐干旱,生长区的年平均气温 7.9~8.8℃;极端最高气温 37.7℃,极端最低气温–30.3℃;相对湿度< 60%;年降水量 178~254 mm;年蒸发量约 2000 mm;无霜期 153~205 d;年日照 3 000 h 左右。生长区的土壤类型为淡灰钙土,土质为松沙土,有机质含量为 0.2%~0.3%,pH 8.25,全盐为 0.079%。主要伴生植物为草本植物及小灌木,其种类有沙蒿、黄花铁线莲、麻黄、甘草、酸枣和杠柳等。

(三)道地药材的发展

银柴胡供药用的历史有 400 余年,一直使用野生品,至 1970—1985 年间野生资源不能提供足够的商品药材,为了满足医疗用需要,1980—1990 年,宁夏和内蒙古分别进行了银柴胡野生变家种的研究工作。宁夏药品检验所和宁夏药材公司等协作完成了"银柴栽培技术及其质量研究"课题,银柴胡人工栽培成功,提出了从选地、播种、田间管理到采收等一整套栽培技术。并编写出版《银柴胡栽培技术及质量研究》公开发行,以指导全区的引种栽培工作。2013 年宁夏农林科学院在总结以往研究成果的基础了,制定了宁夏回族自治区地方标准《银柴胡栽培技术规程》DB64/T927—2013。

目前,宁夏同心县已经形成了适合于当地生态、气候、降水、生产条件的"银柴胡原

生态种植技术",银柴胡质量完全达到野生商品药材的水平。银柴胡种植加工已经成为当地农民增收的主要产业,同心县已经成为全国唯一的产区。

五、药材采收和加工

(一)本草记载的采收和加工

历代本草对于银柴胡的采收加工的记载极少。《宁夏中药志》:9~10月茎叶枯萎时挖取根部,除去残茎、须根及泥沙,晒干。《中华人民共和国药典》:春、夏间植株萌发或秋后茎叶枯萎时采挖;栽培品种于种植后第三年9月中旬或第四年4月中旬采挖,除去残茎、须根及泥沙,晒干。

(二)采收和初加工技术研究

表 4-16　不同生长月份化学成分累计动态 (n=3)　　单位:%

成 分	6 月 16 日	7 月 15 日	8 月 17 日	9 月 15 日
α-菠甾醇和豆甾-7-烯醇	0.017	0.017	0.016	0.021
总甾醇	0.509	0.483	0.363	0.535

宁夏药检所王英华等通过对三年生栽培银柴胡6~9月不同生长月份的化学成分累计动态分析及单株质量比较,9月中旬采挖为宜。

(三)道地药材特色采收、加工技术

《宁夏中药炮制规范》:取原药材,除去杂质,分开大小个,洗净,润透,切厚片,干燥。

《中华本草》:净制,除去杂质,洗净;切制:①润切,洗净,润透,切厚片,干燥;②煮切,取原药材,去掉杂质和芦头,洗净,煮透,捶扁切片;炮制:①炒制,取银柴胡片,清炒至微焦,取出,放凉;②鳖血、黄酒制:取银柴胡片,用鳖血、黄酒拌匀,使之吸尽,晒干。每银柴胡500 g,用鳖血124 g,黄酒124 g;③鳖血制:将鳖杀死取血,兑水少许,拌匀银柴胡片,用微火炒干,取出放凉。每银柴胡500 g,用500 g重活鳖1只。

以水提干浸膏代替原药材配方是中药汤剂即将开展的一项重要改革。蒋宇利等采用正交试验方法考察银柴胡水提干浸膏工艺的煎煮时间、加水量及煎煮次数对得膏率的影响,并以经济实效考虑确定优选工艺为加水6倍,煎煮3次,每次1 h,得膏率为35.1%~38.9%。

六、药材质量特征和标准

(一)本草记述的药材性状及质量

道地性状为道地药材的传统质量评价指标,是药材质量特征的客观历史总结,具

有简单实用且较为稳定的特性。相对于银柴胡比较普遍的道地产区的记载,本草对银柴道地性状的描述比较一致,主要从颜色、大小、质地、气味等几个方面进行描述,并分别用"最佳""良""佳"等形容其相应质量,详见表4-17。

表4-17　主要本草中有关银柴胡道地性状的描述

典　籍	性状描述
本草别说(宋)	根如鼠尾,长一、二尺,香味甚佳
本草纲目(明)	长尺余而微白且软,不易得也。近时有一种根似桔梗、沙参,白色而大,市人以伪充银柴胡,殊无气味,不可不辨
本草原始(明)	今以银夏者为佳,根长尺余,色白而软
本草汇(清)	色微白而软,为银柴胡
本经逢原(清)	长尺余,肥白而软
百草镜(清)	长尺余微白,力弱于柴胡
宁夏中药志	银柴胡已有近400年的药用历史,古今一直认为宁夏产的银柴胡质量最佳。

由表4-17可见,外表"色白""肥白",质地"软",大小"根长尺余""长一二尺","白色而大""长尺余微白"为传统评价银柴胡质优的性状标准。历代对银柴胡道地性状的认识比较一致。其中,"白""尺余""软"是记述频率比较高的性状特征,特别是"色白而软"是记载频率最高的性状特征。在商品流通中,银柴胡体态指标(顺直、分叉)也是一个重要的指标,顺直者为好。综上所述,银柴胡的道地性状质量评价指标可以总结为:条杆顺直、粗大、表面微黄色、质地柔软、断面色白者佳。

(二)道地药材质量特征的研究

表4-18　银柴胡化学成分测定结果(n=5)　　　　　单位:%

成　分	1年生	2年生	3年生	4年生	野　生
α-菠甾醇和豆甾-7-烯醇	0.021	0.021	0.026	0.021	0.029
总甾醇	0.367	0.383	0.481	0.286	0.435

宁夏是我国银柴胡的主产区和地道药材产区,国内外学者对银柴胡的化学成分作了比较深入的研究。

关于银柴胡的化学成分研究,中外学者陆续报道主要分离出四大类成分。

宁夏药检所王英华等建立了银柴胡总甾醇含量的测定方法。从栽培银柴胡(Stellaria dichotoma L. var. lanceolata Bge.)的根中分析鉴定了7个化合物[14],经理化常数测定,气相色谱及光谱分析鉴定为:α-菠甾醇(a-pinasterol)、β-谷甾醇(β-sitosterol)、豆甾醇(stigmasterol)、豆甾-7-烯醇(stigmast-7-enol)、α-菠甾醇葡萄糖贰(α-spinasterol-glucoside)、豆甾-7-烯醇葡萄糖甙(stigmast-7-enozglucoside)及银柴胡环肽(Stellaria cyclopeptide)。同时,对引种与野生银柴胡的化学成分进行了比较分析。用薄层扫描法测定了引种野生品中a-菠甾醇与豆甾-7-烯醇混合物的含量;甘乙醚、正丁醇提取液中各组分相时含量进行了分析比较,并进行了药效学比较试验。结果表明,引种与野生银柴胡化学成分基本一致;甾醇含量及其他组分相时含量引种3年龄与野生品接近。引种与野生品的乙醚提取物均有明显的抗炎和解热作用[15]。

(三)道地药材质量标准

《中华人民共和国药典》(2015年版一部)中收载银柴胡的质量评价标准主要包括性状、鉴别、检查、浸出物等几个方面,其中,规定总灰分不得过5.0%,酸不溶性灰分不得过20.0%,并对有害重金属元素含量及农药残留量的限量作了规定;在鉴别中规定,木栓细胞数列至10余列,加无水乙醇置紫外灯(365 nm)下观察,显亮蓝微紫色荧光,分光光度测定,在270 nm波长处有最大吸收。

由宁夏农林科学院荒漠化治理研究所主持,宁夏药检所参与承担的宁夏"十五"科技攻关项目"宁夏重点地道药材开发利用研究"课题(2003—2005年),研究制定了《银柴胡(栽培)的质量标准》,并就这一标准的制定作了说明,即《银柴胡(栽培)的质量标准起草说明》。

银柴胡药材为石竹科植物银柴胡(*Stellaria dichotoma* L.var. *lanceolata* Bge.)的干燥根。种植后第三年的9月中旬或第四年的4月中旬采挖,除去泥沙,晒干。

性状为本品呈类圆柱形,偶有分枝,下部多扭曲,直径0.7~1.5 cm。表面浅棕黄色,有明显的纵皱纹及支根痕,细支根痕呈点状凹陷。根头部具多数疣状突起,习称"珍珠盘",质硬而脆,折断面质地较紧密,断面不平整,略现粉性,木部黄白相间的放射状纹理不甚明显;气微,味甘[16]。

人工栽培银柴胡在采挖药材的季节和生长年龄上有如下规定:①植物生长3年后采挖,根据野生与栽培银柴胡对比研究资料,银柴胡种植3年以上其药材性状,组织特征,化学成分及其干物质重量与野生品接近或基本相同,而栽培1~2年的药材与野生品有差异,所以规定栽培银柴胡需要生长3年才可采挖和供药用。②采挖药材的时间:为9月中旬,或翌年4月中旬为宜。

9月中旬种子成熟,植株开始枯萎,收获种子后,便可挖根,翌年4月中旬开始返青出苗,土地开化的深度已可全部挖出根部。

鲜品药材含水分较多,秋季采挖后要及时晒干,以防低温受冻,发生"暴皮"(即根皮暴起),影响药材质量。

关于银柴胡商品药材质量等级,宁夏农林科学院荒漠化治理研究所研究人员根据走访市场、药材经销商等,就银柴胡的成品草及切片的加工与分级,制定了相应的等级标准。

表4-19 银柴胡药材分级标准 单位:cm

标　准	规　格	
	长　度	横　径
甲　级	>40	>2.0
乙　级	30~40	1.5~2.0
丙　级	30~50	1.0~1.5
丁　级	<30	0.7~1.0

表4-20 银柴胡药材切片(长片)分级标准 单位:cm

标　准	规　格		
	长　度	宽度	厚度
甲　级	>8	2.0~2.5	0.3~0.5
乙　级	7~8	1.3~2.0	0.3~0.5
丙　级	6~7	0.8~1.3	0.3<
丁　级	<6	0.5~0.8	0.3<

表4-21 银柴胡药材切片(圆片)分级标准 单位:cm

标　准	规　格	
	直径	厚度
甲　级	>1.2	0.3~0.4
乙　级	0.8~1.2	0.3~0.4
丙　级	0.5~0.8	0.3~0.4
丁　级	<0.5	0.3~0.4

七、药用历史及研究应用

(一)传统功效

《本草从新》:治虚劳肌热骨蒸,劳疟热从髓出,小儿五疳羸热。

《医林纂要》:坚肾水,平相火。

《本草经疏》:治劳热骨蒸。

《本草备要》:治劳疳良。

《本草求原》:清肺、胃、脾、肾热,兼能凉血。治五脏虚损,肌肤劳热,骨蒸烦痛,湿痹拘挛。

《本经逢原》:银柴胡,其性味与石斛不甚相远。不独清热,兼能凉血。《和剂局方》治上下诸血龙脑鸡苏丸中用之。凡人虚劳方中,惟银州者为宜,若用北柴胡,升动虚阳、发热喘嗽,愈无宁宇,可不辨而混用乎!按柴胡条下,《本经》推陈致新,明目益精,皆指银夏者而言。非北柴胡所能也。

《本草便读》:银柴胡,无解表之性。从来注《本草》者,皆言其能治小儿疳热,大人痨热,大抵有入肝胆凉血之功。

《本草正义》:柴胡,古以银州产者为胜。宋代苏颂已有是说,陈承亦谓银夏者最良,然虽有其说,而尚未分用,故濒湖《纲目》仍未显为区别。今之二种分用者,盖即石顽提倡之力。而以今之功用言之,治虚热骨蒸,自有实效,断非北柴胡之升阳泄汗可比;然则古人谓柴胡为虚劳之药者,亦指银柴胡言之也。赵恕轩《纲目拾遗》,谓热在骨髓,非银柴胡莫疗,用以治虚劳肌热骨蒸,劳疟热从髓出及小儿五疳羸热,盖退热而不苦泄,理阴而不升辟,固虚热之良药。苟劳怯而未至血液枯绝,以此清理虚火之燔灼,再合之育阴补脾,尚可徐图挽救,非北柴胡之发泄者所可同日语也。

《新疆中草药手册》:清热凉血。治肺结核潮热。

(二)临床应用

银柴胡主治:补气养血,调经止带。用于气血两亏引起的月经不调、行经腹痛、小腹冷痛、体弱乏力、腰酸腿软。如中成药乌鸡白凤丸,主料有乌鸡、人参、白芍、丹参、香附、当归、牡蛎、鹿角、桑螵蛸、甘草、青蒿、天冬、熟地黄、地黄、川芎、黄芪、银柴胡、芡实、山药,辅料为赋形剂蜂蜜。

治疗小儿疳积发热:以银柴胡为主,配合胡黄连、蟾蜍干、丹皮等,配成散剂或煎剂,治疗小儿疳积身热,效果满意。

治疗阴虚潮热,久病发热:以银柴胡配地骨皮、青蒿、鳖甲等成丸剂,或水煎服,治疗阴虚骨蒸潮热,久病发热,疗效理想。

治疗感冒高热:以青蒿、银柴胡为主,治疗感冒高热,治愈率为99.1%,基本上都在药后 24 h 内,体温降至正常范围,最快在服药后 4~6 h,体温恢复正常,且不再回升。

治疗过敏性疾病:用含银柴胡的过敏煎剂治疗许多过敏性疾病均有良好的疗效,

如辛乌汤治疗过敏性鼻炎,有效率为 87%,治疗时间最长 20 d,最短 2 d;七味过敏煎治疗过敏性皮肤病,总有效率 97.78%,疗效迅速[17]。

(三)现代药理学研究

解热作用:对于伤寒、副伤寒甲乙三联菌苗致热的家兔,银柴胡水煎醇沉液 5.4 g/kg腹腔注射具有解热作用,且作用随生长年限增加而增强,生长年限在二年或二年以下的银柴胡无明显解热作用[18]。王英华[19]等对引种和野生的银柴胡化学成分比较研究中发现二者的乙醚粗提物有明显的解热作用。

抗菌作用:从银柴胡根部分离出的糠醇有抗菌作用,糠醇是抗菌的有效成分[20]。

抗炎作用:α-菠甾醇有抗炎作用,考察其对小鼠角叉菜胶足肿胀的影响,发现野生与引种银柴胡的乙醚粗提物有明显的抗炎作用[21]。

抗动脉粥样硬化作用:太平洋丝石竹(*Gypsophila pacifica*)内提取的三萜皂苷,给家兔在形成动脉粥样硬化的同时或以后每天内服,可降低血清胆甾醇浓度,使胆固醇/脑磷脂系数降低,并使主动脉类脂质含量降低。对于动脉硬化家兔所表现的兴奋、脱毛以及肢体皮下类脂质增厚等症状均有改善。有人认为,皂苷可作用于血浆脂蛋白,阻止胆甾醇酯化及其在血管壁的沉积,也有人认为可以阻止胆甾醇从肠道吸收[22]。

杀精子作用:应用 Kassem 等的方法表明,锥花丝石竹(*Gypsophila paniculata*)皂素杀精子效果较好,1%水溶液在 3.5 min 内即能杀死全部人精子,同时溶血指数较高,刺激性较小。

(四)现代医药应用

现代医学上,用银柴胡作为原料之一,生产制成中成药乌鸡白凤丸。主要成分:乌鸡、人参、白芍、丹参、香附、当归、牡蛎、鹿角、桑螵蛸、甘草、青蒿、天冬、熟地黄、地黄、川芎、黄芪、银柴胡、芡实、山药。辅料为赋形剂蜂蜜。性状:本品为黑褐色至黑色的大蜜丸;味甜,微苦。功能主治:补气养血,调经止带。用于气血两亏引起的月经不调、行经腹痛、小腹冷痛、体弱乏力、腰酸腿软。也有人用来治疗痛风[23]。

八、资源综合利用和保护

(一)资源综合开发利用

银柴胡作为《中华人民共和国药典》收载的传统中药,在临床上应用比较广泛,尤其是作为主要成分的传统中成药乌鸡白凤丸,在临床上享有很好的声誉。银柴胡的药理作用与临床应用研究目前主要集中在中药煎剂及复方制剂,而对银柴胡单味药的研究报道较少,所以加强银柴胡的药理作用与临床应用研究将是推动银柴胡正确合理使

用的基础。

(二)新药用部位开发利用

银柴胡临床上主要用于阴虚发热,骨蒸劳热,小儿疳热。刘立席等考察了以银柴胡为主药的银柴胡丹皮汤对小儿外感高热的治疗效果,作用明显,如用柴胡代替银柴胡,则退热作用较差。说明银柴胡和柴胡虽然均有退热作用,但由于小儿脾常不足,外感易夹食,常常是阴虚发热,所以方用银柴胡才能起到相应的治疗效果。药理实验也证实含银柴胡的中药制剂对癌抑制性发热效果明显。另外中医理论认为,各种过敏性疾病之病机多为风胜热盛湿重,是因风毒之邪侵袭人体,于湿热相搏,内不能疏泄,外不能透达,郁于肌肤腠理之间而发,所以临床常用含银柴胡的方剂治疗过敏性疾病。刘岩松等以马来酸氯苯那敏为对照,以二硝基氯苯(DNCB)制作小鼠皮肤迟发型超敏反应模型,研究由银柴胡、防风、乌梅等组成的过敏煎剂治疗过敏性疾病作用效果,结果证明其具有良好的抗炎、抗过敏作用。药理学实验也证明银柴胡的水提物在小鼠耳被动皮内变态反应中显示了抗应变性和抑制体外 RBL-2H3 细胞内 β-己糖胺酶释放的活性,产生作用的成分是 β-咔啉类生物碱(dichotomines C)和新木脂素苷(dichotomoside D),说明银柴胡抗过敏作用具有明确的物质基础。

(三)资源保护和可持续发展

我国的银柴胡主要集中分布于宁夏、内蒙古和陕西等省(自治区)的毗邻地区[1]。通过实地调查,现今分布状况如下[24]。

宁夏:主要分布于陶乐、盐池、灵武、同心、中卫等县(市),连续成片的主要在陶乐、惠农、平罗一带。

内蒙古:主要分布于鄂尔多斯市(伊克昭盟)、锡林郭勒盟、乌兰察布盟及包头市、呼和浩特市。锡林郭勒盟的东苏旗、阿巴嘎旗及巴颜乌拉等地以前很少有人采挖,畜牧破坏也少,银柴胡生长状态好,药材质量佳,比较连续成片的分布主要在东苏旗周围。

陕西:主要分布于榆林、定边、靖边等县(市),多为零星分布,未见有连续成片的银柴胡种群。

商品银柴胡主要依靠野生资源提供。近年来,随着开发利用的不断深入,国内外需求量逐年猛增,野生资源遭到了严重破坏。20 世纪 70 年代末,宁夏、内蒙古等省(自治区)开始银柴胡栽培研究,20 世纪 80 年代后,已能提供少量商品药材。目前,国内银柴胡的种植主要集中在宁夏同心县、红寺堡区,种植技术也较为成熟,宁夏为我国银柴胡的唯一产区,种植面积维持在每年 10 万亩以上。

以前盛产银柴胡地区现今资源储量正连年锐减,有的甚至面临灭绝的危险。从调查结果可以看出我国的银柴胡资源可持续利用首先应加强对野生资源的保护。各地政府可根据实际情况,制定与本地相适应的管理制度和条例,重点开展以禁挖、禁牧、禁贩运的三禁工作,使银柴胡资源得到切实保护。其次要加强优质银柴胡栽培的研究,提高产量与质量,是实现资源可持续利用最根本有效的措施。

九、银柴胡栽培技术要点

(一)种植环境

种植区域3 km之内没有污染源,应远离工矿厂区和城镇,周围有防护林带隔离。

(二)种子质量

在银柴胡的地道药材产区,即宁夏中部的同心县、盐池县、红寺堡区、灵武市等。种子质量应符合表4-22的规定。

表4-22 种子质量分级表　单位:%

级 别	净 度	发芽率	水 分
一级	≥98	≥82	11~12
二级	≥95	≥75	11~12
三级	≥90	≥70	11~12

(三)直播栽培

选地:育苗地宜选择有多年耕种史,无病虫或严重草害史,熟化土层厚,土壤肥力较好的壤土、淡灰钙土、风沙土。

整地:种植地播前机械深翻20~22 cm,精细耙耱,使土壤表层达到"上虚下实"。同时结合整地均施腐熟农家肥3~5 m³/亩,"天脊"牌高效复合肥(22-9-9)30~50 kg/亩。

播种:播种时间为8月下旬至9月下旬。一级种子1 kg/亩,二级种子1.5 kg/亩,三级种子2.0 kg/亩。

种植模式:宜露地直播,可以是条播,播前耕翻镇压,播后耙耱;也可以是撒播,播前耕翻,播后耙耱。

(四)病虫害防治

表 4-23　银柴胡病虫害防治发生规律及防治措施

病(虫)害名称	发生规律	防治时间	防治措施
霜霉病	主要为害叶片,5~7月降雨多,田间湿度大,病害发生严重,严重时叶背面形成灰白色雾层,造成枝茎扭曲畸形、停止生长及植株死亡	5~8月	秋季清园,植株枯萎后及时割掉地上部,并清除田间落叶,病株残体,减少病株;分别采用70%代森锰锌可湿性粉剂600倍,40%三乙膦酸铝可湿性粉剂300倍,80%烯酰吗啉水分散粒剂2 000倍叶面喷雾,视病情隔9~10 d加强1次
白粉病	为害叶片、嫩茎,使叶片布满白色粉末霉层,7~8月有降雨造成发病条件,多风少雨导致病害扩散和加重,严重时叶片早枯	7~8月	分别选用15%三唑酮可湿性粉剂1 000倍,50%硫磺悬浮剂300倍,12%腈菌唑乳油2 500倍,25%己唑醇悬浮剂7 500倍叶面喷雾,视病情隔7d加强1次
根腐病	主要为害根部,根尖或侧根发病并向内蔓延至主根,发病初期,叶发黄、枯萎,发病后期茎基部及主根均呈褐色干腐,有臭味。6~7月降雨多,或积水后易发生,常造成植株成片枯死	6~7月	平整土地,灌水后及时排水,防止田间积水;增施钾肥,提高根部生长势;选用450 g/L,密酰胺水乳剂1000倍灌根
黑皱鳃金龟	是银柴胡育苗地主要地下害虫,幼虫主要发生于4~5月以及秋季苗地,年生活史1代,5~6月是成虫发生期,成虫喜食银柴胡花粉,数量多时可影响银柴胡的种子产量	4月下旬,防治越冬成虫为主,6月成、幼虫兼治	采用种子处理,选择50%辛硫磷乳油,用药量是种子量的0.05%;毒土防治,在傍晚用15%毒死蜱颗粒剂或3%辛硫磷颗粒剂5~6倍拌细土撒于根附近;成虫发生期采用糖醋液诱杀,用一次性塑料水杯作为诱集容器置于土中,杯口平于与地面,每个诱杯内40~60ml糖醋液;成虫大量发生危害时,分别选用选择2.5%溴氰菊酯乳油2 000倍,2.5%高效氯氟氰菊酯乳油1 500倍喷雾防治
蚜虫	5~7月发生危害期	5~7月	分别选用0.5%藜芦碱可溶性液剂1 000倍,1%苦参碱可溶性液剂1 500倍,2.5%鱼藤酮乳油800倍;或5%吡虫啉乳油2 000倍叶面喷雾

(五)采收

种植后的第三年9月上旬(白露前后)或第四年3月下旬挖取根部。顺行开沟采挖,保持药材根部的完整。根挖起后,抖掉泥土,晾晒至半干柔软时,理顺捆成小把,晒干。

参考文献

[1] 中华人民共和国药典委员会. 中华人民共和国药典(一部)[M]. 北京:中国医药科技出版社, 2015.

[2] (南北朝)雷敩. 雷公炮炙论[M]. 南京: 江苏科学技术出版社, 1985.

[3] (宋)苏颂. 图经本草[M]. 福州: 福建科学技术出版社, 1988.

[4] (明)李时珍. 本草纲目[M]. 呼和浩特: 内蒙古人民出版社, 2006.

[5] (清)孙星衍, 孙冯翼辑. 神农本草经[M]. 太原: 山西科学技术出版社, 1991.

[6] 蔡少青, 韩健, 李军, 等. 银柴胡类生药的商品调查研究[J]. 中草药, 1999, 90: 694–698.

[7] 程力军. 银柴胡及其伪品的鉴别[J]. 河南中医药学刊, 2001, 16(5): 21–22.

[8] 刘晓龙, 尚志钧. 银柴胡的原植物再讨论[J]. 中药材, 1991, 9: 40–42.

[9] 邢世瑞. 宁夏中药志. 第二版, 上卷[M]. 银川: 宁夏人民出版社, 2006.

[10] 李锦升. 中国基本药材[M]. 北京: 中国医药科技出版社, 2013.

[11] 杜同仿, 黄兆胜. 中国中草药图典[M]. 广州: 广东科技出版社, 2011.

[12] 魏锋, 魏献波, 路军章. 新版中华人民共和国药典中药彩色图集[M]. 北京: 华龄出版社, 2012.

[13] 余复生, 邢世瑞, 刘景林, 等. 银柴胡生物学特性及其栽培技术[J]. 中国中药杂志, 1992, 17(12):717–719

[14] 王英华, 邢世瑞, 刘明生, 等. 栽培银柴胡化学成分的研究[J]. 沈阳药学院学报, 1991,10: 269–270.

[15] 范莉. 银柴胡的化学成分研究及质量标准研究[D]. 北京中医药大学, 2003.

[16] 腾炯. 银柴胡本草原植物的探讨[J]. 中药通报, 1985, 4: 15–16.

[17] 阴健. 中药现代化研究与临床应用[M].北京: 中国古籍出版社, 1995.

[18] 周学池. 青蒿银柴胡为主治疗感冒高热[J]. 实用中医内科杂志, 1988, 2(3): 131.

[19] 王英华, 邢世瑞, 刘明生, 等. 野生银柴胡甾醇类成分研究[J]. 沈阳药学院学报, 1993, 10(2): 134.

[20] 陈明岭. 七味过敏煎治疗过敏性、痒性皮肤病[J]. 四川中医, 1993,4: 37–38.

[21] 邓晓舫, 张淑芳.辛乌汤治疗过敏性鼻炎的疗效观察[J]. 乐山医药, 1989,3: 1–2.

[22] 叶方, 杨光义, 王刚. 银柴胡的研究进展[J]. 医学导报, 2012, 9: 1174–1176.

[23] 黄泰原, 丁志尊. 现代本草纲目(下卷)[M]. 北京: 中国医药科技出版社, 2000.

[24] 杨小军, 丁永辉. 银柴胡资源及其可持续利用的研究[J]. 中药材, 2004, 27: 7–8.

编写人：李明　张新慧

第四节 麻 黄

一、概述

来源:本品为麻黄科植物草麻黄(*Ephedra sinica* Stapf)、中麻黄(*Ephedra intermedia* Schrenk et C.A.Mey.)或木贼麻黄(*Ephedra equisetina* Bge.)的干燥草质茎。秋季采割绿色的草质茎,晒干。

生长习性:具有喜光、耐干旱、耐盐碱、抗严寒的特性。适应性较强,对土壤要求不严,干燥的沙漠、高山、低山、丘陵、平原等地均能生长。

质量标准:执行《中华人民共和国药典》(2015 年版一部)[1]。

【性状】

草麻黄 呈细长圆柱形,少分枝,直径 1~2 mm。有的带少量棕色木质茎。表面淡绿色至黄绿色,有细纵脊线,触之微有粗糙感。节明显,节间长 2~6 cm。节上有膜质鳞叶,长 3~4 mm;裂片 2(稀 3),锐三角形,先端灰白色,反曲,基部联合成筒状,红棕色。体轻,质脆,易折断,断面略呈纤维性,周边绿黄色,髓部红棕色,近圆形。气微香,味涩、微苦。

中麻黄 多分枝,直径 1.5~3.0 mm,有粗糙感。节上膜质鳞叶长 2~3 mm,裂片 3(稀 2),先端锐尖。断面髓部呈三角状圆形。

木贼麻黄 较多分枝,直径 1.0~1.5 mm,无粗糙感。节间长 1.5~3.0 cm。膜质鳞叶长 1~2 mm;裂片 2(稀 3),上部为短三角形,灰白色,先端多不反曲,基部棕红色至棕黑色。

【检查】杂质不得过 5%。水分不得过 9.0%。总灰分不得过 10.0%。

【含量测定】本品按干燥品计算,含盐酸麻黄碱($C_{10}H_{15}NO \cdot HCl$)和盐酸伪麻黄碱($C_{10}H_{15}NO \cdot HCl$)的总量不得少于 0.80%。

【炮制】除去木质茎、残根及杂质,切段。

【性味与归经】辛、微苦,温。归肺、膀胱经。

【功能与主治】发汗散寒,宣肺平喘,利水消肿。用于风寒感冒,胸闷喘咳,风水浮肿。多用于表证已解,气喘咳嗽。

【贮藏】置通风干燥处。防潮。

二、基原考证

(一)本草记述

传统本草有关麻黄物种的记载主要集中于植物外部形态方面的描述,有关本草中麻黄植物形态记载详见表4-24。

表4-24　本草中有关麻黄物种形态的描述

典　籍	物种描述
酉阳杂俎(唐)	茎端开花,花小而黄,簇生。子如覆盆子,可食。至冬枯死如草,及春却青
本草图经(宋)	苗春生,至夏五月则长及一尺以来。梢上有黄花,结实如百合瓣而小,又似皂荚子,味甜,微有麻黄气,外红皮,里仁子黑;根紫赤色。俗说有雌雄二种:雌者于三月、四月内开花,六月内结子,雄者无花,不结子。至立秋后,收采其茎,阴干,令青
证类本草(宋)	苗春生,至夏五月则长及一尺以来。梢上有黄花;结实如百合瓣而小,又似皂荚子,味甜,微有麻黄气,外红皮,里仁子黑;根紫赤色。俗说有雌雄二种:雌者于三月、四月内开花,六月内结子。雄者无花,不结子。至立秋后,收采其茎,阴干、令青
本草乘雅半偈(明)	二月生苗,纤细劲直,外黄内赤,中虚作节如竹,四月梢头开黄色花,结实如百合瓣而紧小,又似皂荚子而味甜。根色紫赤,有雌雄两种,雌者开花结实
本草纲目(明)	其根皮色黄赤,长者近尺
本草崇原(清)	春生苗,纤细劲直,外黄内赤,中空有节,如竹形,宛似毛孔
本草钩沉(近代)	多年生草本状小灌木,木质茎匍匐土中,绿色枝直立,节间细长,折断之内有棕红色髓心。叶对生,退化成膜质鞘状,包于茎节上。花单性。雌雄异株,雄花序宽卵形,雌花多单生于枝顶端,成熟时苞片增大,肉质红色,成浆果状。果序球形,有种子两粒。5~6月花,7~8月果

(二)基原物种辨析

麻黄始载于《神农本草经》[2],将其列为中品,谓其功能"发表出汗,止咳逆上气"。在使用上,陶弘景提出"先煮一二沸,去上沫,沫令人烦",以上描述正与麻黄碱发汗、平喘、中枢兴奋及心血管活性相吻合,由此可知古用麻黄即是含麻黄碱的麻黄属(*Ephedra* Tourn ex Linn.)植物。

唐代段成式《酉阳杂俎》中载:"麻黄茎端开花,花小而黄,簇生。子如覆盆子,可食。至冬枯死如草,及春却青。"麻黄种子呈浆果状,假花被发育成革质假种皮,包围种子,最外面为红色肉质苞片,多汁可食,俗称"麻黄果",在常见 *Ephedra* 属植物中,惟有草

麻黄 *Ephedra sinica* 的雌球花单生枝顶,与段成式说"茎端开花"相符,其余各种花皆生于节上。

苏颂在《本草图经》[3]中曰:"生晋地和河东,今近京多有之,以荥阳、中牟者为胜。苗春生,至夏五月则长及一尺以来。梢上有黄花;结实如百合瓣而小,又似皂荚子,味甜,微有麻黄气,外红皮,里仁子黑;根紫赤色。俗说有雌雄二种,雌者于三月、四月内开花,六月内结子。雄者无花,不结子。至立秋后,采收其茎,阴干、令青"。从苏颂的描述来看,无论是雌雄异株,还是植株大小,也接近于今之草麻黄(*Ephedra sinica*)。《本草纲目》将其列入草部,除引用上述本草对麻黄的记载外,还对麻黄根的形色作了补充"其根皮色黄赤,长者近尺"。

麻黄的药用历史虽较早,但自明代文献中才有对其原植物的形态描述,特点总结为:"根色紫赤";茎细而直,中间空,节间长;顶端开花,雌雄异株;果实肉质红色。近代增加对其叶的描述:叶对生,膜质鳞叶。通过历代本草对麻黄的描述与《中国植物志》《中华人民共和国药典》及各卷中华本草卷对比发现,本草记载麻黄(细茎直、节间长、少分枝、膜质鳞叶 2)原植物形态区别于中麻黄(多分枝、膜质鳞叶 3)、藏麻黄(茎短粗壮)、木贼麻黄(粗长茎、较多分枝、膜质鳞叶 2)。同时,历代本草描述麻黄的茎高、叶、果实颜色、气味等与《中华人民共和国药典》中草麻黄的描述十分相似,可以初步判断历代本草入中药处方的麻黄为草麻黄[4]。

(三)近缘种和易混淆种

1. 麻黄近缘种

细子麻黄(*E. regeliana* Florin.):草本状小灌木,生于砾石山坡或山前平原。垂直分布海拔 700~3 500 m,可达天山中部。产自新疆北部。

膜果麻黄(*E. przewalskii* Stapf.);灌木,生于固定和半固定沙丘、戈壁、山前平原及干河床。产自内蒙古、宁夏、青海、新疆及甘肃河西走廊。

木麻黄(*E. alate* Dec.):大型灌木,生于北非撒哈拉沙漠中,根系发达,极耐旱[5]。

2. 麻黄混淆种[6]

木贼(*Equisetum arvense* Linn.):木贼科植物,以地上干燥部分入药,多年生草本。药材长管状,不分支,直径 6~8 mm,中央腔直径 3~6 mm,有纵棱 18~30 条,棱上有 2 排多数细小光亮的疣状突起,节明显,节间长 2.5~9.0 cm,节上着生筒状鳞片,叶鞘贴伏茎上,长 7~9 mm,基部和鞘齿呈黑褐色,中部淡棕黄色,鞘齿 16~20 枚,狭条状披针形,背部具浅沟,先端长渐尖。体轻,质脆,易折断,断面中空,周边有多数圆形的小空腔。气微,味甘淡、微涩。

水木贼(*Equisetum fluviatile* L.):为木贼科植物,以地上干燥部分入药,多年生草本。药材呈长管状,分支多,直径 3~6 mm,腔居中央 2.5~5.0 mm,浅肋棱 14~16 条且平滑,叶鞘筒长 7~10 mm,贴生茎上,鞘齿 14~16 枚,黑褐色,狭三角状披针形,渐尖,具狭的膜质白边;中部以上的节生出轮生侧枝,每轮一至多数,叶鞘齿狭三角形,4~8 枚,先端渐尖。

无枝水木贼(*Equisetum fluviatile* L.):为木贼科植物,以地上干燥部分入药。本植物为水木贼的变型。药材与水木贼的区别在于茎单一,不分枝。

节节草(*Eguisetum ramosissimum* Desf.):为木贼科植物,以地上干燥部分入药,多年生草本。药材呈圆管状,不分枝,带叶鞘的茎,较细呈管状,直径 1.5~4.5 mm,中央腔 1.0~3.5 mm,常切制成 2~5 cm 小段,节间长 3~4 cm,节上有 1~5(6)条轮生分枝。表面灰绿色,有纵棱脊 6~20 条,棱脊上有疣状突起或小横纹交错排列略成 1 行,膜质薄稍有粗糙感。完整的叶鞘呈管状或漏斗状伸长,一般长为 4~12 mm,鞘齿 6~16 枚,鞘齿狭三角形,棕褐色,先端有较长的膜质尾尖,鞘片背部无浅沟。体质脆、易折断,断面中空,周围有排列成环状的小空腔。质轻、脆、易折断,无臭,味甘、淡。

问荆(*Equisetum arvense* Linn.):为木贼科植物,以干燥全草入药,多年生草本。根状茎匍匐生,圆柱形,微弯曲,黑色或暗褐色。地上茎直立,异两型:生殖茎与营养茎,生殖茎淡黄褐色,肉质,不分枝,直径 1~3 mm,具浅肋棱;叶鞘筒漏斗形,长 5~17 mm,叶鞘齿 3~5 枚,棕褐色,质厚;孢子囊穗棕褐色,顶端生有长椭圆形的孢子囊穗。孢子叶球有柄,钝头,长 1.5~3.5 mm,直径 5~8 mm;孢子叶六角盾形,盾状着生 6~8 孢子囊,螺旋排列。营养茎绿色,直径 1.5~3.5 mm,有棱脊 6~16 条,沿棱有小瘤状突起,节上轮生小枝,小枝实心,叶退化,下部联合成鞘。叶鞘长 7~8 mm,鞘齿披针形,黑色,边缘灰白色,膜质。分枝轮生,中实,有棱脊 3~4 枚,常不再分枝。质脆、易折断,无臭,味甘涩、微苦。

犬问荆(*Equisetum palustre* Linn.):为木贼科植物,以干燥全草入药,多年生草本。根状茎匍匐细长,黑褐色,具块茎。地上茎绿色,直径 1.5~3.0 mm,具深沟及棱 5~12 条,常有轮生分枝,稀单生。叶鞘齿三角状卵形,叶鞘筒长 5~12 mm,鞘齿狭条状披针形,先端棕褐色,边缘白色,膜质,向顶端延伸为白色长刚毛。孢子囊穗长圆形,长 1.5~2.5 cm,有梗,顶生,钝头,初呈紫褐色,后带棕色;孢子囊生于盾状孢子叶下面,"十"字形着生,绕于孢子上。味甘、微苦。

草问荆(*Equisetum pretense* Ehrh.):为木贼科植物,以干燥全草入药,多年生草本。

根状茎匍匐,棕褐色,无块茎。地上主茎淡黄色,不分支,直径 2~3 mm;孢子叶球顶生,有柄,长 1~2 cm,直径 4~6 mm,先端钝头。营养茎直径 1.5~3.0 mm,中央腔直径约 1 mm,具肋棱 14~16 枚,沿棱有一行刺状突起;叶鞘筒长 6~8 mm,鞘齿分离 14~16 枚,长三角形,顶端长、渐尖,边缘具宽的膜质白边,中部棕褐色,基部有一圈褐色环;侧枝实心,叶鞘齿 3~4 枚,三角形,先端锐尖,常不再分枝。味苦、平。

三、道地沿革

(一)本草记述的产地及变迁

传统本草有关麻黄道地产区的记载较多,参考相关本草典籍,有关本草中麻黄道地产区记载详见表 4-25。

表 4-25　本草中有关麻黄产地的描述

典　籍	产地描述	备　注
神农本草经(汉)	或生河东	今河北境内
名医别录(南北朝)	生晋地及河东	今山西境内和河北境内
本草经集注(南北朝)	今出青州、彭城、荥阳、中牟者为胜,色青而多沫。蜀中亦有,不好	今山东益都、江苏铜山、河南荥阳、中牟、汤阴
新修本草(唐)	郑州、鹿台及关中沙苑河旁沙洲上太多,其青徐者,今不复用。同州沙苑最多也	今河南、陕西境内
证类本草(宋)	今用中牟者为胜,开封府岁贡焉	
本草图经(宋)	今近京多有之,以荥阳、中牟者为胜	近京指开封
本草衍义(宋)	出郑州者佳	
本草蒙筌(明)	青州、彭城俱生,荥阳、中牟独胜	
本草品汇精要(明)	茂州、同州、荥阳、中牟者为胜	今四川茂汶、陕西大荔
本草乘雅半偈(明)	出荥阳、中牟、汴京者为胜	今河南省境内
本草崇原(清)	始出晋地,今荥阳、中牟、汴州、彭城诸处皆有之	
本草钩沉(近代)	分布我国东北、河北、河南、山东、山西、陕西,新疆等省均有分布,尤以新疆、内蒙古产量最多	

由表 4-25 可以看出,传统本草记载的麻黄产地与现代草麻黄产地基本一致,麻黄产地始载于秦汉时期《神农本草经》,说明秦汉至魏晋时期记录麻黄产地相同且最早被发现是在今山西省。后又逐渐扩展到山东、河南、陕西、四川,且河南产地记载相对详细。近代多以新疆和内蒙古等地产麻黄较多,且野生数量减少,出现了麻黄的栽培品(草麻黄),适度的盐碱地有利于栽培麻黄的生长。

(二)本草记述的产地及药材质量

本草记载麻黄品质评价相对较少,《本草经集注》云[7]:"今出青州、彭城、荥阳、中牟者为胜,色青而多沫。蜀中亦有,不好。"《新修本草》云:"郑州、鹿台及关中沙苑河旁沙洲上太多,其青、徐者,今不复用。同州沙苑最多也。"可见初唐麻黄产地集中在河南、陕西两处。《证类本草》云[8]:"今用中牟者为胜,开封府岁贡焉。"《本草图经》谓[9]:"今近京(指开封)多有之,以荥阳、中牟者为胜。"《本草衍义》云[10]:"麻黄出郑州者佳",可见宋代则以河南开封府麻黄最为上品。《本草蒙筌》云[11]:"青州、彭城俱生,荥阳、中牟独胜",《本草乘雅半偈》云:"出荥阳、中牟、汴京者为胜",可见,清代以产自河南、山西等地麻黄质量较佳,四川产麻黄质量不佳。近代以内蒙古、华北所产为佳。

四、道地药材产区及发展

(一)道地药材产区

不同时期本草所强调的道地产区颇有不同,南北朝至明代皆以河南开封、郑州间所出者为最优,清末民国开始逐渐以山西大同为道地,近代则以内蒙古产出较多。历代本草所记载的产地,主要为山西、河南、山东、陕西等,河南麻黄产地记载较为详细,这与现代麻黄产地基本相同。

麻黄属植物我国约有 15 个种,主要分布在东北、华北、西北的部分产区,包括黑龙江、吉林、辽宁、河北、北京、山西、内蒙古、陕西、甘肃、青海、宁夏、新疆、云南、西藏、四川及山东等地[12]。生长于干旱的山地丘陵区、草原区、沙丘沙地及荒漠地区。

从不同种类麻黄在全国分布来看,以草麻黄分布最广,有 10 个省(市)分布,其次单子麻黄有 9 个省(市)分布,再次为中麻黄、木贼麻黄、蓝麻黄、膜果麻黄,均在全国 7 个省市分布[13]。虽然我国麻黄属植物种类较多且分布较广,但列入药典的麻黄只有 3 个,分别是草麻黄(*Ephedra sinica* Stapf)、中麻黄(*Ephedra intermedia* Schrenk et C.A. Mey.)、木贼麻黄(*Ephedra equisetina* Bge.)。目前,麻黄主要栽培区为新疆、内蒙古、宁夏,栽培品多为草麻黄,少见中麻黄和木贼麻黄[14,15]。

(二)产区生境特点

道地性药材形成过程中会受生长地区土壤、水质、气候、生物分布等生态环境的影响,其中土壤性质影响最大,研究较多。生态大环境和群落微环境与道地药材优良品质的形成有着密切关系[16]。

1. 光照

麻黄的生长发育和生物碱产生均受光照条件和光量的影响。随着光照时间的减少,麻黄植株生长量减小或不能正常生长,枝茎生物碱含量急剧下降;随着光照强度的降低,麻黄植株干物质量和生物碱含量缓慢下降。麻黄是长日照植物,开花结果受光照影响很大。生长于防护林树荫下的麻黄,由于光照不足,植物体内积累的养分量和同化量少,花芽形成量也少,较无遮阴处植株开花量少且晚,结实率低,果实发育程度较差,甚至由于日照长度达不到所需临界日长时数,不能开花结果。

2. 温度

麻黄虽然是一种耐寒又耐热的广温性植物,在极端气温条件下具有较大的生存概率,但麻黄的正常生长发育仍要求较高的气温,如在内蒙古赤峰地区,在年平均气温6~7℃的温热气候区内,麻黄分布广,数量多,往往形成优势群丛;在年平均气温4.3~6.2℃的区域内,麻黄虽然生长发育正常,但只有零星分布;随着年均气温降低至-1.61~4.2℃的区域内,则鲜有麻黄分布。麻黄的一系列生命活动都以温度为基础,温度决定着麻黄的萌动、生长和休眠。

3. 水分

麻黄主要分布在干旱、半干旱、半湿润气候区的沙丘沙地、丘陵坡地和山地,分布区内年降水量一般在100~400 mm,年蒸发量一般在1 800~2 800 mm,干燥度一般为1.0~4.0。麻黄的抗旱能力很强,但对水分又很敏感,水分过多或过少,都不利于其生长发育。在地下水位较高的洼地和易汇集地表径流的丘间地底部,麻黄生长不良或没有麻黄分布;在水分条件很差的沙丘顶部,麻黄的分布量很少或无麻黄分布;在水分条件适中的中间地段部位,麻黄分布量较大,生长良好。

4. 土壤

麻黄耐贫瘠,对土壤养分不苛求,但仍喜肥沃土壤,对土壤养分非常敏感,无论是野生麻黄还是人工种植麻黄,凡是土壤肥沃、水分条件好,麻黄都能旺盛生长。麻黄根呼吸作用强烈,需要土壤通透性良好,如果土壤黏重或因灌水过多,土壤结构不良,通透性差,麻黄根的呼吸受阻,就会生长不良。麻黄生长适宜的土壤pH为7.0~8.5,0~30 cm土层全盐量大于0.2%时,麻黄长势弱。

(三)道地药材的发展

麻黄属植物因其具有独特的耐寒、耐旱、耐贫瘠特性而广布于北温带和南美的一些干旱荒漠地区,无论从发展经济、保护荒漠生态还是发展医药事业来说,麻黄都是宝贵的植物资源,在我国的东北和西北地区分布广泛,资源相当丰富,且不同分布区的麻黄在长期适应其特有的环境中产生了形态上和次生代谢产物的差异,利用这些差异来培育适合我国生态条件,丰产优质,抗逆性强和综合农艺性状好的可以用来大面积种植的品种是很好的途径。

由于野生麻黄资源遭到破坏,麻黄资源减少而价格上升,供需矛盾加大,麻黄人工种植成为获取麻黄的主要方式。针对目前麻黄属植物分布面积缩小和数量锐减的现状,应该采取技术和政策保护,特别是对现有保护政策要注重落实,以便满足科研和人们医药保健对麻黄碱的需要,特别是对这一宝贵物种多样性资源的保护。而且,随着人们对麻黄属植物研究的深入,将会对种子植物的系统进化和开发新的药用成分等方面都有重要意义[17]。

五、药材采收和加工

(一)本草记载的采收和加工

历代本草对于麻黄的采收加工的记载较为简略。《神农本草经》:"四月,立秋采",《名医别录》[18]云:"立秋采茎,阴干令青",《本草图经》云:"至立秋后,收采其茎,阴干,令青"。由以上可以看出,历代本草记载麻黄的最佳采收时期为"立秋采茎,阴干令青",这与现代研究发现的 7~8 月麻黄碱含量高是麻黄的最佳采收期相符。

麻黄的炮制方法[19]历代有酒制、焙制、煅制、醋制、蜜酒制等 20 余种。麻黄文献记载多为去根、节。例如《金匮要略》"去节",宋代寇宗奭《本草衍义》"折去节",宋代《圣济总录》"去根不去节",清代蒋示吉《医宗说约》"去节、根"等。麻黄酒制较早见于宋代,宋代《圣惠方》:"五两去根节,捣碎,以酒五升煎取一升,去滓熬成膏",清代《温热暑疫全书》"去节,酒洗",清代《得配本草》"酒煮炒黑煎服"。焙制麻黄见于宋代《苏沈良方》"去节,沸汤泡去黄水,焙干",元代《活幼心书》"锉碎,汤泡滤过,焙干",明代《普济方》"沸汤泡三沸,焙干"。煅制见于元代《卫生宝鉴》"烧灰",明代《婴童百问》"捣,略烧存性"。醋制麻黄见于明代《仁术便览》"去节,先滚醋汤略浸,片时捞起,以备后用"。蜜酒制见于明《景岳全书》"连根节,酒蜜拌,炒焦",清代《幼幼集成》"去根节,用蜜酒煮黑"。蜜制麻黄见于宋代寇宗奭《本草衍义》"剪去节半两,以蜜一匙匕同炒良久",清代《医宗金鉴》"蜜炙"等诸多文献记载。麻黄绒见于明代《普济方》"去节,微捣"。炒麻黄见于宋代王衮《博济方》"去根、节炒"。

(二)采收和初加工技术研究

现代对于麻黄的炮制相关研究很多,有研究表明麻黄经炮制后生物碱含量降低,其中以炒麻黄降低最多,蜜麻黄次之。草质茎含生物碱 0.873%,木质茎仅含 0.025%,过渡茎中为 0.1%,且 3 种茎所含生物碱种类不同,木质茎不含麻黄碱,故传统炮制要求除去木质茎是有根据的。杨培民[20]等研究则表明,麻黄经制绒后,具有发汗作用的挥发油类成分损失 20.6%,生物碱类成分下降高达 60.2%,药力较之麻黄段大为缓和,临床常用于体虚患者。钟凌云[21]利用多指标正交试验法对麻黄的蜜炙工艺进行了探讨,分别以麻黄中所含主要成分盐酸麻黄碱含量对豚鼠平喘潜伏期的影响以及外观性状为评价指标,对麻黄蜜炙的不同工艺进行了优选确定其最佳炮制工艺。李国桢[22]等认为,麻黄经沸水泡后,其主要有效成分盐酸麻黄碱含量降低,但却要高于蜜炙麻黄。可见,麻黄经沸水泡后,可达到缓和药性、减弱或消除副作用的目的。此外,麻黄的酒炙、姜炙、醋炙等炮制方法,因其炮制机理尚不明确,故现在应用极少。

麻黄中挥发油含量较低,却是其主要有效成分,具平喘、祛痰、抑菌、抗病毒、解热、镇静等作用。在不同地域、不同生态条件下生长的麻黄,其挥发油主要成分及化合物种类与含量有较大的差异。陈康[23]等研究表明,麻黄经蜜炙后,挥发油类成分中低沸点成分的变化较大,其中异桉叶素、对-聚伞花素、D-柠檬烯、桉叶素、T-萜品烯等成分相对含量显著增加,而主要成分 α-松油醇、四甲基吡嗪变化相对减少。在蜜炙麻黄挥发油中检出了 4 种生麻黄没有的化合物,在蜜炙品中具有平喘作用的 L-α-萜品烯醇、四甲基吡嗪、石竹烯及具有镇咳祛痰、抗菌、抗病毒作用的柠檬烯、芳樟醇含量增高[24]。据有关书籍记载,麻黄经炒制后挥发油含量显著降低,但下降幅度要小于蜜麻黄,且检出了 9 个新成分,具有平喘作用的 L-α-萜品烯醇,四甲基吡嗪,石竹烯具有镇咳祛痰、抗菌、抗病毒作用的柠檬烯,芳樟醇含量增加较之蜜麻黄更为显著,同时发现了具有祛痰作用的菲兰烯。故认为炒制能缓和麻黄的发散之性,同时具有宣肺止咳、祛痰平喘等功效[25]。

(三)道地药材特色采收加工技术

麻黄多在秋季 9~10 月间采收,此时麻黄茎充实,内有黄粉,生物碱的含量高。如采收过早,虽然色绿,但质地嫩,茎空无粉。如采收过迟则可被冰霜冻坏,亦影响麻黄的质量。

1. 采收与加工

采收的麻黄除净泥土,堆积在通风干燥的室内或户外阴干,可保持麻黄的青绿色。如果露天干燥,一定要遮盖或覆盖,避免日光直晒,若经日光照晒或曝晒过久的麻黄颜色会变为黄白,导致品质不佳,影响药效。

2. 炮制方法

麻黄段:取原药材麻黄,除去木质茎、残根及杂质,洗净,润透,切中段,干燥。

炙麻黄:取炼蜜用适量开水稀释后,加入麻黄段拌匀,闷透,置炒药锅内,用文火加热,炒至不粘手为度,取出放晾。每 100 kg 麻黄用炼蜜 12.5 kg。

麻黄绒:取净麻黄段,碾成绒,筛除粉末即成。

炙麻黄绒:用炼蜜加适量水稀释后,加入麻黄绒拌匀,闷透,放置锅内,用文火炒至不粘手为度,取出放凉。每 100 kg 麻黄绒用炼蜜 30 kg。

六、药材质量特征和标准

(一)本草记述的药材性状及质量

本草记载麻黄品质评价相对较少,陶弘景《本草经集注》云:麻黄"色青而多沫",认为麻黄用表面为青色的质量较好。民国曹炳章《增订伪药条辨》云:"麻黄,九十月出新。山西大同府、代州、边城出者肥大,外青黄而内赤色为道地,太原陵县及五台山出者次之,陕西出者较细,四川滑州出者黄嫩,皆略次,山东、河南出者亦次。惟关东出者,细硬芦多不入药。"综上所述,麻黄的道地性状质量评价指标可以总结为:茎粗、色淡绿、内心充实、味苦涩者为佳。

(二)道地药材质量特征的研究

现在市场上的麻黄药材以草麻黄为主,其次为中麻黄,以木贼麻黄最为少见,主产于我国新疆及内蒙古地区。麻黄主要有效成分为麻黄碱和伪麻黄碱,它们是麻黄内在质量评价的主要依据。但中药材中所含多种成分的共同作用是产生药效的基础,因此仅对上述两种生物碱成分进行定量分析,不能从整体上反映麻黄药材的内在质量。随着现代分析技术的发展,HPLC 指纹图谱作为一种体现中药化学成分整体特征的质量评价方法正在广泛应用。

郑孟凯[26]等对不同地区市售麻黄药材的质量进行研究发现,市售麻黄药材品种以草麻黄为主,总生物碱的含量差异较大,个别生物碱成分含量相差 45 倍之多,部分药材劣质情况较为严重。马毅等运用 HPLC 法,对新疆、青海、甘肃、山西 4 地区中麻黄的生物碱(包括盐酸麻黄碱和盐酸伪麻黄碱)含量进行比较,发现 4 地区的麻黄碱含量和伪麻黄碱含量有显著性差异。此结果与郑孟凯等的研究相印证,说明麻黄质量存在地区差异。为了探讨地区差异的原因,盛萍[27]等对麻黄碱含量与产地的关系进行了研究,结果表明与麻黄中麻黄碱含量相关的因素有生长地土壤中有机质、氮、磷、钾的含量和土壤的 pH 等,其中土壤的 pH 为重要因素。碱性土壤比酸性土壤更有利于麻黄碱的积累,另外一些可能的影响因素为气候因子(年日照时间)。为了更好地将麻黄的质量和产地因素的相关性结合起来,研究生境与遗传因子对麻黄质量的影响,谢丽霞[28]研究了土壤、气象、生态、地形、基因等方面对麻黄质量的影响,从而得到结论将生境因子、遗传因子、质量因子结合起来可以综合评价麻黄道地性形成的生境与遗传机制。刘秀[3]则将麻黄的指纹图谱、指标成分含量、发汗生物效价等指标相结合,建立综合评价模型,为麻黄道地性质量综合评价提供方法和借鉴。吴海[29]等对野生与人工栽培麻黄不同部位成分的比较研究所得到的结论显示:野生麻黄茎中麻黄碱含量约为人工栽培的2倍。高湘[30]等对甘肃不同采收期人工种植及野生麻黄中麻黄碱与伪麻黄碱含量进行分析,发现不同产区、不同生长年限、不同采收月份的麻黄中麻黄碱与伪麻黄碱的含量不同、比例不同,以9月中旬采收品的总含量为最高。为了结合多方面因素来综合评价麻黄质量,王丽琼[24]应用化学计量学进行麻黄指纹图谱信息分析,判别不同种类、不同产地和不同采收时间的麻黄药材质量优劣,方法客观、准确、耐用,为更加准确、全面地控制麻黄药材的质量提供了一种有效的技术支持。

(三)道地药材质量标准

《中华人民共和国药典》(2015年版一部)中收载麻黄的质量评价标准主要包括性状、鉴别、检查、含量测定等几个方面。含量测定以盐酸麻黄碱和盐酸伪麻黄碱为指标,规定盐酸麻黄碱和盐酸伪麻黄碱的总量不得少于0.80%。另外,检查项中规定杂质不得过5%,水分不得过9.0%,总灰分不得过10.0%。

麻黄商品因来源分为草麻黄、中麻黄、木贼麻黄3种,均为统装。以干燥、茎粗、色淡绿、内心充实,手拉不脱节、味苦涩者为佳。以山西的产品最优。

七、药用历史及研究应用

(一)传统功效及应用

麻黄首见于《神农本草经》,书中记载,麻黄"味苦温。主中风伤寒头痛温疟,发表,出汗,去邪热气,止咳逆上气,除寒热,破癥坚积聚"。可见,麻黄最初被人们认识的功效为发汗、止咳和通阳。陶弘景《名医别录》:"主五脏邪气缓急,风胁痛,字乳余疾。止好唾,通腠理,解肌,泄邪恶气,消赤黑斑毒。"《本草经集注》:"主中风伤寒头痛,温疟,发表出汗,去邪热气,止咳逆上气,除寒热,破癥坚积聚"。麻黄在这一时期其药效主治更多的与辛味相对应,并没有出现系统的归经理论。

在此基础上,后世的药学典籍对麻黄的功效予以更为详细地阐述。唐代《开宝本草》则称麻黄"通腠理","解肌,泄邪恶气",强调了麻黄的通阳活血功效。明代李时珍在《本草纲目》中提到"麻黄微苦而辛,性热而轻扬。主治中风伤寒,头痛,温疟。发表出汗,祛邪热气,止咳逆上气、除寒热,破癥坚积聚",并称其为"肺经专药,麻黄虽治太阳,实则治肺""乃肺经专药,故治肺病多用之"。这说明明代对麻黄的性味在《神农本草经》基础上有了更明确的认识,并且确定麻黄的作用部位为肺经。《本草纲目》中亦有麻黄"散赤目肿痛,水肿风肿,产后血滞"的论述,说明在明代已承认利水消肿和通阳活血均为麻黄的功效。《本草正义》称:"麻黄轻清上浮。专疏肺郁,宣泄气机",可见在清代对麻黄功效的总结为解表、宣肺、活血。

(二)现代药理学研究

麻黄主要药理作用为解热发汗、镇咳平喘、利尿、抗炎抗过敏、抗病原微生物,还有兴奋中枢神经系统、强心、升高血压的作用;对平滑肌也有影响。

1. 与功能主治相关的药理作用

(1)解热发汗　麻黄发汗作用明显,但不同炮制品,不同活性成分发汗作用强度不同。廖芳[19]等以大鼠为研究对象通过足跖汗液分泌着色法,对麻黄不同炮制品、生麻黄及各炮制品与不同提取组分的发汗作用进行交叉比较的实验,结果表明,生麻黄、清炒麻黄、蜜麻黄的发汗作用由强至弱,生麻黄挥发油组分、醇提组分、水提组分、生物碱组分的发汗作用由强至弱;生麻黄挥发油组分的发汗作用最强。

(2)镇咳平喘　麻黄总生物碱为麻黄的主要有效成分,具有扩张支气管作用,其中麻黄碱含量最高,占总生物碱的 40%~90%。姚琳[31]等以豚鼠枸橼酸引咳法和整体动物药物引喘法,研究麻黄总生物碱和麻黄碱镇咳平喘作用,结果表明,二者均在服药后 2 h 起效,但作用维持时间有所差异,麻黄碱药效维持时间为 30 min,总生物碱为 60 min。

(3)利尿　研究发现,麻黄成分中具有利尿作用的以 d-伪麻黄碱作用最为显著[32],给予麻醉犬和家兔静脉注射 d-伪麻黄碱,二者尿量均显著增加,但对家兔增加剂量时,其尿量却减少;而口服用药作用较弱。推测其利尿机制可能是扩张肾血管使肾血流量增加,从而肾小球滤过作用加强;或者可能是阻碍了肾小管对钠离子的重吸收。

(4)免疫抗炎　近年来的研究证实,麻黄中确实存在可调节免疫的物质。麻黄多糖能够干预实验性自身免疫性甲状腺炎(EAT)所产生的甲状腺激素及相关抗体水平的变化,麻黄多糖能够预防 EAT 小鼠的甲状腺组织病变,具有一定免疫抑制作用。主要是可通过抑制 CD4+T 淋巴细胞对自身抗原的识别和应答,使对已过激应答的免疫系统得到有效控制[33]。

(5)抗菌、抗病原微生物　麻黄生物碱对金黄色葡萄球菌有抑制作用,且随生物碱浓度增加作用增强;挥发油对流感嗜血杆菌、甲型链球菌、肺炎双球菌、奈瑟双球菌、枯草杆菌、大肠杆菌、白色念珠菌等有不同程度的抑制作用,且随药物浓度增加而作用增强;对亚洲甲型流感病毒亦有抑制作用。朱欣[34]等用麻黄水提液对呼吸道合胞病毒（RSV）进行体外实验,结果表明一定浓度的麻黄水提液可通过抑制 RSV 合胞体的形成而发挥抗病毒作用,并且用药时间越早,给药浓度越高;或在同一时间内,用药浓度越大,抗 RSV 效果越好。

2. 其他药理作用

（1）兴奋中枢神经系统 麻黄属植物中生物碱类成分大多都具有兴奋中枢神经系统的作用,较多量的麻黄碱可以引起大脑皮层、皮层下中枢和血管运动中枢的兴奋,同时也有提高中枢性痛觉阈值,发挥镇痛的作用。麻黄碱使骨髓兴奋后,导致中枢部位脑内的多巴胺变成游离状态,引起定型的运动。实验证明,甲基麻黄碱可强制性地增强恒河猴觅药的自发行为。水迷宫法实验给予小鼠盐酸甲基麻黄碱灌胃,探究其对记忆的影响,结果显示,盐酸甲基麻黄碱可以明显改善亚硝酸钠导致的记忆巩固型障碍和乙醇造成的再现障碍。研究表明,麻黄能发挥药效与神经疾病如帕金森等相关的基因,改变了相关基因的表达效果,为帕金森的研究与治疗提供了强有力的指导[35]。

（2）强心、升高血压 麻黄碱能直接和间接兴奋肾上腺素、能神经受体,对心脏具有正性肌力、正性频率作用;能收缩血管,使血压升高。其升压作用特点为作用缓慢、温和、持久,反复应用易产生快速耐受性。

（3）松弛支气管平滑肌 研究发现,麻黄碱松弛支气管平滑肌的药理效果相对于肾上腺素而言较弱,但是作用却较为持久。许继德[32]等实验表明,麻黄碱在直接松弛气管平滑肌和抑制卡巴胆碱引起的气管平滑肌收缩等方面有显著功效。景红娟[36]等通过实验发现,麻黄碱发挥松弛支气管平滑肌的作用时并没有显著改变细胞的形态,而是从一定程度上抑制了其增殖;这一发现对应用麻黄碱在呼吸系统疾病的临床治疗上提供了依据。

（三）现代医药应用

1. 感冒

以麻黄为主的复方制剂（如麻黄汤、大青龙汤等）常用于治疗感冒、流感等。

2. 支气管哮喘

麻黄碱口服,可预防和治疗支气管哮喘。麻黄雾化剂吸入治疗小儿支气管哮喘、哮喘性支气管炎、支气管肺炎,疗效明显。

3. 低血压状态

麻黄碱皮下注射或肌内注射可防治硬膜外麻醉引起的低血压。麻黄碱口服可以治疗低血压。

4. 鼻塞

0.5%~1.0%麻黄碱溶液滴鼻,可治疗鼻黏膜充血引起的鼻塞。

5. 肾炎

以麻黄为主的方药(如麻黄连翘赤小豆汤等)对改善肾炎所致全身浮肿等症状有一定效果。

此外,应用麻黄治疗皮炎、老年性皮肤瘙痒、小儿遗尿症、阳痿、风湿性关节炎等具有一定的疗效。

八、资源综合利用和保护

(一)资源综合开发利用

1. 医药领域的应用

麻黄是重要的中药材,有效成分主要为麻黄碱,是中医临床常用药物之一,其味辛、微苦、性温,归肺、膀胱经,具有发汗解表、宣肺平喘、利水消肿等功效,常用于风寒感冒、胸闷咳嗽、风水浮肿、支气管哮喘、过敏反应、鼻黏膜肿胀和低血压等症[37]。

2. 畜牧领域的应用

麻黄具有一定的饲用价值,其所含粗脂肪和粗蛋白属于中等牧草类型。经测定,未提取的麻黄草营养成分中粗蛋白和粗脂肪含量分别为 8.34%和 3.20%;提取麻黄碱后的麻黄草渣成分中粗蛋白和粗脂肪含量分别为 1.98%和 3.58%。麻黄植物属于半灌木类型,地上芽冬天枝条绿色,植物体保持良好状态,可成为牲畜冬季采食的主要牧草。由于麻黄草长期生长在荒漠、半荒漠草原上,常与蒿子、假木贼、琵琶柴、裸果木、木旋花、柽柳等其他植物构成春秋草场,是春、秋季牲畜转场的主要放牧草场。另外,工厂中提取过麻黄碱的草渣,在冬、春季节牧草青黄不接时,也可以和其他饲料混用,增加饲料来源。

3. 生态恢复及修复中的应用

麻黄草为多年生小半灌木,也是重要的荒漠旱生植物,具有耐寒、耐旱、耐贫瘠、耐沙埋等特性。麻黄草根系发达、分蘖能力强、根幅宽,地上部分可以增加地表覆盖度,具有防风固沙、涵养水源、改善生态环境等作用。有研究表明有麻黄分布的沙丘地段,植被总覆盖度可提高 32%;同时,麻黄也是珍贵的水土保持植物,在 28°的坡地上,麻黄群落比禾草群落生长的地段径流量减少 47%,冲刷量减少 60%。

(二)新药用部位开发利用

目前,麻黄的主要产品是麻黄碱,随着现代医学设备的更新和药物分析手段的提高,麻黄植物提取生产麻黄碱的工艺已基本成熟,提炼出的麻黄碱、伪麻黄碱、甲基麻黄碱、甲基伪麻黄碱、去甲基麻黄碱、去甲基伪麻黄碱、麻黄定碱等开始应用于医药方面[38]。我国麻黄的开发主要集中在加工出口麻黄粗品即麻黄浸膏和原料药麻黄碱上,我国宁夏、新疆、内蒙古西北部等正积极在规范化栽培、新药研制、中成药二次开发等方面开拓市场。

(三)资源保护和可持续发展

麻黄属植物多以麻黄草和麻黄根用,在很多地区均广泛应用而且用量很大。因为具有很高的药用价值,所以多年来常常成为大量采挖的主要对象。由于麻黄草野生资源及再生能力有限,过度和无序的采挖必将导致资源的枯竭。近年来,我国相继出台了《国务院关于禁止采集和销售发菜,制止滥挖甘草和麻黄草有关问题的通知》《中华人民共和国野生植物保护条例》《中华人民共和国野生药材资源保护管理条例》等有关法律法规,管控麻黄属植物的滥采滥挖造成的资源濒危和生态破坏问题。草麻黄、中麻黄、木贼麻黄和斑子麻黄也已被列为第二批《国家重点保护野生植物名录》二级保护植物。只有加强对野生资源的保护,科学合理利用,并大力发展人工种植,才能保证医药等产业有稳定的原料供应,实现可持续发展。现在人们正在利用各种不同的方法如组织培养、化学合成、半合成、转基因微生物发酵等开发麻黄资源。利用生物技术开拓新的麻黄资源,这将是今后麻黄碱生产发展方向。

九、麻黄栽培技术要点

(一)立地条件

水分:麻黄是一种旱生或超旱生植物,根系发达,吸水性强,在水分较好的地方,常成大面积的单种群落。在纯沙地可深达 4 m,但不耐涝。人工栽培时,苗期和幼苗期在干旱季节应适当灌水,但不宜积水。

土壤:麻黄适应各种干旱沙质土壤,散生于固定或半固定沙地、河流阶地、山坡、荒漠戈壁。在沙地、覆沙地、滩地类型的钙质土地上均可种植,以覆沙地效果最好。肥力要求不高,以中等肥力种植可获得高产。

温度:麻黄主要分布于温带,常绿,喜阳。叶呈膜质,鞘状,耐寒、耐高温。

(二)选地整地

选择地块平整,排水良好,土壤含盐量在 0.8% 以下,pH 为 7~8 的沙壤土、壤土。在播种前做好深耕整地工作,结合整地亩施熟透的农家肥 30 000 kg/hm²,磷酸二胺 120 kg/hm²。

（三）选种

麻黄种子净度是提高麻黄发芽率的关键,因此,选种应选择新鲜、有光泽、鲜亮饱满的种子,具体可采用挤压法和水选法进行种子净选。

播前,对种子消毒以防霉变,可用1%的$CuSO_4$溶液浸泡2~3 h,清水漂洗后直接播种;也可用冷水浸种3~5 h,再用多菌灵拌种,效果更好。通过浸种,可防治麻黄立枯病和猝倒病。

（四）播种

由于麻黄育苗后再移植,存在一个较长的缓苗期,延长了麻黄人工栽培的周期,为了缩短生产周期可采用大田直播。一般分为人工和机械两种方法,小面积可采用人工播种,大面积采用机械播种。

直播:种子发芽率在80%左右,用种量22.5 kg/hm²,行距40 cm,株距15~20 cm。

播种深度:一般播种深度2~3 cm,播后镇压,以保证种子与土壤紧密结合。

播种时间:每年的春、秋、冬季均可播种,但在4月中旬到5月上旬为最佳播种时期,一般播种后7 d开始出苗,15~20 d齐苗。种子发芽最适温度为15~20℃。

（五）田间管理

中耕除草:播种后,要及时除草松土,防止杂草丛生,由于麻黄是强阳性植物,所以要杜绝杂草的发生。

追肥与浇水:在幼苗期,应结合灌水追施尿素75 kg/hm²,促进幼苗生长发育。麻黄耐干旱,对水分要求不严格,可根据土壤墒情适当浇水,一般一年2~3次即可。

（六）病虫害防治

因麻黄体内含有生物碱,昆虫一般不食,但幼苗常遭鼠兔危害,应采用铁丝网围栏进行防护或进行捕杀、放置毒饵。

（七）采种

麻黄隔年采种1次,一般在7月下旬到8月上旬采摘果实,及时采摘以免果实脱落。麻黄果实采下后要脱去果肉,可以用机械加工,亦可以用手将果肉搓干,用水反复漂洗,取出籽粒晒干,种子含水量在8%左右为宜,封装后置于凉爽、干燥、透风的地方。

（八）采割

移栽后第三年开始采割,每年可采收1次,最好2年轮采1次,8月下旬至9月下旬割取地上绿色草质部(严禁连根砍挖),晒干即成。采收时须保留3 cm高的芦头,以利于再生。采割的麻黄绿色草质茎应及时晒干或阴干,装袋,置于通风干燥处保存,以备销售。

参考文献

[1] 中华人民共和国药典委员会. 中华人民共和国药典[M]. 北京: 中国医药科技出版社, 2015.

[2] (清)顾观光. 神农本草经[M]. 杨鹏举. 校注. 北京: 学苑出版社, 2002.

[3] (宋)苏颂. 图经本草[M]. 福州: 福建科学技术出版社, 1988.

[4] 杨继荣, 王艳宏, 关枫. 麻黄本草考证概览[J]. 中医药学报, 2010, 38(2): 51–52

[5] 孙兴姣, 李红娇, 刘婷, 等. 中药民族药麻黄的本草考证[J]. 中国药业, 2017, 26(21): 1–3.

[6] 刘运东, 王绍明. 麻黄及其常见伪品性状鉴别[J]. 时珍国医国药, 2008, 19(1): 181.

[7] (南北朝)陶弘景. 本草经集注(辑校本)[M]. 北京: 人民卫生出版社, 1994.

[8] (宋)唐慎微. 证类本草[M]. 北京: 中国医药科技出版社, 2011.

[9] 苏颖, 赵宏岩. 本草图经研究[M]. 北京: 人民卫生出版社, 2011.

[10] (宋)寇宗奭. 本草衍义[M]. 太原: 山西科学技术出版社, 2012.

[11] (明)陈嘉谟. 本草蒙筌[M]. 北京: 人民卫生出版社, 1988.

[12] 张睿, 魏安智, 杨途熙, 等. 毛乌素沙地麻黄及其栽培技术[J]. 陕西林业科技, 2003, 2: 88–90.

[13] 赵永卫, 朱秀梅. 麻黄人工栽培技术[J]. 新疆畜牧业, 2006, 4:57.

[14] 王秀丽, 关星林. 麻黄人工栽培技术[J]. 内蒙古林业调查设计, 2019, 42(2): 19–21.

[15] 梁新华, 徐兆桢, 许兴. 麻黄人工栽培技术[J]. 宁夏农林科技, 2000, 5: 56–57.

[16] 白可喻, 戎郁萍, 徐斌. 甘草和麻黄资源的生物多样性价值和保护[J]. 中国农业资源与区划, 2009, 30(4): 64–69.

[17] 查丽杭, 苏志国, 张国政, 等. 麻黄资源的利用与研究开发进展[J]. 植物学通报, 2002, 19(4): 396–405.

[18] (南北朝) 陶弘景. 名医别录[M]. 北京: 人民卫生出版社, 1986.

[19] 廖芳, 张丹, 兰明辉, 等. 探析不同炮制方法对麻黄主要功效影响的机理[J]. 西部中医药, 2015, (8): 12–15.

[20] 杨培民, 邵晓慧, 刘咏梅. 麻黄绒炮制研究[J]. 中药材, 1998, 2l(11): 564.

[21] 钟凌云, 祝婧, 龚千锋. 多指标正交试验法优选麻黄蜜炙工艺[J]. 中药材, 2008, 8(32): 1126–1128.

[22] 李国桢, 龚千锋, 朱小华. 麻黄炮制前后生物碱含量研究[J]. 江西中医学院学报, 1994, 8(4): 36–37.

[23] 陈康, 林文津, 林励. 中药麻黄炮制前后生物碱和挥发油的变化[J]. 中成药, 2005, 27(2): 173–174.

[24] 王丽琼. 高效液相色谱法结合化学计量学技术定性分析麻黄药材的方法学研究 [J]. 重庆医科大学, 2012.

[25] 李向高. 中药材加工学[M]. 北京: 中国农业出版社, 2004.

[26] 郑孟凯, 唐映红, 陈建真, 等. 基于HPLC指纹图谱及主成分分析、聚类分析研究不同地区市售麻黄药材的质量差异[J]. 中华中医药杂志, 2016, 31(04): 1420–1426.

[27] 盛萍, 张立福, 时晓娟, 等. 麻黄药材中麻黄碱含量与产地生态环境关系的初步研究. 中医药信息,

2014, 31(2): 1–3.

[28] 谢丽霞. 麻黄道地性形成生境与遗传机制研究[D]. 银川：宁夏医科大学, 2016.

[29] 吴海, 易伦朝, 高敬铭, 等. 野生与人工栽培麻黄不同部位成分的比较研究[J].中草药, 2007, 35(9): 1298–1301.

[30] 高湘, 许爱霞, 宋平顺, 等. 甘肃不同采收期人工种植及野生麻黄中麻黄碱与伪麻黄碱含量分析[J]. 兰州大学学报(医学版), 2006, 32(2): 43–45, 49.

[31] 姚琳, 邓康颖, 罗佳波.麻黄总生物碱与麻黄碱镇咳平喘作用比较研究[J]. 中药药理与临床, 2008, 24(2): 18–19.

[32] 许继德, 谢强敏, 陈季强, 等. 麻黄碱与总皂苷对豚鼠气管平滑肌松弛的协同作用[J]. 中国药理学通报, 2002, 18(04): 394–397.

[33] 严士海, 朱萱萱, 孟达理, 等. 麻黄多糖对 EAT 小鼠甲状腺激素及相关抗体水平的影响[J]. 江苏中医药, 2008, 40(10): 111–113.

[34] 朱欣, 李闻文. 麻黄水提液抑制呼吸道合胞病毒作用实验研究[J]. 实用预防医学, 2012, 19(10): 1555–1557.

[35] 黄玲, 王艳宁, 吴曙粤. 中药麻黄药理作用研究进展[J]. 中外医疗, 2018, 37(07): 195–198.

[36] 景红娟, 汪长东, 宋苏, 等. 麻黄碱对支气管平滑肌细胞增殖的影响[J]. 生物学杂志, 2008, 25(03): 27–29.

[37] 刘秀. 麻黄道地性质量综合评价模型构建研究[D]. 银川:宁夏医科大学, 2015.

[38] 姜雪, 孙森凤, 王悦. 麻黄成分及其药理作用研究进展[J]. 化工时刊, 2017, 31(05): 28–31.

编写人：安钰　李明　张新慧

第五节　小茴香

一、概述

来源：本品为伞形科植物茴香（*Foeniculum vulgare* Mill.）的干燥成熟果实。秋季果实初熟时采割植株,晒干,打下果实,除去杂质。

生长习性：喜湿润凉爽气候,耐盐,适应性强,对土壤要求不严,但以地势平坦、肥沃疏松、排水良好的沙壤土或轻碱性黑土为宜。前茬以玉米、高粱、荞麦和豆类为好。

质量标准：执行《中华人民共和国药典》(2015 年版一部)[1]。

【性状】本品为双悬果,呈圆柱形,有的稍弯曲,长 4~8 mm,直径 1.5~2.5 mm。表面黄绿色或淡黄色,两端略尖,顶端残留有黄棕色突起的柱基,基部有时有细小的果梗。

分果呈长椭圆形,背面有纵棱 5 条,接合面平坦而较宽。横切面略呈五边形,背面的四边约等长。有特异香气,味微甜、辛。

【检查】杂质不得过 4%。总灰分不得过 10.0%。

【含量测定】本品含挥发油不得少于 1.5%(ml/g)。含反式茴香脑($C_{10}H_{12}O$)不得少于 1.4%。

【炮制】除去杂质。

【性味与归经】辛,温。归肝、肾、脾、胃经。

【功能与主治】散寒止痛,理气和胃。用于寒疝腹痛,睾丸偏坠,痛经,小腹冷痛,脘腹胀痛,食少吐泻。盐小茴香暖肾散寒止痛。用于寒疝腹痛,睾丸偏坠,经寒腹痛。

【贮藏】置阴凉干燥处。

二、基原考证

(一)本草记述

传统本草有关小茴香物种的记载主要集中于植物外部形态方面的描述,有关本草中小茴香植物形态记载详见表 4-26。

表 4-26　本草中有关小茴香物种形态的描述

典　籍	物种描述
新修本草(唐)	叶似老胡荽极细,茎粗,高五六尺,丛生
证类本草(宋)	三月生叶似老胡荽,极疏细,作丛。至五月高三四尺,七月生花,头如伞盖,黄色,结实如麦而小,青色
本草品汇精要(明)	(图经云)三月生叶,似老胡荽,极疏细,作丛,至五月高三四尺,七月生花,头如伞盖,黄色,结实如麦而小,青色。(衍义曰)茴香,叶似老胡荽,次误矣。胡荽叶如蛇床,茴香徒有叶之名,但散如丝发,特异诸草,其枝上时有大青虫,形如蚕
本草纲目(明)	三月生叶似老胡荽,极疏细,作丛。至五月茎粗,高三四尺。七月生花,头如伞盖,黄色。结实如麦而小,青色。北人呼之为土茴香。八九月采实阴干
本草求真(清)	形如粟米,辛香气澄,与宁夏大茴功同

(二)基源物种辨析

《新修本草》[2]:"叶似老胡荽……茎粗……丛生。"《本草品汇精要》[3]:"三月生叶,似老胡荽……作丛……七月生花,头如伞盖,黄色,结实如麦而小,青色。"《本草求真》[4]:"形如粟米……"《本草纲目》[5]:"三月生叶似老胡荽,极疏细,作丛。至五月茎粗,高三四尺。七月生花,头如伞盖,黄色。结实如麦而小,青色。北人呼之为土茴香。八九月采实阴干。"由以上植物形态描述来看,传统医用小茴香应是茴香(*Foeniculum vulgare* Mill.)。

《宁夏植物志》[6]:多年生草本,高 0.4~2.0 m,全株无毛,具强烈香气。茎直立,具细纵棱,苍绿色,上部分枝开展。基生叶丛生,具长柄,基部具换茎的叶鞘,边缘膜质;叶片轮廓为卵状三角形,3~5 回羽状全裂,最终裂片丝状,长 0.4~4.0 cm,宽 0.5 mm,先端锐尖;茎生叶渐小并简化,叶柄全部或部分成叶鞘。复伞形花序,顶生或侧生,直径 3~15 cm,伞辐 7~30 cm,长 1~6 cm,具细纵棱;无总苞片与小苞片;小伞形花序直径 6~12 cm,具花 10~25 朵,花梗 1~4 mm;无萼齿,花瓣黄色,倒卵形,长约 1 mm,先端内折;雄蕊 5;雌蕊 1,子房下位。双悬果椭圆形,侧扁,长 4~7 mm,宽 2~3 mm,暗棕色,分果有 5 条隆起的纵棱,每棱槽下有油管 1,合生面有油管 2。花期 6~7 月,果期 8~9 月。

(三)近缘种和易混淆种

1. 小茴香近缘种[7]

裂叶荆芥[*Schizonepeta tenuifolia*(Benth.)Briq.]:别名为荆芥(救荒本草),小茴香(四川夹江),四棱杆蒿(北方常用中草药),假苏(东北常用中草药)。黑龙江、辽宁、河北、河南、山西、陕西、甘肃、青海、四川(城口、南川)、贵州诸省均有野生,浙江、江苏、福建、云南等省均有栽培;生于山坡路边或山谷、林缘,海拔 540~2 700 m。朝鲜有分布。1 变种[var. *japonica*(Maxim.)Kitagawa]产日本。

小裂叶荆芥[*Schizonepeta annua*(Pall.)Schischk.]:产新疆(吐鲁番)及内蒙古西北部;生于河谷阶地,海拔约 1 700 m。西藏西部有记录,但未见标本。苏联西伯利亚,蒙古也有。

多裂叶荆芥[*Schizonepeta multifida*(Linn.)Briq.]:产内蒙古、河北、山西、陕西、甘肃,生于松林林缘、山坡草丛中或湿润的草原上,海拔 1 300~2 000 m。苏联,蒙古也有。

田葛缕子(*Carum buriaticum* Turcz.),为伞形科葛缕子属的植物。分布在蒙古、俄罗斯以及中国内地的华北、西北、西藏、东北、四川等地,生长于海拔 400~3 900 m 的地区,见于田边、林下、路旁、河岸和山地草丛中。

2. 小茴香混淆种[8]

莳萝子:为伞形科植物莳萝(*Anethum graveolens* L.)的果实。种子形状为双悬果,扁平椭圆形(多已为分果),种子长 0.3~0.5 cm,直径 0.15~0.30 cm。种子颜色为棕黄色或深棕色。顶端现花柱残基,基部有时带有小的果柄。分果背部极为扁压,有 3 条微隆起的棱延展成翅,合生面平直,中央有 1 条线。果皮含种子 1 枚,富油性。特异香气,性微甜,辛。内蒙古、吉林、甘肃等省区就有将莳萝子误作小茴香用。

葛缕子:为伞形科植物葛缕子(*Carum carvi* L.)的果实。又名黄蒿、马缨子、小防风。

民族药名有棵虐、亚瓦比迪扬等。种子形状为双悬果,细圆柱形微弯曲。种子长 0.3~0.4 cm,直径 0.10 cm。种子颜色黄绿色或灰棕色。顶端残留柱基,基部有细果柄。分果长椭圆形,背部纵棱 5 条,棱线色淡,接合面平坦,有线沟纹。质硬,呈五边或六边形,中心黄白色,具油性。气味特异,麻,辣。山西称山小茴、野小茴,曾销至贵州省的一些地方,称野茴香籽,在西藏、新疆又称藏茴香。

孜然:为伞形科植物孜然芹(*Cuminum cyminum* L)的果实。种子形状为双悬果,圆柱形,较纵直而不弯曲。种子长 0.4~0.6 cm,直径 0.15~0.25 cm。种子颜色为黄绿色或淡黄色。疏被绒毛,顶端残留柱基,基部有细果柄。分果双悬果大多数粘连不宜发离或上部有分离。呈五边形。有特异香气,味微辛,辣。

毒芹子:为伞形科毒芹属毒芹(*Cicuta virosa* L.)的果实。种子形状为双悬果,扁圆形。种子长 0.2~0.3 cm,直径 0.2~0.3 cm。顶端有狭三角形齿,残留有突起的基其上常具有两花柱和柱头。分果类圆形,有纵棱 5~6 条,接合面较平坦。类圆形,灰褐色。特异香气,性微甜,辛。

防风子:为伞形科植物防风[*Saponshnikovia divaricata* (Turcz.)]的果实。种子形状为双悬果,狭椭圆形,略扁。种子长 0.42~0.57 cm,直径 0.20~0.26 cm。种子颜色为灰棕色。稍粗糙,顶端有 3~5 枚三角形尊齿,残留有突起的柱基。分果长椭圆形,背面稍隆起,纵棱 5 条,接合面平坦。略扁或呈类圆形。特异香气,性微甜,辛。

三、道地沿革

(一)本草记述的产地及变迁

传统本草中有关小茴香道地产区的记载较少,参考相关本草典籍中有关小茴香道地产区记载详见表 4-27。

表 4-27　本草中有关小茴香产地的描述

典　籍	产地描述	备　注
证类本草(宋)	今交广诸藩及近郡皆有之。入药多用蕃舶者,或云不及近处者有力	
本草品汇精要(明)	今交、广诸藩及近郡皆有之。[道地]简州	简州:四川简阳县
本草纲目(明)	今惟以宁夏出者第一,其他处小者谓之小茴香	
常用中草药识别与鉴定	全国各省区均有栽培,原产地中海地区	
世界植物药	原产于地中海地区,现温带地区广泛栽培	
新编中药志(第二卷)	主产内蒙古及山西、黑龙江等省(自治区),以山西省产量较多,内蒙古产品质佳	
全国中草药汇编	全国各地普遍栽培	
宁夏中药志	现今宁夏大量种植茴香,药食两用	

由表 4-27 可以看出,传统本草有关小茴香道地产区的记载较少,从地理分布来看,以宁夏和四川简阳县为其道地产区,在广东和广西等地也有分布。从近现代本草记载可以看出,在全国各地均有栽培,但主产于宁夏、甘肃、内蒙古、山西、辽宁等地。

(二)本草记述的产地及药材质量

本草中有关小茴香产地有关信息的描述很少,《证类本草》云[9]:"今交广诸藩及近郡皆有之。入药多用蕃舶者,或云不及近处者有力"。《本草品汇精要》云:"今交、广诸藩及近郡皆有之。[道地]简州"。《本草纲目》云:"今惟以宁夏出者第一,其他处小者,谓之小茴香"。《本草图经》[10]:"《本经》不载所出,今交、广诸藩及近郡皆有之。入药多用番舶者,或云不及近处者有力。三月生叶,似老胡荽,极疏细,作丛,至五月高三四尺;七月生花,头如伞盖,黄色,结实如麦而小,青色,北人呼为土茴香。茴、蘹声近,故云耳。八九月采实,阴干,今近道人家园圃种之甚多"。《本草衍义》[11]:"蘹香子,今人止呼为茴香。《唐本》注似老胡荽,此误矣。胡荽叶如蛇床,蘹香徒有叶之名,但散如丝发,特异诸草"。《救荒本草》[12]:"今处处有之,人家园圃多种,苗高三四尺,茎粗如笔管,旁有淡黄挎叶,拚茎而生。袴叶上发生青色细叶,似细蓬叶而长,极疏细如丝发状。袴叶间分生叉枝,梢头开花,花头如伞盖,结子如蒔萝子,微大而长,亦有线瓣。采苗叶炸熟,换水淘净,油盐调食"。《本草纲目》:"茴香宿根深,冬生苗,作丛,肥茎丝叶,五六月开花如蛇床花而色黄,结子大如麦粒,轻而有细棱,俗呼为大茴香,今惟以宁夏出者第一。其他处小者,谓之小茴香。自番舶来者,实大如柏实,裂成八瓣,一瓣一核,大如豆,黄褐色,有仁,味更甜,俗

呼舶茴香,又曰八角茴香(广西左右江峒中亦有之),形色与中国茴香迥别,但气味同耳。北人得之,咀嚼荐酒"。《植物名实图考长编》:"按胡荽结子时,极与茴香相类,《衍义》未细考老胡荽形状,以斥《唐本》注,殊误。但力稍缓耳"(《医林纂要·药性》)。《本草正义》:"茴香始见于《唐本草》,据苏颂谓结实如麦而小,青色,此今之所未见者。苏又谓入药多用藩舶者,则今市肆之所谓八角茴香也。但八角者大辛大温,其性最烈,濒湖《纲目》称其气味辛平,必非舶来品八角茴香可知。故李亦谓结子大如麦粒,轻而有细棱,俗呼为大茴香。……据此,则《纲目》中所引古书一切主治,皆子如麦粒之茴香。《唐本草》、马志、大明、东垣、吴缓当皆指宁夏产品而言。惟李引诸方,有明言八角茴香、舶茴香者,则舶来品耳。按今肆中之大茴香,即舶来之八角者,以煮鸡鸭豕肉及诸飞禽走兽,可辟腥臊气,入药殊不常用。"

四、道地药材产区及发展

(一)道地药材产区

茴香原产于地中海地区,其因适应性极强而被温热带地区广泛引种,现在世界各地均有分布。茴香在我国栽培历史悠久,我国从北到南大部分省(区、市)均有栽培,主要分布在西北、华北及东北地区,广东地区尚未见栽培报道。适宜在沙壤和轻沙壤土上种植,主产地在内蒙古、山西、宁夏、甘肃、辽宁,吉林、黑龙江、河北、陕西、山东、湖北、广西、四川、贵州等地。茴香虽然在我国各地均有栽培,但在气候凉爽的地区生长较好、结果率高,如在北方以及南方海拔1 000 m以上的山区、丘陵生长较为正常,且病虫害少、结果率高,因此,我国以生产果实为目的的栽培主要分布在内蒙古、山西、甘肃等北方各省(自治区)[13]。

根据历代本草和食疗记载,宁夏海原县西安镇、甘肃民勤县是小茴香的道地产区。也是我国当前最大的两个小茴香产区。近年来,宁夏海原县干旱带、半干旱带片上的群众大面积种植茴香,在优化和调整种植业结构上取得了显著成效,小茴香因此成为当地群众增加收入的主要来源。栽培区主要分布在西安、关桥、海城、史店、曹洼、术台等库井灌区,成为当地农民脱贫致富的区域优势支柱产业[14]。

(二)产区生境特点

小茴香原产欧洲,属一年生草本植物,生长期短,仅150 d左右,现在世界各地均有栽培。我国南北各地均有种植,主产于宁夏、甘肃、内蒙古、山西、新疆等地。在我国南方可宿根越冬,成为多年生草本植物。

1. 水分

小茴香是一种比较耐旱作物,降水正常年份 300~400 mm,水地灌一水就有收成,主要在播前灌安苗水 1 次,每公顷产量就能达到 1 500~2 250 kg;干旱年份,生育期内需再补灌 1 次,每次补灌量 60~100 m³,旱地春墒特别好时亦可种植。

2. 土壤

小茴香对土壤要求不严,有耐瘠薄、耐盐碱、耐连作、抗旱等特点,适宜种植在中性或弱酸性的沙壤和轻沙壤土上。pH 5.5~7.5,过高过低对小茴香出苗影响较大,易造成缺苗断垄。

3. 光照

小茴香整个生长发育过程均需要充足的光照条件,在低温长日照的条件下幼苗极易提早抽薹,所以,播种过早的小茴香抽薹早,产量相对较低,此外,如果种植密度过大,生长旺期时叶片之间相互遮阴,同样影响花粉的形成和授粉,因此田间密度过大,会造成空秕粒增多。

4. 热量

小茴香喜温和冷凉的气候,生长发育适温为 15~25℃,过高过低的温度都将抑制生长、影响品质,夏季温度在 30℃左右,相对湿度 30%,风速 3 m/s,对小茴香的开花授粉有很大的影响,所以小茴香的生长发育温度不应高于 30℃或低于 10℃,≥5℃的有效积温不低于 2 400℃、≥10℃的有效积温不低于 1 800℃。

(三)道地药材的发展

小茴香主产区为山西省的应县、朔州,内蒙古的托县、五原、临河,甘肃省的民勤、玉门、酒泉,宁夏的海原县。据不完全统计,近年产量分布情况:山西省产量占总产量的15%~20%,内蒙古产量占总产量的 30%,甘肃省产量占总产量的 50% 以上。但近年来由于价格持续偏低且供大于求,加之华北、西北地区遭受大旱而减产等因素,农民多改种玉米和向日葵,特别是山西、内蒙古两大主产区改茴种粮、改茴种葵的情况尤为严重。而宁夏海原县因当地地理环境和自然条件很适合小茴香生长,所产小茴香产量高、品质好(较其他省区的品质和商品性状),经济效益好,种植面积在逐年扩大。

黑龙江、辽宁、河北、河南、山西、陕西、甘肃、青海、四川(城口、南川)、贵州诸省均有野生,宁夏海原、甘肃民勤普遍栽培,浙江、江苏、福建、云南等省均有栽培。

五、药材采收和加工

(一)本草记载的采收和加工

历代本草对于小茴香的采收加工的记载较为简略。《本草品汇精要》："八月、九月取实,阴干"。由以上可以看出,历史上有关小茴香采收和加工的记载比较简单,传统的采收期为八九月,加工方法为阴干。

小茴香的炮制方法历代有净制、炒制、焙制、盐制、药汁制和酒制等 20 余种。小茴香炒制较早见于宋代《博济方》《苏沈良方》和《普济本事方》,有"炒、炒令香、焙"记载。盐制始于《类编朱氏集验医方》,载有"盐炒、青盐拌、黑牵牛制"等炮制方法。元代《瑞竹堂经验方》还有"盐炒香"的记载。至明代,小茴香的炮制方法有所增加,采用了酒和其他辅料进行炮制。《普济方》主要有"盐炒熟、斑蝥制、青盐酒制",《奇效良方》记载"巴豆制",《医学纲目》有"火炮",《医学入门》载有"酒浸炒"之法。《仁术便览》改进了盐炒方法,有"青盐水拌炒"之法。《寿世保元》中记载"盐楝肉制"。此外,《本草乘雅半偈》还有"隔纸焙燥"方法。李时珍在《本草纲目》中记载了小茴香的详细炮制法及用法,有"炒、盐炒过、酒送下"等方法,治疗肾虚腰痛可"用茴香炒过,研细,切开猪肾,掺末入内,裹湿纸中煨熟,空心服,盐酒送下";治疗疝气有"用茴香炒过,分作二包,交替熨患处"记载;治疗胁下刺痛可"用茴香一两(炒),枳壳五钱(麸炒),共研为末,每服二钱,盐酒调服"。

清代沿用盐制、酒制和炒法外,对茴香炮制的辅料有所创新,增加了生姜制(《握灵本草》)、制炭(《温热暑疫全书》)、麸炒(《食物本草会纂》)和吴萸制(《吴鞠通医案》)等炮制方法。

现在主要的炮制方法为盐炙法。《宁夏中药炮制规范》:盐制小茴香,用盐水拌匀,闷润至透,置锅内,用文火加热,炒干,并有香气外逸时,取出放凉。

(二)采收和初加工技术研究

小茴香不同炮制品以及炮制前后挥发油含量、成分、物理常数等各方面的变化,研究报道的较多,但目前很难得出一致的结论。刘善新等研究了小茴香生品、清炒品及盐炙品中挥发油含量、物理常数等,结果表明,挥发油组分无变化但清炒、盐炙小茴香与生品比含量显著降低,而盐炙品降低较多。李昌阳等对炮炙前后小茴香挥发油含量范围、具体化学成分作了详细分析研究,结果发现,生小茴香挥发油含量为 1.7%~4.6%,炮制后挥发油总量减少 1.67%~8.03%;炮制前后挥发油中均有 16 种组分,主要成分为茴香醚(69.2%)、小茴香酮(8.7%)、爱草脑(5.65%),炮制后这 3 种成分相对为

67.723%、8.820%、6.206%。冯敬群等对小茴香生品和盐炙品的挥发油含量、物理常数、化学组分、组织微观结构及其复方煎液作了初步分析,结果表明,生品与盐炙品(按药典炮制)挥发油含量有显著差异,生品为 2.32 ml/100g,炮制品为 2.03 ml/100g,再测定挥发油的比旋度,生小茴香挥发油为+18.28°,折光率为 1.536 6,比重为 0.94;盐炙挥发油比旋度为+14.86,折光率为 1.536 1,比重为 0.98。复方煎液中有小茴香挥发油存在,只是缺了某些组分。微观结构观察表明,炮制对小茴香油管有破坏作用,可使分泌细胞破裂,油滴从油管之中扩散至周围薄壁组织中,在炮制过程中因受热易挥发掉,因此炮制品的挥发油含量明显低于生品。蒋纪洋[15]等分析了小茴香 10 种炮制品中挥发油含量和水溶性成分含量,发现生品和生碎品含量最高(3.93 ml/100 g),其次为盐浸小茴(3.60 ml/100 g)微炒小茴香(3.52 ml/100 g)、焙小茴香(3.48 ml/100 g)、酒浸炒黄品最低(2.98 ml/100g),其他如炒黄、盐炒、酒炒、鼓炒小茴香与生品比较均有显著性差异。初步认为,小茴香应以微炒或盐浸低温烘干之炮制品捣碎入药为宜。祁银德[16]等对小茴香生品及炮制品进行了挥发油含量测定,并以小白鼠排便状况和酚红渗出实验对比了不同炮制品水煎液的促胃肠蠕动作用和祛痰作用,结果显示在治疗剂量内小茴香无需炮制。

(三)道地药材特色采收加工技术

10 月初采割植株,晒干,打下果实,备用。

生品:除去杂质,筛去泥土,用水洗净,晾干。

盐小茴香:将净小茴香用食盐水炒匀,闷 15 min,(130±5)℃下炒至微黄时,出锅,晾凉。食盐用量为每小茴香 100 g 用食盐 2 g。

四制小茴香:将食盐加入黄酒、醋和童便的混合液中,溶解后将净小茴香倒入,拌匀,闷 15 min,(150±5)℃下炒至微黄色,出锅,摊开,晾凉。每小茴香 100 g,用食盐1.7 g,黄酒、醋、童便各 6.25 g。

六、药材质量特征和标准

(一)本草记述的药材性状及质量

道地性状为道地药材的传统质量评价指标,是药材质量特征的客观历史总结,具有简单实用且较为稳定的特性。相对于小茴香比较普遍的道地产区的记载,本草对小茴香道地性状的描述比较一致,主要从大小、颜色、整体性状等几个方面进行了描述,详见表4-28。

表 4-28　主要本草中有关小茴香道地性状的描述

典　籍	性状描述
本草求真(清)	形如粟米,辛香气温,与宁夏大茴功同
本草品汇精要(明)	色青褐
新编中药志(第二卷)	以粒大饱满、色绿、气味浓、无杂质者为佳
中国基本药材	以饱满、香气浓。味微甜,色黄绿者为佳
中国中草药图典	以颗粒均匀,饱满、黄绿色、香浓味甘者为佳
中药材鉴定图典	以粒大饱满、色黄绿、气味浓者为佳

　　由表 4-28 可见,传统本草中有关小茴香道地性状的描述仅见《本草求真》"形如粟米,辛香气温"及《本草品汇精要》"色青褐"的描述。"粒大饱满""黄绿色""味浓"为现代本草评价小茴香质优的性状标准。综上所述,小茴香的道地性状质量评价指标可以总结为:粒大、饱满、色绿、味浓为佳。

(二)道地药材质量特征的研究

　　药材中具有化学成分的种类及其含量是药效作用的物质基础,也是药材质量评价的主要指标。现代研究表明,小茴香中主要含挥发油,还含有脂肪油,糖苷、酚酸类化合物、黄酮、香豆素等多种生物活性物质[17]。现已报道的挥发油主要为简单单萜、氧化性萜类、芳香族化合物等。主要特征香气成分为反式茴香脑、爱草脑、反式爱草脑、小茴香酮等;其中简单单萜主要有 α-蒎烯、α-水芹烯、崁烯、二戊烯、茴香醛等;氧化性萜类为反式茴香脑、茴香醛、茴香酮等;芳香族化合物主要为顺式茴香醚、对聚伞花素、东当归酞内酯和亚丁基苯酞、对甲氧苯基丙酮、7-羟基香豆素、6,7-二羟基香豆素等。脂肪油的主要特征成分为洋芫荽子酸、油酸、亚油酸和棕榈酸等。酚酸类化合物包括咖啡酰奎宁酸、4-咖啡酰奎宁酸、1,5-氧-二咖啡酰奎宁酸、迷迭香酸、圣草酚-7-0-芸香糖甙、槲皮素-3-0-半乳糖苷、山萘酚-3-0-芸香糖苷和山奈酚-3-0-葡萄糖苷。黄酮类化合物如槲皮素、芦丁、异槲皮苷等有免疫活动免疫机制作用,且黄酮苷类化合物如槲皮素、阿糖胞苷是小茴香形态变化和变种的重要指标[18,19]。

　　多项研究表明[20],不同产地小茴香的质量之间存在较大差异。对挥发油成分 α-蒎烯、β-月桂烯、柠檬烯、反式-β-罗勒烯、葑酮、爱草脑、香芹酮、茴香醛、反式-茴香脑、α-古巴烯、对甲氧苯基丙酮、反式甲基异丁子香酚 12 种化学成分含量的测定结果表明,不同产地小茴香中挥发油含量存在差异性。

（三）道地药材质量标准

《中华人民共和国药典》(2015 年版一部)中收载小茴香的质量评价标准主要包括性状、鉴别、检查、含量测定等几个方面。含量测定以挥发油和反式茴香脑为指标，规定挥发油含量不得少于 1.5%(ml/g)，反式茴香脑不得少于 1.4%。另外，检查项中规定杂质不得过 4%，总灰分不得过 10.0%。

我国华北某地产小茴香的质量标准：

一级品为货干、色绿、颗粒饱满、不霉烂、秕粒<7%，杂质<5%。

二级品为货干、色绿、颗粒饱满、不霉烂、秕粒<15%，杂质<5%。

三级品为货干、色绿、颗粒饱满、不霉烂、秕粒<20%，杂质<5%。

聂凌云等在前述研究的基础上，从性状、鉴别、检查、含量测定各个方面进行了总结分析和相关实验，初步制定了国产小茴香的质量控制标准。较已有《中华人民共和国药典》标准有较大提高，增加了指纹图谱鉴别和主成分的含量测定。使小茴香药材标准更趋完善，其质量的可控性更强。本标准已经中检所复核通过，并将进一步完善作为中药材进入法国药典及在法国上市的注册标准。

七、药用历史及研究应用

（一）传统功效及应用

小茴香最早记载于《药性论》，原名蘹香。在唐代《新修本草》、宋代《本草图经》、明代《本草蒙筌》、明代《本草纲目》中均有记载，其在《新修本草》中列为草部，而在《本草纲目》中列入菜部。《本草求真》记载："入肝燥肾温胃，但其性力稍缓，不似大茴性热，仍看证候缓急，分别用之耳。时珍曰：小茴性平，理气开胃，夏月祛蝇辟臭。食料宜之。大茴性热，多食伤目发疮，食料不宜过用。"《本草辑附》《本草品汇精要》《神农本草经》及《证类本草》云：茴香子"主诸瘘、霍乱及蛇伤"。综上可见小茴香可散寒止痛，理气和胃，在中医临床多用复方。

在传统临床应用中，小茴香多以复方入药，《本草品汇精要》[21]记载："茴香子，合生姜同捣令匀，净器内湿纸盖一宿，次以银石器中文武火炒令焦黄，为末，酒丸桐子大。服十丸，茶酒下，理脾胃，进食。生捣茎叶汁，合热酒等分服之，疗卒肾气冲胁，如刀刺痛，喘息不得。亦理小肠气"。《经验后方》："治脾胃进食。茴香二两，生姜四两，同捣令匀，净器内湿纸盖一宿，次以银、石器中，文武火炒令黄焦，为末，酒丸如梧子大。每服十丸至十五丸，茶酒送下"。

(二)现代药理学研究

小茴香具有多种药理活性,主要包括降抑菌、调节胃肠机能、利尿、利胆、保肝、促肾、抗癌、抗突变及性激素样等作用。

1. 有关消化系统的作用

研究者用小茴香精油类对动物肠管运动的影响作了一系列研究,其中,发现小茴香对活体家兔肠的蠕动运动有促进作用,即使摘去肠管也有收缩作用。以后又有研究者用小鼠离体肠管、豚鼠回肠及鹌鹑离体直肠作为研究对象进行实验,也均证实了小茴香油有增强肠的收缩作用及促进肠的蠕动作用。另有报道小茴香有利胆作用,其作用表现为伴随着胆汁固体成分增加促进胆汁分泌[25,26]。

2. 中枢作用、箭毒样作用

小茴香油、茴香脑对青蛙都有中枢麻痹作用,蛙心肌开始稍有兴奋,接着引起麻痹,神经肌肉呈箭毒样麻痹,肌肉自身的兴奋性减弱[27]。

3. 对肝脏的作用

有学者报道,小茴香挥发油对于 CCl_4 所引起的小鼠肝脏的毒害能够起到保护作用。研究人员用小茴香精油处理大鼠的肝,看其对肝再生度的影响。结果表明,对部分肝摘除的大鼠,小茴香油治疗 10 d,组织的再生度增加,肝重量与对照组比较明显增加。文献报道,在小鼠肝微粒体酶系的研究中,发现对小茴香的肝微粒体氧化酶有影响。甘子明[24]等研究发现中药小茴香具有抑制大鼠肝脏炎症、减少 TNF-a 的分泌,保护肝细胞、促进纤维化肝脏中胶原降解及逆转肝纤维化的作用,对肝硬化腹水大鼠具有降低肝硬化腹水大鼠 ALD、NOS 水平明显的利尿消腹水作用。

4. 对气管的作用

Boyd 等将小茴香油溶于 12% 的乙醇,灌胃给予用乌拉坦麻醉的豚鼠时,发现气管内液体分泌物增多。因切断胃神经后不产生影响,所以,认为不是通过胃的反射作用而致。

5. 抗突变作用

小茴香对多种活性氧或自由基有不同程度的清除作用。前人用小鼠喂食小茴香后实验组的染色体畸变率明显降低,表明小茴香是有效的抗突变物质[24]。

6. 抑菌作用

钟瑞敏[20]等报道小茴香籽精油对受试的 7 种常见食源性致病菌和 2 种腐败真菌具有优良的广谱性抗菌作用。高莉[22]等对小茴香的抑菌作用做了研究,结果表明,对苏云金杆菌和变形杆菌最敏感,金黄色葡萄球菌、枯草芽孢杆菌、变形杆菌、大肠杆菌和根霉菌次之,青霉菌和酿酒酵母稍差。研究结果还发现,样品用乙醚稀释后能加强其抑菌作用。另外,根据冈崎等报道,小茴香油对真菌、孢子、乌型结核菌、金黄色葡萄球菌等,有灭菌作用。

7. 其他药理、生理作用

Malini 等观察了小茴香的丙酮浸出物对雄雌大鼠的作用。雄性大鼠喂药 15 d 后,发现蛋白浓度明显在睾丸、输精管减少,同时,在精囊和前列腺增加,并且,这些器官的酸性、碱性磷酶活性全部降低(除了血管中的碱性磷酸酶活性没有改变)。雌性大鼠给药 10 d,出现阴道内角化及性周期促进作用。此外,乳腺、输卵管、子宫内膜、子宫肌层重量增加。

八、资源综合利用和保护

(一)资源综合开发利用

小茴香全身是宝。在药用价值方面,小茴香果籽具有驱风行风、祛寒温、止痛和健脾之功效,可用于治胃气弱胀痛、消化不良、腰痛、呕吐等疾病。除作为传统药材和现代医药原料外,小茴香还是一种常用的调味品。小茴香作为一种天然植物香料,广泛应用于食品加工业,常用于肉类、海鲜及烧饼等面食的烹调;小茴香提取物小茴香酊也是一种常用的烟用香料。它不仅被广泛用作食品调味香料,是一种价值很高的优良辛香料。如再进行深加工利用,由小茴香果籽经水蒸气蒸馏可从中提取出价值更高的小茴香油,在提取完小茴香油后的剩余残渣里,还含有 14%~20% 的蛋白质和 12%~20% 的植物油脂(通常总称为油粕),是供家畜使用的优良饲料。也可用石油醚作为溶剂,从油粕中提取出植物油,该植物油可用来制造肥皂。因此,小茴香有很好的综合利用价值[28]。

小茴香油还常用于糖果和酒类的配制。小茴香果籽里富含茴香脑,故具有良好的防腐功效。此外,小茴香油还广泛用于牙膏、香皂、化妆品和各类香精的配方中。

(二)新药用部位开发利用

小茴香的传统药用部位为果实[29],现代化学和药理学研究发现[30],小茴香根含有莳萝脑、亚油酸蔗糖苷、镰叶芹二醇 β-谷甾醇、豆甾醇-β-D-吡喃葡萄糖苷等化合物,小茴香根皮含有 7-羟基-6-甲氧香豆素、5-羟基康、焦谷氨酸乙酯、胡萝卜苷、β-谷甾醇和蔗糖等化合物,并具有散祛寒气、温热肾胃、利湿、保肝、消肿止痛的功效,用于寒性胃痛、肠梗阻、膀胱及尿道结石、阴囊肿痛、疝气、小便不利、咳嗽及气管炎等疾病。另外,小茴香叶也具有特殊香味,嫩叶常作为蔬菜食用,且小茴香叶提取物对汉逊德巴利

酵母和耐盐酵母菌有很好抑菌效果。

九、小茴香栽培技术要点

(一)立地条件

水分:小茴香耐干旱。正常降水年份 300~400 mm,只需要补灌 1 次。干旱年份,需要视干旱程度补灌 2~3 次,每次补灌量 60~100 m³。旱地春季墒情特别好时亦可种植。

土壤:小茴香对土壤要求低,一般的耕性土壤均可种植,近年来,海原有在压砂地上种小茴香,出苗和长势都较好。但盐碱化严重和黏性重的土地对出苗影响大,容易造成缺苗断垄。

光照:小茴香是喜光作物,全生育期要求光照充足,种植密度不宜过大,以免造成相互遮阴严重,影响花粉的形成和授粉,造成减产。

温度:小茴香最适宜生长期的温度为 15~20℃,高于 25℃生长缓慢,低于 5℃生长受到抑制。播种时地温 5~10℃,15~16 d 出苗,12~15℃时 7~8 d 出苗。播种至成熟 85~95 d,开花到成熟 25~30 d。

(二)选地整地

小茴香最好选择肥力中上等、含有机质 1.5%~1.8% 的沙壤土。由于小茴香籽粒小,顶土能力差,整地时要精耕细作,达到地无小坑,无 3 cm 以上的土块,无残膜、杂草、茎秆,土松,地平,墒足。旱耕地春季结合返潮打碾镇压 1 次,有利于播种。

也可选择在压砂地上种植,一方面利于压砂地西瓜轮作倒茬,另一方面拓宽了小茴香的种植范围。

(三)选种

小茴香种子要求籽粒饱满、大小均匀、颜色鲜亮。

(四)播种

在海原县,小茴香播种时间一般为 4 月上中旬,宜采用机械条播,下子均匀,深浅一致,播深 3~5 cm,行距 20 cm,亩播量 1.5 kg。

(五)田间管理

播种前要结合耕翻,每亩施优质农家肥 2~3 m³,播种时种带磷酸二铵 2.5~3.0 kg。当幼苗显行时,要及时除草、松土、间苗,直到留苗达到适宜的株数,即 20~30 株/m²,间下的苗可做蔬菜食用。小茴香比较耐旱,一般播种前灌好安苗水,根据降水情况,在苗期—开花期灌水 1~2 次。

(六)病虫害防治

在小茴香全生育期危害最多的害虫有蚜虫、蝽类、蓟马等,可选择高效、低毒、低残留的农药交替喷雾防治,可有效减轻虫害损失。多雨年份,为了防止霜霉病的发生,可于6月中下旬亩喷施粉锈宁或百菌清1次,每亩用药量40~50 ml。按照绿色栽培的要求,若小茴香生育期内,病虫发生较轻时,可尽量不施用或少施农药。

(七)适时收获

商品用小茴香以淡绿色为上等,所以除留种田块外,一般在完全成熟7~10 d前开始收割,收获应特别注意选择晴朗的天气,以免下雨造成小茴香果实变色发黑、发霉,影响其商品价值。收割后的小茴香应及时风干、脱粒、分选、包装,适时出售。

(八)打碾包装

收割后风干好的小茴香应尽快打碾,清选、分级定量包装,存放在干燥通风的地方,防止雨淋受潮,以待适时销售。

参考文献

[1] 中华人民共和国药典委员会. 中华人民共和国药典(一部)[M]. 北京: 中国医药科技出版社, 2015.

[2] (唐)苏敬. 新修本草[M]. 合肥: 安徽科学技术出版社, 2004.

[3] (明)刘文泰. 本草精品汇要[M]. 北京: 中国中医药出版社, 2013.

[4] (清)黄宫绣. 本草求真[M]. 北京: 人民卫生出版社, 1987.

[5] (明)李时珍. 本草纲目[M] . 呼和浩特: 内蒙古人民出版社, 2006.

[6] 马德滋, 刘惠兰, 胡福秀. 宁夏植物志. 银川: 宁夏人民出版社, 2007.

[7] 黄樊才. 常用中草药识别与应用(第二版)[M]. 北京: 化学工业出版社, 2003.

[8] 孙迎东, 汪凤芹, 张静, 等. 小茴香与伪品的鉴别研究[J]. 时珍国医国药, 2005, 16(4): 338.

[9] (宋)唐慎微. 证类本草[M]. 北京: 中国医药科技出版社, 2011.

[10] (宋)苏颂. 本草图经[M]. 合肥: 安徽科学技术出版社, 1994.

[11] (宋)寇宗奭. 本草衍义[M]. 太原: 山西科学技术出版社, 2012.

[12] (明)朱橚. 救荒本草[M]. 北京: 中国书店, 2018.

[13] 袁昌齐, 肖玉春. 世界植物药[M]. 南京: 东南大学出版社, 2013.

[14] 王国强. 全国中草药汇编(第三版)[M]. 北京: 人民卫生出版社, 2014.

[15] 蒋纪洋, 石子烈, 潘明湖. 小茴香炮制初探[J]. 中成药, 1990, 12(12): 19.

[16] 祁银德. 小茴香及其炮制品的质量比较[J]. 中药材, 1997, 20(l): 20.

[17] 冯敬群. 小茴香及炮制品挥发油的质量研究[J]. 中药饮片, 1991, (6): 26.

[18] 刘善新, 王勇. 炮制对小茴香挥发油的影响[J]. 中成药, 1991, 13(11): 21.

[19] 李昌阳, 王安颖. 小茴香炮制前后挥发油成分研究[J]. 药物分析杂志, 1989, 9(6): 336.

[20] 钟瑞敏, 肖仔君, 张振明, 等. 小茴香籽精油成分及其抗菌活性研究[J]. 林产化学与工业, 2007, 27(6): 36-40.

[21] (明)刘文泰. 本草品汇精要[M]. 北京: 人民卫生出版社, 1982.

[22] 高莉, 韩阳花. 小茴香挥发油化学成分及抑菌作用的研究[J]. 中国民族医药杂志, 2007, (12): 67-68.

[23] 林楠. 小茴香炮制工艺及化学成分研究[D]. 辽宁中医药大学, 2009.

[24] 甘子明, 方志远. 中药小茴香对大鼠肝纤维化的预防作用[J]. 新疆医科大学学报, 2004, 27(6): 566-569.

[25] 周世雄, 甘子明, 张力, 等. 中药小茴香对肝硬化腹水大鼠利尿作用机制实验研究[J]. 新疆医科大学学报, 2007, 30(1): 30-32.

[26] 沈琦, 徐莲英. 小茴香对 5-氟脲嘧啶的促渗作用研究[J]. 中成药, 2001, 23(7): 7-9.

[27] 王晓敏, 李军, 高艳明, 等. 茴香的研究进展[J]. 河北农业科学, 2013, 17(5): 37-46.

[28] 李臻, 张帆, 张刚. 小茴香炮制历史沿革及进展[J]. 新疆中医药, 2008, 26(4): 52-56.

[29] 陈立国. 小茴香的药理作用[J]. 中草药, 1989, 20(7): 41-42.

[30] 刘树文. 小茴香的综合开发利用[J]. 广西化工, 1999, 3: 39-40.

编写人：李明　张新慧

第六节　菟丝子

一、概述

来源：本品为旋花科植物南方菟丝子（*Cuscuta australis* R.Br.）或菟丝子（*Cuscuta chinensis* Lam.）的干燥成熟种子。秋季果实成熟时采收植株，晒干，打下种子，除去杂质。

生长习性：菟丝子喜高温湿润气候，对土壤要求不严，适应性较强。野生菟丝子常见于平原、荒地、坟头、地边以及豆科、菊科、蓼科、藜科等植物地内。遇到适宜寄主就缠绕在上面，在接触处形成吸根伸入寄主，吸根进入寄主组织后，部分组织分化为导管和筛管，分别与寄主的导管和筛管相连，自寄主吸取养分和水分。菟丝子一旦幼芽缠绕于寄主植物体上，生活力极强，生长旺盛，最喜寄生于豆科植物上。

质量标准：执行《中华人民共和国药典》(2015 年版一部)[1]。

【性状】本品呈类球形，直径 1~2 mm。表面灰棕色至棕褐色，粗糙，种脐线形或扁圆形。质坚实,不易以指甲压碎。气微,味淡。

【检查】水分不得过 10.0%。

总灰分不得过 10.0%。

酸不溶性灰分不得过 4.0%。

【含量测定】本品按干燥品计算,含金丝桃苷($C_{21}H_{20}O_{12}$)不得少于 0.10%。

【炮制】除去杂质,洗净,干燥。

【性味与归经】辛、甘、平。归肝、肾、脾经。

【功能与主治】补益肝肾,固精缩尿,安胎,明目,止泻;外用消风祛斑。用于肝肾不足,腰膝酸软,阳痿遗精,遗尿尿频,虚胎漏,胎动不安,目昏耳鸣,脾肾虚泻;外治白癜风。

二、基源考证

(一)本草记述

传统本草有关菟丝子物种的记载主要集中在植物茎和种子形态的描述,有关本草中菟丝子记载见表 4-29。

表 4-29　本草中有关菟丝子物种的描述

典籍	物种描述
神农本草经(汉)	菟丝子生朝鲜川泽田野,蔓延草木之上。色黄而细者为赤纲,色浅而大者为兔累,九月采实暴干
吕氏春秋(秦)	或谓菟丝无根也,其根不属地,假气而生,今观其苗,初生若丝,遍地不能自起,得草梗则缠绕随上而生,其根渐绝于地而寄空中
本草经集注(南北朝)	田野墟落中甚多,皆浮生蓝、纻、麻、蒿上
雷公炮炙论(南北朝)	一茎从树感枝成,又从中春上阳结实,其气大小,受七镒二两
日华子本草(五代)	苗茎似黄丝,无根,株多附田中,草被缠死,或生一丛如席阔,开花结实不分明,子如碎黍米粒,八月九月以前采之
本草图经(宋)	夏生苗如丝综,蔓延草木之上,或云无根、假气而生,六七月结实,极细如蚕子,土黄色,九月收采、暴干。其实有二种:色黄而细者,名赤网;色浅而大者,名菟累,其功用并同。初生之根其形似兔
本草纲目(明)	其子入地,初生有根,及长延草物,其根自断。无叶有花,白花微红,香亦袭人。结实如秕豆而细,色黄,生于梗上尤佳
本草品汇精要(明)	色土黄,如蚕子而细,子坚实细者为好
植物名实图考(清)	菟丝子,北地至多,尤喜生园圃。菜豆被其纠缠,辄卷曲就瘁……初开白花作包,细瓣反卷,如石榴状。旋结子

(二)基源物种辨析

《日华子本草》[2]曰:"苗茎似黄丝,无根,株多附田中,草被缠死,或生一叶,开花结实不分明,子如碎黍米粒,八月九月以前采之"。《本草图经》[3]曰:"夏生苗如丝综,蔓延草木之上,或云无根,假气而生,六七月结实,极细如蚕子,土黄色,九月收采,暴干"。《本草纲目》[4]曰:"其子入地,初生有根,及长延草物,其根自断。无叶有花,白花微红,香亦袭人。结实如秕豆而细,色黄,生于梗上尤佳"。中国植物志[5]分类旋花科菟丝子属其下共有3个亚属,包括单柱亚属、菟丝子亚属和线茎亚属。其中唯独线茎亚属(Subg. Grammica)的茎较细,果实体积较小,与本草中"苗茎似黄丝,子如碎黍米粒"的描述相吻合。并且线茎亚属共有菟丝子(*Cuscuta chinensis* Lam.)和南方菟丝子(*Cuscuta australis* R. Br.)两种植物。菟丝子和南方菟丝子的区别主要在于:菟丝子茎黄色纤细,花冠壶形,花冠口缢缩成石榴状;而南方菟丝子花冠杯状,花冠口不缢缩。此外,《植物名实图考》[6]中对菟丝子形态也有详细记载"菟丝子,北地至多,尤喜生园圃。菜豆被其纠缠,辄卷曲就瘁……初开白花作包,细辦反卷,如石榴状。旋结子",文中描述与《宁夏中药志》[7]中菟丝子"一年生缠绕性寄生草本。茎纤细,丝状,黄色,直径不足1 mm,多分枝,以寄生根深入寄主体内。无绿色叶,而有稀少的鳞片叶,三角状卵形。花两性,少花或多花簇生成小伞形或小伞花序,侧生,近无总花序梗;花梗较粗壮,长约1 mm,苞片小,鳞片状,花萼杯状,长约2 mm,中部以下联合,先端5裂,裂片三角形,顶端钝,宿存;花冠白色,壶形,长约3 mm,5浅裂,裂片三角状卵形,顶端尖或钝,向外反折,宿存,花冠管基部具鳞片5,长圆形,边缘长流苏状,雄蕊5,着生花冠裂片弯缺微下处,花丝短,花药露于把花冠裂片之外;雌蕊1,花柱2,直立,柱头头状。蒴果近球形,稍扁。种子2~4,花期7~9月,果期8~10月"的特征吻合。据此可判定,历代本草中记载使用的"苗茎似黄丝,子如碎黍米粒"确为菟丝子(*Cuscuta chinensis* Lam.)。

《神农本草经》[8]曰:"菟丝子生朝鲜川泽田野,蔓延草木之上。色黄而细者为赤纲,色浅而大者为兔累,九月采实,暴干。"并且《本草图经》中亦有相同描述。这表明菟丝子古代应用虽存在大、小之别,但一般认为其具有相同功效。《植物名实图考》首次较为详细地记录了大粒菟丝子的物种形态:"金灯藤,一名毛芽藤,南赣均有之,寄生树上,无枝叶,横抽一短茎,结实密攒如落葵而色青紫。"其所描述的特征与单柱亚属植物吻合,寄主多为木本植物,且单柱亚属植物茎比菟丝子的茎更粗壮。而此亚属中金灯藤分布最为广泛,即大粒菟丝子应是金灯藤(*Cuscuta japonica* Choisy)。

综上所述,经考证我国本草中历来沿用的菟丝子主要分为两种[10]:小粒菟丝子和大粒金灯藤。"色黄而细者为赤纲"即为菟丝子(*Cuscuta chinensis* Lam.),"色浅而大者为兔累"即为金灯藤(*Cuscuta japonica* Choisy)。其中古代主流品种为菟丝子(*Cuscuta chinensis* Lam.),多认为其品质佳疗效好[9]。

(三)近缘种和易混淆种

1. 菟丝子近缘种

菟丝子(*Cuscuta chinensis* Lam.)与南方菟丝子(*Cuscuta australis* R. Br.)亲缘关系较近,同属于旋花科菟丝子属线茎亚属,均被 2015 版《中华人民共和国药典》收录,功效相同。

南方菟丝子(*Cuscuta australis* R. Br.),别名女萝(江苏、广东)、金线藤、飞扬藤(广东),为一年生寄生草本。茎缠绕,金黄色,纤细,直径 1 mm 左右,无叶。花序侧生,少花或多花簇生成小伞形或小团伞花序,总花序梗近无;苞片及小苞片均小,鳞片状;花梗稍粗壮,长 1.0~2.5 mm;花萼杯状,基部连合,裂片 3~5,长圆形或近圆形,通常不等大,长 0.8~1.8 mm,顶端圆;花冠乳白色或淡黄色,杯状,长约 2 mm,裂片卵形或长圆形,顶端圆,约与花冠管近等长,直立,宿存;雄蕊着生于花冠裂片弯缺处,比花冠裂片稍短;鳞片小,边缘短流苏状;子房扁球形,花柱 2,等长或稍不等长,柱头球形。蒴果扁球形,直径 3~4 mm,下半部为宿存花冠所包,成熟时不规则开裂,不为周裂。通常有 4 粒种子,淡褐色,卵形,长约 1.5 mm,表面粗糙。

2. 菟丝子混淆种

日本菟丝子,又称为金灯藤、无娘藤、大菟丝子,为旋花科植物金灯藤(*Cuscuta japonica* Choisy),干燥成熟种子。在湖北、四川、贵州等地有的误作菟丝子使用。其种子形体较大,呈类椭圆形,有明显的喙突起,直径 2~3 mm,表面淡褐色或黄棕色,具光泽,放大镜下可见不整齐的短线状斑纹。种脐下陷,线形乳白色,胚黄色,螺旋状,无胚根及子叶,内胚乳坚硬,半透明状。沸水煮之不易破裂,气微,味苦,微甘。宁夏六盘山区的泾源等县亦有分布[11]。

欧洲菟丝子,为欧洲菟丝子(*Cuscuta europaea* L.)的干燥成熟种子。在福建、河南等地使用。其性状为两粒种子黏结在一起,呈类半球形。单粒种子三角状卵圆形,直径约 1 mm。表面灰棕色或灰绿色,常有 2~3 个深凹陷。种子一端有黑色小圆点,圆点中央有白色线状种脐。两粒种子黏结于一体时,种脐位于同侧且相对。质不甚坚实,可用指甲压碎。加热煮至种皮破裂,露出黄白色卷旋状的胚,形如吐丝。气微,味微苦。宁夏贺兰山、罗山及六盘山区的泾源县等地亦有野生欧洲菟丝子分布。

莨菪子,又称天仙子,为茄科植物莨菪(*Hyoscyamus niger* L.)的干燥成熟种子。种子有毒,不可误用作菟丝子。其略呈肾形或卵圆形稍扁,直径约 1 mm,表面棕黄色或灰黄色,有隆起的细密网纹,种脐处突出,沸水煮之种皮不破裂。气微,味微辛。

绵果芝麻菜,为十字花科植物绵果芝麻菜(*Eruca sativa* Mill. var. *Eriocarpa* Boiss.)的干燥成熟种子。近卵形或近椭圆形,长 1.5~2.0 mm,直径 1.0~1.2 mm,表面淡棕色或蓝褐色,具斑驳的白色霜状物,一端在种孔部突起,并具白色线形种阜。质地较脆,易用指甲压碎。水煮种皮不易破裂。气微,味辛[12]。

三、道地沿革

(一)本草记述的产地及变迁

传统本草有关菟丝子道地产区的记载在不同时代有不同的变化,参考相关本草典籍,有关本草中菟丝子道地产区记载详见表 4-30。

表 4-30　本草中有关菟丝子产地的描述

典　籍	产地描述	备　注
神农本草经(汉)	菟丝子生朝鲜川泽田野,蔓延草木之上	
本草经集注(南北朝)	田野墟落中甚多,皆浮生蓝、纻、麻、蒿上	
日华子本草(五代)	苗茎似黄丝,无根,株多附田中,草被缠死	
本草图经(宋)	今近京亦有之,以冤句者为胜	冤句,今山东菏泽
本草纲目(明)	惟怀孟林多有之,入药更良	怀孟,今河南焦作
本草纲目拾遗(清)	出陕西庆阳	庆阳,今甘肃庆阳

由表 4-30 可以看出,菟丝子在宋代以前并无特定的道地产区,田野山川等地均有分布。宋代《本草图经》记载今河南开封地区周围、今山东菏泽均产菟丝子,至明代《本草纲目》认为今河南焦作地区盛产菟丝子,随之到清代《本草纲目拾遗》记录菟丝子的产地变为今甘肃庆阳。菟丝子对土壤要求不严,适应性很强,我国大部分地区均有菟丝子分布。如今,宁夏平罗等银北引黄灌区及内蒙古乌海引黄灌区,为我国菟丝子药材的主要产区。

(二)本草记述的产地及药材质量

宋代《本草图经》曰:"今近京亦有之,以冤句者为胜。"记载了今河南开封周围产菟丝子,而今山东菏泽所产的菟丝子品质最佳。至明代《本草纲目》曰:"惟怀孟林多有之,入药更良。"认为今河南焦作地区盛产菟丝子且疗效更好,随之到清代《本草纲目拾遗》

曰："出陕西庆阳。"记录菟丝子的产地为甘肃庆阳。

四、道地药材产区及发展

(一)道地药材产区

根据历代本草和史料记载,菟丝子在全国大部分地区都有分布,以北方地区为主。内蒙古、宁夏、新疆、陕西等地是菟丝子的道地产区。近年来,宁夏有较大面积种植。菟丝子在宁夏主要分布区为东经105°66′,北纬37°48′,主要生长在宁夏中、北部地区引黄灌区[13]。

(二)产区生境特点

菟丝子生长于海拔200~3 000 m的田边,山坡阳处、路边灌丛或海边沙丘,通常寄生于豆科、菊科、藜科等多种植物上。生长区的年平均气温7.9~8.8℃;极端最高气温37.7℃,极端最低气温−30.3℃;相对湿度20%~75%;年降水量178~277 mm;年蒸发量1 312~2 204 mm;无霜期153~205 d;年日照3 000 h左右。生长区的土壤类型为淡灰钙土,土质为松沙土。

(三)道地药材的发展

菟丝子(*Cuscuta chinensis* Lam.)始载于《神农本草经》,列为上品,是我国临床常用中药,其功效主要有滋补肝肾、固精缩尿、安胎、明目、止泻,多用于肾虚腰痛、阳痿遗精、尿频、宫冷不孕、目暗便溏等肾阴阳虚证[8]。随着全球性"回归自然""中医药热"的兴起以及人们保健意识的增强,菟丝子作为补益类中药,早已成为各大制药集团和保健品厂家生产补肾固精类中成药、保健产品的重要原料药材,需求量逐年递增。与此同时,菟丝子野生品种由于受到人为掠夺性采收以及生态环境、气候变化等因素的影响,资源大幅减少,近年菟丝子商品药材多以栽培为主。由于受到菟丝子种植分散、栽培技术欠佳、种质混杂、产地初加工不规范等诸多因素的影响,导致菟丝子产量不稳定,质量更是参差不齐[13]。质量和产量问题已经成为制约菟丝子产业发展的瓶颈,严重影响了临床用药。为此国家已将菟丝子纳入了重点推荐发展的中药材品种之一,迫切需要对菟丝子种质资源和生态环境进行详尽的调查,建立科学、合理的质量评价体系,加强研究适宜推广的规范化栽培技术,为菟丝子的可持续发展和利用提供必要的保障。

菟丝子药材商品主要是菟丝子及同亚属的南方菟丝子的种子,并以南方菟丝子较多。目前,全国有3大主产区,分别为宁夏、内蒙古、新疆[14]。近年来,我国菟丝子药材供不应求,国家已将菟丝子列入重点推荐发展的中药材品种之一。

菟丝子是寄生植物,其栽培方式较普通中药材复杂,影响菟丝子产量与质量的因素除了菟丝子本身及生长环境外,还必须进行寄主的栽培,因而增加了种植的难度与技术要求,目前,菟丝子的人工种植技术还很粗放,种植水平较低,田间管理不规范,使菟丝子药材质量参差不齐[14]。因此,要进一步加强对菟丝子人工栽培技术的研究,以提高菟丝子的产量及质量。

五、药材采收和加工

(一)菟丝子的采收与产地加工技术

历代本草对菟丝子采收的有关记载很少,《神农本草经》被列为上品,"主续绝伤,补不足,益气力,肥健,久服明目,轻身延年……色黄而细者为赤纲,色浅而大者为菟累。九月采实,暴干"。

据现代文献报道[15],10月采收,南方菟丝子中金丝桃苷与氨基酸含量最高,产量亦最高,秋分前后,当大田1/3以上大豆枯萎,菟丝子蒴果50%变黑,30%转黄时,采收成熟果实,可与寄主一同割下,晒干,脱粒,再把菟丝子的种子筛出,去净果壳及杂质,晒干即成商品。小面积收获可用人工采收后集中脱粒,大面积收获可使用稻麦收割机,降低割茬,调慢脱粒滚筒转速和调小风力,以免漏割、打烂豆粒或吹去蒴果而造成不必要的损失。菟丝子产品质量以颗粒饱满、无尘土或杂质为好。

山东省中医药研究院林慧彬团队研究确立了菟丝子的最佳采收期:即当蒴果有60%以上变黑,20%甚至30%以上转黄,10%~20%的蒴果由绿转黄时采收。

(二)菟丝子特色炮制技术

自晋代葛洪著《肘后备急方》[15]记载"酒渍服"炮制菟丝子起,古代文献中先后出现过的菟丝子炮制方法有苦酒、黄精汁浸法,酒浸法,盐炒,酒蒸,酒浸炒作饼,酒浸炒法,酒煮,炒,酒喂作饼,米泔淘洗法,芎、归、芍、生地煎汁煮等。菟丝子现代炮制方法基本沿用了古代炮制法,主要包括清炒、盐炙、酒制和做饼等。其中,盐炙菟丝子善于引药入肾,增强补肾固精安胎作用,较为常用。

盐菟丝子:取净菟丝子,加盐水拌匀,闷润,待盐水被吸尽后,置炒制容器内,用文火加热,炒至略鼓起,微有爆裂声,并有香气逸出时,取出晾凉。菟丝子每100 kg用食盐2 kg。

酒菟丝子饼:取净菟丝子,加适量水煮至开裂,不断搅拌,待水液被吸尽,全部显黏丝稠粥状时,加入黄酒和白面拌匀,取出,压成饼,切成约1 cm小方块,干燥。菟丝子每100 kg,用黄酒15 kg、白面15 kg。

炒菟丝子:取净菟丝子,置炒制容器内,用文火加热,炒至微黄色,有爆裂声,取出晾凉。

六、药材质量特征和标准

(一)本草记述的药材性状及质量

《图经本草》[16]谓:"菟丝初生之根其形似兔……其实有二种,色黄而细者为赤纲,色浅而大者名兔累,其效并同。"

《本草品汇精要》[17]"子坚实而细者为好。"

《本草纲目》[4]引用《大明本草》记载:"苗茎似黄丝,无根株,多附田中,草被缠死,或生一丛如蒨阔";引用《庚辛玉册》记载:"阳草也,多生荒原故道……无叶有花,白色微红,香亦袭人,结实如秕豆而细、色黄,生于梗上尤佳,惟怀孟林中多有之,入药更良。"

陆玑在《诗疏》中说:"菟丝蔓草上,黄赤如金。"

可见古代本草记载,菟丝子已有大、小之别,以色灰黄,颗粒饱满者为佳。

(二)道地药材质量特征的研究

山东省中医药研究院林慧彬研究员,通过对菟丝子的药材市场考察,发现药材菟丝子质量参差不齐,有的商品泥沙很多,并且混伪品较多。原因主要有:①不法药商为牟利掺伪;②生产过程中采收加工不严格;③菟丝子药材无商品标准,对药材质量的监管不完善。为此,山东省中医药研究院林慧彬团队对菟丝子的质量作了大量的研究,制定了合理的质量评价体系。针对山东菟丝子属的4个基原植物,山东省中医药研究院林慧彬团队对其理化性质、有效成分以及药效作用进行了详细的比较研究。

研究结果表明,山东4种菟丝子60%醇浸出物有一定差异,对其成分进行分类比较后发现:①大粒菟丝子中多糖和还原糖含量高于小粒菟丝子,而且糖类化合物含量与品种、寄主及生长发育程度之间有关系,该成果为自然资源的充分利用提供了实验数据[18];②小粒菟丝子中总黄酮含量高于大粒菟丝子,且黄酮含量与种子的成熟程度呈正相关,建议选用成熟种子入药[19];③氨基酸测定结果显示,山东省4种菟丝子均含有15种氨基酸,南方菟丝子除谷氨酸含量较低外,其他14种氨基酸含量均高于其他3种菟丝子[20];④4种菟丝子中微量元素含量高低的顺序基本一致,都是Fe>Zn>Mn>Cu>Pb>As>Cd,但是菟丝子和南方菟丝子中的Cu、Mn、Zn及Mg 4种微量元素含量高于金灯藤和啤酒花菟丝子,而2种小粒菟丝子中Fe、Mg含量低于大粒菟丝子,首次揭示了亲缘关系与微量元素分布的相关性[21]。山东省中医药研究院林慧彬团队不但对菟丝子的质量作了详尽的研究,也对菟丝子的主要药效作用进行了系统的研究,主要成果有:①补肾壮阳作用的研究发现4种菟丝子均具有一定的促性腺激素样作用,促使幼龄小鼠及阳虚小鼠的睾丸和附睾重量增加[22];②免疫增强作用和抗应激能力的作用研究发现,小粒菟丝子的水提取物免疫增强及抗应激作用强于大粒菟丝子,小粒菟丝子的水提取物中菟丝子多糖的作用也比较显著[23]。通过以上研究,山东省中医药研究院林慧彬团队发现南方菟丝子生长较集中,易于采集,产量较大,是目前药用的主流品种,其总黄酮的含量也较高,补肾壮阳的药理作用与菟丝子相近,建议将南方菟丝子作为药典收载品种,目前已被药典采纳。4种菟丝子的有效成分评价情况见表4-31。

表4-31　4种菟丝子的有效成分比较　　　　　　　　　　　　　单位:%

种 质	多 糖	还原糖	总黄酮	总氨基酸	微量元素(Cu、Mn、Zn)
菟丝子	5.89	3.89	3.43	2.83	43.6
南方菟丝子	5.39	4.68	2.88	6.60	49.7
金灯藤	10.18	8.15	2.66	1.89	38.6
啤酒花菟丝子	9.08	6.79	1.75	4.57	33.0

　　基于菟丝子寄生的特性及其寄主植物的多样性,山东省中医药研究院林慧彬团队专门研究了不同寄主植物对菟丝子质量的影响,发现:①寄主植物对菟丝子、南方菟丝子药材产量有一定的影响,寄主植物分枝多、叶片宽大且分布密集的,其上的菟丝子的产量较高。例如,寄生在大豆上的菟丝子每亩产量可达61.56 kg,收获加工方便,是理想的寄主植物;②不同寄主的同种菟丝子蛋白质条带有差别,说明其蛋白质的组成及含量受到了寄主的影响[24];③寄主植物对菟丝子多糖含量也有影响,寄生于蓬子菜、大豆及黄芩上的菟丝子含量较高,寄生于大豆、秋苦荬菜上的南方菟丝子多糖含量高,寄生于甘野菊上的菟丝子及寄生于小花山桃草上的南方菟丝子多糖含量较低。不同寄主植物上的菟丝子中多糖及还原糖的含量相差可高达1~2倍[25];④寄主植物影响了菟丝子、南方菟丝子总黄酮含量,以大豆、黄芩、达呼里胡枝子、绿豆等植物为寄主的菟丝子及南方菟丝子总黄酮含量较高,以醴肠、酸枣、秋苦荬菜等植物为寄主的菟丝子及南方菟丝子总黄酮含量较低;⑤两种小粒菟丝子中4种黄酮化合物含量也受到寄主植物的影响,寄生于酸枣、秋苦荬菜、山绿豆、大豆上的南方菟丝子山柰酚及异鼠李素的含量较高,寄生于黄芩、蓬子菜、大豆上的菟丝子金丝桃苷及槲皮素的含量较高。

　　关于菟丝子的化学成分研究,中外学者陆续报道了7大类成分。分别是:黄酮类、甾类化合物、挥发油、木脂素类化合物、生物碱类化合物、多糖类化合物、树脂糖苷类化合物。此外,菟丝子中还含有16种氨基酸以及钙、镁、铁、锰、铜、锌等微量元素[27]。

(三)道地药材质量标准

《中华人民共和国药典》(2015年版一部)中收载菟丝子的质量评价标准主要包括性状、鉴别、检查、浸出物等几个方面,其中,规定水分不得过10.0%,总灰分不得过10.0%,酸不溶性灰分不得过4.0%;在鉴别中规定,本品呈类球形,直径1~2 mm。表面灰棕色至棕褐色,粗糙,种脐线形或扁圆形。质坚实,不易以指甲压碎。气微,味淡。含金丝桃苷($C_{21}H_{20}O_{12}$)不得少于0.10%。

七、药用历史及研究应用

(一)传统功效

《中华人民共和国药典》(2015版一部)记载,菟丝子辛、甘,平。归肝、肾、脾经。补益肝肾,固精缩尿,安胎,明目,止泻;外用消风祛斑。用于肝肾不足,腰膝酸软,阳痿遗精,遗尿尿频,肾虚胎漏,胎动不安,目昏耳鸣,脾肾虚泻;外治白癜风。历代本草有关菟丝子的记载如下。

《神农本草经》:"主续绝伤,补不足,益气力,肥健人,久服明目。"

《本草经集注》:"主茎中寒,精自出,溺有余沥,口苦,燥渴,寒血为积。"

《雷公炮炙论》:"补人卫气,助人筋脉。"

《名医别录》:"养肌强阴,坚筋骨,主茎中寒,精自出,溺有余沥,口苦燥渴,寒血为积。"

《景岳全书·本草正》:"性微温,其性能固,人肝脾肾三经……补髓添精,助阳固泄,续绝伤,滋消渴,缩小便,止梦遗带浊余沥,暖腰膝寒疼。"

《药性论》:"治男子、女人虚冷,添精益髓,去腰疼膝冷,又主消渴热中。"

《药准》:"主腰痛膝冷……疗茎中寒,泄精遗溺。"

《日华子本草》:"补五劳七伤,治泄精,尿血,润心肺。"

《本草集要》:"疗男子、女人虚寒,腰痛膝冷……主茎中寒,精自出,溺有余沥,口苦,燥渴,寒血为积。"

《本草经疏》:"五味之中,惟辛通四气,复兼四味,《经》曰:肾苦燥,急食辛以润之。菟丝子之属是也,与辛香燥热之辛,迥乎不同矣,学者不以辞害义可也。"

《本经逢原》:"菟丝子,祛风明目,肝肾气分也。其性味辛温质粘,与杜仲之壮筋暖腰膝无异。其功专于益精髓,坚筋骨,止遗泄,主茎寒精出,溺有余沥,去膝胫酸软,老人肝肾气虚,腰痛膝冷,合补骨脂,杜仲用之,诸筋膜皆属于肝也。气虚瞳子无神者,以麦门冬佐之,蜜丸服,效。凡阳强不痿,大便燥结,小水赤涩者勿用,以其性偏助阳也。"

《医学启蒙汇编》:"补卫肾寒精遗。"

《药镜》:"能暖子宫久冷,兼救阴痿淋沥,续伤养肌,虚肾寒精正治,强阴坚骨,膝腰冷痛兼攻。"

《颐生秘旨》:"补肾经虚寒之药也。"

《本草约言》:"去冷除风,强阴道而坚筋脉,暖子宫之寒泄,补肝脏之风虚。"

《医方药性合编》:"溺血、血寒皆可服,腰疼膝冷也应灵。"

《本草从新》:"温补三阴。"

《锦囊药性赋》:"补肾养肝,温脾助胃之药也。"

《本草汇言》:"补肾养肝,温脾助胃之药也。但补而不峻,温而不燥,故入肾经,虚可以补,实可以利,寒可以温,热可以凉,湿可以燥,燥可以润。"

可见,菟丝子可主治男女虚冷、腰膝冷痛、子宫久冷、肾经虚寒、溺血血寒、脾胃虚寒等,乃温补佳品。

(二)临床应用

中药菟丝子始载于《神农本草经》,并列为上品,是中医补肾壮阳要药。以菟丝子为主要成分的传统中药名方,例如五子衍宗丸、菟丝子丸、茯苓丸、驻景丸、寿胎丸等,在临床上广为应用且享有盛誉。

菟丝子的临床应用主要集中在补肾安胎等方面[26],其作用确切而温和,无明显毒副作用,在治疗男性不育症,习惯性流产,小儿遗尿症等方面应用十分广泛。《百一选方》中治疗肾虚腰痛,阳痿遗精,尿频,宫冷不孕,如菟丝子、炒杜仲等份,和山药为丸,治腰痛;《丹溪心法》中,与枸杞子、覆盆子、车前子同用,治阳痿遗精,如五子衍宗丸;《世医得效方》中,与桑螵蛸、肉苁蓉、鹿茸等同用,治小便过多或失禁,如菟丝子丸;《和剂局方》中,与茯苓、石莲子同用,治遗精、白浊、尿有余沥,如茯苓丸;肝肾不足,目暗不明,常与熟地、车前子同用,如驻景丸(《和剂局方》);又《千金方》明目益精,长志倍力,久服长生耐老方,配远志、茯苓、人参、当归等;《方脉正宗》中,脾肾阳虚,便溏泄泻,如治脾虚便溏,与人参、白术、补骨脂为丸服;《沈氏尊生书》中,与枸杞子、山药、茯苓、莲子同用,治脾肾虚泄泻,如菟丝子丸;《医学衷中参西录》中,能补肝肾安胎,常与续断、桑寄生、阿胶同用,治肾虚胎元不固,胎动不安、滑胎,如寿胎丸。此外,亦可治肾虚消渴,如《全生指迷方》单用菟丝子研末蜜丸服,治消渴。

古代医者用菟丝子配伍不同中药治疗腰膝酸软等肾虚病症及生殖系统疾病。不同朝代剂量换算也不同,如东汉 1 两约 13.8 g,宋金元 1 两约 41.4 g,明 1 两约 37 g,清

1 两约 37.3 g。如左归丸,菟丝子(4 两约 148 g)配伍熟地黄,治疗肾阴不足之腰膝酸软;右归丸,菟丝子(4 两约 148 g)配伍附子、肉桂、鹿角胶,治疗肾阳不足、命门火衰之腰痛阳痿;七宝美髯丹(为蜜丸,每服 9 丸,日 2 服,淡盐水送服),菟丝子(8 两约 296 g)配伍何首乌,治疗肝肾不足之脱发、齿牙动摇、腰膝酸软;茯菟丸(各药磨为末,制成梧桐子大的酒糊丸,1 次服用 30 丸,空心盐汤送下),菟丝子(5 两约 207 g)配伍茯苓,治疗脾肾两虚之遗精尿浊、妇女白带;菟丝子丸,菟丝子(5 钱约 20.7 g 或 18.5 g,或 2 两约 82.8 g)配伍桑螵蛸,治疗肾气虚衰、元阳不足之阳痿遗精、腰膝酸软;补骨脂丸(上为末,炼蜜为丸,梧桐子大,每服 20~30 丸,空心盐汤和温酒服,每日 1 次),菟丝子(4 两约 148 g,酒蒸)配伍补骨脂,治疗下元虚衰之腰膝酸软。

综合古医籍和现代医者配伍可见菟丝子临床用量范围为 6~60 g。根据菟丝子治疗相应疾病的症型、症状不同,菟丝子发挥功效的侧重点不同,用量配伍不同。菟丝子补益肾精肾气,可配伍桑寄生、续断、真阿胶、生地黄、柏子仁、竹叶、生黄芪、仙鹤草,治疗滑胎、妊娠下血、胎动不安、胎萎不长、耳鸣、慢性肾小球肾炎,为 10~30 g;菟丝子温肾散寒,可配伍熟地黄、白芍、当归、杜仲,治疗痛经,为 6~9 g;菟丝子培补肝肾,可配伍熟地黄、车前子,治疗视物不清、内障眼病、迎风流泪,为 40~60 g;菟丝子补益肝肾,可配伍山茱萸、黄芪、熟地黄,治疗特发性膜性肾病,可 15~20 g;菟丝子填精补髓,种嗣衍宗,可配伍枸杞子、覆盆子、车前子(盐炒)、五味子(蒸),治疗阳痿、不育、遗精、早泄,为 12~20 g。

(三)现代药理学研究

1. 对生殖系统的作用

菟丝子总黄酮可抑制睾丸细胞凋亡,降低丙二醛含量,维持早孕,降低溴隐亭致 SD 孕鼠流产模型的流产率,具有保胎作用。菟丝子黄酮是治疗心理应激大鼠卵巢内分泌失调的较好药物。菟丝子提取物对雄激素部分缺乏大鼠具有生殖保护作用,能剂量依赖性地减轻卵巢受刺激程度,对大鼠(卵巢过度刺激综合征)有显著疗效[26,27]。

2. 抗衰老作用

菟丝子醇提液对 D-半乳糖衰老模型大鼠脾淋巴细胞 DNA 损伤具有保护作用,可使 RAGE2m RNA 表达下调,减少 AGE 对蛋白质、核酸、脂类的修饰,改善细胞功能而发挥延缓衰老的作用。菟丝子还能够提高皮肤内超氧化物歧化酶活性、清除过氧化产物、改善蛋白质代谢以及改善皮肤的形态功能而有很好的延缓皮肤衰老作用[28]。

3. 免疫调节作用

菟丝子可促进小鼠免疫器官脾脏、胸腺增长,提高巨噬细胞吞噬功能,促进淋巴细胞增殖,诱导白介素产生。菟丝子水煎剂能明显增强 D-半乳糖所致衰老模型小鼠的红细胞免疫功能[29]。

4. 保肝作用

菟丝子水煎剂能降低血清 ALT、AST 水平,提高血清 SOD 水平,保护肝细胞,抑制肝损伤[30]。菟丝子醇提液可提高衰老模型小鼠呼吸链复合体Ⅳ活性,降低 CO I 亚基 m RNA 表达,减少 mt DNA 缺失,而发挥保护肝脏线粒体的作用[28]。

5. 对心脑血管的作用

菟丝子醇提取物能增加心肌冠脉血流量,水提物能提高心肌线粒体抗氧化能力,改善线粒体能量代谢障碍,维护线粒体功能,可显著改善脑缺血所致大鼠的记忆障碍。菟丝子黄酮通过调整血脂代谢和增加血管壁上的雌激素受体数目等对血管发挥保护作用[31]。

6. 降血糖作用

菟丝子多糖对糖尿病小鼠具有良好的治疗作用,能显著降低血糖,增加体重和肝糖原含量,延长游泳时间,增加脾脏和胸腺重量,作用机理不是通过提高胰岛素的浓度,而可能是通过抑制胃肠道中 α-淀粉酶活性、改善糖尿病机体氧化应激水平、增强免疫功能等多条途径发挥作用[32]。

(四)现代医药应用

菟丝子具有很高的开发价值和应用前景,在传统药用基础上,对其现代制剂和新用途的研究已成为热点。

现代临床研究证明,菟丝子作为内服药在男科疾病,如精子畸形症、男性不育症;妇科疾病,如闭经、阴道干涩症、子宫发育不良;糖尿病、肾炎等方面有大量的文献报道。在外用方面主要在带状疱疹、白癜风和痤疮方面有文献报道。牛晃明[33]等用单味菟丝子治疗带状疱疹 98 例,全部治愈,皮损消退。刘召敏[34]采用菟丝子搽剂治疗带状疱疹 27 例,吴胜采用菟丝子粉治疗带状疱疹 26 例,孙武[35]等用菟丝子膏外敷治疗带状疱疹 49 例,均获得良好的效果。亦有临床报道,将新鲜菟丝子连同茎及果实,浸泡于 95% 的乙醇内制成酊剂外用,治疗白癜风 17 例,有效率达 80%。俞圭田[36]用菟丝子汁外用治疗痤疮 50 例取得很好的效果。谢麦棉应用菟丝子治疗隐匿性肾炎 13 例,结果痊愈 3 例,好转 9 例,无效 1 例,总有效率为 92.31%。王庆[37]用菟丝子汤治疗多种男科疾病,疗效较好。王建国[38]等用单味菟丝子治疗肾虚型男性不育症 19 例,收到较好疗效。19 例中少精症 7 例,治愈 4 例,好转 2 例,无效 1 例;精子活动力低下 6 例,治愈 4 例,好转及无效各 1 例;少精伴活动力低下 4 例,治愈及好转各 2 例;不液化或液化不良 2 例好转。治愈率 52.6%,总有效率 89.5%。游会玲[39]治疗遗尿 60 例中,服药 1 个月显效 12 例,服药两个月显效 18 例,服药 3 个月以上显效 23 例,有效 5 例,无效 2 例,总有效率 96.67%。

(五)菟丝子的食疗方

菟丝子雀儿粥:菟丝子 20 g,覆盆子 15 g,麻雀 5 只,粳米 100 g。先煮菟丝子、覆盆子去渣取汁,麻雀去毛及肠杂,与粳米药汁煮粥,粥成加细盐、葱、姜适量,再煮一二沸,服食,每日 1 次。具有温肾壮阳、补精髓、强筋骨的作用。适用于肢软乏力、精神萎靡、阳痿早泄、遗尿、小便淋漓不止等症。

菟丝子炖狗肉:菟丝子 30 g,附片 10 g,狗肉 500 g,料酒、葱、姜、味精、食盐各适量。先将狗肉与姜、料酒炒后,放入砂锅内,加入用纱布包裹的菟丝子、附片及葱、盐、水适量,用文火炖至狗肉熟,然后放入味精,吃肉喝汤,分两天食完。有温肾壮阳作用,适用于肾阳不足、腰膝酸冷、畏寒尿多等症。

菟丝子芝麻粥:菟丝子 20 g,肉苁蓉 30 g,黑芝 30 g,粳米 100 g。先煮菟丝子、肉苁蓉取汁去渣,再入捣碎的黑芝麻、粳米煮粥。代早餐食。有益寿防衰,乌发泽肤,润肠通便之效。

菟丝子炖猪肝:菟丝子 20 g,枸杞子 30 g,沙苑子 15 g,猪肝 250 g。菟丝子、枸杞子和沙苑子用纱布包好,和猪肝同放砂锅内加水适量炖煮,待猪肝熟透,取出药包,加姜末、细盐、酱油、味精适量调味。吃肝饮汤,分早晚两次食完。适用于肝血不足之眼目干涩、视物不清、头昏目眩,大有殊功。

八、资源综合利用和保护

(一)资源综合开发利用

菟丝子除供临床调剂使用外,还是制药和保健品生产企业的重要原料。菟丝子的种子和茎叶中含有多种人体必需的氨基酸和微量元素,具有很高的营养价值。古代的很多长寿成药,如"延龄广嗣丸""神佩益寿酒""长生不老丹"等均有菟丝子。菟丝子抗衰老作用显著,其黄酮及多糖成分均显示出抗氧化、清除自由基的活性,同时能够调节免疫功能,保护心脑血管,对于改善亚健康状态,延缓衰老,增强体质具有很好的作用,研究开发菟丝子的保健药品和保健食品前景广阔。此外,菟丝子抗衰老成分还有望开

发成为天然的中药美容化妆品。菟丝子中含有硒、锌、铁等元素,利用菟丝子开发富硒产品值得重视[40]。

(二)新药用部位开发利用

菟丝子传统药用部位为种子,其藤茎作为非药用部位往往弃之不用,造成资源浪费。研究发现,菟丝子藤茎中总黄酮的含量明显高于其种子中总黄酮的总量,而藤茎中多糖含量明显低于其种子中多糖含量。随之进行菟丝子藤茎的药效学研究,采用壮阳实验、免疫功能实验、耐缺氧和抗疲劳实验,结果发现菟丝子藤茎的水、醇提取物均具有一定的壮阳、增强免疫功能、耐缺氧及抗疲劳作用[41]。这表明藤茎作为菟丝子的新药用部位,具有进一步深入研究和开发利用的价值。

(三)资源保护和可持续发展

目前,菟丝子药材商品主要是菟丝子及同亚属的南方菟丝子的种子。全国有 3 大主产区,按产量大小排序为宁夏、内蒙古、新疆。宁夏地区人工栽培菟丝子主要采用春小麦套种大豆间种菟丝子的种植结构,增加了复种指数,提高了土地利用率,而且为农民带来了可观的经济效益,成为当地农民致富的主导产业[42]。

九、菟丝子栽培技术要点

(一)选地整地

菟丝子对土壤要求不严,但宜选土质疏松、肥沃、排水良好的沙质壤土种植,有利种子萌发出苗,生长健壮。小麦种植模式同常规麦套玉米模式一样,播前整平耙细,精细整地,做到"齐、平、松、碎、净、墒"。

(二)播种

1. 种子处理

播前用 50℃温水浸泡 3~4 h,捞出后用少量呋喃丹拌种,防止虫食。

2. 播种时期

播期于 5 月下旬至 6 月上中旬。

3. 种植模式

菟丝子种植模式分黄豆单种和小麦套种黄豆模式。

(1)黄豆单种模式 黄豆播种期为 4 月中旬,行距不超过 20 cm,以利于菟丝子后期遮阴,黄豆每亩播种量 5 kg 以上,播种深度 5 cm,大豆播种前每 10 kg 种子拌种大豆根瘤菌剂 150 ml。大豆用滚动式可调增容播种器播种或用开沟器式播种器播种,穴距 10~13 cm,每穴 2~3 粒种子。

（2）小麦套种黄豆模式 小麦出苗后播种黄豆,黄豆行距不超过 20 cm,以利于菟丝子后期遮阴,黄豆每亩播种量 2~3 kg。

4. 播种方法

菟丝子播种期为小麦灌二水时期,基本上为 5 月下旬至 6 月上旬。待大豆株高20 cm上下,即可播种菟丝子,每亩播种量 0.5 kg。菟丝子种子须播种在大豆植株旁,越靠近大豆植株越好。还可将菟丝子种子与细沙混拌均匀,然后均匀撒在地表,并用工具或脚踩实保墒,也可用耙子人工轻耙,宜浅不宜深,或人工撒播在大豆带内的土壤缝隙。播后须保持土壤湿润,以利全苗。

（三）田间管理

1. 保全苗、查补苗

大豆缺苗断垄严重时,应及时补种。菟丝子缺苗断垄时,利用菟丝子藤茎繁殖的习性,灌水前 1 d 或者灌水后进行人工辅助补苗。方法是随意割一截菟丝子茎蔓缠绕在大豆上寄生即可。

2. 灌水追肥

小麦灌溉第一水时追施尿素或水溶性好的天脊硝酸复合肥 10 kg/亩,灌第二水时根据小麦长势酌情追肥,一般追施尿素水溶性好的天脊硝酸复合肥 5 kg/亩。小麦收获后及时对大豆进行灌溉,根据大豆长势酌情追施尿素水溶性好的天脊硝酸复合肥5 kg/亩,促进大豆生长发育,避免大豆植株由于菟丝子寄生吸附养分导致早衰或枯死。追肥一般 2~3 次,以促进豆苗生长旺盛。菟丝子幼芽出土 3~5 d 后,就能缠绕到豆株上,成活率极高,生长迅速。

3. 防除杂草

（1）封闭除草 大豆出苗前亩用 2,4-D 丁酯 8~10 g 兑水 10~15 kg 进行土壤表面喷雾。

（2）中耕除草 大豆出苗后,进行 1 次中耕除草,中耕宜浅,避免伤根。

4. 防治蚜虫和红蜘蛛

6 月上中旬及时防治蚜虫,用 50%灭蚜净 1 500~2 000 倍液稀释喷雾,或 50%抗蚜威可湿性粉剂 225~450 g/hm² 兑水稀释喷雾。7 月下旬及时防治红蜘蛛,当发现豆株叶片上出现黄白斑危害状,田边或豆地中央有点片虫害发生时立即喷药防治。用 20%三氯杀螨醇乳油、30%杀螨特乳油等 1 000 倍液稀释喷雾,也可用 73%的克螨特乳油 1 500 倍液稀释喷雾。

(四)除草去杂

在 8 月中旬,杂草种子没有成熟前,手工拔出田间杂草,以减少或避免混入杂草草子,影响菟丝子净度和商品质量。

(五)适时收获

菟丝子收获在每年 10 月中下旬,当有 1/3 以上的豆株枯萎时,菟丝子果壳也已变黄,然后连同豆株一起割下,晒干,脱粒,用竹筛将菟丝子种子筛出,去净果壳及杂质,晒干即成商品。

参考文献

[1] 中华人民共和国药典委员会. 中华人民共和国药典(一部)[M]. 北京: 中国医药科技出版社, 2015.

[2] 韩保昇. 日华子本草[M]. 合肥: 安徽科学技术出版, 2005.

[3] (宋)苏颂. 本草图经[M]. 合肥: 安徽科学技术出版社, 1994.

[4] (明)李时珍. 本草纲目[M] .呼和浩特: 内蒙古人民出版社, 2006.

[5] 中国科学院中国植物志编辑委员会. 中国植物志(第 64 卷第 1 册)[M]. 北京: 科学出版社, 1979.

[6] (清)吴其濬. 植物名实图考[M]. 北京: 商务印书馆, 1957.

[7] 邢世瑞. 宁夏中药志: (下卷)(附考异)[M]. 银川: 宁夏人民出版社, 2006.

[8] 森立之. 神农本草经[M]. 上海: 上海科技出版社, 1959.

[9] 张崇高. 我国菟丝子研究概况 I 古代及近代记述初探[J]. 杂草科学, 2003, 1: 4-7.

[10] 林慧彬, 彭广芳, 李为玲. 中药菟丝子的本草考证[J]. 时珍国药研究, 1997, 3: 4-5.

[11] 王宁. 菟丝子的本草考证[J]. 中药材, 2001, 12: 895-896.

[12] 郭澄, 张芝玉, 郑汉臣, 等. 中药菟丝子的本草考证和原植物调查[J].中国中药杂志, 1990, 3:10-12.

[13] 刘利萍, 刘建, 陈海丰. 中药菟丝子的研究进展[J]. 中药材, 2001, 11: 839-843.

[14] 林慧彬,林建强,林建群, 等. 山东菟丝子属的资源状况及寄主调查[J]. 中医药学报, 2002, 30(6): 25-26.

[15] (晋)葛洪. 肘后备急方[M]. 北京: 中国中医出版社, 2016.

[16] (宋)苏颂. 图经本草[M]. 福州: 福建科学技术出版社, 1988.

[17] 刘文泰, 本草品汇精要[M]. 北京: 人民卫生出版社, 1982.

[18] 林慧彬, 林建强, 林建群, 等. 山东 4 种菟丝子多糖含量的比较研究[J]. 北京中医药大学学报, 2002, 25(5): 41-43

[19] 林慧彬, 林建群, 林建强, 等. 菟丝子品种及成熟期与黄酮含量的相关性研究[J]. 中国医药学报, 2003, 18(11): 663-665.

[20] 林慧彬, 林建群, 林建强, 等. 山东 4 种菟丝子氨苯酸比较研究[J]. 时珍国医国药, 2002, 21(2): 105-106.

[21] 林慧彬, 林建群, 林建强, 等. 山东 4 种菟丝子微量元素的比较研究[J]. 山东中医杂志, 2002, 21(2):

105–106.

[22] 林慧彬, 林建群, 林建强, 等. 山东 4 种菟丝子补肾壮阳作用的比较[J]. 中成药, 2002, 24(5): 105–106.

[23] 林慧彬, 林建群, 林建强, 等. 山东 4 种菟丝子免疫增强作用的比较研究[J]. 中西医结合学报, 2003, 1(1): 51–53.

[24] 韩丽丽, 李真, 管仁伟, 等. 菟丝子及其伪品的蛋白电源研究. 时珍国医国药, 2011, 22(1): 205–207.

[25] 林慧彬, 杨金平, 林建强, 等. 不同寄主植物对菟丝子、南方菟丝子多糖含量的影响[J]. 中华中医药杂志, 2011, 26(9): 2005–22007.

[26] 王焕江, 赵金娟, 刘金贤, 等. 菟丝子的药理作用及其开发前景[J]. 中医药学报, 2012, 40(6): 123–125.

[27] 叶敏, 阎玉凝. 菟丝子药理研究进展[J]. 北京中医药大学学报, 2000, 5: 52–53.

[28] 高佃华. 菟丝子化学成分的研究[D]. 长春: 吉林大学, 2009: 2–3.

[29] 别鹏飞, 金玉姬, 董传兴, 等. 菟丝子抗氧化和抗衰老作用[J]. 吉林医药学院学报, 2012, 5: 332–335.

[30] 李建平, 王静, 张跃文, 等. 菟丝子的研究进展[J]. 中国医药导报, 2009, 23: 5–6.

[31] 夏卉芳. 菟丝子的药理研究进展[J]. 现代医药卫生, 2012, 28(3): 402–403.

[32] 林玉榕, 郑丽燕. 中药菟丝子药理研究[J]. 生物技术世界, 2014, 2: 84–84.

[33] 牛晃明, 夏长芝. 单味菟丝子治疗带状疱疹 98 例[J]. 四川中医, 1993, 07: 40.

[34] 刘召敏. 菟丝子糊治带状疱疹 27 例[J]. 江西中医药, 1998, 4: 63.

[35] 孙武, 付德能. 菟丝子膏治疗带状疱疹 49 例疗效观察[J]. 现代中西医结合杂志, 2000, 14: 1365.

[36] 俞圭田. 菟丝子汁外用治疗痤疮 50 例[J]. 浙江中医杂志, 1996, 4: 179.

[37] 王庆. 菟丝子汤男科运用举隅[J]. 江苏中医, 2000, 12: 43.

[38] 王建国, 张会臣. 菟丝子治疗肾虚型男性不育症 19 例[J]. 河北中医, 2001, 1: 53.

[39] 游会玲. 《济生》菟丝子丸治疗遗尿症 60 例[J]. 时珍国医国药, 2005, 12: 123.

[40] 吴春艳, 刘峰, 张雪玲. 菟丝子的现代研究[J]. 中国实用医药, 2009, 4(14): 243–244.

[41] 刘利萍, 刘建, 陈海丰. 中药菟丝子的研究进展[J]. 中药材, 2001, 11: 839–843.

[42] 丁立威. 菟丝子扶摇直上——2000—2008 年菟丝子产销调查[J]. 中国现代中药, 2008, 12: 47–48.

编写人:刘华　于荣　李明　赵云生　张新慧

第七节　黄　芪

一、概述

来源：本品为豆科植物蒙古黄芪 [*Astragalus membranaceus*（Fisch.）Bge. var. mongholicus（Bge.）Hsiao]或膜荚黄芪[*Astragalus membranaceus*（Fisch.）Bge.]的干燥根。春、秋二季采挖,除去须根和根头,晒干。

生长习性:性喜凉爽,耐寒耐旱,怕热怕涝,适宜在土层深厚、富含腐殖质、透水力强的沙壤土种植。强盐碱地不宜种植。根垂直生长可达 1 m 以上,俗称"鞭竿芪"。土壤黏重根生长缓慢带畸形;土层薄,根多横生,分支多,呈"鸡爪形",质量差。忌连作,不宜与马铃薯、胡麻轮作。种子硬实率可达 30%~60%,直播当年只生长茎叶而不开花,第二年才开花结实并能产籽。

质量标准:执行《中华人民共和国药典》(2015 年版一部)[1]。

【性状】本品呈圆柱形,有的有分枝,上端较粗,长 30~90 cm,直径 1.0~3.5 cm。表面淡棕黄色或淡棕褐色,有不整齐的纵皱纹或纵沟。质硬而韧,不易折断,断面纤维性强,并显粉性,皮部黄白色,木部淡黄色,有放射状纹理和裂隙,老根中心偶呈枯朽状,黑褐色或呈空洞。气微,味微甜,嚼之微有豆腥味。

【检查】水分不得过 10.0%。

总灰分不得过 5.0%。

重金属及有害元素,照铅、镉、砷、汞、铜测定法测定,铅不得过 5 mg/kg;镉不得过 0.3 mg/kg;砷不得过 2 mg/kg;汞不得过 0.2 mg/kg;铜不得过 20 mg/kg。

有机氯农药残留量,照农药残留量测定法(通则 2341 有机氯类农药残留量测定法一第一法)测定。含总六六六(α–BHC、β–BHC、γ–BHC、δ–BHC 之和)不得过 0.2 mg/kg;总滴滴涕(pp′–DDE、pp′–DDD、op′–DDT,pp–DDT 之和)不得过 0.2 mg/kg;五氯硝基苯不得过 0.1 mg/kg。

【浸出物】照水溶性浸出物测定法项下的冷浸法测定,不得少于 17.0%。

【含量测定】照高效液相色谱法测定。本品按干燥品计算,含黄芪甲苷($C_{41}H_{68}O_{14}$)不得少于 0.040%。照高效液相色谱法测定,含毛蕊异黄酮葡萄糖苷($C_{22}H_{22}O_{10}$)不得少于 0.020%。

【炮制】除去杂质,大小分开,洗净,润透,切厚片,干燥。

【性味与归经】甘,微温。归肺、脾经。

【功能与主治】补气升阳,固表止汗,利水消肿,生津养血,行滞通痹,托毒排脓,敛疮生肌。用于气虚乏力,食少便溏,中气下陷,久泻脱肛,便血崩漏,表虚自汗,气虚水肿,内热消渴,血虚萎黄,半身不遂,痹痛麻木,痈疽难溃,久溃不敛。

二、基源考证

(一)本草记述

传统本草有关黄芪物种的记载主要集中在植物形态的描述见表 4–32。

表 4-32　本草中有关黄芪物种形态的描述

典　籍	物种描述
雷公炮制论(南北朝)	凡使,勿用木耆草,真相似,只是生时叶短并根也
四声本草(唐)	出原州、华原谷子山,花黄
新修本草(唐)	此物叶似羊齿,或如蒺藜,独茎或作丛生
蜀本草(后蜀)	叶似羊齿草,独茎,枝扶疏,紫花,根如甘草,皮黄肉白,长二三尺许
本草图经(宋)	根长二三尺已来,独茎,或作丛生,枝干去地二三寸。其叶扶疏作羊齿状,又如蒺藜苗。七月中开黄紫花。其实作荚子,长寸许。其皮折之如绵,谓之绵黄耆
本草纲目(明)	黄耆叶似槐叶而微尖小,又似蒺藜叶而微阔大,青白色。开黄紫花,大如槐花。结小尖角,长寸许。根长二三尺,以紧实如箭簳者为良
药品化义(明)	体柔软,色皮微黄肉带白……芪出绵上,细之柔软,故名绵芪
药笼小品(不详)	西产为佳。虽系种者,亦金井玉兰,体糯甘甜
本草述钩元(清)	长二三尺,紧实若箭干,皮色黄褐,折之柔韧如绵,肉理中黄外白,嚼之甘美可口

(二)基源物种辨析

《雷公炮制论》记载[2]:"凡使,勿用木耆草,真相似,只是生时叶短并根也。"《蜀本草》记载:"叶似羊齿草,独茎,枝扶疏,紫花,根如甘草,皮黄肉白,长二三尺许。"《本草图经》记载[3]:"根长二三尺已来,独茎,或作丛生,枝干去地二三寸。其叶扶疏作羊"齿状,又如蒺藜苗。七月中开黄紫花。其实作荚子,长寸许。其皮折之如绵,谓之绵黄芪。《本草蒙筌》记载[4]:"单股不岐,直如箭杆,皮色褐润,肉白心黄,折柔软类绵"。《本草纲目》记载[5]:"黄耆叶似槐叶而微尖小,又似蒺藜叶而微阔大,青白色。开黄花,大如槐花。结小尖角,长寸许。根长二三尺,以紧实如箭杆者为良"。《本草述钩元》记载[6]:"长二三尺,紧实若箭干,皮色黄褐,折之柔韧如绵,肉理中黄外白,嚼之甘美可口"。上述古籍所记载的特征与《宁夏植物志》[7]及《中药大辞典》相符,多年生草本。高达 1.0 m。主根粗壮,外皮红棕色。奇数羽状复叶互生,长 10~15 cm。小叶 7~25 对;小叶片卵状椭圆形,长 1~3 cm,宽 7~15 mm,先端圆,有小尖头基部钝圆,托叶长披针形,基部连合。总状花序腋生,有多数花,花梗丝状,长 3~4 mm。花萼斜钟形,萼齿远比筒部短,最下边一枚萼齿较其余 4 枚长约 1 倍;花冠淡黄色,花瓣倒卵形,长约 10 mm,翼瓣与旗瓣等长,龙骨瓣长 13~16 mm。荚果有 3~5 节,荚节近圆形,直径约 5 mm,边缘有窄翅,表面被贴伏短柔毛,并具网纹。花期6~8月,果期7~9月。从历代本草记载来看,黄芪的原植物是豆科植物膜荚黄芪及其变种蒙古黄芪。

(三)近缘种

多序岩黄芪(*Hedysarum polybotrys* Hand.-Mazz. var. *polybotrys*):多年生草本,高100~120 cm。根为直根系,粗壮,深长,粗1~2 cm,外皮暗红褐色。茎直立,丛生,多分枝;枝条坚硬、无毛,稍曲折。叶长5~9 cm;托叶披针形,棕褐色干膜质,合生至上部;通常无明显叶柄;小叶11~19,具长约1 mm的短柄;小叶片卵状披针形或卵状长圆形,长18~24 mm,宽4~6 mm,先端圆形或钝圆,通常具尖头,基部楔形,上面无毛,下面被贴伏柔毛。总状花序腋生,高度一般不超出叶;花多数,长12~14 mm,具3~4 mm长的丝状花梗;苞片钻状披针形,等于或稍短于花梗,被柔毛,常早落;花萼斜宽钟状,长4~5 mm,被短柔毛,萼齿三角状钻形,齿间呈宽的微凹,上萼齿长约1 mm,下萼齿长为上萼齿的1倍;花冠淡黄色,长11~12 mm,旗瓣倒长卵形,先端圆形、微凹,翼瓣线形,等于或稍长于旗瓣,龙骨瓣长于旗瓣2~3 mm;子房线形,被短柔毛。荚果2~4节,被短柔毛,节荚近圆形或宽卵形,宽3~5 mm,两侧微凹,具明显网纹和狭翅。花期7~8月,果期8~9月。产于甘肃省、宁夏六盘山和南部的山地,四川西北部等。生于山地石质山坡和灌丛、林缘等。根为著名中药材,名曰"红芪",作黄芪入药并远销东南亚各地。

金翼黄芪(*Astragalus chrysopterus* Bunge):多年生草本,高30~70 cm。根茎粗壮,直径可达2 cm,黄褐色。茎细弱,具条棱,多少被伏贴的柔毛。羽状复叶有12~19片小叶,长4.0~8.5 cm;叶柄长1~2 cm,向上逐渐变短;托叶离生,狭披针形,长4~6 mm,下面疏被柔毛;小叶宽卵形或长圆形,长7~20 mm,宽3~8 mm,顶端钝圆或微凹,具小凸尖,基部楔形,上面无毛,下面粉绿色,疏被白色伏贴柔毛。总状花序腋生,生3~13花,疏松;总花梗通常较叶长;苞片小,披针形,长1~2 mm,背面被白色柔毛;花萼钟状,长约4.5 mm,被稀疏白色柔毛,萼齿狭披针形,长约为萼筒的一半,毛稍密;花冠黄色,旗瓣倒卵形,长8.5~12.0 mm,宽4~8 mm,先端微凹,基部渐狭成瓣柄,翼瓣与旗瓣近等长,瓣片长圆形,具与瓣柄近等长的耳,瓣柄较瓣片略短,龙骨瓣明显较旗瓣、翼瓣长,长达15 mm,瓣片半卵形,具短耳;子房无毛,具长柄。荚果倒卵形,长约9 mm,宽约4 mm,先端有尖喙,无毛,有网纹,果颈远较荚果长;种子2~4颗。花果期6~8月。产四川、河北、山西、陕西、甘肃、宁夏、青海。生于海拔1 600~3 700 m的山坡、灌丛、林下及沟谷中。

多花黄芪(*Astragalus floridus* Benth.):多年生草本,被黑色或白色长柔毛。根粗壮,直伸,暗褐色。茎直立,高30~60 cm,有时可达100 cm,下部常无枝叶。羽状复叶有13~

14 片小叶,长 4~12 cm;叶柄长 0.5~1.0 cm;托叶离生,披针形或狭三角形,长 8~10 mm,下面散生白色和黑色柔毛;小叶线状披针形或长圆形,长 8~22 mm,宽 2.5~5.0 mm,上面绿色,近无毛,下面被灰白色、多少伏贴的白色柔毛。总状花序腋生,生 13~40 花,偏向一边;花序轴和总花梗均被黑色伏贴柔毛,花后伸长;总花梗比叶长;苞片膜质,披针形至钻形,长约 5 mm;花梗细,长约 5 mm,被黑色伏贴柔毛;花萼钟状,长 5~7 mm;花冠白色或淡黄色。荚果纺锤形,长 12~15 mm,宽约 6 mm,两端尖,表面被棕色或黑色半开展或倒伏柔毛。花期 7~8 月,果期 8~9 月。

斜茎黄芪(*Astragalus adsurgens* Pall.):多年生草本,高 20~100 cm。根较粗壮,暗褐色,有时有长主根。茎多数或数个丛生,直立或斜上,有毛或近无毛。羽状复叶有 9~25 片小叶,叶柄较叶轴短;托叶三角形,渐尖,基部稍合生或有时分离,长 3~7 mm;小叶长圆形、近椭圆形或狭长圆形,长 10~25(35)mm,宽 2~8 mm,基部圆形或近圆形,有时稍尖,上面疏被伏贴毛,下面较密。总状花序长圆柱状、穗状、稀近头状,生多数花,排列密集,有时较稀疏;总花梗生于茎的上部,较叶长或与其等长;花梗极短;苞片狭披针形至三角形,先端尖;花萼管状钟形,长 5~6 mm,被黑褐色或白色毛,或有时被黑白混生毛,萼齿狭披针形,长为萼筒的 1/3;花冠近蓝色或红紫色,旗瓣长 11~15 mm,倒卵圆形,先端微凹,基部渐狭,翼瓣较旗瓣短,瓣片长圆形,与瓣柄等长,龙骨瓣长 7~10 mm,瓣片较瓣柄稍短;子房被密毛,有极短的柄。荚果长圆形,长 7~18 mm,两侧稍扁,背缝凹入成沟槽,顶端具下弯的短喙,被黑色、褐色或和白色混生毛,假 2 室。花期 6~8 月,果期 8~10 月。产于东北、华北、西北、西南地区。生于向阳山坡灌丛及林缘地带。种子入药,为强壮剂,治神经衰弱,又为优良牧草和保土植物。

三、道地沿革

(一)本草记述的产地及变迁

传统本草有关黄芪道地产区的记载在不同时代有不同的变化,参考相关本草典籍,有关本草中黄芪道地产区记载详见表 4-33。

宁夏栽培中药材
ningxia zaipei zhongyaocai

表 4-33　本草中有关黄芪产地的描述

典籍	产地描述	备注
名医别录(南北朝)	生蜀郡山谷、白水、汉中	蜀郡今四川成都
本草经集注(南北朝)	第一出陇西、洮阳,色黄白,甜美。次用黑水、宕昌者,色白肌理粗……又有蚕陵白水者,色理胜蜀中者而冷补	宕昌今甘肃境内;黑水今四川松潘;洮阳今甘肃临潭县
药性论(唐)	生陇西者下,补五脏。蜀白水赤皮者,微寒……	白水今陕西白水县
四声本草(唐)	出原州、华原谷子山	原州今宁夏固原
新修本草(唐)	今出原州及华原者最良	原州今宁夏固原;华原今陕西省中部
蜀本草(后蜀)	今原州者好,宜州、宁州亦佳	原州今宁夏固原;宜州今湖北宜昌、长阳等地;宁州今甘肃宁县
本草图经(宋)	今河东、陕西州郡多有之	河东今山西境内;汉中今陕西汉中等地
本草别说(宋)	黄耆本出绵上为良	绵上,今山西介休市绵山地区
汤液本草(元)	今河东、陕西州郡多有之	
本草品汇精要(明)	用根折之如绵者为好	
本草蒙筌(明)	水芪生白水、赤水二乡,俱属陇西	陇西,今甘肃一带;赤水,今陕西境内
药品化义(明)	耆出绵上	
握灵本草(清)	出沁州绵上	
本草崇原(清)	以出山西之绵土者为良	
本草求真(清)	出山西黎城	
药笼小品(不详)	西产为佳	
本草述钩元(清)	本出蜀郡汉中,今惟白水、原州、华原山谷者最胜,宜、宁州者亦佳	
植物名实图考(清)	黄耆,有数种,山西、蒙古产者最佳	
药义明辨(清)	芪出绵上,陇西者良	

　　由表 4-33 从历代本草有关黄芪产地的记述,可以看出,自南北朝《名医别录》起,黄芪的道地产地随朝代的更换而变迁,初始产于四川中部蜀郡、北部白水,陕西的西南

160

部汉中及甘肃南部陇西,洮阳地区。唐代转移到甘肃的东北部、宁夏原州今固原和陕西中部华州,黄芪自宋代后本草多记载为山西,可以看出黄芪地道产品从最初的甘肃东部、宁夏原州、四川北部、陕西南部,至清代后期,黄芪道地产地扩展至内蒙古。

(二)本草记述的产地及药材质量

《名医别录》中记载[10]:"生蜀郡山谷、白水、汉中"。《本草经集注》记载[11]:"第一出陇西、洮阳,色黄白,甜美。次用黑水、宕昌者(甘肃境内),色白肌理粗……又有蚕陵、白水者,色理胜蜀中者而冷补。"由此得出,本草记载中黄芪的味道均以甜或甘者为佳,且甘肃临潭县所产第一,而四川松潘及甘肃宕县次之。唐《新修本草》记载[12]:"今出原州(宁夏固原)及华原(陕西西耀)者最良。"《蜀本草》记载:"今原州(宁夏固原)者好,宜州(湖北)、宁州(甘肃宁县)亦佳。"《本草图经》记载:"今河东、陕西州郡多有之。"《本草别说》:"黄芪本出绵上为良。"《本草蒙筌》:"水芪生白水、赤水二乡,俱属陇西。"《本草崇原》记载:"以出山西之绵土者为良。"《本草求真》记载[13]:"出山西黎城。"《药笼小品》记载[14]:"西产为佳。"《本草述钩元》记载:"本出蜀郡汉中,今惟白水、原州、华原山谷者最胜,宜、宁州者亦佳。"指出山西沁州、宁夏固原、陕西西耀者最佳。《植物名实图考》[15]:"黄芪有数种,山西、蒙古产者佳。"指出山西、内蒙古产的最佳。《药义明辨》:"芪出绵上陇西者良。"

四、道地药材产区及发展

(一)道地药材产区

根据历代本草和史料记载蒙古黄芪多产于内蒙古、山西省、甘肃省、宁夏原州等地区,多种植在平川地上,山西省恒山和陕西子洲有分布在向阳山坡上的半野生状态的黄芪资源[16]。其中内蒙古固阳县、武川县,山西省浑源县,甘肃省陇西地区,宁夏固原为蒙古黄芪的道地产地。膜荚黄芪野生资源多分布于宁夏六盘山、黑龙江省及内蒙古东北部,多数野生于向阳山地上且资源不多。

(二)产区生境特点

黄芪喜阳光,耐干旱,怕涝,喜凉爽气候,可耐受−30℃以下低温,怕炎热,适应性强。多生长在海拔800~1 300 m的山区或半山区的干旱向阳草地上,或向阳林缘丛间,植被多为针阔混交林或山地杂木林,土壤多为暗棕壤土。

黄芪一年生和两年生幼苗的根对水分和养分的吸收功能强。随着生长发育的进行,吸收功能逐渐减弱,但贮藏功能增强,主根变得粗大,如果水分过多,易发生烂根。黄芪生长周期为2~10年。对土壤要求虽不甚严格,但土壤质地和土层厚薄不同对根的产量和质量有很大影响：土壤黏重，根生长缓慢，主根短，分枝多，常畸形；土壤沙性大，根纤维木质化程度大，粉质少；土层薄，根多横生，分枝多，呈鸡爪形，质量差。在沙壤土或冲积土中黄芪根垂直生长，长可达1 m以上，俗称"鞭竿芪"，品质好，产量高。

（三）道地药材的发展

山西、内蒙古、甘肃、宁夏是蒙古黄芪的道地产区，宁夏六盘山区、山西浑源、东北三省是膜荚黄芪的道地产区。我国在20世纪50年代开始大规模人工种植黄芪[17]。最早，甘肃栽培蒙古黄芪占主导地位，但山西、陕西、内蒙古传统蒙古芪发展回升；河北一年生栽培膜荚芪快速下降，山东一年生膜荚芪位居其首，成为新产区，东北膜荚芪有所下降但保持相对稳定的种植量。目前，随着黄芪产区的变化，宁夏也成为栽培蒙古黄芪的主产区之一。

五、药材采收和加工

（一）本草记载的采收和加工

历代本草对于黄芪的采收加工的记载极少。《名医别录》记载："二月、十月采，阴干"。《本草图经》记载："八月中采根用"。《本草蒙筌》记载："总待秋采入药"。《本草述钩元》记载："八月采根"。《中华人民共和国药典》记载："春、秋二季采挖，除去须根及根头，晒干"。

（二）采收和初加工技术研究

表4-34　不同采收期的黄芪总皂苷、浸出物含量　　　单位：%

黄芪采收期	7月上旬	8月上旬	9月上旬	10月上旬	11月上旬
黄芪皂苷含量	0.561	0.568	0.563	0.535	0.431
浸出物含量	18.5	19.0	22.2	23.7	19.3

唐文文[25]以黄芪为试材分析了5个不同采收期的3年生蒙古黄芪总皂苷及浸出物含量变化，发现3年生蒙古黄芪的适宜收获期为9月上旬至10月初，此期间采收的黄芪品质较佳。

（三）道地药材特色采收、加工技术

《宁夏中药炮制规范》：取原药材，除去杂质，大小分开，洗净，润透，切厚片，干燥。

《中华人民共和国药典》：除去杂质，大小分开，洗净，润透，切厚片，干燥。

《中药炮制》：春冬季用温水抢水洗，夏秋季用冷水抢水洗，捞入筐内，加盖湿布，润透取出切半分厚斜片，烘干。也可用微火烤软切片，2月、4月、8月天气回潮，取其本身回潮切片。若取补中,则用蜜炙,500 g(每斤)药用蜜 200 g(4 两),投入锅内炼开,再下药片用文火拌炒,至金黄色,摊冷以疏散不黏手为佳。若取其和中健胃,则用米炒,500 g(每斤)药用米 300 g(6 两),将锅烧热,米药同炒,至焦黄色为度。亦可用酒炒法,随炒随加入酒,呈淡黄色,酒炒达表补虚。

六、药材质量特征和标准

(一)本草记述的药材性状及质量

道地性状为道地药材的传统质量评价指标,是药材质量特征的客观历史总结,具有简单实用且较为稳定的特性。相对于黄芪比较普遍的道地产区的记载,本草对黄芪道地性状的描述比较一致,主要从颜色、大小、质地、气味等几个方面进行了描述。如外表为"黄白""花黄""青白""羊齿""紧实如箭杆"等;大小有"长二三尺许""枝干去地二三寸""金井玉兰""折之如绵"为传统评价黄芪质优的性状标准[18]。历代对黄芪道地性状的认识比较一致。其中,"黄白,折之如绵,紧实如箭杆"是记述频率比较高的性状特征,特别是"折之如绵"是记载频率最高的性状特征。在商品流通中,黄芪体态指标(条粗直)也是一个重要的指标,条顺直为好。

综上所述,黄芪的道地性状质量评价指标可以总结为:条粗大,紧实,绵性大、粉性、甜性足、色黄白。

(二)道地药材质量特征的研究

表 4-35　不同产地黄芪药材中黄酮含量测定结果(n=6)　　　　单位:mg/g

成　分	山　西	内蒙古	安　徽	甘　肃	陕　西	山　东	东　北
毛蕊异黄酮苷	0.891 2	0.839 0	0.109 3	0.358 5	0.240 7	0.151 0	0.411 8
芒柄花苷	0.289 4	0.246 5	0.037 7	0.179 5	0.104 9	0.055 7	0.133 6
毛蕊异黄酮	0.039 5	0.174 8	0.202 4	0.120 1	0.035 3	0.102 8	0.171 0
芒柄花素	0.013 8	0.085 5	0.097 3	0.081 5	0.017 5	0.023 9	0.064 1
黄酮总量	1.233 9	1.345 7	0.446 6	0.732 4	0.398 4	0.333 3	0.780 5

现代药理学研究表明[19],黄芪含有皂苷类、黄酮类、多糖、氨基酸及微量元素等多种有效成分。皂苷是黄芪中一类重要的有效成分,到目前为止,4 种可药用的黄芪属植物中已经发现了 47 种皂苷类成分。其中,膜荚黄芪中有 37 种,蒙古黄芪中有 10 种,梭果黄芪中有 6 种,多花黄芪中有 4 种。黄芪皂苷类成分具有抗衰老、抗病毒、抗风湿等功效,对心血管系统作用也颇佳,是黄芪中最主要的活性成分[20]。

迄今为止，从黄芪中分离得到的黄酮类化合物有黄酮、异黄酮、异黄烷和紫檀烷 4 大类，其中毛蕊异黄酮苷、5-羟基毛蕊异黄酮苷和芒柄花苷及其苷元在免疫系统调控、抗氧化、抗凋亡等方面效果显著[21]。周鹏[22]等研究了蒙古黄芪与膜荚黄芪中总黄酮和毛蕊异黄酮苷及其苷元、芒柄花苷及其苷元的含量，发现蒙古黄芪中总黄酮、毛蕊异黄酮苷和芒柄花苷的含量高于膜荚黄芪，但毛蕊异黄酮、芒柄花苷的含量较低。陈鑫[23]等采用紫外分光光度法测定了不同产地黄芪药材的总黄酮含量。结果显示，不同产地黄芪药材的黄酮中，总黄酮含量有显著差异，表现为：河北>山西>吉林>甘肃>内蒙古>陕西>青海。张军武等收集了同一产地 6、12、18、24 和 36 个月生的黄芪药材，分析发现 36 个月的黄芪总黄酮含量最高，24 个月的次之，但两个差异不大，提示在采收黄芪药材时应以两年以上为基本标准。

黄芪多糖是黄芪中含量最多的活性成分之一，包括杂多糖、葡聚糖、中性多糖和酸性多糖。黄芪多糖主要的生物活性是调节机体免疫力，能发挥抗肿瘤、抗衰老、抑菌及抑制病毒等作用[24]。目前，对黄芪多糖成分的研究技术由简单的显色反应测总含量过渡到单糖指纹图谱技术，对黄芪的质量评价有很大意义。

目前，已发现黄芪药材中含有 γ-氨基丁酸、天冬酰胺和天门冬氨酸等 25 种氨基酸[25]。

（三）道地药材质量标准

《中华人民共和国药典》（2015 年版一部）中收载黄芪的质量评价标准主要包括性状、鉴别、检查、浸出物等几个方面，其中水分不得过 10.0%，总灰分不得过 5.0%，水溶性浸出物不得少于 17.0%，并对重金属及有害元素、有机氯农药残留作了规定。重金属及有害元素：铅不得过 5 mg/kg，镉不得过 0.3 mg/kg，砷不得过 2 mg/kg，汞不得过 0.2 mg/kg，铜不得过 20 mg/kg。有机氯农药残留量：含总六六六（α-BHC、β-BHC、γ-BHC、δ-BHC 之和）不得过 0.2 mg/kg，总滴滴涕（pp'-DDE、pp'-DDD、op'-DDT，pp' DDT 之和）不得过 0.2 mg/kg，五氯硝基苯不得过 0.1 mg/kg。气微，味微甜，嚼之微有豆腥味。粉末黄白色。纤维成束或散离，直径 8~30 mm，壁厚，表面有纵裂纹，初生壁常与次生壁分离，两端常断裂成须状，或较平截。具缘纹孔导管无色或橙黄色，具缘纹孔排列紧密。石细胞少见，圆形、长圆形或形状不规则，壁较厚。含黄芪甲苷（$C_{41}H_{68}O_{14}$）不得少于 0.040%。

七、药用历史及研究应用

（一）传统功效

《神农本草经》：主痈疽久败创，排脓止痛，大风痢疾，五痔鼠瘘，补虚，小儿百病。

《名医别录》:妇人子脏风邪气,逐五脏间恶血。补丈夫虚损,五劳羸瘦,止渴,腹痛泻痢,益气,利阴气。

《本草汇言》:补肺健脾,实卫敛汗,祛风运毒之药也。

《本草备要》:生用固表,无汗能发,有汗能止,温分肉,实腠理,泻阴火,解肌热;炙用补中,益元气,温三焦,壮脾胃。

《本草新编》:可升可降,阳中之阳也,无毒。专补气。

《本草分经》:气虚难汗者可发,表疏多汗者可止,生用泻火,炙用补中,为内托疮痈要药,但滞胃尔。

《本草纲目》:小便不通,酒疸黄疾,白浊,萎黄焦渴,老人便秘,咳脓咳血,咽干,肺痈。

《日华子本草》:助气壮筋骨,长肉补血,破症癖,瘰疬瘿赘,肠风血崩,带下赤白痢,产前后一切病,月候不匀,痰嗽,头风热毒赤目。

(二)临床应用

脾气虚证、补脾益气:可与白术、党参等补气健脾药配伍,可改善脾虚之倦怠乏少便溏等症;也可制成参芪膏、芪术膏。脾虚中气下陷:黄芪为培中举陷之要药,尤长治脾虚中气下陷,症见久泻脱肛、内脏下垂者,常与补中益气、升阳举陷的药材配伍,如补中益气汤,与人参、升麻、柴胡等品同用;或用黄芪、党参、白术、补骨脂、升麻治疗,也可获效。利尿消肿:黄芪还可利尿消肿,为气虚水肿之要药;治脾虚水湿失运之浮肿尿少者,既能补脾益气以治本,又能利尿消肿以治标,常与健脾、利水消肿的药材配伍,如与白术、茯苓、防己等药同用,组成防己黄芪汤。补气摄血:治脾虚不能统血之失血证,常与补气摄血、止血的药材配伍,如归脾汤,就与人参、白术等药同用。治疗消渴病:黄芪的升阳作用,还可促进津液的输布而收止渴之效,故还用治脾虚不能布津之消渴,和生津止渴、养阴润燥药材配伍,如玉液汤,就是其与天花粉、葛根等药同用。便秘:黄芪与火麻仁、白蜜等润肠通便药同用,治疗气血不足肠燥便秘,其方剂有黄芪汤。

肺气虚证、补益肺气:对于咳喘日久,肺气虚弱,气短神疲者,常需配伍紫菀、款冬花、杏仁等祛痰止咳平喘之品以标本兼顾;若属肺肾两虚者,还需与人参、蛤蚧等药材同用,共奏补益肺肾、止咳定喘之效。

气虚自汗证:黄芪既能补脾肺之气,又能益卫固表以止汗,治脾肺气虚所固,表虚自汗者,常与收敛止汗之品配伍,如黄芪散,与牡蛎、麻黄根等药同用;若因卫气不固,表虚自汗而易感风邪者,常与补气固表、祛风之品配伍,如玉屏风散,与白术、防风同用;也可用黄芪、白芍、桂枝、糯稻根、柏子仁治疗自汗、盗汗,或与黄芪、生地、黄芩等同用,组成当归六黄汤,以滋阴降火,治阴虚盗汗、体虚易感,用黄芪、白术、防风、旱莲草水煎服。

气血虚证:气血两虚证,气虚之疮疡难溃难腐,或久溃难敛。气血两虚证:黄芪能补气以生血,又有一定的补血之功,故可用治血虚证及气血两虚证,常与补血药配伍,如当归补血汤,与当归同用;黄芪地黄丸,与当归、川芎、熟地同用。治疗疮疡证:黄芪还可补益气血,辅助正气,以收脱毒外出、生肌敛疮之效,故可用治疮疡中期,正虚毒盛,不能脱毒外达,疮形平塌,根盘散漫,难溃难腐者,常与补益气血、解毒排脓的药材配伍,如托里透脓散,黄芪与人参、当归、升麻、白芷等药材同用;溃脓后期,毒势已去,因气血虚弱,脓水清稀,疮口难敛者,用黄芪气血双补,有生肌敛疮之效,常与补益气血、温通血脉之品配伍,如十全大补汤,黄芪与人参、当归、肉桂等品同用,或慢性溃疡,疮口久治不愈合,也可用黄芪、当归、白薇水煎服。

痹证:中风半身不遂、胸痹等。治痹证:黄芪既能补气以行血,又有一定的活血之功,中医临床多用于血脉瘀滞诸证。治风寒湿痹之血脉痹阻者,常与祛风湿、活血药配伍用,如治痹症的蠲痹汤,与羌活、当归、姜黄等药同用。如果是气虚,关节风湿酸痛麻木,用黄芪、桂枝、甘草、防风、红枣、生姜,水煎服,可缓解症状。中风后遗症及半身不遂:治痹证或中风后遗症因气虚血滞、肌肤筋脉失养,症见肌肤麻木或半身不遂者,黄芪常与活血通络药材配伍,如补阳还伍汤,与当归、川芎、地龙等药材同用。骨折筋脉损伤及瘀滞肿痛:黄芪常配伍丹参、川芎、三七、桂枝而应用,如黄芪散,黄芪配伍续断、当归等同用。治胸痹心痛:黄芪常与丹参、川芎、三七、桂枝等活血化瘀、温通血脉药材同用。

(三)现代药理学研究

1. 增强免疫功能

黄芪对免疫功能不仅有增强作用,还有双向调节作用。在体外试验中显示,黄芪的有效成分 F3 对癌症患者淋巴细胞功能有完全的恢复作用;在体内动物模型的试验中发现,黄芪的有效成分可逆转环磷酰胺造成的免疫抑制[26]。这表明黄芪有效成分在免疫治疗中可能成为一种新型的生物反应调节剂。黄芪还可以提高淋巴因子(白介素–2)激活的自然杀伤细胞(LAK)的活性。

2. 增强机体抗疲劳能力

黄芪多糖有明显的抗疲劳作用,对小鼠多种缺氧试验发现,黄芪可减少小鼠全身性耗氧以及增加组织耐缺氧的能力[27];能明显延长小鼠游泳耐疲劳的时间和增加肾上腺素的含量。黄芪多糖有明显的耐低温作用,能使正常以及虚损小鼠的抗生存时间延长[28]。

3. 促进机体生理代谢

黄芪可使细胞生理代谢增强;黄芪煎剂可提高小鼠血浆和组织中 cAMP 和 cGMP 的含量,并对体外培养的肝细胞和骨髓造血细胞 DNA 的合成有促进作用;黄芪还能促进小鼠血清和肝脏蛋白质的更新,对蛋白质合成和分解有促进作用[26]。

4. 改善心功能

黄芪有强心作用,对正常心脏有加强收缩的作用,对因中毒或疲劳而衰竭心脏的强心作用更为明显,表现为可使心脏收缩振幅增大,排除血量增多。浓度 100% 的黄芪注射液可使离体心脏收缩加强、加快。黄芪能改善病毒性心肌炎患者的左心室功能,还有一定的抗心律失常作用,可能是延长有效不应期所致[26]。另外,黄芪还有心肌保护作用,对心肌缺血缺氧、感染病毒以及药物中毒的心肌均有明显的保护作用。

5. 降压作用

黄芪煎剂、水浸剂、醇浸剂皮下或静脉注射麻醉动物,可使血压下降,作用迅速,持续时间短。黄芪的水提液对肾型高血压大鼠有良好的降压作用。其治疗高血压的机制为:通过减慢心率使心输出量减少,从而使动脉血流量降低,血压下降[28]。

6. 保肝作用

黄芪能防止肝糖原减少,用黄芪水煎液对正常小鼠进行灌胃处理可以明显增加肝糖原含量。黄芪对 CCl_4 造成肝脏损害引起的血清总蛋白和白蛋白降低有回升作用,并能预防 CCl_4 所致的肝糖原减少[27]。

7. 调节血糖

黄芪多糖可通过改善肝脏的内质网应激来减轻内质网损伤,增加糖原合成酶活性,增加胰岛素信号蛋白合成量和活性,从而发挥抗糖尿病作用。黄芪多糖能够明显降低 2-DM 胰岛素抵抗大鼠的血糖、血清 TG、CH、LDL 含量,同时升高血清 HDL 的含量。黄芪多糖可以降低 2 型糖尿病胰岛素抵抗大鼠血糖和改善体内脂肪代谢[29]。

8. 抗菌及抑制病毒

黄芪对痢疾杆菌、肺炎双球菌、溶血性链球菌 A、B、C 及金黄色、柠檬色和白色葡萄球菌等均有抑制作用。黄芪对口腔病毒及流感仙台 BB1 病毒引起的病变也有一定的抑制作用,但不能直接灭活[30]。

(四)现代医药应用

长期以来,黄芪主要以原药材形式进行流通,其临床主要与其他中药材配伍。其中,黄芪与炙甘草、人参、当归、陈皮、升麻、柴胡、白术配伍应用,具有补中益气、升阳举陷之功效,主治脾胃气虚证及气虚下陷证、脱肛、子宫脱垂等;黄芪配防风、白术具有益气固表止汗功效;黄芪与当归相配,有补气生血作用,主治血虚发热证;黄芪配麻黄根、牡蛎组成牡蛎散,益气固表、敛阴止汗,治自汗、盗汗;黄芪与白术、茯神、龙眼肉、酸枣仁、人参、木香、甘草、当归、远志组成,具有益气补血、健脾养心功效,主治心脾气血两虚证、脾不统血证;黄芪与当归、赤芍、地龙、川芎、红花、桃仁组成,具有补气活血通络功效,主治中风引起半身不遂、口眼歪斜、语言蹇涩、口角流涎等证;黄芪与山药、知母、鸡内金、葛根、五味子、天花粉相配,有益气滋阴,固肾止渴功效,主治消渴;黄芪配伍防己、甘草、白术,具有益气祛风,健脾利水功效,主治风水或风湿。

现代医学上,用黄芪作为原料之一,生产制成中药制剂。(1)黄芪颗粒:主要成分有黄芪提取物;性状为棕黄色颗粒;主治补气固表,利尿,托毒排脓,生肌;用于气短心悸,虚脱,自汗,体虚浮肿,慢性肾炎,久泻,脱肛,子宫脱垂。(2)黄芪口服液:主要成分有氨基酸、多糖、胡萝卜素、叶酸、多种微量元素、黄酮、黄芪皂苷、胆碱和葡萄糖醛酸;性状为棕黄色的澄清液体;主治慢性病毒性肝炎,小儿反复呼吸道感染,小儿肾病,恶性肿瘤等。

八、资源综合利用和保护

(一)黄芪植物资源

黄芪用药大多以野生为主,过度采挖野生黄芪,使其野生资源破坏严重,极度匮乏。这主要因为人们在采挖过程中不注重野生黄芪的保护和资源的可持续利用,加上不合理的放牧,牲畜肆意践踏及在干旱的气候条件下,种子发芽率和种苗成活率低,导致野生资源的再生和恢复极其困难[32]。

随着中医药产业的发展,黄芪的需求量日益增加,人们大量采挖野生黄芪,导致野生资源严重缩减。为保护黄芪野生资源,保障药材产量能满足用药需求,一些地区对黄芪进行了规模化人工栽培,其种植以种子直播和育苗移栽为主。文献中所记载的一些黄芪道地产区,栽培面积大幅度减小或已无人工栽培。这主要由于种植黄芪年限长,采挖困难,耗费大量时间及财力、物力,与粮食作物收益相差不大,导致大部分药农改种粮食和其他作物。同时,许多老产区的药农对黄芪进行连作,不注重倒茬,病虫害防范意识弱,缺乏技术和相关知识等使得黄芪根腐病和麻口病严重滋生且难以消除,病虫害严重影响了药材的外观性状和有效成分含量,导致商品黄芪品质下降。目前,形成了甘肃陇西、宁夏六盘山、陕西子洲和内蒙古武川 4 个黄芪新主产区。

由于缺乏完善的种子质量标准和规范化的种子市场,药农种植所用种子来源混乱,难以确定其种质[31]。大多数种植所使用的种子来源于自采种子,或从当地药材市场上购买的种子,还有从当地农户购买的种子。因此,黄芪种植区品种混乱,不易判断种质来源,药材质量参差不齐,难以达到药材品质的等级标准,严重阻碍了黄芪产业的发展。

由于药农缺乏规范化栽培的意识和先进的科学技术知识,大多数人盲目引种,疏忽了生态环境对药用植物生长的影响,导致黄芪药材的产量和品质严重下降[33]。可见,普及科学知识和栽培技术,合理引种,理性扩大人工种植面积,加强野生抚育力度,保护黄芪种质资源势在必行。

(二)新药用部位开发利用

谢新然[34]等采用多指标定量方法对黄芪地上、地下部分10种化学成分进行定性、定量分析,对比观察黄芪地上、地下部分水煎液对环磷酰胺所致小鼠骨髓造血功能损伤的保护作用。发现黄芪地上、地下部分化学成分相似,其中黄芪皂苷Ⅳ、黄芪皂苷Ⅲ、芒柄花苷、毛蕊异黄酮、芒柄花素、7,2′-二羟基-3′,4′-二甲氧基异黄烷地上部分含量均高于地下部分。药效学研究结果表明,黄芪地上、地下部分均能升高受损小鼠白细胞、红细胞、血红蛋白数量,药效没有明显差异,用药期间各组小鼠未见有明显的不良作用。

常思勤[35]等对蒙古黄芪地上和地下部分的水煎剂及皂苷、多糖等成分药理功能进行了比较研究,发现黄芪地下、地上部分各成分均能提高小鼠耐受缺氧的能力,延长其存活时间。且地上部分水煎剂作用稍强于地下部分,而地下部分皂苷作用较地上部分略强。两部分多糖对小鼠耐受缺氧的能力,地上部分多糖的作用明显强于地下部分。黄芪地下、地上部分各成分对二甲苯所致的小鼠耳壳炎症均具有显著的抑制作用。其中地下部分皂苷对炎症的抑制作用稍强于地上部分,而地上部分多糖的抑炎作用又略强于地下部分。此外两部分的皂苷抑制血小板聚集作用较相似。而两部分水煎剂及多糖均能促进血小板聚集。黄芪地下、地上部分各成分对兔红细胞膜均具有稳定作用。以上实验结果证实,黄芪地下部分与地上部分各成分的药理作用尽管强弱有所差别,但作用效果基本是一致的。而且毒性小,使用安全,因而推测黄芪地上部分也可以作为一种药源代替地下部分提供临床试用。

(三)资源保护和可持续发展

近年来,随着中药保健品品种的日益丰富、品质的日渐提高以及人们养生意识的增强,保健品市场也不断升温,以黄芪地上部分为原料的保健品也出现在其中。北芪茶以采自北纬52°以北天然野生的北芪嫩茎、叶、花,辅以枸杞、灵芝、茶精制而成,以其优良的品质、独特的口味而获得"神茶"的美誉。相关专利报道了黄芪茶及其生产方法:以黄芪的茎叶为原料,经采摘、杀青、熏制、烘干、粉碎、混匀、分装等工序而制成;或以黄芪嫩叶、主根和茶叶为原料,将黄芪嫩叶采收后清洗晒干,再用蒸气蒸干后用文火炒制,然后打碎,将3种粉末按一定比例混合后分装封袋而成。此类产品原料来源广阔,生产方法简便易行,其产品迎合了人们追求天然绿色、回归自然的消费时尚,极具开发前景。张国庆应用化学提取含量测定的方法对黄芪茎叶与根部化学成分对比分析结果显示,从氨基酸、微量元素、多糖、皂苷4种成分数据比较,两者只存在含量上的差异,这表明黄芪茎叶部分可以考虑药用。王凤霞等研究了黄芪茎叶粉对雏鸡体质量、免疫器官指数、Ea玫瑰花环形成率和ANAE阳性率的影响,结果证实其中3%组效果最为明显;另一实验也证实了黄芪茎叶粉可以提高雏鸡的脾脏、胸腺和法氏囊指数。丁伯良等通过在小鼠日粮中搭配5%、10%膜荚黄芪茎叶粉,经50 d饲喂后发现饲养效果良好,未发现不良反应;以20%量添加,有部分小鼠出现中毒现象。冯学勤等在肉仔鸡饲粮中添加8%黄芪茎叶粉,未出现任何不良反应。综上所述,黄芪茎叶是天然物质,保持了各种成分的自然性和生物活性,解决了药物残留以及病原微生物的抗药性等问题,因此为提高畜禽的生产性能和防治重大疾患提供新途径和新思路,同时也扩大了饲料来源,提高了饲料质量。刘惠娟[36]等试验选择3、5和6年生的黄芪,在不同生长期收割地上部分,采用直接干燥法、凯氏定氮法、索氏抽提法对其含水量、粗蛋白(CP)、粗脂肪(EE)和中性洗涤纤维(NDF)含量进行测定,继而参照粗饲料分级指数(GI)技术体系对其进行品质评价。结果表明,营养物质方面,黄芪地上部分均为三级以上饲草,总体上为6年生>3年生>5年生;有机物质消化率方面,6年生落叶期最适合作饲草,其次是3年生落叶期和5年生落叶期。6年生和3年生黄芪可以作为草食家畜的优质饲草大范围推广使用。陶亮亮等认为黄芪用于饲料添加剂,可以显著提高饲养动物的免疫力,改善患病动物健康状况,提高动物生产性能和提高肉蛋品质,缩短饲养时间,提高饲料利用率,并且与其剂量有关。

黄芪为我国大宗常用可用保健食品的中药材,其独特的药用功效使得黄芪市场需求量很大。其入药部位为根,而地上部分开发严重滞后,长期以来少量作为牲畜的草料,大量则自然干枯或收集焚烧。黄芪丰富的资源、良好的药用价值以及已有的地下部分的深入研究资料,使得黄芪地上部分具有较好的开发利用前景。

九、黄芪栽培技术要点

(一)立地条件

黄芪自然分布较广,生产基地选择范围较宽,宁夏南北均可种植。

适种土壤为可耕种的沙壤土、壤土、黄绵土等。不宜在土质黏重、重度盐碱地及排水不良的土壤中种植。

(二)种植环境

育苗地和种植基地应选择大气、水质、土壤无污染的地区,并远离工矿厂区,周围有防护林带隔离,3 km之内没有污染源。

(三)种子质量

黄芪用种以《中华人民共和国药典》(2015年版一部)规定的豆科植物膜荚黄芪 [*Astragalus membranaceus*(Fisch)Bge.]及其变种蒙古黄芪[var. *Mongholicus* (Bge) Hsiao.] 为物种来源。

表4-36 黄芪种子分级标准

等 级	净 度/%	千粒重/g	含水量/%	发芽率/%
一级	≥95	≥7.14	≤9	≥90.0
二级	≥90	≥6.19	≤9	≥70.0
三级	≥80	≥5.46	≤9	≥60.0

种子质量标准应达到三级标准(含三级)以上,种子含水率≤9.0%。

(四)育苗

1. 选地

育苗地宜选择有多年耕种史,病虫草害发生较轻,熟化土层厚,土壤肥力较好的沙壤或壤土地。

2. 整地施肥

机械深翻25~30 cm,精细耙耱。同时结合整地均施腐熟农家肥45~75 m³/hm²,磷酸二铵或复合肥(15-15-15)450~750 kg/hm²。

3. 种子处理

破种皮:黄芪种子表皮为坚硬的蜡质层,须经破皮处理后才能吸水萌发。通常用谷物碾米机处理,即调整机器磨片到合适间隙,碾磨2~3遍,以划破种皮且不碾碎种子为宜。

浸种:水地或墒情较好的育苗地,播前 10 h 左右,用 60~70℃热水倒入种子内,边倒边搅拌至常温,再浸泡 2~3 h,滤干水分放置 8 h 左右即可播种。

土壤墒情较差的育苗地,宜干子播种,以避免因不能及时出苗致使浸过的种子"吊死"。

4. 播期播量

播种时间:黄芪春、夏、秋三季均可播种。

以夏末秋初覆膜播种最好。一是利用 5 月、6 月、7 月春夏歇地在杂草种子没有成熟前耕翻,增加了土壤有机质,有效减少了土壤中杂草种子库数量,使药材田间杂草防除率达到了 70% 以上;二是秋季播种结合三伏天翻地,可以晒死虫卵,真菌孢子及杂草,减轻病虫草害的发生;三是秋季播种可以充分利用当地自然降水(7~10 月雨季),减轻灌溉压力,确保种子发芽及苗期墒情,有利于提高发芽率及保苗率;四是秋覆膜加膜上覆土技术有利于土地保温保墒,可以保证来年春季膜的完整性,保证春季的地温及墒情,有利于黄芪开春尽早萌发,延长黄芪生育期,增加生长量;五是春季返青快、封垄快,生长量大,同时可有效抑制杂草的生长。

播种量:播种量直播为 3 kg/亩,育苗为 8 kg/亩。视种子质量可适当减少或增加播种量。

5. 播种方法

露地条播:选择小麦播种机,按照行距 10~20 cm 进行播种,播深为 1 cm,播后耱地轻度镇压。

覆膜条播:选择小麦播种机,按照行距 10~20 cm 进行播种,播深为 1 cm,播后铺盖地膜。1 周左右,待苗出全时,逐步破膜放风炼苗,3~5 d 后将膜全部揭掉。

人工穴播:120 cm 黑色地膜,按照 5~6 cm 直径做穴,行距 10~20 cm,穴距 10 cm。起 10 cm 高的垄,覆膜,人工点种每穴 8~12 粒种子,覆盖沙土 1 cm,防止板结。

双膜覆盖:120 cm 白色地膜,行距 10~20 cm,穴距 10 cm。机械覆膜,精量穴播,每穴 5~8 粒种子,膜上再覆盖地膜,增温保墒防板结。1 周左右,待苗出全时,逐步破膜放风炼苗,3~5 d 后将最上面一层膜全部揭掉。

6. 苗地管理

灌水:根据土壤墒情和灌溉条件,播种前或播种后可选择漫灌、滴灌、喷灌,苗出齐后灌第二水,苗高 10 cm 灌第三水。漏水漏肥的地应视干旱情况适时增加灌水次数,注意灌水与降雨结合,控制灌水次数、灌水量。

追肥:结合灌水,在第二水和第三水每次追施尿素或水溶性好的复合肥15~20 kg/亩。宁夏中南部干旱区,在肥料的选择上,更要选择施用易溶解、易吸收的复合肥,如"天脊"牌硝酸磷复合肥。

(五)杂草防除

1. 人工除草

应结合中耕进行,出苗期不宜除草,以免拔除杂草时,将黄芪幼苗带出。应在幼苗根扎深扎稳时拔除杂草,拔除的杂草应及时清理出苗地。这种方法适合于杂草密度较小的地块。

2. 药剂除草

芽前除草适用水地黄芪,可选择在当年第一次灌水时实施。适用药剂为乙草胺,芽前选择性除草剂,剂量为50%乳油300 ml/亩,施用时期为杂草芽前,施用方法为喷雾或随水滴施法。水地、旱地黄芪均可适用芽后除草,苗后化学除苗,适合于田间杂草密度较大地块的应急性除苗。

表4-37　黄芪药剂除草使用方法

药　名	防除对象	剂量/(ml·亩⁻¹)	施用方法	注意事项
豆草特	禾本科外一年生杂草	500	苗期杂草4叶期以前,喷雾或吊液体法,水前、中、后都可以施	施用后3年不能种粮食作物
精奎禾灵	禾本科杂草	150~200	黄芪灌水或者雨后喷雾,为提高药效可加入有机硅助剂	
高效氟吡甲禾灵	禾本科杂草	50	黄芪灌水或者雨后喷雾,为提高药效可加入有机硅助剂	

3. 生态种植

生态种植的核心内容是"春发草库、伏耕除草,秋季精播、双膜覆盖,农机农艺、绿色种植"。即在5~7月,让杂草先生长,至7月下旬,在杂草种子没有成熟前伏耕伏晒,在立秋前采用"双膜覆盖"模式播种,杂草的防除率可以达到80%左右。这一模式适于所有的黄芪种植地区,且具有低成本、无农残、收入稳、效益高等的优点。该种植模式,2018年12月10日在辽阳市召开的"国家中药材产业技术体系年席总结大会"上,被总结为"黄芪种植宁夏模式"。

(六)移栽

1. 移栽时间

春季移栽的适宜时间为土壤解冻至 5 月上旬。秋季移栽的适宜时间为种苗完全停止生长至土壤完全封冻之前。

2. 苗龄和规格

黄芪种苗质量应为苗龄达到 1 年以上,生长量达到三级以上标准方可采挖移植。

表 4-38　黄芪种苗质量分级标准　　　　　　　　　　　　单位:cm

种苗等级	种苗规格	
	主根长度	芦头横径
一级苗	≥40	>0.8
二级苗	30~40	0.6~0.8
三级苗	20~30	0.4~0.6

注:种苗芦头横径<0.4 cm、主根长度<20 cm 为不合格苗。

3. 起苗

先贴苗开深沟,挖到黄芪苗根下端,顺垄逐行采挖,不应拔苗,宜全苗、不断根。

4. 分级打捆

起出的黄芪苗,按种苗质量分级标准分级打捆,根头朝一个方向每 200 株左右一捆。

5. 运输与假植

长途运输中要遮盖篷布,防止风干失水,同时还应注意通风,以防止种苗发热烂根。种苗来不及运输或移栽时,不要长时间露天放置,应及时假植以防风干。假植方法为潮湿土覆盖,不露出芦头及根部,若干土覆盖应立即适量浇水。

6. 种苗检疫

为防止异地种苗带病、虫传播,有效减少种苗病、虫源,移栽前必须对种苗进行严格的植物检疫。

7. 选地整地

选地:宜选择有多年耕种史,病虫草害发生较轻,熟化土层厚,土壤肥力较好的沙壤或壤土地。

整地:耕翻深度 35~50 cm,精细耙糖。水地田内高差小于 6 cm,滴灌和喷灌地无洼坑或土堆。

施肥:结合整地均施腐熟农家肥 3~5 m³/亩。磷酸二铵或复合肥不超过 10 kg/亩,若化肥量过大,会影响种苗返青。

8. 移栽方法

开沟移栽:一是铧犁开沟,种苗倾斜 35°~40°,根头同方向摆放,根头部埋入土层下 15~25 cm,根尾部顺沟平放,不要打弯,个别外露的根头人工覆土补压;二是移栽机开沟,可提高功效 3 倍,适合于大面积田间操作。

9. 移栽密度

移栽密度为 1.8 万~2.4 万株/亩,行距 30~35 cm,株距 12 cm 左右,折合种苗量 80~120 kg/亩。

(七)田间管理

1. 灌水

根据土壤墒情和灌溉条件,播种前或播种后可选择漫灌、滴灌、喷灌,苗出齐后灌第二水,苗高 10 cm 灌第三水。漏水漏肥的地应视干旱情况适时增加灌水次数,注意灌水与降雨结合,控制灌水次数、灌水量。

2. 追肥

结合灌水,在第二水和第三水每次追施尿素或水溶性好的复合肥 15~20 kg/亩。宁夏中南部干旱区,在肥料的选择上,更要选择施用易溶解、易吸收的复合肥,如"天脊"牌硝酸磷复合肥。

3. 除草

除草方法同育苗地,提倡以生态防治为主,化学药剂应急性防除为辅。

(八)病虫害防治

1. 虫害防治

危害黄芪的主要虫害是蛴螬、蚜虫和黄芪蚝茎虫。蛴螬主要危害黄芪的根部,整地时用 50%辛硫磷 EC 拌细土制成毒土或 5%辛硫磷 GR、3%毒死蜱 GR 每亩 3 kg 顺垄条施入土壤处理;蚜虫主要危害黄芪的嫩叶,虫口密度达到 20 头/株时,选用吡蚜酮 SP 有效成分每亩 15 g 或苦参碱 SL 有效成分每亩 0.3 g 叶面喷雾处理,连续防治 2~3 次,间隔 7 d;黄芪蚝茎虫主要危害黄芪的结荚,防治方法与蚜虫类同。

2. 病害防治

危害黄芪的主要病害有白粉病和根腐病。白粉病主要危害黄芪的叶片,病害流行初期,选用新高脂膜每亩 60 g 进行叶面喷雾保护处理,若病情继续上升,喷洒百菌清每亩 45 g,连续叶面喷雾处理 2 次,间隔 7 d。根腐病主要危害黄芪的根部,引起根腐病

的主要原因是土壤潮湿积水、高温高湿所致,根腐病防治可用多菌灵800倍液或根腐宁500倍液随滴管灌根防治。

3. 农业防治

黄芪与小麦、玉米、马铃薯等作物轮作。深耕土壤,增施有机肥,注意排涝。

表4-39　防治黄芪病虫害药剂及其使用方法

药剂通用名	防除对象	剂型	有效成分剂量	施用方法	注意事项
多菌灵	黄芪枯萎病	颗粒剂	2 000 倍	浸苗 45 min	
甲基立枯磷			5 000 倍	浸苗 45 min	
恶霉灵			45 g/hm²	顺播种沟撒施,土壤处理	
甲霜灵			60.8 g/hm²	灌根处理,每株黄芪药液量300 ml	
百菌清	黄芪白粉病	可湿性粉剂	675 g/hm²	病害发生初期,连续叶面喷雾处理2次,间隔7 d,药液量450 L/hm²	喷雾应在天气晴朗、无风的傍晚进行,交替使用所选药剂
三唑酮			60 g/hm²		
辛硫磷	黄芪金龟子	颗粒剂	2 250 g/hm²	种植时,顺垄条施土壤处理	
吡虫啉			150 g/hm²		
吡蚜酮	黄芪蚜虫	可湿性粉剂	225 g/hm²	开花前,叶面喷雾处理,连续防治2次,间隔7 d,药液量450 L/hm²	喷雾应在天气晴朗、无风的傍晚进行,交替使用所选药剂
阿维菌素			13.5 g/hm²		
高效氯氟氰菊酯	黄芪广肩小蜂		56.25 g/hm²		
吡虫啉			63 g/hm²		

(九)采收加工

直播黄芪采收一般需要2~3年,春、秋季均可采挖,一般以秋季采挖为宜,当黄芪地上部分变黄,地下部分停止生长时,开始采挖,采挖深度一般为50 cm,采收后,除去残茎、须根,去掉泥土,依据直径大小,加工成规定的长度,捋直、捆把,置通风干燥处晾干,勿暴晒,黄芪药材产品,要贮于干燥、通风良好的专用贮藏库,商品安全水分为≤12.0%。贮藏期间要勤检查、勤翻动、常通风,以防发霉和虫蛀。两年后采挖亩产鲜黄芪1 100~1 300 kg。

参考文献

[1] 中华人民共和国药典委员会. 中华人民共和国药典(一部)[M]. 北京: 中国医药科技出版社,2015.

[2] (宋)雷敩. 雷公炮炙论[M]. 南京: 江苏科学技术出版社, 1985.

[3] (宋)苏颂. 本草图经[M]. 福州: 福建科学技术出版社, 1988.

[4] (明)陈嘉谟. 本草蒙筌[M]. 北京: 人民卫生出版社, 1988.

[5] (明)李时珍. 本草纲目[M]. 呼和浩特: 内蒙古人民出版社, 2006.

[6] (清)杨时泰. 本草述钩元[M]. 上海: 上海科学技术出版社, 1958.

[7] 马德滋, 刘惠兰, 胡福秀. 宁夏植物志[M]. 银川: 宁夏人民出版社, 2007.

[8] 中医药大学. 中药大辞典(第二版)[M]. 上海: 上海科学技术出版社, 2006.

[9] 中国科学院中国植物志编辑委员会. 中国植物志[M]. 北京: 科学出版社, 2004.

[10] (南北朝)陶弘景. 名医别录(辑校本)[M]. 北京: 人民卫生出版社, 1986.

[11] (南北朝)陶弘景. 本草经集注(辑校本)[M]. 北京: 人民卫生出版社, 1994.

[12] (唐)苏敬. 新修本草[M]. 合肥: 安徽科学技术出版社, 2004.

[13] (清)黄宫绣. 本草求真[M]. 北京: 人民卫生出版社, 1987.

[14] 彭静山. 药笼小品[M]. 沈阳: 辽宁科学技术出版社, 1984.

[15] (清)吴其濬. 植物名实图考[M]. 北京: 商务印书馆, 1957.

[16] 刘振鹏, 赵锐, 温东, 等. 黄芪药材性状产地的文献研究[J]. 世界最新医学信息文摘, 2017, 17(2): 29–30.

[17] 马满驰, 张教洪, 单成钢, 等. 中药种苗质量标准研究进展[J]. 山东农业科学, 2015, 47(04): 139–142.

[18] 唐迎雪, 宋永利. 本草古籍常用药物品种与质量鉴定考[M]. 北京: 人民卫生出版社, 2007.

[19] 任志萍. 黄芪现代药理学研究进展[J]. 中国民族民间医药, 2010, 3: 35.

[20] 王玲丽, 丰华玲, 杨柯, 等. 黄芪生物学及化学成分研究进展[J]. 基因组学与应用生物学, 2017, 36(06): 2581–2585.

[21] 薛倩倩, 刘晓节, 李科, 等. 黄芪药材化学成分差异的研究进展[J]. 山西医科大学学报, 2018, 49: 1259–1262.

[22] 周鹏, 胡明勋, 李浩飞, 等. 不同品种、产地和种植方式黄芪药材中黄酮类成分的质量分析[J]. 中国药房, 2016, 27(18): 2575–2578.

[23] 陈鑫, 郑美蓉, 詹妮, 等. 不同产地黄芪中总黄酮含量的比较[J]. 天津药学, 2008, 20(06): 11–12.

[24] 王洋, 许志勇. 黄芪的药理作用简介[J]. 养殖技术顾问, 2009(2) : 130.

[25] 唐文文, 李国琴, 晋小军. 黄芪不同采收期有效成分含量比较[J]. 北方园艺, 2015, 07: 138–141.

[26] 张守荣, 孟作文. 黄芪在临床上的应用[J]. 北方药学, 2017, 14(01): 75.

[27] 李季泓. 黄芪的药理作用研究[J]. 辽宁中医药大学学报, 2009, 4: 188–189.

[28] 黄南龙, 张碧玉. 简述黄芪的药理作用与临床应用[J]. 海峡药学, 2009, 21(1): 137–139.

[29] 陈虎虎, 龚苏晓, 铁军, 等. 黄芪茎、叶的化学成分和药理作用研究进展[J]. 药用评价研究, 2011, 34(2): 134–136.

[30] 张晶. 浅论"黄芪"药理活性[J]. 中外医疗, 2009, 8: 83.

[31] 韦红霞. 黄芪优质种苗繁育技术[J]. 现代农业, 2017, 5: 8–9.

[32] 王艳芳, 鲍建材, 郑友兰, 等. 黄芪的研究概况[J]. 人参研究, 2004, 1: 10–16.

[33] 王良信, 刘娟, 宗希明. 野生黄芪资源恢复的试验研究[J]. 中国野生植物资源, 1999, 2: 27–29.

[34] 谢新然, 曲婷丽, 许晋芳, 等. 黄芪地上、地下部分化学成分以及药效学比较[J]. 光明中医, 2016, 31 (15): 2188–2192.

[35] 常思勤, 李元静, 山如娇, 等. 蒙古黄芪地下部分与地上部分药理活性比较[J]. 天津药学, 1990, 04: 20–24.

[36] 刘惠娟, 梁建萍, 李传宝. 黄芪饲草的品质评价[J]. 山西农业科学, 2016, 44(3): 306–309.

编写人:张新慧　李明　李海洋　张清云

第八节　柴　胡

一、概述

来源:本品为伞形科植物柴胡(*Bupleurum chinense* DC.)或狭叶柴胡(*Bupleurum scorzonerifolium* Willd.)的干燥根。按性状不同,分别习称"北柴胡"和"南柴胡"。春、秋二季采挖,除去茎叶和泥沙,干燥。

生长习性:喜温暖湿润气候。耐寒、耐旱、怕涝,宜选干燥山坡、土层深厚、疏松肥沃、富含腐殖质的沙质壤土栽培,不宜在黏土和低洼地栽种。

质量标准:执行《中华人民共和国药典》(2015年版一部)[1]。

【性状】北柴胡呈圆柱形或长圆锥形,长6~15 cm,直径0.3~0.8 cm。根头膨大,顶端残留3~15个茎基或短纤维状叶基,下部分枝。表面黑褐色或浅棕色,具纵皱纹、支根痕及皮孔。质硬而韧,不易折断,断面显纤维性,皮部浅棕色,木部黄白色。气微香,味微苦。南柴胡根较细,圆锥形,顶端有多数细毛状枯叶纤维,下部多不分枝或稍分枝。表面红棕色或黑棕色,靠近根头处多具细密环纹。质稍软,易折断,断面略平坦,不显纤维性。具败油气。

【检查】水分不得过10.0%。

总灰分不得过8.0%。

酸不溶性灰分不得过3.0%。

【浸出物】照醇溶性浸出物测定法项下的热浸法测定,用乙醇作溶剂,不得少于

11.0%。

【含量测定】北柴胡照高效液相色谱法测定。本品按干燥品计算，含柴胡皂苷 a（$C_{42}H_{68}O_{13}$）和柴胡皂苷 d（$C_{42}H_{68}O_{13}$）的总量不得少于 0.30%。

【炮制】北柴胡,除去杂质和残茎,洗净,润透,切厚片,干燥;南柴胡,除去杂质,洗净,润透,切厚片,干燥。

【性味与归经】辛、苦,微寒。归肝,胆,肺经。

【功能与主治】疏散退热,疏肝解郁,升阳举陷。用于感冒发热,寒热往来,胸胁胀痛,月经不调,子宫脱垂,脱肛。

二、基源考证

(一)本草记述

传统本草有关柴胡物种的记载主要集中在植物根部形态的描述,有关本草中柴胡植物形态记载见表4-39。

表4-39　本草中有关柴胡物种形态的描述

典　籍	物种描述
雷公炮炙论(南北朝)	凡使,茎长软,皮赤黄发须。出在平州平县,即今银州银县也
本草经集注(南北朝)	今出近道,装如前胡而强。《博物志》云:芸蒿叶,似邪蒿,春秋有白蒻,长丝五寸,香美可食
新修本草(唐)	生洪农川谷及宛朐,二月、八月采根,暴干。《上林赋》云茈姜,及《尔雅》云:藐,茈草。并作茈字,且此草根紫色。今太常用茈胡是也
本草图经(宋)	二月生苗,甚香。茎青紫,叶似竹叶,稍紧,亦有似斜蒿,亦有似麦门冬而短者。七月开黄花,生丹州者,结青子,与他处者不类。根赤色,似前胡而强,芦头有赤毛如鼠尾,独窠长者好
本草别说(宋)	柴胡惟银夏者最良。根如鼠尾,长一二尺,香味甚佳
本草纲目(明)	银州所产柴胡长尺余而微白且软,不易得也。北地所产者,亦如前胡而软,令人谓之北柴胡是也,入药亦良。南土所产者,不似前胡,正如蒿根,强硬不堪使用。其苗有如韭叶者,竹叶者,其如竹叶者为胜,其如邪蒿者最下也
本草原始(明)	银柴胡,根类沙参而大,皮皱色黄白,肉有黄纹,市上卖者皆然。根有长一二尺者,鼠尾者佳。山柴胡,二月、八月采根暴干,入药用根,山柴胡色紫黑长大者佳。……根长尺余,色白而软,俗呼银柴胡。生非地者,根状如前胡而强硬如柴,故名柴胡
本草蒙筌(明)	根须长如鼠尾,一二尺余
握灵本草(清)	柴胡产银州者良,长尺余,白且软者,用以治劳热骨蒸;微黑而细者,解表发散
本草述钩元(清)	柴胡,银州所产白色者。濒湖:茎长皮赤软细者,名曰软柴胡,能主血和肝,黑色肥短硬苗者,主发表退热
神农本草经赞(清)	求辞沮泽,美著华阳,怀新曀白,耐老花黄,尾蟠鼠伏,香引鹤翔,陶蒸灵气

(二)基源物种辨析

《雷公炮炙论》[2]记载:凡使,茎长软,皮赤黄发须。《博物志》[3]云:"芸蒿叶,似邪蒿,春秋有白鬐,长丝五寸,香美可食,长安及河内并有之"。《上林赋》云:"茈姜,及《尔雅》云:藐,茈草。并作茈字,且此草根紫色"。《本草图经》[4]所记载的柴胡"茎青紫,叶似竹叶,稍紧,亦有似斜蒿,亦有似麦门冬而短者。七月开黄花,生丹州者,结青子,与他处者不类。根赤色,似前胡而强,芦头有赤毛如鼠尾,独窠长者好"。《本草纲目》[5]记载:"银州所产柴胡长尺余,而微白且软,不易得也。北地所产者,亦如前胡而软(北柴胡)。南地所产,不似前胡,正如蒿根,强硬不堪使用(南柴胡)。其苗有如韭叶者,竹叶者,其如竹叶者为胜,其如邪蒿者最下也"。《本草原始》[6]记载:"银柴胡,根类沙参而大,皮皱色黄白,肉有黄纹,市上卖者皆然。根有长一二尺者,鼠尾者佳。山柴胡,二月、八月采根暴干,入药用根,山柴胡色紫黑长大者佳。根长尺余,色白而软,俗呼银柴胡。生非地者,根状如前胡而强硬如柴,故名柴胡"。柴胡生山中,其苗嫩时可茹,故《别录》[7]名芸蒿,《吴普本草》[8]名山菜,又名茹草。其苗老则采而为薪,故根名柴胡。《本草述钩元》[9]记载:"柴胡,银州所产白色者。濒湖:茎长皮赤软细者,名曰软柴胡,能主血和肝,黑色肥短硬苗者,主发表退热"。上述古籍所记载的特征与《宁夏植物志》[10]:多年生草本,高40~75 cm。主根较粗大,坚硬。表面有细纵槽纹,上部多回分枝,微作"之"字形曲折。叶互生;基生叶倒披针形或狂椭圆形,先端具突尖,基部收缩成柄;茎生叶长圆状披针形,长4~12 cm,宽6~18 mm,先端渐尖或急尖,有短芒尖头,基部收缩成叶鞘,抱茎。上部叶较小,有时呈镰刀状弯曲,表面绿色,背面粉绿色,具平行脉5~9条。复伞形花序顶生或侧生,伞梗4~10,不等长;总苞片1~2或无,披针形,通常较花短,稍近等长;花瓣5,黄色,上部向内折;雄蕊5,插生花柱基部之下;子房椭圆形,花柱2。双悬果广椭圆形,长约3 mm,宽约2 mm,棕色,果棱明显,棱槽各具油管3条,合生面4条。花期7~9月,果期9~11月,应该是伞形科植物柴胡(*Bupleurum chinense* DC.)或狭叶柴胡(*Bupleurum scorzonerifolium* Willd.)。

(三)近缘种和易混淆种

1.柴胡近缘种

从历代本草记载来看,柴胡的原植物应该是伞形科植物柴胡(*Bupleurum chinense* DC.)或狭叶柴胡(*Bupleurum scorzonerifolium* Willd.)的干燥根。

北柴胡:又名竹叶柴胡、铁苗柴胡、蚂蚱腿、山根菜、黑柴胡、山柴胡。为伞形科植物柴胡(*Bupleurum chinense* DC.)的干燥根。多年生草本,高45~70 cm。根直生,分歧或不分歧。茎直立,丛生,上部多分枝,并略作"之"字形弯曲。叶互生;广线状披针形,长3~9 cm,宽0.6~1.3 cm,先端渐尖,最终呈短芒状,全缘,上面绿色,下面淡绿色,有平行脉7~9条。复伞形花序腋生兼顶生;伞梗4~10,长1~4 cm,不等长;总苞片缺,或有1~2片;小伞梗5~10,长约2 mm;小总苞片5;花小,黄色,径1.5 mm左右;萼齿不明显;花瓣5,先端向内折曲成2齿状;雄蕊5,花药卵形;雌蕊1,子房下位,光滑无毛,花柱2,极短。双悬果长圆状椭圆形,左右扁平,长3 mm左右,分果有5条明显主棱,棱槽中通常有油管3个,接合面有油管4个。

南柴胡:又名红柴胡、细叶柴胡。为伞形科植物狭叶柴胡(*Bupleurum scorzonerifolium* Willd.)的干燥根。多年生草本,高30~65 cm。根深长,不分歧或略分歧,外皮红褐色。茎单1或数枝,上部多分枝,光滑无毛。叶互生;根生叶及茎下部叶有长柄;叶片线形或线状披针形,长7~15 cm,宽2~6 mm,先端渐尖,叶脉5~7条,近乎平行。复伞形花序;伞梗3~15;总苞片缺,或有2~3;小伞梗10~20,长约2 mm;小总苞片5;花小,黄色:花瓣5,先端内折;雄蕊5;子房下位,光滑无毛。双悬果,长圆形或长圆状卵形,长2~3 mm,分果有5条粗而钝的果棱,成熟果实的棱槽中油管不明显,幼果的横切面常见每个棱槽有油管3个。

2. 柴胡混淆种[11]

柴胡、银州柴胡和银柴胡均是以根入药,其中,柴胡和银柴胡是历版《中华人民共和国药典》引录的中药材,而银州柴胡则是陕西、甘肃、宁夏和内蒙古地区的地方中药材品种,非《中华人民共和国药典》收录。

柴胡,伞形科柴胡属植物柴胡(*Bupleurum chinense* DC.)或狭叶柴胡(*B.scorzoner-ifolium* Willd.),根入药,柴胡一般俗称为"北柴胡",而狭叶柴胡则俗称为"南柴胡"。北柴胡呈圆柱形或长圆锥形,长6~15 cm,直径0.3~0.8 cm。根头膨大,顶端残留3~15个茎基或短纤维状叶基,下部分枝。表面黑褐色或浅棕色,具纵皱纹、支根痕及皮孔。质硬而韧,不易折断,断面显纤维性,皮部浅棕色,木部黄白色。气微香,味微苦。南柴胡根较细,圆锥形,顶端有多数细毛状枯叶纤维,下部多不分枝或稍分枝。表面红棕色或黑棕色,靠近根头处多具细密环纹。质稍软,易折断,断面略平坦,不显纤维性。具败油气。

银州柴胡(*B. yinchowense* Shan et Y. Li),伞形科柴胡属植物,根入药,在陕西称红柴胡或软柴胡,红是形容其根的色泽,软是指根的质地较软,与北柴胡在外观上相似,传统性状鉴别难以区分并且由于银州柴胡与北柴胡在分布区上有较多重叠,市场上经常将其作为北柴胡使用。虽然,银州柴胡在我国西北地区具有多年药用历史,但至今未被《中华人民共和国药典》所收录。

银柴胡为石竹科繁缕属植物歧繁缕（*Stellaria dichotoma* L. var. *lanceolata* Bge.）的干燥根。呈类圆柱形，偶有分枝，长 15~40 cm，直径 0.5~2.5 cm。表面浅棕黄色至浅棕色，有扭曲的纵皱纹和支根痕，多具孔穴状或盘状凹陷，习称"砂眼"，从砂眼处折断可见棕色裂隙中有细砂散出。根头部略膨大，有密集的呈疣状突起的芽苞、茎或根茎的残基，习称"珍珠盘"。质硬而脆，易折断，断面不平坦，较疏松，有裂隙，皮部甚薄，木部有黄、白色相间的放射状纹理。气微，味甘。栽培品有分枝，下部多扭曲，直径 0.6~1.2 cm。表面浅棕黄色或浅黄棕色，纵皱纹细腻明显，细支根痕多呈点状凹陷。几无砂眼。根头部有多数疣状突起。折断面质地较紧密，几无裂隙，略显粉性，木部放射状纹理不甚明显。味微甜。

银柴胡与柴胡，名称相似且均有退热之功。①银柴胡能清虚热，除疳热，尤善治疗阴虚发热、小儿疳热；而柴胡能发表退热，善治外感发热、邪在少阳之往来寒热；②银柴胡的主要成分[12]有含 a-菠甾醇和豆甾-7-烯醇的混合物、豆甾醇、豆甾-7-烯醇葡萄甙、a-波甾醇葡萄糖甙、β-谷甾醇、麦角-7-烯醇葡萄糖甙，以及银柴胡环肽，挥发油等。柴胡其成分主要含柴胡皂苷(saikosapoins a、b、c、d 四种)、甾醇、挥发油(柴胡醇、丁香酚等)、脂肪酸(油酸、亚麻油酸、棕榈酸、硬脂酸等)和多糖等。同时，从植物的外部形态和经典分类的角度来看，也是有着本质的区别。

《雷公炮炙论》所记载的银州柴胡应是指伞形科柴胡属，银州，今指辽宁铁岭。根据上述"茎长软，皮赤，去髭并头，削去薄皮"等特征与红柴胡相符。红柴胡特征下：多年生草本，可药用，高 30~60 cm；主根发达，圆锥形，支根稀少，深红棕色；茎单一或 2-3，基部密覆叶柄残余纤维，细圆，有细纵槽纹；叶细线形，基生叶下部略收缩成叶柄；花瓣黄色，舌片与花瓣的对半等长，顶端 2 浅裂；果实椭圆形，长 2.5 mm，宽 2 mm，深褐色，棱浅褐色，粗钝凸出。同样，《本草图经》中，"柴胡，以银州者为胜。二月生苗，甚香，茎青紫，叶似竹叶而稍紧，亦有似斜蒿，亦有似麦门冬而短者；七月开黄花，生丹州结青子，与他处者不同。根赤色，似前胡而强；芦头有赤毛如鼠尾，独窠长者好。二月、八月采根暴干。"也与红柴胡的特征相符合。

《本草别说》："柴胡惟银夏者最良。根如鼠尾，长一二尺，香味甚佳"。《本草纲目》："银州，即今延安府神木县，五原城是其废迹。所产柴胡，长尺余而微白且软，不易得也。近有一种根似桔梗、沙参，白色而大，市人以伪充银柴胡，殊无气味，不可不辨"。《本草原始》："今以银夏者为佳，根长尺余，色白而软，肥白而软"。《神农本草经疏》[13]："按今柴胡俗用者二种,色白黄而大者为银柴胡"。《本草汇》:"柴胡产银夏者,色微白而软,为银柴胡"。《本经逢原》:"银州者良,今延安府五原城所产者,长尺余,肥白而软"。《百草镜》:"银柴胡出陕西宁夏镇。二月采叶,名芸蒿。长尺余微白,力弱于柴胡"。《本草纲目拾遗》:"银州柴胡软而白"。上述古籍所记述的特征与《宁夏中药志》:多年生草本,高20~40~60 cm。主根粗壮而伸长,直径 1~3 cm,根头处多疣状突起。根与地上茎之间常有一段埋入地下的茎,长 10~20 cm,或更长,粗壮,地上茎直立而纤细,节部膨大,从下部开始多次二歧分枝,全株呈扁球状,密被短毛。叶对生,无柄,茎下部叶较大,上部叶较小,叶片披针形,长 0.5~3.0 cm,宽 2~7 cm,全缘,先端锐尖,基部圆形或近心形,稍换茎。二歧聚伞花序生枝顶,开展,具多数花,苞片与叶同形而较小,花梗纤细,长 0.8~2.0 cm,萼片 5,短圆状披针形或披针形,长 4~5 mm,宽约 1.5 mm,先端税尖,边缘白色,膜质,背面具短毛;花瓣 5,近椭圆形长,约 3.5 mm,宽约 2 mm,白色,先端二叉状分裂至中部,具爪;雄蕊 10,5 长 5 短 2 轮生,花丝基部合生,黄色;雌蕊 1,子房上位,近球形,花柱 3。蒴果宽椭圆形,长约 3 mm,直径约 2 mm,成熟时顶端 6 齿裂,外被宿存萼;通常含种子 1 枚,种子卵圆形,长 2.0~2.5 mm,直径 1.8~2.0 mm,深棕色,种皮密布小突起。花期 6~8 月,果期 7~9 月的特征相符合,应是石竹科繁缕属植物银柴胡。

银州柴胡与柴胡为同科同属植物,也是西北地区常用地方药材,但不是中华人民共和国药典所收录的正品。因此,银州柴胡不能当做银柴胡,银柴胡更不能当做柴胡。需正确鉴别。

小叶黑柴胡,伞形科植物小叶黑柴胡(*Bupleurum smithii* Wolff var. *parvifolium*),以干燥根入药。多年生草本,高 25~60 cm。根黑褐色,质松,多分枝。根呈圆柱形,较小,长 5~7 cm,直径 0.3~0.5 cm,根头分歧,顶端残留多数茎基和绿色叶基,下侧具两行呈疣状突起的不定芽,根下部多分枝,有的中间骤然膨大形成枣核样突起表面黑褐色,有浅色支根痕及横向皮孔;质较松脆,易折断,断面显纤维性,栓皮层易剥落;油腥气较浓。产于内蒙古、甘肃、宁夏、青海等地。

锥叶柴胡,伞形科柴胡属植物锥叶柴胡(*Bupleurum bicaule* Helm),以干燥根入药。多年生丛生草本,高 12~20 cm。直根发达,外皮深褐色或红褐色,表面皱缩,有较明显的横纹和突起,质地坚硬,木质化,断面纤维状,很少分枝。根呈长圆锥形,较顺直,长9~2 cm,直径 0.5~1.0 cm,根头膨大,有分枝和多数棕黑色毛刷状叶基及众多坚硬的针锥状茎、叶鞘残基,近根头部稍细,中部较粗,下部多不分枝或稍分枝表面黑褐色或略带红棕色,皮孔大,凸出,横向排列,有时具不明显环纹及不规则皱纹。质硬脆,易折断,断面平坦,显油性,皮部淡棕色,木部黄白色,有放射状纹理。气特异,味微苦、辛。产于山西北部、陕西北部及河北、内蒙古等地。

竹叶柴胡,又称紫柴胡(宜昌)、竹叶防风(昆明),伞形科植物柴胡属膜缘柴胡(*Bupleurum marginatum*),以干燥根或地上部分入药。多年生草本,高达 1.2 m。根多呈纺锤状,细长,下端常成扭曲状。顶端残留数个茎基和叶基,茎基部有密集的节,根头部有时可见密集的环纹,稀分枝。表面黄棕色或棕褐色,有纵皱纹,皮孔明显。质坚韧,不易折断,折断面显纤维性。气清香,味微苦辛。产于宁夏南部、甘肃南部、陕西南部、湖北、湖南南部、广东北部、广西东北部、贵州、云南、四川及西藏东部等地。

大叶柴胡,又称螺纹柴胡,伞形科植物柴胡属大叶柴胡(*Bupleurum longiradiatum* Turcz),以干燥的根及根茎入药。多年生高大草本,高 80~150 cm。根茎弯曲,长 3~9 cm,直径 3~8 mm,质坚,黄棕色,密生的环节上多须根。茎单生或 2~3,有粗槽纹,多分枝。黑褐色或黄棕色,根茎有密集的环纹和节。质脆,易折断,断面黄白色,显纤维性。产于内蒙古、甘肃、安徽、江西、浙江、吉林、黑龙江、辽宁等地。

黑柴胡,伞形科植物黑柴胡(*Bupleurum smithii* Woiff.)、小叶黑柴胡(*Bupleurum smithii* Woiff.var.*parvifolium* Shah et.Y.Li)或黄花鸭跖柴胡(*Bupleurum commelynoideum* Boiss.var.*flaviflorum* Shah et.Y.Li),以干燥根或根茎入药。多年生草本,常丛生,高 25~60 cm,根黑褐色,质松,多分枝。表面黑褐色或棕褐色,粗糙,有多数疣状突起及须根断痕;根头增粗,有数个分枝根茎,具芽痕,顶端残留数个茎基,基部少有或无膜质叶基。质较松脆,易折断,断面略平坦,皮部浅棕色,具多数裂隙,木部黄白色,有放射状裂隙。气微香,味微苦。产于河北、山西、陕西、河南、青海、甘肃和内蒙古等地。

三、道地沿革
(一)本草记述的产地及变迁

传统本草有关柴胡道地产区的记载在不同时代有不同的变化,参考相关本草典籍,有关本草中柴胡道地产区记载详见表 4-41。

表 4-41　本草中有关柴胡产地的描述

典　籍	产地描述	备　注
吴普本草(魏)	茈胡……生冤句。二月、八月采根	冤句今指山东菏泽
名医别录(南北朝)	一名芸蒿,辛香可食用,生弘农及冤句,二月、八月采根,暴干	今河南省黄河以南
雷公炮制论(南北朝)	凡使,茎长软,皮赤黄发须。出在平州平县,即今银州银县也	银州,今榆林东南一带
本草经集注(南北朝)	今出近道,装如前胡而强。《博物志》云:芸蒿叶,似邪蒿,春秋有白蒻,长四五寸,香美可食,长安及河内并有之	长安今指西安市,河内今指黄河以北
本草图经(宋)	柴胡,生弘农及冤句。今关陕江湖间近道皆有之,以银州者为胜。生丹州者,结青子,与他处者不类	银州今指陕西榆林市
本草别说(宋)	柴胡惟银夏者最良。根如鼠尾,长一二尺,香味甚佳	银夏,今陕西靖边
本草品汇精要(明)	道地银州、寿州、栾州者为佳。……用根柔软者为好	今陕西、安徽河南等地
本草纲目(明)	银州即今延安府神木县五原城,是其废迹。所产柴胡长尺余,而微白且软,不易得也。北地所产者,亦如前胡而软。南地所产,不似前胡,正如蒿根,强硬不堪使用。其苗有如韭叶者,竹叶者,其如竹叶者为胜,其如邪蒿者最下也	银州,今陕西榆林一带
握灵本草(清)	茈胡产银州者良	银州,今陕西榆林一带
神农本草经赞(清)	求辞沮泽,美著华阳,怀新嚮白,耐老花黄,尾蟠鼠伏,香引鹤翔,陶蒸灵气	华阳,今陕西秦岭以南

由表 4-41 可以看出,自魏晋《吴普本草》记载柴胡分布于山东菏泽,到明、清时期记载的柴胡的产地均为今陕西榆林、河南等地。现今,柴胡主要分布于我国宁夏、甘肃、陕西毗邻的荒漠草原地带。土壤多为土层深厚,疏松肥沃,富含腐殖质的砂质壤土。

(二)本草记述的产地及药材质量

《雷公炮制论》记载:"凡使,茎长软,皮赤黄发须。出在平州平县,即今银州银县也"。《本草图经》记载:"柴胡,生弘农及冤句。今关陕江湖间近道皆有之,以银州者为胜"。《本草别说》:"柴胡惟银夏者最良。根如鼠尾,长一二尺,香味甚佳"。《本草纲目》:"银州,即今延安府神木县,五原城是其废迹。所产柴胡,长尺余而微白且软,不易得也"。《本草品汇精要》记载:"道地银州、寿州、栾州者为佳。……用根柔软者为好"。《握灵本草》记载[14]:"茈胡产银州者良"。《本草纲目》记载:"银州所产柴胡长尺余,而微白且软,不易得也。北地所产者,亦如前胡而软。南地所产,不似前胡,正如蒿根,强硬不堪使用。其苗有如韭叶者,竹叶者,其如竹叶者为胜"。《本草原始》记载:"银柴胡,根类沙参而大,皮皱色黄白,肉有黄纹,市上卖者皆然。根有长一二尺者,鼠尾者佳。山柴胡,二月、八月采根暴干,入药用根,山柴胡色紫黑长大者佳。……根长尺余,色白而软,俗呼银柴胡。生非地者,根状如前胡而强硬如柴,故名柴胡"。

四、道地药材产区及发展

(一)道地药材产区

根据历代本草和史料记载,陕西、山西、河北的北部、内蒙古的中南部及辽宁的西南部是野生柴胡分布量较大的地区。其中北柴胡适生性较强,在全国大部分地区都有分布,柴胡属其他药用植物在全国各省、自治区也分布广泛,如甘肃柴胡属植物共计21种,其中作药用的有13种;云南作药用的共8种;宁夏药用的有10种等[15]。近年来,宁夏柴胡主要在南部六盘山区及周边种植,还有中部同心县的青龙山、莲花山周边也有零星种植。

表4-42 中国药用柴胡及其分布

序号	名称	拉丁名	分布
1	柴胡	*Bupleurum chinense* DC.	全国大部分地区
2	烟台柴胡	*B. chinense* DC. f. *vanheurckii* (Muell.–Arg.) Shan et Y. Li	山东、山西、辽宁、吉林等地
3	百花山柴胡	*B. chinense* DC. f. *octoradiatum* (Bunge) Shan et Sheh	河北、山西、辽宁、吉林等地
4	红柴胡	*B. scorzonerifolium* Willd.	东北、华北、西北及华中等地
5	少花红柴胡	*B. scorzonerifolium* Willd. f. var. *pauciflorum* Shan et Y. Li	江苏南部及安徽东部
6	小叶黑柴胡	*B. smithii* Wolff var. *parvifolium* Shan et Y. Li	甘肃、宁夏、青海、内蒙古等省(自治区)及河北山西、陕西的北部等地
7	黑柴胡	*B. smithii* Wolff	河北、河南、山西、陕西、甘肃、青海、内蒙古等地
8	窄竹叶柴胡	*B. marginatum* Wall. ex DC. var. *stenophyllum* Shan et Y. Li	云南、四川、贵州、西藏、广西、广东、福建及湖南和湖北西部等地
9	竹叶柴胡	*B. marginatum* Wall. ex DC.	云南、四川、贵州、广西及湖南和湖北西部等地
10	银州柴胡	*B. yinchowense* Shan et Y. Li	陕西北部、甘肃、宁夏、内蒙古等省(自治区)

序号	名　称	拉丁名	分　布
11	锥叶柴胡	*B. bicaule* Helm	内蒙古、宁夏等省(自治区)及河北、山西、陕西的北部地区
12	线叶柴胡	*B. angustissimum* (franch.) Kitag-awa	内蒙古、河北、山西、陕西、甘肃、青海
13	多枝柴胡	*B. polyclonum* Y. Li et S. L. Pan	云南北部及中部地区
14	韭叶柴胡	*B. kunmingense* Y. Li et S. L. Pan	云南中部地区
15	丽江柴胡	*B. rockii* Wolff	云南西北部、四川南部及西藏等地
16	会泽柴胡	*B. huizei* S. L. Pan sp. nov.	云南北部及四川南部等地
17	泸西柴胡	*B. luxiense* Y. Li et S. L. Pan	云南中部及东部地区
18	四川柴胡	*B. sichuanense* S. L. Pan et Hsu.	四川西北部阿坝州等地
19	柴首	*B. chaishoui* Shan et Sheh	四川西北部阿坝州
20	汶川柴胡	*B. wenchuanense* Shan et Y. Li	四川西北部阿坝州
21	马尔康柴胡	*B. malconense* Shan et Y. Li	四川西北部、甘肃南部及青海等地
22	小柴胡	*B. hamiltonii* Balak	云南、贵州、四川、湖北、广西等省(自治区)
23	矮小柴胡	*B. hamiltonii* Balak var. *humile* (Franch.) Shan et Sheh	四川及云南
24	兴安柴胡	*B. sibiricum* Vest	黑龙江、内蒙古及辽宁等省(自治区)
25	甘肃柴胡	*B. gansuense* S. L. Pan et Hsu	甘肃南部
26	空心柴胡	*B. longicaule* Wall. ex DC. var. *franchetii* de Boiss.	云南、四川、湖北、陕西和甘肃等地
27	抱茎柴胡	*B. longicaule* Wall. ex DC. var. *amplexicaule* C. Y. Wu	云南西北部
28	秦岭柴胡	*B. lobgicaule* Wall. ex DC. var. *giraldii* Wolff	陕西、甘肃、宁夏等地
29	川滇柴胡	*B. candollei* Wall. ex DC.	云南、贵州和四川等省区
30	黄花鸭跖柴胡	*B. commelynoideum* de Boiss. var. *flaviflorum* Shan et Y. Li	青海、甘肃、四川、西藏等省(自治区)
31	大叶柴胡	*B. longiradiatum* Turcz	黑龙江、吉林、辽宁、内蒙古和甘肃等省(自治区)
32	长白柴胡	*B. Komarovianum* Lincz.	吉林和黑龙江等地
33	细茎有柄柴胡	*B. petiolulatum* Franch. var. *tenerum* Shan et Y. Li	云南中部及西北部、四川南部及西藏等地
34	密花柴胡	*B. densiflourum* Rupr.	新疆、青海、甘肃等省(自治区)
35	阿尔泰柴胡	*B. krylovianum* Schischk. ex Kryl.	新疆
36	大苞柴胡	*B. euphorbioides* Nakai	吉林省长白山地区

(二)产区生境特点

柴胡的中心分布区位于晋陕高原和陇东高原,包括黄土高原,太行山以西的广大地区,地貌类型复杂,高山、盆地和高原相间分布,从北到南地跨干旱中温带、干旱南温带和高原温带 3 个气候带。年均温 0~9℃,无霜期 100~223 d,年降水量 20~700 mm。柴胡绝大部分分布在海拔 1 200 m 以上的黄土丘陵沟壑地区,宁夏固原六盘山、同心罗山和贺兰山均有北柴胡的分布[16]。

(三)道地药材的发展

我国野生柴胡广泛分布于海拔 200~2 800 m 的半干燥山坡、林缘、草丛及沟渠旁,适宜生长在沙质土、腐殖质土上,土壤 pH 在 7 左右。从其分布密度和含量看,山西、内蒙古、陕西和甘肃是野生柴胡分布量较大的地区。其中北柴胡适生性较强,在全国大部分地区都有分布,主要为陕西、山西、河北的北部、内蒙古的中南部及辽宁的西南部。柴胡属其他药用植物在全国各省自治区也分布广泛,如甘肃柴胡属植物共计 21 种,其中作药用的有 13 种;云南作药用的共 8 种;宁夏作药用的有 10 种等。

柴胡的分布地域广,野生资源丰富,全国商品柴胡长期来源于野生资源,但是近年来,以柴胡为原料开发了柴胡注射液等新剂型,使柴胡药材的需求量增加,已成为我国中药材生产量和需求量最大的药材之一,我国这一原本非常丰富的野生资源已不能满足市场需求,人工种植柴胡已经开始在市场上出现。宁夏是我国能够提供商品柴胡药材基地之一[17]。

五、药材采收和加工

(一)本草记载的采收和加工

历代本草对于柴胡的采收加工的记载极少。《吴普本草》:"二月、八月采根"。《新修本草》及《本草纲目》中记载:"山柴胡,二月、八月采根暴干"。《本草蒙筌》:"八月收采,折净芦头"。《中华人民共和国药典》:春、秋二季采挖,除去茎叶及泥沙,干燥。近现代研究根据柴胡皂苷含量的动态变化确定柴胡最佳采收期:秋季植株下部叶片开始枯萎收获,时间为 9 月下旬至 10 月上旬。采挖根部应注意勿伤根部和折断主根,抖去泥土,把残茎除净以备加工。

(二)采收和初加工技术研究

表 4-43 不同采收期柴胡化学成分的含量   单位：g/kg

采收时期	多 糖	总皂苷	皂苷 a	皂苷 b
5 月 1 日	21.9	23.6	7.3	13.9
5 月 28 日	24.6	21.4	5.2	8.7
6 月 28 日	33.3	28.9	6.0	10.7
7 月 15 日	34.5	27.3	7.7	14.0
8 月 5 日	32.6	29.1	9.2	18.3
8 月 27 日	43.8	29.9	9.6	19.5
9 月 17 日	44.2	23.4	7.6	12.8
10 月 11 日	51.0	21.9	7.0	13.2
11 月 2 日	89.2	22.6	2.5	5.8

段英姿[20]等人分析引种柴胡不同采收期多糖、皂苷的动态变化,发现多糖 11 月含量最高。总皂苷和皂苷 a、d 含量 8 月底含量最高。

(三)道地药材特色采收、加工技术

《宁夏中药炮制规范》:除去杂质及残茎,洗净,润透,切厚片,干燥。

《中华本草》:①柴胡:拣去杂质,除去残茎,洗 净泥沙,捞出,润透后及时切片,随即晒干。②醋柴胡:取柴胡片,用醋拌匀,置锅内用文火炒至醋吸尽并微干,取出,晒干(每柴胡 50 kg,用醋 6 kg)。③鳖血柴胡:取柴胡片,置大盆内,淋入用温水少许稀释的鳖血,拌匀,闷润,置锅内用文火微炒,取出,放凉(每柴胡 50 kg,用活鳖 200 个取血)。④酒柴胡:取柴胡片,用黄酒拌匀,闷润至透,置锅内用文火加热炒干,取出,放凉,每柴胡片 100 kg,用黄酒 10 kg。⑤柴胡炭:取柴胡片,用文火炒至外黑内袍色,喷入少量水,取出,晾干。⑥蜜柴胡:取蜜置锅内,加热至沸,倒入柴胡片,用文火炒至深黄,不黏手为度。

六、药材质量特征和标准

(一)本草记述的药材性状及质量

相对于柴胡比较普遍的道地产区的记载,本草对柴胡道地性状的描述比较一致,主要从颜色、大小、质地、气味等几个方面进行了描述,并分别用"最佳""良""佳"等形容其相应质量,详见表 4-44。

表4-44　主要本草中有关甘草道地性状的描述

典　籍	性状描述
本草别说(宋)	柴胡惟银夏者最良。根如鼠尾,长一、二尺,香味甚佳
图经本草(宋)	柴胡,生弘农及冤句。今关陕江湖间近道皆有之,以银州者为胜。生丹州者,结青子,与他处者不类
本草品汇精要(明)	道地银州、寿州、栾州者为佳。……用根柔软者为好
本草纲目(明)	银柴胡,根类沙参而大,皮皱色黄白,肉有黄纹,市上卖者皆然。根有长一二尺者,鼠尾者佳。山柴胡,二月、八月采根暴干,入药用根,山柴胡色紫黑长大者佳
本草原始(明)	银柴胡,根类沙参而大,皮皱色黄白,肉有黄纹,市上卖者皆然。根有长一二尺者,鼠尾者佳。山柴胡,二月、八月采根暴干,入药用根,山柴胡色紫黑长大者佳
握灵本草(清)	柴胡产银州者良,长尺余,白且软者
神农本草经赞(清)	求辞沮泽,美著华阳,怀新翳白,耐老花黄,尾蟠鼠伏,香引鹤翔,陶蒸灵气
本草述钩元(清)	柴胡,银州所产白色者

由表4-44可见,外表:"色黄白""翳白";质地:"软";大小:"根长尺余""长一、二尺";味:"甚佳"为传统评价柴胡质优的性状标准。历代对柴胡道地性状的认识比较一致。其中,"白""尺余"、"软"是记述频率比较高的性状特征,特别是"色白而软"最记载频率最高的性状特征。柴胡的道地性状质量评价指标可以总结为:根粗长、无茎苗、须根少者为佳。

(二)道地药材质量特征的研究

大量研究表明,柴胡富含多种化学成分,因其产地不同、品种不同其所含成分的种类及含量也各不相同,目前研究较多的有皂苷类和黄酮类,对挥发油、多糖及无机元素等也有一些研究。

关于柴胡皂苷类成分,龚建华[18]等测定了5个地区北柴胡药材皂苷的含量,发现陕西、河北产的普遍高于其他地方,可见地域不同则药材的皂苷含量也不同。因此,在市场流通过程中应注明药材的产地,以便控制药材的质量。蔡华[19]等研究了湖北、河南、甘肃及山西等地3种柴胡中柴胡皂苷a、d的含量,以河南和甘肃野生柴胡为最高,而同一地区野生品与栽培品中柴胡皂苷含量基本相同,而且经鉴定生长于湖北省西北部地区的药用柴胡多数为竹叶柴胡,而不是北柴胡。段英姿[20]等为了选出适宜在唐山种植的柴胡品种,比较了9个引种的有效成分,结果表明,总皂苷含量以甘肃陇西柴胡最高,品质也最好,且适应性强,为柴胡的引种种植提供了一定的理论依据。

关于柴胡黄酮类成分,王斌[21]等采用亚硝酸钠—硝酸铝比色法对 4 个产地野生和栽培狭叶柴胡不同药用部位所含黄酮类物质进行了比较分析,发现黄酮含量为黑龙江栽培>山西野生>吉林野生>河北栽培,而不同部位黄酮含量为柴胡花>柴胡叶>柴胡茎>柴胡根,但不同产地野生与栽培柴胡中黄酮类物质的含量无明显差异。叶方[22]等采用可见分光光度法测定了鄂西北地区 3 种柴胡及其地上部分总黄酮的含量,结果以湖北南漳种植的三岛柴胡地上部分黄酮含量最高,表明柴胡的地上部分有一定的药用价值,而临床用药时一般只采用柴胡的干燥根,地上部分大多未被利用,所以应加强对柴胡的全面研究,避免中药资源的浪费。

关于柴胡挥发油类成分,王砚[23]等认为挥发油是控制柴胡药材质量的另一个重要指标,应用固相微萃取技术(SPME)提取药材,并结合气质(GC–MS)联用技术分离鉴定四川竹叶柴胡与河北北柴胡中挥发油的成分及含量,所得结果说明不同产地、不同品种其挥发油成分的种类及含量有明显差异,其他文献也可得出相似的结论。符玲[24]等运用 GC–MS 联用技术从豫西产柴胡中共分出 97 个化合物,其中北柴胡有 48 个峰,小五台柴胡 29 个峰,而大叶柴胡作为柴胡药材的伪品仅含 20 个峰,且 3 种柴胡中相对质量分数最高的成分也各不相同。研究表明,柴胡品种不同,则其所含挥发油的种类及质量分数也不同。

(三)道地药材质量标准

《中华人民共和国药典》(2015 版一部)中收载柴胡的质量评价标准主要包括性状、鉴别、检查、浸出物等几个方面,其中,规定总灰分不得过 8.0%,酸不溶性灰分不得过 3.0%,含柴胡皂苷 a($C_{42}H_{68}O_{13}$)和柴胡皂苷 d($C_{42}H_{68}O_{13}$)的总量不得少于 0.30%。

《宁夏中药材标准》(1993 年版)收载的柴胡(黑柴胡)为伞形科柴胡属植物小叶黑柴胡(*Bupleurum smithii* Wolff var. *parvifolium*)的干燥根。春秋两季采挖,除去茎叶及泥沙,干燥。

七、药用历史及研究应用

(一)传统功效

《神农本草经》:味苦平。主心腹,去肠胃中结气。饮食积聚,寒热邪气,推陈致新。

《名医别录》:除伤寒心下烦热,诸痰热结实,胸中邪逆,五藏间游气,大肠停积,水胀,及湿痹拘挛。亦可作浴汤。

《药性论》:治热劳骨节烦疼,热气,肩背疼痛,宣畅血气,劳乏羸瘦;主下气消食,主

时疾内外热不解,单煮服。

《千金方》:苗汁治耳聋,灌耳中。

《日华子本草》:补五劳七伤,除烦止惊,益气力,消痰止嗽,润心肺,添精补髓,天行温疾热狂乏绝,胸胁气满,健忘。

《滇南本草》:伤寒发汗解表要药,退六经邪热往来,痹痿,除肝家邪热、痨热,行肝经逆结之气,止左胁肝气疼痛,治妇人血热烧经,能调月经。发汗用嫩蕊,治虚热、调经用根。

《本草汇言》:解伤寒,清少阳半表半里之邪;调血气,疏肝胆已结未结之疾。

《新编本草》:泻肝胆之邪,去心下痞闷,解痰结,除烦热,尤治疮疡,散诸经血凝气聚,止偏头风,胸胁刺痛,通达表里邪气,善解潮热。

《本草辑要》:宣畅气血,散结调经。治伤寒邪热,虚劳肌热,诸疟寒热,头眩目赤,胸痞胁痛,口苦耳聋。

《本草求真》:柴胡能治五劳,必其诸脏诸腑,其劳挟有实热者,暂可用其解散。

《汤液本草》:除虚痨寒热,去早晨潮热及心下痞,胸膈疼并往来寒热,胆痹。

《本草正义》:柴胡,用此者用其凉散、平肝之热。

《本经逢原》:柴胡,小儿五疳羸热,诸疟寒热,咸宜用之。

(二)临床应用

柴胡临床主要以小柴胡汤治疗原发性肝癌、椎动脉型颈椎病、胆囊息肉样病变及减少哮喘发作次数等作用。原方加减明显缓解消化性溃疡等症状,提高急性肾小球肾炎、肾病综合征、急性肾盂肾炎方面的疗效,并且在癌症发热治疗中应用可取得显著治疗效果。此外,小柴胡汤加减也能治疗感冒、头晕痛、腰腿痛等病证。例如柴胡、黄芩减量,减去葛根、石膏,治疗感冒发烧效果明显。原方加当归、川芎、白芷、土鳖虫,用以治疗头晕、头痛、恶心、呕吐、缠绵不愈的病症。以柴胡为主、配合其他中药,还可治疗以下病症。

1. 治伤寒五六日,中风,往来寒热,胸胁苦满,嘿嘿不欲饮食,心烦喜呕,或胸中烦而不呕,或渴,或腹中痛,或胁下痞鞕,或心下悸、小便不利,或不渴、身有微热,或咳者:柴胡半斤,黄芩三两,人参三两,半夏半升(洗),甘草(炙)、生姜各三两(切),大枣十二枚(擘)。上七味,以水一斗二升,煮取六升,去滓,再煎取三升,温服一升,日三服。(《伤寒论》小柴胡汤)

2. 治邪入经络,体瘦肌热,推陈致新;解利伤寒、时疾、中喝、伏暑:柴胡四两(洗,去

苗),甘草一两(炙)。上细末。每服二钱,水一盏,同煎至八分,食后热服。(《本事方》柴胡散)

3. 治外感风寒,发热憎寒,头疼身痛;疟疾初起:柴胡一至三钱,防风一钱,陈皮一钱半,芍药二钱,甘草一钱,生姜三五片。水一钟半,煎七八分,热服。(《景岳全书》正柴胡饮)

4. 治肝气,左胁痛:柴胡、陈皮各一钱二分,赤芍、枳壳、醋炒香附各一钱,炙草五分。(《医医偶录》柴胡疏肝饮)

5. 治肝经郁火,内伤胁痛:柴胡、黄芩、山栀、青皮、白芍、枳壳。(《症因脉治》柴胡清肝饮)

6. 治血虚劳倦,五心烦热,肢体疼痛,头目昏重,心忪颊赤,口燥咽干,发热盗汗,减食嗜卧,及血热相搏,月水不调,脐腹胀痛,寒热如疟;又疗室女血弱阴虚,荣卫不和,痰嗽潮热,肌体羸瘦,渐成骨蒸:甘草半两(炙微赤)、当归(去苗,锉,微炒)、茯苓(去皮,白者)、白芍、白术、柴胡(去苗)各一两。上为粗末。每服二钱,水一大盏,煨生姜一块切破,薄荷少许,同煎至七分,去渣热服,不拘时候。(《太平惠民和剂局方》逍遥散)

7. 治盗汗往来寒热:柴胡(去苗)、胡黄连等分,为末,炼蜜和膏,丸鸡头子大。每一二丸,用酒少许化开,入水五分,重汤煮二三十沸,放温服,无时。(《小儿卫生总微论方》柴胡黄连膏)

8. 治荣卫不顺,体热盗汗,筋骨疼痛,多困少力,饮食进退:柴胡二两,鳖甲二两,甘草、知母各一两,秦艽一两半。上五味杵为末。每服二钱,水八分,枣二枚,煎六分,热服。(《博济方》柴胡散)

9. 治黄疸:柴胡一两(去苗),甘草一分。上都细锉作一剂,以水一碗,白茅根一握,同煎至七分,绞去渣,任意时时服,一日尽。(《传家秘宝方》)

10. 治肝黄:柴胡一两(去苗),甘草半两(炙微亦,锉),决明子、车前子、羚羊角屑各半两。上药捣筛为散。每服三钱,以水一中盏,煎至五分,去滓,不计时候温服。(《圣惠方》柴胡散)

11. 治积热下痢:柴胡、黄芩等分。半酒半水,煎七分,浸冷,空心服之。(《济急仙方》)

(三)现代药理学研究

1. 解热作用

早年证明,大剂量的柴胡煎剂(生药 5 g/kg)或醇浸膏(生药 2.5 g/kg)对人工发热的家兔有解热作用。对用伤寒混合疫苗引起发热之家兔,口服煎剂或浸剂(2 g/kg),也有轻度的降温作用。以后又有报道,柴胡煎剂的解热作用并不明显,而柴胡皂苷200~800 mg/kg口服,对小鼠有肯定的降低正常体温及解热作用。

2. 镇静、镇痛作用

柴胡皂苷口服,对小鼠有镇静作用,并能延长圜己巴比妥的睡眠;它有良好的镇痛作用和较强的止咳作用,但无抗惊厥作用,也不降低横纹肌的张力,有人认为,柴胡皂苷可列入中枢抑制剂一类。

3. 抗炎作用

柴胡皂苷口服(600 mg/kg)可显著降低大鼠足踝的右旋糖酐、5-羟色胺性水肿。在大鼠的皮下肉芽囊肿试验中,确定柴胡皂苷有抗渗出、抑制肉芽肿生长的作用。柴胡单用或配成复方均有效,其抑制肉芽肿生长的作用强于其抗渗出的作用;祛瘀活血方(当归芍药散、桃仁承气汤、大黄牡丹皮汤等)则在作用强度方面与柴胡相反,故建议二者合用。柴胡皂苷能抑制组织胺、5-羟色胺所致的血管通透性的增高,轻度抑制肋膜渗出;而对角叉菜胶、醋酸性水肿则无效,对豚鼠的组织胺性休克及小鼠的过敏性休克亦无保护作用。

4. 抗病原体作用

北柴胡注射液对流行性感冒病毒有强烈的抑制作用;从此种注射液馏出的油状未知成分对该病毒也有强烈抑制作用。

5. 对肝脏的影响

对因喂食霉米而发生肝功能障碍之小鼠,同时喂食北柴胡,则谷丙及谷草转氨酶之升高,远较不给柴胡之对照组为轻;柴胡皂苷之作用,似不及北柴胡粉。对伤寒疫苗引起的兔肝功能障碍(尿胆元呈阳性反应),口服北柴胡煎剂(生药0.5~1.0 g/kg),有较显著的改善作用;对酒精引起的肝功能障碍亦有效,但不如甘草;对有机磷引起的则效力很差,而对CCL₄引起的无效。对注射新鲜鸡蛋黄溶液引起的大鼠实验性"肝纤维化",亦无保护作用。同属植物新疆柴胡及圆叶柴胡有利胆作用。

6. 对心血管作用

北柴胡醇浸出液能使麻醉兔血压轻度下降,对离体蛙心有抑制作用,阿托品不能阻断此种抑制,北柴胡注射液则虽用较大剂量对在位猫心、血压皆无影响。柴胡皂苷对犬能引起短暂之降压反应,心率减慢;对兔亦有降压作用,并能抑制离体蛙心、离体豚鼠心房,收缩离体兔耳血管。

(四)现代医药应用

现代医学上,用柴胡作为原料之一,生产制成中成药主要有柴胡舒肝丸,其主要成分为:白芍、槟榔、薄荷、柴胡、陈皮、大黄、当归、豆蔻、莪术、防风、茯苓、甘草、厚朴、黄芩、姜半夏、桔梗、六神曲、木香、青皮、三棱、山楂、乌药、香附、枳壳、紫苏梗。辅料为赋形剂蜂蜜。性状为黑褐色的小蜜丸或大蜜丸,味甜而苦;主治疏肝理气、消胀止痛,用于肝气不疏、胸胁痞闷、食滞不清、呕吐酸水。

清热解表,用于治疗感冒、流行性感冒及疟疾等发热病的柴胡注射液[25]。上海中医学院附属曙光医院等用本品对 64 例感冒发热急性上呼吸道感染的患者进行临床疗效观察,结果表明本品的总有效率为 75%~80%。并能减轻其伴随症状,无明显副作用。结论是退热平稳,降温后无回升现象,病后病人恢复较快。制剂及用法:用北柴胡的干燥根,以蒸馏法制成注射液,每瓶 2 ml,相当于原生药 2 g。肌肉或静脉注射,每日 1~2 次,成人每次 2 ml,周岁以内婴儿每次 1.0~1.5 ml。

柴胡的疏肝作用,肝生郁热,绝大部分由于情况变化而产生肝郁,会出现烦躁,头晕,目眩,食欲不振,胃脘痛等症,这便是适用柴胡的主要特点。现今运用北柴胡(1:2)注射液 10~20 ml 加于 50%葡萄糖水中混合静脉注射,每日 1~2 次或将 20~30 ml 加入 10%葡萄糖 250~500 ml 中静滴,一日一次。儿童每日一次,5~10 ml。慢性肝炎脾大者,可加入丹参注射液,并辅以维生素 C、复方维生素 B 口服,10 d 为一疗程。间隔 4~5 d,重复进行治疗。

治疗心血管病,小柴胡汤对动脉硬化有改善与预防作用,可能与改善胆固醇代谢、降血脂、抗氧化、调节血液凝固与纤溶系统及抗血小板等因素有关。吴欣芳[26]等研究得出柴胡加龙骨牡蛎汤联合西医降压药物治疗高血压病伴焦虑,能够提高降压疗效,改善患者的焦虑程度,改善患者的中医症状;同时柴胡加龙骨牡蛎汤治疗高血压和高血压引起的耳鸣有良好的疗效。

治疗妇科疾病,中医学认为,常见妇科疾病的形成原因有外感、内伤之异,其病机变化不外乎脏腑功能失常(肾、肝、脾尤为关键)、气血失调和冲任督带损伤。经过临床数据证明柴胡通常用于经前期产生紧张的症状、痛经以及月经失调、巨乳症和乳房小叶增生、慢性盆腔炎、子宫脱垂、更年期综合征等[27]。

治疗昏睡,治疗昏睡一般运用小柴胡汤,小柴胡汤作为六经辩证少阳的主方以及和法的代表,可以治疗很多方面的疾病,其在治疗昏睡的作用(柴胡、姜半夏、党参、黄芩、炒山栀、生甘草、大枣、生姜等),对昏睡患者的治疗有着很好的疗效[28]。

其他,柴胡脱敏汤(柴胡、黄芩、白芍等)对治疗支气管哮喘有良好疗效[29]。柴胡白虎汤可用于治疗急性虹膜睫状体炎,柴连汤一般对于治疗急性视神经乳头炎、前巩膜炎、翼状胬肉、病毒性角膜炎、虹膜睫状体炎、急性泪囊炎等内外眼多种疾病均有着十分显著的疗效。

八、资源综合利用和保护

(一)资源综合开发利用

柴胡作为《中华人民共和国药典》收载的传统中药,在临床上应用比较广泛,尤其是作为主要成分的柴胡舒肝丸,在临床上享有很好的声誉。柴胡的药理作用与临床应用研究目前主要集中在中药煎剂及复方制剂,而对柴胡的单味药的研究报道较少,所以加强柴胡的药理作用与临床应用研究将是推动柴胡正确合理使用的基础。

中药材资源是中医防病治病的物质基础,柴胡作为中医处方中的常用药材,其品质的优劣决定处方的疗效。随着柴胡野生资源的匮乏,寻找合适的野生柴胡替代品成为当务之急。人工种植极大程度上缓解了柴胡的供给需求,但其有效成分的量受产地、种质、栽培技术等影响较大,导致质量稳定性差。柴胡属其他药用植物如竹叶柴胡、锥叶柴胡和马尔康柴胡等,在其产地已有丰富的药用历史。从化学成分的角度看,马尔康柴胡和三岛柴胡的地下部分柴胡皂苷的量高于柴胡地下部分,竹叶柴胡地上部分总黄酮量比柴胡高,因此,它们有替代柴胡入药的物质基础,且资源丰富,易于开采,是理想的柴胡替代品[30]。但目前对药材替代品的评价尚未形成统一的标准,成方制剂中各植物内复杂的化学成分及其相互转化难以分析,寻找合理的传统柴胡替代品,还需进一步的实验研究和临床的有效验证。而其他如大叶柴胡等柴胡属植物,其本身的毒性成分限制了其利用,但通过传统炮制手段去除毒性成分后,大叶柴胡便可得到有效的利用。也可以培养成愈伤组织或毛状根等,建立次生代谢产物培养体系,大批量提取需要的代谢产物。今后柴胡属药用植物资源利用可从以下 4 方面进行:一是加强对野生柴胡资源保护,限制性开采柴胡资源;二是培育品种纯正、性状均一的柴胡优良品种,提高人工栽培技术;三是柴胡属药用植物资源丰富,需经过临床试验的验证,不盲目作为柴胡替代品使用;四是对于地上部分等非传统药用部位,形成独立合理的入药方法,与地下部位区别利用[31]。

(二)新药用部位开发利用

入药部位也是柴胡争议的热点。明朝以前,柴胡一直以根入药。至李时珍《本草纲目》中载:"根名柴胡也",且另载有:"苗主治卒聋,捣汁频滴之",逐渐将柴胡茎叶入药,但与柴胡根作用功效皆不相同。20 世纪七八十年代是柴胡药用部位争论的高潮时期，此时的部分中药学相关书籍记载柴胡为伞形科多年生草本植物柴胡和狭叶柴胡的根或全草，而也有部分学者通过比较柴胡地上、地下和全草的有效成分而反对此种说法，认为柴胡地上与地下部分的有效成分组成差异较大，不能代表本草中柴胡所述的疗效[32,33]。现对柴胡地上及地下部分中皂苷、黄酮及挥发油类成分及其量进行比较，总结为：柴胡根中主要含柴胡皂苷，其次有植物甾醇、侧金盏花醇，以及少量挥发油、多糖；地上部分主要含黄酮类、少量皂苷类、木脂素类、香豆素类成分。

（三）资源保护和可持续发展

柴胡广泛分布于我国北部海拔 200~2 800 m 的山坡、林缘、林中间隙、草丛及沟旁，适宜生长在沙质土、腐殖质土上。此外，从野生柴胡的分布密度和含量来看，发现山西省、内蒙古省、陕西省、甘肃省仍是野生柴胡分布量较大的省（自治区），而河北省分布有所减少，至于辽宁省、黑龙江省、吉林省等平原省份野生蕴藏量的减少最为严重[34]。

西北地区：太行山以西的陕西、甘肃等地，高山、盆地和高原相间分布。柴胡主要分布于晋陕高原和陇东高原，主要品种为北柴胡，也有黑柴胡和银柴胡的零星分布，由于气候条件比较恶劣，柴胡开花期明显延迟，在甘肃金昌和陕西城固均未发现有柴胡分布。

华北地区：东有大兴安岭山脉由北向南延伸，西部的太行山以北有恒山和小五台山，北部有广阔的内蒙古高原，而阴山山脉及坝上高原则呈东西走向横卧中部。柴胡在上述地区均有分布，主要品种是北柴胡和红柴胡，是柴胡的野生主产区，在山西山阴馒头山、浑源恒山、河北赤诚、丰宁、隆化等地均发现有密集分布的野生柴胡。

东北地区：主要有大、小兴安岭和长白山山脉，红柴胡为本区的道地药材。调查发现辽宁的朝阳、凌源，黑龙江林甸、明水等地有零星野生柴胡分布，而吉林长白山区的桦甸等地，前几年尚有野生柴胡分布，但近年由于开荒造田导致大量适合柴胡生长的野生山地环境遭到破坏，在桦甸桦郊乡、公吉乡均未发现野生柴胡。此外，华中、华东、华南、西南地区的山地与丘陵区域虽也有柴胡分布，但在华中地区的熊耳山、晴山、伏牛山，华东地区的江淮丘陵山地，西南地区的秦巴、川黔等地均呈零星分布。

由于自然环境的过度开发，野外放牧、开垦农田和城区建设导致原生态植被的破坏，我国野生柴胡蕴藏量已经由全国第三次中药材普查时的 100 000 t 左右锐减到现在的 50 000 t 左右。调查中山西山阴县的放牧现象、吉林桦甸的开垦造田现象和甘肃金昌的开矿现象尤为严重，从而使这些原有柴胡分布的地方现今几乎未发现有野生柴

胡。另外,由于近几年柴胡的供求不平衡而导致其价格大涨,过度激发了众多药农的采挖热情,这也严重导致了野生柴胡蕴藏量的进一步减少。上述现象都凸显了野生柴胡资源保护的严峻形势,应该引起有关部门的高度重视,要严格控制野生柴胡的年采收量低于年允收量,并相应提高柴胡饮片的质量标准,严格规范市场秩序,只有这样才能保证其资源的可持续利用。

九、柴胡栽培技术要点

(一)立地条件

选择土层厚 25 cm 以上、质地疏松肥沃、坡度小于 15°的地块,如退耕还林的林下地块或山坡地块,夏季易积聚雨水的低洼处不宜种植。

(二)种子直播

春播 3 月下旬至 4 月中旬。秋播于 9 月。播种量为 0.75~1.00 kg/亩。后轻度镇压,覆土 1.0~1.5 cm。柴胡种子萌发期长,为防止地面干燥,可在苗床上覆少量麦秸或稻壳,或与小麦等其他作物间种,以利于苗的生长。

(三)育苗移栽法

条播或撒播,按行距 6~10 cm 开沟播种,浇水,保持土壤湿润。培育 1 年,按行株距 6 cm × 6 cm 开穴栽种。种子发芽率约 50%,温度在 20℃,并有一定湿度,播后约 7 d 出苗,温度低于 2℃,则要 10 d 出苗。

(四)栽培管理

1. 松土除草

春播一般在 30~35 d 出苗,秋播当年不出苗。柴胡在幼苗期长势弱,应及时清除杂草,每隔 10 d 除 1 次,直到 7 月。结合除草,进行松土。

2. 施肥

可进行根外施肥,每隔:10~15 d 喷 1 次,连续 2~3 次,利于提高产量。不要过多施用氮肥。

3. 除蘖摘蕾

柴胡地上部分生长旺盛,1 年生植株有半数要抽薹开花,2 年生的均能抽薹开花,花可持续 40~50 d(8 月上旬至 10 月上旬)。为了促进根的生长,要及时摘除新长的花蕾和花薹。

4. 灌水管理

幼苗期要适当淋水,保持湿润。生长期间除遇干旱外,一般不用灌水,7~9 月雨季应注意排涝。

5. 病害防治

主要是柴胡斑枯病和根腐病。

表4-45 防治柴胡病害药剂及其使用方法

防除对象	药剂通用名	有效成分剂量	施用方法	注意事项
柴胡斑枯病	代森锰锌	720 g/hm²	病害发生初期,连续叶面喷雾处理2次,间隔7 d,药液量450 L/hm²	喷雾应在天气晴朗、无风的傍晚进行,交替使用所选药剂
	丙环唑	225 g/hm²		
	百菌清	67 g/hm²		
柴胡根腐病	多菌灵	2 000 倍	浸苗45 min	
	恶霉灵	45 g/hm²	颗粒剂顺播种沟撒施土壤处理	

参考文献

[1] 中华人民共和国药典委员会. 中华人民共和国药典(一部)[M]. 北京: 中国医药科技出版社, 2015.

[2] (南北朝)雷敩. 雷公炮炙论[M]. 南京: 江苏科学技术出版社, 1985.

[3] (西晋)张华. 博物志[M]. 重庆: 重庆出版社, 2007.

[4] (宋)苏颂. 图经本草[M]. 福州: 福建科学技术出版社, 1988.

[5] (明)李时珍. 本草纲目[M]. 呼和浩特: 内蒙古人民出版社, 2006.

[6] (明)李中立. 本草原始[M]. 北京: 人民卫生出版社, 2007.

[7] (南北朝)陶弘景. 名医别录[M]. 北京: 人民卫生出版社, 1986.

[8] (魏)吴普. 吴普本草[M]. 北京: 人民卫生出版社, 1987.

[9] (清)杨时泰. 本草述钩元[M]. 上海: 上海科学技术出版社, 1958.

[10] 马德滋, 刘惠兰, 胡福秀. 宁夏植物志[M]. 银川: 宁夏人民出版社, 2007.

[11] 刘晓芳, 陶虹. 九种商品柴胡的鉴别[J]. 新疆中医药, 2005, 5: 49-50.

[12] 赵香妍, 刘长利. 中药柴胡的研究概况与发展趋势[J]. 时珍国医国药, 2015, 26(4): 963-966.

[13] (明)缪希雍撰. 神农本草经疏[M]. 太原: 山西科学技术出版社, 1991.

[14] (清)王翃. 握灵本草[M]. 北京: 中国中医药出版社, 2012.

[15] 宁夏回族自治区卫生厅. 宁夏中药炮制规范[M]. 银川: 宁夏人民出版社, 1998.

[16] 李卫红, 赵红, 郑津英. 不同产地柴胡药材质量的对比研究[J]. 山西中医学院学, 2016, 17(01):28-30, 40.

[17] 谭玲玲. 药用柴胡的结构发育与主要药用成分积累关系的研究[D]. 西安: 西北大学, 2008.

[18] 龚建华, 石森林. 五个产地北柴胡中皂苷含量的比较[J]. 中华中医药学刊, 2014, 32(1): 200-203.

[19] 蔡华, 杜士明, 叶方, 等.鄂西北地区不同生长条件柴胡中柴胡皂苷含量比较研究[J]. 中国药师, 2013, 16(7): 941-943.

[20] 段英姿, 客绍英. 不同引种柴胡有效成分分析及质量评价[J]. 南方农业学报, 2015, 46(1): 113–116.

[21] 王斌, 张腾霄, 李新晶, 等. 不同产地及不同部位野生与栽培柴胡中黄酮类物质比较分析[J]. 绥化学院学报, 2015, 35(11): 147–149.

[22] 叶方, 杨光义, 杜士明, 等. 鄂西北地区柴胡及其地上部分总黄酮含量比较研究[J]. 中国药师, 2013, 16(1): 52–54.

[23] 王砚, 王书林. SPME–GC–MS 法研究竹叶柴胡和北柴胡挥发性成分差异[J]. 中国实验方剂学杂志, 2014, 20(14): 104–108.

[24] 符玲, 贾陆, 王健, 等. 豫西柴胡属 3 种柴胡挥发油的 GC–MS 分析[J]. 中国实验方剂学杂志, 2010, 16(04): 51–52.

[25] 郭忻. 小柴胡汤的临床应用[J]. 中成药研究, 1982, 4: 35–36.

[26] 吴欣芳, 谢相智, 许国磊, 等. 柴胡加龙骨牡蛎汤治疗原发性高血压病伴焦虑的临床观察[J]. 世界中西医结合杂志, 2016, 11(11): 1497–1499.

[27] 张智华. 梅国强运用柴胡类方治疗妇科疾病经验[J]. 中医药临床杂志, 2014, 26(2): 135–137.

[28] 潘彦辉. 小柴胡汤临床应用举例[J]. 内蒙古中医药, 2016, 35(01): 55.

[29] 谢东浩, 蔡宝昌, 安益强, 等. 柴胡皂苷类化学成分及药理作用研究进展[J]. 南京中医药大学学报, 2007, 23(1): 63–65.

[30] 于俊林. 柴胡药用部位的研究进展[J]. 中药材, 1999, 22(6): 315–317.

[31] 李静. 浅谈柴胡炮制方法与临床应用[J]. 健康之路, 2014, 5: 342–343.

[32] 谭玲玲, 侯晓敏, 胡正海. 狭叶柴胡营养器官中柴胡皂苷和黄酮类化合物的积累部位及含量比较[J]. 西北植物学报, 2014, 34(2): 276–281.

[33] 蔡华, 雷攀, 杜士明, 等. 柴胡制剂的开发利用研究进展[J]. 中国药师, 2015, 18(11): 1963–1966.

[34] 李晓伟. 药用柴胡资源调查及市场现状分析[A]. 中国自然资源学会天然药物资源专业委员会, 2012.

编写人：李明　张新慧

第九节　秦　艽

一、概述

来源：本品为龙胆科植物秦艽（*Gentiana macrophylla* Pall.）、麻花秦艽（*Gentiana straminea* Maxim.）、粗茎秦艽（*Gentiana crassicaulis* Duthie ex Burk.）或小秦艽（*Gentiana dahurica* Fisch.）的干燥根。前二种按性状不同分别习称"秦艽"和"麻花艽"，后一种习称

"小秦艽"。春、秋二季采挖,除去泥沙;秦艽和麻花艽晒软,堆置"发汗"至表面呈红黄色或灰黄色时,摊开晒干,或不经"发汗"直接晒干;小秦艽趁鲜时搓去黑皮,晒干[1]。

生长习性:生于河滩、路旁、水沟边、山坡草地、草甸、林下及林缘,海拔 400~2 400 m。喜湿润、凉爽气候,耐寒。怕积水,忌强光。适宜在土层深厚、肥沃的壤土或沙壤土生长;积水涝洼盐碱地不宜栽培。种子宜在较低温条件下萌发,发芽适温 20℃左右。通常每年5 月下旬返青,6 月下旬开花,8 月种子成熟,年生育期 100 d 左右。种子寿命 1 年。

质量标准:执行《中华人民共和国药典》(2015 年版一部)[1]。

【性状】秦艽:呈类圆柱形,上粗下细,扭曲不直,长 10~30 cm,直径 1~3 cm。表面黄棕色或灰黄色,有纵向或扭曲的纵皱纹,顶端有残存茎基及纤维状叶鞘。质硬而脆,易折断,断面略显油性,皮部黄色或棕黄色,木部黄色。气特异,味苦、微涩。

麻花艽:呈类圆锥形,多由数个小根纠聚而膨大,直径可达 7 cm。表面棕褐色,粗糙,有裂隙呈网状孔纹。质松脆,易折断,断面多呈枯朽状。

小秦艽:呈类圆锥形或类圆柱形,长 8~15 cm,直径 0.2~1.0 cm。表面棕黄色。主根通常 1 个,残存的茎基有纤维状叶鞘,下部多分枝。断面黄白色。

【检查】水分不得过 9.0%。

总灰分不得过 8.0%。

酸不溶性灰分不得过 3.0%。

【浸出物】照醇溶性浸出物测定法项下的热浸法测定,用乙醇作溶剂,不得少于24.0%。

【含量测定】照高效液相色谱法测定。本品按干燥品计算,含龙胆苦苷($C_{16}H_{20}O_9$)和马钱苷酸($C_{16}H_{24}O_{10}$)的总量不得少于 2.5%。

【炮制】除去杂质,洗净,润透,切厚片,干燥。 本品呈类圆形的厚片。外表皮黄棕色、灰黄色或棕褐色,粗糙,有扭曲纵纹或网状孔纹。切面皮部黄色或棕黄色,木部黄色,有的中心呈枯朽状。

【浸出物】同药材,不得少于 20.0%。

【鉴别】【检查】【含量测定】同药材。

【性味与归经】辛、苦,平。归胃、肝、胆经。

【功能与主治】祛风湿,清湿热,止痹痛,退虚热。用于风湿痹痛,中风半身不遂,筋脉拘挛,骨节酸痛,湿热黄疸,骨蒸潮热,小儿疳积发热。

【用法与用量】3~10 g。

【贮藏】置通风干燥处。

二、基源考证

(一)本草记述

传统本草有关秦艽物种的记载主要集中在植物花纹形态的描述,有关传统本草中秦艽植物形态记载见表4-46。

表4-46　本草中有关秦艽物种形态的描述

典　籍	物种描述
本草图经(宋)	根土黄色而相交纠,长一尺已来,粗细不等。枝干高五六寸,叶婆娑连茎梗,俱青色,如莴苣叶。六月中开花,紫色,似葛花,当月结子。每于春秋采根,阴干。……秦艽须用新好罗纹者
本草品汇精要(明)	用根罗纹者为佳
本草纲目(明)	秦艽出秦中,以根作罗纹交纠者佳,故名秦艽、秦纠
本草真诠(明)	新好罗纹者佳,长大黄白色者妙
本草原始(明)	根形土黄色,以左纹者为良
炮炙大法(明)	凡用秦,先以布拭上黄肉毛尽,然后用元汤浸一宿,至明出,日干用
药镜(明)	秦艽生飞乌谷。黄白色为佳。……左纹者良
握灵本草(清)	秦艽,河陕皆有之。长大黄白色者为佳

(二)基源物种辨析

本草史上对秦艽的形态描述记载多为药材性状,对植物形态描述最早见于《本草图经》[2],载"根土黄色而相交纠,长一尺已来,粗细不等,枝干高五六寸,叶婆娑连茎梗,俱青色,如蒿苣叶,六月中开花紫色,似葛花,当月结子",并附秦州秦艽、石州秦艽、齐州秦艽、宁化军秦艽植物图4幅。《植物名实图考》[3]曰:"秦艽叶如莴苣,梗叶皆青……"观书中所绘秦州秦艽及石州秦艽的图,基部被枯存的纤维状叶鞘包裹,支根多条,扭结或粘结成圆柱形的根。基生叶莲座状,茎生叶椭圆状披针形或狭椭圆形,先端钝或急尖,边缘平滑,叶脉明显,均比较符合龙胆科龙胆属的秦艽原植物的性状。但其所绘齐州秦艽茎直立,叶柄长,叶为二回三出复叶,花瓣长圆形,先端渐尖,似为毛茛科植物;宁化军秦艽茎直立,单叶对生,近无柄,椭圆状披针形,伞形花序,花瓣5,类圆形。此二者均无明显的龙胆科植物特征,疑为误用品,查后世本草均无齐州及宁化军秦艽记载。与《中药大辞典》[4]中记载大叶龙胆特征一致,又名:大叶秦艽。多年生草本,高40~60 cm。根强直。茎直立或斜上,圆柱形,光滑无毛,基部有许多纤维状残叶。叶披针形或长圆状披针形，在茎基部者较大，长达 30 cm，宽 3~4 cm，先端尖，全缘，叶脉 3~5 条；茎生叶 3~4 对，稍小，对生，基部连合。花生于上部叶腋，成轮状丛生，萼膜质，长约 6 mm，先端有 3~5 个不等长的短齿；花冠筒状，深蓝紫色，长约 2 cm，先端 5 裂，裂片卵圆形，先端急尖，裂片间有 5 褶状副冠片；雄蕊 5，着生于花冠管中部；子房长圆状，无柄，花柱甚短，柱头 2 裂。蒴果长圆形。种子椭圆形，褐色，有光泽。花期 7~8 月。果期 9~10 月。生于草地及湿坡上。分布黑龙江、辽宁、内蒙古、河北、山西、陕西、河南、宁夏、甘肃、青海、新疆及四川等地。

(三)近缘种和易混淆种[5]

秦艽组(*Sect. Cruciata Gaudin*)隶属于龙胆科(*Gentianaceae*)龙胆属(*Gentiana*)，全世界约 20 种。2005 年版《中国植物志》记载了 16 种，2 个变种，可作药用的有 12 种，包括：秦艽(*Gentiana macrophylla* Pall.)、麻花艽(*G. straminea* Maxim.)、粗茎秦艽(*G. crassicaulis* Duthie ex Burk.)、小秦艽(*G. dahurica* Fisch)、长梗秦艽(*G. waltonii* Burk)、川西秦艽(*G. dendrology* Marq.)、管花秦艽(*G. siphonantha* Maxim.)、黄管秦艽(*G. officinalis* H.)、天山秦艽(*G. tianshanica* Rupr.)、中亚秦艽(*G. kaufmanniana* Regel et Schmalh)、西藏秦艽(*G. tibetica* King ex Hook.)、粗壮秦艽(*G. robusta* King ex Hook.)、新疆秦艽(*G. walujewii* Regel et Schmalh)、纤茎秦艽(*G. tenuicaulis* Ling)、全萼秦艽(*G. lhassica* Burk.)、斜升秦艽(*G. decumbens* L.)、大花秦艽(变种)[*G. macrophylla* Pall. var. *Fetissowi* (Rgl. et Winkl.) Maet K. C. Hsia]、钟花小秦艽(变种)(*G. dahurica* Fisch. var. *cam panulata* T. N.)。此外，还有分布于太白山的太白秦艽(*G. wutaiensis* Marq.)，以及 20 世纪 80 年代王英等报道的甘南秦艽(*G. gannanensis* Y. Wang et Z. C. Lou)。《中华人民共和国药典》(2015 年版)收载的秦艽为龙胆科植物秦艽(*Gentiana macrophylla* Pall.)、麻花秦艽(*Gentiana straminea* Maxim.)、粗茎秦艽(*Gentiana crassicaulis* Duthie ex Burk.)或小秦艽(*Gentiana dahurica* Fisch.)。药用部分为上述植物干燥根，其中大叶秦艽是秦艽组植物分布最广的种，也是秦艽药材来源的主要品种。

从历代本草记载来看，秦艽的原植物应该是龙胆科龙胆属植物秦艽(*Gentianae macrophyllae* radix.)，秦艽近缘种分为麻花秦艽(*Gentiana straminea* Maxim.)、粗茎秦艽(*Gentiana crassicaulis* Duthie ex Burk.)或小秦艽(*Gentiana dahurica* Fisch.)。

三、道地沿革

(一)本草记述的产地及变迁

传统本草有关秦艽道地产区的记载在不同时代有不同的变化，参考相关本草典

籍,有关本草中秦艽道地产区记载详见表 4-47。

表 4-47　本草中有关秦艽产地的描述

典　籍	产地描述	备　注
本草经集注(南北朝)	飞乌或是地名,今出甘松、龙洞、蚕陵	飞乌,今四川中江;蚕陵,今四川松潘叠溪营西
唐本注(唐)	今出泾州、鄜州、岐州者良	泾州,今甘肃泾川;鄜州,今陕西富县;岐州,今陕西凤翔
新修本草(唐)	今出泾州、鄜州、岐州者良	
本草图经(宋)	生飞乌山谷,今河、陕州郡多有之	河,河州,今甘肃临夏;陕,陕州,河南陕县
本草纲目(明)	出飞乌山谷及甘松龙洞、泾州、鄜州、岐州诸处	
本草品汇精要(明)	道地泾州、鄜州、岐州者良	
本草汇(清)	产秦中	秦中,今陕西中部平原
本草汇笺(清)	产秦地	秦地,今甘肃天水和陕西关中

　　由表 4-47 可以看出,自春秋《本草经集注》起,历史记载的秦艽产地为今甘肃、陕西、四川等地,至明末清初时期所记载的秦艽产地多为今陕西、甘肃[5,36]。现今,秦艽主要分布于我国甘肃、宁夏、内蒙古、陕西的高海拔地区。

(二)本草记述的产地及药材质量

　　秦艽在我国具有 2000 多年的药用历史,秦艽最早见于春秋时期《本草经集注》[6],列为中品,载"生山谷",后历代本草皆有收载,如《本草纲目》[7]载"秦艽出秦中,以根作罗文交纠者佳,故名秦艽"。《本草经集注》曰秦艽"生飞乌山谷",同时又做了解释,"飞乌或是地名。今出甘松(今四川境内)、龙洞(今陕西宁羌)、蚕陵(今四川松潘),长大黄白色为佳"。《新修本草》载[8]:"今出泾州(今甘肃泾川),鄜州(今陕西富县),岐州(今陕西凤翔)者良"。《植物名实图考》[9]以秦艽的植物形态描述,并载:"今山西五台山所产,形状正同"。由此可证,甘肃、陕西、山西、四川等省应为历史上秦艽的道地产区。本草史上对秦艽的形态描述记载多为药材性状,《雷公炮炙论》[9] 载:"凡使秦艽并须于脚纹处认取,左纹列为秦,右纹为艽",《本草备要》等均附和雷公说法,以左纹者为佳。而《本草经集注》《证类本草》《本草图经》《本草蒙筌》等均未提及左右纹之区别,而秦艽商品,左右纹皆有。

四、道地药材产区及发展

(一)道地药材产区

根据历代本草和史料记载,陕西、甘肃、宁夏、四川、陕西等多地均为秦艽的道地产区。宁夏六盘山区产秦艽 3 种,即秦艽(*Gentiana maerophylla* Pall.)、小秦艽(*Gentiana dahurica* Fisch.)和麻花秦艽(*Gentiana straminea* Maxim.),均为中国药典规定的正品秦艽。其中秦艽的药用成分最高,是宁夏道地药材之一,麻花秦艽次之,小秦艽较低。2005年在六盘山区作资源调查时,已经很难找到大面积野生秦艽[10]。

(二)产区生境特点

野生秦艽生长在海拔较高,气候较湿润,年均气温较低的区域,一般年均气温 1~9℃,年降水量 400~670 mm。多生长在山坡、高山草甸、草丛、河滩、沟渠边等处,土壤类型多为山地荒漠土、山地栗钙土、山地灰褐土及亚高山草甸土、高山寒漠土等,伴生植物以禾草、莎草、篱草及小灌木为主。

在宁夏,秦艽和小秦艽主要产于六盘山、南华山和罗山,多生长于海拔1 500~2 900 m 的山坡草地及林缘。麻花秦艽多产南华山,生于 2 000 m 左右的山坡草地。土壤以富腐殖质的草甸土、荒漠土及砂质壤土为多,也有在含碎石发育较浅的淋溶灰褐土壤上生长。所以,气候凉爽,雨量充沛,土壤肥沃,是秦艽生长的良好环境[11]。

(三)道地药材的发展

秦艽的人工驯化、野生变家种、高产栽培、种子种苗繁育、病虫害防治等研究工作已经在我国的陕西、甘肃、宁夏、青海等地陆续展开。有关这方面的研究也有不少,赵玮[12]对秦艽的人工驯化技术进行了研究,谭林彩[13]等人研究了秦艽的栽培技术,何士剑[14]对秦艽的育苗技术进行了研究。宁夏早在 20 世纪 80 年代就开始了对秦艽进行野生变家种的引种栽培,并取得了一定的成绩。秦艽属高山植物,喜凉爽的气候,因此秦艽的栽培多受到地域条件的限制, 只能在一些高海拔的山区生长。即使在秦艽的适生区,秦艽栽培也有相当的困难,如栽培秦艽发芽和保苗率不高,形成商品生长周期长,产量少,经济效益不明显,药物有效成分低等因素也严重影响和制约着秦艽的人工栽培。

五、药材采收和加工

(一)本草记载的采收和加工

历代本草对于秦艽的采收加工的记载极少。《名医别录》[15]:"生飞乌山谷。二月、八月采根,暴干。"《本草图经》:"根土黄色而相交纠,长一尺已来,粗细不等。枝干高五六寸,叶婆娑,连茎梗俱青色,如莴苣叶。六月中开花,紫色,似葛花,当月结子。每于春秋采根,阴干。……秦艽须用新好罗纹者"。

根据本草记载秦艽的采收与加工,春、秋季均可采挖,但以秋季质量较好。挖出后去掉茎叶,晒至柔软时,堆成堆,自然发热,至根内部变成肉红色时,晒干。也可在挖根后,直接晒干。达乌里秦艽挖根后,洗去泥沙,搓去黑皮,晒干。

(二)采收和初加工技术研究

采收加工期为移栽后两年采挖,多选秋季茎叶枯萎时,采挖后剪去茎叶,除去泥土,日光下晒干或烘干(温度30~40℃),袋装贮藏。陈千良等通过对不同栽培年限秦艽药材质量变异比较研究,综合外观性状质量、指标成分含量和整体化学特征分析,秦艽栽培以四年采收最为适宜(表4-48)。

表4-48 不同生长年限秦艽根鲜重及化学成分累积动态

产量和品质	二年生(移栽1年)	三年生(移栽2年)	四年生(移栽3年)
单株根鲜重/g	2.57	6.76	25.4
龙胆苦苷含量/%	8.57	10.25	7.58

(三)道地药材特色采收、加工技术

历代本草对秦艽常用炮制方法有童便制、炒制、酒制等。《雷公炮炙论》曰:"凡用秦,先以布试上黄肉毛尽,然后用还元汤浸一宿,至明出,日干用"。《本草纲目》对还元汤作了解释:"尿,方家谓之轮回酒、还元汤",又引寇宗奭言:"人溺,惟童子者佳",可见,还元汤即童便。与《本草经解》[16]所载:"便浸晒"相吻合。《小儿药证直决》载:"去芦头,切,焙"。《疮疡经验全书》《仁术便览》《医宗说约》等均以酒制,但方法各异,有酒拌晒、酒洗浸、酒洗切片等。《神农本草经》[17]曰:"(秦艽)主寒热邪气,寒湿风痹,肢节痛,下水,利小便。"《本草经集注》云:"疗风,无问久新,通身挛急。"《本草蒙筌》[18]谓:"养血荣筋,除风痹肢节俱痛,通便利水,散黄疸遍体如金,除头风解酒毒,止肠风下血,去骨蒸传尸"。《本草求真》[19]载:"能除风湿牙痛。为风药中润剂,散药中补剂。"《本草分经》[20]进一步明确:"凡风湿痹症、筋脉拘挛,无论新久,偏寒偏热均用,为三痹必用之药"。

六、药材质量特征和标准

(一)本草记述的药材性状及质量

相对于秦艽比较普遍的道地产区的记载,本草对秦艽道地性状的描述比较一致,主要从颜色、大小、纹理等几个方面进行了描述,并分别用"良""佳"等形容其相应质

量,详见表4-49。

表4-49 主要本草中有关秦艽道地性状的描述

典 籍	性状描述
本草经集注(南北朝)	长大黄白色为佳。根皆作罗纹相交,中多衔土
本草真诠(明)	新好罗纹者佳,长大黄白色者妙
本草原始(明)	根形土黄色,以左纹者为良
药镜(明)	秦艽生飞乌谷。黄白色为佳。……左纹者良
握灵本草(清)	秦艽,河、陕皆有之。长大黄白色者为佳

由表4-48可见,"黄白色""土黄色""罗纹""左纹"为传统评价秦艽质优的性状标准。历代对秦艽道地性状的认识比较一致。其中,"黄""罗纹"是记述频率比较高的性状特征,特别是"长大黄白色,根形土黄色,左纹者"为记载频率最高的性状特征。综上所述,秦艽的道地性状质量评价指标可以总结为:罗纹,质硬而脆,易折断,断面柔润,略显油性,黄白色者为佳。

(二)特色技术规范和标准

《秦艽生产操作规程(SOP)》于2005年8月23日由青海省质量技术监督局作为《青海省地方标准》发布,自2005年9月1日起实施。本技术规程由青海大学医学院提出、归口并负责解释。

中国农业大学牛晓雪[21]以秦艽(Gentiana macrophylla Pall.)为研究对象,通过秦艽种子生物学的研究,初步建立了秦艽种子质量检验方法和质量分级标准;通过引发剂种类及引发条件的研究,建立了一种提高种子萌发能力的引发方法;通过对引发过程物质代谢、能量代谢、信号转导等生理和分子指标的研究,探讨了种子引发提高种子活力的机制;以秦艽药用部位为对象,研究了不同年限、不同采收期以及不同采收部位有效成分含量的差异;并初步探讨了不同干燥方法对药材各项理化指标的影响。

以种子纯度、千粒重(或筛选孔径)、生活力(或发芽率)、净度、含水量为指标对种子质量进行分级,见表4-50。又以品种纯度、根长、根完整度等为指标对二年生秦艽种苗质量进行分级,见表4-51。

表 4-50　秦艽种子质量分级

级 别	净度/%	纯度/%	生活力	含水量/%
原种种子	≥95	≥98	≥95	≤10
一级种子	≥95	≥95	≥90	≤10
二级种子	≥95	≥95	≥85	≤10

表 4-51　秦艽二年生种苗分级表

标 准	根长/cm	根完整度/%	品种纯度/%	百株重量/g
原种种苗	≥15	98	98	≥40
一级种苗	≥15	95	95	≥35
二级种苗	≥12	95	95	≥30

(三)道地药材质量特征的研究

秦艽的化学成分主要有环烯醚萜类、甾醇类、生物碱类、黄酮类、苯甲酸及衍生物、秦艽多糖及挥发油等,其中,环烯醚萜类成分中的龙胆苦苷是主要药用成分。吴靳荣[22]等研究表明,秦艽类药材中5种环烯醚萜类含量除了与物种有关外,还与种质资源、环境和生长年限密切相关;小秦艽中各组分的含量明显低于其他3种正品秦艽。曹晓燕[23]等利用 HPLC 法比较分析秦艽、粗茎秦艽、麻花秦艽和小秦艽植物不同器官中4种环烯醚萜苷成分的含量表明,4种环烯醚萜苷成分含量与秦艽种类、器官、产地和采样时间密切相关。龙胆苦苷和马钱苷酸在秦艽组植物根部的含量均明显高于茎、叶和花,獐牙菜苦苷在根和花中的含量均相对最高,獐牙菜苦苷在花中的积累较多。此外,秦艽和粗茎秦艽中龙胆苦苷和马钱苷酸总量高于小秦艽和麻花秦艽;小秦艽茎、叶和花中獐牙菜苷含量均最高,而秦艽茎和叶及粗茎秦艽花中獐牙菜苦苷含量均最低。

此外,秦艽中还富含铜、锌、铁、锰、镍、钴、铬、钒、钙、镁和钾等多种无机元素,其含量与产地、种类、药用部位、施肥处理、生长季节及生长年限密切相关。李新爱[24]等采用火焰原子吸收光谱法测定云南不同产地栽培粗茎秦艽中铁、锰、铜、锌4种无机元素的含量结果表明,不同产地粗茎秦艽中4种无机元素均较为丰富但含量有一定差异,基本表现为铁>锰>锌>铜。

根据《中华人民共和国药典》(2015 年版一部)秦艽含量测定项下规定,以龙胆苦苷和马钱苷酸的总量为秦艽的质量评价指标。为更好开发利用秦艽资源,许多学者运用 HPLC、UPLC 技术对秦艽中龙胆苦苷、马钱苷酸含量进行测定,这些方法的优点是精密度高,重现性好,并且快捷、准确、可控。和祎[25]对云南栽培的粗茎秦艽不同生长年限龙胆苦苷含量进行比较发现,三年生的粗茎秦艽龙胆苦苷含量最高,质量最好,但是从产量和生产成本综合考虑,栽培上一般以两年生为主,这为秦艽药材的栽培采收和质量控制提供了依据。马潇[26]通过对甘肃产秦艽的根及地上部分茎叶、花中的龙胆苦苷含量进行分析测定,发现所测样品中根的龙胆苦苷含量最高,茎叶及花中龙胆苦苷的含量也均高于或接近《中华人民共和国药典》标准。说明秦艽根、茎叶及花均具有较高的开发利用价值,为合理开发利用秦艽提供了科学依据。张明燕[27]等采用 UPLC 法对四川省松潘县地产 3 种秦艽中马钱苷酸和龙胆苦苷含量进行测定,与 HPLC 相比,其分离效果和分析效率均有大幅度提高,对于快速测定秦艽中龙胆苦苷、马钱苷酸含量具有很好的操作性,此方法大大提升了秦艽质量分析的效率。汪荣斌[28]等对甘肃产的 5 个种不同产地的药材进行活性成分含量比较研究,发现同种秦艽中,栽培品的龙胆苦苷含量均高于野生品,并且在不同品种间也有较大差异。这同时反映出同品种的质量和多品种的质量都具有差异性。呼延玲[29]对秦艽中芦头、根外皮部、根木心部龙胆苦苷含量测定结果表明,芦头中仍然含有龙胆苦苷,但含量仅为根外皮部的 10%,生产过程中不能按正常药材投料,《中华人民共和国药典》中收载秦艽药用部位为根,因此,药用时应去除芦头以保证药材质量。曹晓燕[23]等比较分析了 4 种秦艽属植物不同器官中马钱苷酸、龙胆苦苷和獐牙菜苷的含量,并以这 4 种环烯醚萜苷成分含量为依据探讨 4 种秦艽属植物的质量差异,较其他单以龙胆苦苷和马钱苷酸含量为依据的秦艽质量评价方法更具全面性。

(四)道地药材质量标准

《中华人民共和国药典》(2015 年版一部)中收载秦艽的质量评价标准主要包括性状、鉴别、检查、浸出物等几个方面,其中,规定总灰分不得过 8.0%,酸不溶性灰分不得过 3.0%。

甘肃中医药大学杨燕梅[30]等分别对栽培麻花艽,野生萝卜艽、麻花艽、小秦艽进行商品等级划分 6 个商品规格的最终聚类分析结果,划分出的各商品规格等级的数据范围。

表 4-52　秦艽药材商品等级划分结果

规格	等级	性状描述	
		共同点	区别点
野生萝卜艽	一等	干货。呈圆锥形或圆柱形,有纵向皱纹。主根明显,多有弯曲,根下有细小分枝。表面灰黄色或黄棕色。质坚而脆。断面皮部棕黄色,中心土黄色,当年样断面黄白色。气特殊,味苦涩。无芦头、残基、杂质、虫蛀、霉变	芦下直径大于11 mm
	二等		芦下直径 3~11 mm
野生麻花艽	一等	干货。常有数个小根聚集交错缠绕,多向右扭曲,个别左扭,下端几个小根逐渐合生。表面棕褐色或黄棕色,粗糙,有裂隙呈网状纹,体ார而疏松。断面常有腐朽的空心。气特殊,味苦涩。无芦头、须根、杂质、虫蛀、霉变	芦下直径大于10 mm
	二等		芦下直径 3~10 mm
野生小秦艽	一等	干货。呈细长圆锥形或圆柱形,牛尾状,常有数个小根纠合在一起,扭曲,有纵沟,下端小根逐渐合生。芦头下膨大不明显。表面黄褐色或黑褐色,体轻疏松,断面黄白色或黄棕色,气特殊,味苦。无残基、屑渣、杂质、虫蛀、霉变	芦下直径大于8 mm
	二等		芦下直径 3~8 mm
栽培萝卜艽	一等	干货。呈圆锥形或圆柱形,有纵向或略向右扭的皱纹,主根粗大似鸡腿、萝卜,末端有多数分枝。表面灰黄色或黄棕色。质坚而脆。断面皮部棕黄色或棕红色,中心土黄色。气特殊,味苦涩。无芦头、须根、杂质、虫蛀、霉变	芦下直径大于18 mm
	二等		芦下直径 11~18 mm
	三等		芦下直径 3~11 mm
栽培麻花艽	一等	干货。常由数个小根聚集交错缠绕呈辫状或麻花状,有显著地向右扭曲的皱纹,个别左扭。表面棕褐色或黄褐色、粗糙。有裂隙呈网纹状,体轻而疏松。断面常有腐朽的空心,气特殊,味苦涩。无芦头、残基、杂质、虫蛀、霉变	芦下直径大于18 mm
	二等		芦下直径 5~18 mm
栽培小秦艽	一等	干货。呈细长圆锥形或圆柱形,芦头下多有球形膨大,黄白色小突起较多,多纵向排列于凹槽。芦下直径大于3 mm,表面黄色或黄白色。体轻疏松。断面黄白色或黄棕色。气特殊,味苦涩。无残基、屑渣、杂质、虫蛀、霉变	芦下直径大于8 mm
	二等		芦下直径 3~8 mm

七、药用历史及研究应用

(一)传统功效

秦艽辛、苦,平。归胃、肝、胆经。主治祛风湿,清湿热,止痹痛,退虚热。

《本经》:主寒热邪气,寒湿风痹,肢节痛,下水,利小便。

《别录》:疗风,无问久新;通身挛急。

《药性论》:利大小便,瘥五种黄病,解酒毒,去头风。

《四声本草》:疗酒黄,黄疸。

《日华子本草》:主骨蒸,治疳及时气。

《珍珠囊》:去阳明经风湿痹,仍治口疮毒。

《医学启源》:治口噤,肠风泻血。

《主治秘要》:养血荣筋,中风手足不遂者用之。去手足阳明下牙痛,以去本经风湿。

《本草纲目》:治胃热,虚劳发热。

《本草正》:解瘟疫热毒,骨蒸发热,潮热烦渴及妇人胎热,小儿疳热瘦弱。

(二)临床应用

治中风手足阳明经,口眼歪斜,恶风恶寒,四肢拘急:升麻、葛根、甘草(炙)、芍药、人参各半两,秦艽、白芷、防风、桂枝各三钱。上细切。每服一两,水二盏,连须葱白三茎,长二寸,煎至一盏,去滓,稍热服,食后。服药毕,避风寒处卧,得微汗出则止。

治背痛连胸:秦艽一钱五分,天麻、羌活、陈皮、当归、川芎各一钱,炙甘草五分,生姜三片,桑枝三钱(酒炒)。水煎服。

治风中经络而痛:羌活一钱五分,当归二钱,川芎一钱,熟地三钱,秦艽、白芍(酒炒)、独活各一钱五分。

治黄:秦艽一大两。细锉,作两贴子,以上好酒一升,每贴半升,酒绞取汁,去滓。空腹分两服,或利便止。

治黄疸,皮肤眼睛如金黄色,小便赤:秦艽五两,牛乳三升。煮取一升,去滓。内芒硝一两服。

治虚劳潮热,咳嗽,盗汗不止:秦艽(去苗、土)、柴胡(去苗)、知母、甘草(锉、炙)各一两。上四味,粗捣筛。每服三钱匕,水一盏,煎至六分,去滓,温服,不计时候。

治骨蒸壮热,肌肉消瘦,唇红,颊赤,气粗,四肢困倦,夜有盗汗:柴胡、鳖甲(去裙,酥炙,用九肋者)、地骨皮各一两,秦艽、当归、知母各五钱。上六味,为粗末。每服五钱,水一盏,青蒿五叶,乌梅一个,煎至七分,去滓温服,空心、临卧,各一服。

治消渴,除烦躁:秦艽二两(去苗),甘草三分(炙微赤,锉)。上件药,捣筛为散。每服四钱,以水一中盏,入生姜半分,煎至六分,去滓,不计时候温服。

治小便艰难,胀满闷:秦艽一两(去苗)。以水一大盏,煎取七分,去滓,食前分作二服。

(三)现代药理学研究与应用

1. 抗炎作用

秦艽碱甲能减轻大鼠的甲醛性"关节炎",腹腔注射(90 mg/kg)的效果与水杨酸钠(200 mg/kg)相当。对大鼠蛋清性"关节炎"亦有作用,如预先注射氯喹或秦艽中性乙醇浸剂、水杨酸钠、皮质酮都能减轻关节肿胀的程度,并加速其消退。秦艽碱甲与氯喹、皮质酮及秦艽中性乙醇浸剂相似,但较水杨酸略强。在抗炎作用原理方面,认为秦艽碱甲是通过兴奋肾上腺皮质而实现的,因切除肾上腺后,秦艽即无抗炎作用;同时也证明了它确能使大鼠肾上腺内维生素 C 含量降低,而切除垂体后,即失去此种作用,故知其与促成质素尚有所不同,并不能直接兴奋肾上腺皮质。对用巴比妥麻醉的大鼠,秦艽碱甲亦无降低肾上腺内维生素 C 含量的作用,故知秦艽的抗炎作用是通过神经系统以激动垂体,促使肾上腺皮质激素分泌增加而实现的。秦艽碱甲的双氢化物(侧链上无双键)无消炎作用,由此可见双键的存在是药理作用必要的一环。秦艽碱甲对豚鼠的组织胺性休克及大鼠的蛋清性过敏性休克均有显著的保护作用,它还能明显降低大鼠的毛细血管的通透性[31]。

2. 对中枢神经系统的作用

秦艽碱甲小剂量对小鼠、大鼠的中枢神经系统有镇静作用,较大剂量则有中枢兴奋作用,最后导致麻痹而死亡。它本身无催眠作用,却能增强戊巴比妥的催眠–麻醉作用。较小剂量能抑制狗肠瘘因灌注氯化汞所引起的反射性肠液分泌,即抑制了狗的神经系统。秦艽碱甲对大鼠有一定的镇痛作用,但较短暂;对小鼠(热板法)亦有一定的镇痛作用,如与延胡索、草乌等并用,可使效力增强[32]。

3. 对循环系统的作用

大叶龙胆的水及醇浸出液有降低麻醉动物血压的作用。秦艽碱甲能降低豚鼠血压,对麻醉犬、兔亦具降压作用,但持续较短,且使心率减慢;阿托品及切断迷走神经不能阻断此种作用。此碱对离体蛙心亦表现抑制作用,因此降压作用可能系心脏抑制所致[33]。

4. 对血糖的影响

给大鼠腹腔注射秦艽碱甲 150~250 mg/kg,0.5 h 后即可使血糖显著增高,维持约

3 h,对小鼠亦有同样作用。同时肝糖原有显著降低;切除肾上腺或用阻断肾上腺素的药物(双苄氯乙胺)后,即失去此种作用,故升高血糖作用可能是通过肾上腺素的释放所致[34]。

5. 抗菌作用

秦艽乙醇浸液在体外对炭疽杆菌、葡萄球菌、伤寒杆菌、肺炎杆菌、痢疾杆菌、霍乱弧菌均有抑制作用,其水浸剂(1:3)在试管内对某些常见皮肤真菌也有不同程度的抑制作用[35]。

(四)现代医药应用

治疗关节痛、头痛、牙痛等:取秦艽 100 g,或秦艽、白芷各 50 g,加入普鲁卡因 1 g,制成注射液 100 ml,分装、灭菌备用。肌肉注射每次 2 ml。曾应用 2 000 多人次,对风寒引起的周身疼痛,以及多年风湿性腰腿痛均有止痛效果。

治疗流行性脑脊髓膜炎:将秦艽制成注射液,每毫升约含生药 0.625 g,每次2~5 ml,每日 4~6 次,肌肉注射。试治 21 例,经用药 3~7 d 均获痊愈,无 1 例发生后遗症。

此外,以秦艽为主,结合辨证施治加用其他药物,治疗小儿急性黄疸型传染性肝炎20 例,获得较好疗效[35]。

八、资源综合利用和保护

(一)资源综合开发利用

秦艽作为《中华人民共和国药典》收载的传统中药,在抗炎镇痛方面临床上应用也比较广泛,尤其秦艽升麻汤,疗效甚好。秦艽的药理作用与临床应用研究目前主要集中在中药煎剂及复方制剂,而对秦艽单味药的研究报道还较少,所以加强秦艽的药理作用与临床应用研究将是推动秦艽正确合理使用的基础。

(二)新药用部位开发利用

秦艽临床常用于治疗风湿痹证,中风不遂,骨蒸潮热,疳积发热,湿热黄疸等。但近年来随着认识的不断深入,秦艽在治疗神经系疾病、肛肠疾病、呼吸道感染、皮肤疾病等多种疾病中发挥出独特的疗效。

在面神经炎方面,邬政[37]等以大秦艽汤加减以疏风清热、养血活血通络,并配合针灸以面部阳明、少阳明经脉为主,达到很好的疗效;陈国亮[38]用大秦艽汤加味达祛风散邪清热,健脾除湿化痰,益气养血,舒筋通络之功,疗效甚佳。吴绍雄等以疏风散寒、化痰通络为法,自拟端容方(全蝎、防风、白附子、僵蚕、秦艽、赤芍、白芷)治疗取效。郑文[39]自拟通络牵正汤祛风通络、养血活血、止痉化痰,治疗面神经炎疗效满意。在治疗面瘫中秦艽常与全蝎、僵蚕等配伍增强祛风痰通经络的效果，与防风、白芷等相配而解表祛风散邪，配当归、川芎等养血活血荣筋，能收到扶正祛邪、化痰通络之功。

在呼吸道感染方面，赵建磊[40]等在方中加用秦艽、徐长卿配伍治之往往能起到奇效。尤其是秦艽常见于治疗阴虚咳嗽的方剂中，如刘晋秀[41]等在治疗阴虚咳嗽上认为其主要病机为余邪滞留，肺肾阴伤，虚火上炎。治以滋阴养血、润肺止咳秦艽鳖甲汤加减。结果治愈 39 例，好转 9 例，无效 2 例。何建宇[42]亦运用秦艽鳖甲汤加减治疗阴虚顽固性咳嗽 41 例，其中痊愈 28 例，好转 9 例，无效 4 例。皆获得较好疗效。在治疗阴虚咳嗽中，秦艽取其退虚热之功，常与知母、生地黄等相伍滋阴清肺，与青蒿、银柴胡相伍透热于外，再加百部等润肺之品，共奏养阴清热、润肺止咳。而在其他外感咳嗽中佐以秦艽是取其祛风清热之功。

在皮肤疾病方面，秦艽及其配伍方剂也多用于各种皮肤病。如《太平圣惠方·卷六十五》记载用秦艽丸治疗疥疮、湿疹、顽癣皮肤病，中医外科名家赵炳南先生扩大其运用，将秦艽丸用于神经性皮炎、皮肤瘙痒症、红斑狼疮的治疗，效果良好。王微等应用复方秦艽丸治疗湿热内蕴型慢性湿疹，临床疗效显著。任朝霞自拟祛风除湿、活血润肌方剂浸浴治疗掌跖皲裂性湿疹。周宝宽[43]等以大秦艽汤加减用于治疗荨麻疹、神经性皮炎、玫瑰糠疹、瘙痒症等疾病，亦疗效甚佳。取大秦艽汤祛风清热、养血活血之功，治疗属外风初中之皮肤病，方证相合疗效甚佳。在治疗皮肤病中秦艽用其祛风除湿之功效，配苦参、大黄等燥湿止痒，石膏、黄连等清热解毒，再配祛风解毒为君如乌蛇等，共奏祛风除湿、清热解毒、通络止痒、消疹之功。

在肛肠疾病方面，胡海华[44]等在临床中随症加减配伍用于治疗肛科内痔、肛裂、肛周脓肿及结肠炎等病，内外兼治，疗效满意。靳胜利[45]等运用加味秦艽苍术汤配合微波治疗肛窦炎疗效显著。邓泽潭[46]用止痛如神汤（秦艽、苍术、黄柏、防风、桃仁、皂角刺、当归、泽泻、槟榔、大黄）灌肠治疗肛窦炎，痊愈 30 例，显效 8 例，无效 2 例。杨风利[47]等用防风秦艽汤治疗内痔也疗效甚佳。

另外，魏文康[48]等运用具有清热解毒、活血祛瘀、祛风除湿作用的抗风湿方（银花、连翘、秦艽、防己、甘草、桔梗、丹参、黄芪）治疗慢性风湿性心脏瓣膜病，显示在预防瓣膜病变恶化和减少风湿热发作方面的作用与长效青霉素相仿，在临床症状的改善方面有优于青霉素的趋势。对围绝经期综合征，李彩荣[49]等认为本病以肾阴虚者居多，用秦艽鳖甲散治之效果甚佳。郭亚平[50]等认为格林-巴利综合征（GBS）起病急骤及临床症状类似中医学"中风"里的风中经络治宜疏散风邪、活血通络为主，用大秦艽汤加减结合西医治疗 30 例,结果表明疗效较佳。

以上所述表明秦艽辛散苦泄,质偏润而不燥,具有祛风邪、舒筋络、清湿热、养血荣筋、通利血络的诸多效用,显然其功效已超出传统治疗范畴。

(三)资源保护和可持续发展

野生秦艽是六盘山区的宝贵财富,如果不重视现有资源的保护,只顾索取,忽视长远利用,势必使野生资源越采越少。因此,保护野生秦艽资源是亟待运作的一件大事。根据生态学原理,凡野生秦艽集中成片生长的地方,其生态环境必然满足秦艽生物学特性的要求,适合秦艽的生长繁育[51]。在野生秦艽生长的山坡草地及林缘结合"封山禁牧工程",建立自然保护区,贯彻执行《野生药材资源保护管理条例》,加大宣传力度,增强广大群众的资源忧患意识,依法保护野生药材资源的环境,是恢复野生秦艽资源,增加天然储量的有效途径。同时根据野生秦艽自身的生长、发育和繁殖规律,遵循药材的一般采收原则,建立中药秦艽野生资源合理的、有序的、有计划的采集新秩序,采取可持续发展的战略,适时、合理、有效地采集野生秦艽资源,才能统筹保护和利用的可持续发展。

以前盛产秦艽地区现今资源储量正连年锐减,有的甚至濒临灭绝。从调查结果可以认为我国的秦艽资源可持续利用首先应加强对野生资源的保护。各地政府可根据实际情况,制定与本地相适应的管理制度和条例,重点开展以禁挖、禁牧、禁贩运的"三禁"工作,使秦艽资源得到切实保护。其次要加强优质秦艽栽培的研究,提高产量与质量,是实现资源可持续利用最根本有效的措施。因此,运用现代化的高科技手段,分析传统药用部位及其以外的部分的药用价值,或药用价值的成分,也是值得研究的[52]。秦艽是多年生草本植物,其茎、叶可被牲畜食用。秦艽的根用作制药后,其地上部分往往弃之不用。如果将其茎叶制作成一种高营养的饲料或配方饲料,将为当地的畜牧业发展增加饲料,具有潜在的开发前景。随着中药现代化发展的脚步,秦艽资源一定会得到更好的保护和可持续利用。

九、秦艽栽培技术

(一)产地环境

宜种植在海拔为 1 500~2 200 m,年降水量在 450~600 mm 的阴湿地区。

(二)立地条件

在土质疏松、肥沃的壤土中种植为好。

(三)选种

秦艽正品为龙胆科植物秦艽(*Gentiana macrophylla* Pall.)、麻花秦艽(*G. straminea* Maxim.)、小秦艽(*G. dahurica* Fisch.)的种子。

(四)仿野生栽培

1. 地块选择

选择土层厚 25 cm 以上,质地为壤土,坡度小于 15°的林下地块或山坡地块。

2. 播种期

选择中秋季节 8~9 月进行,秋天雨量充足,有利于提高秦艽种子发芽率。

3. 播种量

山坡地块种子用量为 0.5 kg/亩。林下地块种子用量为 1kg/亩。

4. 播种

撒播在山地土层较厚处,用钉耙适当耙耱,播后镇压。秦艽种子萌发需要遮阴条件,可以考虑间种油菜等一年生高秆作物。

(五)直播栽培

1. 整地施肥

整地前施入腐熟的农家肥 2~3 m³/亩,复合肥 10~15 kg/亩,耕翻 20~30 cm,耙耱平整。

2. 播种期

选择中秋季节 8~9 月进行,秋天雨量充足,有利于提高秦艽种子发芽率。

3. 播种量

直播用种量为 1~2 kg/亩。

4. 播种方法

播深 1~2 cm,将种子用细河沙拌匀撒入播种沟内,浅覆土,重镇压。秦艽种子萌发需要遮阴条件,播种后用长麦草覆盖,厚 1~2 cm,进行遮阴保墒和防止土壤板结,可以考虑间种油菜等一年生高秆作物。

(六)田间管理

1. 苗期管理

视降雨和土壤墒情及时补水,保持土壤湿润,直至出苗。齐苗后分 2~3 次揭去覆盖的麦草。

2. 中耕除草

根据杂草生长情况中耕除草每年 2~3 次。于 5 月中下旬进行第一次除草,此时幼苗易受伤,必须操作细致,除草应在杂草的开花期或结实期前进行,以减少杂草种子的散布。

3. 追肥

每年结合中耕除草于6月中下旬追施尿素或水溶性好的复合肥15~20 kg/亩,宁夏中南部干旱区,在肥料的选择上,更要选择施用易溶解、易吸收的复合肥,如"天脊"牌硝酸磷复合肥。

(七)病害防治

1. 农业防治

及时清除田间杂草,防除飞虫,加大通风排湿。

2. 化学防治

所选药剂和使用方法见表4-53。

表4-53　防治秦艽病害药剂及其使用方法

通用名	防除对象	有效成分剂量/(g·hm⁻²)	施用方法	注意事项
代森锰锌	秦艽斑枯病	720		
丙环唑	秦艽斑枯病	225	病害发生初期,连续叶面喷雾处理2次,间隔7~10 d,药液量450 L/hm²	喷雾应在晴朗、无风的天气进行,交替使用所选药剂
百菌清	秦艽斑枯病	675		
三唑酮	秦艽锈病	60		
醚菌酯	秦艽锈病	225		
苯醚甲环唑	秦艽锈病	180		

(八)采收

1. 采收期

秦艽生长3年后,于秋季10月至11月植株地上部分开始枯黄时采挖。

2. 采挖

深度以深于根2 cm为宜,挖出后除掉茎叶、须根和泥土。

3. 晾晒

在半遮光条件下散开晾至须根完全干燥,主根基本干燥、稍带柔韧性。继续堆放3~7 d,至颜色呈灰黄色或黄色时,再摊开将晾至完全干燥。

参考文献

[1] 中华人民共和国药典委员会. 中华人民共和国药典(一部)[M]. 北京: 中国医药科技出版社, 2015.

[2] (宋)苏颂. 本草图经[M]. 福州: 福建科学技术出版社, 1988.

[3] (南北朝)吴其濬. 植物名实图考[M] . 北京: 商务印书馆, 1958.

[4] 江苏新医学院. 中药大辞典[M]. 上海: 上海科学技术出版社, 1985.

[5] 马潇, 罗宗煜, 翟进斌, 等. 秦艽本草溯源[J]. 中医药学报, 2009, (5):70–71.

[6] (南北朝)陶弘景. 本草经集注(辑校本)[M]. 北京: 人民卫生出版社, 1994.

[7] (明)李时珍. 本草纲目(上册)[M] . 北京: 人民卫生出版社, 1987.

[8] (唐)苏敬. 新修本草[M]. 合肥: 安徽科学技术出版社, 1981.

[9] (南北朝)雷敩. 雷公炮炙论[M]. 南京: 江苏科学技术出版社, 1985.

[10] 漆燕玲. 赵玮, 李玉萍, 等.甘肃省药用植物秦艽野生资源现状及开发利用[J]. 中国野生植物资源, 2007, (5) : 44–46.

[11] 朱强, 李小龙, 郑紫燕, 等.药用植物秦艽的研究概述[J]. 农业科学研究, 2008, (3) : 62–65.

[12] 赵玮, 漆燕玲, 李玉萍. 秦艽人工驯化技术[J]. 中国中药杂志, 2006, 31(7): 600–601.

[13] 谭林彩, 秦艽栽培技术[J]. 农业科技通讯, 2006, (1): 28.

[14] 何士剑. 秦艽育苗技术[J]. 甘肃农业科技, 2002, (12): 44.

[15] (南北朝)陶弘景. 名医别录[M]. 北京: 人民卫生出版社, 1986.

[16] (清)叶天士. 本草经解[M]. 上海: 上海卫生出版社, 1957.

[17] (清)黄爽辑. 神农本草经[M]. 北京: 中医古籍出版社, 1982.

[18] (清)陈嘉谟. 本草蒙筌[M]. 北京: 人民卫生出版社, 1988.

[19] (清)黄宫绣. 本草求真[M]. 上海: 上海科学技术出版社, 1959.

[20] (清)姚澜. 本草分经[M]. 上海: 上海科学技术出版社, 1995.

[21] 牛晓雪, 牟萌, 董学会. 不同引发因子对秦艽种子萌发、储藏及幼苗生长的影响[J]. 中药材, 2018, 41 (08): 1795–1800.

[22] 吴靳荣, 吴立宏, 赵志礼, 等. 中药秦艽和习用品中 5 种环烯醚萜类成分的 HPLC 含量测定[J]. 中国中药杂志, 2014, 39(4): 715–720.

[23] 曹晓燕, 王政军, 王喆之. 4 种秦艽属植物不同器官中 4 种环烯醚萜苷成分含量的比较分析[J]. 植物资源与环境学报, 2012, 21(1): 58–63.

[24] 李新爱, 段宝忠, 严亚. 云南不同产地粗茎秦艽中四种无机元素含量研究[J]. 现代中药研究与实践, 2015, 29(2): 15–19.

[25] 和祎. 不同生长年限粗茎秦艽地下部分龙胆苦苷含量分析[J]. 中国民族民间医药, 2012, 20(9) : 36–36.

[26] 马潇, 朱俊儒, 何禄仁, 等. 甘肃产秦艽不同部位中龙胆苦苷的含量测定[J]. 中国实验方剂学杂志, 2009, 15(8): 10–11.

[27] 张明燕, 方成武, 金琰琰, 等. 四川松潘地区三种秦艽的重金属和农残检测[J]. 广州化工, 2016, 44(09): 107–110.

[28] 汪荣斌, 张西玲, 刘丽莎. 甘肃产秦艽组植物药材活性成分含量比较[J]. 中药材, 2009, 32 (8): 1202–1204.

[29] 呼延玲, 解娟, 陈世虎. 高效液相色谱法测定秦艽不同部位龙胆苦苷的含量[J]. 中国中医药信息杂志, 2005, (10): 41–42.

[30] 杨燕梅, 林丽, 卢有媛, 等. 基于多指标成分分析野生与栽培秦艽药材商品规格等级[J]. 中国中药杂志, 2016, 41(05): 786–792.

[31] 聂继红, 张海英, 郭亭亭. 中药秦艽抗炎镇痛作用的实验研究[J]. 中国现代医药杂志, 2010, (12): 12–14.

[32] 黄璐琳, 杨晓, 丰先红, 等. 秦艽的研究进展[J]. 中国现代中药, 2011, (13) : 40–42.

[33] 蔡秋生, 张志红, 高慧琴. 秦艽药理作用及临床应用研究进展[J]. 甘肃中医药大学学报, 2010, (6): 55–58.

[34] 苏晓聆, 李福安, 魏全嘉. 秦艽临床应用研究概况[J].青海医药杂志, 2009, (6): 93–95.

[35] 刘然, 王承平, 何利黎, 等. 秦艽的临床新用及思考[J]. 中药与临床, 2013, (5): 34–38.

[36] 权宜淑. 中药秦艽的本草学研究[J]. 西北药学杂志, 1997, (3): 113–114.

[37] 邬政, 邬志奇. 大秦艽汤加针灸治疗面神经炎 67 例[J]. 内蒙古中医药, 2011, 30(17): 54.

[38] 陈国亮. 大秦艽汤加味治疗面瘫临床观察[J]. 内蒙古中医药, 2011, 30(02): 51.

[39] 郑文. 通络牵正汤治疗面神经炎 30 例疗效观察[J]. 黔南民族医专学报, 2012, 25(02): 125–126.

[40] 赵建磊, 汪震. 秦艽、徐长卿配伍治疗风咳浅议[J]. 中国中医急症, 2012, 21(03): 421–422.

[41] 刘晋秀. 秦艽鳖甲汤加减治疗阴虚型咳嗽 50 例临床分析[J]. 青海医药杂志, 2008, (02):33.

[42] 何建宇. 秦艽鳖甲汤加减治疗阴虚型顽固性咳嗽 41 例[J]. 新中医, 1999, (02):43.

[43] 周宝宽, 周探. 大秦艽汤治疗皮肤病验案[J]. 山东中医杂志, 2012, 31(06):450–451.

[44] 胡海华, 曹军. 防风秦艽汤在肛肠科的应用[J]. 四川中医, 2007, (07):87–88.

[45] 靳胜利. 加味秦艽苍术汤配合微波治疗肛窦炎 94 例临床观察[A]. 中华中医药学会、中华中医药学会肛肠分会. 2012.

[46] 邓泽潭. 止痛如神汤灌肠治疗肛窦炎 40 例临床观察[A]. 中华中医药学, 2011.

[47] 杨凤利, 余静. 防风秦艽汤治疗内痔出血 200 例体会[J]. 宁夏医学杂志, 2005, (10): 70.

[48] 魏文康, 莫少琪. 中医药预防慢性风湿性心脏瓣膜病患者风湿热发作的临床研究[J]. 广州中医药大学学报, 2005, (03): 167–169.

[49] 李彩荣, 邓秀莲.秦艽鳖甲散加减治疗围绝经期综合征 52 例临床观察[J].河北中医, 2009, 31(08): 1180.

[50] 郭亚平, 肖烈钢, 朱成全. 中西医结合治疗格林-巴利综合征 36 例临床观察[J]. 实用中西医结合临床, 2004, (03): 10–11.

[51] 聂燕琼, 李海彦, 孙娜, 等. 粗茎秦艽资源研究进展[J]. 中国现代中药, 2012, (5): 37–40.

[52] 梁晋如, 朱砂, 张新新, 等. 粗茎秦艽的研究概况及展望[J]. 中药材, 2012, (3): 495–499.

编写人:张新慧　李明　付雪艳

第十节 大 黄

一、概述

来源：本品为蓼科植物掌叶大黄（*Rheum palmatum* L.）、唐古特大黄（*Rheum tanguticum* Maxim.ex Balf.）或药用大黄（*Rheum officinale* Baill.）的干燥根和根茎。秋末茎叶枯萎或次春发芽前采挖，除去细根，刮去外皮，切瓣或段，绳穿成串干燥或直接干燥。

生长习性：生于山地林缘或草坡，喜欢阴湿的环境，野生或栽培。

质量标准：执行《中华人民共和国药典》（2015 年版一部）[1]。

【性状】本品呈类圆柱形、圆锥形、卵圆形或不规则块状，长 3~17 cm，直径 3~10 cm。除尽外皮者表面黄棕色至红棕色，有的可见类白色网状纹理及星点（异型维管束）散在，残留的外皮棕褐色，多具绳孔及粗皱纹。质坚实，有的中心稍松软，断面淡红棕色或黄棕色，显颗粒性；根茎髓部宽广，有星点环列或散在；根木部发达，具放射状纹理，形成层环明显，无星点。气清香，味苦而微涩，嚼之粘牙，有沙粒感。

【检查】干燥失重取本品，在 105℃干燥 6 h，减失重量不得过 15.0%。

总灰分不得过 10.0%。

【浸出物】照水溶性浸出物测定法项下的热浸法测定，不得少于 25.0%。

【含量测定】总蒽醌照高效液相色谱法测定。本品按干燥品计算，含游离蒽醌以芦荟大黄素（$C_{15}H_{10}O_5$）、大黄酸（$C_{15}H_8O_6$）、大黄素（$C_{15}H_{10}O_5$）、大黄酚（$C_{15}H_{10}O_4$）和大黄素甲醚（$C_{16}H_{12}O_5$）的总量计，不得少于 0.2%。

【炮制】除去杂质，洗净，润透，切厚片或块晾干。

酒大黄：取净大黄片，照酒炙法炒干。本品形如大黄片，表面深棕黄色，有的可见焦斑。微有酒香气。

【含量测定】游离蒽醌同药材，不得少于 0.50%。

熟大黄：取净大黄块，照酒炖或酒蒸法炖或蒸至内外均呈黑色。本品呈不规则的块片，表面黑色，断面中间隐约可见放射状纹理，质坚硬，气微香。

【含量测定】游离蒽醌 同药材，不得少于 0.50%。

【性味与归经】苦,寒。归脾、胃、大肠、肝、心包经。

【功能与主治】泻下攻积,清热泻火,凉血解毒,逐瘀通经,利湿退黄。用于实热积滞便秘,血热吐衄,目赤咽肿,痈肿疔疮,肠痈腹痛,瘀血经闭,产后瘀阻,跌打损伤,湿热痢疾,黄疸尿赤,淋证,水肿;外治烧烫伤。酒大黄善清上焦血分热毒,用于目赤咽肿、齿龈肿痛。熟大黄泻下力缓、泻火解毒,用于火毒疮疡。大黄炭凉血化瘀止血,用于血热有瘀出血症。

【用法与用量】3~15 g;用于泻下,不宜久煎。外用适量,研末敷于患处。

【注意】孕妇及月经期、哺乳期慎用。

【贮藏】置通风干燥处,防蛀。

二、基源考证

(一)本草记述

传统本草有关大黄物种的记载主要集中在植物形态的描述,有关本草中大黄植物形态记载见表4-54。

表4-54 本草中有关大黄物种形态的描述

典 籍	物种描述
吴普本草(魏)	二月卷生黄赤其叶,四四相当,茎高三尺许,三月花黄,五月实黑,八月采根,根有黄汁,切片阴干。
新修本草(唐)	二月、八月日不烈,恐不时燥,即不堪矣。叶、子、茎并似羊蹄,但粗长而厚。其根细者亦似宿羊蹄,大者乃如碗,长二尺……幽、并已北渐细,气力不如蜀中者。今出宕州、凉州、西羌、蜀地皆有。陶称蜀地者不及陇西,误矣
蜀本草(后蜀)	叶似蓖麻,根如大芋,傍生细根如蒔,小者亦似羊蹄。又云:图经云高六七尺,茎脆
本草图经(宋)	正月内生青叶,似蓖麻,大者如扇。根如芋,大者如碗,长一二尺。傍生细根如蒔,小者亦如芋。四月开黄花,亦有青红似荞麦花者。茎青紫色,形如竹。二月、八月采根,去黑皮,火干。江淮出者曰土大黄,二月开花结细实。又鼎州出一种羊蹄大黄,疗疥瘙甚效。初生苗如羊蹄,累年长大,即叶似商陆而狭尖。四月内于抽条上出穗,五、七茎相合,花叶同色。结实如荞麦而轻小,五月熟即黄色,亦呼为金荞麦。三月采苗,五月收实,并阴干。九月采根,破之亦有锦文,日干之,亦呼为土大黄……今吐蕃大黄,往往作横片,曾经火煿;蜀大黄乃作紧片,如牛舌形,谓之牛舌大黄,二者用之皆等
本草纲目(明)	宋祁《益州方物图》言,蜀大山中多有之,赤茎大如叶,根巨若碗,药市以大者为枕
本草汇言(明)	酷似羊蹄叶,粗长而厚,茎高三尺许。八月采根,大者如碗,小者如拳,长二尺许

典　籍	物种描述
本草原始(明)	江淮出者,曰土大黄,二月开花,节细实。鼎州出一种羊蹄大黄,治疗瘰甚效。初生苗叶,如羊蹄,累年长大,即叶似商陆,而狭长,四月内抽条出穗五七茎。相合花叶同色,结实如荞麦而轻小,五月熟即黄色,呼为金荞麦。九月采根,破之,亦有锦纹,亦呼之为土大黄,俗呼山大黄。弘景曰:大黄,其色也。曰:推陈致新,如戡定祸乱,以致太平,所以有将军之号……今人以庄浪出者为优,庄浪即古泾原陇西地。
本草求真(清)	毒草大黄……川产锦文者良。
本草述钩元(清)	二月卷生黄赤,放叶时四四相当,粗长而厚,宛似羊蹄,茎高三尺许,味酸而脆。三月花黄,五月实黑,八月采根用,根形亦似羊蹄,大者如碗,长二尺许,切片阴干,理文如锦,质色深紫

(二)基源物种辨析

《吴普本草》记载[2]:"生蜀郡北部,或陇西。二月卷生黄赤其叶,四四相当,茎高三尺许,三月花黄,五月实黑,三月采根,根有黄汁,切,阴干。"《新修本草》[3]所记载的大黄叶、子、茎并似羊蹄,但粗长而厚。其根细者亦似宿羊蹄,大者乃如碗,长二尺。《蜀本草》:叶似蓖麻,根如大芋,傍生细根如蒛,小者亦似羊蹄。又云:图经云高六七尺,茎脆。而《本草图经》[4]:"正月内生青叶,似蓖麻,大者如扇。根如芋,大者如碗,长一二尺。傍生细根如蒛,小者如芋。四月开黄花(与药用大黄相似),亦有青红似荞麦花者(与今掌叶大黄和唐古特大黄相似)。茎青紫色,形如竹。《本草述钩元》[5]记载:出河西山谷及陇西者为胜,益州北部汶山西山者次之。二月卷生黄赤,放叶时四四相当,粗长而厚,宛似羊蹄,茎高三尺许,味酸而脆,三月花黄,五月实黑,八月采根用,根形似羊蹄,大者如碗,长二尺许,切片阴干,理纹如锦,质色深紫……"《本草汇言》[6]记载:"酷似羊蹄叶,粗长而厚,茎高三尺许。八月采根,大者如碗,小者如拳,长二尺许。"上述古籍所记载的特征与《宁夏植物志》[7]:多年生高大草本,高约 2 m。根状茎及根部肥厚,黄褐色。茎直立,光滑无毛,中空。基生叶大,具肉质粗壮的长柄,约与叶片等长,叶片宽卵形或近圆形,径可达 35 cm 以上,掌状半裂,裂片 3~5(7),全缘、具粗齿或再羽裂,基部略呈心形,上面无毛疏生乳头状小突起,下面被白色柔毛;茎生叶较小,互生,柄短;托叶鞘大,淡褐色,膜质,密生短柔毛。圆锥花序大型,顶生;花小,数朵成簇,幼时呈紫红色;花梗细,中下部有一关节;花被片 6,2 轮内轮稍大,椭圆形,长约1.5 mm;雄蕊 9,花药稍外露;子房上位,三角形,花柱 3,下弯,柱头头状,稍凹呈"V"字形。果枝多聚拢,瘦果有三棱,沿棱生翅,长 9~10 mm,宽 7~8 mm,顶端稍凹,基部略呈心形,棕色。花期 6~7 月,果期 7~8 月的特征相符合,应是大黄属植物掌叶大黄。

(三)近缘种和易混淆种

1. 大黄近缘种[8]

从历代本草记载来看,大黄的原植物是蓼科大黄属植物掌叶大黄(*Rheum palmatum* L.)、唐古特大黄(*Rheum tanguticum* Maxim. ex Balf.)或药用大黄(*Rheum officinale* Baill.)。

掌叶大黄(*Rheum palmatum* L.):又名葵叶大黄、北大黄、天水大黄。多年生高大草本,根茎粗壮。茎直立,高 2 m 左右,中空,光滑无毛。基生叶大,有粗壮的肉质长柄,约与叶片等长;叶片宽心形或近圆形,径达 40 cm 以上,3~7 掌状深裂,每裂片常再羽状分裂,上面疏生乳头状小突起,下面有柔毛;茎生叶较小,有短柄;托叶鞘筒状,密生短柔毛。花序大圆锥状,顶生;花梗纤细,中下部有关节。花紫红色或带红紫色;花被片 6,长约 1.5 mm,成 2 轮;雄蕊 9;花柱 3。瘦果有 3 棱,沿棱生翅,顶端微凹陷,基部近心形,暗褐色。花期 6~7 月,果期 7~8 月。

唐古特大黄(*Rheum tanguticum* Maxim. ex Balf.):又名鸡爪大黄。多年生高大草本,高 2 m 左右,茎有毛或无毛,根生叶略呈圆形或宽心形,直径 40~70 cm,3~7 掌状深裂,裂片狭长,常再作羽状浅裂,先端锐尖,基部心形;茎生叶较小,柄亦较短。圆锥花序大形,幼时多呈浓紫色,亦有绿白色者,分枝紧密,小枝挺直向上;花小,具较长花梗;花被 6,2 轮;雄蕊一般 9 枚;子房三角形,花柱 3。瘦果三角形,有翅,顶端圆或微凹,基部心形。花期 6~7 月,果期 7~9 月。

本种与掌叶大黄极相似,主要区别:叶片深裂,裂片常呈三角状披针形或狭线形,裂片窄长。花序分枝紧密,向上直,紧贴干茎。

药用大黄(*Rheum officinale* Baill.):又名南大黄。多年生高大草本,高 1.5 m 左右。茎直立,疏被短柔毛,节处较密。基生叶有长柄,叶片圆形至卵圆形,直径 40~70 cm,掌状浅裂,或仅有缺刻及粗锯齿,前端锐尖,基部心形,主脉通常 5 条,基出,上面无毛,或近中脉处具稀疏的小乳突,下面被毛,多分布于叶脉及叶缘;茎生叶较小,柄亦短;叶鞘简状,疏被短毛,分裂至基部。圆锥花序,大形,分枝开展,花小,径 3~4 mm,4~10 朵成簇;花被 6,淡绿色或黄白色,2 轮,内轮者长圆形,长约 2 mm,先端圆,边缘不甚整齐,外轮者稍短小;雄蕊 9,不外露;子房三角形,花柱 3。瘦果三角形,有翅,长 8~10 mm,宽 6~9 mm,顶端下凹,红色。花果期 6~7 月。

2. 大黄混淆种[9,10]

华北大黄:蓼科植物华北大黄(*Rheum franzenbachii* Munt.),以干燥根及根茎入药。

高可达 90 cm,直根粗壮,基生叶较大,叶片心状卵形到宽卵形,边缘具皱波,下面暗紫红色,大型圆锥花序,花黄白色,花梗细,花被片宽椭圆形,子房宽椭圆形。果实宽椭圆形到矩圆状椭圆形,种子卵状椭圆形,6 开花月,6~7 月结果。根及根茎类圆柱形,一端稍粗,一端稍细,长 5~11 cm,直径 1.5~5 cm,表面黄棕色,断面红黄色,有射线,非常鲜艳。产山西、河北、内蒙古南部及河南北部。

河套大黄:蓼科植物河套大黄(*Rheum hataoense* C.Y. Cheng et C.T. Kao),以干燥根及根茎入药。多年生草本植物,高可达 1.5 m,直根粗壮,基生叶较大,叶片心状卵形或宽卵形,边缘具皱波,下面暗紫红色,大型圆锥花序,花黄白色,花梗细,花被片椭圆形,子房宽椭圆形。果实圆形或近圆形,种子宽卵形,5~7 月开花,7~9 月结果。根及根茎呈圆柱形或圆锥形,长 5~13 cm,直径 2~6 cm;表面黄褐色或棕褐色;横断面淡黄红色,无星点,具棕红色射线。

天山大黄:蓼科植物天山大黄(*Rheum wittrockii* Lundstr.),以干燥根及根茎入药。为高大草本,根状茎。叶片类卵形,上面光滑无毛,下面被短;半圆柱状叶柄细,叶柄较短。大型圆锥花序分枝较疏;花小,花被白绿色,花期 6~7 月。果实类圆形,种子卵形,果期 8~9 月。根茎类圆柱形,长 8~12 cm,直径 2.5~4.0 cm。表面棕褐色,断面呈黄色,有放射状棕色射线,并有同心性环纹。产新疆,多分布于天山北麓。

藏边大黄:蓼科植物藏边大黄(*Rheum australe* D. Don),以干燥根及根茎入药,为藏医用药,藏药名为"曲扎"。高大草本,高 0.7~2 m,根状茎驻根粗壮。长 20~50 cm,宽 18~40 cm,大型圆锥花序,具 2~3 回分枝,密被乳突毛;花紫红色,花被开展,直径 3.0~3.5 mm,6 片,果实卵状椭圆形或宽椭圆形(幼果期常呈三角状卵形),长 9~10 cm,宽 7~8.5 cm,顶端微凹或无明显凹入,基部近心形,翅红紫色,宽约 2.5 mm,纵脉在翅的中部偏外,约位距边缘的 1/3 处。种子卵形。花期 6~7 月,果期 8 月或以后。其根茎呈类圆锥形,长 4~20 cm,直径 1~5 cm。表面呈红棕色至灰褐色,新鲜断面呈淡蓝色或带紫,有明显的形成层环,向外放射棕红色射线。产西藏中部及东部。

土大黄:蓼科植物巴天酸膜(*Rumex madaio* Makino R. daiwoo Makino),干燥根。性状呈不规则的块状或圆锥形,表面呈棕褐色,断面呈棕黄色。野生于北京山区。

六盘山鸡爪大黄(*Rheum tanguticum* var. *liupanshanens* C.Y. Cheng et C.T. Kao):野生于宁夏六盘山区,民间自采自用,未见有商品药材。本品根茎和根呈圆锥形或圆柱形,一般长 10~15 cm,直径 4~8 cm,常横切厚片,未除皮者表面黄棕色或黄褐色,断面暗黄绿色,根茎髓部可见星点。

三、道地沿革

(一)本草记述的产地及变迁

传统本草有关大黄道地产区的记载在不同时代有不同的变化，参考相关本草典籍，有关本草中大黄道地产区记载详见表4-55。

表4-55 本草中有关大黄产地的描述

典 籍	产地描述	备 注
吴普本草(魏)	生蜀郡北部或陇西	蜀郡,今四川阿坝州东南部及成都地区;陇西,今甘肃甘南,定西
名医别录(南北朝)	一名黄良,生河西山谷及陇西	河西山谷,今甘肃
本草经集注(南北朝)	今采益州北部汶山及西山者,虽非河西、陇西	西山,今岷山、邛崃山、鹧鸪山
新修本草(唐)	今出宕州、凉州、西羌、蜀地皆有	宕州,今甘肃岷县以南宕昌以北;西羌,今四川北部
本草图经(宋)	生河西山谷及陇西,今蜀川、河东、陕西州郡皆有之,以蜀川锦纹者佳。其次秦陇来者,谓之吐蕃大黄	蜀川,今四川
本草蒙筌(明)	形同牛舌,产自蜀川	
本草纲目(明)	宋祁《益州方物图》言,蜀大山中多有之,赤茎大叶,根巨若碗,药市以大者为枕。紫地锦文也。今人以庄浪出者为最,庄浪即古泾原陇西地	庄浪,今甘肃东部,六盘山西麓
本草述钩元(清)	出河西山谷及陇西者为胜,益州北部汶山西山者次之	
神农本草经赞(清)	生山谷……色美黄良,西羌东蜀,牛舌伸舒,羊蹄踯躅,斑紧波旋,紫铺锦褥,剑戟中心,顽坚凌触	
药物出产辨	最上等产四川汶县、灌县、陕西兴安、汉中	

由表4-55可以看出,历史本草中记载的大黄以甘肃、青海和四川北部为道地产区。

(二)本草记述的产地及药材质量

《名医别录》[1]中记载:"生河西山谷(甘肃张掖、武威)及陇西(甘肃临洮)"。魏晋时期《吴普本草》中记载"生蜀郡北部(松潘县以南,汉源、九龙县以北,康定县以东)或陇西(甘肃西部)"。唐代《唐本草》中记载有:"今出宕州(甘肃岷县以南宕昌以北)、凉州(今甘肃武威)、西羌、蜀地(四川北部)者皆佳"。《新修本草》[3]中指出:"幽、并以北渐细,

225

气力不如蜀中者。今生宕州(今甘肃岷县南部,相当甘南藏族自治州部分地区)、凉州(今甘肃武威)、西羌(包括青海和藏北部分地区)、蜀地(四川北部)皆有,……陶称蜀地者不如陇西,误也"。《本草图经》[14]中指出:"今蜀川、河东、陕西州郡皆有之,以蜀川(四川)锦纹者佳……蜀大黄乃作整片如牛舌状,谓之牛舌大黄"。《本草纲目》[12]云:"今以庄浪(甘肃东部,六盘山西麓)出者为最"。《药物出产辨》[13]:"最上等产四川汶县、灌县、陕西兴安、汉中"。古代认为大黄以甘肃和四川北部为道地产区,青海、宁夏为现代大黄的重要产区。

四、道地药材产区及发展

(一)道地药材产区

大黄在秦汉时期的《神农本草经》[14]中就已有记载,主要是介绍其疗效功能:"下瘀血血闭,寒热……荡涤肠胃,推陈致新,通利水谷,调中化食,安和五脏"。

魏晋南北朝时期成书的《吴普本草》中对大黄的产地,采收加工,植株形态进行了较为详细的介绍"大黄,一名黄良,一名火参,一名肤如……获生蜀郡北部,或陇西",根据吴普所述大黄的产地位于蜀郡,即现在四川阿坝州东南部及成都地区,陇西地区是指现在甘肃省附近的地区,具体指甘肃甘南、定西、宁夏地区,还包括青海贵德、尖扎、循化地区。我国古代并未有掌叶大黄、唐古特大黄的详细区分,《吴普本草》中只是简要地描述了大黄的产地的分布。魏晋南北朝梁代时期,《神农本草经》因战乱关系及当时书籍传播方式等因素的影响,内容有了较大改变,陶弘景全面系统地整理补充的《神农本草经》,撰写了《本草经集注》,这本书重视药材产地、采集方法和加工炮制方法对药物疗效可能产生的影响,对大黄的产地也进行了补充:"今采益州北部汶山及西山者,虽非河西、陇西,好者犹如紫地锦色,味甚苦涩,色至浓黑……"与《吴普本草》相比,《本草经集注》中提到了不同地区生产的大黄在药性上有所差别的内容。益州北部汶山是指四川省阿坝州东南部,河西包括现在青海省和甘肃省交界处黄河以西的广大地区,再加上陇西地区和西山,大黄的产地有所扩大,资源分布更加广阔,同时引起了当代学者对大黄产地与药性之间的思考,并以"紫地锦色,味甚苦涩,色至浓黑"[15]为优质大黄的判断标准。

隋唐时期中医药学术发展迅速,中药方面的书籍出现的频率大大增加,《千金翼方》[16]中大黄的产地为"陇右道宕州,河西道凉州,剑南道茂州",大黄的栽培与南北朝时期没有太大差别,公元659年撰写的《新修本草》较为详细地介绍了每类药物的性味、产地,内容丰富,具有较高的学术价值。《新修本草》中说大黄"幽,并以北渐细,气力不如蜀中者。今出宕州,凉州、西吴蜀地皆有。其茎味酸,堪生啖,亦以解热多食不利人,陶称蜀地者不如陇西,误矣",该书认为大黄的种植产地向北,大黄的根茎越细,河北和山西北部的大黄药性与蜀地不同,进一步提出不同产地的大黄药性上存在差异的问题。陈藏器编写的《本草拾遗》中明确提出了不同产地大黄的药效差异:"用之当分别其力,若取和厚深沉,能攻病者,可用蜀中牛舌片紧硬者;若取泄泻峻快,推陈去热,当取河西锦纹者"。根据用药目的不同,可以选择不同产地的药物,说明了大黄在产地因素上存在的差异对药性有所影响,明确不同产地大黄之间的功效差异。五代时期成书的《蜀本草》在药品的性味、产地、形态等方面都增加了新的内容,《蜀本草》和《本草拾遗》原书已散佚,其内容可以从《证类本草》中看到。

宋代药学发展蓬勃,嘉祐六年,苏颂编写的《本草图经》中说:"大黄,生河西山谷及陇西,今蜀川、河东、陕西州郡皆有之。以蜀川锦纹者佳,其次秦陇来者,谓之吐蕃大黄",苏颂认为蜀川的锦纹大黄最佳,其次是甘肃的吐蕃大黄,提出了不同产地大黄功效强度有所差异的观念。

明代《本草纲目》中说"因其似大黄,故谓之羊蹄大黄,实非一类,又一种酸模,乃山大黄也,状似羊蹄而生山上,所谓土大黄,或指此,非羊蹄也"。《植物名实图考》中绘制了三株大黄,其中大黄叶片形态有所差异,说明大黄有种类之间的差异,在《本草品汇精要》中首次记载了大黄可以人工种植的内容。到明清时期,医药类的书已经十分繁杂,对于大黄的记载也有区别,清代在药学著作方面多是对以前的本草进行增改。

根据历代本草记载,甘肃、青海、四川的山坡林缘草地是大黄的道地产区[17]。包括甘肃武威的"凉州大黄",礼县等地产的"铨水大黄",玛曲等地产的"河州大黄",青海同仁产的"西宁大黄"以及四川雅安等地产的"雅黄"等。岷县大黄主产于甘肃的岷县、宕昌等地,铨水大黄主产于礼县、武都、成县等地,清水大黄主产于甘肃清水,庄浪大黄主产于甘肃庄浪。近年来,野生鸡爪大黄在宁夏六盘山地区具有较大的面积,主要在海拔2 000 m上呈散生状,分布在泾河源镇、水泉湾、后海子、孙家湾和白家村。在靠近泾源县、隆德县一带气候较为湿冷的地段有较广的零散分布。另外唐古特大黄或河套大黄有少量分布在海拔更高的山坡林缘草地和乱石滩上,例如六盘山森林公园白云山景区附近。

(二)产区生境特点

野生大黄生长于我国西北及西南海拔2 000 m左右的高山区,地理分布上,大黄主要分布于第一、二阶梯的高原和山地,范围遍及东北、华中、西北、西南和西藏。掌叶

组大黄分布较为集中,在东经 85°~115°、北纬 28°~40°的范围,垂直分布主要在 2 500~
4 400 m。产区冬季最低气温为-10℃以下,夏季气温不超过 30℃,无霜期 150~180 d,年
降水量为 500~1 000 mm。唐古特大黄适合生长在海拔 2500 m 以上的高寒半阴半阳的
山坡、灌木丛下,地理范围大致分布范围为北纬 32°31′~39°05′32″、东经 97°50′~103°
04′。与唐古特大黄伴生的乔木树种主要为云杉;灌木主要有茶藨子、银露梅、高山柳、悬
钩子、匍匐栒子等;草本植株主要是嵩草,此外珠芽蓼、露蕊乌头、高山勿忘草、柳兰等也
较为常见[18]。

(三)道地药材的发展

大黄是我国大宗中药材之一,早在公元前 270 年就已开始使用。目前,除药典记录
的 3 种大黄在大量栽培外,其他品种都属野生。陇南市是大黄的主产区,也是大黄的道
地产区,主产于礼县铨水乡的大黄商品称铨黄,以其个大清香、纹理清晰、槎口鲜亮,质
坚体重而闻名,是供应出口的最佳药材基地。

目前栽培大黄主产区在甘肃,栽培品种多为掌叶大黄,据各县相关部门的统计资
料显示栽培总面积可达 13 334 km² 以上,年产量 5 000 多 t。相比较而言,栽培唐古特
大黄的产区则相对较少。

据本草考证结果,甘肃掌叶大黄栽培历史有百年以上的历史,栽培技术较为成熟。
唐古特大黄的栽培技术十分不完善:目前栽培上尚无栽培良种,并且也没有精细的土
肥水管理规范,种植方式分为直播和育苗移栽 2 种,栽培的管理模式也分精细和粗放
2 种[19]。

五、药材的采收与加工

(一)本草记载的采收和加工

历代本草对于大黄的采收加工的记载较少。《吴普本草》记载:"三月采根,根有黄
汁,切,阴干。"《新修本草》曰:"大黄性湿润,而易壤蛀,火干乃佳……作时烧石使热,横
寸截着石上爆之,一日微燥,乃绳穿晾之,至干为佳。"《本草图经》:"二月、八月采根,去
黑皮,火干。"《本草崇原集说》:"八月采根,根有黄汁,掘得者,竿于树枝上,久经始干。"
《中华人民共和国药典》[19]记载:"在秋末冬初叶枯萎时,挖去地下部分,除去粗皮,切片
晒干或烘干备用。"

(二)采收和初加工技术研究

大黄药用部位根及根茎中蒽醌苷类化合物的含量随大黄植株的生长年限、发育阶
段而有显著差异(表 4-56)。

表 4-56　三年生掌叶大黄不同发育期根及根茎中化学成分的积累量　　　　单位:mg/g

样 品	RA	RC	RD	R8G	SA	总含量
发芽期	—	0.035 5	0.074 2	0.419 5	0.183 0	0.710 2
花盛期	0.086 7	0.040 0	0.618 5	1.601 5	1.119 7	3.466 4
果熟期	0.103 0	—	0.321 3	1.782 0	2.577 9	4.784 2
叶枯期	0.087 1	0.041 2	0.628 7	2.110 2	1.356 8	4.224 3

注:RA 为大黄酸苷 A;RD 为大黄酸苷 D;RC 为大黄酸苷 C;R8G 为大黄酸苷-8-葡萄糖苷;SA 为双蒽醌苷番泻苷。

(三)道地药材特色采收、加工技术

《雷公炮炙论》:凡使大黄,锉蒸,从未至亥,如此蒸七度,晒干。却洒薄蜜水,再蒸一伏时,其大黄劈如乌膏样,于日中晒干用之。

《中药大辞典》:生大黄(又名:生军),原药拣净杂质,大小分档,焖润至内外湿度均匀,切片或切成小块,晒干。酒大黄:取大黄片用黄酒均匀喷淋,微焖,置锅内用文火微炒,取出晾干(大黄片 50 kg 用黄酒 7 kg)。熟大黄(又名:熟军,制军):取切成小块的生大黄,用黄酒拌匀,放蒸笼内蒸制,或置罐内密封,置水锅中,隔水蒸透,取出晒干(大黄块 50 kg 用黄酒 15~25 kg)。亦有按上法反复蒸制 2~3 次者。大黄炭:取大黄片置锅内,用武火炒至外面呈焦褐色(存性),略喷清水,取出晒干。

六、药材质量特征和标准

(一)本草记述的药材性状及质量

本草对大黄道地性状的描述比较一致,主要从颜色、大小、质地、气味等几个方面进行了描述,详见表 4-57。

表 4-57 主要本草典籍有关大黄道地性状的描述

典 籍	性状描述
新修本草(唐)	叶、子、茎并似羊蹄,但粗长而浓。其根细者,亦似宿羊蹄,大者乃如碗,长二尺……幽、并以北渐细,气力不如蜀中者
本草拾遗(唐)	可用蜀中似牛舌片紧硬者
蜀本草(后蜀)	叶似蓖麻,根如大芋。傍生细根如觪,小者亦似羊蹄。
本草图经(宋)	正月内生青叶,似蓖麻,大者如扇。根如芋,大者如碗,长一二尺,傍生细根如觪,小者亦如芋。江淮出者曰土大黄,二月开花结细实。又鼎州出一种羊蹄大黄,出生苗如羊蹄,累年长大,即叶似商陆而狭尖
本草蒙筌(明)	形同牛舌,产自蜀川。必得重实锦纹,勿用轻松朽黑
本草纲目(明)	赤茎大叶,根巨若碗,药市以大者为枕。紫地锦文也。今以庄浪出者为最
本草汇(清)	产蜀川,选文如水旋斑紧重者
本草必用(清)	锦文者佳
本草求真(清)	毒草大黄……川产锦文者良
本草述钩元(清)	八月采根用,根形似羊蹄,大者如碗,长二尺许,切片阴干,理文如锦,质色深紫
本草思辨录(清)	状如锦纹,质色紫深……大黄色黄臭香
药物明辨(清)	体润,色黄,气雄而香……川产气香,坚实锦文者良

由表 4-57 可见,外表:“黄赤”“紫深”“羊蹄”“如碗”“锦纹”“色黄”等;大小“根长一二尺”“茎高三尺”;“根似羊蹄”“大者如碗”“坚实锦文” 为传统评价大黄质优的性状标准。历代对大黄道地性状的认识比较一致。其中“似羊蹄,如碗,锦纹”是记述频率比较高的性状特征,特别是“似羊蹄”是记载频率最高的性状特征。在商品流通中,大黄体态指标(色黄、气香)也是一个重要的指标。综上所述,大黄的道地性状质量评价指标可以总结为:质坚实、气清香,味苦微涩者为佳。

(二)道地药材质量特征的研究

表 4-58 1~5 年生掌叶大黄根和根茎中五种蒽醌类化学成分的积累量 单位:mg/g

成 分	1 年生	2 年生	3 年生	4 年生	5 年生
RA	0.079 4	0.055 7	—	0.095 1	0.058 0
RD	0.141 7	0.544 4	0.383 9	0.416 3	0.347 9
R8G	0.109 2	0.079 2	0.205 5	0.165 4	0.307 3
SA	0.137 0	0.242 1	0.364 5	0.320 0	0.497 2
总含量	0.517 3	0.921 7	0.959 7	0.996 8	1.210 4

注:RA 为大黄酸苷 A;RD 为大黄酸苷 D;RC 为大黄酸苷 C;R8G 为大黄酸苷-8-葡萄糖苷;SA 为双蒽醌苷番泻苷。

甘肃、青海、四川、宁夏为大黄的道地产区,宁夏也为野生鸡爪大黄的主要生产区。

道地药材是特定的生态环境、种质类型和产地特有的加工方法综合作用的结果,由道地药材形成的生物学机制可知,其特定的功效组分构成是特定的遗传基因和生态环境综合作用的结果。王家葵[20]等人发现大黄的 3 个种泻下组分与泻下活性存在较大差异,其中泻下效应最强的是唐古特大黄,泻下效应最差的是甘肃产掌叶大黄,四川产掌叶与药用大黄的泻下效应大致相当,唐古特大黄、药用大黄、四川产掌叶大黄、甘肃产掌叶大黄泻下效价强度之比大概为 4.94:1.85、1.75:1。泻下效力相差最大的比几乎达到 5 倍,这可能就是导致临床疗效不稳定的重要原因之一。孟磊[21]对不同产地的掌叶大黄、唐古特大黄和药用大黄 3 种基原的 24 个药材样品的功效组分进行了研究,结果发现无论种间还是种内,功效组分构成均存在明显的特异性分化。

在成分含量方面,药用大黄的各类组分含量都显著低于其他两个种,掌叶大黄不同样品间功效组分含量总和的差值最大可达 4.4 倍以上。在组成比例方面,青海产唐古特大黄的抗菌、抗癌功效组分(Anthraquinones)和抗凝血、抗氧化功效组分(Flavan-3-ols)的含量偏高,四川中部产掌叶大黄泻下功效组分(Anthraquinone glucosides & Dianthrones)含量偏高,而甘肃礼县产掌叶大黄其脂质代谢改善功效组分(Acylglucoses)含量高于其他样品。

近年来,国内外学者对大黄属植物的化学成分进行了深入的研究,结果表明大黄属植物含有 200 多种化学成分,其中蒽醌类化合物 56 种、吡喃酮类化合物有 18 种、芪类化合物 30 种、苯丁酮类化合物 9 种、鞣质类化合物有 70 种[22,23]。蒽醌类是研究最多的化合物,也被认为是中药大黄主要活性物质[24,25]。

(三)道地药材质量标准

《中华人民共和国药典》(2015 年版一部)中收载大黄的质量评价标准主要包括性状、鉴别、检查、浸出物、含量测定等几个方面,以 5 种蒽醌类成分作为含量测定指标成分,规定大黄中大黄素、大黄酚、大黄素甲醚、大黄酸和芦荟大黄素的总量不得低于 1.5%。其中,规定总灰分不得过 10.0%,减湿重量不得过 15.0%。

大黄药材为蓼科植物植物掌叶大黄 (*Rheum palmatum* L.)、唐古特大黄(*Rheum tanguticum* Maxim. ex Balf.)或药用大黄(*Rheum officinale* Baill.)的干燥根及根茎。秋末茎叶枯萎或次春发芽前采挖,除去细根,刮去外皮,切瓣或段,绳穿成串干燥或直接干燥。

七、药用历史及研究应用

(一)传统功效

大黄,味苦,性寒。入肝、胃、脾、大肠、心包经。主治泻热通便、凉血解毒、逐瘀通经,用于实热便秘、积滞腹痛、泻痢不爽、湿热黄疸。

《神农本草经》:主下瘀血血闭,寒热,破症瘕积聚,留饮宿食,荡涤肠胃,推陈致新,通利水杀,调中化食,安和五脏。

《名医别录》:平胃下气,除痰实,肠间结热,心腹胀满,女子寒血闭胀,小腹痛,诸老血留结。

《药性论》:主寒热,消食,炼五脏,通女子经候,利水肿,破痰实,冷热积聚,宿食,利大小肠,贴热毒肿,主小儿寒热时疾,烦热,蚀脓,破留血。

《日华子本草》:通宣一切气,调血脉,利关节,泄壅滞水气,四肢冷热不调,温瘴热疟,利大小便,并敷一切疮疖痈毒。

《本草纲目》:主治下痢赤白,里急腹痛,小便淋漓,实热燥结,潮热谵语,黄疸诸火疮。

《汤液本草》:泄满,推陈致新,去陈垢而安五脏。

《本草备要》:治伤寒时疾,发热谵语,温热瘴疟,下痢赤白,腹痛里急,黄疸水肿。

《药镜》:伐积食积痰,走结血结屎。

《本草约言》:通肠胃诸物之壅塞,泄脏腑结热之熏蒸。

《本草发挥》:大黄,枳实之苦,下燥结而泄胃强也。

《东医宝鉴》:利大小肠。

《本草蒙筌》:仍导瘀血,更滚顽痰。破癥坚积聚止疼,败痈疽热毒消肿。

(二)临床应用

用于食积热便秘,脘腹胀满。热病发热,脘腹胀痛,则配枳实、厚朴、芒硝同用,如大、小承气汤;寒积便秘,脘腹冷痛,则配附子、细辛,如大黄附子汤;素体内热,津枯肠燥之慢性便秘,可与麻子仁、郁李仁同用;如大便秘结,伴气血不足者,须配人参、当归等同用;阴液亏损而致大便秘结者,配生地黄、玄参、麦冬等同用。

用于火邪上炎诸症。如头痛,目赤肿痛,咽喉疼痛,齿龈肿痛,口舌生疮,伴大便秘结者,多配黄芩、山栀、连翘等,方如凉膈散;治胃火上逆之呕吐,配甘草,如大黄甘草汤。

用于湿热泻痢,黄疸,淋病,水肿。治疗湿热积滞泻痢,里急后重,可单品煎酒服,或配以黄连、芍药、木香、槟榔等同用,如芍药汤;湿热黄疸配以茵陈、山栀,如茵陈蒿汤;治湿热淋病,小便短赤,配以木通、山栀、瞿麦、滑石等,如八正散。

用于血热妄行引起的各种出血症。治吐血、鼻血,配以黄连、黄芩,如泻心汤;治尿血、血淋,配以白茅根、血余炭。

用于妇女经闭,产后恶露不止,瘀血腹痛,癥瘕积聚,跌打瘀肿。治妇女经闭瘀血腹痛,配以益母草、当归、红花芍药等;治癥瘕积聚,则配三棱、莪术、丹参、芍药等;跌打瘀肿,配当归、红花、桃仁、乳香等。

用于热毒痈肿、丹毒、疮疡、烫伤。治热毒痈疮、丹毒,配连翘、白芷、紫花地丁、蒲公英等;治肠痈,配以丹皮、桃仁、冬瓜子、芒硝,如大黄牡丹汤。

采用大黄牡丹皮汤加减治疗慢性盆腔炎,治疗方法以解毒散瘀益气法治疗为主,采用大黄牡丹皮汤加减,炒大黄 6~10 g,牡丹皮 15 g,桃仁 10 g,薏苡仁 20 g,蒲公英 20 g,金刚藤 20 g,大血藤 20 g,延胡索 30 g,金铃子 10 g,党参 20 g,白术 15 g,茯苓 20 g;水煎服,每日 1 剂;10 天 1 个疗程,月经前 10 天治疗效果更佳。治疗结果,经过 2~3 个疗程的治疗,治愈 68 例,显效 18 例,有效 12 例,无效 2 例,治愈率为 68%,总有效率为 98%[26]。

(三)现代药理学研究

保肾治疗尿毒症:林瑞民[27]等以妊娠 30 余周合法流产的人胚大脑神经原细胞为模型,以中分子物质为损伤因素,给药组加入大黄素,显示大黄素可能对中分子物质损伤体外培养的大脑皮层神经原细胞有保护作用。大黄素可能与破坏中分子物质活性有关,推断大黄能治疗尿毒症脑病的机理与大黄素药理密切相关。

清热解毒,抗菌消炎:大黄酸可显著抑制小鼠巨噬细胞内白三烯 B4、白三烯 C4 的生物合成及内毒素激发的巨噬细胞内钙离子升高,并提高细胞内 cAMP 水平,从而抑制巨噬细胞脂类炎性介质活化过程,提示可能为大黄抗炎作用机制之一[28]。

活血止血:用大黄提取物鼻饲治疗重型颅脑损伤合并高热、肾功能衰竭、上消化道出血及颅内高压的患者 20 例,消化道出血发生率下降 30%,病死率下降 10%。从大黄中分离的有效成分大黄素具有明显的抗水肿作用[29]。

降低胆固醇:大黄抑制胰脂肪酶活性,从而减少机体对脂肪的吸收,可降低胆固醇水平,可能由于其对胆固醇合成的限速酶角鲨烯环氧化酶的抑制作用,以及刺激胆固醇-α-羟化酶基因的表达和促进胆汁酸的排泄[30]。

抗肿瘤作用:主要通过抑制肿瘤细胞的增生、促进细胞凋亡,抑制细胞色素和抗突

变作用,以及抑制 N_2 乙酰转移酶的活性实现的[31]。

对免疫系统的影响:利用脂多糖(LPS)刺激的大鼠腹腔巨噬细胞作为人体过度炎性反应的体外模型,用 MTT 法和荧光法测定了大黄素对不同状态下的巨噬细胞分泌 TNF2A、NO 的影响,结果表明,大黄素可通过抑制 LPS 刺激的大鼠腹腔巨噬细胞分泌的 TNF2A,抑制过度的炎症反应,而对于未经 LPS 刺激的大鼠,大黄素可促进 TNF2A 的分泌,且大黄素也能抑制炎症反应中的 NO 的大量合成和释放,提示大黄素对机体的免疫功能,可能具有双向调节作用[32]。

(四)现代医药应用

长期以来,大黄主要以原药材形式进行流通,其临床主要与其他中药材配伍。其中,治疗热病发热,脘腹胀痛,以大黄为主,配枳实、厚朴、芒硝配成煎剂;治疗寒积便秘脘腹冷痛[33],以大黄为主配附子、细辛,如大黄附子汤;治疗素体内热,津枯肠燥之慢性便秘,可与麻子仁、郁李仁同用;如大便秘结,伴气血不足者,须配人参、当归等同用;阴液亏损而致大便秘结者,与生地黄、玄参、麦冬等同用。采用大黄牡丹皮汤加减治疗盆腔炎,经过 2~3 个疗程的治疗,治愈率为 68%。增液汤加大黄治疗便秘 26 例中,临床治愈 16 例,原有的牙龈脓肿已不再发生。显效 8 例,有效 2 例。

现代医学上,用大黄作为原料之一,生产制成中药制剂三黄片。成分:大黄、盐酸小檗碱、黄芩,辅料为淀粉、滑石粉、蔗糖。性状:本品为糖衣片,除去糖衣后显棕色;味味苦、微涩。功能主治:清热解毒,泻火通便。用于三焦热盛,目赤肿痛,口鼻生疮,咽喉肿痛,牙龈出血,心烦口渴,尿赤便秘。中西药牛黄解毒片,主要成分:人工牛黄、雄黄、石膏、大黄、黄芩、桔梗、冰片、甘草。性状:本品为薄膜衣片,除去包衣后显棕黄色;有冰片香气,味微苦、辛。功能主治:清热解毒。用于火热内盛,咽喉肿痛、牙龈肿痛、口舌生疮,目赤肿痛。

八、资源综合利用和保护

(一)资源综合开发利用

大黄喜爱干燥凉爽的生活环境,喜欢光照、耐寒,不宜在温度较高或潮湿的地方生长,野生和人工栽培的大黄都要在阳光充足的砂质壤土中生长。现代大黄为蓼科植物掌叶大黄、唐古特大黄和药用大黄,我国的药用掌叶大黄、唐古特大黄大多分布在西北及西南海拔 3 000 m 左右的高寒山地地区,包括四川甘孜、理县、阿坝;甘肃礼县、天祝、碌曲;青海玉树、贵德等县和西藏昌都、那曲地区。我国野生的大黄资源日益减少,市场上用于制药的大黄多为人工栽培的大黄,大黄在栽培过程中要求土层深厚,富有营养,排水良好的砂质壤土,现在药用植物大黄,多分布于陕西南部、湖北西部、四川东部,贵州、云南的部分地区也种植有少量大黄,四川和云南地区的大黄多为药用大黄,药用大黄生长于海拔较低的山地地区,可生于山地地区的林绿、草坡。因为大黄在不同地区分布有不同品种,其植株外形性状气味都有差异,所以不同地区的大黄都根据地域特点起了不同的名字,以区分其产地与药用方面的不同。甘肃有天水一带的天水大黄,产于甘肃文县的文县大黄,产于甘肃清水地区的清水大黄,产于甘肃成县的庄浪大黄。

甘肃、青海省是大黄的原产地之一,从《吴普本草》开始就有大黄分布在甘肃、青海省的记载,位于我国西北部,地处黄河上游,包含的地域十分广阔,地形也十分复杂,包含高原、山地、盆地等多种地形,位于我国陆上部分的中心。从不同地区的气候分布分析,甘肃省位于我国东部季风区、西北干旱区和青藏高原3个区的交汇处,地理位置十分独特,受气候因素的影响,甘肃、青海两省的自然地貌复杂,光照时间长,光照辐射强度大,年温度变化小,昼夜温差大具有漫长的冷季,具有明显的高原气候特色。许多不同形态的植物在这片区域生长时,都会受到地形地势变迁的影响,但经过长时间的适应后,也会形成抗旱、抗倒伏的能力,除了生长一些不常使用的中药材,甘肃省的地理环境也十分符合大黄的生长需求,这味中药的药理特性和临床治疗在许多领域中都有应用,也是受到许多中药资源的开发和研究人员青睐的药材,所以大黄种植的最佳地需要不断探索与实践,同时药材的采收和加工处理过程都要在专业指导下不断完善,要在特定的阶段定时考察不同的外界因素对大黄资源分布情况的影响,结合这种调查结果向周边区域拓展,猜想是否能发掘出更加广阔的种植地,以解决资源地匮乏的问题。道地药材的研究都是经过长期的历史演变和发展才最终确定出雏形的,在各种药典和关于本草的记载中,都有对大黄性味归经进行了详尽地描述,但是记载人工栽培品的言论却没有多少,而且也没有涉及野生品的形成问题,这更加凸显出甘肃、青海省的大黄资源是十分宝贵的,未来的发展方向就是要追求大黄资源的可持续发展,使其在不受到破坏的情况下得到有效利用。

大黄的药理作用与临床应用研究目前主要集中在中药煎剂的加减及复方制剂,由于对大黄单味药的研究报道较少,所以加强大黄的药理作用与临床应用研究将是推动大黄正确合理使用的基础。

(二)新药用部位开发利用

大黄作为《中华人民共和国药典》收载的传统中药,在临床上应用比较广泛,常用的有三黄片、牛黄解毒片。

大黄含有多类型资源性化学成分,其中以蒽醌类、二蒽酮类、鞣质和多糖类研究最为深入。大黄主要有调节肠胃功能、抗病原微生物、抗肿瘤、保护心脑血管、抗炎、保肝、抗衰老及免疫调控等作用。临床用于便秘及各种急腹症,如急性胰腺炎等。此外,在中国兽药典中,大黄是重要和常用的畜禽兽药,常用于抗病原体、抗炎以及泻痢、利胆等,对消化系统疾病具有良好的作用。

大黄在传统应用及现代临床应用中均是大黄的根及根茎,根及根茎的化学成分主要包括蒽醌类、苯丁酮和色原酮类、芪类、鞣质类。研究表明[37],大黄地上部分含有与根及根茎相类似的化学成分,如蒽醌、蒽醌苷类、鞣质类、有机酸类以及大量的氨基酸和微量元素等资源性化学成分。蒽醌类主要有芦荟大黄素、大黄素、大黄酚及大黄素甲醚等。掌叶大黄叶片、叶柄和花茎中尚含有大黄多糖[34]。此外,其花茎及叶片中尚含有丰富的蛋白质及氨基酸类成分。其营养成分组成与蔬菜接近。国外18世纪就有食用大黄叶柄的记载,我国华北地区的波叶大黄、华北大黄属于可食用大黄,叶柄粗壮,撕去外皮可生吃,或作蔬菜食用,或作食品加工的原料。

大黄叶柄具有显著的清除自由基的作用,可作为抗氧化剂进行开发利用,掌叶大黄具有清热解毒、活血消肿,以及消炎、生肌、止血、收敛等作用,民间常用于治疗褥疮,使用后可使周围组织血流丰富,增加营养,使褥疮早日愈合,且无其他毒副作用[38]。利用掌叶大黄叶资源,开发中药透皮制剂可治疗褥疮等疾病,具有成本低、安全性高、患者无痛苦等优点,具有广阔的市场前景。

(三)资源保护和可持续发展

我国的大黄主要集中分布于甘肃、青海、四川,唐古特大黄主要分布于青海省中部和东部,以及甘肃西南部、四川北部与青海交界地区;掌叶大黄分布范围较广,在甘肃、青海、四川均有分布;药用大黄主产于四川东部等。目前市场流通的掌叶大黄多为栽培品,而唐古特大黄则是当今大黄野生药材的主要来源,这可能与其主要分布于青海、甘肃和四川等人烟稀少地区有关。现今,大黄分布如下。

甘肃:主要分布于礼县、武威、永登、岷县、宕昌、清水、庄浪等地。

青海:主要分布于同仁、同德、贵德等地。

四川:主要分布于雅安、九龙等地。

宁夏:固原六盘山地区及隆德一带。

陕西:汉中、安康等亦有产。

甘肃大黄历来被认为产量大、品质佳。随着人们对道地药材品质重视程度的提高，国家对道地药材规范化种植面积的扩大，视甘肃为大黄的主要种植产区，在"十一五"发展规划中把发展中药材产业提升到战略高度去认识和研究，高度重视中药材产业链的建设，不断加大政策扶持和资金投入力度，加强大黄规模化无污染的"绿色中药材"生产基地的建立，以岷县、礼县等地建立起掌叶大黄规范化种植示范园，在当地政府的引导下，逐步改变农民单一的、分散的种植方式，积极解决大黄品种退化、抗性减弱、品质降低等问题，以期提高甘肃道地药材大黄的品质，发挥大黄的药用价值。其中礼县大黄种植历史悠久，是道地的大宗药材品种，有明显的地域特点，产品质量好，商家用户评价高，有相对稳定的市场空间，种植农户能够获得较高的收益。因此，有较大和较稳定的种植面积。

礼县大黄虽种植历史悠久，品种特色突出，群众种植大黄的经验丰富，经济效益较好，但与国家中药现代化、产业化、国际化的要求相比，仍然处于粗放型生产阶段，在标准化种植、规范化管理、精深加工及市场营销等方面处于劣势，标准化生产和产业化经营水平很低，大黄的地域特色优势没有转化为经济优势[35,36]。

大黄在我国种植历史悠久，从古代大夫到现代医生都对大黄的临床应用有着非常浓厚的兴趣。研究发现，不同地区的大黄药效各有偏差，不同的生长环境可能影响大黄中的药理成分。通过了解药用植物大黄的资源分布，了解各产区栽培大黄的差别，提高优质大黄的生产率，充分利用现有资源环境，促进大黄栽培种植的发展。

九、大黄栽培技术要点

(一)立地条件

掌叶大黄喜凉爽阴湿地生长，有较强的耐寒性但不耐高温，适宜生长的温度为15~25℃，气温超过28℃生长缓慢，持续高温会导致植株死亡。一般适宜生长在海拔2 000~2 500 m，植株生长量高，根系发达，对土壤要求较严，土壤含腐殖质较多、土层深厚、排水良好的黑垆土和壤土最为适宜，忌连作，前茬最好为豆类或禾谷类作物以及有机质含量高的地块。

掌叶大黄自然分布较广，生产基地选择范围较宽，宁夏六盘山区及周边地区为适宜种植区。

(二)种子基源

掌叶大黄为《中华人民共和国药典》(2015 年版一部)规定的蓼科植物掌叶大黄(R. palmatum L.)为物种来源。

(三)种子采集

在掌叶大黄移栽后第二年6~7月,当大黄生长到30~50 cm时,选定植株生长健壮,叶色深绿,无皱叶,无病虫害危害的做好标记,收挖大黄时,把做好标记的植株留下。

第三年留种田种子在8月中旬至9月下旬,种子红褐色时为适宜采种期。取无病、无虫蛀、成熟的瘦果,并充分晾晒。

(四)种子质量

晾晒合格后的大黄种子,除去混杂物,净度达95%以上,种子含水率≤9.0%,将种子分级应符合表4-59规定。种子质量标准应达到三级标准(含三级)以上,装入专用种子包装袋保存。

表4-59　大黄种子分级标准

等 级	净度/%	水分/%	千粒重/g	发芽率/%
一级	≥97	≤9	≥10.8	≥90
二级	≥94	≤9	≥9.8	≥85
三级	≥91	≤9	≥8.8	≥75

(五)育苗

1. 选地整地

育苗地宜选在避免阳光直射,阴凉湿润的半阴半阳的缓坡地或平坦地,保水但不积水,土质疏松,肥力中等,富含腐殖质的轮歇黑垆土和壤土为宜。

2. 苗床准备

秋季整地前清除地块内杂草、石块等杂物,结合整地深翻土壤30~35 cm,施入腐熟农家肥600~750 m³/hm²、复合肥(15–15–15)750 kg/hm²,并耙糖压实,整好地保墒过冬。

3. 播种

当土壤解冻后,土壤温度稳定在5℃以上即可播种。

条播:在整好的地上,按行距15~20 cm,用锄开深3~4 cm,宽3~5 cm的沟,将种子用手均匀撒到开好的沟内,带种肥磷酸二铵5 kg/亩,播量0.4~1.2 kg/亩,覆土厚度2~3 cm。

撒播:在整好的地面上,将种子和种肥磷酸二铵5 kg/亩拌匀,均匀撒播在地面上,将种子和肥料旋耕入土中,旋耕深度2~3 cm,然后耙磨或镇压。播量为0.4~1.2 kg/亩。

4. 苗床管理

遮阴覆盖:播种完成后,立即均匀覆盖不带种子的野生禾本科草类秸秆或小麦秸秆,以利保墒遮阴。

除草、追肥:苗出齐后开始第一次除草,全年人工除草2~3次,结合除草追施尿素150 kg/hm²。全年追施2~3次。

间苗:对生长过于稠密的苗床,结合人工除草进行间苗、保苗。

5. 起苗选苗

起苗:翌年土壤解冻后即可起苗,去残叶,根据大小20~30株扎成一把,及时运回种植地移栽。

选苗:选用无病害感染、少侧根、表面光滑、苗身直、皮色金黄、直径1.0~1.5 cm、长20 cm(细根剪掉)的植株作为种苗。

(六)移栽

1. 选地

大黄为深根型多年生高大草本植物,对土壤环境要求较严,一般选择土层深厚、富含腐殖质,排水良好,pH为6.5~7.5的黑垆土或壤土最好,严禁连作地。

2. 整地

前茬作物收后进行整地、翻耕。过冬前耙耱平整,保墒过冬以备早春移栽,春季土壤解冻后,细耱一遍,以利保墒。结合翻耕整地一次施腐熟有机肥料60~75 m³/hm²,复合肥(15−15−15)750 kg/hm²作为基肥。

3. 定植

4月中下旬定植。移栽密度按株行距70 cm × 75 cm开挖穴,1 300株/亩。机械开沟,隔行移栽。种植深度为10~12 cm。

(七)田间管理

1. 中耕除草培土

出苗后及时中耕除草,边锄草松土边培土,培土厚度8~10 cm,培土时沿穴壁由下向上,通过培土促进掌叶大黄根茎向上膨大生长。除草应在杂草的花期或结实期前进行。

2. 补苗

返青后出现缺苗断垄应及时查苗补苗。

3. 追肥

每年结合中耕除草追肥 2~3 次。返青后,追施尿素 150 kg/hm²;第二次结合中耕除草追施尿素 150 kg/hm²,以后根据大黄生长情况进行追肥。

4. 摘薹

栽后第二年开始抽薹时,应及时从根茎部位摘去花薹,用土盖住根头部分并踩实,以防止切口灌入雨水后腐烂。

(八)病虫害防治

1. 农业防治

与黄芪等作物轮作,及时除草,保持田间清洁通风。

2. 化学防治

按照 GB 4285 的规定和要求执行,所选药剂和使用方法见表 4-60。

表 4-60　防治大黄病虫害药剂及其使用方法

通用名	防除对象	有效成分剂量/(g·hm⁻²)	施用方法	注意事项
烯唑醇	大黄炭疽病	30		
百菌清		675		
疫霜灵	大黄霜霉病	600	病虫害发生初期,连续叶面喷雾处理 2 次,间隔 7 d,药液量 450 L/hm²	喷雾应在天气晴朗、无风的傍晚进行,交替使用所选药剂
甲霜灵·锰锌		900		
三唑酮	大黄轮纹病	60		
代森锰锌		60		
吡蚜酮	大黄蚜虫	225		
阿维菌素		13.5		

3. 生物防治

人工释放天敌多异瓢虫,将天敌以蛹态分装于硬纸袋中,悬挂在大黄叶背遮阴处。

参考文献

[1] 中华人民共和国药典委员会. 中华人民共和国药典(一部)[M]. 北京: 中国医药科技出版社, 2015.

[2] (魏)吴普. 吴普本草[M]. 北京: 人民卫生出版社, 1987.

[3] (唐)苏敬. 新修本草[M]. 合肥: 安徽科学技术出版社, 2004.

[4] (宋)苏颂. 本草图经[M]. 合肥: 安徽科学技术出版社, 1994.

[5] (清)杨时泰. 本草述钩元[M]. 上海: 上海科学技术出版社, 1958.

[6] (明)倪朱谟. 本草汇言[M]. 北京: 中医古籍出版社, 2005.

[7] 马德滋, 刘惠兰, 胡福秀. 宁夏植物志[M]. 银川: 宁夏人民出版社, 2007.

[8] 南京中医药大学. 中药大辞典[M]. 上海: 上海科学技术出版社, 2006.

[9] 魏银责, 李建, 程培秀. 大黄及其伪品的鉴别[J]. 中国医药指南, 2013, 11(19): 483-484.

[10] 孙德海, 武谦虎. 易混淆中药鉴别[M]. 北京: 中国医药科技出版社, 2015.

[11] (南北朝)陶弘景. 名医别录[M]. 北京: 人民卫生出版社, 1986.

[12] (明)李时珍. 本草纲目[M]. 呼和浩特: 内蒙古人民出版社, 2006.

[13] 陈仁山. 药物出产辨(影印版)[M]. 南京: 东南大学出版社, 1977.

[14] 张登本. 神农本草经(全注全译)[M]. 北京: 新世界出版社, 2009.

[15] (南北朝)陶弘景. 本草经集注(辑校本)[M]. 北京: 人民卫生出版社, 1994.

[16] (唐)孙思邈. 千金翼方[M]. 沈阳: 辽宁科学技术出版社, 1997.

[17] 肖培根. 新编中药志(第一卷)[M]. 北京: 化学工业出版社, 2001.

[18] 李莉. 不同道地产区大黄资源现状与药材质量特征及其形成机制研究[D]. 长春: 中医药大学, 2014.

[19] 中华人民共和国药典委员会. 中华人民共和国药典[M]. 北京: 中国医药科技出版社, 2010.

[20] 王家葵, 李傲, 王慧, 等. 正品大黄不同品种间泻下效价强度比较研究[J]. 中国中药杂志, 2006, (23): 1987-1991.

[21] 孟磊, 胡会娟, 商彤, 等. 遗传和环境对掌叶大黄功效成分含量的影响研究[J]. 中国中药杂志, 2018, 43(12): 2495-2502.

[22] 向兰, 刘雪辉, 范国强, 等. 矮大黄的化学成分研究[J]. 中草药, 2005, 36(9): 1306-1309.

[23] 张承忠, 宋龙, 李冲, 等. 单脉大黄化学成分研究[J]. 中草药, 2005, 36(5): 660-662.

[24] 谭玉柱, 童婷婷, 赵高琼, 等. 药用大黄地上部分蒽醌类成分研究[J]. 中华中医药杂志, 2012, 27(11): 2915-2917.

[25] 向兰, 范国强, 郑俊华, 等. 窄叶大黄非蒽醌类成分研究[J]. 中国中药杂志, 2001, (26):551-553.

[26] 祁跃明. 大黄牡丹皮汤加减治疗慢性盆腔炎100例临床观察[J]. 云南中医中药杂志, 2011, 32(4): 53-55.

[27] 林瑞民, 李磊, 陈华山, 等. 不同品种不同产地大黄中五种蒽醌类化合物的HPLC测定[J]. 中药材, 2005, (03): 197-198.

[28] 高亮亮. 唐古特大黄、药用大黄和掌叶大黄化学成分和生物活性的研究[D]. 北京: 北京协和医学院, 2012.

[29] 傅兴圣, 陈菲, 刘训红, 等. 大黄化学成分与药理作用研究新进展[J]. 中国新药杂志, 2011, 20(16): 1534-1539.

[30] 金兰. 大黄的药理作用及其临床应用进展[J]. 中国医药指南, 2013, 11(11): 487-488.

[31] 徐庆, 覃永俊, 苏小建, 等. 掌叶大黄化学成分的研究[J]. 中草药, 2009, 4: 40.

[32] 郑俊华, 果德安. 大黄的现代研究[M]. 北京: 北京大学医学出版社, 2008.

[33] 黄苏琴. 生大黄敷脐治疗中风患者便秘的效果观察[J]. 护士进修杂志, 2015, 7: 30.

[34] 熊辉岩, 王振辉, 杨淳斌, 等. 大黄属植物资源及其地上生物资源的开发利用简述[J]. 青海科技, 2003, 10(5): 29–31.

[35] 林榜成, 牟恒. 礼县大黄生产现状与可持续发展对策[J]. 中国农业信息, 2013, 10.

[36] 李成义, 马艳茹, 魏学明, 等.甘肃道地药材大黄的本草学研究[J]. 甘肃中医学院学报, 2011, 4: 28.

[37] 李鑫, 庄晨颖, 董雪容, 等. 大黄蒽醌物质研究与应用概述[J]. 青海草业, 2018, 27(04): 49–53.

[38] 罗志毅, 黄新, 包国荣. 大黄中蒽醌类成分清除氧自由基作用的研究[J]. 海峡药学, 2009, 21(12): 43–45.

编写人:李明　张新慧　王银库　张毓麟

第十一节　党　参

一、概述

来源:本品为桔梗科植物党参 [*Codonopsis pilosula*(Franch.)Nannf.]、素花党参 [*Codonopsis pilosula* Nannf.var.*modesta*(Nannf.)L.T.Shen]或川党参[*Codonopsis tangshen* Oliv.]的干燥根。秋季采挖,洗净,晒干。

生长习性:生长于海拔 1 560~3 100 m 的山地林边及灌丛中,西藏东南部、四川西部、云南西北部、甘肃东部、陕西南部、宁夏、青海东部、河南、山西、河北、内蒙古及东北等地区都有分布。全国各地有大量栽培。喜温和凉爽气候,耐寒,根部能在土壤中露地越冬。幼苗喜潮湿、荫蔽、怕强光。播种后缺水不易出苗,出苗后缺水可大批死亡。高温易引起烂根。大苗至成株喜阳光充足。适宜在土层深厚、排水良好、土质疏松而富含腐殖质的砂质壤土栽培。

质量标准:执行《中华人民共和国药典》(2015 年版一部)[1]。

【性状】党参,呈长圆柱形,稍弯曲,长 10~35 cm,直径 0.4~2.0 cm。表面灰黄色、黄棕色至灰棕色,根头部有多数疣状突起的茎痕及芽,每个茎痕的顶端呈凹下的圆点状;根头下有致密的环状横纹,向下渐稀疏,有的达全长的一半,栽培品环状横纹少或无;全体有纵皱纹和散在的横长皮孔样突起,支根断落处常有黑褐色胶状物。质稍柔软或稍硬而略带韧性,断面稍平坦,有裂隙或放射状纹理,皮部淡棕黄色至黄棕色,木部淡黄色至黄色。有特殊香气,味微甜。

素花党参(西党参)：长 10~35 cm，直径 0.5~2.5 cm。表面黄白色至灰黄色，根头下致密的环状横纹常达全长的一半以上。断面裂隙较多，皮部灰白色至淡棕色。

川党参：长 10~45 cm，直径 0.5~2.0 cm。表面灰黄色至黄棕色，有明显不规则的纵沟。质较软而结实，断面裂隙较少，皮部黄白色。

【检查】水分不得过 16.0%。

总灰分不得过 5.0%。

二氧化硫　残留量照二氧化硫残留量测定法测定，不得过 400 mg/kg。

【浸出物】照醇溶性浸出物测定法项下的热浸法测定，用 45%乙醇作溶剂，不得少于 55.0%。

【炮制】党参片除去杂质，洗净，润透，切厚片，干燥。

本品呈类圆形的厚片。外表皮灰黄色、黄棕色至灰棕色，有时可见根头部有多数疣状突起的茎痕和芽。切面皮部淡棕黄色至黄棕色，木部淡黄色至黄色，有裂隙或放射状纹理。有特殊香气，味微甜。

米炒党参：取党参片，照炒法，用米拌炒至表面深黄色，取出，筛去米，放凉。每 100 kg 党参片，用米 20 kg。本品形如党参片，表面深黄色，偶有焦斑。水分不得过 10.0%。

【性味与归经】甘，平。归脾、肺经。

【功能与主治】健脾益肺，养血生津。用于脾肺气虚，食少倦怠，咳嗽虚喘，气血不足，面色萎黄，心悸气短，津伤口渴，内热消渴。

【用法与用量】9~30 g。

【注意】不宜与藜芦同用。

【贮藏】置通风干燥处，防蛀。

二、基源考证

(一)本草记述

传统本草有关党参物种的记载主要集中在植物形态的描述，有关本草中党参植物形态记载见表 4-61。

表 4-61　本草中有关党参物种形态的描述

典　籍	物种描述
本草求真（清）	上党人参，根颇纤长，根下垂有及一尺余者，或十岐者，其价与银相等
本草纲目拾遗（清）	党参功用，可代人参，皮色黄而横纹，有类乎防风，故名防党。江南徽州等处呼为狮头参，因芦头大而圆凸也，故名上党人参。……近今有川党，盖陕西毗连，移种栽植，皮白味淡，类乎桔梗，无狮头，较山西者迥别，入药亦殊劣不可用
百草镜（清）	党参，一名黄参，黄润者良，出山西潞安、太原等处。有白色者，总以净软壮实味甜者佳。嫩而小枝者，名上党参。老而大者，名防党参
植物名实图考（清）	长根至二三尺，蔓生，叶不对，节大如手指，野生者根有白汁，秋开花如沙参，花色青白
本草经集注（南北朝）	上党郡在冀州西南，今魏国所献即是，形长而黄，状如防风，多润实而甘

（二）基源物种辨析

《本草求真》[2]所记载："上党人参，根颇纤长，根下垂有及一尺余者，或十岐者，其价与银相等。"《本草纲目拾遗》[3]："皮色黄而横纹，有类乎防风，故名防党。江南徽州等处呼为狮头参，因芦头大而圆凸也，故名上党人参。……近今有川党，盖陕西毗连，移种栽植，皮白味淡，类乎桔梗，无狮头。"而《植物名实图考》[4]记载："党参，山西多产。长根至二三尺，蔓生，叶不对，节大如手指，野生者根有白汁，秋开花如沙参，花色青白。"上述古籍所记载的特征与《中华本草》[5]相符：多年生草本。根长圆柱形，直径 1.0~1.7 cm，顶端有一膨大的根头，具多数瘤状的茎痕，外皮乳黄色至淡灰棕色，有纵横皱纹。茎缠绕，长而多分枝，下部疏被白色粗糙硬毛；上部光滑或近光滑。叶对生、互生或假轮生；叶柄长 0.5~2.5 cm；叶片卵形或广卵形，叶长 1~7 cm、宽 0.8~5.5 cm，先端钝或尖，基部截形或浅心形，全缘或微波状，上面绿色，被粗伏毛，下面粉绿色，被疏柔毛。花单生，花梗细；花萼绿色，裂片 5，长圆状披针形，长 1~2 cm，先端钝，光滑或稍被茸毛；花冠阔钟形，直径 2.0~2.5 cm，淡黄绿，有淡紫堇色斑点，先端 5 裂，裂片三角形至广三角形，直立；雄蕊 5，花丝中部以下扩大；子房下位，3 室，花柱短，柱头 3，极阔，呈漏斗状。蒴果圆锥形，有宿存萼。种子小，卵形，褐色有光泽。花期 8~9 月，果期 9~10 月，为桔梗科植物党参、素花党参（西党参）或川党参。

（三）近缘种和易混淆种

1. 党参近缘种

从历代本草记载来看，党参的原植物是桔梗科植物党参（*Codonopsis pilosula*（Franch.）Nannf.）、素花党参（西党参）[*Codonopsis pilosula* Nannf. var. *modesta*（Nannf.）L. T. Shen]或川党参（*Codonopsis tangshen* Oliv.），药用部分是上述植物的干燥根。

素花党参[*Codonopsis pilosula* Nannf. var. *modesta*(Nannf.)L. T. Shen]:本变种与党参的主要区别在于,全体近于光滑无毛;花萼裂片较小,长 10 mm。

川党参(*Codonopsis tangshen* Oliv.):本种与前两种的区别在于,茎下部的叶基部楔形或较圆钝,仅偶尔呈心脏形;花萼紧紧贴生于子房最下部。花、果期 7~10 月。

管花党参(*Codonopsis tubulosa* Kom.):本种与前三种的区别在于,茎不缠绕,多攀援或蔓生状。叶柄较短,长 5 mm 以下;花萼贴生于子房中部,裂片阔卵形,长 1.2 mm,宽约 8 mm,长不及花冠的一半;花冠管状;花丝被毛,花药龙骨状。花、果期 7~10 月。

球花党参(*Codonopsis subglobosa* W. W. Sm.):本种与前四种的区别在于,叶片较小,长宽均在 3 cm 以下;花萼贴生至子房端,有刺毛,裂片卵圆形或菱状卵圆形,裂片间弯缺宽钝,有锯齿及刺毛;花冠球状钟形,黄色,而先端带深红紫色。花、果期 7~10 月。

灰毛党参(*Codonopsis canescens*):本种与前五种的区别在于,茎长 25~85 cm,分枝多,近木质;植株密被白毛,使植株呈灰色;叶在主茎上互生,在侧枝上近于对生,叶片较小,长宽可达 1.5 cm×1.0 cm 以下;花萼外面密被白色长硬毛,花冠长一般不超过 2 cm。花、果期 7~10 月。

2. 党参混淆种[6]

羊乳(*Codonopsis lanceolata*):别名山海螺、角参、轮叶党参、萝卜党参、山地瓜秧、山胡萝贝、山胡萝卜、四叶参、通乳草、四叶党参、泰山参。为桔梗科党参属的植物,多年生蔓生草本。根粗壮,倒卵状纺锤形。茎攀缘细长、无毛、带紫色,长可达 1 m。叶在茎上互生,细小;在枝的通常 2~4 片簇生,或对生状或近于轮生状,长圆状披针形、披针形至椭圆形,长 3~10 cm,宽 1.5~4.0 cm。芦头向下有由密渐疏的环状横纹,几达全体。表面淡黄褐色,粗糙,散在少量瘤状突起。断面白色,有裂隙。味微苦。产于东北及河北、山西、山东、河南、安徽、江西、湖北、江苏、浙江、福建、广西等地。

迷果芹(*Sphallerocarpus gracilis*):为伞形科迷果芹属的植物。多年生草本,高 50~120 cm。根块状或圆锥形。茎圆形、多分枝、有细条纹,下部密被或疏生白毛、上部无毛或近无毛。基生叶早落或宿存,茎生叶 2~3 回羽状分裂,2 回羽片卵形或卵状披针形,长 1.5~2.5 cm,宽 0.5~1.0 cm,顶端长尖,基部有短柄或近无柄;末回裂片边缘羽状缺刻或齿裂,通常表面绿色,背面淡绿色,无毛或疏生柔毛;叶柄长 1~7 cm,基部有阔叶鞘,鞘棕褐色,边缘膜质,被白色柔毛,脉 7~11 条;序托叶的柄呈鞘状,裂片细小。复伞形花序顶生和侧生、伞辐 6~13,小伞形花序有花 15~25。果实椭圆状长圆形,长 4~7 mm、宽 1.5~2.0 mm,两侧微扁,背部有 5 条突起的棱。根呈长纺锤形或类圆锥形,长 8~20 cm、直径 0.5~2.0 cm。根头顶端圆钝,中央有茎基残痕,其下有致密的环状横纹,断面乳白色。气微具胡萝卜香气,味淡微甜。产于黑龙江、吉林、辽宁、河北、山西、宁夏、内蒙古、甘肃、新疆、青海等地。

山女娄菜[*Melandrium tatarinowii* (Regel) Tsui]:别名鹅耳七、土洋参、西洋参。为石竹科植物,多年生草本,株高 30~80 cm,茎匍匐或斜向上。叶卵状长圆形至长圆状披针形,具 3 脉。二歧聚伞花序顶生,具 3~7 花。花瓣 5,粉红色或白色,先端 4 裂,喉部有 2 小鳞片状附属物。花期 7~8 月,蒴果长卵形。根呈类圆形或纺锤形,长 7~20 cm,直径 0.4~0.9 cm,表面类白色、淡黄白色或黄褐色,有纵沟或棱,断面类白色或淡黄白色。气无、味淡、嚼之有渣及刺喉感。分布东北、华北、西北、湖北西部等地。

三、道地沿革

(一)本草记述的产地及变迁

传统本草有关党参道地产区的记载集中在清朝时期,参考相关本草典籍,有关本草中党参道地产区记载详见表 4-62。

表 4-62　本草中有关党参产地的描述

典籍	产地描述	备注
本草从新(清)	古本草云:参须上党者佳。今真党参久已难得,肆中所市党参,种类甚多,皆不堪用。惟防党参性味和平,根有狮子盘头者真,硬纹者伪也	真党参,山西上党
本草求真(清)	上党人参,根颇纤长,根下垂有及一尺余者,或十岐者,其价与银相等。辽东、高丽、百济诸参,均莫及焉	辽东,今吉林;高丽,今朝鲜;百济,今朝鲜半岛
本草纲目拾遗(清)	党参功用,可代人参,皮色黄而横纹,有类乎防风,故名防党。江南徽州等处呼为狮头参,因芦头大而圆凸也,故名上党人参。产于山西太行山潞安州等处为胜,陕西者次之。味甚甜美,胜如枣肉。近今有川党,盖陕西毗连,移种栽植,皮白味淡,类乎桔梗,无狮头,较山西者迥别,入药亦殊劣不可用	徽州,今安徽的绩溪、休宁等地;潞安州,今山西长治、襄垣、沁县等
百草镜(清)	党参,一名黄参,黄润者良,出山西潞安、太原处等处。有白色者,总以净软壮实味甜者佳。嫩而小枝者,名上党参。老而大者,名防党参	太原,今山西太原
药笼小品(清)	西产为上,体糯味甜、嚼之少渣者佳	
本草分经(清)	以真潞党皮宽者为佳	
植物名实图考(清)	党参,山西多产。长根至二三尺,蔓生,叶不对,节大如手指,野生者根有白汁,秋开花如沙参,花色青白	
本草逢源(清)	产山西太行者名上党人参	

由表 4-62 可以看出,历史本草记载的党参以山西太原、潞安为道地产区。

(二)本草记述的产地及药材质量

《本草从新》记载[7]:"古本草云:参须上党者佳。今真党参久已难得,肆中所市党参,种类甚多,皆不堪用。惟防党参性味和平,根有狮子盘头者真,硬纹者伪也。"《本草求真》记载:"上党人参,根颇纤长,根下垂有及一尺余者,或十岐者,其价与银相等。辽东、高丽、百济诸参,均莫及焉。"《本草纲目拾遗》记载:"党参功用,可代人参,皮色黄而横纹,有类乎防风,故名防党。江南徽州等处呼为狮头参,因芦头大而圆凸也,故名上党人参。产于山西太行山潞安州等处为胜,陕西者次之。味甚甜美,胜如枣肉。近今有川党,盖陕西毗连,移种栽植,皮白味淡,类乎桔梗,无狮头,较山西者迥别,入药亦殊劣不可用。"《百草镜》记载:"党参,一名黄参,黄润者良,出山西潞安、太原处等处。"《药笼小品》记载:"西产为上。"《本草分经》[8]记载:"以真潞党皮宽者为佳。"《植物名实图考》记载:"党参,山西多产。"

结合本草中有关植物形状描述和记载,从物种的角度来看,历代应用的党参为桔梗科植物党参[*Codonopsis pilosula*(Franch.)Nannf.]、素花党参(西党参)[*Codonopsis pilosula* Nannf. var. *modesta*(Nannf.)L. T. Shen]或川党参[*Codonopsis tangshen* Oliv.]的干燥根。道地性状特征为:黄润体糯,味甜美胜如枣肉,嚼之少渣者佳[9]。

潞党参:呈长圆柱形,稍弯曲,长 10~35 cm,直径 0.4~2.0 cm。表面黄棕色至灰棕色,根头部有多数疣状突起的茎痕及芽,习称"狮子头"。皮细嫩而紧密,每个茎痕的顶端呈凹下的圆点状,根头下有致密的环状横纹,或眉状疤痕,体结实而质柔韧,有特殊的香气,味微甜,嚼之化渣。

西党参(素花党参):呈长圆柱形,长 10~35 cm,直径 0.5~2.5 cm,狮子盘头芦大而明显,有许多疣状突起的茎痕及芽。根头下面有致密的环状横纹,向下渐稀疏,有的达全长的 1/2,栽培品环横纹少或无,皮松肉紧,全体有纵纹及散在的眉状疤痕样皮孔,支根断落处常见褐色胶状物,外表黄棕色至灰棕色,体稍硬或略带韧性。气香特异,味甜,嚼之化渣。

东党参:形似西党参,但稍小,长 10~25 cm,根直径 0.7~1.5 cm,上端环纹少,表面粗糙,有绳孔,略带膻气,表面灰黄色或黄色,味微甜,嚼之化渣。

条党参(川党参):根多条状,长可达 45 cm,直径 0.7~2 cm,有明显的纵沟,顶端有较稀的横纹,细条者头小于身称"泥鳅头",环纹稀少或全无,可见明显的皮孔,质柔而实,断面裂隙较少,味微甜,嚼之不化渣。

白党参(管花党参):形体肥大,芦头疣状突起的茎痕较密,芦下环纹稀少不明显或全无,全体有纵皱纹及点状根痕。质坚硬易折断。味微甜而带酸,嚼之不化渣。

四、道地药材产区及发展

(一)道地药材产区

党参是药食同源的大众药材,其主要资源以党参、川党参和素花党参为主。党参药材商品规格分为潞党、西党、白党、条党、东党5类,党参的主流商品是西党和潞党,西党和潞党为桔梗科植物素花党参和党参的干燥根,甘肃以纹党、白条党为主流。东党主产区为黑龙江尚志、宾县、吉林通化等地。云、贵、川三省交界处为川党参的主要分布区。山西晋城太行山以南主要分布潞党。根据历代本草记载,山西是党参的道地产区。包括山西古潞州产党参为"潞党",目前潞党参主产区在山西省长治市壶关县、平顺县、晋城市陵川县;此外,屯留、黎城、武乡、襄垣、长治、长子等有零星种植。"台党"主产区在山西省忻州市五台县,五寨、代县、繁峙等地也有少量野生资源。潞党参种植历史悠久,品种很多,尤其是产于陵川的五花芯党参,产于壶关的紫团参最为质优。20世纪60年代国家将党参列为重点发展的品种,全国多数地区引种山西潞党。近几十年潞党的产区主要集中在长治、晋城一带,现有种植面积约6 000亩。此外,甘肃也是白条党的主产区,目前白条党主产区在甘肃省定西市渭源县、陇西县、临洮县。甘肃省栽种党参也有百年以上历史,1964年甘肃定西地区引种山西"潞党"获得成功,取得了生产周期短,药材产量高的经验,其商品名为"白条党"。2003年以来,受施肥技术推广的影响,甘肃党参种植发展较快,现种植面积达40万亩,产量约4万t,占全国总产量的70%,出口量占全国总量的80%,尤其是甘肃定西市陇西县首阳镇已成为全国党参的集散地。"纹党",目前纹党主产区在甘肃省文县,纹党大面积种植始于20世纪60年代,现种植面积达3万亩。"板桥党",目前板桥党主产区在湖北省恩施市,湖北省恩施市种植党参有100多年的历史,19世纪初《施南府志》记载了板桥党参由野生转为人工栽种的情况,现有种植面积3万亩。"刀党",目前主产区在四川省九寨沟县,四川省九寨沟县大面积种植党参有60多年的历史,现有种植面积达1万亩。"凤党",目前凤党主产区在陕西省凤县,凤党种植历史悠久,清末时是朝廷的上等贡品。1964年凤县被列为凤党出口商品基地县。1987年全县种植凤党500亩以上。2000年以后,凤党的种植面积逐年下降,现在仅剩少量野生资源[10,11]。

(二)产区生境特点

"潞党"产区环境:位于北纬35°50′、东经113°00′,湿润大陆性季风气候,无霜期

156~182 d,年均降水量为 537.4~674.0 mm。年均气温 4.94~10.4℃,海拔 800~1 500 m。

"台党"产区环境:五台县位于山西省东北部,位于北纬 38°28′、东经 112°57′,暖温带湿润大陆性季风气候,无霜期 90~170 d,年均降水量为 540 mm。年均气温 7.5℃左右,平均海拔 1 000 m。

"白条党"产区环境:位于北纬 35°18′、东经 104°16′,中温带半干旱区,降水较少,日照充足,温差较大。年降水量 350~500 mm,年平均温度 7℃,无霜期 100~160 d,海拔高度 1 640~3 900 m。

"纹党"产区环境:位于北纬 32°35′~33°20′、东经 104°16′~105°27′,亚热带向暖温带过渡地带,年平均气温 15℃,无霜期 260 d,年均降水量 450~800 mm,海拔 1 800~2 800 m。

"板桥党"产区环境:位于北纬 29°50′~30°40′、东经 109°04′~109°58′,亚热带季风湿润气候,年平均气温 16.3℃,年降水量 1 100~1 300 mm,年均日照 1 300 h,无霜期 238~348 d,主产区海拔多在 1 400~1 700 m。

"刀党"产区环境:位于北纬 32°53′~33°32′、东经 107°27′~104°26′,高原湿润气候,年均温 7.3℃,年降水量 700~800 mm,全年无霜期 100 d 左右,日照少,日照率在 40%左右,平均海拔 3 000~4 000 m。

"凤党"产区环境:凤县位于陕西省西南部,地处北纬 33°34′~34°18′、东经 106°24′~107°07′。属暖温带山地气候,年平均气温 11.4℃,年均降水量 613.2 mm,无霜期 188 d。平均海拔 1 200~1 800 m。

(三)道地药材的发展

我国党参资源丰富,分布广泛。《中华人民共和国药典》(2015 年版一部)收载正品党参包括党参[*Codonopsis pilosula*（Franch.）Nannf.]、素花党参[*Codonopsis pilosula* Nannf. Var. *modesta*（Nannf.）L.T.Shen]和川党参[*Codonopisis tangshen* Oliv]。按照文献记载,党参主要分布于华北、东北、西北部分地区,全国多数地区引种,山西长治市、晋城市产的称"潞党",东北产的称"东党",山西五台产的称"台党"。素花党参主要分布于甘肃、陕西及四川西北部,甘肃文县、四川平武产党参称"纹党""晶党",陕西凤县党参称"凤党"。川党参主要分布湖北西部、四川北部和东部接壤地区及贵州北部,商品原称"单枝党",因形多条状,又称"条党"。药用党参因分布区域广,质量差异较大。山西的潞党和台党历史上一直被认为是最优的党参道地药材,后来甘肃"纹党"、陕西"凤党"、湖北"板党"也被纳入道地药材的行列[12]。

五、药材采收和加工

(一)本草记载的采收和加工

历代本草对于党参的采收加工的记载极少。清代《本草害利》记载:八月上旬采根,竹刀刮,暴干。《中华本草》记载:移栽后第二或第三年9~10月,将根挖出,洗净,晒4~6 h,然后用绳捆起,揉搓使根充实,经反复3~4次处理后,即可扎成小捆,贮藏或进行加工。贮藏期间宜放于凉爽干燥处,避免虫蛀。《中药大辞典》记载:秋季采挖,除去地上部分,洗净泥土,晒至半干,用手或木板搓揉,使皮部与木质部贴紧,饱满柔软,然后再晒再搓,反复3~4次,最后晒干即成。

(二)采收和初加工技术研究

韩凤波[13]等人对两年生轮叶党参不同采收期可溶性蛋白质含量、多糖含量、总黄酮含量动态分析比较,结果表明,9月中下旬采收轮叶党参比较合理。胡涛对不同生长年限及采收期川党参中药效成分含量进行了比较研究,结果表明,川党参最佳采收年限为三年生,最佳采收期为9~11月。

表4-63　不同采收期对轮叶党参可溶性蛋白质含量、多糖含量、总黄酮含量的影响

有效期	可溶性蛋白含量	多糖含量	总黄酮含量单位:%
6月15日	0.315fF	2.64fF	0.234eC
7月15日	0.561eE	3.31eE	0.28dC
8月15日	0.875dD	3.91dD	0.372cB
9月5日	1.005cC	4.99cC	0.484bA
9月15日	1.386bB	5.90aA	0.565aA
9月25日	1.548aA	5.97aA	0.610aA
10月15日	1.502aA	5.43bB	0.508bA

《中华本草》记载:生党参,洗净泥沙后润透去芦,切片或切段,晒干;炒党参:将麸皮置于加热之锅内,至锅上起烟时,加入党参片,拌炒至深黄色,取出筛去麸皮,放凉(每党参50 kg,用麸皮10 kg)。

六、药材质量特征和标准

(一)本草记述的药材性状及质量

相对于党参比较普遍的道地产区的记载,本草对党参道地性状的描述比较一致,主要从颜色、大小、质地、气味等几个方面进行了描述,详见表4-64。

表 4-64　主要本草典籍有关党参道地性状的描述

典　籍	性状描述
本草从新(清)	惟防党参性味和平,根有狮子盘头者真,硬纹者伪也
本草纲目拾遗(清)	党参功用,可代人参,皮色黄而横纹,有类乎防风,故名防党。江南徽州等处呼为狮头参,因芦头大而圆凸也,故名上党人参。……味甜甚美。近今有川党,盖陕西毗连,移种栽植,皮白味淡,类乎桔梗,无狮头,较山西者迥别,入药亦殊劣不可用
百草镜(清)	党参,一名黄参,黄润者良,出山西潞安、太原等处。有白色者,总以净软壮实味甜者佳
本草分经(清)	以真潞党皮宽者为佳
本草经集注(南北朝)	状如防风,多润而甘
药笼小品(清)	体糯味甜、嚼之少渣者佳

由表 4-64 可见:"狮子盘头""皮色黄""横纹""味甜甚美""黄润者""白色""净软壮实""皮宽""润而甘""体糯味甜""嚼之少渣"为传统评价党参质优的性状标准。历代本草对党参道地性状的认识比较一致,其中,"皮色黄""味甜"是记述频率比较高的性状特征。综上所述,党参的道地性状质量评价指标可以总结为:黄润体糯,味甜美胜如枣肉,嚼之少渣者佳。

(二)道地药材质量特征的研究

目前,国内外对党参化学成分进行了深入细致的研究。从党参中分离鉴定了 21 种糖苷类,34 种挥发油成分,5 种生物碱类,10 种甾醇类及含氮成分,13 种三萜类及其他类成分,还有多种人体必需的无机元素和氨基酸[14~16]。

(1)甾醇类　豆甾醇、豆甾酮、菠甾醇、菠甾酮、α-菠甾醇-β-D 葡萄糖苷、豆甾醇-β-D 葡萄糖苷、豆甾烯酮、豆甾烯醇-β-D 葡萄糖苷。

(2)挥发油类　α-蒎烯、叔丁基苯、α-姜黄烯、十八碳烯酸甲酯、十六酸甲酯、硬脂酸甲酯、十四酸甲酯、2,4-壬二烯醛、2-苊醇辛酸甲酯、δ-愈创烯、1,2-二异丁基-3,3-二甲基-[3,1,0]环己二酮、十五酸甲酯、正十五烷、正十七烷、正十八烷、正十九烷、正十二烷、正二十一烷、正二十二烷、棕榈酸酯。

(3)生物碱类及含 N 成分　胆碱、党参碱、正丁基脲基-甲酸酯、烟酸挥发油。

(4)糖类成分　菊糖、果糖、党参酸性多糖、CP21、CP22、CP23、CP24、丁香苷(syrigin)、β-D-葡萄糖乙醇、α-D-果糖乙醇、党参苷(Ⅰ,Ⅱ,Ⅲ,Ⅳ)、正己基-D 葡萄糖苷、α-D 果糖乙醇苷、丁香苷。

(5)酸性成分　己酸、庚酸、辛酸、壬酸、十二酸、壬二酸、十四酸、十五酸、十六酸、十八酸、十八酸二烯酸。

（6）三萜类化合物　蒲公英萜醇乙酸酯、蒲公英萜醇、木栓酮、木栓醇、党参内酯Ⅲ、苍术内酯硬脂酸、党参内酯Ⅱ、苍术内脂Ⅲ、5-羟基-2-糠醛、5-甲氧甲基-2-糠醛，5-羟甲基糠醛、香草酸、邻苯二甲酸双-（2-乙基)己酯、丁香醛、2-糠醛钠、白芷内酯、补骨脂内酯和琥珀酸等。

（7）氨基酸类化合物　苏氨酸、胱氨酸、谷氨酸、丝氨酸、缬氨酸、甘氨酸、异亮氨酸、蛋氨酸、苯丙氨酸、亮氨酸、组氨酸、脯氨酸、酪氨酸、党参炔苷、赖氨酸。

（8）微量元素　党参含有许多微量元素，如钙、镁、锌、铁、铜、锰等。

山西的潞党和台党历史上一直被认为是最优的党参道地药材，后来甘肃纹党、陕西凤党、湖北板党也被纳入道地药材的行列。

表4-65　不同产地党参中苍术内酯Ⅲ和党参炔苷含量　　　　　单位：%

原产地	山西陵川	甘肃文县	内蒙古	湖北恩施	陕西凤县
党参炔苷含量	0.020	0.036	0.105	0.172	0.097
苍术内酯Ⅲ含量	0.006 0	0.004 4	0.003 8	0.000 5	—

党参种类各异，药典收载的原植物有党参、素花党参和川党参3种，产地众多，主产于山西、河南、河北、陕西、甘肃、四川、东北、贵州等省。既有野生品也有家种品，产于山西五台山周围的野生品习称"台党"，栽培于古代潞城今山西长治、晋城地区的党参习称"潞党"。商品以潞党参为优。

（三）道地药材质量标准

《中华人民共和国药典》（2015年版一部）中收载党参的质量评价标准主要包括性状、鉴别、检查、浸出物等几个方面。

一等品：干货。呈圆锥形，头大尾小，少有分枝；"狮子盘头"较大，根头无茎痕，条较长。上端有密集横纹，长达全长1/3处，下端有不规则的纵皱纹，表面米黄色，皮孔散在，不明显；质地少硬或略带韧性，断面木质部为浅黄色，韧皮部为灰白色，形成层明显，断面有裂隙，有放射状纹理。有糖质，味甜。芦下直径1.3 cm以上，无油条、杂质、虫蛀、霉变。

二等品：干货。呈圆锥形，芦下直径1.0~1.3 cm，杂质含量不超过1%，表面呈黄白色或灰黄色，体结实而柔。断面呈棕黄色或黄白色。糖质多，味甜。无油条、杂质、虫蛀、霉变。味苦辛、微甜。水分、灰分含量均符合药典要求。

三等品:干货。呈圆锥形,头大尾小,少有分枝;"狮子盘头"较大,根头无茎痕,条较长。上端有密集横纹,长达全参 1/3 处,下端有不规则的纵皱纹,表面为米黄色,皮孔散在,不明显;质地少硬或略带韧性,断面木质部浅黄色,韧皮部为灰白色,形成层明显,断面有裂隙,有放射状纹理。有糖质,味甜。芦下直径 0.6 cm 以上,无油条、杂质、虫蛀、霉变。

四等品:干货。呈圆锥形,头大尾小,少有分枝;"狮子盘头"较大,根头无茎痕,条较长。上端有密集横纹,长达全参 1/3 处,下端有不规则的纵皱纹,表面米黄色,皮孔散在,不明显;质地少硬或略带韧性,断面木质部浅黄色,韧皮部灰白色,形成层明显,断面有裂隙,有放射状纹理。有糖质,味甜。芦下直径 0.6 cm 以下,油条不得超过 15 %,无杂质、虫蛀、霉变。

七、药用历史及研究应用

(一)传统功效

党参,甘,平。归脾、肺经。主治补中益气,和胃生津,祛痰止咳。用于脾虚食少便溏,四肢无力,心悸,气短,口干,自汗,脱肛。

《本经逢原》:清肺。

《本草从新》:补中益气,和脾胃,除烦渴。

《本草分经》:补中益气,和脾胃,性味重浊,滞而不灵,止可调理常病,若遇重症断难恃以为治。

《得配本草》:补养中气,调和脾胃。

《本草害利》:补中气,和脾胃,补肺,益气升津,微虚者宜之。

《本草纲目拾遗》:治肺虚,益肺气。

(二)临床应用

党参主要与其他中药材配伍。其中,党参配白术、茯苓、甘草,组成补气祖方四君子汤,治疗中气不足,脾胃虚弱,食少便溏,四肢倦怠。若肺气虚,气短喘咳,言语无力,声音低弱者,宜补益肺气,可配黄芪、五味子、紫菀同用,如补肺汤。若气血两虚或血虚者,面色萎黄,头晕心悸,可配熟地、当归、白芍及四君子汤,名曰八珍汤,气血双补。若产后气虚脱肛及久泻者,用炙党参 15 g、炙黄芪 30 g、升麻 9 g、炒白术 15 g、茯苓 9 g、怀山药 15 g、炙甘草 6 g、姜皮 6 g,水煎日服 3 次。若脾虚久泻者,用炙党参 15 g,配炒白术 15 g、茯苓 10 g、怀山药 15 g、炒白扁豆 10 g、芡实 9 g,水煎日服 3 次。若热伤气津,气短口渴者,可配麦冬、五味子同用,如生脉散。治子宫下垂,脱肛经验方,炙党参 30 g,配炙黄芪 50 g、炒升麻 9 g、炙甘草 6 g，水煎日服 3 次，效佳。治妇人崩中漏下者，用鲜党参 100 g、鲜地榆 100 g、白酒 100 ml、陈醋 100 ml、纯水 300 ml，同煎浓缩为 200 ml，顿服，血止为度，效果甚佳。产后体虚者，用炙党参 15 g、焦白术 15 g、茯苓 10 g、怀山药 15 g、炒白扁豆 10 g、芡实 9 g，水煎日服 3 次。中老年人体弱，脾胃功能差者，用上党参、真黄芪、五色谷物酒浸泡半月，名为参芪五物酒，早晚各饮 1 酒杯，具有健脾开胃、益气生津、抗衰老之功效。

防治冠心病：党参液具有降低排血前期（PEPI）左室排血时间（LVET）比值，增强左心功能，抑制血小板黏附和聚集；抑制血栓素 B2 合成而不影响 6-Keto-PGF1a 的合成，表明本品为较理想的防治冠心病的中药。

治疗高脂血症：党参、玉竹各 12.5 g，粉碎，混匀，制成 4 个蜜丸，每次 2 丸，每日 2 次，连服 45 d 为 1 疗程。治疗高脂血症 50 例，总有效率为 84%。

治疗低血压病：党参、黄精各 30 g，炙甘草 10 g，每日 1 剂，治疗贫血性、感染性、直立性、原因不明性低血压 10 例，均获痊愈。

治疗化疗所致造血功能障碍[17]：潞党参花粉 16 g，分 2 次用温水冲服，连服 30 d，治疗在化疗放疗中出现造血功能障碍的肿瘤患者 36 例，其中血白细胞减少 26 例，治疗后显效 23 例，有效 2 例，无效 1 例；同方治疗贫血患者 10 例，治疗后显效 4 例，无效 1 例。

预防急性高山反应[18]：党参乙醇提取物制成糖衣片，每次 5 片，每日 2 次，连服 5 d。预防急性高山反应 42 例，证实党参片对减轻轻度高山反应急性期症状，稳定机体内环境，改善血液循环，加快对高原低氧环境的早期适应过程均有良好作用，提高机体对缺氧环境的适应性。

（三）现代药理学研究

1. 对消化系统的作用

党参为补中益气之要药，能纠正病理状态的胃肠运动功能紊乱。党参水煎醇沉液对应激型、幽门结扎型、吲哚美辛或阿司匹林所致实验性胃溃疡均有预防和治疗作用。孙家邦[19]等人研究发现党参水煎剂可以预防和减轻梗阻性黄疸大鼠急性胃黏膜损害的发生。李林[20]等人研究发现党参水煎液对无水乙醇性胃黏膜损伤有保护作用。

2. 增强免疫作用

张天红[21]等人采用小鼠自由饮用潞党参提取液 15~20 d 和灌胃 10 d 的方法，发现潞党参药液组与对照组相关体征和生理功能有显著性差异。潞党参药液连续服用能促进机体生长、脾脏湿重增加，说明该药液对免疫功能有增强作用。

对血液系统的影响:党参煎液可以增强家兔和小鼠红细胞和血红蛋白含量。研究发现,党参能增加血红蛋白的含量,切除脾脏后,效力明显降低。大鼠皮下注射党参煎剂 5 g/kg,可明显增加血红蛋白含量和红细胞数,但是显著降低白细胞数。张华荣[22]等人研究发现,党参提取物能提高麻醉猫心泵血量而不影响心律,增加脑、下肢及内脏血流量,并能对抗肾上腺素的作用。

对中枢神经的影响:有镇静、催眠、抗惊厥、抗脑损伤、增强学习记忆能力的作用。姚娴[23]等发现党参水煎剂能够减轻苯基异丙腺苷所致小鼠学习记忆障碍。张丽慧等研究发现党参正丁醇提取物可以明显改善由环乙酰亚胺、东莨菪碱引起的小鼠学习记忆障碍,并且可以改善戊巴比妥钠引起的小鼠定向辨别障碍。蔡淑清[24]发现,党参提取物对东莨菪碱所致学习记忆障碍有改善作用。张晓丹[25]等人发现,党参水提物可以延长催眠药戊巴比妥钠及乙醚麻醉引起的睡眠时间,表现出镇静作用,并且可以改善东莨菪碱所致学习记忆障碍。

对肾上腺皮质功能的影响:党参水煎液不论给小白鼠灌服、静脉注射或腹腔注射,均可使血浆中皮质酮量增加,其有效成分是皂甙及糖类,能部分拮抗地塞米松引起的血浆皮质酮下降,作用在垂体以上水平。

抗应激作用[26]:用党参提取物给小白鼠灌胃后发现,党参能明显提高其游泳能力,减缓疲劳,其机制可能与提高其中枢神经系统的兴奋性,提高机体活动能力有关。党参水提浸膏溶液和多糖溶液可使小鼠常压耗氧量减少,从而提高耐缺氧能力,延长小鼠的存活时间,对心脑等有重要作用。

对内分泌的影响[27]:用党参水煎液给小白鼠灌服、静脉注射或腹腔注射,均可使血浆中皮质酮量增加,其有效成分皂甙及糖类能部分拮抗地塞米松引起的血浆皮质酮下降,其作用在垂体或垂体以上水平器官有明显保护作用。

对胃肠功能的影响[28]:党参煎剂均能显著提高受严重烫伤的豚鼠胃泌素 GAS 和胃动素 MTL 含量,降低血 TNF 浓度,因而有益于烧、烫伤后胃肠功能紊乱的调整以及肠源性感染的防治。

其他影响[29]:据研究党参具有调节结肠平滑肌的收缩活动和对小肠推进的促进作用,同时对胃黏膜具有快速保护作用。此外,党参还具有增强子宫的收缩作用和抗高温作用,从而延长存活时间。

(四)现代医药应用

现代医学上,用党参作为原料之一,生产制成中成药。

复方党参片:主要成分为党参、丹参、当归、北沙参、金果榄;性状是薄膜衣片,除去包衣后,显深棕色,味甘、苦;功能主治为活血化瘀,益气宁心。用于心肌缺血引起的心绞痛及胸闷等。

党参健脾丸:主要成分有党参、白术(土炒)、薏苡仁(土炒)、白扁豆(土炮)、山楂(去核清炒)、谷芽(清炒)、芡实(麸炒)、陈皮、六神曲(麸炒)、莲子肉(土炒)、麦芽(清炒)、茯苓、山药(麸炒)、枳壳(麸炒)、砂仁、甘草(蜜炙);性状是棕褐色的大蜜丸;味甜、稍苦;功能主治为健脾,开胃,消食。用于脾胃虚弱,消化不良,面色萎黄,脘腹胀满,肠鸣腹泻。

八、资源综合利用和保护

(一)资源综合开发利用

党参作为《中华人民共和国药典》收载的传统中药,在临床上应用比较广泛,常用的有复方党参片、党参健脾丸等。

党参含有多类型资源性化学成分,其中以糖类、生物碱、氨基酸类、黄酮类、木脂素类研究最为深入[30]。党参主要有调节血糖、胃收缩、保护胃肠道黏膜及抗溃疡、抗肿瘤、抗缺氧及增强机体免疫力等作用。临床用于消化系统功能障碍以及缺铁性、营养性脾胃虚寒所导致的贫血,产后气虚脱肛及久泻等。

党参可替代部分方剂中的人参。党参具有生津养血、补脾肺气的功效,但是由于党参的药效无法长时间的维持,因此在临床实践中通常会加大使用量,但气虚等一些急救方剂中的人参则不能使用党参进行替代。有研究资料显示,在久泻脱肛、气血两亏、体倦乏力和脾肺虚弱等患者的治疗中,采用党参替代人参进行治疗,能够有效提升患者的抗病能力[31]。

党参的药理作用与临床应用研究目前主要集中在中药煎剂的加减及复方制剂,由于对党参单味药的研究报道较少,所以加强党参的药理作用与临床应用研究将是推动党参正确合理使用的基础。

(二)新药用部位开发利用

在传统应用及现代临床应用中用的均是党参的根。正品党参在中医临床应用和保健产品的开发上受到重视,党参常见验方近90种,其被开发成各种中成药,制成丸剂、冲剂、片剂、膏剂、合剂等不同剂型。据《全国中成药产品目录》统计,约有300余种中成药含有党参。另外党参还用作动物用药方剂,包括禽药方、猪药方等。研究表明,党参地上部分与根所含化学成分类型基本相同,均含有生物碱、皂苷、甾体化合物及挥发油等成分,并且总皂苷、部分人体必需氨基酸、微量元素等的含量均高于根部。因此党参的茎叶具有很高的开发价值,也为新药源开发提供了一条途径。此外,茎叶还可作为很好的饲料,中国农业科学院中兽医研究所以党参茎叶拌饲料喂养仔猪和蛋鸡,结果表明仔猪重量,蛋鸡产蛋率、产蛋量和蛋重都有所提高,并可使胆固醇含量降低[32,33]。目前对党参综合开发不够深入,党参的地上部分多被弃掉,没有得到充分的利用,造成极大浪费,因此有必要加大这方面的开发力度。

从资源的利用角度出发,无论是中医临床入药还是保健食品的开发,所利用的党参多为药典收录正品党参,目前对其他药用党参资源的开发利用还有限。有些药用党参在某种药理活性上要优于正品党参,例如新疆党参可使小鼠脑 SOD 活性增强,而潞党参对小鼠脑 SOD 活性无明显影响。具有免疫活性的党参多糖在管花党参、寻甸党参、新疆党参中含量要明显高于其他药用党参。因此,在重视正品党参资源利用的同时,针对药效成分和药理活性的优势开发其他药用党参,将扩大党参的药源,使不同党参产品的开发更具有目的性。

(三)资源保护和可持续发展

药用党参资源丰富,全国分布广泛,适宜多样的生态环境,主要生长在山地、林缘、灌丛中[34]。正品党参、素花党参、川党有大量栽培,多分布在山西、甘肃、东北、湖北、四川等地。由于市场的调节,产量多有起伏。现今,党参分布如下。

山西:潞党主要分布长治市壶关县、平顺县,晋城市陵川县;此外,屯留、黎城、武乡、襄垣、长治、长子等有零星种植。台党主要分布于忻州市五台县,此外,五寨、代县、繁峙等地有少量野生资源。

甘肃:白条党主要分布定西市渭源县、陇西县、临洮县;纹党主要分布在文县。

湖北:主要分布于恩施市。

四川:主要分布在九寨沟县。

陕西:主要分布在凤县。

我国复杂的地形,多样的气候环境及土壤、植被类型,使党参在历史上形成了以山西潞党和台党,甘肃、四川晶党,陕西凤党,湖北板党为道地药材。山西潞党,甘肃白条党等种植历史悠久,品种特色突出,群众种植党参的经验丰富,经济效益较好。但与国家中药现代化、产业化、国际化的要求相比,仍然处于粗放型生产阶段,在标准化种植、规范化管理、精深加工及市场营销等方面处于劣势,标准化生产和产业化经营水平很低,党参的地域特色优势没有转化为经济优势。

我国的党参资源可持续利用,首先应加强对野生资源的保护。各地政府可根据实际情况,制定与本地相适应的管理制度和条例,重点开展以禁挖、禁牧、禁贩运的三禁工作,使党参资源得到切实保护;其次要加强优质党参栽培的研究,提高产量与质量,是实现资源可持续利用最根本有效的措施。

九、党参栽培技术要点

党参为多年生植物,种子繁殖是其繁衍后代的主要手段。党参第一年结种量较少。第二年以后产种量大幅提高。党参采种一般从两三年生无病害的健康植株上选择,育苗主要有撒播、条播和直播等方式。第一年播种育苗、第二年移栽后生产成品药材,生产优质种苗是保证党参成药产量和品质的根本方法之一,种苗的产量和质量是衡量育苗成败的关键。

(一)种子质量

1. 种子质量

党参种子呈卵状椭圆形、略扁、细小,长约 1.32 mm、宽约 0.70 mm,表面棕褐色、光滑无毛有光泽、少数干瘪,顶端钝圆,基部可见一圆形凹窝状种脐。质软,易以指甲压扁,破开后,胚乳乳白色、有油性、味淡。

表 4-66 党参种子质量分级表

级 别	净度/%	千粒重/g	水分/%	生活力/%	发芽率/%
I 级	≥98.0	5.0~6.0	≤12.0	≥90.0	≥60.0
II 级	95.0~98.0	4.0~5.0	≤12.0	80.0~90.0	50.0~60.0
III 级	≤95.0	3.0~4.0	≤12.0	70.0~80.0	≤50.03

2. 种子处理

在对党参进行繁殖的过程中,尤其在种子的发芽期,需要严格控制好每一环节,才能保证较高的发芽率。播种前将种子用 40~45℃的温水浸泡,边搅边拌边放种子,待水温降至不烫手为止。再浸泡 5 min。然后,将种子装入纱布袋内,再水洗数次,置于砂堆上,每隔 3~4 h 用 15℃温水淋一次,经过 5~6 d,种子裂口时,即可播种。也可将布袋内的种子置于 40℃水洗,保持湿润,4~5 d 种子萌动时,即可播种。

(二)育苗

1. 选土整地

苗圃宜设在交通方便、地势平坦、排灌良好、保水保肥力强的轻壤或砂质壤土田块上,土层厚一般不少于 50 cm,土壤 pH 6.0~7.5,前茬作物以豆类、薯类、禾谷类中的任意一种为宜。黏重土、沙砾土的地块和重茬地块不宜选为育苗圃。

育苗前 15~20 d 用拖拉机深耕 25~30 cm,并耙糖平整使土质疏松。要求做到深耕细整、地平土碎。整地时及时清除草根、石块、树枝等杂物。结合整地施入农家肥 3~5 m³/亩、"天脊"牌硝酸磷复合肥 15~30 kg/亩,做到土肥充分均匀混合。

2. 土壤消毒

播种前宜进行土壤消毒。起垄前将硫酸亚铁或硫酸铜药剂研碎,与细干土一起制成药土,均匀撒在土壤表面,然后平整、起垄;或者起垄后用质量浓度为 30% 的硫酸亚铁或硫酸铜水溶液 45~75 kg/hm² 喷洒垄面。

3. 起垄

垄高 8~10 cm、垄面宽 100 cm、垄距 130~135 cm,做到垄面平整、土壤细碎。垄的方向应根据育苗地的地形及坡度大小而定,如地势平坦,垄的方向以南北向为宜;如坡度较大,则垄的方向与育苗地的等高线相垂直。

4. 覆膜打孔

起垄后趁墒覆膜,地膜由人工或机器铺设,宜选用幅宽 120 cm、厚 0.008 mm 以上的黑色地膜。覆膜时上端拉平、两端压实,在垄膜上每隔 2~3 m 压土腰带,防大风揭膜。用直径为 7.0~8.0 cm 的不锈钢管在地膜上打孔,穴孔间距为 7.0~7.5 cm。

5. 播种

春季育苗应在 10 cm 地温稳定在 10~15℃ 时播种。一般在 4 月中旬至 5 月上旬土壤墒情较好时播种。育苗种子需过筛精选,以颗粒饱满、褐色有光泽的新种子为佳。

播种时将种子与等量细沙或细土混拌均匀,用手均匀撒播在地膜穴孔中,若遇风,应手放低轻轻顺风向撒种子,要尽可能避免风吹走种子。然后轻轻镇压,使种子和土壤充分接触。

播种量为 2.5 kg/亩,即每穴播种 30~40 粒。播种后用过 0.3~0.5 cm 筛的细沙土覆盖 0.5~0.8 cm,以保持水分,防止穴孔表层干结。

6. 遮阴

播种覆土后用遮光率 60%~80% 遮阳网覆盖遮阴,遮阳网离垄面高 20~30 cm,苗高 5~8 cm 时选择阴天揭去遮阳网。也可用小麦秸秆或其他禾本科作物秸秆覆盖约 5 cm,适当用石块、树枝或土带压住秸秆,防止风吹。秸秆覆盖量以干重计 1.0 kg/m² 为宜。

7. 苗圃管理

苗出齐后开始第一次除草,用剪刀剪除杂草的地上部分,以防止用手拔除杂草损

伤党参苗。以后需及时拔除田间杂草,减少杂草争肥争水。

若育苗前期降水较多,覆盖物紧贴地面并有部分腐烂,苗大多可以透过覆盖物,可不必揭去覆盖物,一直覆盖到起苗。

8. 越冬管理

地面封冻前地表覆干土 3~5 cm,以防冬季土壤冻裂伤苗。冬季要加强管理,以防牲畜、野兔、野鸡危害。

9. 病害防治

根腐病用 70%恶霉灵可湿性粉剂 3 000 倍液,或 50%甲基托布津可湿性粉剂 500倍液,或 50%多菌灵可湿性粉剂 500 倍液喷茎基部防治,间隔 15~20 d 喷 1 次,共喷施3~4 次。农药施用应符合 GB4285 和 GB/T8321 的规定。

锈病用 25%三唑酮可湿性粉剂 500~600 倍液,或 62.25%锰锌·腈菌唑可湿性粉剂600 倍液,或 5%烯唑醇微乳剂 800~1 000 倍液,或用 50%丙环唑微乳剂 2 000 倍液喷雾防治,每隔 7~10 d 喷 1 次,连喷 2~3 次。

白粉病用 5%烯唑醇微乳剂 1 000 倍液,或 25%腈菌唑乳油 3 000 倍液,或 25%三唑酮可湿性粉剂 500 倍液喷雾防治,每隔 15 d 喷施 1 次,连喷 2~3 次。农药施用应符合 GB4285 和 GB/T8321 的规定。

10. 虫害防治

蚜虫防治前减少农药使用次数,以天敌如七星瓢虫、龟纹瓢虫、草龄、食蚜蝇等来控制蚜虫数量,将蚜虫的种群控制在不足为害的数量之内。在蚜虫发生期,用 10%吡虫啉乳油 1 000 倍液,或 20%啶虫脒乳油 1 000 倍液,或 50%抗蚜威可湿性粉剂 2 000 倍液喷雾防治 2~3 次。农药施用应符合 GB4285 和 G B/T8321 的规定。

蛴螬合理轮作,避免与豆科植物连作;避免使用未完全腐熟的农家肥;利用黑光灯诱捕。播种时土壤中撒施 3%辛硫磷颗粒剂 3 600 g/hm²,或 3%毒死蜱颗粒剂 3 600 g/hm²防治。虫害严重时,用 15%阿维菌素乳油 4 500 g/hm² 灌根 1~2 次,每次间隔 30 d。

11. 拣选分级

表 4-67 党参种苗质量等级分级标准

等 级	规 格		
	单株鲜重/g	苗长/cm	苗粗/cm
一级	≥14.1	≥25.0	≥25.0
二级	3.5	≥20.0	≥20.0
三级	≥1.5	≥15.0	≥15.0

(三)移栽

1. 选地

定植地以土层深厚、结构良好、排灌便利、富含腐殖质的黑垆土或黄绵土为宜。前茬以麦类、豆类作物为好,轮作周期要求 3 年以上。

2. 整地施肥

前茬作物收获后及时深耕灭茬晒垡,耕深 30 cm 左右,秋后浅耕,打耱保墒。移栽前结合深耕整地基施优质有机肥和适量化肥,但化肥量不可过大,以防烧苗。

3. 栽苗

一般于 3 月中旬至 4 月上旬土壤解冻后移栽。移栽时先按 20 cm 的行距在畦面上开 25 cm 深的沟,栽苗 6 万~8 万株/亩。地下病虫害较多的地块,用 50%辛硫磷乳油 1~1.5 kg/亩、50%多菌灵可湿性粉剂 1.0~1.5 kg/亩,细土拌匀后撒入沟内进行土壤处理,然后将种苗按 5 cm 的株距直立于沟壁,使芦头深浅一致,根系自然舒展,用下一行开沟起土回填覆盖,覆土厚度以超过参头 2~3 cm 为宜。保苗 5 万~6 万株/亩。

4. 田间管理

移栽后定期检查苗情,随时清除田间杂草。雨后田间积水要及时排除,以免造成烂根。非留种田及当年收获的参田要及时疏花,以减少养分消耗,促进根系生长。移栽时可稀播蚕豆等高秆作物,或在参苗高 30 cm 左右时将树枝均匀插于地面作支架。7 月上旬喷施磷酸二氢钾叶面肥,或追施高水溶性的"天脊"牌硝酸磷钾复合肥,以促进根系生长。

5. 病虫害防治

党参病害主要有根腐病、锈病、紫纹羽病等,虫害以蛴螬、地老虎、蝼蛄、金针虫和红蜘蛛为主。根腐病发病初期,可用 50%甲基托布津可湿性粉剂 1 000 倍液喷雾或灌根,每隔 7 d 喷 1 次,连续 2~3 次;锈病发病初期用 25%粉锈宁可湿性粉剂 1 000 倍液,或 97%敌锈钠可湿性粉剂 400 倍液喷雾防治;紫纹羽病可用 40%多菌灵胶悬剂 500 倍液,或 25%多菌灵可湿性粉剂 300 倍液喷洒土壤进行防治,喷洒量为 5 kg/hm²,也可于栽植前用 40%多菌灵胶悬剂 300 倍液浸泡参根 30 min 进行防治。蛴螬、地老虎、蝼蛄、金针虫等虫害可用 40%辛硫磷乳油 7.5 kg/hm² 与 750 kg 细土混匀制成毒土,均匀撒在种苗行间防治,也可用炒香的饼粉 15 kg/hm² 与 90%晶体敌百虫600 g/hm²拌匀制成毒饵,撒在畦面或垄沟内诱杀;红蜘蛛可用 5%噻螨酮乳油 2 000 倍液喷雾防治。田间发现鼠害要及时将骶鼠灵等灭鼠药放在洞口毒杀灭鼠。

（四）收获加工

10月中下旬,当地上茎叶枯萎时即可采挖。采挖的鲜党参要及时清洗,清洗时速度要快,以免长时间浸泡降低质量。清洗后及时晾晒,防止发霉变质,晒至半干时用手或木板搓揉,使参皮与木质部贴紧、饱满而富有弹性,反复搓、晒3~4次后,晾晒至8~9成干,即可作为初加工产品整理扎把。

（五）制种技术

1. 制种田管理

白条党参栽植后第二年才大量开花,第三年为盛花期。通常选择生长健壮、根体肥大、无病虫害的三年生参田留作制种田。制种田应于翌年植株返青前追施高水溶性的"天脊"牌硝酸磷钾复合肥,以保证养分供给。3月下旬返青后及时中耕除草,去杂去劣,保证纯度,同时注意防治病虫害。8月下旬进行打顶,以促进种子成熟,提高种子产量和质量。

2. 适时采收

10月上中旬,当党参地上部藤蔓霜杀枯黄、茎秆少汁发干、果实呈黄白色、种子呈褐色时即可采收。采收时用镰刀等将藤蔓割下,小心轻放,以减少落粒。然后拉运至脱粒场地置阳光下晾晒10~15 d,以防霉烂变质降低种子发芽率。待整株干燥、部分蒴果裂开即可脱粒。

3. 脱粒干燥

10月下旬至11月下旬,选晴好天气将党参藤蔓在帆布或硬化场地上摊成15~20 cm薄层,用木棍等轻轻敲打,震开蒴果,弹出种子,用叉抖去藤蔓。脱粒后用分样筛清选或进行风选,除去混杂物、空瘪粒及尘土。操作过程中要注意尽量不损伤种子。脱粒的种子放在帆布上摊成2~3 cm的薄层,勤翻动进行通风晾晒;或装入布袋中挂在干燥通风的凉棚下晾晒至含水量达12%左右。要注意绝对不可高温暴晒或短期烘干种子。

4. 贮藏

党参种子细小,极不耐贮藏。新种子发芽势强,发芽率可达90%以上,所育种苗均匀健壮。0~5℃条件下贮藏可延长党参种子寿命,贮藏期间温度控制为0~5℃。贮藏时将种子装在布袋或纸质袋中,注意防虫防潮,避免强光照射。

参考文献

[1] 中华人民共和国药典委员会. 中华人民共和国药典(一部)[M]. 北京: 中国医药科技出版社, 2015.
[2] (清)黄宫绣. 本草求真[M]. 北京: 人民卫生出版社, 1987.

[3] (清)赵学敏. 本草纲目拾遗[M]. 北京: 中国中医药出版社, 2007.

[4] (清)吴其濬. 植物名实图考[M]. 北京: 商务印书馆, 1957.

[5] 沈丕安. 中华本草[M]. 上海: 上海科学普及出版社, 2017.

[6] 肖智. 党参的商品分类及其混淆品的鉴别[J]. 人参研究, 2003(01): 37-38.

[7] (清)吴仪洛. 本草从新[M]. 上海: 上海科学技术, 1958.

[8] (清)姚澜. 本草分经[M]. 上海: 上海科学技术出版社, 1989.

[9] 靳贵林, 侯嘉, 崔治家, 等. 党参的本草考证及药理作用和质量控制的研究进展[J]. 世界中医药, 2016, 11(08): 1635-1639.

[10] 张向东, 高建平, 曹铃亚, 等.中药党参资源及生产现状[J]. 中华中医药学, 2013, 31(03): 496-498.

[11] 毕红艳, 张丽萍, 陈震, 等. 药用党参种质资源研究与开发利用概况[J]. 中国中药杂志, 2008, 5: 590-594.

[12] 唐迎雪, 宋永利. 本草古籍常用药物品种与质量鉴定考[M]. 北京: 人民卫生出版社, 2007.

[13] 韩凤波, 奚广生. 不同采收期对轮叶党参有效成分含量的影响[J]. 北方园艺, 2014, 1: 154-156.

[14] 杨静, 苏强, 刘恩荔, 等.不同产地党参苍术内酯Ⅲ和党参炔苷含量测定[J]. 山西医科大学学报, 2010, 41(08): 698-702.

[15] 郭琼琼,李晶,孙海峰.党参挥发性成分分析及其特殊香气研究[J]. 中药材, 2016, 39(9): 2005~2012.

[16] 黄圆圆, 张元, 康利平, 等. 党参属植物化学成分及药理活性研究进展[J]. 中草药, 2018, 49(01): 239-250.

[17] 元艺兰. 党参的药理作用及临床应用[J]. 中国中医药现代远育, 2012, 10(19): 113-114.

[18] 宁理文, 赵红新. 党参的药理作用及临床应用[J]. 临床合理用药杂志, 2014, 7(29): 66.

[19] 孙家邦, 刘福进. 党参预防梗阻性黄疸所致急性胃粘膜损害的作用机理[J]. 中华外科杂志, 1995, 2: 101.

[20] 李林, 潘志恒, 王竹立, 等. 党参等中药对胃粘膜的快速保护作用[J]. 中国医师杂志, 2001, 2: 112-114.

[21] 张天红, 张馨, 耿爱萍. 潞党参药理实验研究[J]. 时珍国医国药, 2001, 6: 488-489.

[22] 张华荣, 姜国辉. 党参药理与临床研究进展[J]. 中医药信息, 1996, 5: 17-21.

[23] 姚娴, 王丽娟, 刘干中. 党参对苯异丙基腺苷所致小鼠学习记忆障碍的影响[J]. 中药药理与临床, 2001, 1: 16-17.

[24] 蔡淑清. 党参提取物对东莨菪碱所致小鼠学习记忆障碍的影响[J]. 中国社区医师(综合版), 2006, 13: 25.

[25] 张晓丹, 刘琳, 佟欣. 党参、黄芪对中枢神经系统作用的比较研究[J].中草药, 2003, 9: 57-58.

[26] 杨绒娟, 石轶男, 宸妍妍, 等. 党参可溶性粉对小鼠抗应激和免疫功能的影响[J]. 山西农业科学, 2017, 45(03): 398-401, 432.

[27] 倪静. 不同运动模型诱发大鼠应激性胃溃疡的实验研究及党参的防治作用[D].陕西师范大学, 2007.

[28] 王少根, 徐慧芹, 陈侠英. 党参对严重烫伤豚鼠肠道的保护作用[J]. 中国中西医结合急救杂志, 2005, 3: 144-145.

[29] 宁榴贤, 曾凡潘, 吴兴达, 等. 磁处理党参药液对小肠平滑肌收缩活动影响的研究[J]. 生物磁学, 2004, 3: 6-9.

[30] 贺庆, 朱恩圆, 王峥涛. 党参化学成分的研究[J]. 中国药学杂志, 2006,41(1): 10-12.

[31] 马雪梅, 吴朝峰. 药用植物党参的研究进展[J]. 安徽农业科学, 2009, 37(15):6981-6983.

[32] 马志明. 党参茎叶对肉鸡生长性能的影响[J]. 畜牧与兽医, 2015, 47(01): 147.

[33] 胡金安. 党参及其茎叶饲喂育肥猪试验[J]. 饲料研究, 1996, 12: 20.

[34] 毕红艳, 张丽萍, 陈震, 等. 药用党参种质资源研究与开发利用概况[J]. 中国中药杂志, 2008, 5: 590–594.

编写人：李明　张新慧

第十二节　肉苁蓉

一、概述

来源：本品为列当科植物肉苁蓉[*Cistanche deserticola* Y.C.Ma]或管花肉苁蓉[*Cistanche tubulosa*(Schenk)Wight]的干燥带鳞叶的肉质茎。春季苗刚出土时或秋季冻土之前采挖，除去茎尖。切段，晒干。肉苁蓉性温，味甘、咸，归肾、大肠经，为补肾壮阳、润肠通便之要药，素有"沙漠人参"之美誉。

生长习性：喜生于轻度盐渍化的松软沙地上，一般生长在沙地或半固定沙丘、干涸老河床、湖盆低地等，生境条件很差。适宜生长区的气候干旱，降水量少，蒸发量大，日照时数长，昼夜温差大。土壤以灰棕漠土、棕漠土为主。寄主梭梭为强旱生植物，肉苁蓉多寄生在其 30~100 cm 深的侧根上。生于海拔 225~1 150 m 的荒漠中，寄生在藜科植物梭梭、白梭梭等植物的根上。

质量标准：执行《中华人民共和国药典》(2015 年版一部)[1]。

【性状】呈扁圆柱形，稍弯曲，长 3~15 cm，直径 2~8 cm。表面棕褐色或灰棕色，密被覆瓦状排列的肉质鳞叶，通常鳞叶先端已断。体重，质硬，微有柔性，不易折断，断面棕褐色，有淡棕色点状维管束，排列成波状环纹。气微，味甜、微苦。 管花肉苁蓉 呈类纺锤形、扁纺锤形或扁柱形，稍弯曲，长 5~25 cm，直径 2.5~9.0 cm。表面棕褐色至黑褐色。断面颗粒状，灰棕色至灰褐色，散生点状维管束。

【检查】水分不得过 10.0%。

总灰分不得过 8.0%。

【浸出物】照醇溶性浸出物测定法项下的冷浸法测定，用稀乙醇作溶剂，肉苁蓉不得少于 35.0%，管花肉苁蓉不得少于 25.0%。

【含量测定】照高效液相色谱法测定。本品按干燥品计算，肉苁蓉含松果菊苷（$C_{35}H_{46}O_{20}$）和毛蕊花糖苷（$C_{29}H_{36}O_{15}$）的总量不得少于0.30%；管花肉苁蓉含松果菊苷（$C_{35}H_{46}O_{20}$）和毛蕊花糖苷（$C_{29}H_{36}O_{15}$）的总量不得少于1.5%。

【炮制】除去杂质，洗净，润透，切厚片，干燥。肉苁蓉片呈不规则形的厚片；表面棕褐色或灰棕色；有的可见肉质鳞叶；切面有淡棕色或棕黄色点状维管束，排列成波状环纹；气微，味甜、微苦。管花肉苁蓉片切面散生点状维管束。鉴别、检查、浸出物、含量测定同药材。

酒苁蓉：取净肉苁蓉片，照酒炖或酒蒸法炖或蒸至酒吸尽。酒苁蓉形如肉苁蓉片；表面黑棕色，切面点状维管束排列成波状环纹；质柔润；略有酒香气，味甜，微苦。酒管花苁蓉切面散生点状维管束，鉴别、检查、浸出物、含量测定同药材。

【性味与归经】甘、咸，温。归肾、大肠经。

【功能与主治】补肾阳，益精血，润肠通便。用于肾阳不足，精血亏虚，阳痿不孕，腰膝酸软，筋骨无力，肠燥便秘。

【用法与用量】6~10 g。

【贮藏】置通风干燥处，防蛀。

二、基源考证

(一)本草记述

传统本草有关肉苁蓉物种的记载主要集中在植物肉质茎形态的描述，有关本草中肉苁蓉植物形态记载见表4-68。

表4-68　本草中有关肉苁蓉物种形态的描述

典籍	物种描述
名医别录(南北朝)	生河西及代郡雁门，五月五日采，阴干
吴普本草(魏)	肉苁蓉，一名肉松蓉……生河西山阴地。长三四寸，丛生。或代郡、雁门
本草经集注(南北朝)	代郡雁门属并州，多马处便有，言是野马精落地所生。生时似肉
新修本草(唐)	此注论草从蓉，陶未见肉者。今人所用亦草从蓉刮去花，用代肉尔
本草图经(宋)	今陕西州郡多有之，然不及西羌界中来者肉厚而力紧。旧说是野马遗沥落地所生，今西人云：大木间及土堑垣中多生此，非游牝之所而乃有，则知自有种类耳。……皮如松子有鳞甲。苗下有一细扁根，长尺余。三月采根，采时掘取中央好者，以绳穿，阴干。……西人多用作食品啖之，刮去鳞甲，以酒净洗，去黑汁，薄切
本草衍义(宋)	图经以谓皮如松子有鳞，子字当为壳

(二)基源物种辨析

《名医别录》[2]载肉苁蓉"生河西及代郡雁门,五月五日采,阴干"。河西泛指如今的甘肃、陕西及内蒙古西部,代郡雁门指山西。从采集地下部、花期及形态长三四寸,数株丛生而言,与现在的肉苁蓉属(*Cistanches*)植物盐生肉苁蓉[*Cistanche salsa*(C.A.G)G. Beck]的基本相符。

《本草纲目》[3]中收录的陶弘景对肉苁蓉的描述:"多马处便有之,言是野马精落地所生",可以判断肉苁蓉药材的生境为荒漠,原植物应为肉苁蓉属植物。《日华子本草》[4]中描述:"生勃落树下,并土堑上",而肉苁蓉为寄生植物,其寄主为高大木本植物梭梭,生境为干旱荒漠,与文字描述极相似。

《本草图经》[5]载:"生河西山谷及代郡雁门,今陕西州郡多有之,然不及西羌界中来者,肉厚而力紧……西人云:大木间及土堑垣中多生……皮如松子有鳞甲,苗下有一扁根长余……"出"陕西州郡"与出"西羌"的肉苁蓉药材的品质优劣对比与陶弘景描述情形相近。

《本草求真》[6]记载:"长大如臂,重至斤许,有松子鳞甲者良。"上述古籍所记载的特征与《宁夏植物志》[7]相符:多年生寄生草本,高 40~160 cm,茎肉质,扁平,单一或有时从基部分为 2 或 3 枝,下部宽 5~10(15) cm,向上逐渐变细,宽 2~5 cm。鳞片状叶多数,螺旋状排列,淡黄白色,无叶柄。下部叶排列紧密,宽卵形或三角状卵形,长 0.5~1.0 cm,宽 1~2 cm,上部叶稀疏,线状披针形、披针形,长 1~4 cm,宽 0.5~1 cm,被疏棉毛或无毛。花萼钟状,长 1.0~1.5 cm,5 浅裂,裂片近圆形。花冠钟状,长 3~4 cm,裂片 5,展开,近半圆形,花黄白色、淡紫色或边缘淡紫色,干时变棕褐色,管内有 2 条纵向的鲜黄色凸起。雄蕊 4,2 强,近内藏,花丝上部稍弯曲,基部被皱曲长柔毛,花药顶端有骤尖头,被皱曲长柔毛。子房上位,基部有黄色蜜腺,花柱细长,顶端内折,柱头近球形。蒴果卵形,2 裂,褐色,种子多数,微小,椭圆状卵形或椭圆形,表面网状,有光泽。花期 5~6 月,果期 6~7 月。药用部分是列当科植物肉苁蓉或管花肉苁蓉的干燥带鳞叶的肉质茎。

陶弘景在《本草经集注》[8]中记载:"代郡、雁门属并州,多马处便有,言是野马精落地而生,生时似肉"。这说明本品不同于普通植物,具有无根寄生植物的特征。"今第一出陇西,形扁广,柔润,多花而味甘"。这一论述与现今的荒漠肉苁蓉(*Cistanche deserticola* Y. C. Ma)相符。因为本种主要分布于甘肃、内蒙古西部,即当时的陇西,茎粗大,干后扁而圆形,柔软,花序较大,且味甘。"次出北国者,形短而少花",此为盐生肉苁蓉(*Cis-*

tanche salsa）。所以，在当时荒漠肉苁蓉、盐生肉苁蓉的茎均作为中药肉苁蓉入药，且荒漠肉苁蓉质量更好。

《本草图经》描述肉苁蓉"今陕西州郡多有之，然不及西羌界中来者肉厚而力紧……今西人云：大木间及土堑垣中多生此……皮如松子，有鳞甲，苗下有一细扁根，长尺余"。所描述的还是盐生肉苁蓉和荒漠肉苁蓉。掌禹锡据蜀《本草图经》云："出肃州福禄县沙中"，即指甘肃酒泉地区，多指荒漠肉苁蓉。《本草求真》绘老嫩肉苁蓉图，所指为荒漠肉苁蓉。

肉苁蓉来源于列当科肉苁蓉属多种植物，这一点已毫无疑问。该属植物我国分布主要有4种：荒漠肉苁蓉（*C. deserticola*）、盐生肉苁蓉（*C. salsa*）、管花肉苁蓉（*C. tubulosa*）和沙苁蓉（*Cistanche sinensis* G. Beck）。

荒漠肉苁蓉寄生于沙区小乔木梭梭[*Haloxylon ammodendron*（C.A.Mey.）Bunge]根部，茎高40~160 cm或更长。密布鳞叶，花密集，多为黄色或紫色。分布于内蒙古西北部、宁夏、新疆、青海及甘肃河西等地。《本草从新》谓"长大如臂"及《肃州新志》所载，均指该品，是自古至今药用肉苁蓉的最佳主流品种。盐生肉苁蓉生于荒漠草原及荒漠区低盆地，寄生于多年生草本或矮小灌木根部；茎较短，高15~45 cm，多呈丛生状，花较少，花冠淡紫色，分布甘肃河西，新疆，宁夏，内蒙古锡林郭勒盟、乌盟。这与《吴普本草》[9]所载代郡雁门及陶弘景所述北国产者相符。本品产区历来盛产肉苁蓉，并外销，也是古今药用肉苁蓉主流品种之一。

日本人认为中药肉苁蓉的基源植物为盐生肉苁蓉，我国20世纪50年代至70年代许多文献转引这一观点，如《内蒙古中草药》（1972年版）及《新疆中草药》（1975年版）所载肉苁蓉均为盐生肉苁蓉。马毓泉[10]等认为，中药肉苁蓉的基源植物是荒漠肉苁蓉（*C. deserticola*），而不是盐生肉苁蓉（*C. salsa*）。《中华人民共和国药典》（1977年版）采纳这一观点，规定荒漠肉苁蓉（*C. deserticola*）为中药肉苁蓉的法定品种，该品种为以后各版药典所沿用。《中华人民共和国药典》（2010年版）又将管花肉苁蓉[*Cistanche tubulosa*（Schenk）R. Wight]收录其中，作为中药肉苁蓉基源植物之一。

（三）近缘种和易混淆种

1. **肉苁蓉属植物**[11,12]

我国境内分布的肉苁蓉属植物主要有4种，分别为：荒漠肉苁蓉（*C. deserticola*）、管花肉苁蓉（*C. tubulosa*）、盐生肉苁蓉（*C. salsa*）、沙苁蓉（*C. sinensis*）。历代本草记录表明，荒漠肉苁蓉和盐生肉苁蓉是肉苁蓉的原植物。《中华人民共和国药典》（2015版一部)所载,荒漠肉苁蓉和管花肉苁蓉是肉苁蓉的原植物。

荒漠肉苁蓉(C. deserticola):多年生寄生草本,植株高 40~160 cm,茎不分枝或自基部 2~4 枝,基部直径 5~15 cm,向上逐变细,顶部直径 2~5 cm;花序下半部或全部苞片较长,卵状披针形,连同小苞片和花冠裂片外面及边缘被柔毛或近无毛;小苞片 2 枚,卵状披针形或披针形,与花萼等长或稍长,花萼钟状,长 1.0~1.5 cm,顶端 5 裂,裂片近半圆形,长 4~6 mm。宽 0.6~1 cm,边缘少外卷,颜色有变异,淡白色或淡紫色,干后变棕褐色。雄蕊 4 枚,花丝着生于距筒基部 5~6 mm 处,长 1.5~2.5 cm,基部被皱曲长。花药长卵形,长 3.5~4.5 cm。密被长柔毛,基部有皱尖头。子房椭圆形,长约 1 cm,基部有密腺,顶端常具宿存的花柱。种子椭圆形或近卵形,长 0.6~1.0 mm,外面网状,有光泽,花期 5~6 月,果期 6~8 月。主产于内蒙古、宁夏、甘肃、青海及新疆海拔 225~1 150 m 的荒漠地区。寄生于旱生植物梭梭(H. ammodendron)根部茎入药,采后晾干为生大芸,盐渍为盐大芸,有"沙漠人参"之称,具补精血、益肾壮阳润肠通便功效。

管花肉苁蓉(C. tubulosa):多年生寄生草本,株高 60~100 cm,地上部分高30~35 cm。茎不分枝,基部直径 3~4 cm。穗状花序,长 12~18 cm,直径 5~6 cm;苞片长圆状披针形或卵状披针形,长 2.0~2.7 cm,宽 5~6.5 mm,边缘被柔毛,两面无毛;小苞片 2 枚,线状披针形或匙形,长 1.5~1.7 cm,宽 2.5 mm,近无毛。花萼筒状,长 1.5~1.8 cm,顶端 5 裂至近中部,裂片与花冠筒部一样为乳白色,干后变黄白色,近等大,长卵状三角形或披针形,长 0.6~1.0 cm,宽 2.3~3.0 mm。花冠筒状漏斗形,长 4 cm,顶端 5 裂,裂片在花蕾时带紫色,干后变棕褐色,近等大,近圆形,长 8 mm,宽 1 cm,两面无色。雄蕊 4 枚,花丝着生于距筒基部 7~8 mm 处,长 1.5~1.7 cm,基部膨大并密被黄白色长柔毛,花药卵形,长 4~6 mm,密被黄白色长柔毛,基部钝圆,不具小尖头。子房长卵形,花柱长2.2~2.5 cm,柱头扁圆球形,2 浅裂。蒴果长圆形,长 1~1.2 cm,直径 7 mm。种子多数,近圆形,干后变黑褐色,外面网状。花期 5~6 月,果期 7~8 月。寄主为柽柳属植物(Tamarix),主产于新疆南部的塔克拉玛干沙漠。寄生于水分较充足的柽柳丛中及沙丘地,海拔1200 m。本种药室基部钝圆,不具小尖头,易与其他种区别。

盐生肉苁蓉(C. salsa):多年生寄生草本,植株高 10~45 cm,偶见具少数绳束状须根。茎不分枝或稀自基部分 2~3 枝,基部直径 3 cm,向上渐变窄。叶卵状长圆形,长 3~6 mm,宽 4~5 mm,两面无毛,生于茎上部的渐狭,卵形或卵状披针形,长 1.4~1.6 cm,宽6~8 mm。穗状花序,长 8~20 cm,直径 5~7 cm;苞片卵形或长圆状披针形,长 1.0~2.0 cm,约为花冠的 1/2,宽 6~8 mm,外面疏被柔毛,边缘密被黄白色长柔毛,稀近无毛;小苞 2

枚,长圆状披针形,与花萼等长或稍长,外面及边缘被稀疏柔毛。花萼钟状,淡黄色或白色,长度为花冠的 1/3,顶端 5 浅裂。裂片卵形或近圆形,近等大,长 2.5~3.0 mm,宽 3.0~3.5 mm。花冠筒状钟形,长 2.5~4.0 cm,筒近白色或淡黄色,顶端 5 裂,裂片淡紫色或紫色,干后保持原色不变,近圆形,长、宽均为 5~7 mm。雄蕊 4 枚;花着生于距筒基部 3~4 mm 处,长 1.2~1.4 cm;花药长卵形,长约 2.5 mm,基部具小尖头,连同花丝基部密被白色皱曲长柔毛。子房卵形,花柱长 1.6~2.0 cm,无毛,柱头近球形,直径 0.4~0.5 mm。花期 5~6 月,果期 7~8 月。产于宁夏、内蒙古、甘肃和新疆荒漠区的湖盆低地及盐碱较重的地方,海拔 700~2 650 m。

沙苁蓉(*C. sinensis*):多年生寄生草本,植株高 15~70 cm。茎鲜黄色,不分枝或自基部分 2~6 枝,直径 1.5~2.2 cm,基部稍增粗,生于茎下部的叶紧密,卵状三角形,长 0.6~1.0 cm,宽 4~8 mm,近无毛,上部稍稀疏,卵状披针形,长 0.5~3.0 cm,宽 5~6 mm。穗状花序顶生,长 5~15 cm,直径 4~6 cm;苞片卵状披针形或线形披针形,长 1.6~2.0 cm,宽 3~7 mm,连同小苞片和花萼裂片外面及边缘被白色或黄色的蛛丝状长柔毛,边缘甚密,外面毛常脱落;小苞片 2 枚,比花萼稍短,线形或狭长圆状披针形,基部渐狭;花近无梗。花萼近钟状,长 1.2~2.2 cm,顶端 4 裂至中部或中部以下;裂片线形或长远状披针形,长 1.0~1.2 cm,基部宽 0.2~0.3 cm,具 3 脉。花冠筒状钟形,淡黄色,极稀裂片带淡红色,干后变黑蓝色,极稀不变色,长 2.2~3.0 cm,全缘,外面及边缘无毛,内面被稀疏柔毛。雄蕊 4 枚花丝着生于距筒基部 4~7 mm 处,长 1.4~1.6 cm,基部密被一小簇黄白色长柔毛,向上渐变无毛,花药长卵形,密被皱曲长柔毛,长 3~4 mm,基部具小尖头。子房卵形,长 6~7 mm,宽 3 mm,侧膜胎座 2,花柱比花丝稍长,近无毛,柱头近球形。蒴果长卵状球形或长圆形,长 1.0~1.5 cm,直径约 1.0 cm,具宿存的花柱基部。种子多数,长圆状球形,长约 0.4 mm,干后褐色,外面网状。花期 5~6 月,果期 6~8 月。主产于内蒙古、甘肃、宁夏荒漠草原带及荒漠区的沙质地、砾石地或丘陵坡地,海拔 1 000~2 240 m。本种花冠裂片新鲜时常为淡黄色或黄色,极稀带淡红色,干后常变黑蓝色,但也有个别植株干后花冠裂片为黄色或棕褐色,苞片为棕褐色。

2. 肉苁蓉易混淆种

草苁蓉(*Boschniakia rossica*)别名"不老草",为列当科(*Orobanchaceae*)草苁蓉属植物,常寄生于桦木科植物柔毛东北赤杨的细根部,主产于东北地区。株高 12~29 cm,直径 0.6~2.0 cm,单茎直立,肉质,圆柱形,褐紫色,上有纵楞无毛,茎基部有瘤状膨大的根状茎,直径为 1.7~2.5 cm。叶鳞片状,三角形,质厚,长 7~10 mm,密生于茎的基部。穗状花序顶生,长达 6~19 cm,花暗紫色,有少数为黄色。苞片卵形、锐尖,萼平滑、杯状,有不整齐的 5 齿缘,花冠唇形,筒部膨大成囊状。雄蕊 4 枚、2 强;雌蕊 1 枚,雄蕊与柱头均伸出花冠之外,柱头 2 浅裂,2 心皮。蒴果近球形,2 瓣裂,种子细小[14]。

锁阳(*Cynomorium songaricum*)又名"不老药",是锁阳科(Cynomoriaceae)锁阳属植物,主要寄生于蒺藜科(Zygophyllaceae)植物白刺(*Nitraria tangutorum*)根部。茎圆柱形,暗紫红色,高 20~100 cm,基径 3~6 cm;鳞片状叶,卵圆形、三角形或三角状卵形,长 0.5~1.0 cm,宽不及 1 cm,先端尖;穗状花序顶生,棒状矩圆形,长 5~15 cm,直径 2.5~6.0 cm,花密集,鳞状苞片,花杂性,暗紫色,有香气,雄花有 2 种,一种具肉质花被 5 枚,长卵状楔形,雄蕊 1,花丝短,退化子房棒状。另一种雄花具数枚线形、肉质总苞片,无花被,雄蕊 1,花丝较长,无退化子房;雌花具数枚线状、肉质总苞片;其中有 1 枚常较宽大,雌蕊 1,子房近圆形,上部着生棒状退化雄蕊数枚,花柱棒状。果实为小坚果,近圆形,果皮坚硬,全部木质化,呈褐色,直径 1.0~1.9 mm[13]。

三、道地沿革

(一)本草记述的产地及变迁

传统本草对肉苁蓉产地的描述不尽相同,详细情况见表 4-69。

表 4-69　本草中有关肉苁蓉产地的记述

典　籍	产地描述	备　注
神农本草经(汉)	生山谷	产地不明
别医名录(南北朝)	生河西及代郡雁门	河西泛指甘肃、陕西及内蒙古西部;代郡雁门指山西
本草经集注(南北朝)	今第一出陇西	陇西指甘肃、内蒙古西部
千金翼方(唐)	产自原州、灵州等地	原州指甘肃镇原;灵州指宁夏中卫
蜀本草(后蜀)	出肃州福禄县沙中	肃州福禄县指甘肃酒泉地区
图经本草(宋朝)	西羌界中来者肉厚而力紧	西羌界指甘肃西部、青海东部

由表 4-69 可以看出,秦汉时期肉苁蓉多产于山西、陕西一带,应该指的是盐生肉苁蓉;南北朝以后,肉苁蓉的主要产地在甘肃、青海、宁夏、内蒙古以及新疆沙荒地区,多指荒漠肉苁蓉、盐生肉苁蓉。现今,肉苁蓉主产于内蒙古、甘肃、宁夏、新疆、青海的沙荒地区,多为轻度盐渍化、地下水位高的固定或半固定沙地,土壤多为细沙土。

(二)本草记述的产地及药材质量

《本草经集注》:"今第一出陇西,形扁广,多花而味甘;次出北国者,形短而少花",

陇西现指甘肃、内蒙古西部。《千金翼方》[15]:"产自原州、灵州等地",原州现指甘肃镇原,灵州现指宁夏中卫。《本草图经》[16]:"今陕西州郡多有之,然不及西羌界中来者肉厚而力紧",西羌界指甘肃西部、青海东部。这些均表明,产自内蒙古、宁夏、甘肃、新疆、青海等西北地区的肉苁蓉质量最优。

四、道地药材产区及发展

(一)道地药材产区

最早记载肉苁蓉产地的是《吴普本草》,云:"生河西山阴地或代郡雁门"。古河西相当于今甘肃河西走廊与湟水流域;代郡雁门在今山西雁北。陶弘景曰:"第一出陇西,……次生北国,巴东建平亦有而不如巴",今陇西秦置,在甘肃临洮南,为古丝绸之路沿线药材集散地,代郡雁门为古代长城要塞,是内外各民族药商交易药材地。北国应指山西北部、内蒙古东南部及河北等北方省区;巴东建平在今四川东北部。由上可知,本草记载肉苁蓉的最早产区为甘肃河西,最早集散地为山西北部(内蒙古产肉苁蓉在此交易)。唐代以来,其产地不断扩大,《千金翼方》载:"原州(甘肃镇原)、灵州(宁夏中卫、中宁)产苁蓉;兰州(甘肃皋兰)、肃州(甘肃酒泉)产肉苁蓉。"《郡县志》载"肉苁蓉渭州(甘肃东南部)、保安郡(陕西志丹县北)、唐县、曲阳、行唐、安定(河北保定西南)皆土产"。《太平寰宇记》[17]又载,"肉苁蓉朔州(山西朔县附近)、云州(山西外长城以南,桑干河以北)土产"。《大元一统志》谓肉苁蓉"昆仑崆峒(甘肃平凉)之间所出。巩昌府,会州(甘肃会宁县一带)"。综上所述,唐代以后肉苁蓉产区较魏晋时代有了很大变化,许多产区已远远超出了肉苁蓉属(*Cistanche*)植物的生境范围,不难看出,古代所载肉苁蓉尚包括形态很相近的列当属(*Orobsnehe*)植物。

由此可见,虽历代本草描述肉苁蓉药材产地地名随朝代更替有所变化,但其产地都包括在山西、陕西、甘肃、青海、宁夏、内蒙古等地。从肉苁蓉产地适宜性数值分析:新疆、内蒙古、宁夏、甘肃、青海5省(自治区)分布着肉苁蓉的适宜产区,其中内蒙古阿拉善高原、新疆北疆东部、甘肃河西走廊北部、宁夏中北部是肉苁蓉适宜分布集中区[18]。分析表明历代本草记载与现今研究基本吻合。而在管花肉苁蓉的产地研究相关报道显示,我国管花肉苁蓉仅自然分布于我国新疆天山以南塔克拉玛干沙漠周围各县。与古时肉苁蓉原植物产地有明显出入,故推测古时肉苁蓉药材原植物来源不包括管花肉苁蓉[19]。并且,历代本草记载甘肃、青海都为优质肉苁蓉药材产区。根据市场调研发现现今优质肉苁蓉药材的主产区在内蒙古阿拉善盟附近,甘肃几乎不产肉苁蓉,而青海产肉苁蓉品质较差。究其原因可能由于贸易交流原因,内蒙古所产肉苁蓉并未被大量使用,而甘肃、青海由于过度采挖导致环境恶化,优质肉苁蓉资源已枯竭。

内蒙古、宁夏、甘肃、新疆、青海是荒漠肉苁蓉的道地产区。新疆南疆地区是管花肉苁蓉的道地产区。近年来,由于市场需求量不断增加,这些地区肉苁蓉生产规模不断扩大[20]。目前,荒漠肉苁蓉产地情况调查表明,宁夏永宁有较大面积的人工种植,中卫毛乌素沙漠边缘地区存在零星的野生分布;内蒙古境内人工种植及自然分布于阿拉善左旗、额济纳旗等地;甘肃境内野生资源主要分布于武威、酒泉等地,人工种植报道鲜见;新疆境内分布于北疆地区[21]。管花肉苁蓉产地情况调查表明,新疆天山以南塔克拉玛干沙漠周边的皮山县、墨玉县、于田县、策勒县、洛浦县、巴楚县等地有较大面积人工种植及野生分布。

(二)产区生境特点

荒漠肉苁蓉主要生长在库布齐沙漠、乌兰布和沙漠、腾格里沙漠、巴丹吉林沙漠、河西走廊沙漠、柴达木盆地、库姆塔格沙漠、准格尔盆地等地的半荒漠和荒漠地区。多为地下水位较高的沙丘间低地、干河床、湖盆边缘、山前平原或石质砾石地,以含有一定量盐分的土壤或沙地生长最好,土壤 pH8.5~10。气候干旱,年降水量 50~200 mm,蒸发量大,年日照为 3 000~3 300 h,无霜期 160~180 d,年平均气温 0~10℃,极端最高气温为 43.1℃,极端最低气温为-47.8℃,土壤为灰棕漠土、灰漠土、棕漠土、荒漠风沙土、棕钙土、灰钙土,全盐为 0.1%~0.3%。植被为旱生和超旱生灌木,建群种主要是梭梭,常见有白刺、红砂、沙竹、猪毛菜、画眉草、蒙古葱等。管花肉苁蓉生长于新疆南疆塔克拉玛干沙漠四周内陆河流冲积平原、扇缘低地和泉水溢出带的周围,属温暖带极端干旱的荒漠气候,年均气温 10~12℃,无霜期 180~240 d,年降水量 5~80 mm,绝大部分地区终年不积雪。土壤以棕色荒漠土为主[22,23]。

(三)道地药材的发展

肉苁蓉入药时间悠久,多来源于野生资源,目前野生荒漠肉苁蓉、管花肉苁蓉的资源日渐稀少。为满足市场需求,荒漠肉苁蓉各主要产区都在开展人工栽培。

宁夏曾是肉苁蓉药材的主产地之一,后因省区地域的划分与变迁,现今野生肉苁蓉的主要分布区不在宁夏境内,但仍有肉苁蓉和寄主梭梭[*Haloxylon ammodendron*(C. A. Mey.)Bge.]的分布,宁夏有全国最大的肉苁蓉人工种植基地。据调查我国肉苁蓉属植物 5 种(4 种 1 变种),除管花肉苁蓉[*Cistanche tubulosa*(Schenk)R. Wight]外,其余 3 种 1 变种宁夏均有分布,是适宜发展肉苁蓉药材生产的地区之一。

从 20 世纪 90 年代开始,在国家、自治区有关项目和资金的扶持下,在中国医学科学院药用植物研究所和宁夏农林科学院的指导下,宁夏人工种植荒漠肉苁蓉的发展迅速,前景十分乐观,盐池、灵武等荒漠地区也着手计划开展荒漠肉苁蓉人工种植。宁夏永宁肉苁蓉种植基地已成功种植1万亩梭梭林,大部分已经接种寄生了荒漠肉苁蓉。随着种植面积扩大,接种技术的完善,宁夏荒漠肉苁蓉种植业将很快走上规范化、规模化和产业化发展道路。在内蒙古、新疆等地荒漠肉苁蓉人工种植也进行了大面积推广,并取得了较好的经济效益。管花肉苁蓉仅分布于新疆南疆地区,内蒙古、宁夏、河北等地先后开展了人工引种种植,但由于受到冬季低温冻害的影响,限制了管花肉苁蓉的发展[24,25]。

五、药材采收和加工

(一)本草记载的采收和加工

古代对于肉苁蓉产地加工记载较为简略。《名医别录》载"五月五日采,阴干",《蜀本草》载"三月、四月掘根,切取中央好者三四寸,绳穿阴干,八月始好",《本草蒙筌》载[26]:"端午采干",《本草品汇精要》[27]载:"三月、五月五日取根,阴干"。可见,在古代肉苁蓉多在农历三、四月采收后直接阴干,而现在的肉苁蓉多在种植基地大规模采收后直接晒干,因此晒干与传统阴干的质量差异也有待进一步研究。肉苁蓉炮制历史悠久,其炮制方法较早见于南北朝的《雷公炮炙论》[28],之后历代文献记载肉苁蓉的炮制以酒制为主,包括酒洗、酒炒、酒蒸焙、酒浸焙干等,现代研究揭示了肉苁蓉酒制的科学内涵:有利于提高甜菜碱和水溶性浸出物,黄酒可补充氨基酸含量,使得饮片黝黑滋润,酒制还有助于杀菌,提高饮片的贮藏期;其他炮制方法还有如水煮、三蒸和酥炒。肉苁蓉自古就有"甜苁蓉"和"咸苁蓉"之分。西北游牧民按习惯每年采挖两次野生肉苁蓉:在春天(4月底至5月中),当其茎仍未或刚长出地面时采挖,切除花序,通常将鲜品置沙土中半埋半露较全部暴晒干得快,干后即被称作"甜苁蓉"或"甜大芸";而秋天采集者因其水分多不易干燥,故一般先将肥大者直接放入盐湖中腌1~3年,则被称为"咸苁蓉"或"盐大芸",故咸苁蓉多用水或酒洗以去咸味而后入药,多部本草中提到去筋膜、去粗皮和去浮甲,但现在此法都不再使用。

传统肉苁蓉干燥的过程不仅费时、费力,而且随着时间的推移及二次闷润,使得不少有效成分流失,从而影响了药材的品质。随着肉苁蓉研究的不断深入和一些新技术的不断发展,逐渐出现了产地加工蒸制后干燥、冷冻干燥技术等新的干燥技术,这些技术均在一定程度上提高了肉苁蓉的干燥效率,并保证了有效成分尽可能少的流失[29]。

(二)采收和初加工技术研究

在产地采收加工的过程中,任何一个环节的因素,如不同采收期、不同蒸制时间、不同的初加工方式等均会影响药材的品质。

1. 不同采收期对肉苁蓉品质的影响

中药的采收季节、采收时间与药材的品质优劣有着密切的关系。研究表明,在春季采收的肉苁蓉中,松果菊苷和毛蕊花糖苷的总量达到秋季采收者的 3 倍,且甜菜碱和 2'-乙酰基毛蕊花糖苷的含量也较高;而秋季采收的肉苁蓉中半乳糖醇、可溶性多糖和肉苁蓉苷 A 的含量较春季采收者更高,但不含 2'-乙酰基毛蕊花糖苷,因此该成分可用于区分鉴别春、秋季肉苁蓉[30,31]。春、秋季采收的肉苁蓉药材由于各自所含有效成分含量不同,其应用也有所差异。当需要发挥润肠通便作用时,宜使用秋季采收品种;当需要发挥保肝、降压、保护神经等方面的作用时,则宜使用春季采收品种。庞金虎等[32]研究结果表明,苯乙醇苷类活性成分的含量与生长年限有关,当生长年限≥3 年时,苯乙醇苷类成分含量较高,故在实际用药过程中,选用三年及三年以上生的肉苁蓉药材,可有助于更好地保证药材品质。

2. 不同蒸制时间对肉苁蓉品质的影响

苯乙醇苷类作为肉苁蓉的主要活性成分,常作为药材品质的评价指标。彭芳等[29]的研究结果表明,蒸制 10 min 时,肉苁蓉中多糖的含量居高;当蒸制至 20 min,此时苯乙醇苷类成分的含量达到最高,但继续蒸制苯乙醇苷类成分含量会下降,而异毛蕊花糖苷的含量却有所升高。范亚楠等[33]的研究结果表明,蒸制时间对药材品质综合评分值(按松果菊苷、毛蕊花糖苷、异类叶升麻苷、甜菜碱的含量换算而得)具有极为显著的影响,以蒸制 100 min 为佳。姜勇等[34]的研究结果表明,当蒸制 120 min 时,松果菊苷和毛蕊花糖苷的含量达到最高,且比未蒸制者高。产地蒸制加工会大大提高药材有效成分的含量,但不同蒸制时间的药材有效成分含量亦有显著差别,临床药用或制剂制备宜根据具体需要进行加工处理。

3. 不同产地初加工方式对肉苁蓉品质的影响

由于肉苁蓉块大,自然干燥往往需要很长时间,而在此过程中不可避免地会造成一些有效成分的损失。李想[35]的研究结果表明,冷冻干燥技术能在很大程度上缩短干燥时间,防止有效成分的流失。杜友等[36]的研究结果表明,经气体射流冲击技术干燥后的肉苁蓉比经烘箱干燥的色泽更好,且半乳糖醇的含量也较自然干燥法和烘箱干燥法更高。蔡鸿等[37]的研究结果表明,肉苁蓉经过热水杀酶处理后,松果菊苷和毛蕊花糖苷的含量均有所升高,但半乳糖醇的含量却有所下降。巩鹏飞等[138]的研究结果表明,随着温度的增加,水分有效扩散系数增加,药材干燥越容易,但对于活性成分的影响仍有待进一步研究。姜勇[34]等通过正交试验发现,将鲜肉苁蓉蒸制 2 h 后,再切成 6 mm 厚片并置于 70℃烘箱中烘干,其中松果菊苷和毛蕊花糖苷的含量较其他工艺加工者更高。范亚楠等[33]通过单因素筛选试验发现,鲜肉苁蓉蒸制 100 min 后切 6 mm 厚片,并于80℃烘干,其中毛蕊花糖苷、松果菊苷、异类叶升麻苷和甜菜碱的含量均比在其他蒸制时间及烘干温度处理者高;而同一批肉苁蓉药材,蒸制并晒干处理组松果菊苷和毛蕊花糖苷的总含量比直接晒干组提高了 4.23 倍,多糖含量提高了 1 倍多。药材在新鲜采收后的一段时间是处于应激状态,即新鲜采挖的肉苁蓉在最初的几天并未完全死亡,而是利用其贮存的水分、营养等物质在体内发生一系列复杂的化学反应,从而使化学成分含量升高。梁淑燕等[39]将新鲜采挖的肉苁蓉进行放置,并每天取样观察,发现该药材在放置第四天时的苯乙醇苷类含量最高,并在第六天含量开始下降,此时再采用沸水蒸制 10 min,切 5 mm 厚片,冷冻干燥,得到的药材饮片的品质较自然干燥者更好,有效成分的含量也更高。

(三)道地药材特色采收、加工技术

1.鲜品产地加工研究

由于肉苁蓉体积大、含糖量高,干燥困难,传统的饮片加工方法有晾晒法、盐渍法、窖藏法等,这些方法费工费时,受自然条件的影响,质量不稳定,严重影响药材的利用率及疗效,且传统的初加工方法已不能满足产地大量药材初加工的需要。蔡鸿等[37]对鲜管花肉苁蓉加工饮片的工艺进行了研究,将鲜管花肉苁蓉切成 4 mm 厚片,70℃杀酶 6 min,与直接晒干法和传统晒干法比,其松果菊苷和毛蕊花糖苷的含量大大提高。王丽楠[40]等考察不同初加工温度对肉苁蓉中化学成分的影响,苯乙醇苷的含量以自然晾干和 40℃ 干燥的结果为高,随着初加工温度的升高有下降的趋势。松果菊苷和毛蕊花糖苷的总量以自然晾干为最高,但不呈规律性的变化。多糖的含量以 60℃干燥的结果为最高,随着初加工温度的升高含量下降。杨建华[41]等研究表明,饮片厚度、干燥方法、干燥时间以及不同的抑酶方法均可影响苯乙醇苷类成分的含量,饮片厚度 0.5~1.0 cm,以 90~100℃ 烘干或日光暴晒快速干燥,常压蒸汽或微波加热抑酶等方法加工的饮片总苷、松果菊苷和麦角甾苷的含量较高。

2.饮片切制工艺研究

刘志友[42]对管花肉苁蓉的润透法切片、烘软法切片、蒸法切片 3 种切制工艺进行

优选,表明采用蒸法切制回收率最高,乙醇浸出物含量达药典要求,可作为最优切制工艺。姜勇等[34]对影响肉苁蓉片炮制工艺的因素进行了考察,确定最佳炮制工艺为:将肉苁蓉蒸 2 h 软化后切 6 mm 厚片,70℃烘干。

3.酒蒸炮制工艺研究

陈妙华等[43]在古今文献整理的基础上,根据药典及全国炮制规范和实地调查,通过试验筛选,确定了肉苁蓉以酒制工艺为最佳炮制方法,以外观、色泽、气味、甜菜碱、麦角甾苷(即毛蕊花糖苷)含量为指标,优选肉苁蓉最佳炮制工艺为加入 30%黄酒和 25%水,蒸炖 12 h。钱学勤等应用高压灭菌柜蒸制肉苁蓉,避免了传统蒸法造成的药汁流失导致的有效成分含量降低,在压力 686 kPa,温度 120℃条件下,蒸制 30 min 后焖 2 h 为最佳蒸制工艺。刘雯霞等以松果菊苷的含量为指标,确定饮片规格厚度为 6 mm 的净药,用米酒浸制 120 min 为管花肉苁蓉酒浸炮制法的最佳工艺。

六、药材质量特征和标准

(一)本草记述的药材性状及质量

由于特殊的寄生生活史,历代本草对肉苁蓉的药材性状及质量描述较为鲜见,仅有《本草经集注》"今第一出陇西,形扁广,多花而味甘;次出北国者,形短而少花"。《本草图经》"今陕西州郡多有之,然不及西羌界中来者肉厚而力紧",而且语言不详。

(二)道地药材质量特征的研究

自 20 世纪 80 年代起,随着分离提取、检测技术的快速发展,国内外针对肉苁蓉的质量特征进行了大量研究,发现其主要药用成分为苯乙醇苷类、多糖、环烯醚萜类以及其他类化合物。苯乙醇总苷是肉苁蓉中主要药用成分,具有壮阳、抗氧化、增强记忆力等多种功能。目前,共分离到了 34 种苯乙醇苷类成分,包括 22 种双糖苷,10 种三糖苷,2 种单糖苷。肉苁蓉中多糖具有润肠通便、抗氧化、抗衰老、调节免疫等作用。肉苁蓉中环烯醚萜及其苷类化合物具有抗菌、抗炎、镇痛等多种作用。肉苁蓉中还含有木脂素、生物碱以及挥发性化合物。

(三)肉苁蓉质量标准

《中华人民共和国药典》(2015 版一部)中收载肉苁蓉的质量评价主要性状、鉴别、检查、浸出物等方面。

肉苁蓉为列当科多年生专性根部全寄生植物,生长于沙漠、荒漠恶劣的条件中,具有生产周期长、繁殖能力弱、野生资源稀少的特点。盛晋华等针对肉苁蓉的不同样品组——春季采收与秋季采收、开花与未开花、不同生长年限、油苁蓉与非油苁蓉、肉苁蓉不同部位、野生肉苁蓉与人工栽培肉苁蓉、不同直径的肉苁蓉进行两种有效成分松果菊苷和毛蕊花糖苷含量的测定。结果发现,秋季采收高于春季采收;未开花高于开花;栽培时间在三年及以上的肉苁蓉明显高于两年生;相同生长周期下,油苁蓉两种有效成分含量较非油苁蓉高;肉苁蓉不同部位的两种有效成分含量依次为下部、中部、上部;相同生长周期下,野生肉苁蓉的两种有效成分远远高于人工栽培的肉苁蓉;相同生长周期下,不同直径的肉苁蓉两种有效成分含量依次为细、中、粗。因此,采收肉苁蓉时,应选择在秋季采收未开花的栽培时间在三年及以上的肉苁蓉。

七、药用历史及研究应用

(一)传统功效

肉苁蓉,味甘、咸,性温。入肾、大肠经。主治补肾阳,益精血,润肠通便。

《新疆大芸》:管花肉苁蓉,补肾精亏损,多由恣情纵欲,或少年误犯手淫,至命门火衰,精气虚寒;或思虑忧郁,损伤心脾;或因恐惧伤肾,也有因湿热下注,宗筋弛而痿的。但主要是肾阳虚衰而痿。肾阳为一身阳气之根本,有温煦形体,蒸化水液,促进生殖发育等功能。肾阳虚衰则温煦失职,气化无权。因而发生畏寒肢冷,性机能减退。故见男子阳痿不举或不坚,且伴有头晕目眩、腰腿酸软、心悸失眠、面色苍白、精神萎靡不振等。

《本经》:主五劳七伤,补中,除茎中寒热痛,养五脏,强阴,益精气,妇人症瘕。

《别录》:除膀胱邪气、腰痛,止痢。

《药性论》:益髓,悦颜色,延年,治女人血崩,壮阳,大补益,主赤白下。

《日华子本草》:治男绝阳不兴,女绝阴不产,润五脏,长肌肉,暖腰膝,男子泄精,尿血,遗沥,带下阴痛。

《本草经疏》:白酒煮烂顿食,治老人便燥闭结。

《本草经疏》:肉苁蓉,滋肾补精血之要药,气本微温,相传以为热者误也。甘能除热补中,酸能入肝,咸能滋肾,肾肝为阴,阴气滋长,则五脏之劳热自退,阴茎中寒热痛自愈。肾肝足,则精血日盛,精血盛则多子。妇人症瘕,病在血分,血盛则行,行则症瘕自消矣。膀胱虚,则邪客之,得补则邪气自散,腰痛自止。久服则肥健而轻身,益肾肝补精血之效也,若曰治痢,岂滑以导滞之意乎,此亦必不能之说也。

《本草汇言》:肉苁蓉,养命门,滋肾气,补精血之药也。男子丹元虚冷而阳道久沉,妇人冲任失调而阴气不治,此乃平补之剂,温而不热,补而不峻,暖而不燥,滑而不泄,故有从容之名。

《本经逢原》:肉苁蓉,《本经》主劳伤补中者,是火衰不能生土,非中气之本虚也。治妇人症瘕者,咸能软坚而走血分也。苁蓉止泄精遗溺,除茎中热痛,以其能下导虚火也。老人燥结,宜煮粥食之。

《玉楸药解》:肉苁蓉,暖腰膝,健骨肉,滋肾肝精血,润肠胃结燥。凡粪粒坚小,形如羊屎,此土湿木郁,下窍闭塞之故。谷滓在胃,不得顺下,零星传送,断落不联,历阳明大肠之燥,炼成颗粒,秘涩难通,总缘风木枯槁,疏泄不行也。一服地黄、龟胶,反益土湿,中气愈败矣。肉苁蓉滋木清风,养血润燥,善滑大肠,而下结粪,其性从容不迫,未至滋湿败脾,非诸润药可比。方书称其补精益髓,悦色延年,理男子绝阳不兴,女子绝阴不产,非溢美之词。

《本草求真》:肉苁蓉,诸书既言峻补精血,又言力能兴阳助火,是明因其气温,力专滋阴,得此阳随阴附,而阳自见兴耳。惟其力能滋补,故凡症瘕积块,得此而坚即消。惟其滋补而阳得助,故凡遗精茎痛,寒热时作,亦得因是而除。若谓火衰至极,用此甘润之品,同于桂、附,力能补阳,其失远矣。况此既言补阴,而补阴又以苁蓉为名,是明因其功力不骤,气专润燥,是亦宜于便闭,而不宜于胃虚之人也。谓之滋阴则可,谓之补火正未必然。

《本草正义》:肉苁蓉,《本经》主治,皆以藏阴言之,主劳伤补中,养五脏,强阴,皆补阴之功也。茎中寒热痛,则肾脏虚寒之病,苁蓉厚重下降,直入肾家,温而能润,无燥烈之害,能温养精血而通阳气,故曰益精气。主症瘕者,咸能软坚,而入血分,且补益阴精,温养阳气,斯气血流利而否塞通矣。《别录》除膀胱邪气,亦温养而水府寒邪自除。腰者肾之府,肾虚则腰痛,苁蓉益肾,是以治之。利,今木皆作痢,是积滞不快之滞下,非泄泻之自利,苁蓉滑肠,痢为积滞,宜疏通而不宜固涩,滑以去其著,又能养五脏而不专于攻逐,则为久痢之中气已虚,而积滞未尽者宜之,非通治暑湿热滞之痢疾也。苁蓉为极润之品,市肆皆以盐渍,乃能久藏,古书皆称其微温,而今则为咸味久渍,温性已化除净绝,纵使漂洗极淡,而本性亦将消灭无余,故古人所称补阴兴阳种种功效,俱极薄弱,盖已习与俱化,不复可以本来之质一例论矣。但咸味能下降,滑能通肠,以主大便不爽,颇得捷效,且性本温润,益阴通阳,故通腑而不伤津液,尤其独步耳。自宋代以来,皆以苁蓉主遗泄带下,甚且以主血崩溺血,盖以补阴助阳,谓为有收摄固阴之效。要知滑利之品,通导有余,奚能固涩,《本经》除阴中寒热痛,正以补阴通阳,通则不痛耳。乃后人引申其义,误认大补,反欲以通利治滑脱,谬矣。

《本草纲目》:此物补而不峻,故有从容字号。凡使先须清酒浸一宿,至明以棕刷去沙土、浮甲,劈破中心,去白膜一重如竹丝草样。有此能隔人心前气不散,令人上气也。以甄蒸之,从午至酉取出,又用酥炙得所。

(二)临床应用

肉苁蓉,味甘、咸,性温,质润多液;归肾、大肠经。有益精血,润肠通便之功效,为阴阳两补之品。常用于治疗男子阳痿、女子不孕、腰膝冷痛、便秘等症。我国医学在用肉苁蓉治疗脑功能障碍性疾病方面积累了丰富的经验,《医新方》《圣惠方》《圣济总录》《本草拾遗》《千金要方》中记载有肉苁蓉丸、肉苁蓉米糊丸、肉苁蓉散、肉苁蓉粥、肉苁蓉塘、金锁正元丹等补肾益髓,健脑益智方治疗该类疾病。用还少丹、归脾汤、金匮肾气丸、聪愚汤等复方治疗老年性痴呆、增强记忆力都有很好的疗效。徐永强等报道苁蓉通便口服液在混合痔术后应用能减少并发症,有利于创口修复。临床上应用兴阳丸治疗肾虚性阳痿,应用五子衍宗丸治疗男子不育症,调补肝肾治疗不孕症,由肉苁蓉组成的复方被广泛应用于治疗老年性习惯性便秘。讷志芳用肉苁蓉复方制剂治疗产后尿潴留,收效甚好。此外,还应用含肉苁蓉的药物治疗老年多尿症、糖尿病、耳聋、动脉赫依症及男性性欲低下等。

(三)现代药理学研究

1. 润肠通便作用

中药肉苁蓉具有润肠通便的功效,其作用比较缓和。王丽卫等采用复方地芬诺酯给小鼠建立其便秘的模型,再用肉苁蓉膳食纤维给其灌胃,实验结果表明,肉苁蓉膳食纤维组与对照组相比,具有显著的统计学差异,从而证明了肉苁蓉膳食纤维具有润肠通便的作用,其功能效果良好。保肝作用:肉苁蓉对肝脏具有一定的保护作用。由淑萍[44]等在大鼠身上培养肝星状细胞,通过在体外给予不同浓度的肉苁蓉乙醇总苷,来测定其半数抑制率,检测细胞的增殖,再进一步测定其蛋白的表达,实验结果表明,肉苁蓉乙醇总苷可以抑制其细胞增殖和蛋白表达,进而说明肉苁蓉乙醇总苷具有抗肝纤维化的作用和良好的保肝功能。罗慧英[45]等给小鼠灌服 CCL₄,造成小鼠肝损伤,再用肉苁蓉总苷对其灌胃,结果表明肉苁蓉总苷对四氯化碳导致小鼠肝损伤的能量代谢具有明显的改善作用。

2. 抗骨质疏松作用

肉苁蓉具有一定抗骨质疏松作用。曾建春[46]等运用全骨髓培养法培养原代骨髓间充质干细胞,加入 10%肉苁蓉含药血清的 L-DMEM 培养基,实验显示肉苁蓉含药血清能够诱导骨髓间充质干细胞分化成成骨细胞,且具有良好的治疗骨质疏松、骨折不愈合的作用。Liang 等实验研究表明，可能是通过调节被切除卵巢小鼠血清中的 TRAP、BGP 和骨髓中的 Smad5、TGF-1、TIEG1 等基因转录水平，发挥治疗骨质疏松的作用。

3. 抗氧化、抗衰老作用

肉苁蓉具有一定抗氧化、抗衰老的作用。梁华伦[47]等在体外用肉苁蓉苯乙醇苷处理的氧化损伤精子，并使用共聚焦显微拉曼光谱方法，来对精子核部内 DNA 变化进行检测观察，实验显示，细胞核的光谱峰位移和强度都发生了抑制作用，说明氧化损伤人精子 DNA 经过肉苁蓉苯乙醇苷处理，具有一定的显著保护作用。马慧[48]等采用 D-半乳糖致使小鼠建立衰老模型，再给其皮下注射肉苁蓉多糖药液，结果证明用 D-半乳糖造成的小鼠衰老模型的学习、记忆能力，通过肉苁蓉多糖的作用，具有一定的改善。

4. 抗疲劳作用

肉苁蓉具有一定抗疲劳作用。王小新[49]等给小鼠用肉苁蓉超声的水溶液灌胃，并观察其跳台次数以及游泳时间，实验结果表明，肉苁蓉超声的水溶液对小鼠的跳台潜伏期和游泳时间的延长有增强的作用，证明肉苁蓉对于抗疲劳具有一定的作用。龚梦鹃等[50]用不同剂量的肉苁蓉水煎液给小鼠灌胃，再利用小鼠游泳计算机自动控制系统，检测其评价指标的影响和患有阳虚证的小鼠中丙二醛含量、超氧化物歧化酶以及谷胱甘肽过氧化物酶的活性对其的影响，结果显示，对患有阳虚证的小鼠使用肉苁蓉水煎液，可以延长其游泳的死亡时间和首次下沉时间，降低丙二醛含量，升高超氧化物歧化酶以及谷胱甘肽过氧化物酶的活性，进一步说明肉苁蓉对小鼠前期的游泳耐力有所增加，抗疲劳能力具有一定的提高。

（四）现代医药应用

随着现代医药技术飞速发展，有关肉苁蓉医药应用正在深入开展之中。目前，北京大学中医药现代研究中心和杭州杏辉天力药业有限公司联合开发的国家二类新药苁蓉总苷胶囊正在进行二期临床实验；新疆地区以肉苁蓉为主要成分的产品有红芸口服液、杞芸口服液等；魏青[51]等研制的中药蜜丸苁蓉四倍丸，薛德钧[52]等以肉苁蓉提取物制成的冲剂等能显著改善人体的衰老特征，恢复肾虚中老年人的精力和体力，都具有较好的延缓衰老作用。屠鹏飞[53]等在发现肉苁蓉苯乙醇苷类具有抗老年痴呆症作用的基础上，与杏辉天力（杭州）药业有限公司合作，以管花肉苁蓉为原料提取其苯乙醇总苷，成功将其研制成为治疗血管性痴呆的二类新药，并于 2005 年批准上市；经过进一步的深入研究，发明了一种高含量（20%以上）松果菊苷管花肉苁蓉饮片加工技术，建立了松果菊苷工业化生产工艺，并将其研发成为治疗血管性痴呆的有效成分新药（一类),于 2006 年申报临床;同时,进行了优质饮片、提取物、配方颗粒的生产工艺和质量标准研究,为肉苁蓉产业链的延伸提供技术保障。和田天力沙生药物有限公司、和田帝辰医药生物科技有限公司等企业也开展了包括肉苁蓉胶囊等产品的开发。

八、资源综合利用和保护

肉苁蓉是我国中医用途最广的珍贵中草药之一,其味甘、咸,微辛酸,性微温。在《神农本草经》中将其列为上品,《中华人民共和国药典》规定正品为干燥带鳞叶的肉质茎。长期以来,由于不合理地大量采挖,肉苁蓉资源遭到严重破坏,现已列为国家三级保护植物之一。但现在,国内外对肉苁蓉的需求量逐年攀高,年均需求量约为 4 000 t,而自然采挖与人工培育的年总产量不足 1 500 t,供需矛盾十分紧张。因此,在充分保护肉苁蓉野生资源的条件下,亟须扩大肉苁蓉人工种植,增加原材料供给。从 20 世纪 80 年代,李天然[54]等开始荒漠肉苁蓉的人工栽培试验。其后,屠鹏飞、郭玉海等对肉苁蓉人工种植技术关键环节进行了系统的研究[55]。另外,陈君[56]等在荒漠肉苁蓉病害防治方面做了大量工作。这些研究为加快荒漠肉苁蓉人工种植及产业的发展提供了强有力的科技支撑。目前,在内蒙古阿拉善盟、杭锦后旗、乌拉特后旗等地先后开展了荒漠肉苁蓉规模化人工种植,种植总面积超过 30 万亩。此外,在中国医学科学院药用植物研究所和宁夏农林科学院的技术支撑下,宁夏地区肉苁蓉人工种植发展十分迅速,建立了荒漠肉苁蓉标准化种植基地 1 万多亩。从 20 世纪 90 年代开始,刘铭庭、屠鹏飞等对管花肉苁蓉人工种植进行了系统研究,在新疆和田等地区人工种植面积超过了 10 万亩[57]。

九、栽培生产技术

宁夏为荒漠肉苁蓉的主产区之一,由于野生资源已十分稀少,现采用人工种植技术进行生产。荒漠肉苁蓉为寄生生活,种子成熟后,落在地表,通过沙埋接触到寄主梭梭幼根,建立寄生关系并开始生长发育,直至出土、开花、结实,完成一个生命周期。这一过程耗时较长,而且自然状态下荒漠肉苁蓉寄生率非常低,采用人工种植技术可以极大提高种植效率。荒漠肉苁蓉人工种植技术过程包括寄主梭梭种植、荒漠肉苁蓉(以下简称肉苁蓉)种子处理、寄生接种、田间管理、采收等环节。

(一)寄主梭梭种植

1.育苗

梭梭对土壤要求不高,育苗地以含盐量不超过 1%,地下水位在 1~3 m 的沙土和轻沙壤土最为适宜,切忌在通气不良的黏质土壤、盐渍化过重的盐碱地或排水不良的低湿洼地上育苗。梭梭对土地整理和土壤肥力要求也不太严格,选作苗圃的沙土或轻沙壤土在播种前浅翻细耙,除去杂草,灌足底水即可。一般不强调深翻和施底肥,但床面要力求平坦、细致。在春末土壤完全解冻,地表以下 5 cm 处温度达到 20℃左右,气温回升至 20~25℃时进行春播(4 月下旬至 5 月上旬)。开沟条播,行距 25~30 cm,沟深1.0~1.5 cm,覆土 1 cm,播种量 82.5 kg/hm² 沟播后,浅耙地表,轻轻镇压,播后引小水缓灌,以后可酌情每隔 1~2 d 灌溉 1 次,直到出齐苗,每公顷产苗木可达 180 万~225 万株。根据苗木质量的要求,以分枝少、主根发达、长而粗壮的幼苗造林成活率高,因此要求适当密播,不宜过稀。出苗后,在整个生长季节一般不需要灌溉,在 6~7 月温度过高时根据树苗长势和天气情况,可再浇水 1~2 次。出苗后要及时松土、除草,保持表土疏松、通气良好、圃地无草,同时要注意防止病虫害的发生。冬季出圃苗(冬贮苗)起苗前,在苗木进入休眠期后,即 10 月上旬,应当适量灌水,在 11 月中旬土壤冻结前起苗春季出圃苗在 3 月中下旬土壤解冻时根据土壤解冻情况出圃假植,越早越好,起苗要求做到少伤侧根、须根,尽量保持根系完整,不折断苗秆。

2.造林

梭梭人工造林一般采用全面整地和不完全整地两种形式,其中不完全整地包括带状整地和沟状整地两种形式。全面整地即对造林地进行全面平整,配套灌溉渠系或铺设滴灌设施,有条件的地方每公顷施 4 500~7 500 kg 腐熟的农家肥,头年灌冬水,来年造林。这种整地方法适用于水源充足,地形平整的成片造林地区,是建立肉苁蓉高产稳产基地的主要整地模式。带状整地即对造林地进行带状有间隔平畦,带宽 1.0~1.5 m,带长不限,带距 3~20 m,平整耕作,有条件地区可配套灌溉渠系或铺设滴灌设施,施农家肥,沟状整地即在坡度 5°~15°。有集水条件的壤土地或有灌溉条件的地块,沿等高线开水平沟整地,沟深 30~50 cm,沟长不限,坡地。一般选择在 3 月下旬至 4 月中旬进行造林,宽行行距 4 m,窄行行距 1~2 m,株距 1.0~1.5 m,窄行相邻行间错开一株种植,利于透光和透气。该造林模式窄行之间种植的肉苁蓉以留种为目的,宽行之间种植的肉苁蓉以生产肉苁蓉药材为目的。

3.抚育管理

灌溉:造林时应该随造随灌,以后视苗木的生长情况随时灌水,铺设滴灌的地块按照苗木的生长情况决定滴灌时间和滴灌量。培土:管护人员要随时检查,发现有被风刮或者水冲出根系的苗木要及时培土,以保证苗木的正常生长。补植:补植是对当年造林成活率不够技术标准的地块进行补植,要求第二年春天对死亡植株采用同龄、同规格健康苗木进行补植。病虫害防治：病虫害防治要坚持"以防为主,综合防治"的方针,以人工生物防治为主,化学防治为辅,严格检疫制度,加强营林措施,促进林木生长,提高林木本身抗病虫的能力;采取有效措施保护天敌,保持生态平衡;发现病虫鼠害,要选用低毒、高效、低残留的农药防治。必要的时候,去除枯死或者生活力不佳的老枝。

(二)肉苁蓉种子处理

肉苁蓉完成寄生生活史的关键是种子萌发。自然条件下,肉苁蓉种子萌发率仅为0.1%,且只有在寄主根系分泌的信号物质的诱导作用下才能实现。由于这些信号物质属于瞬间作用,很难迅速从寄主根系中分离得到。现在,肉苁蓉种子处理的方法多采用物理处理法或化学处理法。物理处理法包括机械去种皮、低温处理、沙藏处理等;化学处理法包括激素处理或者药剂处理等。肉苁蓉种子具有较长休眠期,为提高肉苁蓉接种成活率和质量,接种前筛选粒大、饱满、褐色有光泽、保存期在两年以内的种子进行处理。为提高接种率,减少种子用量,人们研制了用于接种的接种纸、接种块以及接种盘。主要是将处理后的肉苁蓉种子,连同粘连的物质如黏性土、泥浆等,一起刷在接种纸上,或者直接制作成接种块、接种盘。

(三)寄生接种

1.接种时间

春季土壤解冻后至冬季土壤结冻前均可接种荒漠肉苁蓉,最佳接种期为春季的4~5月和秋季的10~11月上旬。在开始产出肉苁蓉的梭梭林,还可以逐步实行接种与采收同时进行的措施,边采收,边接种,这样可以节约成本。

2.接种方法

沟播接种：有灌溉条件的地区,梭梭定植两年后,其直径小于1 mm的毛细根丰富,有利于提高接种率,可进行人工接种。在梭梭林带的外侧,距离林带定植方向行两侧30 cm处开挖接种沟,沟宽20 cm、深50~60 cm,将处理过的肉苁蓉种子撒播于沟中,回填土踩实,及时灌溉,撒播单行接种量1.5~1.8 kg/hm²,双行接种播量加倍。穴播接种：无灌溉条件的地区,可以采用穴播接种、梭梭定植2~3年后,毛细根数量增多,可以人工接种。在距所选寄主梭梭主干40~60 cm处挖1~2穴,穴深40~60 cm,将肉苁蓉种子直接撒播于穴底,每穴播种10~20粒,用沙土回填约20 cm,灌水,待完全渗入后,覆平土踩实,即可。

3.田间管理

肉苁蓉春播后,在播种沟或播种坑,每隔15~20 d灌1次水,连续灌2水,促进梭梭毛状根形成,并诱导梭梭毛根向接种区生长,缩短接种时间,提高接种率。此后,有灌溉条件的地区,每年5月和7月对梭梭进行2次灌溉,灌溉水可采用沟灌(在距梭梭50 cm处挖深10~15 cm,宽20 cm的灌溉沟)或者滴灌(距梭梭30~50 cm),沟灌的灌水量为75 t /hm²,滴灌灌水量为30 t/hm²。肉苁蓉秋播后,第二年土壤解冻后,在播种沟或播种坑,每隔15~20 d灌1次水,连续灌2次水,此后灌溉同春播。为了节省用水,提高产量,建议规范化生产基地推广滴灌。其他管理,如施肥、除草、整枝修剪、病虫鼠害防治等同梭梭造林技术。

参考文献

[1] 中华人民共和国药典委员会. 中华人民共和国药典(一部)[M]. 北京: 中国医药科技出版社, 2015.

[2] (南北朝)陶弘景. 名医别录[M]. 北京: 人民卫生出版社, 1986.

[3] (明)李时珍. 本草纲目[M] . 呼和浩特: 内蒙古人民出版社, 2006.

[4] 韩保昇. 日华子本草[M]. 合肥: 安徽科学技术出版, 2005.

[5] (宋)苏颂. 本草图经[M]. 合肥: 安徽科学技术出版社, 1994.

[6] (清)黄宫绣. 本草求真[M]. 上海: 上海科学技术出版社, 1959.

[7] 马德滋, 刘惠兰, 胡福秀. 宁夏植物志. 银川: 宁夏人民出版社, 2007.

[8] (南北朝)陶弘景. 本草经集注(辑校本)[M]. 北京: 人民卫生出版社, 1994.

[9] (魏)吴普. 吴普本草[M]. 北京: 人民卫生出版社, 1987.

[10] 马毓泉. 内蒙古肉苁蓉属订正[J]. 内蒙古大学学报(自然科学版), 1977, (01): 69–75.

[11] 白贞芳, 刘勇, 王晓琴. 列当属、肉苁蓉属和草苁蓉属植物传统药物学调查[J]. 中国中药杂志, 2014, 39 (23): 4548–4552.

[12] 常维春, 李井山, 李树殿, 等. 草苁蓉生物学特性的初步观察[J]. 中药材, 1988, 11(5): 9–10.

[13] 苏格尔, 包玉英. 锁阳的寄生生物学特性及其人工繁殖[J]. 内蒙古大学学报, 1999, 30(2): 214–218.

[14] 陈君, 孙素琴, 徐荣, 等.应用红外光谱法鉴别肉苁蓉及其混淆品草苁蓉和锁阳[J]. 光谱学与光谱分析, 2009, 29(6): 1502–1507.

[15] (唐)孙思邈. 千金翼方[M]. 沈阳: 辽宁科学技术出版社, 1997.

[16] (宋)苏颂. 本草图经[M]. 福州: 福建科学技术出版社, 1988.

[17] (宋)乐史. 太平寰宇记[M]. 北京: 商务印书馆, 1936.

[18] 陈君, 谢彩香, 陈士林, 等.濒危药材肉苁蓉产地适宜性数值分析[J]. 中国中药杂志, 2007, 32(14): 1396–1401.

[19] 陈君, 谢彩香, 陈士林, 等.管花肉苁蓉产地适宜性数值分析[J]. 中国中药杂志, 2008, 33(5): 496–501.

[20] 谢彩香, 董梁, 陈君, 等.管花肉苁蓉产地适宜性之再分析[J]. 中国药学杂志, 2011, 46(12): 891–895.

[21] 邢世瑞, 詹晓平, 王英华, 等.宁夏地道沙生药材资源及其可持续利用[J]. 全国第5届天然药物资源学术研讨会论文集, 2002, 8: 43–47.

[22] 许丽, 姚云峰, 张汝民, 等.吉兰泰地区梭梭与肉苁蓉生境土壤生态系统主导因子的关联分析[J]. 内蒙古林学院学报(自然科学版), 1999, 21(1): 28–31.

[23] 陈庆亮, 武志博, 郭玉海, 等.荒漠肉苁蓉及其寄主梭梭栽培技术[J]. 2015, 17(4): 359–368.

[24] 黄小方, 徐荣, 陈君, 等.肉苁蓉生境特征、寄生机制和营养传输研究现状与展望[J]. 中国中药杂志, 2012, 37(19): 2831–2835.

[25] 孙永强, 田永祯, 盛晋华, 等. 干旱荒漠区肉苁蓉人工接种技术研究[J]. 2008, 22(9): 167–171.

[26] (明)陈嘉谟. 本草蒙筌[M]. 北京: 人民卫生出版社, 1988.

[27] (明)刘文泰. 本草品汇精要[M]. 北京: 人民卫生出版社, 1982.

[28] (南北朝)雷敩. 雷公炮炙论[M]. 南京: 江苏科学技术出版社, 1985.

[29] 彭芳,徐荣,王夏等.肉苁蓉属药材加工炮制研究进展[J].中国现代中药,2015,17(04):406–412.

[30] 陈虞超, 张丽, 宋玉霞, 等.肉苁蓉人工控制寄生关键技术研究[J]. 时珍国医国药, 2015, 26(9): 2230–2232.

[31] 宋加录, 张玉芹. 肉苁蓉的栽培与采收[J]. 中国野生植物资源, 1994, 21(2) : 59– 60.

[32] 庞金虎, 盛晋华, 张雄杰. 生长年限和采收季节对肉苁蓉中有效成分的影响[J]. 中国民族医药杂志, 2013, 19(1): 33–34.

[33] 范亚楠, 黄玉秋, 贾天柱, 等.星点设计-效应面法优化肉苁蓉软化切制工艺[J]. 中药材, 2017, 40(3): 656–659.

[34] 姜勇, 鲍忠, 孙永强, 等.肉苁蓉片的炮制工艺研究[J]. 中国药学杂志, 2011, 46(14): 1074–1076.

[35] 李想. 肉苁蓉冷冻干燥保鲜加工方法[P]. 中国,CN2016112-45322.8. 2017-05-17.

[36] 杜友, 郭玉海, 崔旭盛, 等. 鲜肉苁蓉气体射流冲击干燥工艺[J]. 农业工程学报, 2010, 26(1): 334–337.

[37] 蔡鸿, 鲍忠, 姜勇, 等. 鲜管花肉苁蓉加工工艺[J]. 中国中药杂志, 2007, (13): 1289–1291.

[38] 巩鹏飞, 赵庆生, 赵兵. 肉苁蓉超声真空干燥的动力学研究[J]. 食品研究与开发, 2017, 38(9): 10–13.

[39] 梁淑燕, 卢丹逸, 耿宗成, 等.提高肉苁蓉中苯乙醇苷类成分含量的加工方法研究[J]. 中国现代中药, 2017, 19(7): 1026–1029.

[40] 王丽楠, 陈君, 杨美华, 等. 不同初加工温度对肉苁蓉有效成分含量的影响[J]. 中国药房, 2007, (21): 1620–1623.

[41] 杨建华, 胡君萍, 热娜·卡斯木, 等. 盐生肉苁蓉栽培品中苯乙醇苷类的指纹图谱研究[J]. 中国药学杂志, 2009, 44(15): 1128–1133.

[42] 刘志友. 管花肉苁蓉切制法优劣比较[J]. 实用中医药杂志, 2012, 28(01): 60.

[43] 陈妙华, 张思巨, 张淑运, 等. 肉苁蓉最佳炮制方法的筛选[J]. 中药材, 1996, (10): 508–510.

[44] 由淑萍, 赵军, 马龙, 等. 肉苁蓉苯乙醇总苷对血小板衍生生长因子诱导的肝星状细胞增殖的影响及机制[J]. 中国药理学通报, 2016, 32(9): 1231–1235.

[45] 罗慧英, 黄亚红, 朱丽娟. 肉苁蓉总苷对四氯化碳损伤小鼠肝脏能量代谢的影响[J]. 甘肃中医学院学报, 2014, 31(04): 4–6.

[46] 曾建春, 樊粤光, 刘建仁, 等. 肉苁蓉含药血清诱导骨髓间充质干细胞向成骨细胞分化的实验研究[J]. 中国骨伤, 2010, 23(08): 606–608.

[47] 梁华伦, 江秀娟, 黎奔, 等. 基于拉曼光谱技术的肉苁蓉苯乙醇苷对氧化损伤人精子 DNA 的保护作用[J]. 广州中医药大学学报, 2015, 32(01): 121–125.

[48] 马慧, 尹若熙, 郭敏, 等. 肉苁蓉多糖对 D–半乳糖致衰老模型小鼠 CREB 表达的影响[J]. 中国实验方剂学杂志, 2014, 20(20): 137–141.

[49] 王小新, 骆婷婷. 肉苁蓉对小鼠抗疲劳及记忆力的影响[J]. 内蒙古中医药, 2014, 33(22): 102–103.

[50] 龚梦鹏, 谢媛媛, 邹忠杰. 基于小鼠游泳计算机自动控制系统的肉苁蓉抗疲劳作用研究[J]. 中药与临床, 2014, 5(5): 36–38, 45.

[51] 魏青, 王俭, 郭伟, 等. 苁蓉四倍胶囊的研制[J]. 内蒙古医学院学报, 1999, (01): 53–54.

[52] 薛德钧, 章明, 吴小红, 等. 肉苁蓉抗衰老活性成分的研究[J]. 中国中药杂志, 1995, (11): 687–689, 704.

[53] 屠鹏飞, 姜勇, 郭玉海, 等.肉苁蓉研究及其产业发展[J]. 中国药学杂志, 2011, 46(12): 882–887.

[54] 李天然, 曹瑞, 马虹, 等. 管花肉苁蓉 (Cistanche tubulosa) 在内蒙古栽培成功[J]. 中国野生植物资源, 2002, (05): 54.

[55] 郭玉海, 张金霞, 翟志席. 管花肉苁蓉寄生实验体系的研究[J]. 中国药学杂志, 2011, 46(12): 910–912.

[56] 陈君, 于晶, 刘同宁, 等. 肉苁蓉寄主梭梭害虫草地螟的发生与防治[J]. 中药材, 2007, (05): 515–517.

[57] 刘铭庭. 管花肉苁蓉大面积人工种植获得成功 [A]. //中国植物学会: 中国植物学会七十周年年会论文摘要汇编(1933–2003)[C], 2003.

编写人:陈虞超　郭生虎　张新慧

第十三节　胡芦巴

一、概述

来源:本品为豆科植物胡芦巴 *Trigonella foenum-graecum* L.的干燥成熟种子。夏季果实成熟时采割植株,晒干,打下种子,除去杂质。

胡芦巴是一种传统的常用中药,药食两用,始载于《嘉祐本草》,别名香豆子,苦豆,香苜蓿等。《嘉祐草本》和《本草图经》作胡芦巴,《本草纲目》曰苦豆,《草本原始》芦巴,《草本求真》称胡巴,《东北药志》叫香豆,《回回药方》残卷中也包含有胡芦巴。《宁夏中药志》记载别名有芦巴子、香豆子、香豆草。

生长习性:胡芦巴喜温暖、稍干燥的气候。较耐旱、耐寒,怕高温潮湿气候,怕涝,喜阳光充足环境。对土壤要求不严,以土层深厚,疏松肥沃富含有机质的壤土为好。

质量标准:执行《中华人民共和国药典》(2015 年版一部)[1]。

【性状】本品略呈斜方形或矩形,长 3~4 mm,宽 2~3 mm,厚约 2 mm。表面黄绿色或黄棕色,平滑,两侧各具一深斜沟,相交处有点状种脐。质坚硬,不易破碎。种皮薄,胚乳呈半透明状,具黏性;子叶 2,淡黄色,胚根弯曲,肥大而长。气香,味微苦。

【鉴别】本品粉末棕黄色。表皮栅状细胞 1 列,外壁和侧壁上部较厚,有细密纵沟纹,下部胞腔较大,具光辉带;表面观类多角形,壁较厚,胞腔较小。支持细胞 1 列,略呈哑铃状,上端稍窄,下端较宽,垂周壁显条状纹理;底面观呈类圆形或六角形,有密集的放射状条纹增厚,似菊花纹状,胞腔明显。子叶细胞含糊粉粒和脂肪油滴。

【检查】水分不得过 15.0%。总灰分不得过 5.0%。酸不溶性灰分不得过 1.0%。

【浸出物】照醇溶性浸出物测定法项下的热浸法测定,用稀乙醇作溶剂,不得少于18.0%。

【含量测定】照高效液相色谱法测定。本品按干燥品计算,含胡芦巴碱($C_7H_7NO_2$)不得少于 0.45%。

饮片炮制:胡芦巴除去杂质,洗净,干燥。性状、鉴别、检查、浸出物、含量测定同药材。

盐胡芦巴:取净胡芦巴,照盐水炙法炒至鼓起,微具焦斑,有香气溢出时,取出,晾凉。用时捣碎。本品形如胡芦巴,表面黄棕色至棕色,偶见焦斑。略具香气,味微咸。

【检查】水分同药材不得过 11.0%。

总灰分同药材不得过 7.5%。

鉴别、浸出物、含量测定 同药材。

【性味与归经】味苦,性温。归肾经。

【功能与主治】温肾助阳,祛寒止痛。用于肾阳不足,下元虚冷,小腹冷痛,寒疝腹痛,寒湿脚气。

【用法与用量】5~10 g。

【贮藏】置干燥处。

二、基原考证

(一)本草记述

传统本草有关胡芦巴物种的记载主要集中于植物外部形态方面的描述,有关本草中胡芦巴植物形态记载详见表4-70。

表4-70　本草中有关胡芦巴物种形态的描述

典　籍	物种描述
嘉祐本草辑复本(宋)	胡芦巴,出广州并黔州,春生苗,夏结子,子作细荚,至秋采,今人多用岭南者
本草图经(宋)	春生苗,夏结子,作荚,至秋采之
证类本草(宋)	春生苗,夏结子,子作细荚,至秋采
本草纲目(明)	春生苗,夏结子,子作细荚,至秋采
本草品汇精要(明)	春生苗,茎高四五尺,叶叶对生如槐。夏开黄花,五出,随作荚如蚕豆,其实似莱菔子而扁,采之以供茶食

胡芦巴始载于《嘉祐本草辑复本》[2]。禹锡云:"胡芦巴出广州并黔州(四川彭永县)。春生苗夏结子,子作细荚,至秋采。或云:种出海南诸番,盖其他芦菔子也。舶客将种莳于岭外亦生,然不及番中来者真好。今医家治元脏虚冷为要药,而唐已前方不见用,本草不著,盖是近出。"《本草纲目》曰:"胡芦巴苦温纯阳亦能入肾补命门……"结合《大观本草》广州胡芦巴附图来看,古今药用胡芦巴品种不同,但由于古本草对胡芦巴形态特征描述过于简单,故一时尚难确定具体品种。

(二)基原物种辨析

胡芦巴在《本经》中有如此记载"原产诸胡地,今亦时于岭南。春生苗,夏间结子。子作细荚,至秋采收"。《本草图经》[3]对于胡芦巴的产地记载与《本经》一致,进而对其又有更详细的描述:"春生苗,茎高四五尺,叶对生如槐,夏开黄花五出随作荚如,豆其实似莱菔子……"《图鉴》中又有"胡芦巴生长在田间,叶如豌豆叶,果荚状如公鸡距"。如上所述,胡芦巴花白色,状如豆花,果荚状如雄鸡距,或如密花角蒿果荚,种子状如白刺果,略扁,微有气味。在《本草图经》中配有广州胡芦巴的插图,为羽状复叶。

但是,在《本草纲目》[4]中,却有这样的记载:"苦豆子,今人多用岭南者,或云番萝卜子,未审与否""治冷气疝瘕,寒湿脚气",这是胡芦巴与苦豆的第一次混用。此外,《中药大词典》[5]中对胡芦巴的描述也体现出混用现象:"基原为豆科植物的种子,原植物胡芦巴,又名芸香草、香草、苦草……蝶形花,初为白色白渐变黄……种子棕色",此处所述的胡芦巴与《本草纲目》以前的记载如《图经》《图鉴》中所述相比,有明显的区别,对叶的叙述及图示亦不同(明以前图示为羽状复叶,现为三出复叶),果实的颜色也有区别(以前色黄白,此处棕色)。此外《纲目》中又有这样的记载:"胡芦巴,右肾命门药也……张子和《儒门事亲》云,有病目不睹,思食苦豆子,即胡芦巴……";在《中药大词典》中对苦豆子的描述又这样:"叶互生,单数羽状复叶……"这恰恰与《本经》中胡芦巴的描述吻合。

综上所述,在明以后,各专著中的记载明显出现胡芦巴与苦豆子混用的现象,可以认为现在我们所认为的胡芦巴与《本经》中的胡芦巴并不是一种植物,《本经》中的胡芦巴现在被我们叫成苦豆。

《宁夏植物志》[6]:一年生草本,高 30~40 cm,全株有香气。茎直立,中空,被疏毛。三出羽状复叶,互生,顶生小叶倒卵状被针形,长 1.0~3.5 cm,宽 0.5~1.5 cm,先端钝圆,基部楔形,上部边缘有微锯齿,下部全缘,两面疏生柔毛,侧生小叶略小;叶柄长 1~4 cm;托叶与叶柄连合,宽三角形,先端急尖,全缘。花 1~2 朵生于叶腋,无梗;花萼筒状,长约 7 mm,有白色柔毛;萼齿 5,披针形;蝶形花冠白色或黄白色,基部稍带紫堇色,长约为花萼的 2 倍,旗瓣长圆形,翼瓣狭长圆形,龙骨瓣长方倒卵形;雄蕊 10,不等长,9 枚合生成束,1 枚分离;子房线形,花柱不明显,柱头小,向一侧稍弯。荚果条状圆筒形,长 5.5~11.0 cm,直径约 0.5 cm,先端成尾状,直或稍弯,有疏柔毛,具明显的纵网脉;种子多数,长圆形,黄棕色。花期 6~7 月,果期 8~9 月。

(三)近缘种和易混淆种

1. 胡芦巴近缘种[7,8]

胡芦巴属约 70 余种,分布地中海沿岸、中欧、南北非洲、西南亚、中亚和大洋洲。我国有 9 种。

胡芦巴(*Trigonella foenum-graecum* Linn.),我国南北各地均有栽培,在西南、西北各地呈半野生状态。生于田间、路旁。分布于地中海东岸、中东、伊朗高原以至喜马拉雅地区。

弯果胡芦巴(*Trigonella arcuata* C. A. Meyer),产新疆。生于河岸、山坡,适于碱性沙土。高加索、哈萨克斯坦、乌兹别克斯坦、土库曼斯坦、吉尔吉斯斯坦、塔吉克斯坦和中东地区各国也有分布。

克什米尔胡芦巴(*Trigonella cachemiriana* Camb.),产新疆、西藏。生于山谷砾滩及草甸、路旁,海拔 2 400~3 800 m。克什米尔、巴基斯坦、阿富汗、印度也有分布。

网脉胡芦巴(*Trigonella cancellata* Desf.),纤细胡芦巴,产新疆。生于山坡砂壤及河滩砂砾地,喜碱性土壤,为常见的农田杂草。俄罗斯(高加索、西伯利亚西部)、哈萨克斯坦、乌兹别克斯坦、土库曼斯坦、吉尔吉斯斯坦、塔吉克斯坦和西南亚也有分布。

蓝胡芦巴(*Trigonella coerulea* (Linn.) Ser.),零陵香(救荒本草)、卢豆,我国东北、华北及西北各地有栽培,或逸生于荒地。欧洲中部和南部、非洲北部常有分布,多为栽培或半野生。原产地未详。

喜马拉雅胡芦巴(*Trigonella emodi* Benth.),齿黄胡芦巴,产西藏。生于喜马拉雅山脉的沟谷,河滩边和林缘草地,海拔 2 700~3 800 m。克什米尔、印度、巴基斯坦也有分布。

重齿胡芦巴(*Trigonella fimbriata* Royle ex Benth.),产西藏。生于喜马拉雅山脉之草甸和河滩上,海拔 3 800~4 300 m。克什米尔、尼泊尔、印度也有分布。

单花胡芦巴(*Trigonella monantha* C. A. Meyer),产新疆(伊犁)。生于沙漠或荒漠区黏质土壤、旷地及路旁。哈萨克斯坦、乌兹别克斯坦、土库曼斯坦、吉尔吉斯斯坦、塔吉克斯坦、蒙古、阿富汗、巴基斯坦、西南亚均有分布。

直果胡芦巴(*Trigonella orthoceras* Kar. et Kir.),产新疆西部。生于沙地、草原和山坡,海拔 1 900 m 以下。哈萨克斯坦、乌兹别克斯坦、土库曼斯坦、吉尔吉斯斯坦、塔吉克斯坦、高加索、西伯利亚西部和巴基斯坦、西南亚也有分布。

2.胡芦巴混淆种

在《本草纲目》及《中药大词典》中,有与苦豆子(*Sophora alopeeuroides* L.)混用的现象。1985 年、1990 年、1995 年、2010 年历版《中华人民共和国药典》收载均为豆科植物胡芦巴(*Trigonella foenum-graecum* L.)的干燥成熟种子。目前市场上也未发现混乱品种。

三、道地沿革
(一)本草记述的产地及变迁

传统本草有关胡芦巴道地产区的记载在不同时代有不同的变化,参考相关本草典籍,有关本草中胡芦巴道地产区记载详见表4-71。

表 4-71　本草中有关胡芦巴产地的描述

典　籍	产地描述	备　注
本草品汇精要（明）	出海南诸蕃,岭南、广州、黔州、河南	黔州:四川彭水县
本草纲目（明）	[禹锡曰]胡芦巴出广州并黔州。[颂曰]今出广州。或云种出海南诸番,盖其国芦菔子也	
本草汇言（明）	生海南诸番。今广州、黔州亦有,不及舶上者佳	
中华本草（现代）	分布于东北、西南及河北、陕西、甘肃、新疆、山东、江苏、安徽、浙江、河南、湖北、广西	
中药材鉴定图典	主产于安徽、四川、河南等地	
现代实用本草	主产于河南商丘,安徽亳县,甘肃天水,四川广元、金堂等地。此外,吉林、贵州、云南等地亦产	
新版中华人民共和国药典中药图集	分布于安徽、四川、河南等地	
新版中药志	主产于安徽、四川、河南等省,产量较大。云南、陕西、新疆等地亦产	
世界植物药	原产于北非、地中海东部周边地区,生于开阔地带,现广泛栽培于摩洛哥、埃及、希腊、印度、伊朗等地	
宁夏中药志	宁夏多见栽培,分布于全国大部分地区	

胡芦巴原产于西亚、北非。公元前 7 世纪左右中东有人工栽培,尔后传至印度、巴基斯坦。据考证胡芦巴大约在西汉初期由张骞出使西域时带回中国以香料植物栽培。如今中国及南欧、北非、亚洲许多国家和地区都有种植。在中国从东北到西南、西北、华东和中部均有人工栽植,但以西北地区种植面积最大。胡芦巴属植物共 70 余种,主要分布在亚洲、非洲和地中海一带。中国本属植物 9 种,其中胡芦巴最多,主产于安徽、四川、河南等地,在河北、河南、浙江、湖北、贵州、陕西、甘肃、宁夏及新疆等地亦有零星分布。宁夏是中国胡芦巴主产地,据《(宣德)宁夏志》记载,明朝初年已广泛种植,距今已有 500 多年历史。目前亦是宁夏的五大传统中药材之一。

(二)本草记述的产地及药材质量

本草中关于胡芦巴产地质量信息的描述较少,《本草纲目》云:"舶客将种莳于岭外亦生,然不及番中来者真好。"《本草汇言》云[9]:"今广州、黔州亦有,不及舶上者佳"。《中药材鉴定图典》认为[10]"传统经验认为,以粒大、饱满者为佳"。

四、道地药材产区及发展

(一)道地药材产区

根据历代本草和史料记载，广东、广西、海南等省(自治区)都曾经是胡芦巴的道地产区。在中国从东北到西南、西北、华东和中部均有人工栽植，但以西北地区种植面积最大，宁夏是中国胡芦巴主产地，据《(宣德)宁夏志》记载，明朝初年已广泛种植，距今已有 500 多年历史，目前亦是宁夏的五大传统中药材之一。

(二)产区生境特点

在中国从东北到西南、西北、华东和中部均有人工栽植，但以西北地区种植面积最大，主产于安徽、四川、河南、宁夏等地，在河北、河南、浙江、湖北、贵州、陕西、甘肃及新疆等地亦有零星分布[11]。目前亦是宁夏的五大传统中药材之一。胡芦巴喜温暖、稍干燥的气候，较耐旱、耐寒，怕高温潮湿气候，怕涝，喜阳光充足，对土壤要求不严，以土层深厚、疏松肥沃和排水良好的土壤为好。

(三)道地药材的发展

胡芦巴的种植在我国有着悠久的历史，相传早在汉朝已传入我国，宁夏、甘肃地区民间早就有把胡芦巴子磨成粉当作香料食用的习惯[12]。胡芦巴嫩茎叶在民间用作香味佐料，成熟种子入药，是我国传统中药材之一。但是，把胡芦巴作为经济作物大量种植的地区却很少，目前仅局限在宁夏引黄灌区、内蒙古黄河河套部分地区及安徽宿县地区，平均亩产量 225~275 kg。当前，胡芦巴种植业没有迅速发展起来主要存在以下几个问题：一是对于种植胡芦巴，农民缺乏必要的科学技术指导；二是产量偏低，综合经济效益稍好于小麦，不能很好地激发农民的种植积极性；三是农民担心种植出来的胡芦巴子没有稳定的收购渠道[13]。由此可见，胡芦巴的种植现状不容乐观，必须引起足够的重视。

五、药材采收和加工

(一)本草记载的采收和加工

历代本草对于胡芦巴采收加工的记载较为简略。《本草图经》[14]载"作荚，至秋采之"。《证类本草》[15]和《本草纲目》："子作细荚，至秋采"。《本草品汇精要》[16]："七月取，日干"。由以上可以看出，历史上有关胡芦巴采收和加工的记载比较简单，传统的采收期为秋季，加工方法为晒干。

(二)初加工技术研究

胡芦巴子由种皮、胚乳和胚组成。采用物理方法将胚乳层中的多糖剥离纯化，残渣

292

分别用溶剂提取胡芦巴油、用含有活性物水溶液提取薯芋皂苷,最后得到蛋白粉;同时对提取物进行分析检测,结果显示我们此种深加工工艺具有产业化前景。通过对胡芦巴子进行分析检测,证实胡芦巴子含有大量半乳甘露聚糖和丰富的蛋白及优质的不饱和植物油,而且富含药用成分薯芋皂苷[17]。通过物理和化学方法加工显示工艺是可行的,为胡芦巴产业化提供了依据。

(三)道地药材特色采收加工技术

秋季种子成熟后采收全草,打下种子,除净杂质,晒干。

1. 拣去杂质;用水洗净,晒干。盐炒胡芦巴:取净胡芦巴加盐水喷洒拌匀,稍闷,微炒至发响,呈黄色,取出放凉。胡芦巴每 50 kg,用食盐 1.25 kg,适量清水化开。《纲目》:"胡芦巴,凡入药淘净,以酒浸一宿,晒干,蒸熟,成炒过用"。

2. 果实成熟时割取全草,打下种子,晒干。生用或微炒用。

六、药材质量特征和标准

(一)本草记述的药材性状及质量

道地性状为道地药材的传统质量评价指标,是药材质量特征的客观历史总结,具有简单实用且较为稳定的特性。相对于胡芦巴比较普遍的道地产区的记载,本草对胡芦巴道地性状的描述较少且比较一致,主要从大小、整体性状等两方面进行描述,并用"佳"来形容其质量,详见表4-72。

表 4-72　主要本草中有关胡芦巴道地性状的描述

典籍	性状描述
新编中药志	粒大、饱满、坚实者为佳
中华本草	粒大、饱满者为佳
现代实用本草	气香,味淡微苦,嚼之有豆腥味

由表 4-72 可见,"粒大""坚实""饱满"是传统评价胡芦巴质优的性状标准。综上所述,胡芦巴的道地性状质量评价指标可以总结为:粒大、饱满、坚实者为佳。

(二)道地药材质量特征的研究

药材中具有化学成分的种类及其含量是药效作用的物质基础,也是药材质量评价的主要指标。

1. 甾体皂苷类

胡芦巴含有丰富的甾体皂苷类成分,其中薯蓣皂苷元(diosgenin)和雅莫皂苷元(yamogenin)的含量在 0.6%~1.0%,而此属其他植物中仅含 0.15%~0.32% 。胡芦巴中皂苷经水解分离得到薯蓣皂苷元、雅莫皂苷元、芰脱皂苷元(gitogenin)、新芰脱皂苷元(neogitogenin)、替告皂苷元(tigogenin)、新替告皂苷元(neotigogenin),以及异菝葜皂苷元(smilagenin)、菝葜皂苷元(sarsasapogenin)、丝兰皂苷元(yuccagenin)、西托皂苷元(sitogenin)、利拉皂苷元(lilagenin)、25α-spirosta-3,5-diene 及 25β-spirosta-3,5-diene 苷元等。迄今从胡芦巴植物中分离出的甾体、皂苷已达数 10 种。皂苷的糖链一般都连在 3 位羟基上,个别连在 6 位上。糖的种类多为葡萄糖、鼠李糖、木糖等[18]。

2. 黄酮类

黄酮类成分是胡芦巴植物中的一大类成分,在其种子、茎叶中含有多种黄酮及其苷类成分。胡芦巴种子含牡荆素(vitexin)、异牡荆素 (saponaretin)、牡荆素-7-葡萄糖苷(vitexin-7-glucoside)、木犀草素 (luteolin)、荭草素(orientin)、异荭草素(isoorientin)、荭草素及异荭草素的阿拉伯糖苷 (araninoside of orientin or isoorientin)、胡芦巴苷 I(vicenin I),6-C-木糖基-8-C-葡萄糖基芹菜素 (apigenin-6-xy-loside-8-glucoside)、胡芦巴苷 II(vicenin II),6,8-二-C-葡萄糖基芹菜素(apigenin-6,8-di-C-glucoside)、vitexin-2-0-pcoumarate、高黄草素(homoorientin)、小麦黄素(tricin)、柚皮素(narin-genin)、槲皮素(quercetin)、肥皂黄素(saponaretin,apigenin-6-C-8-β-D-glucopyanosy I-7-O-β-D-glucopyrano-side)、小麦黄素-7-O-β-D-葡萄糖苷 (tricin-7-O-β-D-glu-copyrano-side)。胡芦巴的茎叶中含有山奈酚(kaempferol)、槲皮素(quercetin)等。近来有学者从茎中分离得到 2 个新的山奈酚葡萄糖苷 (kaempferol glucoside),以及前面的 lilyn 和一个新的槲皮素葡萄糖苷(quercetin glucoside)[19]。

3. 三萜类

尚明英[20]等从胡芦巴中分得 6 种三萜类成分,羽扇豆醇(lupeol)、31-去甲环阿尔廷醇 (31-norcycloartanol)、白桦醇(betulin)、白桦酸(betulinic acid)、大豆皂苷 I (soy-asaponin I)、大豆皂苷 I 甲酯(methy I soyas-aponin I)。

4. 生物碱类

胡芦巴种子中含龙胆碱(gentianine)、番木瓜碱(carpaine)、胆碱(choline)、胡芦巴碱(trigonelline) 等[21]。

5. 香豆素类

胡芦巴地上部分经研究已经确定含有 rtigocoumarin、东莨菪内酯(scoporin)、莨菪内酯 (scopoletol)、8-methoxy-4-methyl-coumarin、6-acetyl-5-hydroxyl-4-methyl-coumarin、胡芦巴素(foenin)等[22]。

6. 有机酸、油脂

胡芦巴种子含油量为 7% 左右，胡芦巴油脂成分主要为脂肪酸及其酯以及甾醇类化合物。脂肪酸类成分主要由亚油酸、棕榈酸、亚麻酸、月桂酸、油酸和硬脂酸等组成。尚明英等应用气相色谱—质谱技术对国产胡芦巴种子油脂成分进行分析，鉴定了 17 种油脂成分；近来又分离出单棕榈酸甘油酯。有人从胡芦巴种子中分析检测出 51 种挥发性成分，其中有 31 种已经被分离鉴定出来，也有人从胡芦巴植物的须根挥发性成分中分离出 sotolon、3-hydrox-yl-4,5-dimethyl-2（5H）-furanone 和 3-amino-4,5-dimethyl-2（5H）-furanone。

7. 其他

尚明英[22]等测定了胡芦巴中的 17 种氨基酸，其中 7 种为人体必需氨基酸；胡芦巴中还含有（2S,3R,4R）-4 羟基异亮氨酸，其在种子中占游离氨基酸总量的 80%；还从胡芦巴种子中分离并鉴定出了双咔唑、D-3-甲氧基肌醇、β-谷甾醇吡喃葡萄糖苷、葡萄糖乙醇苷和蔗糖，其中双咔唑为新的天然化合物。除此之外，胡芦巴中还含有 β-谷甾醇和胆固醇。

（三）道地药材质量标准

《中华人民共和国药典》（2015 年版一部）中收载胡芦巴的质量评价标准主要包括性状、鉴别、检查、浸出物、含量测定等几个方面。其中浸出物不得少于 18.0%；含量测定以胡芦巴碱为指标，规定其含量不得少于 0.45%（以干燥品计算）。另外，检查项中规定水分不得过 15.0%，总灰分不得过 5.0%，酸不溶性灰分不得过 1.0%。

胡芦巴药材的商品规格主要以性状判断，胡芦巴略呈斜方形或矩形，长 3~4 mm，宽 2~3 mm，厚约 2 mm。表面黄绿色或黄棕色，平滑，两侧各具一深斜沟，相交处由点状种脐。质坚硬，不易破碎。种皮薄，胚乳呈半透明状，具黏性；子叶 2，淡黄色，胚根弯曲，肥大而长。气香，味微苦。

七、药用历史及研究应用

（一）传统功效

胡芦巴气香，味微苦，温肾，祛寒，止痛。《纲目》："胡芦巴，右肾命门药也，元阳不足，冷气潜伏，不能归元者宜之。"张子和《儒门事亲》云："有人病目不睹，思食苦豆，即胡芦巴，频频不缺，不周岁而目中微痛，如虫行入眦，渐明而愈。按此亦因其益命门之功，所谓益火之原，以消阴翳是也。"《本草求真》："胡芦巴，苦温纯阳，亦能入肾补命门，……功与仙茅、附子、硫磺恍惚相似，然其力则终逊于附子、硫磺，故补火仍须兼以附、硫、茴香、吴茱萸等药同投,方能有效。"《本草正义》:"胡芦巴,乃温养下焦,疏泄寒气之药,后人以治疝瘕、脚气等证,必系真阳式微,水寒气滞者为宜,苟挟温邪,即为大忌"。

(二)临床应用

在传统临床应用中,胡芦巴多以复方入药。

治膀胱气:胡芦巴、茴香子、桃仁(麸炒)各等分。半以酒糊丸,半为散。每服五、七十丸,空心食前盐酒下;散以热米饮谓下,与丸子相间,空心服,日各一、二服。(《本草衍义》)

治小肠气攻刺:胡芦巴(炒)一两,为末,每服二钱;茴香炒紫,用热酒沃,盖定,取酒调下。(《仁斋直指方》胡芦巴散)

治大人小儿小肠气:蟠肠气,奔豚气,疝气,偏坠阴肿,小腹有形如卵,上下来去痛不可忍,或绞结绕脐攻刺,呕恶闷乱,并皆治之。胡芦巴(炒)一斤,吴茱萸(汤洗十次,炒)十两,川楝子(炒)一斤二两,大巴戟(去心,炒)、川乌(炮,去皮、脐)各六两,茴香(淘去土,炒)十二两。上为细末,酒煮面糊为丸,如梧桐子大。每服十五丸,空心温酒吞下;小儿五丸,茴香汤下。(《局方》胡芦巴丸)

治肾脏虚冷,腹胁胀满:胡芦巴二两,附子(炮裂,去皮、脐)、硫黄(研)各三分。上三味,捣研为末,酒煮面糊丸,如梧桐子大。每服二十丸至三十丸,盐汤下。(《圣济总录》胡芦巴丸)

治一切寒湿脚气,腿膝疼痛,行步无力:胡芦巴四两(浸一宿),破故纸四两(炒香)。上为细末,用大木瓜一枚,切顶去瓤,填药在内,以满为度,复用顶盖之,用竹签签定,蒸熟取出,烂研,用前件填不尽药末,搜和为丸,如梧桐子大。每服五十丸,温酒送下,空心食前。(《杨氏家藏方》胡芦巴丸)

治气攻头痛:胡芦巴(炒)、荆三棱(酒浸,焙)各半两,干姜(炮)二钱半。上为细末。每服二钱,温生姜汤或温酒调服,不拘时候。(《济生方》胡芦巴散)

(三)现代药理学研究

现代医学研究证实,胡芦巴具有多种药理活性,主要包括降血糖、降血脂、抗肿瘤、脑缺血损伤保护、抗溃疡、补肾壮阳等作用。胡芦巴提取物及制剂具有明显的降血糖和血脂的作用,其主要有效成分是胡芦巴碱,胡芦巴皂苷及4-羟基异亮氨酸也有一定的降血糖作用。胡芦巴提取物可抑制埃利希腹水癌细胞的生长和增殖;并对白血病有显著的抗癌活性,其主要有效成分是番木瓜碱。胡芦巴总皂苷对脑缺血损伤有保护作用,也可对抗乙醇的记忆障碍效应。胡芦巴水提物和从种子中分离出来的凝胶部分具有明显的抗溃疡活性。此外，现代药理学研究还发现：胡芦巴具有补肾壮阳、抗雄激素活性、催乳、止咳、抗淋病、抗痢疾、治疗皮肤病等作用。

1. 降血糖作用

胡芦巴种子对正常动物及化学诱导糖尿病动物具有降血糖活性，近年来对它的研究日益深入。将胡芦巴种子富含纤维(79.6%)的种皮和胚乳部分及富含皂苷(7.2%)和蛋白质(52.8%)的子叶和胚轴部分分别对四氧嘧啶诱导的糖尿病狗进行实验，结果表明胡芦巴种子降糖活性成分存在于富含纤维的种皮和胚乳中。实验证明可溶性食用纤维可能为胡芦巴种子主要降糖活性成分，但也不排除其他化合物具有降糖活性。胡芦巴种子粉末或甲醇提取物以及甲醇提取后的残渣与葡萄糖同时喂养正常大鼠和糖尿病大鼠，二者血糖均显著降低。甲醇提取后残渣对不同喂养状态的大鼠也显示出降低血糖的活性；而从胡芦巴种子分出的可溶性食用纤维对正常大鼠和非胰岛素依赖型糖尿病大鼠无降糖活性，但同时喂养葡萄糖时血糖明显降低[23]。

2. 降血脂作用

胡芦巴种子的提取物喂饲正常的和糖尿病型高血脂模型的狗 8 d，其富含纤维(53.9%)和甾体皂苷(4.8%)脱脂部分提取物可显著降低正常狗的血清胆固醇水平($P<0.05$)。另外其总提取物对糖尿病型高血脂狗的血清总胆固醇也有降低作用，说明胡芦巴种子提取物脱脂部分有降血脂活性(油脂部分则无作用)。胡芦巴种子所含甾体成分可明显增加正常大鼠对食物的摄入和转化稳定链脲佐菌素诱导的糖尿病大鼠的食物消耗，降低血清总胆固醇的含量，而甘油三酯的含量没有影响。胡芦巴种子降血脂的主要成分为甾体皂苷。另外胡芦巴胶体在消化道内形成胶体屏障，抑制胆汁盐酸的吸收，减少肝内循环，因而降低血清胆固醇的浓度[24]。

3. 抗胃溃疡作用

最近研究表明，胡芦巴种子的水胃酸提取物和从种子中分离出来的凝胶部分具有明显的抗胃溃疡活性。这种作用不仅是由于其抑制胃酸分泌的作用而且其对胃黏膜糖蛋白也有一定的作用。另外胡芦巴种子的提取物通过提高胃黏膜的抗氧化能力来防止由于酒精引起的油脂过氧化反应从而降低黏膜损伤[25]。

4. 抗肿瘤作用

胡芦巴种子提取物对接种埃利希腹水癌(Ehrlich ascites carcinoma, EAC)前和接种后的小鼠给药，结果对癌细胞生长的抑制率超过 70%。对小鼠腹膜流出物(分泌液)细

胞和巨噬细胞的数量分析,结果均有提高[26]。

5. 治疗慢性肾功能衰竭

胡芦巴也被证明对慢性肾功能衰竭有治疗活性。胡芦巴植物的地上部分煎剂对慢性肾功能衰竭大鼠有明显治疗作用,能降低血中尿素氮和肌酐水平,对肾组织损伤有明显保护和治疗作用[27]。

6. 对急性化学性肝损伤的保护作用

朱宝立[28]等研究结果表明胡芦巴提取物能有效地抑制四氯化碳和 D-氨基半乳糖所致小鼠急性肝损伤的血清 ALT 和 AST 的升高,并呈现良好的剂量效应关系。其保护小鼠急性化学性肝损伤的机制可能是脂质过氧化,增加 GSH-Px 酶活力而发生作用。

7. 对脑缺血的保护作用

李琳琳[29]等对胡芦巴总皂苷的抗脑缺血作用进行研究,采用结扎小鼠双侧颈总动脉造成急性不完全性脑缺血模型,观察平均存活时间;另取小鼠断颅后测定断颅喘息时间;采用玻片法观察胡芦巴总皂苷对凝血时间的影响;采用比浊法观察胡芦巴对体外血小板聚集率的影响,并测定全血黏度。结果表明,胡芦巴总皂苷不同剂量给药可延长小鼠平均存活时间及凝血时间,抑制血小板聚集率,稍大剂量可延长断颅小鼠喘息时间且具有剂量依赖性。实验表明胡芦巴总皂苷具有抗脑缺血活性。

另外,胡芦巴叶子的提取物对实验小鼠还有抗炎和退热的作用[30]。

(四)现代医药应用

用于防治高山反应。将苦豆叶晒干研粉,炼蜜为丸,每丸含生药约 2 g。①预防用:每人 2 丸,开水冲服;观察 62 人,服药后未出现反应者 21 人,仍出现反应者 41 人。②治疗用,1 日剂量 8~12 g,连服 3 d;观察 108 人,总有效率为 28.4%;服药后有 15 人出现恶心、呕吐、腹泻等副作用,但均轻微,改为饭后服用或停服一顿后即消失。本品对改善单个一两项症状较明显,如睡眠情况服药后改善者占 68.5%;由此推想苦豆对中枢神经系统有一定抑制作用,对脉搏、呼吸改变不大。

八、资源综合利用和保护

(一)资源综合开发利用

除作为传统药材和现代医药原料外,胡芦巴还是食品、化妆品、纺织、日用化工、生物农药、饲料等行业的重要原料。胡芦巴秸秆和籽实民间常用来香化房间、衣物和做枕芯、荷包及加工成工艺品,已开发出芳香服装和床上用品等香味型产品;阴干茎叶为上等天然食用香料;全草所含的挥发油用于日化产品、烟草,卫生制品加香,作为商品香料的原料、工业用香精；鲜嫩茎、叶可以当菜吃，干的可以做烹饪的调料，加工后可做糕点、蒸糕、烙饼、糖果、饮料、酒类的加香剂；种子有咖啡色泽，呈黄褐色，可为咖啡的代用品；胡芦巴胶用于石油工业的压裂剂；食品级胡芦巴胶作为食品添加剂，广泛用于冷食、饮料、馅类、糕点等食品；胡芦巴浸膏可用于调配烟用香精和男用化妆品；胡芦巴油脂因强烈的香气常用于奶油、干酪等产品；胡芦巴油因含有催乳成分可用于催乳保健品。胡芦巴经过多次提取之后，剩余的残渣还可以进一步加工成高蛋白饲料、有机肥等[31]。

（二）新药用部位开发利用

胡芦巴的传统药用部位为种子，若能有效地利用除种子之外的植株其他部分，便提高资源利用率。现代化学和药理学研究发现，胡芦巴地上部分含有胡芦巴素、β-谷甾醇、东莨菪内酯，且具有改善肾功能的作用[21]。目前胡芦巴地上部分的利用，仅限于作为饲料或绿肥使用，尚无完善的医药产品面世。

（三）资源保护和可持续发展

胡芦巴是一个开发前景非常好的植物，国际大量需求的 8 大类植物药之一。胡芦巴原产西非，后传入地中海沿岸一带，汉朝时作为香料传入中国后便开始栽培。但目前我国胡芦巴种植业，远不能满足工业化生产的需求。一般条件下，我国胡芦巴种子产量约 150 kg/亩，少有 200~250 kg/亩。为了形成工业化生产能力，必须建立胡芦巴种植基地，在土地资源较多的西北和东北地区较为理想。

九、胡芦巴栽培技术

（一）土壤选择

胡芦巴对土地要求不严，一般土壤均可栽培，但以肥沃的沙质壤土较好。秋翻深耕，耙细，每亩施腐熟堆肥或厩肥适量，复合肥 25~30 kg。

（二）播种

播种前用二开一凉的温水浸种 3~5 min，捞出晾干，即可播种。撒播、条播均可，以条播为好，先于作好的畦上开沟，沟深 3 cm，踩底格子，均匀播籽，复土 1~2 cm，播后稍镇压。种子易萌发，发芽要求 15~20℃，温度过高萌发率降低。播后约 6~7 d 即出苗，每亩用种量 1.5~2.0 kg。

（三）田间管理

幼苗出土后，保持土壤湿润，避免土壤过干，要视墒情适当浇水 1~2 次，不可过多，以免徒长。苗高 6~7 cm 时，定苗，株距 3~6 cm，留拐子苗，每穴留壮苗 2~3 株，同时补苗。定苗后，及时松土除草，植株高 25 cm 时，要及时培土，防止倒伏。

(四)病虫害防治

1. 白粉病

白粉病主要表现在叶正面有白色粉状物,后期可见小黑点。防治方法:①种植前清地,烧毁病残株;②摘除病叶病株,并集中烧毁;③发病初期可用50%托布津可湿性粉800~1 000倍液喷雾。

2. 蚜虫

一旦发现蚜虫需及时喷药控制虫情,苗期与开花前应特别注重对蚜虫的防治,一般抓住苗期及开花前喷药,禁止在花蕾期前后使用药。在3~4月间用0.3%苦参碱乳剂800~1 000倍液或50%抗蚜威1 000倍液喷雾,或2.5%鱼藤精800~1 000倍液喷洒或5%吡虫啉乳油2 000~3 000倍液喷雾,间隔10~15 d。

(五)采收加工

直播胡芦巴一般生长90~110 d,待种子成黄棕色或红棕色时,将全株割下,放阴凉处干燥保存,打出种子,除净杂质备用。

参考文献

[1] 中华人民共和国药典委员会. 中华人民共和国药典(一部)[M]. 北京: 中国医药科技出版社, 2015.

[2] (宋)掌禹锡. 嘉祐本草辑复本[M]. 北京: 中医古籍出版社, 2009.

[3] (宋)苏颂. 本草图经[M]. 福州: 福建科学技术出版社, 1988.

[4] (明)李时珍. 本草纲目[M] . 呼和浩特: 内蒙古人民出版社, 2006.

[5] 江苏新医学院. 中药大辞典[M]. 上海: 上海科学技术出版社, 1994.

[6] 马德滋, 刘惠兰, 胡福秀. 宁夏植物志. 银川: 宁夏人民出版社, 2007.

[7] 张建全, 王彦荣. 胡芦巴生物生态学特性及种质资源研究进展[J]. 兰州大学学报(自然科学版)[M]. 2012, 48(6): 94-101.

[8] 卢卫红, 张守锁, 朱春玲. 胡芦巴的本草考证[J]. 中医药信息, 1998, (4): 30-31.

[9] (明)倪朱谟. 本草汇言[M]. 北京: 中医古籍出版社, 2005.

[10] 赵中振, 陈虎彪. 中药材鉴定图典[M]. 福州: 福建科学技术出版社, 2010.

[11] 杨新才, 陈国顺. 传统药材胡芦巴[J]. 农业科技信息, 2002, (10): 37.

[12] 张法起. 药用植物胡芦巴的开发利用[J]. 宁夏石油化工, 2001, 20(1): 2-4.

[13] 蒋建新, 徐嘉生, 朱莉伟. 经济植物胡芦巴的发展现状与前景[J]. 中国野生植物资源, 1999, 18(4): 19-20.

[14] (宋)苏颂. 本草图经[M]. 合肥: 安徽科学技术出版社, 1994.

[15] (宋)唐慎微. 证类本草[M]. 北京: 中国医药科技出版社, 2011.

[16] (明)刘文泰. 本草品汇精要[M]. 北京: 人民卫生出版社, 1982.

[17] 张广伦, 张卫明, 肖正春, 等. 胡芦巴的营养成分及其利用[J]. 中国野生植物资源, 2011, 30(3): 18–20, 59.

[18] 张仲, 刘亚静. 中药胡芦巴的化学成分研究进展[J]. 中国药业, 2011, 20(14): 77–78.

[19] 尚明英, 蔡少青, 林文翰, 等. 胡芦巴的化学成分研究[J]. 中国中药杂志, 2002, 27(4): 277–279.

[20] 尚明英, 蔡少青, 李军, 等. 中药胡芦巴三萜类成分研究[J]. 中草药, 1998, (10): 655–657.

[21] 荆宇, 赵余庆. 胡芦巴化学成分和药理作用研究进展[J]. 中草药, 2003, (12): 94–97.

[22] 尚明英, 蔡少青, 王璇, 等. 中药胡芦巴氨基酸分析[J]. 中药材, 1998, 21(4): 188–189.

[23] 陈轶玉, 黄诚. 胡芦巴种子提取物对糖尿病大鼠血糖的降低作用[J]. 镇江医学院学报, 2001, (02): 23–26.

[24] 梁爽, 张朝凤, 张勉. 胡芦巴的化学成分研究[J]. 药学与临床研究, 2011, 19(02): 139–141.

[25] 刘颖, 郑彧, 郭忠成, 等. 中药胡芦巴的研究进展[J]. 实用药物与临床, 2017, 20(01): 98–101.

[26] 杨卫星, 黄红雨, 王永江, 等. 胡芦巴总皂苷的化学成分[J]. 中国中药杂志, 2005, (18): 1428–1430.

[27] 刘乔峰. 温肾活血化瘀法治疗慢性肾功能衰竭40例临床观察[J]. 中国民族民间医药, 2018, 27(15): 94–95.

[28] 朱宝立. 胡芦巴对慢性化学性肝损伤保护作用的研究[J]. 江苏卫生保健, 2001, (04): 12.

[29] 李琳琳, 张月明, 王雪飞, 等. 胡芦巴粗提物对血糖和血脂作用的实验研究[J]. 新疆医科大学学报, 2005, (02): 98–101.

[30] 安福丽, 张仲, 陈贵银, 等. 中药胡芦巴的药理作用研究进展[J]. 中国药业, 2010, 19(04): 63–64.

[31] 张卫明, 肖正春. 中国辛香料植物资源开发与利用[M]. 南京: 东南大学出版社, 2007.

编写人：李明　张新慧

第十四节　黄　芩

一、概述

来源：本品为唇形科植物黄芩（*Scutellaria baicalensis* Georgi）的干燥根。春、秋二季采挖，除去须根和泥沙，晒后撞去粗皮，晒干。

生长习性：黄芩喜温暖，耐严寒，黄芩为直根系，适宜在中性或微碱性壤土和沙质壤土中种植，多生于山顶、山坡、林缘、路旁等向阳较干燥的地块。出苗移栽后3个月开始现蕾，现蕾后10 d左右开花，40 d左右果实成熟。在中温带山地草原常见于海拔600~1 500 m之间向阳山坡或高原草原等处。适宜黄芩的生态环境一般为年太阳总辐射量在460~565 kJ/cm²，以502 kJ/cm²为适宜；年平均气温–4~8℃，最适均温为2~4℃。

喜温暖,耐严寒,成年植株地下部分在-35℃低温下仍能安全越冬,35℃高温不致枯死,但不能经受 40℃以上连续高温天气。

质量标准:执行《中华人民共和国药典》(2015 年版一部)[1]。

【性状】本品呈圆锥形,扭曲,长 8~25 cm,直径 1~3 cm。表面棕黄色或深黄色,有稀疏的疣状细根痕,上部较粗糙,有扭曲的纵皱纹或不规则的网纹,下部有顺纹和细皱纹。质硬而脆,易折断,断面黄色,中心红棕色;老根中心呈枯朽状或中空,暗棕色或棕黑色。气微,味苦。

栽培品较细长,多有分枝。表面浅黄棕色,外皮紧贴,纵皱纹较细腻。断面黄色或浅黄色,略呈角质样。味微苦。

【检查】水分不得过 12.0%。总灰分不得过 6.0%。

【浸出物】照醇溶性浸出物测定法项下的热浸法测定,用稀乙醇作溶剂,不得少于 40.0%。

【含量测定】本品按干燥品计算,含黄芩苷($C_{21}H_{18}O_{11}$)不得少于 9.0%。

【炮制】黄芩片除去杂质,置沸水中煮 10 min,取出,闷透,切薄片,干燥;或蒸半小时,取出,切薄片,干燥(注意避免暴晒)。本品为类圆形或不规则形薄片。外表皮黄棕色或棕褐色。切面黄棕色或黄绿色,具放射状纹理。

酒黄芩:取黄芩片,照酒炙法炒干。本品形如黄芩片。略带焦斑,微有酒香气。

【性味与归经】苦,寒。归肺、胆、脾、大肠、小肠经。

【功能与主治】清热燥湿,泻火解毒,止血,安胎。用于湿温、暑湿,胸闷呕恶,湿热痞满,泻痢,黄疸,肺热咳嗽,高热烦渴,血热吐衄,痈肿疮毒,胎动不安。

【用法与用量】3~10 g。

【贮藏】置通风干燥处,防潮。

二、基源考证

(一)本草记述

传统本草有关黄芩植物形态记载见表 4-73。

表4-73 本草中有关黄芩物种形态的描述

典籍	物种描述
吴普本草(魏)	二月生赤黄叶,两两四四相值,其茎空中,或方圆,高三四尺。四月花紫红赤,五月实黑,根黄。二月至九月采
名医别录(南北朝)	生秭归川谷及冤句。三月三日采根,阴干
本草经集注(南北朝)	秭归,属建平郡。今第一出彭城,郁州亦有之。圆者名子芩,为胜;破者名宿芩,其腹中皆烂,故名腐肠
新修本草(唐)	叶细长,两叶相对,作丛生,亦有独茎者。今出宜州、鄜州、泾州者佳,兖州者大实亦好,名豚尾芩也
本草图经(宋)	苗长尺余,茎干粗如箸,叶从地四面作丛生,类紫草,高一尺许,亦有独茎者,叶细长,青色,两两相对,六月开紫花,根(黄)如知母粗细,长四五寸。二月、八月采根,暴干
本草纲目(明)	宿芩乃旧根,多中空,外黄内黑,即今所谓片芩。……子芩乃新根,多内实,即今所谓条芩
滇南本草(明)	黄芩多年生草本,高20~35cm。茎直立,四棱形。叶交互对生,矩圆状椭圆形,几无叶柄,长9~22cm;夏季开蓝紫色花,生于茎梢叶腋间,集成总状花序。花偏向一方,唇形,花萼筒状成2唇形;雄蕊4,两两成对;子房上位,花柱细丝状,柱头不显。坚果极小,黑色,有小凸点

(二)基源物种辨析

中国古代典籍对黄芩药用价值的记载,始于2000多年前的《神农本草经》[2],被列为中品,曰:"主诸热黄疸,肠澼,泄利,逐水,下血闭,治恶创疽蚀,火疡。一名腐肠。生川谷。"黄芩在本草记载中别名甚多,《吴普本草》曰:"一名黄文,一名妒妇,一名虹胜,一名经芩,一名印头,一名内虚。"

《名医别录》[3]记载,黄芩"一名空肠,一名内虚,一名黄文,一名经芩,一名妒妇。"陶弘景谓黄芩"圆者名子芩,破者名宿芩,其腹中皆烂,故名腐肠"。

《本草纲目》[4]记载:"宿芩乃旧根,多中空,外黄内黑,即所谓片芩,故又有腐肠、妒妇诸名。子芩乃新根,多内实,即今所谓条芩。"

《本草述钩元》[5]有:"圆者名子芩,新根内实,其直者条芩。破者名宿芩,乃旧根。中空,外黄内黝,即今片芩"。此外,尚有印头《吴普本草》、苦督邮《纪事》、鼠尾芩等。

《证类本草》[6]引唐本注云:"兖州者大实亦好,名豚尾芩也"。目前,黄芩的商品中除黄芩正名外,仍沿用子芩、条芩以及片芩、枯碎芩、尾芩等名称,前二者系指黄芩新根(子根),后三者指因加工所得黄芩碎片和根下部尾梢,其他名称则很少使用。此外,在我国不同地区,黄芩的地方习用名有黄芩茶根、土金茶根、山茶根、小叶茶根(东北)、香水水草(内蒙古)、空心草(河北)、黄金条(山东)等。

(三)近缘种和易混淆种

1. 黄芩近缘种

从历代本草记载来看，黄芩的原植物为唇形科植物黄芩（*Scutellaria baicalensis* Georgi）。

甘肃黄芩（*Scutellaria rehderiana* Diels）：为唇形科黄芩属多年生草本植物，根状茎斜行，粗 1.5~13 mm。茎直立，高 12~35 cm，略被下曲的短柔毛。叶具柄，柄长 2.8~9（12）mm；叶片卵状披针形至卵形，长 1.4~4 cm，宽 0.6~1.7 cm，全缘或下部每侧有 2~5 个不规则远离浅牙齿，上面被极稀疏伏毛，下面脉上疏被细柔毛，边缘密被短睫毛。花序总状，顶生，长 3~10 cm；苞片卵形或椭圆形，被长睫毛，小苞片针状；花萼长约2.5 mm，盾片高约 1 mm，果时均增大；花冠粉红色、淡紫色至紫蓝色，长 1.8~2.2 cm，花冠筒近基部膝曲，下唇中裂片三角状卵圆形；雄蕊 4，2 强；花盘环状，前方稍隆起。分布于甘肃、陕西及山西。生多石山地向阳草坡上，海拔 1300~1500 m。

粘毛黄芩（*Scutellaria viscidula* Bunge）：为唇形科黄芩属多年生草本植物，别名下巴子、黄花黄芩、腺毛黄芩。根茎直生或斜行，茎直立或渐上升，高 8~24 cm，四棱形，粗 0.8~1.2 mm，被疏或密、倒向或有时近平展、具腺的短柔毛，通常生出多数伸长而斜向开展的分枝。叶具极短的柄或无柄，下部叶通常具柄，柄长达 2 mm；叶片披针形、披针状线形或线状长圆形至线形，长 1.5~3.2 cm，宽 2.5~8.0 mm，顶端微钝或钝，基部楔形或阔楔形，全缘。花序顶生，总状，长 4~7 cm。花冠黄白或白色，小坚果黑色，卵球形。花期 5~8 月，果期 7~8 月。产山西北部，内蒙古，河北北部及山东烟台，生于海拔 700~1 400 m 的沙砾地、荒地或草地。

2. 黄芩混淆种

黄柏（*Phellodendron chinense* Schneid.）：为芸香科植物黄皮树的干燥树皮。习称"川黄柏"。剥取树皮后，除去粗皮，晒干。呈板片状或浅槽状，长宽不一，厚 1~6 mm。外表面黄褐色或黄棕色，平坦或具纵沟纹，有的可见皮孔痕及残存的灰褐色粗皮；内表面暗黄色或淡棕色，具细密的纵棱纹。体轻，质硬，断面纤维性，呈裂片状分层，深黄色。气微，味极苦，嚼之有黏性。主产于四川、贵州、湖北、云南等地。

黄连（*Coptis chinensis* Franch）：别名味连、川连、鸡爪连，属毛茛科黄连属多年生草本植物，叶基生，坚纸质，卵状三角形，三全裂，中央裂片卵状菱形，羽状深裂，边缘有锐锯齿，侧生裂片不等 2 深裂；叶柄长 5~12 cm。有清热燥湿，泻火解毒之功效。其味入口极苦，有俗语云"哑巴吃黄连，有苦说不出"，即道出了其中滋味。生长于海拔 500~2 000 m

的山地林中或山谷阴处,野生或栽培。分布于四川、贵州、湖南、湖北、陕西南部。

黄芪[*Stragalus membranaceus*(Fisch.)Bunge.]:又名绵芪,豆科多年生草本,高50~100 cm。主根肥厚,木质,常分枝,灰白色。茎直立,上部多分枝,有细棱,被白色柔毛。产于内蒙古、山西、甘肃、黑龙江等地。

三、道地沿革

(一)本草记述的产地及变迁

传统本草有关黄芩道地产区的记载在不同时代有不同的变化,参考相关本草典籍,有关黄芩道地产区记载详见表4-74。

表4-74 本草中有关黄芩产地的描述

典籍	产地描述	备注
名医别录(南北朝)	生秭归及冤句	湖北、山东
本草经集注(南北朝)	秭归属建平郡。今第一出彭城,郁州亦有之	江苏
新修本草(唐)	今出宜州、鄜州、径州者佳,兖州者大实亦好,名豚尾芩也	湖北、陕西、甘肃、山东、河南
千金翼方(唐)	宁州、径州	甘肃
图经本草(宋)	生秭归山谷及冤句。今川蜀、河东、陕西近郡皆有之	四川、山西、陕西
证类本草(宋)	附图:潞州黄芩和耀州黄芩	山西、陕西
植物名实图考(清)	黄芩以秭归产著,后世多用条芩,滇南亦有,土医不他取也	湖北
药物出产辨	山西、直隶、热河一带均有出	河北、北京、天津

从药用沿革来看黄芩种在北方各省皆有分布,因此从本草考证可得出陕西、山西、甘肃、山东、河北、宁夏可以作为黄芩药材的道地产区。

(二)本草记述的产地及药材质量

黄芩始载于《神农本草经》列为中品。历代本草对其名称及别名的记载较多。《神农本草经》曰:"黄芩味苦、平。……一名腐肠"。《名医别录》记载:"黄芩一名空肠,一名内虚,一名黄文,一名经芩,一名妒妇"。陶弘景谓黄芩"圆者名子芩,破者名宿芩,其腹中皆烂,故名腐肠"。《本草纲目》记载:"宿芩乃旧根,多中空,外黄内黑,即所谓片芩,故又有腐肠、妒妇诸名。……子芩乃新根,多内实,即今所谓条芩。"《本草述钩元》有"圆者名子芩,新根内实,其直者条芩。破者名宿芩,乃旧根。中空,外黄内黝,即今片芩"之记载。此外,尚有印头《吴普本草》、苦督邮《纪事》、鼠尾芩等。《证类本草》引唐本注云:"兖州者大实亦好,名豚尾芩也。"

四、道地药材产区及发展

（一）道地药材产区

根据对黄芩的本草考证，按照时间顺序得出主流本草记载黄芩的产地主要有湖北、山东、江苏、陕西、甘肃、河南、山西、河北。而现在文献记载黄芩的产地除了上述省份以外，还包括内蒙古、辽宁、吉林、黑龙江。

历代本草对黄芩产地的记载比较广泛。《神农本草经》称其"生川谷。"只有黄芩的生长环境描述，即山区重峦叠嶂，川谷崎岖之处，而无植物产地，形态的描述。

《名医别录》记载："黄芩生秭归川谷及宛句"。秭归即今湖北秭归县，宛句即今山东菏泽县。

《本草经集注》载："秭归属建平郡（湖北境内），今第一出彭城（江苏铜山），郁州（江苏灌云）亦有之，惟深者坚实者好。"该书指出产地彭城即今徐州较好。并且徐州位于江苏省的西北部，南北相交之处，多为丘陵，与生川谷的生长环境相符。

《本草蒙荃》称其"所产尚彭城（属山东）"，《植物名实图考》称"黄芩生姊归山，滇南亦有"。从历代本草对黄芩产地的记载看，湖北、山东、江苏、四川、陕西、甘肃、云南等省区均有黄芩的分布，并认为湖北宜州、陕西鄜州、甘肃泾县及山东兖州产的黄芩质量较好。

《本草品汇精要》有宜州、鄜州、泾州、兖州为道地产区的记载。目前，黄芩主要分布于东北、河北、内蒙古、山西、山东、河南、陕西等地，以山西产量较大，习惯上认为河北北部为黄芩的道地产区，华东地区则以产于山东胶东半岛的黄芩为道地正品。

《植物名实图考》[7]云："黄芩以秭归产著，后世多用条芩，滇南多有，土医不他取也"。并有附图。滇南产的黄芩指今滇黄芩。该书指出黄芩的产地秭归即今湖北秭归县为好，其质量较优，但随时间流逝，黄芩的质量下降，多用根细不饱满的为药用。又指出黄芩的同科不同属植物滇黄芩也作为药用植物。

《药物出产辨》[8]云："山西、直隶、热河一带均有出"，直隶即今河北省中南部，包括北京、天津等地。热河指河北省承德市燕山山地丘陵。该书明确指出黄芩产地主要在河北省。从以上本草记载的产地来看，说明历代所用黄芩除今湖北秭归县及其和四川邻近的巫山一带所产者外，山东菏泽，江苏与山东毗邻地区亦产。

《新修本草》[9]云"今出宜州、鄜州、径州者佳，兖州者大实亦好，名豚尾芩也"。宜州即今湖北西南部宜昌，鄜州即今陕西北部富平县，径州即今甘肃径县，兖州即今山东西南及河南东部。可知黄芩的产地主要集中在我国中部，仍然在长江中游以北，黄河以南。此处地势西高东低,有山区、平原、丘陵,仍与生川谷相符。该书指出产于山东省与河南省的黄芩以根大饱满者为好,且山东省西南部与河南省东部相邻,仍在长江上游以北。

《千金翼方》[10]云"宁州、径州"。宁州即今甘肃东部宁县,径州即今甘肃径川县北径河北岸。该书指出黄芩的道地产地在甘肃,即黄河上游以南,西北部黄土高原地区。此处地形复杂,山、川、塬交错,仍与生川谷相符。

《本草图经》[11]云"生秭归山谷及冤句。今川蜀、河东、陕西近郡皆有之"。川蜀即今四川,河东即今山西。该书指出黄芩的产地广泛分布于我国中部,仍以长江中游以北为主要地区。

《证类本草》有两张附图是潞州黄芩和耀州黄芩。潞州即今山西长治,耀州即今陕西耀县。可知黄芩的产地在华北西部的黄土高原东翼,与河北省相邻。

(二)产区生境特点

黄芩喜温暖凉爽气候,耐寒、耐旱、耐瘠薄,适宜生长在阳光充足、土层深厚、肥沃的中性和微碱性壤土或砂质壤土环境,在中心分布区常与一些禾草、蒿类或杂类草共生。在中温带山地草原常见于海拔 600~1 500 m 向阳山坡或高原草原等处。适宜黄芩的生态环境一般为年太阳总辐射量在 460~565 kJ/cm²,以 502 kJ/cm² 为适宜;年平均气温-4~8℃,最适均温为 2~4℃。

(三)道地药材的发展

黄芩在我国药用历史悠久,迄今已有 2 000 多年的历史。从历代本草的考证看,古今药用黄芩主要是黄芩的根,此外可能还有同属的甘肃黄芩、滇黄芩和丽江黄芩等植物的根在产地同黄芩兼收并用。

野生黄芩分布面广,蕴藏量丰富,20 世纪 70 年代前黄芩生产以野生品为主,正常年产量为 200 万~400 万 kg,年采集量最高可达 600 万 kg,市场运行基本稳定。20 世纪 70 年代中后期以黄芩为原料的中成药发展迅速,黄芩需求量逐年上升,年用量很快超过 500 万 t,市场供求出现紧张状况。20 世纪 80 年代初黄芩提取技术开始成熟,生产渐成规模,1983 年黄芩的收购量猛增到 2 100 万 kg,销售量增加到 800 万 kg,野生黄芩资源受到严重破坏,据 1983 年资源普查,河北野生黄芩蕴藏量 949 万 kg,当年收购 320 万 kg,1984 年以来,经滥采滥挖,河北太行山区的黄芩资源基本枯竭。20 世纪 90 年代黄芩主要靠锡林浩特以东产出,原本资源丰富,但到目前为止,赤峰、锡林浩特、通辽、乌兰浩特一带资源已经不多,只有在交通不便、人烟稀少处才有黄芩可采。黄芩目前已被国家列为三级保护濒危植物。据 2008 年黑龙江省重点野生药材物种勘察数据显示,黑龙江省黄芩蕴藏量约为 689 万 kg,与 1987 年普查数据相比下降了 72%。

20 世纪 80 年代,河北承德、山东等地先后完成了黄芩野生变家种的栽培技术研究,实现了黄芩大面积的人工栽培。目前,栽培黄芩已成为黄芩药材的主要商品来源。黄芩主要栽培区域为河北、山东、陕西、甘肃、山西等省。近年来,宁夏中南部地区种植面积逐年扩大[12]。

五、药材采收和加工

(一)本草记载的采收和加工

古代医籍中记载的黄芩炮制加工方法较多,除简单的净制、切制外,主要以炒为主,另外还有酒炙等。黄芩为多年生草本植物,药用根部。根部表面往往具有粗栓皮,并带有部分茎叶,为保证药材质量,需要将杂质、非药用部位或质劣部分去除。古人在这方面有深刻的认识,如《银海精微》要求"去黑心";《太平惠民和剂局方》[13]要求"去芦""去粗皮""去土"等。目前仍然要求去除地上部分,干燥后撞去粗皮等。黄芩根部粗大,为便于配方与应用,需进行适当切制。陈自明等在《校注妇人良方》中提及"条芩炒焦";《济阴纲目》《仁术便览》均称要"炒黑";《寿世保元》要求"炒紫黑"。薛己在《外科枢要》九味羌活汤中要求黄芩"煮软切片"后再用;清代吴迈在《方证会要》清空膏中用"熟黄芩";杨继洲在《针灸大成》中用"煮黄芩"治鼻出血。唐代孙思邈在《银海精微》中有用"酒洗黄芩""酒炒黄芩"的记载;《东垣医集》[14]提到"酒炒""酒浸透,晒干为末";明《医宗必读》[15]要求"酒浸,蒸熟,暴之";虞抟在《医学正传》中提到"片黄芩,酒拌湿炒,再拌再炒,如此三次,不可令焦""酒浸焙干";朱震亨《丹溪心法》[16]清膈丸中的黄芩要求"酒浸炒黄"。关于酒制黄芩的作用,元代《汤液本草》有"病在头面及手梢皮肤者,须用酒炒之,借酒力以上腾也。咽之下脐上须酒洗之,在下生用"的阐述;明代虞抟在《医学正传》中云:"凡去上焦湿热,须酒洗黄芩,以泻肺火";清《医宗说约》提到"除风热生用,入血分酒炒"。《三因极一病证方论》载称"为末,姜汁和作饼";《丹溪心法》[16]中有"姜汁炒,解食积,去湿痰"的描述;《孙文垣医案》治头晕作呕要求用姜汁炒黄芩;《宋氏女科秘书》提到"淡姜汁炒";《医学入门》礞石丸中用"姜汁炒黄芩"。《重订瑞竹唐经验方》提到:"一米醋浸七日,炙干,又浸,又炙,如此七次";《普济方》提到"醋浸一宿,晒";《寿世保元》也有"醋炒"之说。明代虞抟在《医学正传》中有"以猪胆汁拌炒,能泻肝胆火"的说法;《本草通玄》也提到黄芩"得猪胆除肝胆火";清代《医说约》提到"治胆热用猪胆汁制";清代《本草述钩元》提到用"猪胆汁拌炒"。明代《痰火点雪》中用蜜炒黄芩治咳嗽、肺痿、自汗盗汗、梦遗滑精等。此外,清代《女科秘要》加味四物丸中用"蜜炙黄芩",《竹林女科证治》芎归补中汤中用"蜜制"黄芩。明代武之望在《济阴纲目》中,用芩心丸治月经过期不止,其中黄芩取心、枝条,二两,米泔浸七日,炙干,又浸又炙,如此七次。明代王肯堂在《证治准绳》中亦用米泔浸的方法炮制黄芩,清代吴谦在《妇科心法要诀》中沿用了米泔浸法。南宋杨士瀛在《仁斋直指方论》中最早提到黄芩用"陈壁土炒",用于治吞酸;此后,元代朱震亨的《丹溪治法心要》、明代龚廷贤的《寿世保元》均沿用了此法。明代武之望在《济阴纲目》中,用童便炒黄芩治经病发热,明代李梴《医学入门》治疗经后潮热用"便炒黄芩",并称"便炒下行"。《本草述》称"吴茱萸炙者为其入肝散滞火也";《本草述钩元》称"用吴萸制芩者,欲其入肝散滞火也";清代李用粹在《证治汇补》中用"大黄炒黄芩"治疗胀满;清代张宗良在《喉科指掌》三黄汤中用"盐水炒黄芩"。

目前,黄芩药材采后干燥仍然以自然晒干为主。研究表明,干燥过程中黄芩苷和黄酮总量呈倒"V"形变化趋势,这种变化趋势可能与黄芩根自身抗干旱胁迫生理机制有关。目前,黄芩加工有三种方法,即鲜切干燥、蒸后切片和煮后切片。一般来说,鲜切干燥时间较快,但对干燥要求较高,不利生产;煮后切片费工费时,有效成分流失较多,不宜采用;蒸后切片对干燥要求较低,大大降低了烘干成本,有效成分流失也相对较少,此法适宜生产,一般来说,蒸制时间以 15 min 为宜。

(二)道地药材特色采收加工技术

最初记载黄芩采收加工的是《名医别录》曰:"三月三日采根,阴干",唐代孙思邈的眼科著作《银海精微》要求"去黑心",并且在清空膏中首次提出"炒",宋代《太平惠民和剂局方》中提到"凡使先须碎,微炒过,方可入药"。宋代《妇人良方》中"新瓦上炒令香,治妊娠伤寒"。《洪氏集验方》[17]"锻,存性"。元代朱震亨所著《丹溪心法》"黄芩,酒洗,治痰嗽","土炒,治吞酸"。张元素曰"酒炒则上行气",《瑞竹堂经验方》记载用米醋炮制黄芩。李东垣提出了"酒洗、酒浸透,晒干为末"。李时珍《本草纲目》曰"黄芩得酒上行,得猪胆汁除肝胆热",《景岳全书》曰"黄芩,炒黑,治便血尿血",《医宗必读》要求"酒浸,蒸熟,暴之"。清代《本草从新》"泻肝胆火猪胆汁炒",《医宗必读》记载"酒浸,蒸热,切片,晾干",《医宗说约》提到"除风热生用,入血分酒炒"。《本经逢原》载有"煮熟切片,酒炒用"。对于黄芩的采收期,现代研究认为栽培二年生黄芩根的折干率在考察期内逐渐升高,至秋季出现最高峰,该时期采收药材产量为最高;其主要有效成分黄芩苷测定结果为春夏季和枯萎期含量为最低,8月末果实期含量最高,该时期采收黄芩药材质量最优。综合药材产量和质量两方面因素,栽培黄芩的最佳采收期应为秋季果期至果后期。

六、药材质量特征和标准

(一)本草记述的药材性状及质量

相对于黄芩比较普遍的道地产区的记载,本草对黄芩道地性状的描述较少,主要从颜色、大小、质地方面进行了描述,详见表4-75。

表4-75　主要本草中有关黄芩道地性状的描述

典　籍	性状描述
新修本草(唐)	叶细长,两叶相对,作丛生,亦有独茎者。今出宜州、鄜州、径州者佳,兖州者大实亦好,名豚尾芩也
本草纲目(明)	芩《说文》作菳,谓其色黄也。或云芩者黔也,黔乃黄黑之色也。宿芩乃旧根,多中空,外黄内黑,即今所谓片芩,故又有腐肠、妒妇诸名。妒妇心黯,故以此之。子芩乃新根,多内实,即今所谓条芩。或云西芩多中空而色黔,北芩多内实而深黄

由表4-75可见,"根(黄)如知母粗细,长四五寸"为传统评价黄芩质优的性状标准。其中,"黄""尺余""粗"是记述频率比较高的性状特征,在商品流通中,黄芩体态指标(叶大、茎粗)也是一个重要的指标,顺直者为好。综上所述,黄芩的道地性状质量评价指标可以总结为表面微黄、内实。

(二)道地药材质量特征研究

潘燕[18]等利用 HPLC 等方法,依据《中华人民共和国药典》(2010 版),对不同种源黄芩(山东、甘肃、陕西、山西)的总灰分、水分、醇溶性浸出物及黄芩苷含量进行测定。结果表明,山东黄芩中总灰分含量为 4.70%,水分含量为 4.78%,醇溶性浸出物含量为 65.88%,黄芩苷含量为 14.98%;甘肃黄芩中总灰分含量为 5.73%,水分含量为 7.61%,醇溶性浸出物含量为 40.85%,黄芩苷含量为 12.17%;山西黄芩中总灰分含量为 5.42%,水分含量为 3.95%,醇溶性浸出物含量为 55.25%,黄芩苷含量为 10.40%;陕西黄芩中总灰分含量为 5.34%,水分含量为 3.01%,醇溶性浸出物含量为 56.71%,黄芩苷含量为 11.89%。结论:四种源黄芩质量均符合《中华人民共和国药典》规定。黄芩的质量标准主要以醇溶性浸出物与黄芩苷含量为依据,山东黄芩的这两项指标均比其他种源黄芩高,山东黄芩的质量最佳。

(三)道地药材质量标准

《中华人民共和国药典》(2015 年版一部)中收载黄芩的质量评价标准主要包括性状、鉴别、检查、浸出物等几个方面。

黄芩根据产地和药材性状,历史上习用品种较多。主要分为甘肃黄芩、西南黄芩、丽江黄芩和黏毛黄芩。前 3 种在历代本草中均有记载。《本草纲目》云:"黄芩《说文》作荃,谓其色黄也。或云芩者黔也,黔乃黄黑之色也。宿芩乃旧根,多中空,外黄内黑,即今所谓片芩,故又有腐肠、妒妇诸名。妒妇心黯,故以此之。子芩乃新根,多内实,即今所谓条芩。或云西芩多中空而色黔,北芩多内实而深黄。"所谓西芩、北芩,应是根据产地划分者,其北芩当为今用正品,而西芩恐是甘肃黄芩。药材有条芩与枯芩2种。一般认为生长年限较短者根圆锥形,饱满坚实,内外黄色,外表有丝瓜网纹,此即陶弘景说的子芩。年限过长则药材体大而枯心甚或空心,内色棕褐,此即陶弘景说的宿芩,别名腐肠皆本于此。

综上所述,从明代至清,中医药典籍中均记载黄芩两种规格,即子芩(今所谓条芩)及宿芩(今所谓枯芩),两者由于生长年限不同而产生差异,也有医家则认为两者是药性不同,功能主治有差异。现今有医家认为条芩色黄坚实者为质优,颜色偏绿者质量为差。另有认为枯芩应为野生,条芩为家种。

现行国家级省市标准、教科书、代表性中药饮片厂、中药市场、中医院、药店等,应用黄芩规格主要为条芩和枯芩。

七、药用历史及研究应用

(一)传统功效

《本经》:主诸热黄疸,肠澼,泻痢,逐水,下血闭,(治)恶疮,疽蚀,火疡。

《别录》:疗痰热,胃中热,小腹绞痛,消谷,利小肠,女子血闭,淋露下血,小儿腹痛。

陶弘景:治奔豚,脐下热痛。

《药性论》:能治热毒,骨蒸,寒热往来,肠胃不利,破壅气,治五淋,令人宣畅,去关节烦闷,解热渴,治热腹中疞痛,心腹坚胀。

《日华子本草》:下气,主天行热疾,疗疮,排脓。治乳痈,发背。

《珍珠囊》:除阳有余,凉心去热,通寒格。

《滇南本草》:上行泻肺火,下行泻膀胱火,(治)男子五淋,女子暴崩,调经清热,胎有火热不安,清胎热,除六经实火实热。

《纲目》:治风热湿热头疼,奔豚热痛,火咳肺痿喉腥,诸失血。

《本草正》:枯者清上焦之火,消痰利气,定喘嗽,止失血,退往来寒热,风热湿热,头痛,解瘟疫,清咽,疗肺痿肺痈,乳痈发背,尤祛肌表之热,故治斑疹、鼠瘘、疮疡、赤眼;实者凉下焦之热,能除赤痢,热蓄膀胱,五淋涩痛,大肠闭结,便血、漏血。

《科学的民间药草》:外洗创口,有防腐作用。

(二)临床应用

目前临床上主要用于治疗呼吸道感染性疾病、急性菌痢、病毒性肝炎、胆囊炎、创伤、局部感染、烫伤及下肢丹毒、睑腺炎(麦粒肿)、妊娠恶阻、高血压、痤疮、带状疱疹、龋齿及安胎等,临床治疗效果明显肯定,与历代本草的使用状况也基本一致。目前,随着黄芩药理及临床研究的不断深入,黄芩又有了一些新用途。如黄芩总黄酮用于治疗焦虑症,有望成为一种抗抑郁症的新药。此外,还发现黄芩苷具有抗脂质过氧化、抑制醛糖还原酶(AR)、防治糖尿病肾病、防治糖尿病神经病变等慢性并发症的作用。实验资料显示,黄芩苷在体内外均可抑制 AR 活性,其抑制作用与典型的 AR 抑制剂如索泊尼尔(sorbinil)、托瑞斯他(tolrestat)相似,对实验糖尿病动物的多种并发症具有明显的防治效果。

(三)现代药理学研究

1. 抗菌、抗病毒作用

相关研究表明,黄芩的抗菌及抗病毒作用较强,其所含的黄芩素及黄芩苷可有效抑制体外多种革兰氏阳性及阴性菌,并能对导致病性皮肤真菌起到有效的抑制作用。黄芩苷可抑制和破坏存在于牙龈的卟啉单胞菌的生物膜。姚干[19]等学者研究也表明,通过体内、外实验法将黄芩配伍栀子对感染甲乙型流感病毒和肺炎双球菌的小鼠应用后,可有效提高小鼠的存活率,使小鼠的肺炎性病变得到改善,并能有效抑制金黄色葡萄球菌及大肠杆菌。闫静[20]等学者研究也表明,黄芩苷能干扰病毒的复制和阻滞,表现出抗病毒的作用,并能体外抑制传染性法氏囊病病毒感染鸡胚成纤维细胞。

2. 抗炎、抗过敏作用

在相关学者研究中表明,黄芩中所含的多种黄酮类化合物对急性炎症反应具有较强的抑制作用,可增加毛细血管通透性,并对炎性介质产生及释放起到抑制的作用,通过观察发现黄芩提取物可直接影响炎症组织中前列腺素 E2、丙二醛及氧化亚氮含量,可抑制角叉菜胶所致的大鼠足肿胀。于丰彦[21]等学者研究表明,针对溃疡性结肠炎给予不同浓度的黄芩苷后,外周血高表达基因均有不同程度的降低。同时陈敬国[22]等学者的研究也表明,针对全身炎症反应综合征患儿给予黄芩苷联合常规治疗后,通过检查,患儿的白细胞介素(IL-6)的合成明显增加,由此可见黄芩对全身炎症反应综合征可起到较好的治疗作用。

3. 对免疫系统的影响

黄芩对人体免疫反应以及Ⅰ型变态过敏反应可起到较强的抑制作用,黄芩中所含的黄芩苷可通过对肥大细胞膜进行稳定后,影响花生四烯酸的代谢,从而达到抑制炎性介质释放及生成的目的。并能有效提高机体巨噬细胞及 NK 细胞功能,最终达到提高机体免疫功能的目的。曾光[23]等学者研究表明,黄芩苷可对小鼠淋巴细胞中 T 淋巴细胞产生较强的影响,可抑制小鼠淋巴细胞的增殖与活化。

4. 抗肿瘤作用

近年随着人们对黄芩药理作用的不断研究发现,采用黄芩苷和黄芩素联合应用可起到抗肿瘤功效。在王婷[24]等学者研究中也表明,针对乳腺癌患者采用黄芩苷联合黄芩素可有效促进 caspase-3 及 caspase-9,对 Bcl-2 的表达起到抑制作用,从而诱导乳腺癌细胞的凋亡;同时在张转建[25]等学者研究中发现,对胃癌患者采用不同浓度的黄芩苷后,观察黄芩苷可有效诱导胃癌细胞凋亡及抑制癌细胞增殖,具有较强的抗肿瘤作用。

5. 保护肝脏作用

据相关学者研究表明,黄芩苷可有效降低急性肝损伤程度,起到良好的护肝作用。黄芩苷能够降低花生四烯酸等的代谢,对肥大细胞中组胺及炎症介质的生成释放起到抑制作用,从而达到稳定肥大细胞膜以及保护肝脏的目的。在陈忻[26]等学者采用黄芩苷对小鼠免疫性肝损伤的研究中也发现,黄芩苷可对免疫性肝损伤的小鼠起到有效保护作用,抑制 ALT 及 AST 的升高,减少肝细胞的坏死,使肝细胞的增生速度得到有效促进;康辉[27]等研究表明,黄芩提取物黄芩苷具有较强的体外抗氧化作用,从而达到保肝护肝的效果。

6. 降血脂、抗动脉粥样硬化作用

黄芩中所含的黄酮类成分具有降低血清总胆固醇及血清甘油三酯含量,升高血清高密度脂蛋白胆固醇及抗动脉粥样硬化等作用。同时黄芩素可减少氧自由基的产生,抑制过氧化脂质的生成,清除自由基,保护心肌细胞溶血卵磷脂诱发的细胞凋亡,并具有扩张外周血管及抑制血管运动中枢的作用,从而达到降血脂及抗动脉粥样硬化的目的[28]。

7. 中枢神经系统的保护作用

黄芩素对治疗阿尔茨海默病及帕金森病有明显疗效,黄芩素通过依赖氨基丁酸能的非苯二氮位点起到抗焦虑和镇静的作用,这个作用不依赖羟色胺系统。在熊娟及欧阳昌汉[29]等研究中也表明,黄芩苷不仅能降低缺血再灌注后脑梗死体积,改善神经功能状态,而且还能降低脑组织 MDA、NO 含量、脑水肿程度及提高 SOD 活性,具有较强

的保护脑缺血再灌注损伤的作用。

（四）现代医药应用

黄芩在临床上，主要与其他中药材配伍。其中，①用于湿温发热、胸闷、口渴不欲饮，以及湿热泻痢、黄疸等症。对湿温发热，与滑石、白蔻仁、茯苓等配合应用；对湿热泻痢、腹痛，与白芍、葛根、甘草等同用；对于湿热蕴结所致的黄疸，可与茵陈、栀子、淡竹叶等同用。②用于热病高热烦渴，或肺热咳嗽，或热盛迫血外溢以及热毒疮疡等。治热病高热，常与黄连、栀子等配伍；治肺热咳嗽，可与知母、桑白皮等同用；治血热妄行，可与生地、牡丹皮、侧柏叶等同用；对热毒疮疡，可与金银花、连翘等药同用。此外，该品又有清热安胎作用，可用于胎动不安，常与白术、竹茹等配合应用。

八、资源综合利用和保护

（一）资源综合开发利用

黄芩为常用中药之一，是国家三级保护野生药材物种。其药用历史悠久，历代本草均有记载。具清热燥湿、泻火解毒、止血安胎等功效。用于治疗发热烦渴、肺热咳嗽、泻痢热淋、湿热黄疸、胎动不安、痈肿疮毒等症。黄芩的临床疗效确切。近年来，临床上对黄芩药材的需求量大增，有限的野生资源遭受了掠夺性采挖，导致黄芩野生资源破坏严重，野生黄芩资源储量锐减，有些地区有濒临灭绝的危险[30]。目前，人工栽培黄芩面积迅速扩大，但是由于栽培技术体系不完善和种源混杂、退化等多方面的原因，导致栽培黄芩产量、质量差异较大。

（二）新药用部位开发利用

黄芩为中医临床常用药，具有广泛的药理作用和重要的临床应用价值。近年来针对黄芩及其有效组分黄芩苷、黄芩素等抗菌、抗病毒和抗肿瘤的研究日渐增多。面对细菌多耐药性的普遍存在，以黄芩为代表的中药及有效成分的抗感染相关基础和临床研究显得尤为重要，开发为新型抗菌药物的前景非常广阔。黄芩的有效成分中，黄芩素无论是单用还是联合用药均表现出显著的抗菌功效。

（三）资源保护和可持续发展

黄芩在内蒙古、黑龙江、吉林、辽宁、山西、山东、河南、河北、陕西、甘肃、宁夏12个省（自治区）均有分布。主产于甘肃、山东、河北、内蒙古及东北三省。河北承德是黄芩的道地产区，以前黄芩产量大、质量优良，最近几年由于过渡采挖，野生资源也正逐步减少，日益匮乏。甘肃天水、泾川，山东莒县、临沂等地，以前药用黄芩都以野生为主，资源丰富，目前由于常年连续过度采挖，黄芩资源已经很少，甚至在个别地方，现在连采样都困难,现在这些地区产的黄芩多为栽培。山西、陕西、宁夏等地区的野生黄芩资源储量也大幅度减少,都遭到了不同程度的破坏[30]。

栽培黄芩资源在我国北方各省均有分布,但以山西、河北、甘肃、山东、内蒙古等地栽培面积较大,形成多个典型的种植区域。通过对不同栽培地调查发现,目前山西省北部(临汾市曲沃县,运城市新绛县、绛县,大同市灵丘县)、河北省北部(承德市燕山山地丘陵、坝上地区)、内蒙古中东部(赤峰市、武川县)、辽宁省(锦州市、锦西市)、山东省(临沂市平邑县、日照市莒县)、吉林省(长春市)以及甘肃省(天水市、陇南市)等地是黄芩种植比较集中的地区。

1. 加强野生资源保护与管理

黄芩野生资源的主产区,蕴藏量逐年锐减,有的甚至面临灭绝的危险,如果任其发展,若干年后,种质资源就将灭绝。为此各级政府必须根据国家颁布的《野生药材资源保护管理条例》以及地方各级政府颁布的有关资源保护的各种法律法规,依法加强黄芩野生资源的保护和管理,加大宣传力度,改变人们的"资源无限,野生无主,谁采谁有"的错误观念。各级政府应和企业合作,加大投入,在黄芩的主产区建立自然保护区,实行轮封轮采,采育结合,尽快恢复黄芩的野生资源,保障黄芩资源的可持续利用。

2. 充分利用种质资源,选育高产、高效的黄芩优良品种

种质资源是中药材生产的源头,是培育优良品种的遗传物质基础,在药材优良品质形成过程中起着关键作用。各个黄芩的主产区虽然黄芩的栽培面积不断扩大,但是,目前还没有培育出品质优良的品种或农家类型,有些黄芩经过几代栽培后,黄芩的产量降低,而且质量参差不齐,出现了种质退化现象。调查发现不同产地以及同一产地的黄芩个体之间在植物形态上有较大的差异,相对应的黄芩的根的形状、颜色差别也很大,表明黄芩种内存在着丰富的遗传变异,如在内蒙古阿善和赤峰牛营子的黄芩,花有紫花、白花、粉花之分,茎有青、紫两种颜色。在株高、分枝数等生物性状上也存在很大的差别。因此可以根据黄芩种质的差异,进行栽培黄芩的良种选育研究,筛选出适应不同生态环境且有效成分含量高、毒性低的优良品种,这是生产高质量黄芩的有力保证。

3. 加强人工栽培技术研究,建立黄芩 GAP 基地

加强优质黄芩栽培技术体系的研究,扩大黄芩人工栽培面积,提高经营水平,用栽培黄芩来取代野生黄芩,是实现黄芩资源可持续利用最根本有效的措施,是发展黄芩药材资源的根本保证。随着中药现代化、国际化进程的加快,必须根据《中药材生产质量管理规范》(GAP),研究、制定既适合我国国情又能与国际接轨的《黄芩药材生产质

量管理规范》,从产前的种子品质标准化、产中的生产技术管理各环节标准化、产后的加工储运标准化,以规范黄芩的生产,建立黄芩的 GAP 基地。

九、黄芩栽培技术

(一)立地条件

在土质疏松、肥沃的土壤中种植较好。

(二)种子来源

黄芩种子为《中华人民共和国药典》(2015 版)规定的唇形科植物黄芩(*Scutellaria baicalensis* Georgi.)的种子。

(三)种子分级

种子质量应符合表 4-76 规定,应达到三级或三级标准。

表 4-76　黄芩种子质量等级标准

种子等级	发芽率/%	千粒重/g	含水量/%	种子净度/%
一级	≥79.00	≥1.53	≤7.70	≥89.40
二级	≥70.67	≥1.51	≤7.52	≥89.17
三级	≥67.00	≥1.49	≤7.00	≥88.00

(四)选地整地

选择土层较厚、排水良好、疏松肥沃、透水透气性良好的土地种植。

施充分腐熟的农家肥 30~45 t/hm²,"天脊"牌硝酸磷复合肥(22-15-5)225 ~300 kg/hm²(15~30 kg/亩),施肥后深翻土壤 30 cm 以上。

(五)直播

1. 选种

按照种子质量等级标准选择籽粒饱满、在三级以上的种子。

2. 播种量

播种量 1.0~1.5 kg/亩,播种前测定发芽率,根据发芽率适当调整播种量。育苗地可以增加播种至 2~3 kg/亩。

3. 播期

根据当地条件适当掌握播种期,分春播、夏播和冬播。4 月下旬至 9 月上旬均可播种。无灌溉条件的地方,可选择雨水丰富的夏末秋初季播种。

4. 播种方法

露地条播:选择小麦播种机,按照行距 20 cm 进行播种,播深为 1 cm,播后耱地轻度镇压。

覆膜条播:选择小麦播种机,按照行距 20 cm 进行播种,播深为 1 cm,播后铺盖地膜。1 周左右,待苗出全时,逐步破膜放风练苗,3~5 d 后将膜全部揭掉。

双膜覆盖:120 cm 白色地膜,行距 20 cm,穴距 10 cm。机械覆膜,精量穴播,每穴 5~8 粒种子,膜上再覆盖地膜,增温保墒防板结。1 周左右,待苗出全时,逐步破膜放风练苗,3~5 d 后将最上面一层膜全部揭掉。

5. 定苗

苗高 5~7 cm 时,按株距 10~15 cm 定苗。缺苗的地方,于阴天或晴天傍晚进行补植。

(六)移栽

1. 种苗处理

种苗在移栽前要进行筛选,对烂根、色泽异常及有虫咬或病苗、弱苗要除去。

2. 移栽

3 月中下旬至 4 月上中旬进行移栽,移栽前对所选地块进行深翻 30 cm 以上,按行距 20~25 cm、株距 15~20 cm 移栽于大田,用机械开 20 cm 深的沟,种苗按沟的方向摆放在沟内,注意保持种苗根系完整,覆土后镇压。

(七)田间管理

1.中耕除草

出苗至封垄期间,中耕除草 2~3 次,第一次在直播出齐苗后,第二次在定苗时,浅锄为宜,此后应在杂草的花期或结实期前进行,以减少杂草种子的撒播,降低除草剂的使用量和次数。第二年春季返青至封垄前中耕除草 2~3 次。除草可与定苗结合进行。除草方法同育苗地,提倡以生态防治为主,化学药剂应急性防除为辅。

2.灌水

根据土壤墒情和灌溉条件,播种前或播种后可选择漫灌、滴灌、喷灌,苗出齐后灌第二水,苗高 10 cm 灌第三水。漏水漏肥的地应视干旱情况适时增加灌水次数,注意灌水与降雨结合,控制灌水次数、灌水量。

3.追肥

结合灌水,在第二水和第三水每次追施尿素或水溶性好的复合肥 15~20 kg/亩。

宁夏中南部干旱区,在肥料的选择上,更要选择施用易溶解、易吸收的复合肥,如"天脊"牌硝酸磷复合肥。

(八)病害防治

病害防治,提倡以农业生态防治为主,化学药剂应急性防除为辅。

农业防治如深耕土壤,增施有机肥,注意排涝,清除病株,生物菌素等。

化学防治应按照 GB 4285 的规定和要求执行,所选药剂和使用方法见表4-77。

表4-77 防治黄芩病害药剂及其使用方法

通用名	防除对象	剂 型	有效成分剂量	施用方法	注意事项
多菌灵			2 000 倍	浸苗 45 min	
甲基立枯磷			5 000 倍	浸苗 45 min	
恶霉灵	黄芩枯萎病	颗粒剂 可湿性粉剂	45 g/hm²	顺播种沟撒施,土壤处理	
甲霜灵			60.8 g/hm²	灌根处理,每株黄芪药液量 300 ml	
百菌清	黄芩白粉病		675 g/hm²	病害发生初期,连续叶面喷雾处理 2 次,间隔 7 d,药液量 450 L/hm²	喷雾应在天气晴朗、无风的傍晚进行,交替使用所选药剂
三唑酮			60 g/hm²		
氟硅唑			6.67 g/667m²		

(九)虫害防治

黄芩舞蛾(*Prochoreutis* sp.)是黄芩的重要虫害。以幼虫在叶背作薄丝巢,虫体在丝巢内取食叶肉,仅留下表皮,以蛹在残叶上越冬。防治方法:清园,处理枯枝落叶等残株。发生期选用吡蚜酮SP有效成分每亩 15 g 或苦参碱 SL 有效成分每亩 0.3 g 叶面喷雾处理,连续防治 2~3 次,间隔 7 d,以控制住虫情危害为度。地老虎、菜青虫可参考蔬菜用安全剂型农药防除。

(十)种子采收

黄芩为无限花序,出苗移栽后 3 个月开始现蕾,现蕾后 10 d 左右开花,40 d 左右果实成熟,8~9 月为种子成熟期,果实呈淡棕色,掰开后种子呈黑色时采收。种子容易脱落,结实期间应随熟随采,地上部八成以上枯萎后割除,晒干,将未采收种子拍打下来,除去种子杂质,置干燥阴凉处保存。

(十一)药材采收

黄芩为多年生草本植物,入药部位为根。以种植 2~3 年收获为宜,10 月下旬至 11 月上旬地上部茎叶枯萎后采挖。

(十二)产地初加工

采收后除去残茎,去掉泥土,捋直,置通风干燥处晾干。晾至柔而不断即可捆把,依据直径大小和长短分级,剪切修整,扎成小捆保存。

参考文献

[1] 中华人民共和国药典委员会. 中华人民共和国药典(一部)[M]. 北京: 中国医药科技出版社, 2015.

[2] (魏)吴普等述,(清)孙星衍.冯骥辑. 神农本草经[M]. 北京: 人民卫生出版社, 1984.

[3] (南北朝)陶弘景. 名医别录[M]. 北京: 人民卫生出版社, 1986.

[4] (明)李时珍. 本草纲目[M]. 呼和浩特: 内蒙古人民出版社, 2006.

[5] (清)杨时泰. 本草述钩元[M]. 上海: 上海科学技术出版社, 1958.

[6] (宋)唐慎微. 证类本草[M]. 北京: 中国医药科技出版社, 2011.

[7] (清)吴其濬. 植物名实图考[M]. 北京: 商务印书馆, 1957.

[8] 陈仁山. 药物出产辨(影印版)[M]. 南京: 东南大学出版社, 1977.

[9] 苏敬(尚志钧辑校). 新修本草[M]. 合肥: 安徽科学技术出版社, 1981.

[10] (唐)孙思邈. 千金翼方[M]. 沈阳: 辽宁科学技术出版社, 1997.

[11] (宋)苏颂. 本草图经[M]. 福州: 福建科学技术出版社, 1988.

[12] 洪志强, 高明, 宋春波, 等. 黄芩的人工栽培及质量研究述评(一)[J]. 中医药学报, 2006, 24(4): 630-633.

[13] (宋)陈师文. 太平惠民和剂局方[M]. 北京: 人民卫生出版社, 1985.

[14] (金)李东垣. 东垣医集[M]. 北京: 人民卫生出版社, 1993.

[15] (明)李中梓. 医宗必读[M]. 北京: 人民卫生出版社, 1995.

[16] (元)朱震亨. 丹溪心法[M]. 北京: 北京市中国书店, 1986.

[17] (宋)洪遵. 洪氏集验方[M]. 北京: 人民卫生出版社, 1986.

[18] 潘燕, 李瑾, 张磊, 等. 黄芩中黄芩苷醇提方法的优化[J]. 云南中医中药杂志, 2009, 30(01): 52-53, 79.

[19] 姚干, 何宗玉, 方泰惠. 芩栀胶囊抗病毒和抗菌作用的实验研究[J]. 中成药, 2016, 2(8): 35-36.

[20] 闫静, 孙长江, 孙良文, 等.黄芩苷体外抗传染性法氏囊病病毒作用[J]. 中国兽医学报, 2017, 18(4): 46-47.

[21] 于丰彦, 黄绍刚, 张海燕, 等. 黄芩苷对溃疡性结肠炎患者细胞因子表达的影响[J]. 广州中医药大学学报, 2016, 4(10): 76-77.

[22] 陈敬国, 方慧云, 夏荣华, 等.黄芩苷抑制儿童全身炎症反应综合征白细胞介素-6合成的研究[J]. 山西

医药杂志, 2008, 37(11):1043–1044.

[23] 曾光, 梁清华, 游万辉. 黄芩苷对T淋巴细胞增殖与活化的影响[J]. 中药药理与临床, 2017, 2(6): 82–84.

[24] 王婷, 黄立中, 肖玉洁, 等. 黄芩苷联合黄芩素诱导乳腺癌细胞凋亡的机制研究[J]. 湖南中医药大学学报, 2017, 1(10): 82–83.

[25] 张转建, 李玉根. 黄芩苷对胃癌细胞株凋亡作用机制的研究[J]. 中国医药导报, 2008, 5(14): 27–28.

[26] 陈忻, 赵晖, 张楠, 等.黄芩苷对小鼠免疫性肝损伤的保护作用[J]. 中药药理与临床, 2017, 18(4): 463–465.

[27] 康辉, 李强, 王丽. 黄芩提取物、黄芩苷抗氧化和保肝作用研究[J]. 中医研究, 2016, 1(2): 63–65.

[28] 雷燕妮. 黄芩总黄酮对高血脂大鼠的降血脂作用研究[J]. 动物医学进展, 2014, 35(7): 64–68.

[29] 熊娟, 欧阳昌汉, 黄胜堂. 黄芩苷对大鼠脑缺血再灌注损伤的保护作用[J]. 时珍国医国药,2007, 18(9): 2125–2126.

[30] 杨全, 白音, 陈千良, 等. 黄芩资源现状及可持续利用的研究[J]. 时珍国医国药, 2006(07): 1159–1160.

编写人:李明　张新慧　陈宏灏

第十五节　金莲花

一、概述

来源:金莲花为毛茛科金莲花属植物金莲花(*Trollius chinensis* Bge.)的干燥花。具有治口疮、喉肿、浮热牙宣、耳疼、目痛、明目、解岚瘴等功效。

生长习性:生长于海拔800~3 000 m山坡草地、草甸、疏林下和林缘湿地。原产我国,全国各地均有栽培。

质量标准:金莲花暂未收录于《中华人民共和国药典》,对金莲花的质量评价标准正在研究完善之中,主要包括性状、鉴别、检查、浸出物等方面。

【性状】呈不规则团状,皱缩,直径1.0~2.5 cm。金黄色或棕黄色。萼片花瓣状,通常10~16片,卵圆形或倒卵形,长1.8~3 cm,宽0.9~2.0 cm。花瓣多数,条形,长1.4~2.5 cm,宽0.1~0.3 cm;尖端渐尖,近基部有蜜槽。雄蕊多数,长0.7~1.5 cm,淡黄色。雄蕊多数,具短喙,棕黑色。花梗灰绿色。气芳香,味微苦。

【鉴别】本品花粉粒较多,淡黄色或无色,呈类球形或阔卵形,直径18~20 μm,外壁无明显分层,有的可见三孔沟、花瓣表皮细胞淡黄色,呈乳突状或非腺毛状隆起,直径

28~40 μm,表面呈纵向细角质条纹,部分胞腔中含有红棕色或黄棕色颗粒状物。花粉囊内壁组织呈大小不定块片状,淡黄色,完整细胞表面呈类长方形或短条形,直径 8~24 μm,胞壁呈不规则网状增厚,侧面增厚部分壁呈链珠状。导管成束,少单个散离,全为螺纹导管,直径 5~12 μm。气孔为不定细胞型,呈阔椭圆形或类卵形,直径 36~40 m,副卫细胞 4~5 个,垂周壁微弯曲。

【检查】水分不得过 11%,总灰分不得过 10%。

浸出物:照醇溶性浸出物测定法(附录 X A)项下的冷浸法测定,用稀乙醇作溶剂,不得少于 15%。

【含量测定】照高效液相色谱法(附录 VI D)测定。对照品溶液同时测定具有一定专属性的有效成分荭草苷的含量,建议其含量不应低于 0.5%[1]。

二、基源考证

(一)本草记述

传统本草有关金莲花物种的记载主要集中在植物花形态的描述见表4-78。

表 4-78　本草中关金莲花物种形态的描述

典籍	物种描述
广群芳谱(清)	金莲花,出山西五台山,塞外尤多,花色金黄,七瓣两层,花心亦黄色,碎蕊,平正有尖,小长狭,黄瓣环绕其心,一茎数朵,若莲而小。六月盛开,一望遍地,金色烂然,至秋,花干不落,结子如粟米而黑,其叶绿色,瘦尖而长,五尖或七尖
山西通志(明)	金莲花一名金芙蓉,一名旱地莲,出清凉山。金世宗尝幸金莲川,周伯琦《纪行诗·跋》:"金莲川草多异花,有名金莲花者,似荷而黄"即此种也
纲目拾遗(清)	山有旱金莲,如真金,挺生陆地,相传是文殊圣迹
五台山志	山有旱金莲,如真金,挺生陆地,相传是文殊圣迹。将金莲花视为佛教圣地的一种特殊吉祥物,传为文殊菩萨教化之未现
人海记(清)	旱莲花,五台山出,瓣如莲池较小,色如真金,暴干可致远,有分饷者,以点茶,一瓯置一朵,花开沸汤中,新鲜可爱,后扈从出北口外,塞山多有之,开花在五六月间。一入秋,茎株俱萎矣

(二)基源物种辨析

金莲花(*Trollius Chinensis* Bunge)是毛茛科金莲花属植物,又名旱金莲、旱地莲、金芙蓉等,为多年生草本植物。《中华本草》第三卷中将金莲花(*T. Chinensis* Bunge)、宽瓣金莲花(*Trollius asiaticus* L.)、矮金莲花(*Trollius farreri* Stapf)、短瓣金莲花(*Trollius ledebouri* Reichb.)的干燥花作为药用金莲花的植物来源[2]。近年来人们对同属的长瓣金莲花研究比较多。在中国,金莲花有着悠久的药用历史,其始载于清代赵学敏所著《本草纲目拾遗》,其谓"金莲花出五台山,又名旱地莲,一名金芙蓉,色深黄,味滑苦,无毒,性寒,治口疮喉肿,浮热牙宣,耳痛目痛,明目,解岚瘴,疔疮,大毒诸风"[3]。

中国植物志(1979年)记载我国金莲花有16种和7个变种,主要分布在西北、西南、东北、山西、河北、内蒙古及台湾等省(自治区)。金莲花属植物为多年生宿根草本,根为须根浅根系,花单独顶生或少数组成聚伞花序,蓇葖果,种子多数,种皮光滑。

有关金莲花属植物金莲花的记载最早出现在唐代日本僧人圆仁的《入唐求法巡礼行记》中,而作为药用植物的记载最早出现在《本草纲目拾遗》中。关于金莲花的草本考证还可见于《广群芳谱》《山西通志》《五台山志》《人海记》《植物名实图考》。长瓣金莲花最早在《长白山植物志》中记载,毛茛科金莲花最早在《甘肃中草药手册》中记载,云南金莲花在《四川中药志》中记载,川陕金莲花在《秦岭植物志》中记载,矮金莲花在《秦岭植物志》中记载,长瓣金莲花、短瓣金莲花、宽瓣金莲花在《东北草本植物志》中记载。《中华本草》将矮金莲花、短瓣金莲花、宽瓣金莲花、金莲花4种植物作为药用金莲花的植物来源。《中华本草》[4]中金莲花特征与上述书中记载基本一致:金莲花植株全体无毛,须根系,基生叶1~4个,有长柄。茎生叶似基生叶,下部的具长柄,上部的较小,具短柄或无柄。花单独顶生或2~3朵组成稀疏的聚伞花序,直径3.8~5.5 cm,通常在4.5 cm左右;萼片6~19片,金黄色,干时不变绿色;花瓣18~21片,稍长于萼片或与萼片近等长,稀比萼片稍短,狭线形。心皮20~30。种子近倒卵球形,长约1.5 mm,黑色,光滑,具4~5棱角。分布于吉林和辽宁的西部、内蒙古东部、北京、河北、山西、河南北部。生长于海拔800~3 000 m山坡草地、草甸、疏林下和林缘湿地。历代本草中,对金莲花的记载最初见于清代赵学敏所著《本草纲目拾遗》,谓金莲花"治喉肿口疮、浮热牙宣、耳痛目疼","明目、解岚瘴"。

(三)近缘种和易混淆种

金莲花的别名甚多,各代著述中的冠名各不相同:金莲(见《辽史·营卫志》);旱金莲花(见《人海记》);旱地莲、金芙蓉(见《山西通志》《本草纲目拾遗》);旱金莲(见《五台山志》);金梅草(见《中国植物图鉴》);亚洲金莲花(见《山西野生植物》);金疙瘩(源自《山西中药志》)。

祁振声[5](1995)对历代古籍及现代有关植物著作所记载的金莲、金莲花、旱金莲进行比较全面的考证,认为金莲是金莲花的简称;旱金莲是金莲花的别名。我国花卉专著中的金莲花和旱金莲均指 *Tropaelum majus* L.原产南美洲,并认为该植物应订正为"旱荷""旱金莲",目前,已经出现把金莲花(*Trollius chinensis* Bunge)和"旱荷"(*Tropaelum majus* L.)混淆的现象,祁振声先生已经进行了更正。据《中华本草》记载,金莲花(*Trollius chinensis* Bunge)为毛茛科金莲花属植物,其原植物有 4 种,分别是矮金莲花、短瓣金莲花、宽瓣金莲花和金莲花。

三、道地沿革

(一)本草记载的产地及变迁

传统本草有关金莲花道地产区的记载在不同时代有不同的变化,参考相关本草,有关金莲花道地产区记载详见表 4-79。

表 4-79　本草中有关金莲花产地的描述

典 籍	产地描述	备 注
广群芳谱(清)	金莲花,出山西五台山,塞外尤多,花色金黄,七瓣两层,花心亦黄色,碎蕊,平正有尖,小长狭,黄瓣环绕其心,一茎数朵,若莲而小。六月盛开,一望遍地,金色烂然,至秋,花干不落,结子如粟米而黑,其叶绿色,瘦尖而长,五尖或七尖	河北、山西北部,承德为重点产区
山西通志(明)	金莲花一名金芙蓉,一名旱地莲,出清凉山。金世宗尝幸金莲川,周伯琦《纪行诗·跋》:"金莲川草多异花,有名金莲花者,似荷而黄"即此种也	山西清凉山
本草纲目拾遗(清)	山有旱金莲,如真金,挺生陆地,相传是文殊圣迹	山西五台山
五台山志	将金莲花视为佛教圣地的一种特殊吉祥物,传为文殊菩萨教化之示现	
人海记(清)	旱莲花,五台山出,瓣如莲池较小,色如真金,暴干可致远,有分饷者,以点茶,一瓯置一朵花,开沸汤中,新鲜可爱。后扈从出古北口外,塞山多有之,开花在五六月间。一入秋,茎株俱萎矣	山西五台山

由表 4-79 可以看出,自明代《山西通志》起,到清代、现代,记载金莲花原产于山西,清代产地扩大到山西北部、河南、河北及内蒙古东部地区。现在,金莲花主要分布于河北承德、内蒙古东部、河南北部、北京、宁夏南部、辽宁和吉林的西部,土壤为透水性较好的砂质壤土。

(二)本草记述的产地及药材质量

《纲目拾遗》和《五台山志》中记载,金莲花又名旱地莲、旱金莲、金芙蓉,《山西中药志》中记载为金疙瘩,《中华本草》将矮金莲花、短瓣金莲花、宽瓣金莲花、金莲花 4 种植

物的花作为药用金莲花的植物来源。

金莲花(*Trollius chinensis* Bunge),主产于山西、河南、河北承德、辽宁、吉林;花皱缩,金黄色,倒卵状或椭圆卵型,直径 2.5~5.2 cm,花柱芒尖状;气微、味苦。

宽瓣金莲花(*Trollius asiaticus* L.),主产于黑龙江、新疆;花皱缩,橙黄色,倒卵形或宽椭圆形,直径 2.5~4.8 cm,花柱短尖;气微、味苦。

矮金莲花(*Trollius farreri* Stapf),主产于云南、四川、西藏、甘肃和陕西;花单生,花梗长,黄色、宽倒卵形;气微、味苦。

短瓣金莲花(*Trollius ledebouri* Reichb.),主产于黑龙江和内蒙古;花皱缩,黄色,直径 2.5~4.8 cm,椭圆状卵形,花柱短尖,棕黄色;气微、味苦。

金莲花分布于山西、河南北部、河北、内蒙古东部、辽宁和吉林的西部,生长在海拔 1 000~2 200 m 山地草坡或疏林下,野生金莲花总黄酮含量 6.4%,河北张家口坝上地区是金莲花地道性药材的主产区,药材质量最佳。

四、道地药材产区及发展

(一)道地药材产区

根据历代本草和史料记载,野生金莲花分布于河北、山西及内蒙古南部的燕山、雾灵山、吕梁山及坝上地区海拔 1 500 ~2 600 m 的高寒山区,金莲花野生分布地区有限,变野生为家种并进行科学管理与种植,把金莲花从高山引向平原地区,进行大规模人工栽培和推广,现已成功在北京平原地区、宁夏隆德县进行了人工引种栽培。

人工栽培现状:利用河北围场、雾灵山、山西庞泉沟等地的金莲花种质资源,在北京平原地区和宁夏隆德县引种栽培,至少可进行 4 年以上连续栽培不减产,干花产量达每公顷 450 kg。

(二)产区生境特点

金莲花广泛分布于我国东北、华北和内蒙古等地。山西,河北,内蒙古东部和南部,辽宁和吉林西部海拔 900~2 000 m 气候冷凉的山地草坡、沼泽、草甸或疏林下的杂草丛中,燕山、雾灵山、吕梁山及坝上高寒山区均有分布[6]。野生金莲花生长在山坡草地、草甸、疏林下和林缘湿地,性喜凉爽湿润及半阴环境,耐寒,耐阴,忌高温。根系浅,怕干旱,忌水涝,适宜富含有机质、湿润而又排水良好的土壤。

(三)道地药材的发展

金莲花最适宜分布区主要集中在山西、河北北部、内蒙古东部,其次宁夏原州区、隆德县、泾源县、甘肃华亭县、庄浪县东部及平凉市南部地区也有金莲花连片生态最适宜区;金莲花生态次适宜分布区主要集中在山西、河北、内蒙古东部、辽宁和吉林西部,其次黑龙江西部,陕西北部,宁夏南部,甘肃东部及南部,青海东部均有金莲花生态次适宜性分布区。宁夏南部地区(隆德、原州、泾源)有较集中的金莲花高适宜分布区,陕西北部,甘肃东部及南部,青海都兰县及西部有较为集中的次适宜分布区。卢有媛[7]等通过对 110 份金莲花样本分布信息及 55 个环境生态因子数据,利用 Maxent 模型预测金莲花生态适宜性分布区,预测了金莲花生态适宜性分布区,认为金莲花除传统的分布区外,宁夏南部、陕西北部、甘肃东部及青海东部地区可作为金莲花引种栽培适生地的选择区。虽然,金莲花在西北地区的分布文献记载鲜少,但课题组实际调查结果显示,宁夏固原市隆德县沙塘镇新民村已成功引种金莲花,并形成了一定的种植规模,验证了本研究结果的可靠性,研究相关结果可供相关区域发展金莲花药材生产提供参考。

河北围场县是金莲花野生自然分布区,完全依靠野生资源,药材道地。2006 年围场对坝上金莲花抚育基地调查,正值花期的金莲花分布密度较大且花大,当地药农对部分抚育基地正在实施围栏封闭、人工管理等措施,并在密度较小地块适当进行了人工补植。有企业也在进行金莲花野生变家种人工栽培技术研究,从无性繁殖到有性繁殖、种子发芽试验、适宜的栽培气候条件等,已建立符合 GAP 标准的规范化种植基地约 330 万亩。北京市喇叭沟门自然保护区金莲花抚育栽植 300 000 株,平均每公顷产量 570 kg。宁夏隆德县人工规范化种植金莲 500 多亩,亩产金莲花干花 18~20 kg。采收金莲花不破坏土壤和植被且病虫害较少, 满足保护水土及生态平衡的需求, 可以选为有机农业的示范品种推广, 以适当调整当地的农业产业结构, 促进当地中药材产业发展。

五、药材采收和加工

(一)本草记述的采收和加工

历代本草对金莲花采收和加工记载鲜见,现代研究表明,采用种子繁殖的金莲花植株,播后第二年即有少量植株开花,第三年以后才大量开花。开花季节及时将开放的花朵采下放在晒席上,摊开晒干或烘干(50℃)即可供药用。采收时,须注意花开放程度,完全开放的花,重量及总黄酮含量均较高,适宜药用[8]。传统加工过程多采用晒干方式干燥,现代研究表明,烘干方式更有利于提高金莲花的产量和药用价值。科学的采收时间和采收方法,对于提高药材产量和质量都非常重要。

(二)采收和初加工的技术研究

中草药的采收时间对高产、质量和采收效率具有直接的影响,合理的采收时间对中药材的高产、质量和采收效率都有很好的促进作用。不同学者针对不同地方的金莲花进行采收期相关研究得出的金莲花的采收期不同。

六、药材质量特征和标准

(一)本草记述的药材性状及质量

《中药大辞典》载,干燥的花朵形状不规则,通常带有灰绿色的花柄,长 1.5 cm 左右。萼片与花瓣呈金黄色,花瓣编成线状,雄蕊黄白色,多数。气浓香,味微苦。以身干完整、色金黄、不带杂质者为佳。

(二)道地药材质量特征研究

金莲花曾收载于 1977 版《中华人民共和国药典》中,但仅有性状描述和荧光鉴别,国内外针对金莲花的质量特征进行了大量研究,发现其主要药用成分为黄酮类物质,主要包括荭草苷(orietin)、牡荆苷(vitexin)、槲皮素–新橙皮糖苷、荭草素–2″–O–β–D–吡喃木糖苷、牡荆素–2″–O–β–D–吡喃木糖苷、荭草素–2″–O–β–L–半乳糖苷、柯伊利素、玄参黄酮、白杨黄酮、木犀草素、槲皮素、日本椴苷及鼠尾草素。其中,荭草苷和牡荆苷是金莲花的主要有效成分[9]。

此外,金莲花中生物碱、有机酸、挥发油以及多糖类等化合物也有报道[10]。生物碱类主要是金莲花碱、千里光宁和全缘碱;有机酸类主要是软脂酸、原金莲酸、藜芦酸、琥珀酸、香草酸、乌苏酸、原儿茶酸等;挥发油主要是十二烷酸、十四烷酸、十六烷酸、9,12,15,–十八碳三烯酸等;多糖类主要是有鼠李糖、无水葡萄糖和阿拉伯糖(1.16:1:0.84)组成的杂多糖。

人工栽培金莲花的花产量和总黄酮含量均较野生金莲花高,河北塞罕坝的野生金莲花总黄酮含量 6.4%,而人工栽培达 7.4%~7.7%,引种到北京平原地区的雾灵山和宁夏隆德县的金莲花,可一年开花、结籽 1~2 次,第二次抽蔓率达 40%以上,如加强田间管理特别是增施肥料和及时防治病虫害,有望大幅度提高产量。金莲花药材黄酮含量均高于原产地野生金莲花[11]。

(三)特色技术规范和标准

丁建宝[12]等先后对金莲花种苗繁殖及规范化种植技术进行系统研究,建立了金莲花穴盘育苗、组织快繁、规范化种植的技术体系,对宁夏地区金莲花产业发展提供了强有力的技术支撑。

七、药用历史及研究应用

(一)传统功效

性味,苦、寒。归经,入心、肝经。功用主治,清热解毒。

《山海草函》:治疗疮大毒,诸风。

《本草纲目拾遗》:治口疮,喉肿,浮热牙宣,耳疼,目痛,明目,解岚瘴。

《河北中药手册》:清热解毒。

(二)临床应用

治慢性扁桃体炎:金莲花一钱。开水泡,当茶常喝并含漱。如是急性,用量加倍,或再加鸭跖草等量用。(《河北中药手册》)

治急性中耳炎,急性鼓膜炎,急性结膜炎,急性淋巴管炎:金莲花、菊花各三钱,生甘草一钱。水煎服。(《河北中药手册》)

临床应用治疗呼吸道炎症:将金莲花制成片剂,每片含量相当于干燥金莲花 1.5 g,日服 3 次,每次 3~4 片;或制成注射剂,每支 2 ml,相当于金莲花 2 g,肌肉注射,每日 1~2 次,每次 1 支。治疗上感、扁桃体炎、咽炎、急慢性气管炎及其他炎症计 536 例,结果显效(症状消失、痊愈戒基本痊愈)329 例,占 61.3%;有效(症状减轻,病情好转)135 例,占 25%;无效 72 例。其中对急慢性扁桃体炎、咽炎及上感等效果较好,对慢性气管炎效果较差。片剂的疗效似高于针剂,可能与剂量有关。

(三)现代药理学研究

1. 抗氧化

金莲花中的黄酮类化合物分子结构中含有较强还原能力的酚羟基,可还原自由基,是有效的抗氧化剂。唐津忠[13]等研究了金莲花中黄酮类化合物的提取及其对猪油的抗氧化作用。结果表明,金莲花中黄酮类化合物对猪油具有明显的抗氧化作用,且黄酮类化合物的添加量在实验剂量范围内与其抗氧化作用呈正相关。

2. 抑菌作用

金莲花抑菌谱较广,体外对革兰阳性球菌和革兰阴性杆菌,如铜绿假单胞菌、甲链球菌、肺炎双球菌、卡他球菌、痢疾杆菌均有较好的抑菌作用,尤其是对铜绿假单胞菌的作用比较显著。李药兰[14]等研究长瓣金莲花中非黄酮类成分的抑菌和抗病毒活性,发现从长瓣金莲花中提取分离出原金莲酸对金黄色葡萄球菌、表皮葡萄球菌有抑制活性。袁勤洋[15]等研究发现,金莲花中荭草苷和牡荆苷对表皮葡萄球菌的抑制作用与总黄酮相当,而对金黄色葡萄球菌的抑制作用,荭草苷优于总黄酮。邢蕊[16]进行体外抑菌实验,以庆大霉素为阳性对照药物,结果发现短瓣金莲花和金莲花水提物、醇提物及其各萃取部位对金黄色葡萄球菌、痢疾杆菌、大肠杆菌、肺炎球菌及绿脓杆菌等均有不同程度的抑制作用。

3. 抗病毒作用

温云海[117]等用金莲花的水提取液进行了抗病毒的实验研究。结果表明,金莲花水提液用于 CoxB3 病毒所致的各种感染。林秋凤[118]等用柱层析等色谱分离手段从金莲花中得到 3 个纯化合物,通过 UV、IR、1H-NMR 等现代波谱技术分别鉴定为原金莲酸、牡荆苷和荭草苷,对上述化合物和所提取的总黄酮样品进行抑菌、抗病毒活性研究,结果表明,总黄酮、牡荆苷和荭草苷对金黄色葡萄球菌和表皮葡萄球菌有很好的抑制效果,并对副流感病毒有很强的抑制作用。苏连杰[119]等研究金莲花醇提物对流感病毒感染小鼠的保护作用,观察金莲花醇提物的体内抗病毒作用,结果表明,中、高剂量的金莲花醇提物对流感病毒感染小鼠所引起的死亡有明显的保护作用,小鼠病死率明显降低。

4. 抗炎作用

王如峰[120]等对金莲花中的 4 种主要成分牡荆素、荭草素、藜芦酸和金莲花苷进行体内抗炎活性研究;采用巴豆油致小鼠耳肿胀模型,皮下注射方式给药,观察 4 种成分对小鼠耳肿胀的抑制效果;结果表明,4 种成分具有一定的抗炎作用,其抗炎活性强弱顺序为:牡荆素>金莲花苷>藜芦酸 >荭草素。刘平等[121]研究金莲花总黄酮的抗炎作用。以阿司匹林及金莲花片为阳性对照药,采用大鼠皮内色素渗出法、大鼠足跖肿实验、大鼠棉球肉芽肿法评价 0.1、0.2、0.4 g·kg⁻¹ TFTL 的抗炎活性;研究结果表明,TFTL 对大鼠急慢性炎症模型均有明显的抑制作用,其作用优于金莲花片,持续时间长于阿司匹林,差异有显著性。

5. 抗肿瘤作用

孙黎[122]等研究金莲花黄酮对人乳腺癌 MCF-7 细胞株细胞增殖抑制作用及对端粒酶活性的影响,实验以不同浓度金莲花黄酮作用于 MCF-7 细胞 24 h,以 CCK-8 法检测细胞增殖抑制作用,流式细胞术检测端粒酶活性;研究结果表明,金莲花黄酮对 MCF-7 细胞有明显抑制作用,并能降低端粒酶活性。孙黎[123]等研究金莲花黄酮对人非小细胞肺癌 A549 生长及凋亡的影响及其体外抗肿瘤效应;结果发现,不同浓度金莲花黄酮作用 A549 细胞 24 h 增殖抑制明显,其抑制效应具有剂量依赖的特点,并可诱导 A549 细胞凋亡,同时上调 p53 基因表达、下调 B 淋巴细胞瘤-2(B-cell lymphoma-

2，Bcl-2)基因表达。

（四）现代医药应用

金莲花的抗菌、抗病毒谱广泛，毒副作用小，具有较好的应用前景。目前，已有金莲花属植物的单味与复方中药制剂投放临床。最早用金莲花气雾剂、金莲花片单用或合用治疗慢性气管炎及其并发症，结果发现，对并发症的疗效较差，无并发症的疗效较好，不良反应少。北京制药厂早在1973年就将金莲花片剂及针剂应用于临床中，用其治疗扁桃体炎、呼吸道感染等效果显著，其中片剂总有效率为91%，注射液总有效率为80.8%。随后人们不断对金莲花进行研究，因其抗菌谱广、疗效显著且无明显毒副作用，临床用于治疗泌尿系统感染疗效极好。近几年有学者对金莲花颗粒剂治疗急性上呼吸道感染的临床效果及不良反应进行了研究，发现其疗效显著，在治疗期间未出现不良反应。临床采用金莲花软胶囊治疗咽炎，无论是治愈率还是症状改善方面都比阿莫西林软胶囊疗效好，临床推广性高。此外，金莲花制剂还可以用于治疗肠炎、中耳炎、急性阑尾炎、急性结膜炎、急慢性支气管炎、喉炎、鼻窦炎等疾病[24,25]。

八、资源综合利用和保护

金莲花在临床上应用越来越广泛，市场需求量急剧增长。长期以来，金莲花原材料主要来源于野生资源。但是，自然状态下金莲花根再生能力差，仅靠种子繁殖，而药用部位花被采摘后导致没有种子可收，野生种质资源损失很大。因此引种并推广金莲花人工栽培技术，大规模开展规范化种植和产业化生产，对满足金莲花需求的快速增长、维持其资源可持续利用具有极其重要的意义。

金莲花分布范围广，资源蕴藏量大、药用价值高，是野生转家种的首选品种，主要分布于山西、河北、内蒙古南部的燕山、雾灵山、吕梁山、坝上，辽宁和吉林西部海拔1 000~2 000 m的冷凉山地、草坡、沼泽、草甸或林下杂草丛中。其中，以河北省承德地区所产的金莲花质量最佳。20世纪70年代我国科研工作者就已开始进行金莲花的引种和人工驯化栽培研究，中国医科院药植所丁万隆[26]等在北京平原地区对金莲花进行了系统性的引种栽培技术研究，结果表明，金莲花能够正常生长、开花和结果，至少可进行4年连续栽培不减产，干花产量达30 kg/亩，而且药用成分含量较高，总黄酮含量高于野生资源。目前，河北、北京、山西、宁夏等地先后引进河北承德地区野生或人工培育金莲花优良种质进行人工种植。从1999年开始，河北围场县开始进行金莲花野生变家种人工种植技术研究，人工育苗和种植技术日渐成熟，已建立符合GAP标准的金莲花规范化种植基地5 000亩，干花产量达到30~40 kg/亩，纯收入超过3 000元/亩。宁

夏隆德县、泾源县在 2010 年开展了金莲花引种种植,播后第三年后大量开花,可持续丰产 3~4 年,且花朵药用品质优良,经济价值高,发展前景十分广阔。

九、金莲花栽培技术

宁夏已经成为金莲花的主产区之一。金莲花为多年生草本,自然状态下种子存在休眠现象,繁殖率较低,采用人工手段可以显著提高繁殖率。金莲花人工栽培技术过程包括种子破除休眠处理、种苗繁育、种苗移栽、田间管理、采收及加工等环节。

(一)种子处理

金莲花种子存在生理休眠,新采收的种子需经低温湿沙藏或高浓度赤霉素处理,才可破除休眠。具体操作方法是:新采收的种子先经过精选,精选出的种子在水中浸泡 12~24 h,将浸泡后的种子捞出,在经 GA_3 溶液(5~20 g/L)浸泡 48~96 h,然后将种子沥干备用。

(二)种苗繁育

穴盘育苗:经破除休眠处理的金莲花种子,在育苗容器中填满育苗基质(泥炭和蛭石按 1:4 配比制成),在育苗基质中设置种植孔,将经破除休眠处理的金莲花种子播种于种植孔中,然后在种植孔上覆盖 0.1~0.3 cm 的育苗基质,抹平,浇一次透水;待种子出苗后,遮阴 50%~75%,每隔 2~3 d 浇 1 次水;待苗完全长出第一片真叶后,每隔 10 d 喷施叶面肥 1 次;待苗长出第 5~6 片真叶,且株高超过 15 cm 后,出圃移栽。

平床育苗:选择土壤有机质含量高的地块,起苗床,高约 5 cm,宽 1 m,长 10~20 m,经破除休眠处理的金莲花种子与细砂(比例 1:10),均匀撒播于苗床上,覆 0.1~0.3 cm 的育苗基质(泥炭和蛭石按 1:4 配比制成),浇 1 次透水;待种子出苗后,遮阴 50%~75%,每隔 2~3 d 浇 1 次水;待苗完全长出第一片真叶后,每隔 10 d 喷施叶面肥 1 次;待苗长出第 5~6 片真叶,且株高超过 15 cm 后,出圃移栽。

(三)移栽定植

选择土壤有机质含量高、舒松、中等肥力、易灌排水的地块作为种植用地。移栽可在春秋两季进行,春季在 3 月下旬至 4 月中旬,秋季在 9 月中下旬。移栽地应选择土壤肥力较好的农地,移栽前深翻、整地,机械或人工起垄,垄高 5~10 cm、宽 60~80 cm,垄上覆膜,垄边上开穴(深 8~10 cm),每穴移栽 3~5 株幼苗,株行距 20 cm × 30 cm。移栽后,及时补透水,后期视土壤干湿情况浇水。

(四)田间管理

中耕除草:移栽成活后要经常保持地里清洁无杂草。7 月以后植株长大封行后,为避免伤及花茎,可不再松土,如有较大的草应及时人工拔除。金莲花根系较浅,不耐旱,遇干旱应及时灌水,要经常保持土壤湿润。雨季要注意开沟排水,以防烂根死苗。

灌水:根据土壤墒情和灌溉条件,移栽出苗后。可选择漫灌、滴灌、喷灌,漏水漏肥的地应视干旱情况适时增加灌水次数,注意灌水与降雨结合,控制灌水次数、灌水量。

追肥:结合灌水,在第二水和第三水每次追施尿素或水溶性好的复合肥15~20 kg/亩。宁夏中南部干旱区,在肥料的选择上,更要选择施用易溶解、易吸收的复合肥,如"天脊"牌硝酸磷复合肥。

病虫害防治:人工栽培后常有烂根死苗,出现叶斑病、萎蔫病,蛴螬、蝼蛄、金针虫等病虫害,造成缺苗断垄。育苗地里蝼蛄拱土串根也比较严重,常造成大量幼苗死亡。防治方法:出现烂根,应控制土壤湿度,不宜浇水过多,雨季要开排水沟排水;出现病害时,可用70%甲基托布津可湿性粉剂500倍液喷洒防治;地下害虫可用40%敌百虫(美曲磷脂)乳油30倍液1 kg与炒香的麸皮50 kg拌匀,于傍晚撒在畦面进行诱杀。

(五)采花

采用种子育苗移栽的植株,于播后第二年有部分植株开花,第三年以后大量开花;采用分株繁殖的,当年即可开花。在开花季节及时将盛开的花朵采下,运回晒场,把花倒在晒席上摊开晒干或晾干,即可供药用。干燥的花朵形状不规则,通常带有灰绿色的花柄,长1.5 cm左右。萼片与花瓣呈金黄色,花瓣缩成线状,雄蕊黄白色,多数。以身干完整、色金黄、气浓香、微苦、不带杂质者为佳。

(六)采种

金莲花果实由绿转黑褐色,种子呈黑色时即为成熟,应及时采收。采种时小心将果枝折下,勿倒置,以免种子掉落,装于布袋内或密的编织袋内,运回放在干燥通风室内,倒在塑料布或报纸上摊开数天后,抖动果实打下种子,簸去杂质。种子应置于阴凉处贮藏,但不宜久藏,否则隔年种子会失去发芽力。将种子放入冰箱中贮藏可延长种子寿命。

参考文献

[1] 中华人民共和国药典委员会. 中华人民共和国药典(一部)[M]. 北京: 中国医药科技出版社, 2015.

[2] 国家中医药管理局《中华本草》编委会. 中华本草(第三卷)[M]. 上海: 上海科学技术出版社, 1999.

[3] (清)赵学敏. 本草纲目拾遗[M]. 北京: 中国中医药出版社, 2007.

[4] 沈丕安. 中华本草[M]. 上海: 上海科学普及出版, 2017.

[5] 祁振声. 为"金莲花"正名[J]. 承德民族师专学报, 1995, 3: 97–101.

[6] 李联地, 张恩生, 王忠民, 等. 坝上野生金莲花调查初报[J]. 河北林业科技, 2003, 5: 19.

[7] 卢有媛, 郭盛, 严辉. 金莲花生态适宜性区划研究[J]. 中国中药杂志. 2018, 43(18): 3658–3661.

[8] 南敏伦, 赵昱伟, 司学玲, 等. 不同采收期金莲花中 3 种碳苷黄酮成分动态变化[J]. 中国实验方剂杂志 2013, 19(4): 118–120.

[9] 张建培, 闫瑞, 张培伦, 等. 金莲花中黄酮类化学成分的分离与鉴定[J]. 沈阳药科大学学报, 2018, 35(5): 344–347, 373.

[10] 郝彩琴, 李军, 冷晓红. 金莲花化学成分研究进展及前景展望[J]. 北方药学, 2015, 12(11): 87–88.

[11] 周哲, 钱庄, 石雪静, 等. 金莲花活性成分研究及其应用[J]. 亚太传统医药, 2014, 10(12): 42–44.

[12] 丁万隆, 陈震, 陈君, 等. 金莲花属药用植物资源及利用[J]. 中国野生植物资源, 2003, 22(6): 19–21.

[13] 唐津忠, 鲁晓翔, 陈瑞芳. 金莲花中黄酮类化合物的提取及其抗氧化性研究[J]. 食品科学, 2003, 24(6): 88–91.

[14] 李药兰, 叶绍明, 王凌云, 等. 长瓣金莲花中原金莲酸的分离和生物活性[J]. 暨南大学学报: 自然科学 与医学版, 2002, 23(1): 124–126.

[15] 袁勤洋, 刘长利. 中药金莲花药理作用研究进展[J]. 人民军医, 2011, 54(9): 825–826.

[16] 邢蕊. 短瓣金莲花药效学及质量标准研究[D]. 黑龙江中医药大学, 2012.

[17] 温云海, 林岳生, 黄海. 金莲花水浸提取液抗病毒的实验研究[J]. 中华微生物和免疫学杂志, 1999, 19 (1): 21.

[18] 林秋凤, 冯顺卿, 李药兰, 等. 金连花抑菌抗病毒活性成分的初步研究[J]. 浙江大学学报, 2004, 31(4): 412–415.

[19] 苏连杰, 田鹤, 马英丽. 金莲花醇提物体内抗病毒作用的实验研究[J]. 中草药, 2007, 38(7): 1062–1064.

[20] 王如峰, 赓迪, 吴秀稳, 等. 金莲花中四种主要成分的抗炎活性研究[J]. 时珍国医国药, 2012, 23(09): 2115–2116.

[21]刘平, 刘玉玲, 佟继铭. 金莲花总黄酮抗炎作用研究[J]. 中国实验方剂学杂志, 2012, 18(20): 196–199.

[22] 孙黎, 刘芳, 刘华. 金莲花黄酮对人乳腺癌细胞作用的研究[J]. 中国老年学杂志, 2009, 29 (9): 1098–1099.

[23] 孙黎, 罗强, 张力, 等. 金莲花黄酮对 A549 细胞生长及凋亡的影响[J]. 中国老年学杂志, 2011, 31(1): 82–83.

[24] 陈学琴, 黄尘瑶. 金莲花胶囊联合康复新口服液治疗复发性口腔溃疡疗效观察[J]. 新中医, 2016, 48(9): 141–142.

[25] 吴卓耘, 周晓俊, 王东华, 等. 金莲花软胶囊治疗急性上呼吸道感染外感风热证的疗效观察[J]. 现代药物 与临床, 2018, 33(3): 532–536.

[26] 丁万隆, 陈震, 陈君, 等. 北京平原地区金莲花引种栽培研究[J].中草药, 2003, 34(10):1–4.

编写人: 郭生虎　陈虞超　李明　张新慧

第十六节　板　蓝　根

一、概述

来源:本品为十字花科植物菘蓝(*Isatis indigotica* Fort.)的干燥根,秋季采挖,除去泥沙,晒干。

生长习性:原产我国,全国各地均有栽培。

质量标准:执行《中华人民共和国药典》(2015 年版一部)[1]。

【性状】本品呈圆柱形,稍扭曲,长 10~20 cm,直径 0.5~1 cm。表面淡灰黄色或淡棕黄色,有纵皱纹、横长皮孔样突起及支根痕。根头略膨大,可见暗绿色或暗棕色轮状排列的叶柄残基和密集的疣状突起。体实,质略软,断面皮部黄白色,木部黄色。气微,味微甜后苦涩。

【检查】水分不得过 15.0%。

总灰分不得过 9.0%。

酸不溶性灰分不得过 2.0%。

【浸出物】照醇溶性浸出物测定法项下的热浸法测定,用 45%乙醇作溶剂,不得少于 25.0% 。

【含量测定】本品按干燥品计算,含(R,S)–告依春(C_5H_7NOS)不得少于 0.020%。

【炮制】除去杂质,洗净,润透,切厚片,干燥。

【性味与归经】苦,寒。归心、胃经。

【功能与主治】清热解毒,凉血利咽。用于瘟疫时毒,发热咽痛,温毒发斑,痄腮,烂喉丹痧,大头瘟疫,丹毒,痈肿。

【用法与用量】9~15 g。

二、基源考证

(一)本草记述

我国应用板蓝根的历史悠久,菘蓝中的"蓝"最早出现在《尔雅·释草》中,"葴,马蓝"。我国历代本草著作中都有关于蓝实的记载,大多集中于药性的论述,本草中有关蓝的植物记载有多种,直到明代的李时珍在《本草纲目》中明确提出了马蓝即板蓝。有关本草中板蓝根植物形态记载见表4-80。

表4-80　本草中有关板蓝根的物种形态的描述

本草典籍	描　述
新修本草(唐)	蓝实,有三种:一种围径二寸许,厚三四分者,堪染青,出岭南,太常名为木蓝子;陶所说乃是菘蓝,其汁抨为淀者青者
本草图经(宋)	人家蔬圃中作畦种,至三月、四月生苗,高三二尺许;叶似水蓼,花红白色;实亦若蓼子而大,黑色。五月、六月采实。有木蓝,出岭南,不入药。有菘蓝,可为淀,亦名马蓝,《尔雅》所谓:"葴,马蓝"是也;有蓼蓝,但可染碧,而不堪作淀,即医方所用者也。又福州有一种马蓝,四时俱有,叶类苦荬菜……又江宁有一种吴蓝,二三月内生,如蒿,叶青花白……此二种虽不类,而俱有蓝名
本草纲目(明)	蓝凡五种,各有主治。……蓼蓝叶如蓼,五六月开花……菘蓝,叶如白菘。马蓝,叶如苦荬,即郭璞所谓大叶冬蓝,俗中所谓板蓝者。吴蓝,长茎如蒿而花白,吴人种之。木蓝,长茎如决明……叶如槐叶,七月开淡红花
中华本草(现代)	二年生草本,植株高50~100 cm。根肥厚,近圆锥形,表面土黄色,具短横纹及少数须根。基生叶莲座状,叶片长圆形至宽倒披针形;茎顶部叶宽条形,全缘,无柄。总状花序顶生或腋生,在枝顶组成圆锥状。短角果近长圆形,扁平,无毛,边缘具膜质翅。种子1颗,长圆形,淡褐色。花期4~5月,果期5~6月

(二)基源物种辨析

古代本草著作中对蓝的记录都有,但对板蓝根植物的来源记载并不明确。《神农本草经》[2]记载:"蓝实,味苦,寒。主解诸毒,杀蛊,蚑,疰鬼,螫毒。久服头不白,轻身。生平泽。"没有说明是哪一种蓝,也没有说明蓝的形态特征。《本草经集注》[3]中记载为"味苦,寒,无毒。主解诸毒,杀蛊,疰鬼螫毒。久服头不白,轻身。其叶汁,杀百药毒,解野狼毒、射罔毒。其茎叶,可以染青。生河内平泽。"仍没有说明蓝的形态特征。至唐代苏敬等在《新修本草》[4]中开始对蓝进行分类,提出蓝实有3种,木蓝、菘蓝、蓼蓝,原文为:"蓝实,有三种:一种围径二寸许,厚三四分者,出岭南,太常名为木蓝子;陶所说,乃是菘蓝,其汁抨为淀者青者。此草汁疗热毒,诸蓝非比,且二种蓝,今并堪染,菘蓝为淀,惟堪染青;其蓼蓝不堪为淀,惟作碧色尔"。宋代苏颂在《本草图经》[5]中把蓝分为木蓝、菘蓝(马蓝)、蓼蓝、马蓝、吴蓝等,对蓝的形态特征作了详细描述:"三月四月生苗,高三二尺许;叶似水蓼,花红白色;实亦若蓼子而大,黑色。五月、六月采实"。明代李时珍在《本草纲目》[6]提出蓝有5种,蓼蓝、菘蓝、马蓝、吴蓝、木蓝,并明确提出马蓝就是板蓝,认为"马蓝。叶如苦荬,即郭璞所谓大叶冬蓝,俗中所谓板蓝者"。

虽然李时珍在《本草纲目》中正式提出马蓝就是板蓝,但由于古代本草著作记录不详、诸蓝入药疗效相近等原因,对板蓝根植物来源的记载一直比较混乱,这种混乱一直持续到在 20 世纪 70 年代。《中药大辞典》(1977 年版)[7]中的板蓝根为十字花科的欧洲菘蓝(*Isatis tinctoria* L.)和草大青(菘蓝)(*Isatis nidigotica* Fort.),或爵床科马蓝[*Baphicacanthus cusia*(Nees)Bremek.]的根。《中药鉴别手册》(1972 年版)除收载十字花科的菘蓝、欧洲菘蓝以及爵床科马蓝的根作为板蓝根药用外,同时收载了马鞭草科的大青,并明确其根与菘蓝的根效用相同。《中华人民共和国药典》(1977 年版一部)误把大青叶、板蓝根的原植物来源说成是十字花科的欧洲菘蓝。通过学者多年的努力,最终搞清楚了南、北板蓝根之分,菘蓝和欧洲菘蓝之分,以及大青和菘蓝的关系。在《中华人民共和国药典》(1985 年版一部)收载板蓝根时,明确规定板蓝根为十字花科植物菘蓝(*Isatis nidigotica* Fort.)的干燥根,从《中华人民共和国药典》(1995 年版一部)开始将南板蓝根作为新增中药品种收载, 南板蓝根为爵床科植物马蓝 [*Baphicacanthus cusia*(Nees)Bremek.]的干燥根茎。从此以后,板蓝根的基源植物明确规定为十字花科植物菘蓝的干燥根。

(三)近缘种和易混淆种

1. 近缘种

历代本草记载有多种蓝,蓼蓝、菘蓝、马蓝、吴蓝、木蓝,对各种蓝的形态特征记载不明确,各种蓝都当做蓝来用,因此,无法判断蓝的近缘种。从现代研究看,欧洲菘蓝(*Isatis tinctoria* L. var. *inctoria.*)与板蓝根为近缘种。其主要特征为:二年生草本,高 30~120 cm;茎直立,茎及基生叶背面带紫红色,上部多分枝,植株被白色柔毛(尤以幼苗为多),稍带白粉霜。基生叶莲座状,长椭圆形至长圆状倒披针形,长 5~11 cm,宽 2~3 cm,灰绿色,顶端钝圆,边缘有浅齿,具柄;茎生叶长 6~13 cm,宽 2~3 cm,基部耳状多变化,锐尖或钝,半抱茎,叶全缘或有不明显锯齿,叶缘及背面中脉具柔毛。萼片近长圆形,长 1.0~1.5 mm;花瓣黄色,宽楔形至宽倒披针形,长 3.5~4.0 mm,顶端平截,基部渐狭,具爪。短角果宽楔形,长 1.0~1.5 cm,宽 3~4 mm,顶端平截,基部楔形,无毛,果梗细长。种子长圆形,长 3~4 mm,淡褐色。花期 4~5 月,果期 5~6 月。

2. 易混淆种

历代本草记载有多种蓝,蓼蓝、菘蓝、马蓝、吴蓝、木蓝等应为现代应用的十字花科植物菘蓝 *Isatis nidigotica* Fort.、爵床科植物马蓝[*Baphicacanthus cusia*(Nees)Bremek.]、蓼科植物蓼蓝(*Polygonum tinctorium* Ait)、马鞭草科植物大青(*Clerodendrum cyrtophyllum* Turcz.),因此,板蓝根的易混淆种为爵床科植物马蓝、蓼科植物蓼蓝、马鞭草科植物大青[8]。

马蓝[*Baphicacanthus cusia*（Nees）Bremek.]:根据《中国植物志》记载,应为奇瓣马蓝[*Pteracanthus cognatus*（R. Ben.）C.Y.Wu et C.C.Hu]。草本,茎4棱,粗壮,光滑无毛。叶具柄,柄长1cm,叶片矩圆形,披针形,长8~12 cm,宽3.0~4.5 cm,顶端渐尖,基部楔形,边缘具圆锯齿,两面光滑无毛,两侧脉9条。花密集顶生穗状花序,苞片披针形,渐尖,稀被柔毛,长7~20 mm,宽6 mm;小苞片长圆形,急尖,被腺柔毛,长11 mm,宽2 mm。花萼条形,急尖,顶端被腺柔毛,长10~12 mm,宽1 mm。花冠堇色,长4~5 cm,冠管基部长圆柱形,长2.5 cm,上部扩大,漏斗形,宽1.5 cm,斜平截。雄蕊4,花丝直立,花药长圆形。子房光滑无毛,向顶端被柔毛。产贵州(贵定、惠水、贞丰)、湖南(桑植天平山)、湖北(巴东、神农架燕子娅)。

蓼蓝(*Polygonum tinctorium* Ait):一年生草本。茎直立,通常分枝,高50~80 cm。叶卵形或宽椭圆形,长3~8 cm,宽2~4 cm,干后呈暗蓝绿色,顶端圆钝,基部宽楔形,边缘全缘,具短缘毛,上面无毛,下面有时沿叶脉疏生伏毛;叶柄长5~10 mm;托叶鞘膜质,稍松散,长1.0~1.5 cm,被伏毛,顶端截形,具长缘毛。总状花序呈穗状,长2~5 cm,顶生或腋生;苞片漏斗状,绿色,有缘毛,每苞内含花3~5;花梗细,与苞片近等长;花被5深裂,淡红色,花被片卵形,长2.5~3.0 mm;雄蕊6~8,比花被短;花柱3,下部合生。瘦果宽卵形,具3棱,长2.0~2.5 mm,褐色,有光泽,包于宿存花被内。花期8~9月,果期9~10月。我国南北各省(自治区)有栽培或为半野生状态[9]。叶供药用,清热解毒;又可加工制成靛青,作染料。

大青(*Clerodendrum cyrtophyllum* Turcz.):俗名较多,分别为路边青(湖南、广东、广西、云南)、土地骨皮(浙江、福建)、山靛青(江苏、浙江)、鸭公青(江西、广东)、臭冲柴(湖南、江西)、青心草(浙江)、淡婆婆(湖南)、山尾花(福建)、山漆(台湾)、牛耳青(江苏)、野靛青(浙江)、臭叶树(湖南)、猪屎青(广东)、鸡屎青(广西)。灌木或小乔木,高1~10 m;幼枝被短柔毛,枝黄褐色,髓坚实;冬芽圆锥状,芽鳞褐色,被毛。叶片纸质,椭圆形、卵状椭圆形、长圆形或长圆状披针形,长6~20 cm,宽3~9 cm,顶端渐尖或急尖,基部圆形或宽楔形,通常全缘,两面无毛或沿脉疏生短柔毛,背面常有腺点,侧脉6~10对;叶柄长1~8 cm。伞房状聚伞花序,生于枝顶或叶腋,长10~16 cm,宽20~25 cm;苞片线形,长3~7 mm;花小,有桔香味;萼杯状,外面被黄褐色短绒毛和不明显的腺点,长3~4 mm,顶端5裂,裂片三角状卵形,长约1 mm;花冠白色,外面疏生细毛和腺点,花冠管细长,长约1 cm,顶端5裂,裂片卵形,长约5 mm;雄蕊4,花丝长约1.6 cm,与花柱同伸出花冠外;子房4室,每室1胚珠,常不完全发育;柱头2浅裂。果实球形或倒卵形,径5~10 mm,绿色,成熟时蓝紫色,为红色的宿萼所托。花果期6月至次年2月。产我国华东、中南、西南(四川除外)各省(自治区)。生于海拔1 700 m以下的平原、丘陵、山地林下或溪谷旁。朝鲜、越南和马来西亚也有分布。本种入药从梁代《名医别录》开始至今。根、叶有清热、泻火、利尿、凉血、解毒的功效。

三、道地沿革

(一)本草记载的产地及变迁

关于板蓝根产地的记载,在各类本草中记载都比较简单,如在《本草经集注》《新修本草》《本草图经》《证类本草》中都记载生于黄河以北,在《新修本草》中记载有一种蓝生于广东、广西地区。因历史上记载的蓝有多种,所以在《本草图经》中详细记载了各种蓝的分布,"蓝有数种,有木蓝,出岭南,不入药。又福州有一种马蓝……又江宁有一种吴蓝……又陈留,此境人皆以种蓝染绀为业。至今近京种蓝特盛",木蓝分布于广东、广西一带,福建一带有一种马蓝,南京一带有一种吴蓝,陈留一带都种植蓝,种植面积非常大以至于"蓝田弥望,黍稷不殖",在开封附近蓝也大规模种植。

从《中华本草》记载看,现在全国各地均有栽培。《宁夏中药志》记载的宁夏全区都有栽培。

表4-81　本草中有关板蓝根产地的描述

本草典籍	描　述
本草经集注(南北朝)	生河内平泽
新修本草(唐)	生河内平泽。蓝实,有三种:……出岭南
本草图经(宋)	蓝实,生河内平泽,今处处有之。……按蓝有数种,有木蓝,出岭南,不入药。又福州有一种马蓝……又江宁有一种吴蓝……又陈留,此境人皆以种蓝染绀为业。蓝田弥望,黍稷不殖。至今近京种蓝特盛
证类本草(宋)	生河内平泽
中华本草(现代)	原产我国,现各地均有栽培
宁夏中药志	全区有栽培。我国长江以北各省(区)多有栽培

(二)本草记述的产地及药材质量

历代本草中均未记载哪里产的蓝质量最好。

四、道地药材产区及发展

(一)道地药材产区

历代本草记载板蓝根主产区在黄河以北[8]。近年来,宁夏中部干旱带的盐池县、同心县、红寺堡区到六盘山区的隆德县、彭阳县、西吉县、泾源县、原州区都有种植,到2017年年底,宁夏板蓝根种植面积达3.5万亩,已发展成板蓝根的新兴产区,其中,隆德县0.2万亩,彭阳县0.6万亩,西吉县0.4万亩,原州区1.2万亩,同心县0.9万亩,红寺堡区0.1万亩,盐池县0.1万亩。

(二)产区生境特点

板蓝根适应性很强,对自然环境和土壤要求不严。板蓝根是深根植物,喜温暖环境,耐寒、怕涝,宜种植于土层深厚,疏松肥沃,排水良好的砂质土壤上。宁夏中部干旱带和宁夏六盘山区的环境、气候条件完全不同,但都适宜于板蓝根的种植[10]。

1. 宁夏中部干旱带

宁夏中部干旱带位于半干旱黄土高原向干旱风沙区过渡的地带,是我国水土流失、草地退化、沙漠化等环境问题最为突出的地区之一。地貌类型以黄土丘陵沟壑区、河谷川台区、土石山区和风沙干旱区为主,土壤类型以灰钙土、黄绵土和风沙土为主。气候特征四季分明、降水少且集中、光照充足、温差大等大陆性气候特征。年均降水量270~320 mm,年际、年内变化大,降水多集中于7~9月且多暴雨,占年降水总量60%~70%;年平均气温为7.0~9.2℃,年温差最大可达65.6℃,无霜期120~218 d,年日照时数达2 710~3 124 h。

2. 宁夏六盘山区

宁夏六盘山区地处我国地质地貌南北中轴的中端,地貌以黄土高原丘陵为主,地形复杂,沟壑纵横,丘陵主要分为黄土丘陵和近山丘陵。总体地势南高北低、西高东低,海拔1 248~2 955 m。宁夏六盘山区境内土壤类型主要有黄绵土、灰褐土、黑垆土等。六盘山处在东亚季风边缘附近,属于典型的温带大陆性气候。其特征表现为:秋冬季节受内蒙古高压控制,秋季较短,降温幅度大,冬季寒冷干燥;春夏季节受东南季风的影响,春季多风,升温幅度大,夏季温暖多雨;全年四季分明,日照强烈,无霜期短,温差较大。年平均日照2 464.77 h,无霜期95~130 d,年平均气温7.5℃。年降水量240~650 mm。

(三)道地药材的发展

板蓝根的栽培区主要有安徽(阜阳、泗县、亳州、临泉、宿县)、河北(安国、蔚县)、河南(禹州、柘城、安阳、辉县)、江苏(射阳、如皋、泰兴)、陕西(咸阳、榆林)、甘肃(民乐、酒泉)、内蒙古(赤峰)、山东(临沂、菏泽)、黑龙江(大庆)、辽宁(沈阳)等地,其中安徽省

1996 年年底调查栽培面积达 60 万亩[11]。质量以安徽亳州、宿县为佳。由于板蓝根适应性强、生产周期短,它的栽培地会随市场行情等因素变化、转移,如安徽亳州、宿县一带为传统产区,近年来受市场价格影响,面积严重萎缩,近年来,内蒙古、甘肃、黑龙江等地作为新种植区面积较大。

五、药材的采收和加工

(一)本草记载的采收和加工

本草记载的板蓝根的加工很少,仅在明代《本草蒙筌》中记载了蓝实的采收加工方法:"秋采实暴干,微研碎煎服。"[12]

《中华人民共和国药典》(2015 年版一部)记录板蓝根的采收为:秋季采挖,除去泥沙,晒干。《中药大辞典》(第二版):8~9 月挖根,晒干,或切片后晒干或烘干,存放阴凉干燥处,以防受潮和虫蛀。《宁夏中药志》:采收春播板蓝根可在 7 月上旬前后收割一次大青叶。收割时植株基部离地面 2~3 cm 处割取,以利重新萌发新叶,避免伏天高温季节收割,以免引起植株死亡。割取后晒至七八成干时,扎成小把晾晒至全干。10 月下旬地上茎叶枯萎时挖根,先在畦沟的一边开 50 cm 的深沟,再顺着向前挖取,去掉茎叶,晒至七八成干时扎成小捆,再晒至全干。

(二)采收和初加工的技术研究

中草药的采收时间对高产、质量和采收效率具有直接的影响,合理的采收时间对中药材的高产、质量和采收效率都有很好的促进作用。不同学者针对不同地方的板蓝根进行采收期相关研究得出的板蓝根的采收期不同。

吉林农业大学秦梦[11](2015)研究认为:适宜的采收期能提高板蓝根的产量和质量,板蓝根和大青叶产量随着生长期的延长而增加,10 月之前产量增加较快,10 月之后产量增加不明显。板蓝根药用成分表告依春 10 月中旬达到峰值,10 月之后开始缓慢下降,初步确定板蓝根的最佳采收期为当年 10 月中下旬。王恩军[13]等(2016 年)通过研究不同采收期板蓝根产量和(R,S)-告依春含量变化,确定了河西走廊民乐县板蓝根的最佳采收期为 11 月中旬。张和平[14](2015)研究表明,陇西县板蓝根的最佳采收期为 10 月下旬(10 月 25 日左右)。徐小飞[15]等(2014)以黑龙江大庆地区的板蓝根为材料,研究表明,以核苷类和(R,S)-告依春作为板蓝根药材质量的指标性成分,板蓝根药材最佳采收期应为 10 月初(10 月 5 日)采集。陈松光[16]等(2005)以安徽种植的板蓝根为材料,根据板蓝根中的腺苷含量、醇溶性、浸出物的含量及产量等确定板蓝根适宜的采收期为 11~12 月(10 月 30 日后到 12 月 30 日以前采收),板蓝根的产量和质量均

能保持一个较高的水平。

(三)道地药材特色采收、加工技术

目前,板蓝根的炮制方法主要为:去除杂质,洗净,切成片,干燥。

《中华人民共和国药典》(2015年版一部):除去杂质,洗净,润透,切厚片,干燥。饮片性状:本品呈圆形的厚片。外表皮淡灰黄色至淡棕黄色,有纵皱纹。切面皮部黄白色,木部黄色。气微,味微甜后苦涩。

《中药大辞典》(第二版):取原药材,除去杂质,洗净,润透,切薄片,干燥。饮片性状:为圆形的薄片,切面黄白色,木部黄色,周边淡灰黄色或淡棕黄色。气微,味微甜后苦涩。

《中华本草》:拣净杂质,洗净,润透,切片,晒干。

六、药材质量特征和标准

(一)本草记述的药材性状和质量

古代本草中均未记载板蓝根药材的性状和质量,仅记载了地上部分的特征,如《本草纲目》记载:"叶如苦荬"。

《中华人民共和国药典》(2015年版一部):本品呈圆柱形,稍扭曲,长10~20 cm,直径0.5~1.0 cm。表面淡灰黄色或淡棕黄色,有纵皱纹、横长皮孔样突起及支根痕。根头略膨大,可见暗绿色或暗棕色轮状排列的叶柄残基和密集的疣状突起。体实,质略软,断面皮部黄白色,木部黄色。气微,味微甜后苦涩。

《中华本草》《宁夏中药志》:以条长、粗大、体实者为佳。

(二)板蓝根质量特征的研究

目前,从板蓝根中分离出的化合物较多,主要包括生物碱、有机酸、氨基酸、多糖、蒽醌、黄酮、苯丙素、甾醇、芥子苷、核苷及其代谢产物等[17]。

1. 生物碱类

吲哚类生物碱:靛玉红、靛蓝、靛苷、靛红、羟基靛玉红、依靛蓝酮、青黛酮、2,5-二羟基吲哚、吲哚-3-乙腈-6-O-β-D-葡糖苷、(E)-3-(3′,5′-二)甲氧基-4′-(羟基)-2-吲哚酮、2,3-二氢-4-羟基-2-氧-吲哚-3-乙腈。

喹唑酮类生物碱:色胺酮、3-羟苯基喹唑酮、板蓝根二酮、去氧鸭嘴花酮碱、板蓝根甲素、2,4(1H,3H)-喹唑二酮等。

喹啉类生物碱:依靛蓝双酮、10H-吲哚[3,2-b]喹啉。

含硫化合物:(R,S)-告依春和表告依春。

2. 有机酸类

有机酸类主要包括水杨酸、吡啶三羧酸、苯甲酸、邻氨基苯甲酸、棕榈酸、芥酸、5-羟甲基糠酸、丁香酸、顺丁烯二酸、2-羟基-1,4-苯二甲酸、琥珀酸、亚油烯酸、吡啶-3-羧酸等。

3. 氨基酸类

板蓝根中含有多种氨基酸,有精氨酸、亮氨酸、异亮氨酸、缬氨酸、赖氨酸、脯氨酸、丙氨酸、酪氨酸、丝氨酸、苏氨酸、谷氨酸、色氨酸、组氨酸、天冬氨酸、γ-氨基丁酸、苯丙氨酸等,其中以精氨酸研究居多。

4. 多糖类

板蓝根多糖属于含肽类多糖,主要由鼠李糖、葡糖糖、阿拉伯糖、半乳糖、木糖、甘露糖 6 种单糖构成。

5. 蒽醌类

蒽醌类主要为大黄素、大黄素-8-O-β-D-葡萄糖苷等。

6. 黄酮类

黄酮类包括甘草素、蒙花苷、新橙皮苷、异牡荆苷、异甘草素等。

7. 苯丙素类化合物

苯丙素类化合物包括紫丁香苷、(+)-异落叶松脂素、(−)-落叶松脂素、落叶松脂素-4,4′-二-O-β-D-葡萄糖苷、落叶松脂素-4-O-β-D-葡萄糖苷。

8. 甾醇类化合物

甾醇类化合物包括胡萝卜苷、γ-谷甾醇、β-谷甾醇。

9. 芥子苷类

芥子苷类包括黑芥子苷、葡萄糖芸苔素、新葡萄糖芸苔素、1-硫代-3-吲哚甲基芥子油苷、5-甲氧基-3-吲哚甲基芥子油苷、5-羟基-3-吲哚甲基芥子油苷等。

10. 其他成分

其他成分有香豆素类化合物、核苷酸类化合物、微量元素等。

(三)板蓝根质量标准

1. 药典规定的板蓝根质量标准

《中华人民共和国药典》(2015 年版一部)规定的板蓝根质量标准包括:性状、鉴别、检查、浸出物、含量测定等方面。

2. 板蓝根药材的商品规格

肖小河、黄璐琦主编的《中药材商品规格标准化研究》中对板蓝根药材的商品规格进行了描述。

一等干货。根成圆柱形,头部略大,中间凹陷,边有柄痕,偶有分支。质实而脆。表面灰黄或淡棕色,有纵皱纹。断面外部黄白色,中心黄色。气微,味微甜而后苦涩。长17 cm,芦下2 cm处直径1 cm以上。无苗茎、须根、杂质、虫蛀、霉变。

二等干货。根成圆柱形,头部略大,中间凹陷,边有柄痕,偶有分支。质实而脆。表面灰黄或淡棕色,有纵皱纹。断面外部黄白色,中心黄色。气微,味微甜而后苦涩。芦下0.5 cm以上。无苗茎、须根、杂质、虫蛀、霉变。

优劣评价:板蓝根商品(北板蓝)以条粗长、色黄白、有粉性者为佳,多以河北所产为佳。

七、药用历史及研究应用

(一)传统功效

历代本草记载的板蓝根的主要功效为:解毒、凉血、杀虫。

《神农本草经》:主解诸毒。杀蛊,蚑,疰鬼,螫毒。久服头不白,轻身。

《本草经集注》:主解诸毒,杀蛊、疰鬼、螫毒。久服头不白,轻身。

《新修本草》:主解诸毒,杀蛊、疰鬼、螫毒,久服头不白,轻身。其叶汁,杀百药毒,解野狼毒、射罔毒。

《证类本草》:主解诸毒,蛊蚑疰鬼,螫毒。久服头不白,轻身。其叶汁,杀百药毒,解野狼毒、射罔毒。

《本草蒙筌》:杀虫,疰鬼恶毒,驱五脏六腑热烦。益心力,填骨髓,补虚聪耳目,利关节通窍。久服勿厌,黑发轻身。

《本草纲目》:解诸毒,杀蛊蚑疰鬼螫毒。久服头不白,轻身。填骨髓,明耳目,利五脏,调六腑,通关节,治经络中结气,使人健少睡,益心力。

《本草便读》:辟瘟解毒能凉血,逐疫祛邪并杀虫,肝胃收功,苦寒降热。

(二)临床应用[18]

现代研究认为板蓝根主要功效为:清热解毒,凉血利咽。用于瘟疫时毒,发热咽痛,温毒发斑,痄腮,烂喉丹痧,大头瘟疫,丹毒,痈肿。

呼吸系统疾病:板蓝根及其制剂是上呼吸道感染,尤其是病毒性感染的常用药物,单方即可奏效。临床上广泛用于治疗或预防流感、急慢性咽炎、流行性腮腺炎、扁桃体炎、毛细支气管炎等。

消化系统疾病:板蓝根是预防及治疗病毒性肝炎的传统用药,临床以复方治疗为多且效佳,随症加减可用于治疗急性黄疸型肝炎、甲型肝炎、慢性乙型肝炎等各种肝炎。

皮肤科疾病:板蓝根对多种病毒性皮肤病有较好疗效,如带状疱疹、玫瑰糠疹、扁平疣、尖锐湿疣、单纯疱疹等。

眼科疾病:板蓝根可以用于治疗单纯疱疹性角膜炎,有中药复方煎剂,也有注射剂及滴眼液等,尤以注射剂作球结膜下注射治疗效果明显。

治疗其他疾病:板蓝根还可用于治疗病毒性心肌炎、腮腺炎、痛风、尿路系统结石等疾病。

(三)现代药理学研究[19]

抗病毒作用:研究证明,板蓝根及其活性提取物对甲型流感病毒、乙型脑炎病毒、单纯疱疹病毒、肝炎病毒、柯萨奇病毒、腮腺炎等均有不同程度的抑制作用。

抗病原微生物作用:大量的实验证实板蓝根具有广泛的抗病原微生物作用。其水浸液能抑制多种细菌的生长,如金黄色葡萄球菌、肺炎双球菌、甲型链球菌、流感杆菌、大肠杆菌、伤寒杆菌、痢疾杆菌及钩端螺旋体等。

抗内毒素作用:内毒素作为一种对人体危害很大的因子,主要通过激活蛋白激酶,刺激单核巨噬细胞释放炎性因子从而导致人体产生发热、炎症反应甚至休克。现代研究显示,板蓝根的解热作用可能与其抗内毒素有密切关系。板蓝根氯仿提取物中的F022抗内毒素作用最强,其中F02207可作为板蓝抗内毒素药物的活性指标成分。

免疫调节作用:板蓝根多糖在特异性、非特异性免疫、体液免疫和细胞免疫方面均有促进作用。

抑制血小板凝集作用:板蓝根中含有尿苷、次黄嘌呤、尿嘧啶等有效成分,可显著抑制二磷腺苷诱导的血小板凝集。

抗癌作用:板蓝根二酮B是由脂溶性板蓝根之中提取出来的一种对于肝癌和卵巢癌等病变癌症细胞具有较强抵抗作用的药物。板蓝根中的有效成分靛玉红属于活性物质,对于肿瘤细胞同样具有一定程度的抵抗效果。

(四)现代医药应用[20]

板蓝根颗粒的功能与主治为清热解毒,凉血利咽,消肿;用于热毒壅盛之咽喉肿痛、扁桃体炎、腮腺炎,见上述证候者。

板蓝根其他制剂还包括板蓝根注射液、糖浆、片剂、滴眼液以及复方板蓝根冲剂等等。板蓝根注射液能治疗带状疱疹、扁平瘤、单纯疱疹、肋软骨炎等疾病,还可以用于银屑病、水痘、假肉瘤样增生等疾病的治疗。板蓝根滴眼液用于临床常见的病毒性角膜炎、单纯疱疹病毒性眼病等有较好效果。板蓝根糖浆临床上可用于扁桃腺炎、腮腺炎、咽喉肿痛,防治传染性肝炎、小儿麻疹等。板蓝根含片有清热解毒、凉血利咽消肿功效,用于扁桃腺炎,咽喉肿痛。复方板蓝根冲剂有清热解毒凉血功效,临床上用于风热感冒,咽喉肿痛等。

八、资源综合利用和保护

(一)资源综合开发利用

为解决中药资源需求日益增加与资源相对短缺之间的矛盾,必须对现有资源进行综合开发利用,最大限度地利用现有资源和节约资源,通过多方位、深层次的综合利用研究,促进中药资源的可持续发展[21]。

板蓝根具有清热解毒、凉血利咽的功效,大青叶具有清热解毒、凉血的功效,因此,板蓝根及大青叶具有广泛的应用前景。

1. 在医药领域的应用

板蓝根为中医临床用量较大的常用药材之一,广泛用于流行性感冒、流行性腮腺炎、带状疱疹等疾病。菘蓝茎叶可加工成青黛,还可以用于治疗慢性粒细胞白血病等疾病

2. 在食品方面的应用

由于板蓝根具有清热解毒的功效,目前,以板蓝根、金银花、菊花、夏枯草等为原料已开发出板蓝根凉茶、板蓝根饮料等。

3. 在兽药方面的应用

以板蓝根、茵陈、甘草为原料的板蓝根片,用于病畜感冒发热,咽喉肿痛,肝胆湿热等症;以蒲公英、大青叶、板蓝根、金银花、黄芩等为原料的公英青蓝颗粒,用于鸡传染性法氏囊病的辅助治疗。

4. 在农业中的应用

板蓝根药渣中含有大量的纤维素、淀粉、粗蛋白等营养成分,用药渣与其他农家肥混合发酵可以制成有机复合肥。

(二)新药用部位开发利用

中药生产在我国制药工业中占重要地位,在中药生产中一般将药渣废弃不用,造成了严重的资源浪费和环境污染。提高中药药渣的利用率,变废为宝,对中药资源的综

合开发利用具有中药意义。有研究表明[22],用板蓝根药渣制成活性炭,能快速大量的吸附重金属,为中药渣的资源化利用开辟了新途径。大青叶、板蓝根药渣经过化学处理后可以作为饲料使用,药渣经氨化处理后能提高粗蛋白含量、有机物消化率等,科研作为反刍家畜的饲料。

(三)资源保护和可持续发展

《中国植物志》记载,菘蓝属植物有约 30 种,分布中欧、地中海地区、西亚及中亚;我国产 6 种和 1 变种。目前,菘蓝很少能找到野生种群,因此,菘蓝资源的保护主要为保护地方栽培品种及各地栽培种群的生物多样性。

通过品种选育和栽培技术研究提高药材质量和产量,可以保证资源可持续利用。甘肃省定西市农业科学研究院应用系统选择法选育出板蓝根新品种定蓝 1 号,比当地对照品种增产 27.7%,有效成分含量优于 2010 版《中华人民共和国药典》标准。定蓝 1 号为国内公开报道的板蓝根新品种,为板蓝根新品种的选育及资源可持续利益提供了有效借鉴。

九、板蓝根栽培技术

(一)选地整地

板蓝根对土壤质地的适应范围较广,适宜在地下水位较低,地势平坦,排灌良好,疏松肥沃的沙质壤土种植。忌在黏土及低洼易涝的地块种植,以免板蓝根烂根。深翻土地 30~40 cm。

(二)播种

4 月上旬播种,播种前用 40~50℃温水浸泡 4 h,采用条播,行距 20 cm,播深 2~3 cm,覆土 2 cm,稍加镇压。用种量 1~2 kg/亩。或进行覆膜穴播机械专用播种机播种。

(三)田间管理

定苗:出苗后按株距 7~10 cm 定苗。

中耕除草:为了促进幼苗更好地生长,应及时除草,结合间苗、定苗及时进行中耕除草、松土。

浇水:干旱时结合追肥适量浇水。

追肥:结合灌水,在第二水和第三水每次追施尿素或水溶性好的复合肥 15~20 kg/亩。宁夏中南部干旱区,在肥料的选择上,更要选择施用易溶解、易吸收的复合肥,如"天脊"牌硝酸磷复合肥。

(四)病虫害防治

霜霉病,主要表现为发病初期茎及茎叶呈水浸状,有不明显的病斑,直到腐烂。在发病初期用50%代森锰锌500倍液或15%粉锈宁可湿性粉剂1 000倍液喷雾防治,每周1次,连续3次。

(五)采收

春播板蓝根可在7月上旬前后收割一次大青叶。割茬离地面3~4 cm,避免伏天高温季节收割。10月下旬地上茎叶枯萎时采挖板蓝根。采挖时在畦一侧开挖50 cm深的沟,然后依次顺序向前挖取。收获的板蓝根,去除泥土、茎叶,晾晒至含水量降至20%时,打捆,继续晒至全干。

参考文献

[1] 中华人民共和国药典委员会. 中华人民共和国药典(一部)[M]. 北京: 中国医药科技出版社, 2015.

[2] (清)孙星衍, 孙冯翼.神农本草经[M].太原:山西科学技术出版社, 1991.

[3] (南北朝)陶弘景. 本草经集注(辑校本)[M]. 北京: 人民卫生出版社, 1994.

[4] (唐)苏敬. 新修本草[M]. 合肥: 安徽科学技术出版社, 2005.

[5] (宋)苏颂. 本草图经[M]. 合肥: 安徽科学技术出版社, 1994.

[6] (明)李时珍. 本草纲目[M] . 呼和浩特: 内蒙古人民出版社, 2006.

[7] 江苏新医学院. 中药大辞典[M]. 上海: 上海科学技术出版社, 1985.

[8] 刘盛, 谢华, 乔传卓. 板蓝根药材道地性初步研究总结[J].中药材, 2001, (5): 319–321.

[9] 孙翠萍, 王书林, 林海霞, 等. 南北板蓝根的本草考证与现代研究[J]. 亚太传统医药, 2012, 8(8): 183–184.

[10] 米楠. 宁夏六盘山区经济空间结构演化与优化研究[D]. 宁夏大学, 2013.

[11] 秦梦. 板蓝根种植技术初探[D]. 吉林农业大学, 2015.

[12] (明)陈嘉谟.本草蒙筌[M]. 北京: 人民卫生出版社, 1988.

[13] 王恩军, 韩多红, 张勇, 等. 采收期对河西走廊产板蓝根产量和品质的影响[J]. 中药材, 2016, 39(12): 2686–2690.

[14] 张和平. 陇西县板蓝根采收期试验研究初报[J]. 农业科技与信息, 2015, (12): 57–58.

[15] 徐小飞, 张慧晔, 邓乔华, 等. 不同采收期板蓝根核苷类及(R,S)–告依春含量变化研究[J]. 现代中药研究与实践, 2014, 28(2): 19–21.

[16] 陈松光, 曾令杰, 陈矛, 等. 板蓝根适宜采收期的研究[J]. 中成药, 2005, (4): 62–64.

[17] 孙巍. 板蓝根的化学成分和药理作用综述[J]. 中国医药指南, 2014, 12(9): 35–36.

[18] 彭爱红. 板蓝根药理活性成分及临床应用进展[J]. 中国当代医药, 2010, 17(12): 13–14.

[19] 赵丽. 板蓝根药理作用、临床应用及不良反应[J]. 河北中医, 2010, 32(7): 1059–1060.

[20] 杨春望. 板蓝根药理研究进展[J]. 中国现代药物应用, 2016, 10(9): 282-283.

[21] 潘慧清, 朱平, 魏学明, 等. 概述板蓝根的研究进展[J]. 中国医药指南, 2018, 16(30): 22-24.

[22] 李桂平. 大青叶板蓝根药渣的饲用价值与利用[J]. 农产品加工, 2007, (12): 14-15.

编写人:刘华 李明 张新慧

第十七节 芍 药

一、概述

(一)白芍

来源:本品为毛茛科植物芍药(*Paeonia lactiflora* Pall.)的干燥根。夏、秋二季采挖,洗净,除去头尾和细根,置沸水中煮后除去外皮或去皮后再煮,晒干。

生长习性:分布于东北、华北、山西及甘肃南部,在四川、贵州、安徽、山东、浙江等省及各城市公园有栽培。

质量标准:执行《中华人民共和国药典》(2015 年版一部)[1]。

【性状】本品呈圆柱形,平直或稍弯曲,两端平截,长 5~18 cm,直径 1.0~2.5 cm。表面类白色或淡棕红色,光洁或有纵皱纹及细根痕,偶有残存的棕褐色外皮。质坚实,不易折断,断面较平坦,类白色或微带棕红色,形成层环明显,射线放射状。气微,味微苦、酸。

【检查】水分不得过 14.0%。

总灰分不得过 4.0%。

重金属及有害元素,照铅、镉、砷、汞、铜测定法测定,铅不得过 5 mg/kg,镉不得过 0.3 mg/kg,砷不得过 2 mg/kg,汞不得过 0.2 mg/kg,铜不得过 20 mg/kg。

二氧化硫残留量 照二氧化硫残留量测定法测定,不得过 400 mg/kg。

【浸出物】照水溶性浸出物测定法项下的热浸法测定,不得少于 22.0%。

【含量测定】本品按干燥品计算,含芍药苷($C_{23}H_{28}O_{11}$)不得少于 1.6%。

【炮制】洗净,润透,切薄片,干燥。

【性味与归经】苦、酸,微寒。归肝、脾经。

【功能与主治】养血调经,敛阴止汗,柔肝止痛,平抑肝阳。用于血虚萎黄,月经不调,自汗,盗汗,胁痛,腹痛,四肢挛痛,头痛眩晕。

【用法与用量】6~15 g。

(二)赤芍

来源:本品为毛茛科植物芍药(*Paeonia lactiflora* Pall.)的干燥根或川赤芍(*Paeonia veitchii* Lynch)的干燥根。春、秋二季采挖,除去根茎、须根及泥沙,晒干。

生长习性:川赤芍分布于西藏东部、四川西部、青海东部、甘肃及陕西南部。

质量标准:执行《中华人民共和国药典》(2015 年版一部)。

【性状】本品呈圆柱形,稍弯曲,长 5~40 cm,直径 0.5~3.0 cm。表面棕褐色,粗糙,有纵沟和皱纹,并有须根痕和横长的皮孔样突起,有的外皮易脱落。质硬而脆,易折断,断面粉白色或粉红色,皮部窄,木部放射状纹理明显,有的有裂隙。气微香,味微苦、酸涩。

【检查】水分不得过 14.0%。

总灰分不得过 4.0%。

重金属及有害元素:照铅、镉、砷、汞、铜测定法测定,铅不得过 5 mg/kg,镉不得过 0.3 mg/kg,砷不得过 2 mg/kg,汞不得过 0.2 mg/kg,铜不得过 20 mg/kg。

二氧化硫残留量　照二氧化硫残留量测定法测定,不得过 400 mg/kg。

【浸出物】照水溶性浸出物测定法项下的热浸法测定,不得少于 22.0%。

【含量测定】本品按干燥品计算,含芍药苷($C_{23}H_{28}O_{11}$)不得少于 1.8%。

【炮制】除去杂质,分开大小,洗净,润透,切厚片,干燥。

【性味与归经】苦,微寒。归肝经。

【功能与主治】清热凉血,散瘀止痛。用于热人营血,温毒发斑,吐血衄血,目赤肿痛,肝郁胁痛,经闭痛经,癥瘕腹痛,跌扑损伤,痈肿疮疡。

【用法与用量】6~12 g。

二、基源考证

(一)本草记述

白芍、赤芍,宋以前的本草统称为芍药。芍药的名称,最早出现于公元前 6 世纪《诗经》中,例如"维士与女,伊其相谑,赠之以芍药"(《诗经·郑风·溱洧》),"士与女往观,因相与戏谑,行夫妇之事,其别则送女以芍药,结恩情也"(《郑笺》)。有关本草中芍药植物形态记载见表 4-82。

表 4-82　本草中有关芍药的物种形态的描述

本草典籍	描　述
本草图经(宋)	春生红芽作丛;茎上三枝五叶,似牡丹而狭长,高一二尺;夏开花,有红、白、紫数种;子似牡丹子而小;秋时采根,根亦有赤、白二色
开宝本草(宋)	此有两种:赤者利小便下气,白者止痛散血,其花亦有红白二色
本草纲目(明)	十月生芽,至春乃长,三月开花。其品凡三十余种,有千叶、单叶、楼子之异。……根之赤白,随花之色也
本草崇原(清)	春生红芽,花开于三月、四月之间,有赤白二色,又有千叶、单叶、楼子之不同……开赤花者,为赤芍;开白花者,为白芍
本草便读(清)	赤白两种,各随其花而异,并非别有一种
本草易读(清)	春生红芽作丛,三枝五叶。夏初开花,有红白紫淡数种
中华本草	多年生草本,高 40~70 cm,无毛。根肥大,纺锤形或圆柱形,黑褐色。茎直立,上部分枝,基部有数枚鞘状膜质鳞片。叶互生;叶柄长达 9 cm,位于茎顶部者叶柄较短;茎下部叶为二回三出复叶,上部为三出复叶;小叶狭卵形、椭圆形或披针形,长 7.5~12.0 cm,宽 2~4 cm,先端渐尖,基部楔形或偏斜,边缘具白色软骨质细齿,两面无毛,下面沿叶脉疏生短柔毛,近革质。花两性,数朵生茎顶和叶腋,直径 7~12 cm;苞片 4~5,披针形,大小不等;萼片 4,宽卵形或近圆形,长 1.0~1.5 cm,宽 1.0~1.7 cm,绿色,宿存;花瓣 9~13,倒卵形,长 3.5~6.0 cm,宽 1.5~4.5 cm,白色,有时基部具深紫色斑块或粉红色,栽培品花瓣各色并具重瓣;雄蕊多数,花丝长 7~12 mm,花药黄色;花盘浅杯状,包裹心皮基部,先端裂片钝圆;心皮 2~5,离生,无毛。蓇葖果卵形或卵圆形,长 2.5~3.0 cm,直径 1.2~1.5 cm,先端具椽,花期 5~6 月,果期 6~8 月

(二)基源物种辨析

梁代陶弘景《本草经集注》[2]中记载:"余处亦有而多赤,赤者小利",由此可见,芍药分为白、赤两种,始于梁代。宋代的《本草图经》[3]对芍药的形态特征作了详细的描述:"春生红芽作丛;茎上三枝五叶,似牡丹而狭长,高一二尺;夏开花,有红、白、紫数种;子似牡丹子而小;秋时采根,根亦有赤、白二色。"宋代《开宝本草》记载:"此有两种……其花亦有赤白二色。"明代李时珍在《本草纲目》[4]中记载:"十月生芽,至春乃长,三月开花。其品凡三十余种,有千叶、单叶、楼子之异。……根之赤白,随花之色也。"清代《本草崇原》也认为:"开赤花者,为赤芍;开白花者,为白芍。"清代《本草遍读》认为:"赤白两种,各随其花而异,并非别有一种。"清代《本草易读》认为:"春生红芽作丛,三枝五叶。夏初开花,有红白紫淡数种。"从上述文献的记载可以看出,古人把芍药分为白芍和赤芍,主要是根据花的颜色来划分,开白花的认为是白芍,开赤花的认为是赤芍。现代研究认为:芍药(*Paeonia lactiflora* Pall.)的花是白色,草芍药(*Paeonia obovata* Maxim.)的花有白色、红色、紫红色。因此,古时药用芍药除了芍药这个种以外,应该还有草芍药。

(三)近缘种和易混淆中

1. 芍药近缘种

芍药为我国传统中药之一,历代本草均有记载,但从寥寥数语的记载中很难确定具体是哪些种,根据《中国植物志》,确定芍药的近缘种主要有窄叶芍药、多花芍药、美丽芍药、草芍药、新疆芍药、白花芍药、川赤芍。

表 4-83　芍药近缘种

植物名	拉丁名	花色	分布
窄叶芍药	*Paeonia anomala* L.	紫红色	新疆西北部阿尔泰及天山山区
多花芍药	*Paeonia emodi* Wall. ex Royle	白色	西藏南部(吉隆)
美丽芍药	*Paeonia mairei* Levl.	白色	云南东北部、贵州西部(毕节)、四川中南部、甘肃南部、陕西南部
草芍药	*Paeonia obovata* Maxim.	白色、红色、紫红色	四川东部、贵州(遵义)、湖南西部、江西(庐山)、浙江(天目山)、安徽、湖北、河南西北部、陕西南部、宁夏南部、山西、河北和东北地区
新疆芍药	*Paeonia sinjiangensis* K. Y. Pan	红色	新疆北部阿尔泰山区
白花芍药	*Paeonia sterniana* Fletcher	白色	西藏东南部(波密)
川赤芍	*Paeonia veitchii* Lynch	紫红色或粉红色	西藏东部、四川西部、青海东部、甘肃及陕西南部

2. 芍药易混淆种

有研究认为,我国白芍原植物主要来源于芍药变种毛果芍药(*Paeonia lactiflora* Pall. var. *trichocarpa*),但《中华人民共和国药典》并未收录毛果芍药,因此,可以认为毛果芍药为芍药的易混淆种[5]。

毛果芍药与芍药的区别:心皮密生柔毛。分布于东北、河北、山西及内蒙古东部。生山地灌丛中。在云南、湖北、陕西、浙江、河北等省都有栽培。

三、道地沿革

(一)本草记载的产地及变迁

最早记录芍药产地的是《神农本草经》[6]:"生山谷及丘陵"。陶弘景在《本草经集注》[2]中已开始明确记载了芍药的产地:"生中岳川谷及丘陵……今出白山、蒋山、茅山最好,白而长大",认为芍药产于现在河南嵩山一带,并且认为今江苏省江宁县、南京紫金山、江苏省句容县等地的芍药最好。唐代《新修本草》记载的产地与《本草经集注》基本一样:"生中岳川谷及丘陵……今出白山、蒋山、茅山最好,白而长大"。到了宋代,产地有所变化,《证类本草》《嘉祐本草》记载的产地均为:"生中岳川谷及丘陵",在《本草图经》中记载[3]"生中岳川谷及丘陵,今处处有之,淮南者胜",说明在宋代芍药产区在扩大,各地均有产出。到了清代《本草求真》记载杭州也有芍药。

到了现代,芍药的产地随着生产管理及市场需求的变化逐渐在改变。现代本草《中华本草》记载的白芍:东北、华北、陕西及甘肃,各城市和村镇多有栽培。赤芍:分布于陕西、甘肃、青海、四川和西藏等地。《全国中药材汇编》(第3版)记载的白芍产区为浙江、安徽、四川等地大量长期栽培,形成"杭白芍""亳白芍""川白芍"等道地白芍,药材品质最佳。此外,山东、贵州、湖南、湖北、甘肃、陕西、河南、云南等地也有栽培。赤芍分布于东北、华北、陕西及甘肃,各城市和村镇多有栽培。川赤芍分布于山西、甘肃、青海东部和四川、西藏等地。

《宁夏中药志》[7]记载白芍:产于六盘山,分布于山西、陕西、甘肃、四川等地。赤芍:产于泾源、隆德、原州、彭阳、西吉、海原等区县,分布于我国东北、华北、西北各省区。

表4-84 本草中有关芍药产地的描述

本草典籍	描 述
神农本草经(汉)	生山谷及丘陵
本草经集注(南北朝)	生中岳川谷及丘陵……今出白山、蒋山、茅山最好,白而长大
新修本草(唐)	生中岳川谷及丘陵……今出白山、蒋山、茅山最好,白而长大
本草图经(宋)	生中岳川谷及丘陵,今处处有之,淮南者胜
证类本草((宋)	生中岳川谷及丘陵
嘉祐本草(宋)	生中岳川谷及丘陵
本草求真(清)	出杭州佳
中华本草	白芍:东北、华北、陕西及甘肃,各城市和村镇多有栽培。赤芍:分布于陕西、甘肃、青海、四川和西藏等地
全国中草药汇编	白芍产区为浙江、安徽、四川等地大量长期栽培,形成"杭白芍""亳白芍""川白芍"等道地白芍,药材品质最佳。此外,山东、贵州、湖南、湖北、甘肃、陕西、河南、云南等地也有栽培。赤芍分布于东北、华北、陕西及甘肃,各城市和村镇多有栽培。川赤芍分布于山西、甘肃、青海东部和四川、西藏等地

本草典籍	描　述
宁夏中药志	白芍:产于六盘山,分布于山西、陕西、甘肃、四川等地。赤芍:产于泾源、隆德、原州、彭阳、西吉、海原等区县,分布于我国东北、华北、西北各省区

(二)本草记述的产地及药材质量

最早记录芍药产地及药材质量的是陶弘景的《本草经集注》:"生中岳川谷及丘陵……今出白山、蒋山、茅山最好,白而长大",认为芍药产于现在河南嵩山一带,并且认为今江苏省江宁县、南京紫金山、江苏省句容县等地的芍药最好。唐代《新修本草》中记载的产地与质量和《本草经集注》一样:"生中岳川谷及丘陵……今出白山、蒋山、茅山最好,白而长大"。到了宋代芍药产地和质量开始改变,《本草图经》中记载:"生中岳川谷及丘陵,今处处有之,淮南者胜",以淮南(今江苏、湖北、河南、安徽的部分地区)产的最好。到了清代《本草求真》记载:"出杭州佳",说明杭州也产芍药,并且质量最佳。

到了现代,芍药的产区逐步扩大,从南到北均有种植,《全国中药材汇编》(第3版)记载的白芍产区为浙江、安徽、四川、山东、贵州、湖南、湖北、甘肃、陕西、河南、云南等地,但浙江、安徽、四川等地芍药种植面积大,形成"杭白芍""亳白芍""川白芍"等道地白芍,药材品质最佳。

四、道地药材产区及发展

(一)道地药材产区

《宁夏中药志》记载白芍产于六盘山,赤芍产于泾源、隆德、原州、彭阳、西吉、海原等区县。据调查,2017年宁夏芍药的种植地区及面积主要为:彭阳县0.1万亩、原州区0.2万亩、盐池县0.3万亩,合计0.6万亩。

(二)产区生境特点

芍药适应性强,对严寒具有一定的抵御性,并且可以抗高温,耐旱能力较强,宁夏中部干旱带和宁夏六盘山区的环境、气候条件完全不同,但都适宜于芍药的种植。

1. 宁夏中部干旱带

宁夏中部干旱带位于半干旱黄土高原向干旱风沙区过渡的地带,是我国水土流失、草地退化、沙漠化等环境问题最为突出的地区之一。地貌类型以黄土丘陵沟壑区、河谷川台区、土石山区和风沙干旱区为主,土壤类型以灰钙土、黄绵土和风沙土为主。气候特征四季分明、降水少且集中、光照充足、温差大等大陆性气候特征。年平均降水量270~320 mm,年际、年内变化大,降水多集中于7~9月且多暴雨,约占年降水总量

60%~70%;年平均气温为 7.0~9.2℃,年温差最大可达 65.6℃,无霜期 120~218 d,年日照时数达 2 710~3 124 h。

2. 宁夏六盘山区

宁夏六盘山区地处我国地质地貌南北中轴的中端,地貌以黄土高原丘陵为主,地形复杂,沟壑纵横,丘陵主要分为黄土丘陵和近山丘陵。总体地势南高北低、西高东低,海拔 1 248~2 955 m。宁夏六盘山区境内土壤类型主要有黄绵土、灰褐土、黑垆土等。六盘山处在东亚季风边缘附近,属于典型的温带大陆性气候。其特征表现为:秋冬季节受内蒙古高压控制,秋季较短,降温幅度大,冬季寒冷干燥;春夏季节受东南季风的影响,春季多风,升温幅度大,夏季温暖多雨;全年四季分明,日照强烈,无霜期短,温差较大。年平均日照时数 2 464.77 h,无霜期 95~130 d,年平均气温 7.5℃。年降水量 240~650 mm。

(三)道地药材的发展

目前,全国药用芍药主产区为安徽亳州、浙江磐安、四川中江和山东菏泽,所产白芍分别习称亳白芍、杭白芍、川白芍和菏泽白芍[9]。

安徽亳州气候温和,土质肥沃,亳白芍是亳州的知名道地药材[10]。宋代《本草图经》就记载了"今处处有之,淮南者胜。"目前,亳州为白芍的主要道地产区,习称"亳白芍",种植面积约 2 万 hm²,年生产约 1.2 万 t,占全国的 70%以上。亳芍有蒲棒、线条、鸡爪、麻茬 4 个品种,以条直、体重、粉性足而闻名,现在,亳州的芍药均为药用芍药无观赏芍药,以亳州谯城区十八里镇、十九里镇、五马镇和华佗镇与涡阳县等地的种植较为集中。该地区地处暖温带半湿润季风气候,年均温为 14.7℃,年均降水量为 822 mm,平均海拔高度为 40 m。

杭白芍是芍药的栽培品种,是中国传统名花,其干燥根为中药材白芍,因原产浙江,习称杭白芍,为"浙八味"之一。据《东阳县志》记载,杭白芍自宋代开始就已有种植,至今已有上千年的种植史。清代《本草求真》记载:"出杭州佳。"说明清代杭白芍就已成为知名道地药材。目前,杭白芍主产于浙江磐安县和缙云县等地区,其中以磐安县新渥镇栽培较为集中。近年来因生产成本上涨、销路不畅等原因,造成杭白芍种植面积减少,临近濒危。该地区地处亚热带季风气候,年均温为 13.9~17.4℃,年均降水量为 1 409.8~1 527.8 mm,平均海拔高度为 400 m[11]。

四川是白芍的主要产区之一,以中江所产白芍品质最佳,在渠县、达州、广安等地有大面积栽培。《中国中药区划》记载四川中江白芍是在清朝乾隆年间由渠县引种至中江逐步衍变而成[12]。目前,白芍主产于四川中江县和渠县等地,以中江县的集凤镇以及石垭镇种植较多。该地区地处亚热带季风气候,年均温为 16.7℃,年均降水量为 900 mm,平均海拔高度为 700 m。

山东菏泽为菏泽白芍的主产区。菏泽观赏芍药的种植历史始于明代。明朝时,芍药传入山东曹州(今菏泽)后,发展迅速,取代亳州,与丰台并驾齐驱,成为最著名的两大芍药产地。明《兖州府志·风土志》记载"古济阴(曹州)之地……牡丹、芍药之属,以数百十种。"现今菏泽白芍主产于山东省菏泽市牡丹区,该区的小留镇和黄堽镇种植面积较为集中[13]。该地区地处暖温带大陆性气候,年均温为 18℃,年均降水量为 650 mm,平均海拔高度为 50 m。

《宁夏中药志》记载白芍产于六盘山,赤芍产于泾源、隆德、原州、彭阳、西吉、海原等区县。据调查,2017 年宁夏芍药的种植地区及面积主要为:彭阳县 0.1 万亩、原州区 0.2 万亩、盐池县 0.3 万亩,合计 0.6 万亩。

五、药材的采收和加工

(一)本草记载的采收和加工

本草中记载的芍药加工方法主要有以下几种[15]。

1. 净制

《雷公炮炙论》记载的加工方法为:去土,刮皮,晒干。《名医别录》《新修本草》《证类本草》《嘉祐本草》等加工方法为:暴干。《本草图经》记载的加工方法为阴干。《本草纲目》记载的加工方法为刮皮,锉细,晒干。

2.粉碎

《图经备要本草诗诀》记载的加工方法为锉碎。《炮炙大法》记载的加工方法为切片。《本草图经》为捣末。

3. 蒸制

《雷公炮炙论》《本草纲目》:蜜水拌蒸。《炮炙大法》:酒浸蒸。《本草图经》:放于瓦器内,上面盖净黄土,蒸。

4. 煮制

《本草图经》:水煮。原文为:"若欲服饵,采得净,刮去皮,以东流水煮百沸出,阴干,停三日。"

5. 炒制

《本草纲目》:酒炒,醋炒。原文为:"今人多生用,惟避中寒者以酒炒,入女人血药以醋炒耳。"《得配本草》记载的芍药的使用加工方法较多,主要有用桂枝煎酒浸炒、炒、醋炒、酒炒、蜜炒、姜炒。《本草备要》记载为酒炒,醋炒。《药鉴》《神农本草经疏》《本草求真》记载为酒炒。

《中华人民共和国药典》(2015年版一部)记载白芍的采收加工方法为:夏、秋二季采挖,洗净,除去头尾和细根,置沸水中煮后除去外皮或去皮后再煮,晒干。赤芍的采收加工方法为春、秋二季采挖,除去根茎、须根及泥沙,晒干。《全国中药材汇编》(第3版)记载的白芍的采收加工方法为栽后3~4年收获,夏季或秋季采挖,以5月采收者有效成分含量最高。采挖后,除去地上茎及泥土,用竹刀或碗片刮去外皮,放入开水中煮5~15 min,至无硬心为限,晒干或切片晒干。赤芍的采收加工方法为春、秋二季采收,以秋季产者为佳。将根挖出后,除去根状茎及须根,洗净泥土,弯曲者理直,晾晒至半干,打成小捆,再晒至足干。

(二)采收和初加工的技术研究

芍药苷是白芍的主要活性成分,也是控制白芍质量的主要成分之一,因此,其各个加工环节对芍药苷含量的影响成为至关重要的问题[14]。对白芍的初加工方法进行研究,对保证白芍质量稳定具有重要意义。

1. 水煮

白芍水煮工艺有着悠久的历史,宋代《本草图经》就有有关白芍水煮的记载。现代研究认为,白芍水煮后可提高芍药苷的含量。有研究表明,沸水中煮制后芍药苷的含量约是原药材的1.5倍。

2. 去皮

有研究表明:去皮处理能够使没食子酸的含量增加,儿茶素、芍药内酯苷、苯甲酸和苯甲酰芍药苷的含量明显降低,芍药苷和五没食子酰基葡萄糖的量稍有降低。

3. 干燥

传统的药材加工干燥方法有阴干、晾干、晒干、烘干等,近年来一些新的干燥技术在白芍的干燥方法中得到了应用,如真空干燥、冷冻干燥、远红外干燥和微波干燥等。

4. 包装

国内学者研究表明,采用塑料袋和真空包装有利于白芍的保存。

(三)道地药材特色采收、加工技术

1.《全国中药材汇编》(第3版)记载的白芍的炮制方法

(1)酒白芍:将白芍片用黄酒喷洒均匀,稍润后放锅内炒至微黄色,取出晾凉(每50 kg用黄酒5 kg);(2)炒白芍:将白芍片放锅内炒至微黄,取出晾凉;(3)焦白芍:白芍片放锅内炒至焦黄色,取出晾凉。

2. 赤芍的炮制方法

(1)赤芍:取原药材,除去杂质分开大小条,洗净润透,切薄片,干燥。(2)炒赤芍:取赤芍片,文火炒至颜色加深,偶有焦斑取出放凉。(3)酒赤芍:取赤芍片,加黄酒拌匀闷润,文火炒至微黄色,取出,放凉。赤芍每100 g用黄酒15 kg。(4)麸炒赤芍:将锅烧热,撒入麦麸至冒烟时,投入赤芍片,炒至微黄色,筛取麦麸。赤芍片每100 kg,用麦麸10 kg。(5)醋赤芍:取赤芍片,加米醋拌匀,闷润,文火炒至微黄色取出放凉。赤芍片每100 kg,用醋20 kg。

六、药材质量特征和标准

(一)本草记述的药材性状和质量

陶弘景在《本草经集注》中已开始明确记载了芍药的药材性状和质量:"生中岳川谷及丘陵……今出白山、蒋山、茅山最好,白而长大"。唐代的《新修本草》记载的芍药药材性状和质量与《本草经集注》基本一样:"生中岳川谷及丘陵……今出白山、蒋山、茅山最好,白而长大"。宋代《本草图经》记载药材性状为:"秋时采根,根亦有赤、白二色。……芍药二种……金芍药,色白多脂肉。木芍药药色紫,瘦,多脉"。明代《本草纲目》记载的芍药药材性状及质量为:"入药宜单叶之根,气味全厚。根之赤白,随花之色也"。清代《本草备要》记载的药材性状为:"赤白各随花色,单瓣者入药"。

《中华人民共和国药典》(2015年版一部):白芍:本品呈圆柱形,平直或稍弯曲,两端平截,长5~18 cm,直径1~2.5 cm。表面类白色或淡棕红色,光洁或有纵皱纹及细根痕,偶有残存的棕褐色外皮。质坚实,不易折断,断面较平坦,类白色或微带棕红色,形成层环明显,射线放射状。气微,味微苦、酸。赤芍:本品呈圆柱形,稍弯曲,长5~40 cm,直径0.5~3 cm。表面棕褐色,粗糙,有纵沟和皱纹,并有须根痕和横长的皮孔样突起,有的外皮易脱落。质硬而脆,易折断,断面粉白色或粉红色,皮部窄,木部放射状纹理明显,有的有裂隙。气微香,味微苦、酸涩。

(二)芍药质量特征的研究

现代科学研究表明,白芍中含有多种化学成分,包括白芍苷、牡丹酚、白芍花苷、苯甲酸、挥发油、脂肪油、树脂、鞣质、糖、淀粉、黏液质、蛋白质、β-谷甾醇和三萜类等。

1. 单萜类化合物

1963年Shibatas首次分离出芍药苷(paeoniflorin),此后,科研工作者陆续从白芍中分离提取出苷类成分[16]。先后从白芍中得到48种单萜类化合物:羟基芍药苷与苯甲酰羟基白芍苷,羟基苯甲酰芍药苷,苯甲酰白芍苷,白芍苷,白芍新苷,白芍苷 R1,7 种单萜苷酯,白芍内酯 A,白芍内酯 B,白芍内酯 C 等。

2. 三萜类化合物

1995 年,Ikuta[17]等人从白芍中分离到 8 个三萜类化合物后,1997 年 Kamiya[18]等首次从白芍中分离得到另外 2 个三萜类化合物。白芍中得到的化合物有 11α,12α-环氧-3β,23-二羟基齐墩果-28,13β-交酯(26),3β-羟基-11α,12α-环氧-齐墩果-28,白桦脂酸(Betulinic acid,32)等。

3. 黄酮类

Kamiya[19]等从芍药中分离得到两种黄酮类化合物 kaempferol-3-O-β-D-glucoside 和 kaempferol-3,7-di-O-β-D-glucoside。2011 年,He Xiao-yan [20] 等 [从白芍中分离出 1,2,6-benzenetriol-1-O-α-D-glucoside,4,5-dihydroxyflavanone-7-O-β-D-glucoside, 5,7-dihydroxyflavanone-4′-O-β-D-glucoside,芍药吉酮（paeon-iflorigenone）。

4. 多糖类

1993 年,Tomoda[21]等从白芍中分离得到了 2 个具有免疫活性的多糖 SA 和 SB。高小荣[24]等从白芍中通过分级沉淀方法分离得到了 3 个多糖 BS-1,BS-2,BS-3。

5. 其他类

目前在白芍中分离得到的化学成分还有[22,23]:苯甲酸、对羟基苯甲酸、棕榈酸、香草酸、丁香酸、牡丹酚、牡丹酚苷、牡丹酚原苷、牡丹酚新苷、β-谷甾醇、β-谷甾醇-α-D-葡糖糖苷、胡萝卜苷、3-羟基-4-甲氧基苯乙酮、2,3-二羟基-4-甲氧基苯乙酮、邻羟基苄醇、双(2-羟苄基)醚、阿拉伯糖、甘露糖、肌醇、豆甾醇、α-菠菜甾醇、蔗糖、葡萄糖等。

(三)芍药质量标准

1. 药典规定的芍药质量标准

《中华人民共和国药典》(2015 年版一部)规定的白芍质量标准包括:性状、鉴别、检查、浸出物、含量测定等方面。规定:水分不得过 14.0%;总灰分不得过 4.0%;二氧化硫残留量不得过 400 mg/kg;出物不得少于 22.0%;按干燥品计算,含芍药苷($C_{23}H_{28}O_{11}$)不得少于 1.6%。

2. 芍药药材的商品规格

吴启南、闫永红主编的《中药材商品学》中对白芍药材的商品规格进行了描述:分白芍、杭白芍和亳白芍 3 种规格 16 个等级。

（1）白芍

一等：呈圆柱形，直或稍弯，去净栓皮，两端整齐。表面类白色或淡红色。质坚实，体重。断面类白色或白色。味微苦酸。长 8 cm 以上，中部直径 1.7 cm 以上。无芦头、花麻点、破皮、裂口、夹生、杂质、虫蛀、霉变。

二等：长 6 cm 以上，中部直径 1.3 cm 以上。间有花麻点。其余同一等。

三等：长 4 cm 以上，中部直径 0.8 cm 以上。间有花麻点。其余同一等。

四等：表面类白色或淡红棕色；断面类白色或白色；长短粗细不分，间有夹生、破条、花麻点、头尾、碎节或未去净皮。

（2）杭白芍

一等：呈圆柱形，条直，两端切平。表面棕红色或微黄色。质坚体重，断面黄色。味微苦酸。长 8 cm 以上，中部直径 2.2 cm 以上。无枯芍、芦头、栓皮、空心、杂质、虫蛀、霉变。

二等：中部直径 1.8 cm 以上。其余同一等。

三等：中部直径 1.5 cm 以上。其余同一等。

四等：长 7 cm 以上，中部直径 1.2 cm 以上。其余同一等。

五等：长 7 cm 以上，中部直径 0.9 cm 以上。其余同一等。

六等：长短不分，中部直径 0.8 cm 以上。其余同一等。

七等：长短不分，中部直径 0.5 cm 以上。间有夹生、伤疤。其余同一等。

（3）亳白芍

一等：长 4.5 cm 以上，中部直径 1.5 cm 以上。

二等：长 4.5 cm 以上，中部直径 1.2 cm 以上。

三等：长 4.5 cm 以上，中部直径 0.75 cm 以上。

四等：长 4.5 cm 以上，中部直径 0.45 cm 以上。

五等：长 4.5 cm 以上，中部直径 0.3 cm 以上。

六等：长短粗细不分，破碎节段不超过 20%。

（4）出口白芍

条直，长 5~13 cm，粗细均匀，两端切平，内外色泽洁白、光亮。体重，无空心、断裂痕，按直径分等。

安徽产品还有白芍片、花芍片、花芍个、花帽、狗头等规格。四川产品分等情况和亳白芍相近。此外，陕西部分地区尚使用白芍的野生种，习称"宝鸡白芍"。

吴启南、闫永红主编的《中药材商品学》中对赤芍药材的商品规格进行了描述：分为两个等级。

一等：呈圆柱形，稍弯曲，外表有纵沟或皱纹，皮较粗糙。表面暗棕色或棕褐色，体轻而质脆。断面粉白色或粉红色，中间有放射状纹理，粉性足。气特异，味微苦酸。长16 cm 以上，柄端粗细均匀。中部直径 1.2 cm 以上。无疙瘩头、空心、须根、杂质、霉变。

七、药用历史及研究应用

（一）传统功效

白芍与赤芍功效区分要点是：白补赤泻；白收赤散；白芍敛阴益营，主补无泻；赤芍散邪行血，破积泄降。经对比，古代本草著作记载的赤白芍主治功效与《中华人民共和国药典》（2015 年版一部）基本相同。

《神农本草经》：主邪气腹痛，除血痹，破坚积，寒热；疝瘕；止痛；利小便；益气。

《新修本草》：主邪气腹痛，除血痹，破坚积，寒热疝瘕，止痛，利小便，益气。通顺血脉，缓中，散恶血，逐贼血，去水气，利膀胱大小肠，消痈肿，时行寒热，中恶，腹痛，腰痛。

《嘉祐本草》：主邪气腹痛，除血痹，破坚积，寒热疝瘕，止痛，利小便，益气。通顺血脉，缓中，散恶血，逐贼血，去水气，利膀胱、大小肠，消痈肿，时行寒热，中恶，腹痛、腰痛。

《证类本草》：主邪气腹痛，除血痹，破坚积，寒热疝瘕，止痛，利小便，益气，通顺血脉，缓中，散恶血，逐贼血，去水气，利膀胱、大小肠，消痈肿，时行寒热，中恶，腹痛、腰痛。

《本草纲目》：邪气腹痛，除血痹，破坚积，寒热疝瘕，止痛，利小便，益气。

《药鉴》：其用有赤、白之异，赤者泻热，白者补虚。

《神农本草经疏》：主邪气腹痛，除血痹，破坚积，寒热疝瘕。止痛，利小便，益气通顺血脉，缓中，散恶血，逐贼血，去水气，利膀胱大小肠。消痈肿，时行寒热，中恶腹痛、腰痛。

《得配本草》：泻木中之火，土中之木，固腠理，和血脉，收阴气，退虚热，缓中止痛，除烦止渴。治脾热易饥，泻痢后重，血虚腹痛，胎热不安。

《中华人民共和国药典》（2015 年版一部）：白芍，养血调经，敛阴止汗，柔肝止痛，平抑肝阳。用于血虚萎黄，月经不调，自汗，盗汗，胁痛，腹痛，四肢挛痛，头痛眩晕。赤芍，清热凉血，散瘀止痛。用于热入营血，温毒发斑，吐血衄血，目赤肿痛，肝郁胁痛，经闭痛经，癥瘕腹痛，跌扑损伤，痈肿疮疡。

(二)临床应用

1. 白芍的临床应用[24,25]

白芍因制作方法不同其性能功效也有所差异:生白芍多用于平肝;炒白芍多用于养血敛阴;酒白芍寒性缓解,活血功效增强;醋白芍偏于敛肝止痛,养血止血。

白芍临床上主要应用于阴虚血虚、肝气不和、肝阳上亢等证。

用于治疗血虚引起的四肢肌肉痉挛抽搐,尤其小腿腓肠肌痉挛,能缓急解痉而镇痛,常配伍甘草同用,方如芍药甘草汤。

用于治疗月经不调,崩漏而有小腹不适或疼痛,取其有养血和镇痛作用,常配当归、熟地等,方如四物汤。

用于治疗便秘,有研究表明运用芍药甘草汤(白芍、甘草均为生用,白芍 20~50 g、甘草 10~15 g 治疗便秘,取其酸甘化阴,以敛阴养血,使津血足而肠道润滑,粪质不燥变软而自通。

用于肝气不和,胁肋脘腹疼痛,或四肢拘挛作痛,如逍遥散以白芍配伍当归、白术、柴胡等,治血虚肝郁胁肋疼痛;柴胡疏肝散以白芍配柴胡、川芎、香附、枳壳等治肝气郁结之胁肋疼痛,寒热往来;芍药甘草汤以白芍与甘草同用,治肝脾失和、脘腹挛急作痛和血虚引起的四肢拘挛作痛;痛泻要方以本品配伍防风、白术、陈皮,治肝郁脾虚之腹痛泄泻;芍药汤以本品配伍木香、槟榔、黄连等治下痢腹痛。

用于肝阳上亢所致头痛、眩晕之证。白芍能平抑肝阳,多配伍生地黄、牛膝、代赭石等,治肝阳上亢引起的头痛、眩晕,如镇肝熄风汤、建瓴汤。配阿胶、龟甲、生牡蛎、鸡子黄等滋阴熄风,治神倦瘛疭,脉气虚弱,如大定风珠。

用于阴虚盗汗及营卫不和的表虚自汗证。治阴虚盗汗,可配伍生地黄、牡蛎、浮小麦等敛阴止汗;治营卫不和,表虚自汗,常配伍桂枝、甘草等,如桂枝汤,可以调和营卫,治外感风寒、表虚自汗而恶风。

2. 赤芍的临床应用

用于热入营血,温毒发斑,血热吐衄等。如犀角地黄汤中赤芍与水牛角、牡丹皮配伍使用,治疗热入营血、迫血妄行之吐血衄血、斑疹紫暗;紫草快斑汤用于治疗温毒发斑、血热毒盛及斑疹紫黑。

赤芍善"散瘀止痛",用于肝郁胁痛,经闭痛经,癥瘕腹痛等。如赤芍药散用于治疗肝郁血滞之胁痛;少腹逐瘀汤用于治疗血滞经闭、痛经、癥瘕腹痛;虎杖散用于治疗跌打损伤,瘀肿疼痛。

赤芍善"清泻肝火",可用于肝火上攻的头痛、目赤、疮疡痈肿。如芍药清肝散可治疗肝经风热、目赤肿痛、羞明多眵。

(三)现代药理学研究

1. 白芍药理学研究[26,27]

(1)骨骼肌、平滑肌的作用　芍药苷对豚鼠、兔、大鼠胃、肠管及大鼠子宫平滑肌均表现抑制,并能拮抗催产素引起的子宫收缩。芍药对骨骼肌有松弛作用。

(2)对妇科疾病的作用　芍药甘草汤可使性激素结合球蛋白产生增加,使游离睾酮减少,使血中睾酮活性降低。芍药可刺激雌激素合成素的分泌,而促使雌二醇分泌,对治疗分泌亢进所致的排卵障碍、不孕症、多毛症、痤疮等有效。白芍对子宫具有特异性作用,其提取物对小鼠离体子宫运动,低浓度时呈兴奋、高浓度时呈抑制作用,且能对抗乙酰胆碱、组织胺引起的收缩。芍药甙能明显抑制催产素引起的子宫收缩。

(3)抗炎作用　白芍对金黄色葡萄球菌、溶血性链球菌、草绿色链球菌、肺炎球菌、伤寒杆菌均有不同程度的抑制作用,并具有抗菌作用强,抗菌谱亦广的特点。

(4)护肝作用　白芍提取物对 D–半乳糖胺、CCl_4 所致大鼠肝损伤有明显的保护作用。对血清 SGPT 升高有明显的对抗作用,对黄曲霉素 B1 所致的大鼠急性肝损伤、血清乳酸脱氢酶及其同工酶活性升高有预防或逆转作用。

2. 赤芍药理学研究

有研究表明,在小鼠醋酸扭体实验中发现赤芍水煎液具有镇痛作用,另在二甲苯致小鼠耳廓肿胀、醋酸致小鼠腹腔毛细血管通透性增高实验中,发现赤芍具有抗炎作用。赤芍对大鼠热毒血瘀证的血清蛋白质组变化的影响研究发现,赤芍水提物对内毒素致热毒血瘀证有确切的疗效,并且其疗效机制可能是与调节不同蛋白点有关。川赤芍水煎液及总苷在体内和体外均表现出明显的抗内毒素作用,川赤芍煎剂及总苷可降低内毒素所致家兔发热。赤芍的解热、镇痛、抗炎及抗内毒素作用,使其清热凉血、祛瘀止痛的功效得到了证实。

进一步研究发现,赤芍总苷具有改善微循环、扩张血管、抗心肌缺血、抗血栓、抗凝血、改善血流等作用,与赤芍的活血化瘀的功效相吻合[28]。

(四)现代医药应用

白芍配柴胡:白芍具有平肝、养血、止痛、化阴、清解湿热等作用,柴胡具有理气疏肝、退热化郁等作用,两味药配伍炮制能增强止痛和疏肝的作用。

白芍配黄芪:两种药配伍炮制,一个益气,一个补血,两味药合用,具有酸甘化阴、

平和益气的作用。

白芍配当归：两味药配伍，能有互补之用，具有养阴、补血以及理脾和肝等作用。

白芍配牡蛎：能起到平肝亢、养肝阴、补脾潜阳的作用。

八、资源综合利用和保护

(一)资源综合开发利用

芍药始载于《神农本草经》，列为中品，在医药、化工及化妆品、农药、花卉行业中具有广泛的应用[29]。

1. 在医药领域的应用

赤芍和白芍两者在临床应用中不可互相替代，赤芍侧重清热凉血、散瘀止痛、活血化瘀；白芍能滋阴平肝、养血调经、止痛、止汗。

2. 在化妆品中的应用

芍药根、花的提取物可作为化妆品原料，具有抗炎、抗衰老、美白、抗过敏、改善血液、保持皮肤健康等功效。

3. 在生物农药方面的应用

芍药属植物提取物可用于杀灭大豆蚜虫和作为防治小麦秆锈病等的农药原料资源。

4. 在花卉行业的应用

芍药品种丰富，是著名的观赏花卉，在我国是十分重要的观赏花卉和切花植物资源。

5. 在兽药方面的应用

复方金芍药颗粒是以金银花、黄芩、白芍共 3 种中药饮片为原料，经中药炮制、浸渍、提取、蒸馏、精制、浓缩、制粒、干燥、整粒等工艺制成的中兽药新药颗粒剂，是我国自行研制的纯天然植物中药制剂。主要功能为疏散风热、清热解毒，主治外感风热、温病初期，可广泛用于家畜温病热病的预防和治疗。

(二)新药用部位开发利用

芍药种子榨油可作为制作肥皂的资源性油脂原料，也可作为油漆行业油性涂料的稀释剂及溶媒剂。芍药根和叶片中富含鞣质，可提取栲胶。

(三)资源保护和可持续发展

芍药科下分芍药属，芍药属又分为 3 个组：牡丹组（Sect. Moutan）、芍药组（Sect. Paeonia）、北美芍药组（Sect. Onaepia）。Hong D.Y.等将芍药组分为 22 个品种，中国分布有 7 个种 2 个亚种。芍药组分布范围最广,从亚洲温带东部的色丹岛至欧洲最西部的葡萄牙和非洲西北部的摩洛哥,向南至我国云南,北缘进入北极圈。

我国芍药栽培历史悠久,药用植物资源十分丰富,蕴藏着各种性状的遗传基因,不仅是世界上芍药属植物的自然分布中心和多样性中心,而且是栽培品种的起源与演化中心,目前已有芍药品种 300 多个。如江苏扬州多年来大力扶植芍药产业并形成规模效益,"扬州芍药园"目前有芍药 94 hm²、100 多个品种,为全国单体面积最大的芍药种植基地。近年来,我国在芍药种质资源收集、保存、系统分类、组织培养和育种等方面研究进展较快,为产业化发展奠定了基础[30]。江苏扬州和甘肃兰州都是我国最大的芍药生产基地和品种种质资源库,成立了研究中心,并形成了规模化、商品性生产。

九、药材生产及栽培技术

(一)药材生产状况

近年来,宁夏各地均有芍药的种植。到 2018 年年底,宁夏芍药种植面积达 1.0 万亩,其中,彭阳县 0.3 万亩,原州区 0.5 万亩,盐池县 0.2 万亩。

(二)栽培生产技术

1. 选地整地

人工栽培芍药,应选土层深厚、排水良好、疏松肥沃、阳光充足的壤土、沙壤土或腐殖质壤土。深翻土壤 30 cm 以上,结合整地每亩施入腐熟农家肥 2 000~2 500 kg,翻入土内作基肥。整细耙平作垄,垄宽 0.65 m 或 0.8 m,高 20 cm。

2. 繁殖方法

芍药传统的繁殖方法主要有分株、播种、扦插、压条等,其中分株法被广泛采用,播种法仅用于培育新品种、生产嫁接牡丹的砧木和药材生产。

(1)分株繁殖　秋天挖出母株,将粗根全部切下药用,而将带芽的芍头作为繁殖材料。首先去除无芽和病脚的芍头,将芍头切分成块状,每块带壮芽 2~3 个,芍头厚 2 cm——过厚主根不壮,多分叉,过薄则养分不足。最好随切分随栽植,若不能及时栽植,不要切分,芍头可沙藏备用。宜于 8 月上旬到 9 月下旬栽植。

(2)播种繁殖　播种前用 50℃温水浸种 24 h,取出后即播。种子以秋播为效果最好,播种期选在 8 月下旬或 9 月上旬。条播,做宽 120 cm、高 20 cm 的畦面,按行距 20 cm 开横沟,沟深 5 cm,播入种子后覆土踏实。翌年 5 月中旬左右即可出苗。培育一至两年后作为种苗用。每亩用鲜种量 20 kg。

3. 田间管理

（1）中耕除草　幼苗出土后，及时中耕除草，不宜深，以免损伤幼根。夏季干旱时应中耕保墒，每年中耕除草 3~4 次。

（2）追肥　芍药是喜肥植物，除在栽培前要施足底肥外，每年要在植株生长旺盛时期用 0.2%磷酸二氢钾溶液进行叶面追肥，可喷施 3 次，以促进生长，提高产量。第三年以后，芍药需肥量增加，可于每年秋季施过磷酸钙 100 kg，采用穴施肥方法较好。

（3）除蕾　现蕾时，选晴天将花蕾全部摘除，以利根部生长。留种的植株，可适当去掉部分花蕾，使种子充实饱满。

4. 病虫害防治

（1）锈病　发病初期喷 65% 代森锌 500 倍液，或 97% 敌锈钠 400 倍液。芍药锈病要早发现早治疗，不要延误到发病中晚期再喷药，防治效果不理想。

（2）叶斑病　又称轮纹病，病原是真菌中一种半知菌，为害叶片，先是叶面出现褐色近圆形斑，后逐渐扩大，呈现轮纹状。防治方法：发病初期喷 50% 多菌灵 800 倍液，每隔 12 天喷 1 次，连喷 2 次。如效果不理想，再改用 50% 甲基托布津 1 000 倍液或农用链霉素 25% 可溶性粉剂 2 000 倍液，隔 12 d 喷 1 次，喷 1~2 次。

5. 采收

采收最佳时期宜在春、秋两季。用种子育苗的 4~5 年，用芍头栽种的 3~4 年收获。挖出全根，除去根茎及须根，洗净，刮去粗皮，入沸水中略煮，使芍根发软，捞出晒干。

参考文献

[1] 中华人民共和国药典委员会. 中华人民共和国药典(一部)[M]. 北京: 中国医药科技出版社, 2015.

[2] (南北朝)陶弘景. 本草经集注(辑校本)[M]. 北京: 人民卫生出版社, 1994.

[3] (宋)苏颂. 本草图经[M]. 合肥: 安徽科学技术出版社, 1994.

[4] (明)李时珍. 本草纲目[M]. 呼和浩特: 内蒙古人民出版社, 2006.

[5] 刘萍. 芍药、白芍、赤芍的历代本草考证浅析[J]. 中华中医药杂志, 2018, 33(12): 5662–5665.

[6] 孙星衍, 孙冯翼. 神农本草经[M]. 太原: 山西科学技术出版社, 1991.

[7] 邢世瑞. 宁夏中药志[M]. 银川: 宁夏人民出版社, 2006.

[8] 查良平, 杨俊, 彭华胜, 等. 四大产地白芍的种质调查[J]. 中药材, 2011, 34(07): 1037–1040.

[9] 王军, 彭华胜, 彭代银, 等. 亳州药市及药材种植业发展沿革考[J]. 中药材, 2017, 40(05): 1228–1233.

[10] 史小华, 马广莹, 金亮, 等. 杭白芍结实性状及籽油品质分析[J]. 中国农学通报, 2018, 34(19): 71–75.

[11] 石雷磊, 徐建中. 杭白芍产地初加工方法研究[J]. 浙江中西医结合杂志, 2017, 27(12): 1092–1094.

[12] 高玉莲, 陈丽君, 方明, 等. 不同批次四川栽培白芍药材的质量分析研究[J]. 中药与临床, 2017, 8(04): 4–6, 9.

[13] 闫秀亭, 孙保海. 菏泽芍药栽培技术[J]. 园林, 2009, (05): 28–29.

[14] 孔铭, 白映佳, 徐金娣, 等. 白芍初加工方法和质量控制研究进展[J]. 世界科学技术–中医药现代化, 2014, 16(10): 2248–2254.

[15] 郭立忠, 吴镝. 白芍不同炮制品的配伍应用研究分析[J]. 中国继续医学教育, 2015, 7(26): 179–180.

[16] Shibata S, Nakahara M. Paeonoflorin. a glucoside of Chinese paeony root[J]. Chem Pharm Bull, 1963, 11 (3): 372–378.

[17] lkuta A, Kamita K, Satoke T. Triterpenoids from callus tissue cultures of paeonia species[J]. Phytochemistry, 1995, 38 (5): 1203–1207.

[18] Kamita K, Yoshioka K. Triterpenoids and flavonoids form Paeonia lactiflora[J]. Phytochemistry, 1997, 44(1): 141–144.

[19] Kamiya K, Yoshioka k, Saiki Y, et al. Triterpenoids and flavonoids from paeonia Lactiffora [J]. Phytochemistry, 1997, 44(1): 141.

[20] He Xiao–yan, HAN Li, Huang Xue–shi. A New Phenolic Glucoside from Paeonia lactiflora[J]. Chinese Herbal Medicines, 2011, 3(2): 84–86.

[21] Tomoda M, Matsumoto K. Characterization of a neutral and acidic polysaccharide having immunological activities rom the root of Paeonia lactiflora[J].Biol Pharm Bull, 1993, 16(12): 1207–1210.

[22] 高小荣, 田庚元. 白芍化学成分研究进展[J]. 中国新药杂志, 2006, (06): 416–418.

[23] 崔虹, 朱佳茜, 冯秋芳, 等. 中药白芍化学成分及生物活性研究进展[J]. 海峡药学, 2017, 29(09): 1–5.

[24] 李菲, 吴兆怀, 何小敏. 白芍的功效及临床应用[J]. 海峡药学, 2015, 27(06): 49–50.

[25] 姜建萍. 白芍的现代药理研究及临床应用概况[J]. 中医药信息, 2000, (03): 6–8.

[26] 吴菡子, 熊南山. 白芍的药理研究与临床应用[J]. 中国医院药学杂志, 1998, (04): 28–29.

[27] 彭润兰. 白芍临床应用一揽[J]. 中国中医药现代远程教育, 2012, 10(21): 132–133.

[28] 张建军. 赤芍和白芍功用及化学成分研究述评[A].//中华中医药学会.2013 第六次临床中药学学术年会暨临床中药学学科建设经验交流会论文集[C]. 2013.

[29] 张建军, 李伟, 王丽丽, 等. 赤芍和白芍品种、功效及临床应用述评[J]. 中国中药杂志, 2013, 38(20): 3595–3601.

[30] 蔡健, 马同富, 丁凯, 等. 白芍种质资源的研究进展[J]. 阜阳师范学院学报(自然科学版), 2014, 31(03): 24–27.

编写人：刘华　李明　张新慧

第十八节 红 花

一、概述

来源:本品为菊科植物红花(*Carthamus tinctorius* L.)的干燥花。夏季花由黄变红时采摘,阴干或晒干。

生长习性:喜温暖、干燥气候,耐寒、耐旱、耐盐碱、耐瘠薄。以向阳、地势高燥、土层深厚、中等肥力、排水良好的砂质壤土栽培为宜。

质量标准:执行《中华人民共和国药典》(2015 年版一部)[1]。

【性状】本品为不带子房的管状花,长 1~2 cm。表面红黄色或红色。花冠筒细长,先端 5 裂,裂片呈狭条形,长 5~8 mm;雄蕊 5,药聚合成筒状,黄白色;柱头长圆柱形,顶端微分叉。质柔软。气微香,味微苦。

【检查】杂质不得过 2%。

水分不得过 13.0%。

总灰分不得过 15.0%。

酸不溶性灰分不得过 5.0%。

吸光度:红色素,用分光光度法,在 518 nm 的波长处测定吸光度,不得低于 0.20。

【浸出物】照水溶性浸出物测定法项下的冷浸法测定,不得少于30.0%。

【含量测定】羟基红花黄色素按照高效液相色谱法测定。

山奈素按照高效液相色谱法测定。

【性味与归经】辛,温。归心、肝经。

【功能与主治】活血通经,散瘀止痛。用于经闭,痛经,恶露不行,癥瘕痞块,胸痹心痛,瘀滞腹痛,胸胁刺痛,跌打损伤,瘀滞肿痛,疮疡肿痛。

【贮藏】置阴凉干燥处,防潮,防蛀。

二、基原考证

(一)本草记述

传统本草有关红花物种的记载主要集中于植物外部形态方面的描述,有关本草中红花植物形态记载详见表 4-85。

表 4-85　本草中有关红花物种形态的描述

典　籍	物种描述
开宝本草(宋)	有刺,花红。子形
本草图经(宋)	至春生苗,夏乃有花。下作梂汇,多刺,花蕊出梂上……梂中结实,白颗如小豆大
本草纲目(明)	其叶如小蓟叶,至五月开花,如大蓟花而红色

(二)基原物种辨析

红花,又名红蓝花,始载《开宝本草》,列为中品。《〈本草图经〉研究》[2]:"红蓝花,即红花也。人家场圃所种,冬而布子于熟地,至春生苗,夏乃有花,下作梂汇,多刺,花蕊出梂上。圃人承露采之,采已复出,至尽而罢,梂中结实,白颗如小豆大。其花暴干以染真红及作燕……叶颇似蓝,故有蓝名,又名黄蓝"。明代《本草纲目》[3]记载:"红花二月、八月、十二月皆可以下种,雨后布子,如种麻法。初生嫩叶,苗亦可食。其叶如小蓟叶,至五月开花,如大蓟花而红色。……其子五月收采,淘净捣碎煎汁,入药"。《本草原始》[4]记载:"红花,人家场圃所种,冬而布子于熟地,春生苗,叶如小蓟。夏乃有花,下作梂,多刺,花蕊出梂上,圃人承露采之,采已复出,至尽而罢,梂中结实,白颗如小豆大。其花暴干,以染真红,叶颇似蓝,故名红蓝花"。历代本草对红花的种植时间、植株形状、开花时期、果实形状、果实颜色等这些生物学特性的描述大同小异,与现今红花的基原菊科植物红花(*Carthamus tinctorius* L.)比较一致。

(三)近缘种和易混淆种

红花混淆种:番红花,为鸢尾科植物番红花(*Crocus sativus* L.)的柱头,多年生草本。柱头线形,长约 3 cm,暗红色,上部较宽而略扁平,顶端边缘具不整齐的齿状,下端有的残留一小段黄色花柱。体轻,质松软,无油润光泽,干燥后质脆易断[5]。气特异微有刺激性,味微苦。性平,味甘。

三、道地沿革

(一)本草记述的产地及变迁

传统本草有关红花道地产区的记载较少,参考相关本草典籍,有关本草中红花道地产区记载详见表 4-86。

宁夏栽培中药材
Ningxia zaipei zhongyaocai

表 4-86　本草中有关红花产地的描述

典　籍	产地描述	备　注
博物志(晋)	红蓝花,即红花也,生梁、汉及西域,张骞得种于西域也,今仓魏地亦种之	
开宝本草(宋)	生梁、汉及西域	今陕西韩城市南及玉门关以西地区
本草图经(宋)	生梁、汉及西域,今处处有之	
本草品汇精要(明)	道地镇江	今江苏镇江
握灵本草(清)	处处有之	

历代本草对红花的产地有一些记载。《开宝本草》曰:"红蓝花,生梁(今陕西韩城市南)、汉及西域(泛指玉门关以西地区)。"《本草图经》曰:"红花,生梁、汉及西域,今处处有之。"《博物志》[6]云:"红蓝花,即红花也,生梁、汉及西域,张骞得种于西域。今仓魏地亦种之。"《握灵本草》[7]曰:"红花处处有之"。《本草品汇精要》记载:"红蓝花,道地镇江(今江苏镇江)"。可见红花种植范围较广。如今红花在我国分布较多,主产于河南、浙江、江苏、四川、新疆等地,在山东以菏泽、济宁、聊城、泰安、潍坊等地为主。根据本草记载可知古今红花产地一直比较广,没有明显变迁。

(二)本草记述的产地及药材质量[8]

本草中关于红花品质评价很少。由于红花易栽培,且具有较高的经济价值,在我国很多省份都有红花种植。其商品规格从历史上看有怀红花、川红花、云红花、杜红花、散红花等规格。杜红花:产于浙江宁波,质佳;怀红花:又名淮红花,产于河南温县、沁阳、武陟、孟县一带(旧时怀庆府)者,质亦佳;散红花:产于河南商丘一带,质亦佳;大散红花:产于山东一带;川红花:产于四川;云红花:产于云南;南红花:产于中国南方者(一说指产于四川南充者);西红花:产于陕西。以上均以花色红黄、鲜艳、干燥、质柔软者为佳。

四、道地药材产区及发展

(一)道地药材产区

红花是一种适应性很强的物种,《博物志》[6]记载"生梁、汉及西域,今仓魏地亦种之",可见至少在西晋时期,河南省就已经开始种植红花。宋代《本草图经》[9]:"今处处有之"。可见全国多个省份在历史上都有种植,如四川简阳、遂宁、南充,河南卫辉、延津、封丘、新乡,浙江宁波等地,其中以四川"川红花"、河南"怀红花"最出名,这与现代红花产地基本相同。而近年来红花集中分布于河南、四川、新疆、河北、安徽、江苏、上海、甘肃、云南等地。以河南封丘、延津所产红花色红鲜艳、质地柔软、花瓣长,为地道产品。

(二)产区生境特点

1. 水分

红花根系较发达,能吸收土壤深层的水分,空气湿度过高,土壤湿度过大,会导致各种病害大发生。苗期温度在15℃以下时,田间短暂积水,不会引起死苗;在高温季节,即使短期积水,也会使红花死亡。开花期遇雨水,花粉发育不良。果实成熟阶段,遭遇连续阴雨,会使种子发芽,影响种子和油的产量。红花虽然耐旱,但在干旱的气候环境中,进行适量的灌溉,是获得高产的必要措施[10]。

2. 温度

红花对温度的适应范围较宽,在4~35℃的范围内均能萌发和生长。种子发芽的最适温度为25~30℃,植株生长最适温度为20~25℃,孕蕾开花期遇10℃左右低温,花器官发育不良,严重时头状花序不能正常开放,开放的小花也不能结实。

3. 光照

红花为长日照植物,日照长短不仅影响莲座期的长短,更重要的是影响其开花结实。充分的光照条件,使红花发育良好,籽粒充实饱满。

4. 营养

红花在不同肥力的土壤上均可生长,合理施肥是获得高产的措施之一,土壤肥力充足,养分含量全面,获得的产量就高。

5. 土壤

红花虽然能生长在各种类型土壤上,但仍以土层深厚,排渗水良好的肥沃中性壤土为最好。

五、药材采收和加工

(一)本草记载的采收和加工

历代本草对于红花的采收加工的记载较为简略。《本草图经》云:"人家场圃所种,冬而布子于熟地,至春生苗,夏乃有花。下作梂汇,多刺,花蕊出梂上。圃人承露采之,采已复出,至尽而罢,梂中结实,白颗如小豆大。其花暴干,以染真红。"《本草纲目》记载:"至五月开花,如大蓟花而红色。清晨采花捣熟,以水淘,布袋绞去黄汁又捣,以酸粟米泔清又淘,又绞袋去汁,以青蒿覆一宿,晒干,或捏成薄饼,阴干收之"。《本草蒙筌》[12]云:"各乡俱莳,五月旋收。因叶似蓝,故此为誉。堪染颜色,可作胭脂。欲留日暴干,入药手揉碎"。由以上可以看出,历代本草记载红花的最佳采收时期与现代研究发现的5~6月红花进入采收季节相符。

因采摘新鲜的红花花瓣极易发霉变质,需要尽快去除水分而加工成干燥的红花,以保持花瓣色泽鲜艳、有效成分含量高等品质。通常加工的方法以阴干为主。

(二)采收和初加工技术研究

现代对于红花采收和加工的相关研究很多,郭美丽[13]等研究表明:红花在开花后的第三天采收,黄色素和腺苷含量均最高;阴干、晒干及60℃以下烘干对红花质量没有显著影响。席鹏洲[14]等以外观、折干率、有效成分等指标评价了晾晒、阴干、恒温烘干及红外干燥4种干燥方法,结果表明:在外观等方面晾晒法极显著优于阴干法,在有效成分含量等方面阴干法显著优于晾晒法,其他两种干燥方法次之。赵小磊[15]等以红花药材产量、种子产量及其化学成分等为指标,观察红花盛开期1 d内采摘时段和2~4采收1次的实验情况,结果表明,以早晨8时前采摘,2~3 d采摘1次最为适宜。席鹏洲[14]等研究不同采收时间对红花质量的影响,结果表明,在同一天不同时间点采收的红花,其指标性成分羟基红花黄色素A含量变化显著,在上午11时之前和下午5时之后采收的红花质量较好,在整个采收期采收的红花,随时间推后,质量越佳。

(三)道地药材特色采收加工技术[16,17]

红花的最佳采收时间很短。过早采收,既不容易采摘,又严重影响产量和质量,所产红花色泽黯淡、重量轻、油分含量少或没有油分。花败后采收,花序粘在一起,不散开,加工后的红花商品色黑无光泽,跑油严重,质量差。

红花最适宜的采收时间是开花后2~3 d大部分花蕾盛开时,要抓紧分批采摘。采收时,用一只手的拇指、食指、中指和无名指,轻捏花蕾顶部的花序下部,向一边稍转并往上提,花序就轻松地被采下来了。每一批的采摘以"只采花序由黄转红时"为标准,做到花序黄色不转红不采、藏在下面的花蕾不漏采。红花从开始现花序至开花结束,一般为15~20 d。开完花的红花花序,随即进入种子灌浆成熟期,待红花大部叶片发黄枯萎,即可收获红花籽。

从加工方法操作的可行性来看,晾晒干燥法是目前研究发现的最佳产地加工方法,此方法可以作为红花GAP基地规范化加工干燥的重要方法,阴干法可以作为阴雨天的备用方法。

六、药材质量特征和标准

(一)本草记述的药材性状及质量

关于红花品质评价在本草中很少记载。红花作为一种传统中药材,在过去红花药材质量的鉴定,只能依靠经验对其性状进行鉴定,以此来判断药材质量的优劣。其商品规格从历史上看有怀红花、川红花、云红花、杜红花、散红花等规格。经验鉴别:每年当花瓣由黄变红时采摘管状花,晒干或阴干,以花冠长,色红鲜艳、无枝刺、质柔润、手握软如绒毛者为佳。

(二)道地药材质量特征的研究

目前有关红花质量的研究多见于红花中的单一有效成分为指标进行研究,如羟基红花黄色素 A、山柰素、6-羟基山柰酚-3-O-葡萄糖苷、芦丁等的含量测定以及红花指纹图谱的研究。其中,在《中华人民共和国药典》中将红花中的山柰素和羟基红花黄色素 A 的含量测定作为红花质量控制的主要指标。近年来,由于中药材中重金属含量超标的问题越来越受到社会重视,因此红花中重金属的含量测定也成为红花质量控制的一部分。

孙沂[19]等以利福平为参照物,建立了 10 批红花道地药材的高效毛细管电泳指纹图谱,并与 9 个产地的红花药材以及红花的对照药材加以比较,标定共有峰 12 个,确定了腺苷、芦丁、槲皮素。周晓英[18]等用 HPLC 法建立红花的指纹图谱分析方法,以山柰酚为对照品,检测 10 批红花的指纹图谱,确定了 9 个共有峰。宋金春[20]等测定了 23 批不同产地的红花药材的 HPLC 指纹图谱,以羟基红花黄色素 A 为对照品,最终确立 21 个共有峰,其中 10 批新疆样品相似度较高,而 13 批其他产地样品质量差别较大。邓开英[21]等采用 HPLC 法对红花的指纹图谱进行了研究,以 6-羟基山柰酚-3-O-葡萄糖苷为对照品,测定了 16 批样品,最终确定了红花 35 个共有峰。王慧琴[22]等用红花红色素作为对照品,采用 RP-HPLC 法,测定不同产地红花和商业红花产品中红花红色素的含量在 0.26%~0.48%之间。

在红花的质量研究及评价当中,应当运用多指标、多成分定量方法,即应当从红花的杂质、水分、灰分、吸光度、浸出物、有效成分的含量以及重金属和农药残留等多方面入手,对红花的质量进行系统而全面的评价。同时为了保证能够提供高质量的红花药材,应当根据红花的生长习性,选择优良的红花品种并在最适宜的地域种植,研制并推行规范化种植技术,建立科学合理的采收加工制度。并保证所用的红花药材原料是没有经过污染的,且红花中的重金属含量和农药残留必须保证在十分安全的范围内,同

时药效物质基础的含量稳定,可靠并有严格的质量标准,只有这样才能确保我们所使用的红花药材的安全性、稳定性和可控性。

(三)道地药材质量标准

《中华人民共和国药典》(2015年版一部)中收载红花的质量评价标准主要包括性状、鉴别、检查、浸出物、含量测定等几个方面。含量测定以羟基红花黄色素A和山柰素为指标,规定羟基红花黄色素A不得少于1.0%,山柰素不得少于0.050%。另外,检查项中规定杂质不得过2%,水分不得过13.0%,总灰分不得过15.0%。

红花商品以花细长、色红而鲜艳、无枝刺、黄色雄蕊及白色花瓣少、质柔润、手握软如茸毛、气香者为佳。商品规格有不同的分等,有分三等的:一等,干货,色泽鲜红,花蕊黄色,无杂质,不霉变;二等,干货,花瓣红色,上端略黄,花蕊黄色,色泽较一等略次,无杂质;三等,干货,花瓣略带黄色,花蕊黄色,色泽较二等略次,无杂质,不霉变。在不同产地商品中,以河南怀红花为最佳,川红花质量亦可,近年产量很大的新疆红花亦质佳[23]。其余产地稍次之。

七、药用历史及研究应用

(一)传统功效及应用

红花始载于《开宝本草》:"主产后血晕,口噤,腹内恶血不尽,绞痛,胎死腹中,并酒煮服"。《图经本草》中记载:"主产后病为胜"。《本草纲目》中,红花有"活血润燥,止痛散肿,通经"之功效。《本草蒙筌》:"喉痹噎塞不通,捣汁咽。"倪朱谟《本草汇言》[24]载:"红花,破血行血、和血调血之药也,主胎产百病"。《药品化义》载:"红花色红类血,味辛性温,善通利经脉,为血中气药。能泻而又能补,各有妙义"。可见,红花作为一种传统中药,红花味辛、温,可活血通经,化瘀止痛,活血解毒。治疗经闭、难产、死胎、恶露不行、瘀血作痛,跌打损伤、妇女血气瘀滞腹痛等。

(二)现代药理学研究

红花为常见中药之一,经多年临床和药理研究发现红花对心脑血管、神经系统、免疫系统均具有一定的作用,同时具有抗炎镇痛、抗肿瘤、抗菌、抗疲劳等多种生理活性。红花的药理活性主要表现在以下几个方面。

1. 具有抗凝血作用

血小板激活因子(PAF)是血小板聚集最强的激活剂,对于血液循环疾病起着先导性的作用。实验检验中,发现在立体条件下,红花黄色素能够较好地抑制PAF与受体结合,疗效非常地明显。对血栓患者给予静脉注射羟基红花黄色素,对于患者的病情有着良好的效果,可以有效地抑制血小板的聚集、缓解血小板微血栓、脑缺血后的低灌注以及脑循环障碍,使患者的血液流变性得到明显的改善,并使微血流速度加快。另外,红花还能够显著延长凝血时间和凝血酶原时间,使血浆纤溶酶原激活剂的活性得到很大的提高,溶解局部血栓,进而对心脑血管疾病进行有效治疗。

2. 对心血管系统的作用

红花煎剂对蟾蜍和兔的心脏有轻度兴奋作用,能够降低冠脉阻力、增加冠脉流量和心肌营养性血流量;可以使狗的心收缩及扩张增加,并可使肾血管收缩,肾容积缩小。红花注射剂能缩小麻醉犬的脾肾容积;用含微量去甲肾上腺素或肾上腺素的乐氏液灌流离体兔耳与豚鼠后肢血管时,红花注射液有明显的血管扩张作用;对离体兔心脏有较明显的减慢心律作用,也能轻度增加小鼠心肌营养性血流量作用。红花黄色素具有明显增加冠脉血流量,改善心肌缺血、保护心肌细胞膜电位以及影响心肌中高能磷酸化合物含量的作用,还能改善外周微循环障碍作用,能使高分子右旋糖苷所致兔眼球结膜微循环障碍血流加速,毛细血管网开放数目增加和血细胞聚集程度减轻[25]。

3. 对神经系统的作用[26]

红花煎剂对预防婴鼠减压缺氧缺血后神经元的变形具有强有力的保护作用。红花黄色素在对衰老模型小鼠脑细胞凋亡研究中发现,能够降低脑细胞凋亡率,提高 Bcl-2 的表达;能通过抑制新生大鼠缺氧缺血后脑海马 APE/Ref-1 蛋白(无嘌呤/无嘧啶核酸内切酶/氧化还原因子-1)的下降来减少神经细胞的凋亡。羟基红花黄色素 A 能够显著抑制谷氨酸引起的 GSH 含量和 SOD 活性变化,减少谷氨酸引起的 Ca^{2+} 释放抑制谷氨酸引起的神经细胞的凋亡,能够显著改善局灶性永久性缺血大鼠的行为学缺陷,改善脑水肿情况。

4. 对免疫系统的作用

红花水煎液对小鼠的非特异性免疫功能以及细胞免疫功能均有明显的增强作用,能够增强单核细胞吞噬功能,提高血清溶血素浓度以及增加植物血凝素刺激下的淋巴细胞转化率。商宇[27]等对佐剂性关节炎大鼠注射红花注射液,发现其巨噬细胞吞噬指数、吞噬百分率、CD_4^+T 细胞与 CD_8^+T 细胞比值以及血清 IL-1 含量均显著降低。

5. 抗炎、镇痛作用

红花中的 SY 和 HSYA 是其抗炎镇痛的主要活性成分。张宇[28]等发现 SY 通过抗氧化作用调节 NO 合成、拮抗 PAF、调节免疫应答等途径发挥抗炎作用。HSYA 通过阻止局灶性脑缺血再灌注大鼠凝血酶的生成和炎症反应的产生,来抑制脑缺血再灌注大鼠

的损伤及炎症反应。研究发现,红花甲醇提取物及水提取物能抑制角叉菜胶所致的足肿胀,能对二甲苯致小鼠耳肿胀有明显的抑制作用;在热板法和甩尾法中,红花提取物能够提高小鼠痛阈,具有明显的镇痛活性[29]。

6. 抗氧化作用

许多植物提取物通过清除自由基来发挥其抗氧化活性。卜志勇[30]等研究发现,SY能减少自由基生成和脂质过氧化,抑制损伤脊髓周围组织神经细胞凋亡,对损伤脊髓组织起保护作用。张欢等通过对SY抗氧化活性的研究发现,SY具有明显的体外抗氧化活性,SYB和HSYA为其主要抗氧化活性成分。

7. 其他作用

红花除具有以上生物活性外,还有许多已被报道的其他功能。75%红花乙醇对预防化疗性静脉炎具有显著效果。糖尿病足溃疡患者在进行常规治疗的基础上加用SY注射液进行治疗时,能显著提高治疗效果,有效缓解患者足部溃疡的进一步发展,促进溃疡面愈合[31]。

(三)现代医药应用

1. 治疗心血管疾病

红花注射液能够改善患者血液状况,减少血液毒素,并降低血小板的黏附率,提高纤溶水平和抗凝水平,对缺血性和心绞痛等冠心病都有较好的治疗效果[5]。在对急性心肌梗死患者治疗的实验中,对照组采用常规扩血管的抗心绞痛药物治疗,实验组给予红花注射液治疗,治疗后实验组心电图恢复率为86.9%,对照组心电图的恢复率为62.9%;在并发症的出现上,实验组为13.2%,对照组为33.7%,两组比较差异显著,有统计学意义($P<0.05$)。红花不仅可以使冠心病的心肌缺血和心绞痛都得到显著的治疗,还可以有效降低血脂和血糖,显著改善血液流变学指标[32]。

2. 治疗糖尿病并发症

糖尿病是由胰岛分泌不足引起,周围的小血管为基础病变,红花制剂能够有效抑制血管内皮细胞增殖。对糖尿病并发周围动脉粥样硬化的闭塞症患者,分别给予爱维治注射液和红花注射液,通过20 d的治疗,实验组治疗显效率为73.3%,对照组显效率为53.3%,充分显示出红花注射液的治疗效果。对于合并周围神经病变的患者,在使用红花注射液的治疗后,对空腹血糖、心电图和糖化血红蛋白进行检查,发现其得到明显的改善,由此说明对于糖尿病并发症的患者,采用红花药物进行治疗,能够获得显著的治疗效果[33]。

3. 治疗静脉炎

岳淑珍[34]将 109 例门诊浅静脉化疗的患者随机分为治疗组和对照组,观察组用 75%红花酒精湿敷,对照组采用 50%硫酸镁湿敷方法,比较两组预防化疗性静脉炎的效果。研究发现,观察组预防化疗性静脉炎的效果与对照组比较有显著性差异,表明 75%红花酒精预防化疗性静脉炎效果显著,经济方便,患者易于接受。

八、资源综合利用和保护

(一)资源综合开发利用

红花作为一种研究和应用比较热门的传统中药材,经过不断地开发与利用,得到了更多更广泛的应用,具体表现在以下 4 方面[11]。

1. 红花在方剂中的应用

临床报道,红花与不同的中药配伍,能发挥出其止痛消炎、跌打损伤、痛经、冠心病、高粘血高脂血症、糖尿病并发症、腰肌劳损、流血性大出血、神经性皮炎等药理功能,并有显著的疗效。例如,红花与当归配伍,具有补血的作用,且二者的不同配比补血的作用效果也不同;红花与桃仁配对和四物汤组成桃红四物汤,是经典的活血化瘀及常用药物之一,主治妇女月经不调及痛经等诸多妇科血瘀疾病;红花与丹参是著名的活血药对,二者配伍主要用于治疗脏器供血不足和缺血梗死性疾病。红花不仅在传统中药材上发挥其巨大的作用,而且在现代医药方面也有更多更广泛的应用,现在已用于临床的红花制剂有红花注射液、红花口服液、红花胶囊等产品[35]。红花注射液是由红花经提取制成的注射液,具有活血化瘀之功效,用于治疗闭塞性心脑血管疾病、冠心病、脉管炎等。红花口服液主要用于治疗冠心病、心绞痛、脑血栓,赤芍红花口服液对心肌缺血有很好的疗效。红花胶囊种类较多,主要有用于减轻药流阴道流血的益母红花胶囊,治疗不稳定性心绞痛的地龙红花胶囊,治疗中老年人心肌缺血的参七红花胶囊,对心绞痛有显著疗效的红花黄色素胶囊和可用于治疗脑中风红花总黄酮胶囊等[36]。

2. 红花在食疗方面的应用

红花具有增强免疫、降血脂、镇痛和抗氧化的保健功能,因此,在食品工业中具有较高的开发利用价值和应用前景。例如,红花炖牛肉可活血、消除疲劳、强壮身体,适用于产后血瘀、血虚,疲劳过度及跌打损伤等症。红花酒有活血通经、养血养肤之功能,适用于妇女血虚、血瘀、痛经等症。红花乌鸡汤可活血通经,适用于虚劳骨蒸羸瘦、脾虚、闭经、痛经、带下、崩漏等症。红花檀香茶性味偏于甘温,具有活血化瘀、止痛作用,可缓解冠心病患者心胸窒闷、隐痛等症。此外,红花也可开发成运动饮料,鞠国泉[37]等通过红花提取液配以电解质、维生素、糖、香料等研制的运动饮料经动物试验表明,具有显著减少运动引起的血乳酸升高,消除运动引起的肌肉疲劳,增强耐力和抗缺氧的功效。

3. 红花在工业上的应用

红花素是古代世界极为著名的染料,中国的重要农书如《齐民要术》《四时纂要》《农桑辑要》《农政全书》等都将其作为重要的经济作物载录其中。红花中主要含有红色素和黄色素2种,红色素经处理后可制成各种高档化妆品及高级蛋糕的配色,黄色素因水溶性好可广泛用于真丝织物的染色。红花秸秆、籽饼粕含有较高的蛋白质,营养价值与苜蓿相当,可用作牲畜饲料。从籽饼粕中提制的蛋白质浓缩粉和分离物,可作为食物强化剂,具有很大的开发潜力[38]。

4. 红花基因工程

利用植物作为生物反应器生产具有临床价值的药用蛋白,日益引起人们的关注。而红花作为一种药食同源且含油量高的传统药用植物,其在基因工程中的应用已逐渐被人们重视起来。在国外,美国早在20世纪90年代末就已经成功地获得了转基因红花[39]。2008年,加拿大Sembiosys生物工程公司申请了专利,利用在北美洲大量栽培高产油料作物红花,并成功地生产出"红花种子来源人胰岛素"[40]。2010年,Sembiosys公司向美国FDA提出了做III期临床试验的申请。通过转基因红花生产胰岛素不仅成本低、工艺简单、产量高,而且为很多糖尿病患者提供了廉价的胰岛素来源[41]。而在国内,近十几年利用转基因红花表达外源蛋白也已得到了较快的发展并取得了显著的成果,该实验室通过转基因红花已经成功的表达出了aFGF、bFGF、KGF1、EGF、VEGF、MT等许多具有重要临床应用价值和开发潜力的药用重组蛋白。

(二)新药用部位开发利用[42,43]

1. 红花色素的应用

红花花冠中含色素大体可分为红色素和黄色素2种。红色素在干花中含量很低(0.3%~0.6%),红色素经处理后可制成从玫瑰红到樱桃红的成品,红花红色素主要用于口红、胭脂等高级化妆品及高级蛋糕的配色中。红花黄色素在干花中含量较高,为20%~30%,且主要是水溶性的,碱溶性的仅为2.1%~6.1%。提取工艺比较简单,作为食用天然色素,成本低,使用范围广,颇具竞争力。由于人工合成的"柠檬黄"为有毒色素,世界上许多国家禁止使用,故红花黄色素在外销食用色素中具有较大的市场潜力。红花花粉食品具有助体力、消除疲劳、美容和抗衰老等作用。

2. 红花油的开发应用

红花油在许多国家和地区已被广泛用作食品加工与食用油,红花油其亚油酸含量比其他植物油高,达 80% 左右,能有效降低胆固醇、稳定血压、增进体质、促进微循环,可预防或减少心血管病的发病率,对高血压、高血脂、心绞痛、冠心病、动脉硬化患者有明显疗效,对脂肪肝、肝硬化、肝功能障碍者有辅助治疗作用,是世界公认的具有食用、保健、美容作用的功能性食用油。此外红花油也是高级的干性油,具有优良的保色性,现已被大量地用于制造油漆、蜡纸、印刷油墨及润滑油。

3. 红花蛋白质的开发应用

红花籽榨油后的饼粕有两种:带壳饼粕和去壳饼粕,蛋白质含量分别为 19% 和 38%,带壳饼粕的营养价值与苜蓿相似,可作为育肥牲畜的饲料;去壳饼粕则与亚麻子油饼相似,可用于代替母鸡饲料中的蛋白质。从饼粕中制得的蛋白质浓缩粉和分离物(SPI),可作为食物的强化剂,具有很大的开发潜力。

(三)资源保护和可持续发展

红花分布较广,在很多国家均有栽培。我国红花产区主要集中在新疆,其次为四川、云南、河南、河北、山东、浙江、江苏等省。其中新疆播种面积占全国总面积的 90% 以上,主要分布在塔城、昌吉和伊犁地区。近年来,红花和其他中草药一样,野生资源逐渐减少,现有种植品种出现杂化、退化,导致其抗病性、丰产性逐渐减弱,加之中药成分中含有越来越多的农药残留和重金属,已影响到其使用和利用效果[44]。如何提高红花品种纯度,获得高产、优质、抗病性强的优良品种,已成为当前最为关注和研究的课题。

目前,对红花的研究主要集中在其主要有效成分查耳酮类和多糖类化学成分上,对其他类的化学成分研究则较少。因此,今后应加强红花其他类化学成分及药理活性的深入研究,这对指导临床用药和新药开发具有重要意义。红花在治疗和保健方面的重要作用使得开发红花系列制剂及保健产品具有了重大和深远的意义[44]。而通过转基因红花生产表达有用的天然化合物(如药用蛋白、香料、食品添加剂等),这无疑使得红花的功能与应用扩大化,增加了其更多的应用价值。目前红花在转基因方面还存在许多技术上的困难,但随着科学研究的不断进步和发展,转基因红花的应用前景必将更加广阔。

九、红花栽培技术要点

(一)选地

红花对土壤要求不严,但要获得高产,必须选择地势平坦、土层深厚、土壤肥力均匀,排水良好的中上等土壤。红花种植不宜连作,前茬以马铃薯、大豆、玉米、麦类等作物为好。

(二)整地

在播种前做好深耕整地工作,结合整地施熟透的农家肥 45 000 kg/hm²,过磷酸钙 750 kg/hm² 作基肥,耕翻入土,整细耱平。

(三)种子处理

播前精选籽粒饱满、大小均匀的种子,去除秕粒、小粒及虫蚀和破损粒种子,保证种子纯度 95% 以上。播前用 52~56℃温水浸种 10 h,捞出后转入冷水中冷却,取出晾干,播前用多菌灵拌种,用量为种子重量的 0.2%~0.5%。红花多采用条播。

(四)播种

条播:按行距 30~50 cm 大小行开播种沟,沟深 5~6 cm,均匀播下,覆土 2~3 cm,稍加镇压。播种量 30~45 kg/hm²。

穴播:按株行距 25 cm× 40 cm 开穴,穴深 6 cm,每穴播种 5~6 粒,播后覆土。播种量为 22.5~30 kg/hm²。

播种时间:以春季 3~4 月顶凌播种为主,宜早不宜迟。红花种子在 5℃左右萌芽,其幼苗能忍受−5~−10℃的低温。

种植方式:宁夏地区以覆膜起垄为宜。

(五)田间管理

间苗、定苗:当幼苗具有 3 片真叶时间苗,条播按株距 10 cm 间苗,穴播每穴留壮苗 4~5 株。苗高 8~10 cm 时定苗,条播按株距 20 cm 定苗,穴播每穴留壮苗 2 株。

中耕除草:生长期一般进行 3 次中耕,第一次中耕一般在出苗整齐后进行,中耕宜浅,深度为 4~6 cm;第二次中耕在莲座期时进行,深度为 12~14 cm;第三次中耕在伸长期后进行,深度为 16~20 cm,结合中耕开沟并培土,增强植株抗倒伏和抗旱排涝能力。

追肥:红花苗期追肥应前轻后重,通常结合中耕除草进行,植株封垄后一般不再追肥。

浇水:红花耐旱怕涝,在出苗前、现蕾期和开花期应保持一定的土壤温度,遇干旱时适当浇水,严禁大水漫灌和用水量偏大,否则将造成大量死苗。

打顶：在肥沃土地上生长良好的植株，当株高达 1 m 左右时，可去顶促其多分枝，增加花蕾数量，提高产量。密植或瘠薄地块上的植物不宜打顶。

(六)病虫害防治

锈病：主要危害叶片，严重时引起死苗。防治方法：一是农业综合防治，收获后及时清除并集中烧毁田间病株残体；增施磷(P)、钾(K)肥，促进植株健壮生长；轮作倒茬，选择抗病品种；苗期拔除病株。二是药物防治，播前用 25% 粉锈宁拌种；病发初期用 25% 粉锈宁 800~1 000 倍液连喷 2~3 次，每次间隔 7~10 d。

红花潜叶蝇：幼虫潜入红花叶片，危害其叶肉，形成不规则的线形虫道。危害严重时导致叶片枯黄早落。防治方法：5 月初喷 1.8% 阿维菌素乳油 2 800 倍液、2.5%溴氰菊酯乳油 2 800 倍液、90%敌百虫 1 000~1 500 倍液防治。连喷 3~ 4 次，每次间隔 7~10 d。托布津 1 000 倍液浇灌病株。

红花蚜虫：一旦发现蚜虫需及时喷药控制虫情，苗期与开花前应特别注重对蚜虫的防治，一般抓住苗期及开花前喷药，禁止在花蕾期前后使用药。在 3~4 月间用 0.3%苦参碱乳剂 800~1 000 倍液或 50%抗蚜威 1 000 倍液喷雾；或 2.5%鱼藤精800~1 000 倍液喷洒；或 5%吡虫啉乳油 2 000~3 000 倍液喷雾，间隔 10~15 d。

(七)红花丝采收

一般开花后 2~3 d 进入盛花期，逐日采收，花冠顶端由黄变红时及时采收。采收要在早晨露水未干时进行，用 3 指或 4 指轻轻捏住花丝向上提拔即可采下，采收的鲜花不能搁置堆积，及时在通风干燥的场所摊开阴干，切忌在强光下长时间暴晒。连续阴雨天采收花丝时，以花冠中 2/3 小花呈桔花色、花冠基部刚变红为宜，雨停后即可采收。鲜花也可以烘干，烘干的温度控制在 40~45℃。

(八)种子收获

采收花丝后 2~3 周，当植株变黄，表皮稍微萎缩，叶片大部分干枯，呈褐色，籽粒变硬即可收获种子。选择生育健壮、无刺多分枝、花大抗病，产量较高，不易倒伏的植株留种，单收单贮。种子收获要及时，防止遇雨霉变。大面积可用联合收割机收获。红花种子可以在太阳下暴晒，去除杂物，做到晒干扬净，将水分降低到 12%以下，在低温、干燥的条件下贮藏。

参考文献

[1] 中华人民共和国药典委员会. 中华人民共和国药典(一部)[M]. 北京: 中国医药科技出版社, 2015.

[2] 苏颖, 赵宏岩.《本草图经》研究[M]. 北京: 人民卫生出版社, 2011.

[3] (明)李时珍. 本草纲目[M] . 呼和浩特: 内蒙古人民出版社, 2006.

[4] (明)李中立. 本草原始[M]. 北京: 人民卫生出版社, 2007.

[5] 郭美丽, 张汉明, 张美玉. 红花本草考证[J]. 中药材, 1996, 19(4): 202–203.

[6] (西晋)张华. 博物志[M]. 重庆: 重庆出版社, 2007.

[7] (清)王翙. 握灵本草[M]. 北京: 中国中医药出版社, 2012.

[8] 宋玉龙. 名贵中药材红花的资源调查及质量评价研究[D]. 乌鲁木齐: 新疆医科大学, 2015.

[9] (宋)苏颂. 本草图经[M]. 合肥: 安徽科学技术出版社, 1994.

[10] 赵小磊, 龚立雄, 王林, 等. 河南产区红花药材最佳采收期的研究[J]. 中医学报, 2010, 25 (149): 704–
705.

[11] 田志梅. 中国红花产业现状、发展优势及对策[J]. 云南农业科技, 2014, (04): 57–59.

[12] (明)陈嘉谟. 本草蒙筌[M]. 北京: 人民卫生出版社, 1988.

[13] 郭美丽, 张芝玉, 张汉明, 等. 采收期和加工方法对红花质量的影响[J]. 第二军医大学学报, 1999, 20:
535–537.

[14] 席鹏洲, 张燕, 马存德, 等. 红花产地加工技术研究[J]. 现代中药研究与实践, 2014, 28(04): 3–6.

[15] 赵小磊, 龚立雄, 王林, 等. 河南产区红花药材最佳采收期的研究[J]. 中医学报, 2010, 25(4):704–705.

[16] 倪细炉, 于卫平, 田英, 等. 宁夏红花高产栽培管理技术[J]. 天津农业科学, 2010, 16(6): 138–140.

[17] 杨红旗, 许兰杰, 董薇, 等. 河南红花高产高效栽培技术[J]. 园艺与种苗, 2016, 10: 37–38, 44.

[18] 周晓英, 张立新, 张良, 等. 红花的 HPLC 指纹图谱分析方法研究[J]. 中成药, 2002, 24(5): 325–327.

[19] 孙沂, 隋因, 郭涛, 等. 不同产地红花药材的高效毛细管电泳指纹图谱研究[J]. 中国药学杂志, 2003, 38
(3): 176–179.

[20] 宋金春, 胡传芹, 曾俊芬, 等. 红花的 HPLC 指纹图谱研究[J]. 中国药学杂志, 2005, 40(18): 1378–1381.

[21] 邓开英, 杨成钢, 刘红亚, 等. 红花 HPLC 特定(指纹)图谱研究[J]. 药物分析杂志, 2006, 26(4): 497–501.

[22] 王慧琴, 谢明勇, 傅博强, 等. RP-HPLC 法测定红花中红花红色素的含量[J]. 分析测试学报, 2004, 23
(6): 98–100.

[23] 努尔艾力·穆太力普. 药食同源红花质量标准研究[D]. 新疆大学, 2015.

[24] (明)倪朱谟. 本草汇言[M]. 上海: 上海科学技术出版社, 2005, 211–213.

[25] 李宝军, 刘志强. 红花药理分析及临床应用研究[J]. 亚太传统医药, 2016, 10(12): 144–145.

[26] 贾佼佼, 苗明三. 红花的现代药理与新用[J]. 中医学报, 2013, 28(11): 1682–1685.

[27] 商宇, 王建杰, 马淑霞, 等. 红花注射液对佐剂性关节炎大鼠的免疫调节作用[J]. 黑龙江医药科学,
2010, 33(3): 21–22.

[28] 张宇, 郑为超. 红花黄素抗炎作用机制研究概况[J]. 江苏中医药, 2010, 42(9): 77–79.

[29] 易善勇, 官丽莉, 杨晶. 红花药理作用及其开发与应用研究进展[J]. 北方园艺, 2015, (05): 191–195.

[30] 卜志勇, 郑玲, 李安军, 等. 红花黄素对大鼠脊髓损伤局 SOD、MDA 和细胞凋亡的影响[J]. 湖北医药学院学报, 2011, 30(1): 23–25.

[31] 吴霞. 红花黄色素注射液治疗糖尿病足部溃疡 40 例[J]. 中国医药指南, 2013, 11(4): 289–290.

[32] 扈晓佳, 殷莎, 袁婷婷, 等. 红花的化学成分及其药理活性研究进展[J]. 药学实践杂志, 2013, 31(3): 161–168, 197.

[33] 陈发胜, 孙丰雷, 魏爱生, 等. 红花注射液治疗糖尿病周围神经病变的机制探讨[J]. 中西医结合心脑血管病杂志, 2003, 1 (8): 456–458.

[34] 岳淑珍. 75%红花酒精在预防化疗性静脉炎的应用[J]. 中国保健营养, 2013, 20(1): 132–133.

[35] 易善勇, 官丽莉, 杨晶, 等. 红花药理作用及其开发与应用研究进展[J]. 北方园艺, 2015, (05): 191–195.

[36] 熊大武, 李千笛, 雷必珍, 等. 益母红花胶囊减轻药流阴道流血 50 例观察[J]. 贵阳中医学院学报, 1996, 18(1): 39–40.

[37] 鞠国泉, 张金良. 红花在运动饮料中的应用[J]. 食品工业, 2004, (4): 42–43.

[38] 何哲. 红花的应用微探[J]. 海南医学, 2009, 3(20): 235–237.

[39] Ying M, Dyer W E, Bergman J W. Agrobacterium Tumefaciens –madiated transformation of Safflower (*Carthamus tinctorius* L.)[J]. Plant Cell Rep, 1992, 11: 581–585.

[40] Jeremy W, Roger H, Liz E. Insulin grown in safflowers tested in people[J]. New Scientist, 2009, 201: 4.

[41] 徐铮奎. 转基因植物生产人胰岛素获得成功[N]. 医药经济报, 2010–07–05.

[42] 张教洪, 孙洪春, 朱彦威, 等. 中草药红花的综合利用及研究进展[J]. 山东农业科学, 2008, 5: 56–58, 63.

[43] 梁慧珍, 董薇, 余永亮, 等. 国内外红花种质资源研究进展[J]. 安徽农业科学, 2015, 43(16): 71–74.

[44] 赵钢, 王安虎. 红花的资源及药用价值[J]. 中国野生植物资源杂志, 2004, 23(3): 24–25.

编写人：安钰　李明　张新慧

第十九节　牛蒡子

一、概述

来源：本品为菊科植物牛蒡(*Arctium lappa* L.)的干燥成熟果实。秋季果实成熟时采收果序, 晒干, 打下果实, 除去杂质, 再晒干。

生长习性：喜温暖湿润气候, 耐寒, 耐旱, 怕涝。种子发芽适宜温度 20~25℃, 发芽率 70%~90%。以土层深厚, 疏松肥沃、排水良好的沙土或壤土栽培为宜。

质量标准:执行《中华人民共和国药典》(2015 年版一部)[1]。

【性状】本品呈长倒卵形,略扁,微弯曲,长 5~7 mm,宽 2~3 mm。表面灰褐色,带紫黑色斑点,有数条纵棱,通常中间 1~2 条较明显。顶端钝圆,稍宽,顶面有圆环,中间具点状花柱残迹;基部略窄,着生面色较淡。果皮较硬,子叶 2,淡黄白色,富油性。气微,味苦后微辛而稍麻舌。

【检查】水分不得过 9.0%。总灰分不得过 7.0%。

【含量测定】照高效液相色谱法测定。本品含牛蒡苷($C_{27}H_{34}O_{11}$)不得少于 5.0%。

【炮制】牛蒡子除去杂质,洗净,干燥,捣碎。

【性味与归经】辛、苦,寒。归肺、胃经。

【功能与主治】疏散风热,宣肺透疹,解毒利咽。用于风热感冒,咳嗽痰多,麻疹,风疹,咽喉肿痛,痄腮,丹毒,痈肿疮毒。

【贮藏】置通风干燥处。

二、基原考证

(一)本草记述

传统本草有关牛蒡物种的记载主要集中于植物外部形态方面的描述,有关本草中牛蒡植物形态记载详见表 4-87。

表 4-87 本草中有关牛蒡物种形态的描述

典 籍	物种描述
本草图经(宋)	叶如芋而长。实似葡萄核而褐色,外壳如栗球,小而多刺。鼠过之则缀惹不可脱,故谓之鼠黏子
本草衍义(宋)	在萼中、萼上有细钩,多至百十
本草纲目(明)	秋三月生苗起茎,高者三四尺,四月开花成丛,淡紫色,结实如枫梂而小,萼上细刺百十攒簇之,一梂有子数十颗。其根大者如臂,长者近尺
本草备要(清)	实如葡萄而褐色

(二)基源物种辨析

《本草图经》[2]记载"恶实即牛蒡子也,生鲁山平泽,今处处有之。叶如芋而长。实似葡萄核而褐色,外壳如栗球,小而多刺。鼠过之则缀惹不可脱,故谓之鼠黏子……"《本草衍义》曰[3]:"在萼中、萼上有细钩,多至百十……"《本草纲目》[4]曰:"恶实,其实状恶而多刺钩,故名。…… 秋三月生苗起茎,高者三四尺,四月开花成丛,淡紫色,结实如枫梂而小,萼上细刺百十攒簇之,一梂有子数十颗。其根大者如臂,长者近尺,……"这些记载与《中国植物志》中菊科植物牛蒡(*Arctium lappa* L.)描述相同,牛蒡为广布种,我国广泛分布"处处有之",果序外总苞顶端钩状弯曲。

三、道地沿革

(一)本草记述的产地及变迁

传统本草有关牛蒡子道地产区的记载较少,有关本草中牛蒡子道地产区记载详见表 4-88。

表 4-88　本草中有关牛蒡子产地的描述

典 籍	产地描述
名医别录(南北朝)	生鲁山平泽
中国古今地名大辞典	一种认为鲁山是在河南鲁山县东十八里,孤高耸拔乃一邑巨镇,县以此得名。另一种说法是在湖北汉阳县北,即大别山,又曰露山。按此条,此山极有可能在陶弘景前既有鲁山之名。而山之名或因鲁之国名而来
左传·昭公十九年(春秋战国)	刘累学扰龙以事孔甲。迁于鲁县
新修本草(唐)	鲁山在邓州东北
本草图经(宋)	今处处有之
本草品汇精要(明)	鼠粘子道地蜀州

由表 4-88 可以看出,传统本草有关牛蒡子道地产区的记载较少,从地理分布来看,以东北和河南为其道地产区。

(二)本草记述的产地及药材质量

牛蒡始载于《本草图经》,又名恶实(《名医别录》)、大力子(《卫生简易方》)、蝙蝠刺(《本草纲目》)、夜叉头(《救荒本草》)。《中药大辞典》记载:"以东北产量较大,浙江所产品质较优"。《中药志》与《中国药材学》均记载:"以东北产量最大,称'关大力',销全国并出口;浙江桐乡产者质佳,称作'杜大力',主销江苏、浙江两省"。《现代中药材商品通鉴》记载:"药材规格按产地分关大力(河北、吉林、辽宁)、川大力(四川万县、云阳等地)、汉大力(湖北)、杜大力(浙江嘉兴、桐乡等地)。以杜大力质佳"。《中药鉴定学》《中药商品学》也有相似的记载。据《桐乡县志》记载:"牛蒡子,民国时期,以石门、乌镇、民合、新生一带最多,均为野生。抗日战争胜利后,最高年产量 800 担。……1982 年为 274吨,为历史最高年产量……产品主要销往上海及南洋一带"。《桐乡卫生志》记载:"我县所产的牛蒡子属'杜大力',质量较优,特点是无杂质,籽饱满,有光泽,是牛蒡子中最佳品,行销全国,享有盛名"。

四、道地药材产区及发展

(一)道地药材产区

关于牛蒡子产地的记载,最早见于梁代陶弘景所著《名医别录》曰:"恶实生鲁山平泽",《别录》中的鲁山是指山东省。《采证类本草》和《本草品汇精要》均引自《本草图经》:"生鲁山平泽,今处处有之,道地为蜀州",并附有插图为蜀州恶实,蜀州是现在的四川省。《仙制本草》记载:"各处皆生"。陈仁山编著的《药物生产辨》云:"牛蒡子产区甚广"。《新编中药志》认为分布于全国,主产于吉林、辽宁、黑龙江、浙江等地。胡世林主编的《中国道地药材》称现时东北三省产者为佳。现今文献记载牛蒡子依产地而分为四大源流,以东北产量最大,称作"关大力""北大力",销全国并出口浙江桐乡产者质佳,称作"杜大力",主销江苏、浙江两省。四川一带的"川大力"和湖北一带的"汉大力"多自产自销。吕智[29]等2007年通过对各产区的实际调查发现,东北产量最大,东北境内非常容易采集到野生牛蒡。原有认为质量佳的桐乡地区见不到野生牛蒡,更没有大量的人工栽培,在浙江这个传统的杜大力产区,很难找到野生牛蒡。在西北地区的陕西、甘肃两省,有大量的野生牛蒡,并且有农民种植牛蒡取子做药材用。

目前,有关牛蒡子的道地药材产区仍然存在争议。学者研究运用多元统计方法[5],确定影响牛蒡子道地性各环境因子的权重,在地理信息系统 ArcGis 9.0 的支持下,进行牛蒡产地适宜性划分,结果表明,牛蒡的最适宜分布区沿西南—东北方向呈条带状分布,主要分布在东北、华北和西南地区。与《中华人民共和国药典》中记载的产区基本相近。但是,研究结果与药典记载也存在差异,华北(包括北京、天津、河北、山西、内蒙古)和西北(宁夏、新疆、陕西、甘肃)也是牛蒡的集中分布区;原来以浙江为主的华东产区,现在以山东为主;东北地区的吉林和黑龙江也是牛蒡子的主产区;西南地区牛蒡子的产区除了四川和重庆外,还包括云南和贵州;在华南和华中地区的分布较少。造成这种情况的原因可能是人为干扰(如人为拔除、除草剂的大量使用等)和气候变化影响。

(二)产区生境特点

牛蒡为深根性植物,适应性强,耐寒,耐旱,较耐盐碱,怕多雨季节和积水。喜温暖湿润气候,土层深厚肥沃、质地疏松、排水良好的土壤,野生于山区丘陵的山涧、路旁、林缘、沟溪边,平整地区的房前屋后,地头沟边。喜阳光,在阳光充足的环境生长良好,半阴半阳的树林内也可生长。海拔较低的丘陵和山区地带最适宜生长。

(三)道地药材的发展

牛蒡在全国各地均有分布,多生于山野路旁、沟边、荒地、山坡向阳草地、林边和村镇附近。以辽宁为主的东北产区为关大力,以浙江为主的华东产区为杜大力,以四川为主的西南产区为川大力,以湖北为主的华中产区为泽大力。《桐乡县志》记载:"民国时期,以石门、乌镇、民合、新生一带最多,均为野生。抗日战争胜利后,最高年产量 800担。1951 年,崇德、桐乡两县年产量 30 t。1958 年,由野生改为人工栽种,产量持续上升,质量提高,1965 年年产量 14.75 t,1978 年增加到 128.39 t,1982 年 274 t,为历史最高年产量,以后,年产量保持 100 t 左右。杭州嘉湖平原产的杜大力,质量较优,特别是无杂质,籽饱满,有光泽,仁实脂肪多,是牛蒡子中最佳品,行销全国,享有盛名"。改革开放后桐乡地区经济的高速发展,使牛蒡子这一当地农民传统种植的药材在当地已不见踪影,农民纷纷转向其他能带来更大经济利益的行业。由此可见,经济的发展程度对道地药材的产区变化会有相当大的影响,中药牛蒡的道地产区随着历史的发展也发生明显的变迁。

牛蒡的最适宜分布区沿西南—东北方向呈条带状分布,主要分布在东北、华北和西南地区。与《中华人民共和国药典》中记载的产区(辽宁、浙江、四川、湖北)基本相近,但结果表明,在浙江的分布较少,同时,在内蒙古西部、甘肃和新疆也有一定的分布。按省份统计结果表明,牛蒡在全国的适宜分布面积占国土总面积的 23.67%。从各省份来看,辽宁省是牛蒡最适宜的生长区,最适宜面积占全省面积的 97.91%,其次为陕西(82.84%)、山西(79.78%)、吉林(75.31%)、宁夏(73.61%)、贵州(73.56%)和黑龙江(68.59%)。原来以浙江为主的华东产区,现在以山东为主,可能是气候变化导致的牛蒡子向北迁移的结果,有待于进一步研究确定。

五、药材采收和加工

(一)本草记载的采收和加工

牛蒡待秋季果实成熟时采收果序,晒干,打下果实,除去杂质,再晒干。

牛蒡子在《神农本草经》中名恶实。其炮制初见于《雷公炮炙论》[6]:"凡使,采之净拣,勿令有杂子,然后用酒拌蒸,待上有薄白霜重出,却用布拭上,然后焙干,别捣如粉用"。唐代开始炒用(《食疗》),宋代增加了制、酒拌蒸(《局方》),金元时有烧存性(《儒门》);明代炮制方法较多,有去油、焙黄(《普济方》)、水煮晒干炒香(《准绳》)、酥炙(《启玄》)、蒸制(《景岳》)、酒炒(《必读》)等方法。清代基本同前法。现在主要的炮制方法有炒黄等。现版药典收载牛蒡子和炒牛蒡子。

(二)采收和初加工技术研究

牛蒡生品富含油脂,性滑利,有导泻滑肠作用,炮制后滑寒之性降低,总木脂素及牛蒡苷元含量升高,炮制有降低副作用,增强疗效的作用。因此,临床上多用其炮制品。牛蒡子炮制历史沿革表明,清炒法是最具有代表性的炮制方法。但历版《中华人民共和国药典》和各省市中药饮片炮制规范中关于牛蒡子的炮制工艺无明确工艺参数,且炮制程度不同,导致炒牛蒡子内在质量差异较大,进而影响饮片的临床疗效。因此,研究牛蒡子炒制前后化学成分变化,优选牛蒡子最佳炒制工艺及制定炒牛蒡子的质量标准具有实际指导意义[7]。牛蒡子含牛蒡苷、脂肪油、牛蒡酚等。研究表明,随着炒制温度的升高和炒制时间的延长,牛蒡苷的含量下降,牛蒡苷元的含量增加。

用黑曲霉菌株固态发酵和水煮工艺相耦合炮制牛蒡子的研究结果表明,最佳固态发酵炮制条件为 0.5 g 牛蒡子粉、3 g 麸皮、2 g 甘蔗渣、0.33 g 蛋白胨和 10 ml Mandels 营养液,固液比 1.0:3.6,初始 pH 5.6,30℃发酵 7 d。牛蒡子苷元产率随底物初始浓度的增加而降低。牛蒡子苷的产率可达 93.0%。该工艺提高了牛蒡子中有效成分牛蒡子苷元的含量,从而有利于促进牛蒡子摄入体内迅速起效[8]。

(三)道地药材特色采收加工技术

牛蒡子待秋季果实成熟时采收果序,晒干,打下果实,除去杂质,再晒干。

牛蒡子:取原药材,除去杂质,洗净,干燥。用时捣碎。

炒牛蒡子:取净牛蒡子,置炒制容器内,用文火加热,炒至略鼓起,微有香气,断面浅黄色时,取出。用时捣碎。

六、药材质量特征和标准

(一)本草记述的药材性状及质量

相对于牛蒡子比较普遍的道地产区的记载,本草对牛蒡子道地性状的描述比较一致,主要从大小、颜色、整体性状等几个方面进行了描述,详见表4-89。

表4-89　主要本草中有关牛蒡子道地性状的描述

典　籍	性状描述
本草纲目(明)	其实状恶而多刺钩,结实如枫梂而小,萼上细刺百十攒簇之,一梂有子数十颗。其根大者如臂,长者近尺,其色灰黪
本草图经(宋)	实似葡萄核而褐色,外壳如栗球,小而多刺
本草备要(清)	实如葡萄而褐色
中药材鉴定图典	以粒大、饱满、色灰褐色者为佳

(二)道地药材质量特征的研究

牛蒡子的主要化学成分是木脂素类和挥发油成分,还有少量生物碱、维生素等,其质量和环境也是密切相关的。现代药物分析、提纯等技术的应用使牛蒡子药物开发和应用有了更多的发展,牛蒡子苷的测定、牛蒡子苷和牛蒡子苷元的提取都有了更多的方法。研究表明,牛蒡子苷元的抗癌作用效果明显,牛蒡子苷和牛蒡子苷元及其中总木脂素等,分别对糖尿病、抗炎、抗病毒等都有作用,此外牛蒡子的超声萃取物对脑中动脉的栓塞、凝血等也有一定的作用 [9]。果实含牛蒡甙 (arctiin),水解生成牛蒡甙元(arctigenin)及葡萄糖(glucose)。又含罗汉松脂酚(matairesinol),络石甙元(trachelo-genin),倍半木质素(sesquiligenan)AL-D 及 AL-F。种子含牛蒡甙,牛蒡酚(lap-paol)A、B、C、D、E、F、H。又含脂肪油,其中脂肪酸成分有花生酸(arachic acid)、硬脂酸(steraic acid)、棕榈酸(palmitic acid)和亚油酸(linoleic acid)[10]。

(三)道地药材质量标准

《中华人民共和国药典》(2015 年版一部)中收载牛蒡子的质量评价标准主要包括性状、鉴别、检查、含量测定等几个方面。含量测定照高效液相色谱法测定,本品含牛蒡苷不得少于 5.0%。检查项中总灰分不得过 7.0%,水分不得过 9.0%。

商品一般为统货。

七、药用历史及研究应用

(一)传统功效

牛蒡子最早见于《名医别录》记载[11],以恶实为正名,其功能"主明目补中,除风伤"。《本草拾遗》曰有"主风毒肿、诸瘘"功用,《药性论》以其浸酒服,能"除诸风,去丹石毒,主明目,利腰脚,又散诸结节筋骨烦热毒"。《食疗本草》明确其"明耳目,利腰膝",尚能"通利小便"。《本草衍义》认为,牛蒡子能"疏风壅涎唾多,咽膈不利"。《汤液本草》云能"润肺散气"。《药性赋》概括其用:"主风湿瘾疹盈肌,退寒热咽喉不利,散诸肿疮疡之毒,利凝滞腰膝之气"。《本草经疏》强调为"散风、除热、解毒之要药"。《本草蒙筌》增"止牙齿蚀疼"之用。《本草纲目》补充"消斑疹毒"。《药性解》增补"润肺止嗽,散气消痰"之功。《本草备要》以其"理痰嗽,利二便"。《得配本草》取其"降肺气,祛滞气,疗疮疡,消风毒"。《玉楸药解》用以"清风泻湿,消肿败毒,发散风湿,清利咽喉",而治"表瘾疹郁蒸,泻气臌水胀,历节肿痛之症"。

(二)临床应用

1.《中华人民共和国药典》有关牛蒡子的记载

①本品疏散风热,且能利咽,临床应用以风热表证兼有咽喉肿痛者为宜,常配合桔梗、银花、连翘等同用。牛蒡散风热而透疹,对麻疹初起、疹出不畅者,往往配升麻、葛根、蝉蜕、薄荷等同用。牛蒡散风热,宣肺气,祛痰而止咳,故外感风热,咳嗽不畅痰多者,往往用为要药,可配荆芥、桔梗、甘草等同用。牛蒡配黄连、板蓝根等又能清解热毒,对热毒疮痈有一定疗效.

②牛蒡辛苦而寒,主要有透发与清泄两种功效,既能疏散风热,又能清解热毒。但本品透发的力量较弱,并无发汗作用,故在用于感风热或透发麻疹时,须与薄荷同用,始能收透发之效。至于它的清泄热毒的作用,则较显著,无论咽喉红肿,疳腮肿痛,疮痈肿毒以及痰热咳嗽等症,都可适用,常与银花、连窍等配伍。牛蒡子疏散风热的作用,与薄荷相似,常配合同用,惟牛蒡清热解毒之功较优,薄荷解表发汗之力较强。由于它性寒滑利,能滑肠通便,故脾虚腹泻者忌用;痈疽已溃、脓水清稀者也不宜应用。

2.《中药大辞典》中有关牛蒡子的记载

①疏风壅涎唾多,咽膈不利:牛蒡(微炒)、荆芥穗各一两,甘草(炙)半两。并为末,食后夜卧,汤点二钱服,当缓取效。(《本草衍义》)

②治喉痹:牛蒡六分,马蔺子八分,上二味捣为散,每空腹以暖水服方寸匕,渐加至一匕半,日再。(《广济方》)

③治风热闭塞咽喉,遍身浮肿:牛蒡一合,半生半熟,杵为末,热酒调下一钱匕。(《经验方》)

④治风热客搏上焦,悬痈肿痛:恶实(炒)、甘草(生)各一两。上为散,每服二钱匕,水一盏,煎六分,旋含之,良久咽下。(《普济方》启关散)

⑤治瘰疹不起透:牛蒡子(研细)五钱,柽柳煎汤,调下立透。(《本草汇言》)

⑥治皮肤风热,遍身生瘾疹:牛蒡、浮萍等分。以薄荷汤调下二钱,日二服。(《养生必用方》)

⑦治风肿斑毒作痒:牛蒡子、玄参、僵蚕、薄荷各五钱。为末,每服三钱,白汤调下。(《方脉正宗》)

⑧治痰厥头痛:旋覆花一两,牛蒡一两(微炒)。上药捣细罗为散,不计时候,以腊面茶清调下一钱。(《圣惠方》)

⑨治头痛连睛,并目昏涩不明:牛蒡、苍耳子、甘菊花各三钱,水煎服。(《方脉正

宗》)

⑩治风热成历节,攻手指作赤肿麻木,甚则攻肩背两膝,遇暑热或大便秘即作:牛蒡子三两(隔纸炒),新豆豉(炒)、羌活(去芦)各一两,干生地黄二两半,黄耆一两半(蜜炙)。上为细末,汤调二钱服,空心食前,日三服。(《本事方》牛蒡子散)

(三)现代药理学研究

现代药理学研究发现,牛蒡子中所含主要成分木脂素类化合物具有抗肿瘤、抗病毒、降血糖、防治糖尿病肾病、改善肾脏代谢功能、调节免疫、抗菌、抗氧化、钙拮抗及降血压、对血小板因子拮抗作用等多种生理活性,引起了人们的广泛重视[12]。

1. 抗肿瘤作用

大量的实验研究表明,牛蒡子木脂素类成分是其抗癌和抗肿瘤的活性成分,其作用机制包括抑制肿瘤细胞增殖、直接细胞毒作用、抗肿瘤细胞转移、诱导肿瘤细胞揭亡、诱导分化作用、免疫增强作用以及抗突变作用等[13]。Susanti[14]等在筛选中草药中抗癌药物时发现,牛蒡子苷元对肺癌细胞(A549)、肝癌细胞(HepG2)、胃癌细胞(KATO Ⅲ)均具有细胞毒性,但对正常细胞均无细胞毒性。进一步研究牛蒡子苷元对人肺腺癌细胞抗癌机制的结果表明,苷元可以通过下调 NPAT 蛋白表达来抗 G0/G1 相癌细胞增殖,且这与细胞内 GSH 水平相关[15]。将不同浓度的牛蒡子苷元作用于肝癌 SMMC-7721 细胞,采用 MTT 法测算细胞增殖抑制率,流式细胞术法检测细胞周期及凋亡率和 RT-PCR 法检测细胞中 Bcl-2 mRNA,结果表明牛蒡子苷元可明显抑制 SMMC-7721 细胞增殖并诱导其凋亡,这可能与牛蒡子苷元下调细胞中 Bcl-2 基因的表达有关。

2. 抗流感病毒作用

王雪峰[16]等采用血凝试验方法测定不同浓度牛蒡子提取物体外和鸡胚内抑制流感病毒效价,提取物可降低凝血效价,延长抑制病毒的时间。还可预防和保护治疗感染流感病毒的鸡胚,且在高浓度时,预防作用明显优于阳性对照病毒唑组。可见,牛蒡子可有效地抑制甲型流感病毒 FM1 株。符林春[17]等采用病毒滴鼻感染小鼠模型研究牛蒡子苷元复方的体内外抗流感病毒作用及其机制,体外苷元未抑制甲 1 型流感病毒,但可降低病毒感染小鼠肺指数,延长其寿命,并诱生干扰素。

3. 抗炎作用

Zhao F[18]等采用 RAW 264.7 细胞和 THP-1 细胞研究牛蒡子苷元抗炎活性的机制发现,苷元可以通过下调 iNOS 的表达和酶活力来抑制 LPS 刺激的 NO、TNF-α、IL-6 过量产生,但是对 COX-2 的表达和活力没有影响。而 Kou XJ[19]等研究发现牛蒡子苷元一方面可通过其抗氧化活性来抑制 ROS 依赖 STAT 信号，另一方面还可显著抑制 STAT1、STAT3 和 JAK2 的磷酸化来抑制 iNOS 的表达，进而降低炎症因子的表达。可见，牛蒡子苷元通过阻断 JAK-STAT 信号通路来抗炎。张淑雅[20]等采用小鼠耳郭肿胀模型、大鼠肉芽肿和弗氏完全佐剂模型以及大肠杆菌内毒素发热家兔模型观察牛蒡苷抗炎和解热作用，结果表明，牛蒡苷具有良好的抗急性炎症和解热作用。

4. 改善糖尿病作用

马松涛[21]等采用链脲佐菌素诱导大鼠糖尿病肾病模型，空腹给药牛蒡子苷 40、60 mg/(kg·d)，8 周后，尿蛋白排泄降低，肾脏指数降低(Nephrin、Podocin)，蛋白和 mRNA 的表达增加，HPSE 蛋白的表达降低。可见，牛蒡子苷对糖尿病大鼠肾脏有一定的保护作用，其作用机制可能与调控肾小球滤过屏障中相关蛋白的表达有关。此外，蔡景英[22]等采用荧光实时定量 PCR 和 Western blot 研究牛蒡子对大鼠糖尿病肾脏基质细胞衍生因子 1 (SDF-1)表达，结果发现 SDF-1mRNA 和蛋白水平均有显著的降低，即牛蒡子对糖尿病肾病有一定治疗作用。牛蒡子苷还可通过抑制 NF-kB 活化及核转位并降低促炎细胞因子的水平，从而降低丙二醛、IL-6 和 TNF-α 水平，抑制 NF-kB P65 DNA 结合活性，提高超氧化物歧化酶活力，进而改善膜性肾小球肾炎病症[23]。

(四)现代医药应用[24]

风热感冒：牛蒡子，辛散苦泄、寒能清热，故有疏散风热，宣肺，利咽之效。用来治风热感冒、咽喉肿痛等证。

肺热喘咳，阴虚火旺：牛蒡子能宣肺利膈，祛痰止嗽。常与麻黄、石膏、杏仁、黄芩等辛凉疏泄、清肺平喘药物同用。

急性咽喉肿痛：牛蒡子具有清热解毒、散结消肿，对急性咽炎、喉炎、扁桃腺炎等均有较好的治疗作用。

鼻窍不通：牛蒡子能辛凉解表，疏散风热，解毒利咽消肿。可治各类鼻炎、鼻窦炎。

痈肿疮毒、痄腮喉痹：牛蒡子辛苦，性寒，于升浮之中又有清降之性，有清热解毒、消肿利咽之效兼能通利二便。

小儿麻疹不透、积滞腹胀、流涎：牛蒡子古称"痘疹要药"。临床用于出疹性疾病，如麻疹不透、风疹瘙痒、猩红热等有一定疗效。

神经病变：牛蒡子味辛能散，味苦能降，且性寒滑利。其可使头面部风火热壅得以上宣、下泄、疏达、俾火郁得发，气血调畅，邪有出路。用治周围性神经麻痹。

便秘：牛蒡子辛苦、冷滑，含牛蒡苷、脂肪油。能降气下行，润肠通便，包祖晓用牛蒡子通大便效果理想。

急性乳腺炎：牛蒡叶外用治痈肿对急性乳腺炎早期有显著的消炎、镇痛作用。石妙利采用瓜蒌牛蒡汤加减治疗乳痈 150 例,总有效率 92%。华柏正用牛蒡子汤内服,金黄散加青黛同蜜糖外敷治疗外吹乳痈 50 例,有效率 98%。

膝关节骨性关节炎：苏海涛等应用了牛蒡子汤加减配合中药外敷治疗膝关节骨性关节炎急性发作期。牛蒡子汤功效,祛风豁痰通络;方中牛蒡子祛痰除风,消肿化毒,通行十二经络。

八、资源综合利用和保护

(一)资源综合开发利用

牛蒡是菊科牛蒡属直根系二年生大型草本植物,具有多种生物、生理活性,它能清除体内垃圾,改善体循环,尤其对糖尿病、性机能减退、肥胖症、风湿、类风湿、解肝毒、便秘、内外痔等病症有明显效果。关于牛蒡的抑菌作用研究目前国内外已有一些报道。林学政[25]等研究了牛蒡叶中绿原酸对 7 种植物病原真菌孢子萌发的影响及其对黄瓜枯萎病和辣椒疫病的防治作用。娄在祥研究表明乙酸乙酯提取所得牛蒡叶提取物对金黄色葡萄球菌、肺炎链球菌、枯草芽孢杆菌、大肠杆菌、志贺氏菌以及肠炎沙门氏菌各受试菌有良好的抑制效果。由上可知,牛蒡具有良好的抑菌作用,牛蒡各部分提取物均有不同程度的抑菌效果,但是牛蒡取物的抑菌谱目前尚不完善,且作为潜在的植物防腐剂。

牛蒡作为一种优质蔬菜,在我国被广泛食用,其种植规模逐年递增。然而,在生产过程中大量牛蒡叶被丢弃,造成了严重的资源浪费,同时容易污染环境。因此,对牛蒡叶中的多酚成分进行开发利用,既可以综合利用废弃资源,又可以制备大量的活性成分,具有重要的经济和社会意义。现代化学和药理学研究发现,牛蒡根具有抗氧化抗衰老、补肾壮阳、降血脂等作用。牛蒡根为我国传统的药食两用中药,《名医别录》《食疗本草》及《本草纲目》等对其均有记载,同时牛蒡根也是卫计委公布的可用于保健食品的中药。为充分利用牛蒡根资源,研究人员对牛蒡根进行茶制剂开发,经过选料、清洗切片、恒温发酵、循环脱水、低温烘培、筛选、杀菌、无菌包装等步骤,最终制成牛蒡根固体茶制剂,无任何添加防腐剂,加入温水即可服用,改善了牛蒡的口感[26]。此外,牛蒡还被开发成牛蒡保健饮料等[27]。

(二)新药用部位开发及资源可持续利用

牛蒡的传统药用部位为果实,若能有效地利用除果实之外的植株其他部分,便提高资源利用率。现代化学和药理学研究发现，牛蒡根具有抗氧化、抗衰老、补肾壮阳、降血脂等作用[28]。牛蒡根为我国传统的药食两用中药，《名医别录》《食疗本草》及《本草纲目》等对其均有记载，同时牛蒡根也是卫计委公布的可用于保健食品的中药，且在日本有"东洋参"之称，一直被日、韩、欧美和中国台湾地区公认为营养价值极高的特种保健型蔬菜。牛蒡富含菊糖、纤维素、蛋白质、钙、磷、铁等多种维生素和矿物质，其胡萝卜素比胡萝卜高150倍，蛋白质和钙的含量为根类蔬菜之首，有"蔬菜之王"的美誉。牛蒡的含钙量是地下根茎类蔬菜当中最高的，所以牛蒡是治疗骨质疏松症的极好的蔬菜，当然也是缺钙人群的理想食疗蔬菜。牛蒡中含的粗纤维也是地下根茎类蔬菜中最高的，作为一种粗纤维植物，它能清除体内垃圾和毒素、改善体内循环，有一定的利尿解热、抑制发炎的作用，尤其对糖尿病、肥胖症、风湿、解肝毒、便秘等有明显疗效。牛蒡肉质根细嫩香脆，可炒食、煮食、生食[29]。

牛蒡不但可以作为鲜食供应，而且还可加工成干品如牛蒡茶、牛蒡酥、盐渍品，也可加工成牛蒡营养液、牛蒡醋、牛蒡酒等。牛蒡根中菊糖含量较高，菊糖活性广泛，对控制糖尿病有一定的辅助疗效，可作为防治肿瘤、冠心病、糖尿病、结肠癌、便秘等的保健食品配料和天然药物，还有可能作为植物抗病诱导子。激活植物的防卫免疫系统，抵御病虫害，可以用来开发新型的无毒、无公害的生防制剂。牛蒡根提取菊糖后的废弃物牛蒡渣，含有大量可以利用的优质膳食纤维，尤其是水溶性膳食纤维虽不具营养价值，但能治疗、预防许多疾病，对人体的正常代谢必不可少。利用牛蒡渣提取的水溶性和不溶性膳食纤维，产品品质好，得率高，其功能特性如持水力、溶胀率等指标均高于目前常用的鼓皮纤维、豆腐渣纤维和海带渣纤维等，有着十分广阔的开发前景。此外，牛蒡叶中含有较高含量的绿原酸。绿原酸抗氧化能力强，还具有抗艾滋病毒、抗肿瘤细胞、抗致畸、抗过敏及保肝利胆等作用。因此，对牛蒡全株的充分开发利用，既可以综合利用废弃资源，又可以制备大量的活性成分，具有重要的经济和社会意义。

九、牛蒡栽培技术要点

(一)立地条件

水分：牛蒡耐旱，怕涝。如遇干旱，出苗不易整齐；雨季要注意排水，防止积水烂根。

土壤：牛蒡为喜肥作物，以土层深厚、疏松肥沃、排水良好的砂质壤土栽培为宜。

温度：种子发芽适宜温度20~25℃，发芽率70%~90%。播种前将种子放在30~40℃温水中浸泡24 h。

（二）选地整地

牛蒡是二年生草本植物，喜温暖、湿润和阳光充足的环境，适应性强，高山、丘陵、低山、平地均能生长，但高山需三年能开花结果；低山、平原区二年均可以开花结果。对土壤要求不严格，以土层深厚、土壤肥沃、砂质土壤为宜。牛蒡耐寒、耐旱、主根发达，属于深根性植物，不能在低洼积水的地方种植。

（三）选种

牛蒡种子要求质量上乘，颗粒饱满。

（四）播种

用种子繁殖，春、夏、秋均可播种。春播在清明前后，夏播在夏至前后，秋播在立秋前后，为缩短占地时间，以夏、秋播为宜。播种分为直播和育苗移栽两种。

播种一般采用种子播，播前将种子放入 30~40℃温水中浸泡 24 h，促使其发芽，发芽适宜温度为 20~25℃，然后在整好的畦面上按行距 60~70 cm，株距 50 cm 挖穴，穴深 5~7cm，每穴散开播入 5~6 粒种子，厚 3~5 cm，稍压后浇水，15 d 左右即可出苗。每亩用种量 1 kg 左右。也可采用条播，按每行距 50~60 cm 开浅沟，将种子均匀撒入沟内。其余穴播相同。

（五）间苗和中耕除草

间苗中耕除草，秋播的于当年种子发芽出土后，当幼苗长有 3 片叶时，就开始间苗。穴播的每穴留壮苗 2~3 株，条播的按株距 50 cm 留壮苗 1 株，对缺株进行补苗，间、补苗后浇透水，随后进行一次中耕，第二年 4~5 月二次中耕，植株封行后中耕，整个生长期保持土壤疏松，田间无杂草。春播的苗出 3~4 片真叶时，在间苗补苗后开始第一次浅锄松土，7~8 月高温多雨季节，杂草生长迅速，进行二次除草，9 月下旬再除草 1 次，勿使杂草结籽，同时进行培土，第二年 4~5 月中耕除草 1 次。

（六）追肥

牛蒡是喜肥植物，生育期间需肥量大，一般每年追肥 3 次，可结合中耕除草进行，先松土后施肥，一般农家肥均可，或亩施尿素 5 kg 和过磷酸钙 10 kg。

（七）越冬管理

牛蒡当年播种不结果，为促进第二年生长、苗壮，提高产量和质量，冬季叶子枯萎后，要及时清除枯叶和杂草，干旱时浇封冻水，封冻前在植株的基部培土，第二年解冻后将盖土松动。

(八)采收

播种后第二年前后采收。由于种子成熟期很不一致,故应分期采收。当果序总苞呈枯黄时即可采收,剪下果枝,晒干,最后将全株割下晒干,去净杂质,收藏。如久不采收,果实过分成熟,易被风吹落。由于总苞上有许多坚硬的钩刺,采摘时应在早晨和阴天刺软时进行,不致伤手;若晴天采摘,则应戴上手套。另外果实上的冠毛常随毛飞扬,黏附皮肤即刺痒难受,故采收时应在上风处,并戴口罩及风镜,注意防护。亩产果实 150~200 kg,高产者可达250 kg。

参考文献

[1] 中华人民共和国药典委员会. 中华人民共和国药典(一部)[M]. 北京: 中国医药科技出版社, 2015.

[2] (宋)苏颂. 本草图经[M]. 合肥: 安徽科学技术出版社, 1994.

[3] (宋)寇宗奭. 本草衍义[M]. 太原: 山西科学技术出版社, 2012.

[4] (明)李时珍. 本草纲目[M]. 呼和浩特: 内蒙古人民出版社, 2006.

[5] 常禹, 刘淼, 陈宏伟, 等. 道地药材牛蒡子适宜产区划分[J]. 辽宁中医药大学学报, 2009, 11(11): 9–12.

[6] (南北朝), 雷敩. 雷公炮炙论[M]. 南京: 江苏科学技术出版社, 1985.

[7] 肖玫, 毛建虹. 牛蒡子在食品工业中应用及其开发前景[J]. 农业开发与装备, 2008, (11): 27–30.

[8] 贺菊萍, 苏丹, 张健. 牛蒡叶抑菌活性及其对加工条件的稳定性[J]. 食品工业, 2013, 34(12): 63–66.

[9] 王哲, 王佳贺. 牛蒡子苷元药理作用的研究进展[J]. 中国医药导报, 2018, 15(32): 50–53.

[10] 边巴次仁, 尼玛仓决, 赤列旺久, 等. 中草药牛蒡子化学成分及药理研究进展[J]. 中国兽药杂志, 2018, 52(09): 67–74.

[11] (南北朝)陶弘景. 名医别录[M]. 北京: 人民卫生出版社, 1986.

[12] 张兴德, 张彩琴, 刘启迪, 等. 牛蒡子抗肿瘤活性成分及作用机制研究进展[J]. 中国现代中药, 2012, 14(12): 12–17.

[13] Susanti S, Iwasaki H, Itokazu Y, et al.Tumor specific cytotoxicity of arctigenin isolated from herbal plant Arctium lappa L[J]. J Nat Med, 2012, 66 (4) :614–621.

[14] Susanti S, Iwasaki H, Inafuku M, et al.Mechanism of arctigenin–mediated specific cytotoxicity against human lung adenocarcinoma cell lines[J]. Phytomedicine, 2013, 21 (1): 39–46.

[15] 郑国灿, 王兵, 钱程佳. 牛蒡子苷元对肝癌 SMMC–7721 细胞增殖、凋亡的影响及机制探讨[J]. 山东医药, 2011, 51(14): 13–15.

[16] 王雪峰, 潘曌曌, 闫丽娟, 等. 牛蒡子提取物体外抗甲型流感病毒 FM1 株的实验研究[J]. 中医研究, 2007, (06): 18–21.

[17] 符林春, 徐培平, 刘妮, 等. 牛蒡子苷元复方抗流感病毒的实验研究[J]. 中药新药与临床药理, 2008,

(04): 266–269.

[18] Zhao F, Wang L, Liu K.In vitro anti–inflammatory effects of arctigenin, a lignan from Arctium lappa L., through inhibition on iNOS pathway[J]. Journal of Ethnopharmacology, 2009, 122 (3) :457–462.

[19] Kou X J, Qi S M, Dai W X, et al.Arctigenin inhibits lipopolysaccharide–induced iNOS expression in RAW 264.7 cells through suppressing JAK–STAT signal pathway[J]. International Immunopharmacology, 2011, 11 (8) :1095–1102.

[20] 张淑雅, 王小萍, 陈昕, 等. 牛蒡苷抗炎和解热作用研究[J]. 药物评价研究, 2013, 36(06): 422–425.

[21] Ma S T, Liu D L, Deng J J, et al. Effect of Arctiin on Glomerular Filtration Barrier Damage in STZ–In-duced Diabetic Nephropathy Rats[J]. Phytotherapy Research, 2013, 27 (10) :1474–1480.

[22] 蔡景英, 王育斌, 李华, 等. 牛蒡子对糖尿病大鼠肾组织基质细胞衍生因子1表达的影响[J]. 武汉大学学报(医学版), 2010, 31(06): 746–749.

[23] Wu J G, Wu J Z, Sun L N, et al. Ameliorative effects of arctiin from Arctium lappaon experimental glome-rulonephritis in rats[J]. Phytomedicine, 2009, 16: 1033–1041.

[24] 鲍雯雯, 历淑芬, 丛晓东 等. 牛蒡子的药理作用和临床应用研究进展[J]. 中国民族民间医药, 2011, 45–46

[25] 林学政, 柳春燕, 何培青, 等. 牛蒡叶内绿原酸抑制植物病原真菌的研究[J]. 植物保护, 2005, (03): 35–38.

[26] 于沛沛, 屠玥之, 许艳顺, 等. 渥堆发酵牛蒡茶工艺条件的研究[J]. 食品研究与开发, 2017, 38(24): 79–83.

[27] 周浓, 刘亚, 解万翠, 等. 牛蒡水提物抗氧化活性及其保健饮料的研制[J]. 食品工业, 2015, 36 (10): 100–103.

[28] 陈世雄, 陈靠山. 牛蒡根化学成分及活性研究进展[J]. 食品与药品, 2010, 12(07): 281–285.

[29] 吕智. 牛蒡资源调查及牛蒡子苷元制备工艺研究[D]. 沈阳: 辽宁中医药大学, 2009

编写人:张新慧　李明　付雪艳

第二十节　苦杏仁

一、概述

来源:苦杏仁(*Armeniacae semen amarum*),别名山杏仁、杏仁、杏核仁、杏子、木落子、杏梅仁,为蔷薇科植物山杏(*Prunus armeniaca* L. var. *ansu* Maxim.)、西伯利亚杏(*Prunus sibirica* L.)、东北杏[*Prunus mandshurica* (Maxim.)Koehne]或杏(*Prunus armeniaca* L.)的干燥成熟种子。夏季采收成熟果实,除去果肉和核壳,取出种子,晒干。

生长习性:适应性强,喜光,根系发达,深入地下,具有耐寒、耐旱、耐瘠薄的特点。

质量标准:执行《中华人民共和国药典》(2015 年版一部)[1]。

【性状】本品呈扁心形,长 1.0~1.9 cm,宽 0.8~1.5 cm,厚 0.5~0.8 cm。表面黄棕色至深棕色,一端尖,另端钝圆,肥厚,左右不对称,尖端一侧有短线形种脐,圆端合点处向上具多数深棕色的脉纹。种皮薄,子叶 2,乳白色,富油性。气微,味苦。

【鉴别】种皮表面观:种皮石细胞单个散在或数个相连,黄棕色至棕色,表面观类多角形、类长圆形或贝壳形,直径 25~150 μm。种皮外表皮细胞浅橙黄色至棕黄色,常与种皮石细胞相连,类圆形,壁常皱缩。

【检查】过氧化值不得过 0.11。

【含量测定】照高效液相色谱法测定。本品含苦杏仁苷($C_{20}H_{27}NO_{11}$)不得少于 3.0%。

【炮制】饮片苦杏仁,用时捣碎。

性状、鉴别、检查、含量测定同药材。

燀苦杏仁 取净苦杏仁,照燀法去皮。用时捣碎。 本品呈扁心形。表面乳白色或黄白色,一端尖,另端钝圆,肥厚,左右不对称,富油性。有特异的香气,味苦。含量测定 同药材,含苦杏仁苷($C_{20}H_{27}NO_{11}$)不得少于 2.4%。

鉴别、检查同药材。

炒苦杏仁,取燀苦杏仁,照清炒法炒至黄色。用时捣碎。本品形如燀苦杏仁,表面黄色至棕黄色,微带焦斑。有香气,味苦。

含量测定同药材,含苦杏仁苷($C_{20}H_{27}NO_{11}$)不得少于 2.1%。

鉴别、检查同药材。

【性味与归经】苦,微温;有小毒。归肺、大肠经。

【功能与主治】降气止咳平喘,润肠通便。用于咳嗽气喘,胸满痰多,肠燥便秘。

【用法与用量】5~10 g,生品入煎剂后下。

【注意】内服不宜过量,以免中毒。

【贮藏】置阴凉干燥处,防蛀。

二、基源考证

(一)本草记述

有关本草中苦杏仁植物形态记载极少,见表 4-90。

表 4-90　本草中有关苦杏仁物种形态的描述

典籍	物种描述
名医别录(南北朝)	诸杏,叶皆圆而有尖,二月开红花,亦有千叶者,不结实。甘而有沙者为沙杏,黄而带酢者为梅杏,青而带黄者为奈杏。其金杏大如梨,黄如橘
本草图经(宋)	杏核仁,今处处有之。其实数种,黄而圆者名金杏

(二)基源物种辨析

传统本草对苦杏仁记载较少。根据《本草纲目》[2]载杏之名最早见于《名医别录》,并称"诸杏,叶皆圆而有尖,二月开红花,亦有千叶者,不结实。甘而有沙者为沙杏,黄而带酢者为梅杏,青而带黄者为奈杏。其金杏大如梨,黄如橘。"其记载与现今之杏有多种是一致的。《本草图经》[3]中也记载"杏核仁,今处处有之。其实数种,黄而圆者名金杏。"苏颂:"今处处有之。……山杏不堪入药。杏仁今以从东来,人家种者为胜"。

上述古籍所记述的特征与《宁夏中药志》[4]中记载是一致的。

(三)近缘种和易混淆种

杏:落叶乔木,高 5~10 cm;树皮暗灰褐色,多年生枝浅褐色,皮孔大;一年生枝浅红褐色,有光泽,无毛,具多数皮孔。叶互生,叶柄长 15~4 cm;叶片宽卵形至近圆形,长 5~9 cm,宽 4~8 cm,先端短尾状或具短尖头,基部圆形或微心形,边缘具圆钝锯齿,两面无毛或仅在脉腋间具毛。花单生于小枝顶端,先叶开放,直径 2~3 cm,无梗或有极短梗;花萼圆筒状,裂片 5,卵形或椭圆形,长 4~6 mm,花后反折;花瓣 5,卵形至倒卵形,长 7~10 mm,具短爪,白色或粉红色。花期 3~4 月,果期 6 月。产于宁夏全区,多栽培于丘陵地带。分布于我国东北、华北、西北地区及山东、江苏、河南等。

山杏:本种植物与杏相似,但叶较小,长 4~5 cm,宽 3~4 cm,先端短骤尖或渐尖,基部宽楔形,边缘具钝浅锯齿;叶柄长 1~2 cm。花常 2 朵生于小枝顶端。果实较小,直径 1.5~2.0 cm,果肉薄,不可食,核的边缘薄而锐利。产于宁夏贺兰山、罗山等地,上虞丘陵地区。分布于河北、辽宁、陕西、甘肃、山东、江苏等省。

西伯利亚杏:本种植物与前两种相似,叶长 3~7 cm,宽 3~5 cm,先端尾状长渐尖,尾部长达 2.5 cm;叶柄长 2~3 cm。核果扁球形,直径 2.0~2.5 cm,果肉薄,熟时开裂,味酸涩不可食。花期 4 月,果期 7~8 月。产于宁夏六盘山,长生于海拔 2 400 m 左右的山坡灌丛中。分布于我国东北、华北等省。

历版《中华人民共和国药典(一部)》规定苦杏仁为蔷薇科植物山杏(*Prunus armeniaca* L. var. *ansu* Maxim.)、西伯利亚杏(*Prunus sibirica* L.)、东北杏[*Prunus mandshurica*

（Maxim.）Koehne.]或杏（*Prunus armeniaca* L.）的干燥成熟种子。苦杏仁外观呈扁心形,长
1.0~1.9 cm,宽 0.8~1.5 cm,厚 0.5~0.8 cm;表面黄棕色至深棕色;一端尖,另端钝圆,肥
厚,左右不对称,尖端一侧有短线形种脐,圆端合点处向上具多数深棕色的脉纹;种皮
薄,子叶 2 片,乳白色,富油性;气微,味苦。

杨琪琴[5]比较了桃仁和苦杏仁的性状指出,桃仁外形为扁长形,颜色呈黄棕色至红
棕色,顶端尖,中部膨大,基部钝圆而偏斜,边缘薄;苦杏仁外形扁心型,颜色呈黄棕色
至深棕色,顶端略尖,基部钝圆,左右不对称,肥厚。于林林指出,桃仁外观呈扁椭圆形,
扁平,较杏仁大而扁;种皮有细小颗粒状突起。

李盈蕾[6]等认为,苦杏仁与桃仁的形状与大小均相似,均略呈扁长卵形,然苦杏仁
顶端略尖而桃仁稍钝,且较桃仁略为肥厚;表面均呈黄棕色至深棕色或红棕色,但苦杏
仁表面有微细纵皱,而桃仁表面密布颗粒状突起;均具类白色富油性,子叶 2 片,气微,
味苦,而苦杏仁还有特殊香气。

高娅芝[7]等提出鉴别桃仁与杏仁,可通过看大小、观形状、视色泽、摸质感、尝味道
等方式细心观察体会。杏仁较桃仁略小,但比桃仁稍厚。杏仁正面呈偏心脏形,似扑克
牌之"红桃"样,上端尖锐,基部钝圆而凹陷,左右部对称,侧面上尖,底部膨大;桃仁则
呈长卵圆形,扁平,上端钝圆、不尖,基部钝圆无凹陷,且略有偏斜,侧面较扁平,边缘
薄,中部略有鼓起。杏仁皮呈棕色至暗棕色,桃仁呈黄棕色至红棕色。杏仁皮较桃仁厚,
表面皱纹粗糙,摸之为粗涩感;桃仁皮较薄,皮脆易碎,皱纹细腻,摸之感觉光滑。杏仁
较桃仁味苦,且有特殊杏仁味。该文献对杏仁基部左右部对称及桃仁皱纹细腻、摸之感
觉光滑的描述与药典等文献记载不同。

叶会洲[8]等报道,苦杏仁呈心脏形,顶端略尖,基部钝圆,左右不对称,种皮不易脱
离;色棕至暗棕;桃仁呈长卵型,顶端尖,中部膨大,基部钝圆而偏斜,边缘薄,种皮易剥
去,色黄棕至红棕。

王甫成[9]等认为,苦杏仁、甜杏仁、桃仁、山桃仁的性状可从外形、口尝、大小、脉纹
等方面鉴别比较。苦杏仁呈扁心形、味苦、体最小、脉纹布满种皮;甜杏仁呈扁心脏形、
味微甜、体较大、脉纹多数;桃仁呈长卵圆形、味苦微酸、体最大、脉纹少数;山桃仁呈类
卵圆形、味微苦、体较小、脉纹多数。

三、道地沿革

(一)本草记述的产地及变迁

传统本草有关苦杏仁道地产区的记载极少,详见表 4-91。

表4-91　本草中有关苦杏仁产地的描述

典　籍	产地描述	备　注
名医别录(南北朝)	杏核仁,五月采之。其两仁者杀人,可以毒狗。生晋山川谷	晋山川谷,今山西
本草图经(宋)	杏核仁,今处处有之。其实数种,黄而圆者名金杏。	产地较多

由表4-91可以看出,关于本草记载的苦杏仁产地较多。《名医别录》里记载苦杏仁产于今山西。而宋代《本草图经》记载苦杏仁分布广泛。

(二)本草记述的产地及药材质量

传统本草对苦杏仁产地及药材质量记载极少。《名医别录》所记载"杏核仁,五月采之。其两仁者杀人,可以毒狗。生晋山川谷。"《本草图经》:"杏核仁,今处处有之。其实数种,黄而圆者名金杏",其记载苦杏仁产地广泛,较为普遍,而有关药材质量记载极少,结合现在研究药材质量以颗粒完整、均匀、饱满肥厚、味苦、不发油者为佳。

四、道地药材产区及发展

(一)道地药材产区

根据历代本草和史料记载,多栽培于低山地或丘陵山地。苦杏仁产区较广,主产区除山西、陕西、甘肃、河北、宁夏等地外,辽宁、内蒙古、新疆等地产量也不少。我国杏属植物共8种9变种3变型。除梅(*Armeniaca mume* Sieb.)及其2个变种外,本属植物味苦的种子多可以苦杏仁入药。乔传卓[10]等根据苦杏仁主产地的地理概况及种的分布情况,把我国苦杏仁植物资源分为7个分布区。

表4-92　苦杏仁植物资源的种类、分布、使用情况和资源量

种　类	分　布	使用情况	资源量
杏 *Armeniaca vulgaris*	除广东、海南外,全国均产	主流商品	+++
野杏 *A. vulgaris* var. *ansu*	河北、山西、陕西、河南、山东、宁夏、青岛、内蒙古、甘肃	主流商品	+++
熊岳大扁杏 *A. vulgaris* var. *xiongyueensis*	辽宁	未见入药	—
陕梅杏 *A. vulgaris* var. *meixianensis*	陕西	未见入药	—
志丹杏 *A. zhidanensis*	陕西、山西、甘肃、宁夏、青海	主流商品	+++
西伯利亚杏 *A. sibirica*	黑龙江、吉林、辽宁、河北、山西、内蒙古、甘肃、新疆	主流商品	+++

续表

种类	分布	使用情况	资源量
毛杏 A. sibirica var. pubescens	河北、内蒙古、山西、陕西	产地使用	++
重瓣山杏 A. sibirica var. multipetala	河北	未见入药	—
辽梅杏 A. sibirica var. pleniflora	辽宁	未见入药	—
东北杏 A. mandshurica	吉林、辽宁	产地使用	++
光叶东北杏 A. mandshurica var. glabra	黑龙江、吉林、辽宁	产地使用	++
藏杏 A. holosericea	西藏、四川	产地少量使用	+
溆浦杏 A. holosericea var. xupuensis	湖南	未见入药	—
紫杏 A. dasycarpa	新疆	未见入药	+
洪平杏 A. hongpingensis	湖北	未见入药	+

1. 长白山地区与辽东丘陵分布区

本分布区位于辽宁、吉林、黑龙江 3 省的东部山地及丘陵地带。本地域除杏（Armeniaca vulgaris Lam.）被普遍零星栽培外。野生的以东北杏[A. mandshurica（Maxim.）Skv.]，光叶东北杏[A. mandshurica（Maxim.）Skv. var. glabra（Nakai.）Yu et Lu]为主，其次为西伯利亚杏[A. sibirica（L.）Lam.]。近年在辽东半岛低海拔地区尚发现熊岳大扁杏（A. vulgaris Lam var. xiongyueensis Zhang et al.）及大果辽杏[A. mandshurica（Maxim.）Skv. f. major Li]。野生于低海拔山地的向阳山坡灌木林或杂木林下。辽东丘陵地带资源量最大，尤以辽阳、抚顺、本溪地区较为集中。

2. 冀辽山地分布区

本分布区西起太行山脉，向东延伸至辽西丘陵，北达蒙古高原的南缘。杏为常见的栽培种类，野生种类以西伯利亚杏为主，其次为毛杏（A. sibirica Lam var. pubescens var. pubescens Kost. ）和野杏（A. vulgaris Lam. var. ansu Yu et Lu）。近年又在辽西的北票和河北的青龙两地分别发现西伯利亚杏的两个变种辽梅杏 [A. sibirica （L.）Lam. var. pleniflora Zhang et al]和重瓣山杏[A. sibirica（L. ）Lam. var. multipetala Liu et Zhang]，杏仁贮量以张家口、承德、朝阳、赤峰等地区为大。

3. 西北高原分布区

本分布区包括山西、陕西、宁夏固原、甘肃东部、青海东部、内蒙古河套周围地区，是我国杏的最大产区。杏广为栽培，有的地区作为重要果树大面积栽种。野生种类以野杏和志丹杏(*A. zhidanensis* Qiao et Zhu)为主，其次为西伯利亚杏，近又在陕西眉县发现一杏的新变种陕梅杏(*A. vulgaris* Lam. var. *naesxianensis* Zhang et al)。山西省由于天然植被破坏严重，成片的野生资源已难见到。陕西的华县、华阳、铜关虽有大面积栽培，但本省杏仁产量最多的是陕北地区，以延安、吴旗、志丹、安塞、甘泉、清涧等 10 余县市最为集中。甘肃东部地区野生杏资源十分丰富。青海的野生杏资源主要分布于黄南藏族自治州、海南藏族自治州及东部的农业区。宁夏野生杏资源主要分布于六盘山山地，这些地区均有一定贮量。

4. 河南山地分布区

地处中原的河南山地是我国杏仁的又一大产区。杏全省均有栽培，野生种类以野杏为主，伏牛山山地贮量最大，其次为桐柏山、太行山。

5. 新疆分布区

新疆荒漠绿洲及天山山地分布区是很有开发前景的地区，在哈密、都善、吐鲁番、库尔勒、库车、阿克苏等绿洲杏被广泛栽培，也有少量紫杏[*A.dasycarpa*（Ehrh.）Borkh.]引种。天山北坡的伊犁各地有大面积的天山野苹果与杏混生的天然林，亦有少量西伯利亚杏分布，本分布区无论栽培或野生的种类均有较大贮量。

6. 川西藏东分布区

川西藏东高原除杏以外，尚有藏杏[*A. bolosericea*（Batal.）Kost.]分布于高原各地。

7. 鲁中南山地及胶东丘陵分布区

鲁中南山地及胶东丘陵也是盛产杏的地区，但野生资源破坏严重，杏为主要栽培种类。

(二)产区生境特点

杏树适应性强，喜光，根系发达，深入地下，具有耐寒、耐旱、耐瘠薄的特点。在-30~-40℃的低温下能安全越冬生长，在 7~8 月干旱季节，当土壤含水率仅达 3%~5%时，山杏却叶色浓绿，生长正常。在深厚的黄土或冲积土上生长良好；在低温和盐渍化土壤上生长不良。定植 4~5 年开始结果，10~15 年进入盛果期，寿命较长。花期遇霜冻或阴雨易减产，产量不稳定。常生于干燥向阳山坡上、丘陵草原或与落叶乔灌木混生，海拔 700~2 000 m。

(三)道地药材的发展

杏仁可分为两种：一种是甜杏仁，另一种是苦杏仁。我国南方产的杏仁属于甜杏仁（又称南杏仁），以食用为主。苦杏仁以药用为主，主产于华北、东北和西北地区。目前产地较为集中，具有一定市场影响力的有河北承德、甘肃（平凉市、庆阳市、张掖市）、宁夏彭阳、陕西、山西、内蒙古宁城、辽宁等地。

五、药材采收和加工

(一)本草记载的采收和加工

历代本草对于苦杏仁的采收加工的记载极少。《名医别录》所记载"杏核仁，五月采之"。《本草图经》："杏核仁，今处处有之。其实亦数种，黄而圆者名金杏。"从本草中得知，苦杏仁在五月采收。

(二)采收和初加工技术研究

夏季果实成熟时采收，除去果肉及硬壳，取出种子，晒干即可。本品以颗粒饱满、完整、味苦者为佳。

杏属核果类树种，核果类树种只有果肉成熟后才易于采收[11]。而核与果肉不是同步成熟，这与气候有关。在冷气候影响下，果肉离核加快，气温高时种仁成熟加快。理论上苦杏仁适宜采收期是种皮刚变棕色时，此时为种仁成熟期，采收的种仁质量最佳。在产区，杏果实成熟的标志是果肉外皮由绿变红，部分开裂，个别果实脱落。西伯利亚杏在成熟前1个月内果实大小和鲜重基本稳定。采收过早种仁皱缩，呈浅黄棕色；适时采收种仁饱满，呈黄棕色至深棕色；采收过迟则大量落果，造成霉变及种仁色变深。

多为人工采收，摘取西伯利亚杏成熟果实至编织袋内，人工扛运下山。但相对于其他药材，西伯利亚杏采摘过程困难。西伯利亚杏主要生长于海拔400~2 000 m的干燥山坡、丘陵草原的灌木林或杂木林中，由于农村劳动力的转移，导致山区留守的几乎都是老人儿童，山路难走，因此其采摘积极性不高。

苦杏仁加工方法。①脱果肉：采收成熟果实，在袋中闷2~3 d，闷的时间长短主要与采收果实的成熟度有关，成熟度越高，闷的时间越短。闷的过程中温度变高，加速果实熟化过程，果肉变绵软，利于脱肉。②果核干燥：晾晒应选晴天，果核摊放厚度以不超过两层为宜，将脱出的果核平摊晾晒2~3 d即可。果核干燥的目的是使核壳和种仁的多余水分蒸发掉，若干燥不完全，种仁易长霉菌。以手摇至果核内有响声为准。③脱核壳：破壳是苦杏仁加工中十分重要的工序。果核由于形状大小和果壳厚度有差异，破壳前要对其进行分级，主要是按大小分级。破壳后的物料进入一个双道空气分离器，完整干燥的种仁在第一道工序被选出,其他物料进入第二道工序,果壳被清除。

苦杏仁脱皮去苦技术。苦杏仁去皮用面碱和自来水配成 pH 10 的碱液,加入杏仁,以碱液浸过杏仁略多一些为宜。加热煮 20 min,此时,杏仁表皮已变软,经搅拌即可除去。苦杏仁去苦去皮后的杏仁仍具有苦味,用醋精和自来水配成 pH 为 3~5 的酸液,将杏仁放入,浸泡 2~3 d,即可除去苦味。用该方法处理得到的杏仁,呈白色,口感脆,具有独特的芳香,是家庭小制作的好方法。

苦杏仁贮藏。种皮具有保护作用,其含有一些类似抗氧化剂的化合物,这些化合物首先与空气中的氧发生化学反应,从而保护种仁内的脂肪酸不被氧化[11]。干燥种仁含水量很低,所以呼吸作用微弱,种仁脂肪含量高,因而容易发生腐败。降低种仁与氧之间的相互作用可减少走油,将充分干燥的种仁贮藏于低氧环境中可以部分解决腐败问题。种皮保护种仁的能力有限,且在种皮内单宁的氧化使其颜色转为深色。因此脱壳种仁在贮藏过程中转为深色是种皮氧化的结果。脱壳时,种仁因破碎而使种皮不能将种仁包严,故需在阴凉库中保藏,这是由于冷柜内氧气有限,且腐败反应在低温及黑暗中会有所减缓。

以上苦杏仁的产地加工方法不仅时间短、工效高、污染环节少,还改善了苦杏仁的外观和内在质量。

(三)道地药材特色加工技术

《宁夏中药志》:苦杏仁,除去杂质,用时捣碎。炒苦杏仁,取净苦杏仁,置沸水中煮至外皮微皱,捞出,浸入水中,搓去种皮,干燥,簸净,再置锅内用中火清炒或用武火麸炒至微黄色,取出,摊开,晾凉,用时捣碎。

六、药材质量特征和标准

(一)本草记述的药材性状及质量

本草对苦杏仁道地性状的描述甚少,仅《本草图经》记载:"杏核仁……黄而圆者名金杏",《宁夏中药志》记载"颗粒完整、均匀、饱满肥厚、味苦、不发油者为佳"。

(二)道地药材质量特征的研究

据俞雅琼[12]等研究,杏仁每 100 g 中蛋白质含量为 24 g,其蛋白质富含各种氨基酸,其中甜杏仁中含有人体必需的 8 种氨基酸,总氨基酸含量为 26.73%,人体必需氨基酸为 7.92%,儿童必需氨基酸 3.32%,甜味氨基酸 6.09%,鲜味氨基酸 9.26%。杏仁是一种优质的植物蛋白资源。据研究,杏仁中脂肪含量达 35%~50%,并且 95% 以上为亚油酸、亚麻酸等不饱和脂肪酸。另外,杏仁油具有降血糖、抗炎、镇痛、驱虫杀菌、防癌、防动脉硬化和心血管疾病等功效,是一种很好的保健食用油。苦杏仁苷属芳香族氰甙,在植物界中分布广泛,其中以蔷薇科植物(杏、桃、李)种子中的含量最高,本身无毒,但其分解后产生的 HCN 有剧毒,对植物可起到一定的保护作用。

市售药材的苦杏仁苷含量测定结果显示,带皮药材为(4.96±0.68)%,均在《中华人民共和国药典》规定的 3.0%以上,其中生品平均含量为 5.07%,与其基原植物、市场来源相关性较小;炒品 4.76%。去皮药材为(1.71±0.97)%,均低于《中华人民共和国药典》标准,其中品为 1.88%、炒品 1.60%,该结果提示,水煮去皮加工过程是造成苦杏仁药材中苦杏仁苷含量降低的主要因素,有必要研究其去皮炮制工艺规范,以保证药材质量的稳定。

依据《中华人民共和国药典》和有关文献显示,苦杏仁苷含量顺序为:带皮生品>生品>炒品>去皮炒品>微波品,均在《中华人民共和国药典》规定的 3.0%以上。生品含量高,说明炮制较其他炮制法能更好地杀酶保苷;因生品中存在较多酶,粉碎时即有少量苦杏仁苷被酶解,进而造成比带皮品略低的结果。因此药典中规定的炮制规程是适当的,市售药材可能在大规模炮制去皮加工时,水量和煎煮时间等工艺条件控制不当,进而造成有效成分流失。

不同年度贮存品的苦杏仁苷含量测定结果显示,药材的收集地或产地不同,但带皮生品药材在贮存 17 年内含量变化不明显(5.35±0.99)%,17 年以上显著下降。

苦杏仁富含脂肪油,有润肠通便之功。测定结果表明,生品与不同炮制品间的脂肪油含量无明显差别。但脂肪油变质、含量低样品中苦杏仁苷几乎检测不到。

市售苦杏仁去皮药材的酸不溶性灰分明显高于带皮药材(当前市售品在炮制加工过程中存在污染因素,从而影响药材的洁净程度)。

苦杏仁药材的干燥失重为 2.5%~4.8%。因其油脂含量高,温湿条件下易引起酸败,也增加了苦杏仁苷分解的可能,因而在质量标准中有必要规定其干燥失重限度。

(三)道地药材质量标准

《中华人民共和国药典》(2015 年版一部)中收载苦杏仁的质量评价标准主要包括性状、鉴别、检查等几个方面,其中,过氧化值不得过 0.11。

通过研究苦杏仁炮制方法,对苦杏仁蒸制品建立质量标准和质检方法。用流通蒸气蒸制方法炮制苦杏仁,具有苦杏仁苷损失少、破坏苦杏仁酶完全;较长贮存期内苦杏仁苷含量稳定;能更有效地降低毒性和保持药效,煎剂中苦杏仁苷含量能大幅度提高、省工省力、节约药材等优点。为使蒸法炮制苦杏仁得以实际应用,高家鉴等对苦杏仁大批量蒸制的有关工艺及蒸制品的质量标准、质检方法等问题作进一步研究,见表4-93。

表4-93 炮制前后苦杏仁苷含量表(n=5) 单位:%

样 品	炮制前苦杏仁苷	炮制后		
		苦杏仁苷 $\bar{X}\pm SD$	相当于原生药苦杏仁苷	苦杏仁苷含量较原生药下降
焯苦杏仁	4.28	2.36±0.07	55.1	44.9
蒸 20 min	4.28	3.87±0.10	90.4	9.6
第一批蒸 30 min	4.28	3.85±0.10	90.0	10.0
第二批蒸 30 min	4.82	4.38±0.02	90.9	9.1
第三批蒸 30 min	4.29	3.89±0.03	90.7	9.3

蒸法炮制批量苦杏仁,从破坏苦杏仁酶效果比较,以蒸30 min为最完全。因此蒸法炮制批量苦仁的工艺应为:将苦杏仁原药材净选后,置蒸具内以流通蒸气蒸至上气(95℃时开始计时)再维持30 min,取出,干燥即成蒸制前后杏仁苦苷下降幅度变化很小,且苦杏仁酶被破坏完全,苦杏仁苷含量稳定,因此对苦杏仁蒸制品可以从以下几方面实行有效的质量控制。

(1)性状:蒸苦杏仁种皮略有皱缩,呈褐棕色,种皮上脉纹颜色呈褐色或棕褐色,嚼之味苦,具熟苦杏仁香气而无明显的苯甲醛的特殊香气。

(2)苦杏仁酶应破坏完全,可用三硝基苯酶试纸显色试验检查。

(3)蒸苦杏仁的苦杏仁苷含量。根据实验测得,大批量以流通蒸气蒸至上气再维持30 min。

此方法炮制的三批苦杏仁,苦杏仁苷含量比蒸制前降低9%~10%。根据这一降低幅度和药典对生苦杏仁中苦杏仁苷含量不得少于3%的规定,苦杏仁蒸制品中苦杏仁苷含量可规定为不得少于2.6%。其测定方法可参照药典法,同时加入生苦杏仁粉2 g作分解酶,密塞静置时间延长至3 h即可。

七、药用历史及研究应用

(一)传统功效

苦杏仁,味苦,性微温;有小毒。归肺、大肠经。主治降气止咳平喘,润肠通便。用于咳嗽气喘,胸满痰多,肠燥便秘。

《神农本草经》:主咳逆上气雷鸣,喉痹,下气,产乳金疮,寒心奔豚。

《本草经集注》:解锡、胡粉毒。

《名医别录》:主惊痫,心下烦热,风气往来,时行头痛,解肌,消心下急满痛,杀狗毒。

《药性论》:治腹痹不通,发汗,主温病。治心下急满痛,除心腹烦闷,疗肺气咳嗽,上气喘促。入天门冬煎,润心肺。和酪作汤,益润声气。宿即动冷气。

《食经》:理风噤及言吮不开。

《医学启源》:除肺中燥,治风燥在于胸膈。

《主治秘诀》:润肺气,消食,升滞气。

《滇南本草》:止咳嗽,消痰润肺,润肠胃,消面粉积,下气。治疳虫。

《本草纲目》:杀虫,治诸疮疥,消肿,去头面诸风气皱疱。

(二)临床应用

桑杏汤(《瘟病条辨》)治外感温燥证。头痛,身热不甚,口渴咽干鼻燥,干咳无痰,或痰少而黏,舌红,苔薄白而干,脉浮数而右脉大者。桑叶 3 g,杏仁 4.5 g,沙参 6 g,象贝 3 g,香豉 3 g,栀皮 3 g,梨皮 3 g。水二杯,煮取一杯,顿服之,重者再作服。方中杏仁宣降肺气,润燥止咳,为君药。

麻杏甘石汤(《伤寒论》)治肺热壅盛证。身热不解,有汗或无汗,咳逆气急,甚或鼻扇,口渴,舌苔薄白或黄,脉浮滑而数。麻黄 5 g,杏仁 9 g,甘草 6 g,石膏 18 g。以水七升,煮麻黄去上沫,内诸药,煮取二升,去渣,温服一升。方中杏仁降气,佐麻黄宣降肺气以止咳平喘。

五仁丸(《世医得效方》)治津枯便秘。大便干燥,难撮难出,口干欲饮,舌燥少苔,脉细涩。桃仁 15 g,杏仁 15 g,柏子仁 5 g,松子仁 5 g,郁李仁 5 g,陈皮 20 g。将五仁别研为膏,入陈皮末研匀,炼蜜为丸,如梧桐子大,每服五十丸,空心米饮送下。方中质润多脂,润燥通便,且降肺气,以利通便,为君药。

(三)现代药理学研究

1. 镇咳平喘作用

苦杏仁主要有镇咳、平喘作用,其活性成分苦杏仁苷内服后,在体内 β-葡萄糖苷酶作用下分解为氢氰酸和苯甲酸,氢氰酸对呼吸中枢有一定的抑制作用,使呼吸运动趋于安静从而达到镇咳平喘的作用;苦杏仁苷可促进患有油酸型呼吸窘迫症的动物的肺表面活性物质的合成,使病变得到改善[13]。

2. 抗炎镇痛作用

研究通过小鼠热板法和醋酸扭体法证实苦杏仁苷具有镇痛作用,且无耐药性;苦杏仁苷作用于 LPS 处理的 RAW264.7 癌细胞,结果显示其炎症分子标志物血清 TNF-α和IL-1β受到抑制,在角叉菜胶引起的小鼠踝关节炎模型中,苦杏仁苷也表现出一定的抑制作用;苦杏仁苷还能够抑制脂多糖刺激环氧化酶和诱导型氧化亚氮合酶在小鼠细胞的基因表达,从而抑制前列腺素合成和氧化亚氮的产生,进而发挥抗炎和镇痛作用[14]。

3. 抗氧化作用

研究杏仁的抗氧化作用发现不同品种的杏仁都能有效地清除自由基,并有还原能力;从杏仁中提取得到总酚类成分,并发现这些酚酸类成分清除自由基的能力比化学合成的抗氧化剂还要显著[15]。

4. 抗肿瘤作用

在国外苦杏仁中苦杏仁苷的抗癌疗效有很大争议,一部分人认为苦杏仁苷可以根除癌症,可作为癌症治疗的替代药物,而另一部分人则认为苦杏仁苷对于癌症不仅没有治疗的作用反而具有很强的毒性。美国在1982年进行了临床试验,得出的结论是苦杏仁苷没有治疗癌症的临床价值,也没有减轻症状和提高生存质量的显著意义,且患者在服用了大剂量的抗坏血酸后采用苦杏仁苷作为癌症的治疗药物时存在很大的毒副作用;但有学者证明苦杏仁苷在杀死癌细胞的同时不会出现化疗后的系统毒性,对不能手术治疗的肺癌具有缓解作用并且对人体没有毒副作用。在国内普遍认为苦杏仁苷是治疗癌症的辅助药物,有良好的抗肿瘤作用。有研究表明,苦杏仁苷对癌性胸水有一定程度的控制和缓解作用;研究者将苦杏仁苷用于移植性肝小鼠,患病小鼠的肝癌治愈率较高且肝脏微粒体细胞色素(P_{450})含量比正常小鼠显著减少或达到正常水平,研究表明,在一定的导向作用下可以有效地激活苦杏仁苷前药发挥抗肿瘤作用,并且能够减轻药物对非靶器官的毒副作用,苦杏仁苷具有治疗肿瘤的价值[15]。

5. 对消化系统的作用

苦杏仁味苦下气,并且含有大量的脂肪油,脂肪油能提高黏膜对肠内容物的润滑作用,故有润肠通便之功能。苦杏仁苷进入体内后分解产生氢氰酸和苯甲醛,而产生的苯甲醛可通过抑制胃蛋白酶的活性而影响消化功能。有研究报道称,用胃蛋白酶水解苦杏仁将其水解产物喂食用四氯化碳处理过的大鼠,发现其水解产物能降低谷丙转氨酶/谷草转氨酶(AST/ALT)水平和羟脯氨酸含量,还能缩短优球蛋白的溶解时间[15]。

6. 对心血管疾病的作用

苦杏仁油中不饱和脂肪酸的含量很高,不饱和脂肪酸在降血脂、抗血栓、抑制变态性病症等多方面均对人体具有重要生理和药用价值。有研究用杏仁蛋白及其胰蛋白酶部分水解的产物,治疗大鼠脂代谢紊乱的模型。结果表明,杏仁蛋白有显著的降血脂作用,且其水解产物的降血脂作用更显著;也有实验表明,苦杏仁中的黄酮是降血脂的主要成分,但其对血糖的影响不显著[15]。

7. 对泌尿系统的作用

有研究采用单侧输尿管梗阻法建立大鼠肾脏间质纤维化模型,证明了苦杏仁苷能明显减轻肾脏病理损害的程度,延缓肾间质纤维化的进程,具有抗纤维化作用。还有研究表明苦杏仁苷能提高人肾成纤维细胞分泌的 I 型胶原酶活性,抑制人肾纤维细胞增殖和 I 型胶原的表达,促使人肾纤维细胞凋亡[15]。

8. 对免疫系统的作用

通过研究苦杏仁苷对大鼠佐剂性炎症和小鼠碳粒廓清的影响,证明了它能抑制佐剂性炎症,增强巨噬细胞的吞噬功能,具有调节免疫功能的作用。还有研究证明苦杏仁苷对小鼠吞噬功能及 rDNA 的活化均有显著的促进作用,这也说明了苦杏仁苷具有增强肌体免疫的功能,有学者通过给小鼠肌肉注射苦杏仁苷,分离其脾细胞进行 NK 活性测定,证明在一定剂量下苦杏仁苷能显著促进小鼠 NK 细胞的活性。有研究表明苦杏仁苷可通过直接抑制肾移植大鼠的免疫细胞的增殖,发挥免疫抑制作用[15]。

9. 杀虫作用

有研究表明,苦杏仁精油对家蝇、白纹伊蚊以及黏虫均具有很强的熏蒸杀虫活性,且作用浓度低、作用时间快,可用于开发高效低毒的卫生害虫熏蒸剂以及农田害虫熏蒸剂[15]。

(四)现代医药应用

数百年来,苦杏仁主要以原药材形式进行流通,其临床主要与其他中药材配伍。比如杏仁霜、法制杏仁、牛蒡前胡汤、蜡蝉丸、人参理肺汤。杏仁止咳糖浆也被列为国家药品监督管理局 2002 年公布的第二批国家非处方药中成药,为咳嗽类非处方中成药,用于化痰止咳,痰浊阻肺,咳嗽痰多。治疗呼吸系统疾病,用于咳嗽气喘,杏仁有苦泄降气、止咳、平喘之功,可随配伍不同而用于多种咳喘症。治风热咳嗽与桑叶、菊花等配伍,如桑菊饮;治疗燥热咳嗽,与桑叶、贝母、沙参等同用,如桑杏汤;治肺热咳嗽,与麻黄、生石膏等合用,如麻杏石甘汤。治疗消化系统疾病,因含脂肪油,而具有润肠缓泻作用,用于老年人或产后大便秘结,常与火麻仁、当归、枳实等同用,如润肠丸。治疗慢性气管炎:取带皮苦杏仁与等量冰糖研碎混合,制成杏仁糖。早晚各服 15 g(3 钱),10 d 为一疗程。治疗 124 例,基本治愈 23 例,显效 66 例,好转 31 例,无效 4 例,总有效率

96.8%。对咳、痰、喘都有治疗作用,一般服药 3~4 d 见效。个别患者服后有头晕、恶心、心慌等副作用,1~2 d 后自然消失。治疗外阴瘙痒:取杏仁 15 g(3 两),炒枯研成细粉,加麻油 75 g(1.5 两)调成糊状。用时先取桑叶煎水冲洗外阴、阴道,然后用杏仁油糊涂搽,每日 1 次,或用带线棉球蘸杏仁油糊塞入阴道 24 h 后取出。治疗 136 例,有效率约 90%,平均用药 4~7 次痒止。亦可用带皮杏仁,捣烂后,加水 2 倍,搅匀绞汁,以纱布浸透填塞阴道,每日 1 次,每次 3~4 h。治疗阴道滴虫病 6 例,均获近期治愈。

在现代医学上,用苦杏仁作为原料之一,生产制成中成药。①如意定喘片:主要成分有蛤蚧、制蟾酥、黄芪、地龙、麻黄、党参、苦杏仁、白果、枳实、天冬、南五味子(酒蒸)、麦冬、紫菀、百部、枸杞子、熟地黄、远志、葶苈子、洋金花、石膏、炙甘草。性状,本品为糖衣片,除去糖衣后显浅棕色至棕褐色;气微,味微甜、微苦。功能主治,宣肺定喘,止咳化痰,益气养阴;用于气阴两虚所致的久咳气喘、体弱痰多;支气管哮喘、肺气肿、肺心病见上述证候者。②麻杏止咳糖丸:主要成分有麻黄、苦杏仁、石膏、甘草。性状,本品为小糖衣丸;味甘、微苦。功能主治,清肺平喘;用于风热咳嗽,气管喘息。③止咳祛痰颗粒:主要成分有桔梗、百部、苦杏仁、盐酸麻黄碱。性状,本品为棕黄色的颗粒;味酸、甜、微苦、略有苦杏仁臭。功能主治,润肺祛痰,止咳定喘;用于伤风咳嗽,慢性支气管炎及支气管哮喘。④通宣理肺丸:主要成分有紫苏叶、前胡、桔梗、苦杏仁、麻黄、甘草、陈皮、半夏(制)、茯苓、枳壳(炒)、黄芩。性状,黑棕色至黑褐色的水蜜丸或大蜜丸;味微甜、略苦。功能主治,解表散寒,宣肺止咳。用于风寒束表、肺气不宣所致的感冒咳嗽,症见发热、恶寒、咳嗽、鼻塞流涕、头痛、无汗、肢体酸痛。⑤桑菊感冒糖浆:主要成分有桑叶、菊花、连翘、薄荷、苦杏仁、桔梗、芦根、甘草。性状,本品为棕色澄清液体;味甜、微苦,有清凉感。功能主治,疏风清热,宣肺止咳;用于风热感冒初起,头痛,咳嗽,口干,咽痛。⑥桔贝合剂:主要成分有桔梗、浙贝母、苦杏仁、麦冬、黄芩、枇杷叶、甘草。性状,棕褐色的液体;气香,味甜、微苦。功能主治,润肺止咳;用于肺热咳嗽,痰稠色黄,咳痰不爽。⑦小儿感冒宁糖浆:主要成分有薄荷、荆芥穗、苦杏仁、牛蒡子、黄芩、桔梗、前胡、白芷、炒栀子、焦山楂、六神曲(焦)、焦麦芽、芦根、金银花、连翘。性状,深棕色的液体;味甜、微苦。功能主治,疏散风热,清热止咳;用于小儿外感风热所致的感冒,症见发热、汗出不爽、鼻塞流涕、咳嗽咽痛。⑧半夏止咳糖浆:主要成分有姜半夏、苦杏仁、款冬花、紫菀、陈皮、瓜蒌皮、麻黄、甘草。性状,本品为棕褐色的澄清液体;气芳香、味甜。功能主治,止咳祛痰;用于风寒咳嗽,痰多气逆。

八、资源综合利用和保护

(一)资源综合开发利用

苦杏仁作为《中华人民共和国药典》收载的传统中药,在临床上应用比较广泛,在临床上享有很好的声誉。苦杏仁的药理作用与临床应用研究目前主要集中在中药煎剂及复方制剂,而对苦杏仁的单味药的研究报道较少,所以加强苦杏仁的药理作用与临床应用研究将是推动苦杏仁正确合理使用的基础[16]。

我国苦杏仁深加工技术与综合开发利用项目在陕西杨凌通过国家林业局组织的成果鉴定,在构建我国苦杏仁资源循环加工关键技术方面取得重大突破,达到了国际领先水平。苦杏仁富含对人体有益的多种营养成分,我国每年可产数万吨苦杏仁。但由于缺乏深加工技术,仅有很少一部分苦杏仁用于生产饮料和作为中药材出售,大量苦杏仁资源被白白浪费。苦杏仁深加工技术与综合开发利用项目由西北农林科技大学教授赵忠主持完成。从 2004 年开始,科研人员经过不断研究探索,研究开发出了苦杏仁苷、苦杏仁精油、苦杏仁脂肪油、苦杏仁种皮黑色素、苦杏仁生物柴油和苦杏仁壳木醋液等系列产品,在苦杏仁深加工技术与综合开发利用领域取得系列重大成果。该项目已申请国家发明专利 4 件,获得授权 2 件。此项目研制提取苦杏仁脂肪油和苦杏仁精油的新工艺,使苦杏仁脂肪油得率达到 51.10%,苦杏仁精油得率达到 1.17%,产业化应用前景十分广阔。首次开发出利用苦杏仁脂肪油制备生物柴油新工艺,甲酯转化率为 98.38%,生物柴油得率为 89.63%,主要性能指标达到国家车用柴油的质量标准。建立了基于苦杏仁苷提取与高附加值利用技术的杏仁脱苦新工艺,解决了传统脱苦工艺对环境造成的污染问题。首次从苦杏仁种皮中成功提取出了黑色素,筛选出最佳提取工艺,黑色素得率为 4.73%。首次以苦杏仁壳为原料制备出对细菌、植物病原菌的繁殖具有强烈抑制作用的木醋液。

(二)新药用部位开发利用

杏仁原料在贮藏、破碎和苦杏仁油萃取时,通过控制水分活度抑制苦杏仁苷酶的催化活性。在苦杏仁苷提取和苦杏仁蛋白制备时,通过控制乙醇浓度和温度抑制苦杏仁苷酶催化活性并防止苦杏仁蛋白过度变性。田金强等通过相关研究实现了苦杏仁中苦杏仁苷、苦杏仁油和苦杏仁蛋白的全利用,苦杏仁油得率为 97.68%,苦杏仁苷得率为 75.38%,苦杏仁蛋白得率为 89.23%,蛋白的氮溶解指数为 71.05%。

杏仁的保健功能主要表现为抗突变、抗肿瘤、降血糖、解表宣肺、抗炎镇痛等。杏仁的研究主要集中于杏仁油和杏仁蛋白质方面,关于杏仁皮的研究报道较少。杏仁皮为红棕色或深黄色种皮,可入药,且含黄酮、纤维素等多种活性物质。黄酮类化合物是一类在自然界中广泛分布的多酚类物质,具有清除自由基、抗氧化、抗突变、抗肿瘤、抗菌、抗病毒和调节免疫等功能。对杏仁皮中黄酮类化合物的抗氧化性进行了研究,结果表明杏仁皮中黄酮类化合物适合做自由基清除型抗氧化剂,具有修复再生细胞的机能。采用微波辅助工艺提取苦杏仁皮中的总黄酮,并用响应曲面法对影响总黄酮得率的主要因素进行分析,为苦杏仁皮的充分利用和黄酮类化合物工业化提取提供指导[17]。

(三)资源保护和可持续发展

我国的苦杏仁主要集中分布于我国苦杏仁的主产地华北、西北、东北以及四川、湖北、山东等 14 个省(自治区),而西北高原分布区包括山西、陕西、宁夏、甘肃东部、青海东部、内蒙古河套周围地区,是我国杏的最大产区。在这些产区杏广为栽培,有的地区作为重要果树大面积栽种。山西省由于天然植被破坏严重,成片的野生资源已难见到。陕西的华县、华阳、潼关虽有大面积栽培,但杏仁产量最多的是陕北地区,以延安、吴旗、志丹、安塞、甘泉、清涧等 10 余县市最为集中。甘肃东部地区野生杏资源十分丰富。青海的野生杏资源主要分布于黄南藏族自治州、海南藏族自治州及东部的农业区。宁夏野生杏资源主要分布于六盘山山地,这些地区均有一定贮量[18]。

从 1985 年到 1988 年乔传卓等对我国苦杏仁的主产地华北、西北、东北以及四川、湖北、山东等 14 个省(自治区)的苦杏仁原植物及杏属植物资源进行了深入调查,发现我国杏属植物一新种——志丹杏,并在商品苦杏仁中鉴定出志丹杏是苦杏仁的新的植物来源。野生资源破坏严重,现多地为人工栽培。

九、苦杏仁栽培管理技术

(一)选育苗地

育苗地应选择地势平坦、土壤肥沃、疏松的沙壤土或壤土,有灌溉条件且排水良好,通风透光。播前深翻整地,每公顷施农家肥 30~45 m³,或相应数量的厩肥做成南北畦,畦宽 2.0 m,长 10.0 m,埂宽 0.4 m。

(二)种子处理

1. 沙藏处理

山杏为深休眠种子,春播要提前沙藏 3 个月左右。12 月中旬,将筛选好的杏核用冷水浸种 1~2 d,让种仁吸足水分,然后坑藏或堆藏。一般封冻前取体积为种子量 3 倍的沙子用清水拌湿,以手握可成团而不滴水、一碰即散为准。将浸泡好的种子与湿沙分层堆积在背阴且排水良好的坑内。为防止种子发霉,要在坑的中间插入秫秸,以便

通风。

2. 催芽

将沙藏处理的种子,在播种前半个月取出,堆放在背风向阳处催芽。为使种子发芽整齐,催芽时要经常上下翻动,以便温度一致。夜间用麻袋或草帘盖上,以保持一定的温度和湿度。待种子 70% 破壳漏白时即可开始播种。

(三)苗期管理

幼苗出土时要经常检查,有的覆盖土厚使幼苗不能出土,要及时除去上面的厚土,待幼苗长到 10~15 cm 时,留优去劣。幼苗期要注意蹲苗,尽可能不浇水,一方面促使其根的生长,另一方面可防止立枯病的发生。在苗长到 25 cm 时每亩施尿素 20 kg,施肥后及时浇水,浇水后必须松土。山杏的虫害较少,主要是蚜虫和杏象甲,蚜虫用 40% 的氧化乐果 800 倍液可防治,用来福灵 2 000 倍液可防治杏象甲。

(四)起苗方法

起苗的时间为秋季苗木落叶后至土壤封冻前,或春季土壤解冻后至苗木发芽前。起苗前一周浇水一次,起苗深度为 25 cm,起苗时要防止伤根和碰伤苗木,做到随起、随分级、随假植,防止风吹日晒,以提高苗木成活率。按株行距要求,先挖好定植穴,用表土埋根,提苗踩实,使根系舒展,埋土与地表相平,作好水盆浇水,水渗后覆一层土,然后每株覆盖 1 块 1 m² 地膜。在秋季造林时,上冻前要将苗干弯曲与地面相平,埋土防寒。在春季把苗木挖出后再覆盖薄膜。

(五)定植密度

山杏林一般密度为 110 株/667 m²,株行距分别为 2 m、3 m。

(六)杏林管理

树下管理:多数山杏都生长在陡坡或缓坡的山上,立地条件差,深翻土壤比较困难,浅翻整地修好树盘即可。首先树盘内浅刨一次,捡净石块用于垒树盘,然后修好树盘。树盘大小应与树冠大小相同,坡度大的地方外沿高,里面低,随着以后管理逐年加强,树盘之间要连通,修成梯田。修树盘是保持水土的关键措施,由于山杏浇水困难,蓄水就更加重要。

树上管理:树上管理主要包括整形修剪和病虫害防治。除了退耕坡地新栽的杏树外,原有杏树应以更新扶壮为主。即去掉多年生干部已干朽、产量低的老树,留下四周萌生的幼树,剪掉大树上的老枝、枯枝,促进萌发新枝,随着管理的加强和技术的提高,搞好修剪。

(七)花期防霜

4月中至5月上旬,山杏花和幼果易遭晚霜风险,造成减产或绝收,所以要提前做好防霜。一般在山坳里设放烟堆,一亩地可设2~3个,发烟的材料可以就地取材,用柴草和秸秆堆放后,最外面用土壤笼盖,留好出烟口。按照当地气象形象预告,在降霜前焚烧散烟,形成烟幕。

(八)平茬更新

山杏栽植后2~3年功效,5~6年进入盛果期,15~20年进入衰老期。此时,就需要平茬更新,体例是在土壤封冻后,用利斧或快镐将山杏地上部分贴地砍去,然后埋上土堆,待翌春从头萌芽。山杏平茬后新枝萌蘖兴旺,需抹芽定株,一般每丛选留2~4条发展健壮、方位好的新枝定向培育。

(九)病虫防治

1. 杏树病害种类及发生情况

杏树病害经鉴定有10种,主要病害为杏疔病、杏穿孔病和杏流胶病3种。杏疔病主要侵害新梢和叶片。新梢染病后,节间缩短,其上叶片呈簇状。叶片染病后,叶柄变粗变短,基部肿胀。到7月后病叶变成红褐色,且卷曲、增厚、变硬而呈革质状,病叶正反面布满黄褐色小粒点(病菌性孢子器),遇雨或潮湿时从性孢子器中分泌出大量橘红色黏液。8月以后病叶变黑,叶背散生小黑点(子囊壳),黑叶于树上经久不落。病枝不结果或结果少。病菌以子囊壳在病叶内越冬,挂在树上的病叶是此病的主要初侵染来源。次年春季子囊孢子从子囊中放射出来,借雨水或气流传到幼芽上。杏穿孔病有细菌性穿孔病、褐斑穿孔病和霉斑穿孔病3种类型,其中以细菌性穿孔病发生普遍、危害严重,尤以桃、杏、李等核果类果树混栽的果园发病更重。当气温较高、降水频繁或多雾时则利于病害发生,树势衰弱及偏施氮肥的杏园发病严重。杏树流胶病发病初期在主干或主枝的病部呈肿胀状。早春树液开始流动时,从病部流出半透明黄色胶液,随流胶量的增加,病部被腐生菌感染,致使病部变褐腐烂、树势衰弱,虫害、冻害、雹害等造成树体伤口是引起流胶病的主要原因。

2. 杏树害虫种类及发生情况

经鉴定杏树主要害虫有25种。为害比较严重的主要有李小食心虫、梨小食心虫、桃小食心虫、杏星毛虫、山楂叶螨、小黄卷叶蛾、桃蚜、杏球坚蚧和朝鲜球坚蚧。食心虫在6~7月为害杏果,虫果率一般为15.4%~46.8%,平均虫果率为28.2%;杏星毛虫和山楂叶螨为害叶片,严重影响当年的杏果产量和品质;介壳虫聚集在枝条上为害,吸食寄主汁液,被害严重者树势、产量均受到影响,甚至导致枝条枯死。

3. 综合防法方法

(1)农业防治　避免杏树与桃、李、苹果、梨等果树混栽,以免增加病虫害防治的难度。增施有机肥和磷、钾肥,注意预防冻害和日灼,加强杏园管理,增强树势,提高树体的抗病虫能力。结合冬季清园,剪除病虫枝,清除地面上的枯枝落叶,并集中烧毁。越冬前进行树干束草诱集越冬害虫,于早春出蛰前取下束草烧毁。于越冬幼虫出土期,在树冠下培厚 6~8 cm 的土或覆盖地膜,以阻止幼虫出土。

(2)化学防治　在果树萌芽前用波美 3~5 度石硫合剂或 45%晶体石硫合剂 300 倍液喷枝干等越冬场所,除可防治介壳虫、蚜虫和叶螨等害虫外,还可防治枝干性病害。在食心虫越冬虫态出土期(杏树落花后),将 50%辛硫磷乳油 200~300 倍液,先用 5 倍水稀释,再均匀地喷拌于 300 kg 的细沙土上,撒于树冠下,耙入土内,能有效控制食心虫的危害。在杏星毛虫等食叶害虫危害初期,用 20%灭扫利乳油 3 000 倍液喷雾,除有效地防治杏星毛虫、叶螨、蚜虫外,还能防治食心虫。

参考文献

[1] 中华人民共和国药典委员会. 中华人民共和国药典(一部)[M]. 北京: 中国医药科技出版社, 2015.

[2] (明)李时珍. 本草纲目[M] . 呼和浩特: 内蒙古人民出版社, 2006.

[3] (宋)苏颂. 本草图经[M]. 合肥: 安徽科学技术出版社, 1994.

[4] 邢世瑞. 宁夏中药志(第二版)[M]. 银川: 宁夏人民出版社, 2006.

[5] 杨琪琴. 桃仁与苦杏仁的鉴别[J]. 陕西中医, 1999, 20(5) : 223.

[6] 李盈蕾, 胡淑平, 牛晓晖. 两种易混中药饮片的鉴别[J]. 吉林中医药, 2004, 24(6) : 50.

[7] 高娅芝, 王桂兰. 桃仁与杏仁鉴别述要[J]. 山西中医, 2007, 23(5) : 9.

[8] 叶会洲, 蔡进章. 苦杏仁与桃仁的鉴别与应用[J]. 海峡药学, 2008, 20(8): 85–86.

[9] 王甫成, 刘方雷. 杏仁与桃仁理化鉴别及对家兔抗凝血作用比较[J]. 云南中医中药杂志, 2009, 30(08): 49–50, 52, 80.

[10] 乔传卓, 朱友平, 苏中武, 等.中药苦杏仁的资源及其分布[J]. 中国中药杂志, 1993, (1): 12–14.

[11] 张丽丽, 孙宝惠, 田清存, 等. 高秀强.苦杏仁采收、加工方法探讨[J]. 亚太传统医药, 2017, 13(24): 45–46.

[12] 俞雅琼, 于辉, 高蕾, 等. 新疆甜杏仁分离蛋白提取工艺研究[J]. 新疆农业大学学报, 2009, 32(4): 31–34.

[13] 夏其乐, 王涛, 陆胜民, 等. 苦杏仁苷的分析、提取纯化及药理作用研究进展[J]. 食品科学, 2013, 34 (21): 403–407.

[14] 王彬辉, 章文红, 张晓芬, 等. 苦杏仁苷提取工艺及药理作用研究新进展[J]. 中华中医药学刊, 2014, 32

(02): 381–384.

[15] 杨国辉, 魏丽娟, 王德功, 等. 中药苦杏仁的药理研究进展[J]. 中兽医学杂志, 2017, (4): 75–76.

[16] 田金强, 王波, 兰彦平, 等. 苦杏仁综合利用关键技术研究[J]. 农业机械, 2011, (17): 129–133.

[17] 王将, 郑亚军, 冯翠萍. 杏仁皮中黄酮类化合物抗氧化性的研究[J]. 中国粮油学报, 2010, (1): 78–81.

编写人：李明　张新慧

第五章 宁夏中药材田间杂草及其中的药用植物资源

　　杂草指的是生长在不希望其出现之处，干扰人类活动、对农牧业生产有不良影响的植物。杂草是农田中不可避免的一个组成部分。由于杂草的存在，消耗了土壤中大量的水分和养分，对农作物的正常生长和产量都构成严重的威胁。杂草往往是一些病虫害的主要寄生对象或中间寄主，因此及时有效地防除杂草对病虫害防治均有一定的贡献。杂草调查与评定是发达国家每年植保工作的重要内容。能否科学、即时、有效地采取各种防治措施，从根本上抑制杂草的滋生，满足作物正常生长发育，创造良好的农田环境，是提高土地生产力、水资源利用率、农作物品质和确保农作物稳产、高产的根本所在[1~3]。

　　值得注意的是，杂草也具有资源属性，有些杂草同时也是一种药用资源，对这些具有药用属性的杂草进行开发，不仅可以减少杂草对农作物的危害，还可以实现资源利用的最大化。基于此，宁夏农林科学院荒漠化治理研究所中药材研究组于近几年对宁夏中部干旱带（盐池）及六盘山地区中药材田间杂草进行了系统的普查，并对其中的药用植物资源进行了详细梳理。

第一节 中部干旱带（盐池）中药材田间杂草及其中的药用植物资源

一、调查区基本概况

盐池县地处宁夏中东部，属鄂尔多斯台地中南部、毛乌素沙地西南缘，为宁夏中部干旱带的重要组成部分。按气候条件划分,属干旱半干旱气候带。该地年降水量 230~300 mm,降水年变率大,潜在蒸发量 2 100 mm,干燥度 3.1,年均气温 7.6℃,年温差 31.2℃,≥10℃积温 2 944.9℃,无霜期 138 d,土壤以淡灰钙土为主,质地偏沙,主要自然灾害为春夏干旱和沙尘暴。农作物主要水源为地下井水、引黄河灌溉和雨养农业 3 种[4-6]。种植的主要农作物以玉米、马铃薯、荞麦为主,种植有甘草、黄芪等沙生中药材以及牧草等。

二、普查方法

(一)主要普查地点

本次普查主要在有"中国甘草之乡"的盐池县进行,涉及旱作甘草移栽农田、井水灌溉育苗农田、移栽农田、喷灌直播农田类型的 4 个栽培种植基地以及节水灌溉区黄芪,扬黄灌溉区玉米、马铃薯等。分别为盐池沙边子甘草试验基地、盐池城西滩扬黄灌区、盐池青山乡汪四滩村万亩中药材扬黄水喷灌栽培基地。

(二)普查方式

杂草密度采用样方目测法进行,样方大小 1 m²,每个甘草栽培种植基地由 3 个调查者分别估测,随机调查,杂草危害程度采用 5 级制[7],依据杂草危害从小到大程度的不同依次划分为 0~5 级,其中,0 级为无杂草;1 级为偶见散生植株;2 级为广泛但稀疏;3 级为大量;4 级为密集。普查时每 50 m 估测 1 次,重复 6 次,对 5 级法估测到的杂草危害程度按照四舍五入法对 3 个调查者的调查结果进行平均,为实测杂草危害程度。实际普查中,从查到杂草种类而基本无危害的随机选择的地段开始,分别沿东南、西南和正北方向步行 1 km,对所有未见种采样后统一汇总。

(三)普查时间

于 2013 年 4 月下旬至 2015 年 8 月,即当地多数杂草种类进入生殖生长阶段,但种子尚未成熟脱落时进行。

(四)调查区域

依托第四次全国中药资源普查宁夏试点项目,调查宁夏中部干旱带的盐池县、同心县、吴忠市红寺堡区、灵武市等区域。

三、普查结果

(一)中药材田间杂草资源

经过田间实地调查,共普查到 27 科 76 属 119 种杂草(详见表 5-2)。其中,种类最多的是禾本科有 32 种,菊科次之 19 种,藜科 14 种。其中杂草密度在 4 级的有 6 种,分别为灰藜、猪毛菜、丝叶山苦荬、猪毛蒿、赖草、白草;杂草密度在 3 级的有 25 种;2 级的有 34 种;1 级的有 34 种;偶见种有 20 种。按照杂草密度划分标准 3 级为大量、4 级为密集可知,杂草密度在 3~4 级之间的杂草均是人工防除的重点,累计有 31 种,占总种数的 26.05%。

表 5-1　药剂除草后甘草地杂草种类及杂草密度

序 号	种名(别名)	杂草密度/级	备 注	序 号	种名(别名)	杂草密度/级	备 注
1	西伯利亚蓼	1		13	砂引草	1	地埂偶见
2	灰藜(灰条)	2	叶黄	14	蒙山莴苣(苦苦菜)	2	无防效
3	尖头叶藜	1	叶黄	15	丝叶山苦荬	4	无防效
4	小藜	1	叶黄	16	艾蒿	3	无防效
5	沙蓬(沙米)	2	叶黄	17	猪毛蒿	4	无防效
6	雾冰藜	1		18	赖草	1	叶黄
7	猪毛菜	1	叶黄	19	芦苇	1	地埂偶见,叶黄
8	白茎盐生草	1		20	小画眉草	1	叶黄
9	角茴香	2		21	大画眉草	1	叶黄
10	披针叶黄华	1	叶黄	22	虎尾草	1	叶黄
11	地梢瓜	1	地埂偶见	23	白草	1	叶黄
12	田旋花	2		24	金色狗尾草	1	叶黄

　　调查发现,在药剂除草的沙边子行政村灌溉移栽甘草试验田中,试验所选的除草剂对灰藜、狗尾草、猪毛菜等当地恶性杂草防效明显,仅有零星发现,杂草密度均可控制在 2 级以下,部分杂草虽然达到 2 级,但明显已产生药害,但对菊科杂草防除无效,特别是猪毛蒿和丝叶山苦荬,在药剂除草的甘草田中危害最严重,因此,对菊科杂草危害较严重的农田,尚需进一步试验筛选(表 5-1)。

　　据高正中等研究表明,在宁夏范围内只含一个科和一个属的植物占有相当的比重,反映了干旱生态环境条件下植物区系的贫乏性和旱生特征[7]。本次普查中发现一个科中只含一个属且只有一个种的植物共有 9 种,如马齿苋科的马齿苋(*Portalaca oler-*

acea)、十字花科的腺独行菜（*Lepidium apetalum*）、苋科的反枝苋（*Amaranthus retroflexus*）、远志科的远志（*Polygala tenuifolia*）等，也间接印证了在宁夏盐池栽培甘草田内杂草种类相对贫乏这一区域性特点。

本次普查虽未能全面普查到所有杂草种类，但对当地栽培甘草地主要危害杂草种类已基本掌握。总体来看，当地栽培甘草由于种植管理粗放，表现为杂草种类相对贫乏但危害较严重，其中对菊科杂草的药剂防治技术尚待进一步明确。

针对以上普查结果，我们提出如下防除建议：对旱植甘草移栽地，建议采用羊只放牧、微耕机人工除草等简单有效的方式进行杂草人工防除。同时，对长期困扰人工甘草规模化发展的甘草胭脂蚧（*Porphyrophora ningxiana*）可尝试采用微耕机改制的播水机进行根部注药+地表机械中耕扰动的方式进行防治。配药方式为4%毒死蜱1 000倍、40%乐斯本乳油1 000倍或50%辛硫磷800倍[8]，在化学药剂除虫的同时，达到机械除草的目的。

杂草的历史与人类耕种史并存[4]。由于杂草一般都具有适应性强、繁殖力强、种子寿命长，再生能力强、种子休眠及分批出苗等特点，给防治工作带来很大的难度。杂草的防治，是一项涉及多学科、多领域具有较大技术难度的历史性任务，只有采取多方面考虑、综合应用的技术手段，才能更好地服务于生产、服务于广大群众。

表5-2 盐池县栽培中药材田间杂草种类

科 名	属 名	种名（别名）	拉丁名	繁殖方式	杂草密度/级	主要生境
1.蓼科	1.蓼属	1.萹蓄	*Polygonum aviculare*	种子	3	有灌溉条件的田间、林、渠、路道
		2.西伯利亚蓼	*P.sibiricum*	同上	2	同上
2.马齿苋科	2.马齿苋属	3.马齿苋	*Portalaca oleracea*	种子,茎,宿根	3	同上
3.藜科	3.藜属	4.灰藜（灰条）	*Chenopodium album*	种子	4	各类甘草田及周边环境
		5.尖头叶藜	*C.acuminatum*	同上	3	同上
		6.刺藜（红扫藜）	*C.aristatum* L.	同上	3	同上
		7.小藜	*C.serotinum* L.	同上	3	同上
		8.灰绿藜	*C.glaucum* L.	同上	2	同上
		9.杂配藜	*C.hybridum* L.	同上	1	同上
	4.沙蓬属	10.沙蓬（沙米）	*Agriophyllum squarrosum*	同上	2	沙田,流动沙丘附近
	5.雾冰藜属	11.雾冰藜	*Bassia dasyphylla*	同上	2	各类甘草田及周边环境
	6.猪毛菜属	12.猪毛菜	*Salsola collina*	同上	4	同上
	7.虫实属	13.碟果虫实（绵蓬）	*Corispermum patelliforme*	同上	3	同上
	8.地肤属	14.地肤(扫帚草)	*Kochia scoparia*	同上	3	同上
		15.黑翅地肤	*K.melanoptera*	同上	1	同上
	9.碱蓬属	16.茄叶碱蓬	*Suaeda przewalskii*	同上	2	同上
	10.盐生草属	17.白茎盐生草	*Halogeton arachnoideus*	同上	2	同上

科 名	属 名	种名(别名)	拉丁名	繁殖方式	杂草密度/级	主要生境
4.苋科	11.苋属	18.反枝苋(西风谷)	Amaranthus retroflexus	同上	3	同上
5.毛茛科	12.唐松草属	19.展枝唐松草	Thalictrum squarrosum	种子、宿根	1	有灌溉条件的田间、林、渠、路道
	13.铁线莲属	20.铁线莲	Clematis intricata	同上	1	同上
6.罂粟科	14.角茴香属	21.角茴香	Hypecoum erectum	种子	2	同上
7.十字花科	15.独行菜属	22.腺独行菜(辣辣根)	Lepidium apetalum	同上	3	各类甘草田及周边环境
8.蔷薇科	16.委陵菜属	23.星毛委陵菜	Potentilla acaulis	同上	2	各类硬质土壤田间及周边
		24.二裂委陵菜	P. bifurca	种子、宿根	2	同上
		25.矮二裂委陵菜(变种)	P. bifurca var. humilior	同上	2	同上
9.豆科	17.槐属	26.苦豆子	Sophora alopecuroides	同上	1	各类甘草田及周边环境
	18.棘豆属	27.刺叶柄棘豆(猫头刺)	Oxytropis aciphylla	同上	1	旱植甘草移栽地、直播地
		28.砂珍棘豆	O. psammocharis	种子	1	各类甘草田及周边环境
	19.黄华属	29.披针叶黄华	Thermopsis lanceolata	种子、宿根	1	同上
	20.胡枝子属	30.达乌里胡枝子	Lespedeza dawurica	同上	1	同上
		31.牛枝子	L. dawurica var. potaninii	同上	1	同上
	21.苦马豆属	32.苦马豆	Sphaerophysa salsula	同上	1	同上
	22.黄芪属	33.草木犀状黄芪	Astragalus melilotoides	种子、根状茎	1	旱植甘草移栽地、直播地

421

续表

科名	属名	种名(别名)	拉丁名	繁殖方式	杂草密度/级	主要生境
	23.米口袋属	34.丝叶米口袋	Gueldenstaedtia stenophylla	种子	1	各类甘草田及周边环境
		35.甘肃米口袋	G. gansuensis	同上	1	同上
10.牛儿苗科	24.牛儿苗属	36.牛儿苗(红根子)	Erodium stephanianum	种子,宿根	1	同上
11.蒺藜科	25.蒺藜属	37.蒺藜	Tribulus terrestris	种子	2	同上
	26.骆驼蓬属	38.匍根骆驼蓬	Peganum harmala	种子,宿根	1	旱植甘草移栽地,直播地
		39.多裂骆驼蓬	Peganum harmala L. var. multisecta	同上	1	同上
12.远志科	27.远志属	40.远志	Polygala tenuifolia	同上	偶见种	同上
13.大戟科	28.大戟属	41.乳浆大戟	Euphorbia esula	同上	1	同上
		42.沙生大戟	E. kozlovi	同上	1	同上
		43.地锦	E. humifusa	种子	1	各类甘草田及周边环境
14.伞形科	29.阿魏属	44.硬阿魏(沙茴香)	Ferula bungeana	种子,宿根	1	同上
15.萝摩科	30.鹅绒藤属	45.牛心朴子(老瓜头)	Cynanchum komarovii	同上	2	旱植甘草移栽地,直播地
		46.地稍瓜	C. thesioides	种子	1	各类甘草田及周边环境
		47.鹅绒藤	C. chinensis	同上	1	旱植甘草移栽地,直播地
16.旋花科	31.旋花属	48.田旋花	Convolvulus arvensis	种子,根状茎	3	各类甘草田及周边环境
		49.银灰旋花	C. ammannii	同上	1	旱植甘草移栽地,直播地

续表

科名	属名	种名(别名)	拉丁名	繁殖方式	杂草密度/级	主要生境
	32.打碗花属	50.打碗花	Calystegia hederacea	同上	3	各类甘草田及周边环境
	33.菟丝子属	51.菟丝子	Cuscuta chinensis	种子	2	同上
17.紫草科	34.砂引草属	52.砂引草	Messerschmidia sibirica	种子,宿根	2	旱植甘草移栽地,直播地
	35.鹤虱属	53.鹤虱	Lappula myosotis	种子	2	各类甘草田及周边环境
18.唇型科	36.脓疮草属	54.脓疮草	Panzeria lanata	种子,宿根	偶见种	同上
19.茄科	37.茄属	55.龙葵	Solanum nigrum	同上	同上	有灌溉条件的田间,林,渠,路道
20.紫葳科	38.角蒿属	56.角蒿	Incarvillea sinensis	种子	同上	各类甘草田及周边环境
21.列当科	39.列当属	57.列当	Orobanche coerulescens	同上	同上	旱植甘草移栽地,直播地
		58.黄花列当	O. pycnostachya	同上	同上	同上
		59.欧亚列当	O. cernua	同上	同上	同上
22.车前科	40.车前属	60.车前	Plantago asiatica	种子,宿根	2	各类甘草田及周边环境
		61.平车前	P. depressa	种子	2	同上
		62.细叶车前	P. minuta	同上	1	同上
23.锦葵科	41.锦葵属	63.冬葵	Malva verticillata	种子,宿根	2	同上
	42.木槿属	64.野西瓜苗	Hibiscus trionum	种子	2	同上
24.菊科	43.苍耳属	65.苍耳	Xanthium sibiricum	同上	2	同上
	44.风毛菊属	66.草地风毛菊	Saussurea amara	种子,宿根	2	同上

续表

科名	属名	种名(别名)	拉丁名	繁殖方式	杂草密度级	主要生境
		67.裂叶凤毛菊	S.laciniata	同上	2	同上
	45.蒲公英属	68.蒲公英	Taraxacum mongolicum	同上	1	同上
	46.苦苣菜属	69.苣荬菜	Sonchus brachyotus	同上	2	同上
		70.苦苣菜	S.oleraceus	同上	2	同上
	47.鸦葱属	71.叉枝鸦葱	Scorzonera divaricata	同上	2	同上
	48.乳苣属	72.蒙山莴苣(苦苦菜)	Mulgedium tataricum	同上	3	同上
	49.山苦荬属	73.丝叶山苦荬	Ixeris chinensis var. graminifolia	同上	4	同上
	50.狗哇花属	74.阿尔泰狗哇花	Heteropappus altaicus	同上	偶见种	旱植甘草移栽地,直播地
	51.刺儿菜属	75.刺儿菜	Cephalanoplos segetum	同上	2	各类甘草田及周边环境
	52.旋覆花属	76.蓼子朴(沙旋覆花)	Inula salsoloides	同上	3	同上
	53.栉叶蒿属	77.栉叶蒿	Neopallasia pectinata	同上	2	旱植甘草移栽地,直播地
	54.蒿属	78.艾蒿	Artemisia argyi	种子,宿根	2	各类甘草田及周边环境
		79.黄花蒿	A.annus	同上	2	同上
		80.臭蒿	A. hedinii	同上	1	同上
		81.猪毛蒿	A. scoparia	同上	4	同上
	55.顶羽菊属	82.顶羽菊(苦蒿)	Acroptilon repens	同上	3	同上
	56.花花柴属	83.花花柴	Karelinia caspia	同上	1	有灌溉条件的田间,林,渠,路道

续表

科名	属名	种名(别名)	拉丁名	繁殖方式	杂草密度级	主要生境
25.禾本科	57.赖草属	84.赖草	Leymus secalinus	根状茎、种子	4	各类甘草田及周边环境
	58.芦苇属	85.芦苇	Phragmites australis	同上	偶见种	地下水位较高的田间、林、渠、路道
	59.隐子草属	86.糙隐子草	Cleistogenes squarrosa	种子、宿根	同上	旱植甘草移栽地、直播地
	60.画眉草属	87.小画眉草	Eragrostis minor	种子	3	各类甘草田及周边环境
		88.大画眉草	E.cilianensis	同上	3	同上
		89.无毛画眉草	E.pilosa(var)	同上	3	同上
	61.冰草属	90.沙芦草	Agropyron mongolicum	种子、宿根	2	旱植甘草移栽地、直播地
		91.沙生冰草	A. desertorum	同上	2	同上
		92.冰草	A. cristatum	同上	2	同上
	62.虎尾草属	93.虎尾草	Chloris virgata	种子	3	各类甘草田及周边环境
	63.拂子茅属	94.拂子茅	Calamagrostis epigejos	种子、宿根	1	地下水位较高的田间、林、渠、路道
	64.沙鞭属	95.沙鞭	Psammochloa villosa	根状茎	偶见种	沙质农田、流沙附近
	65.三芒草属	96.三芒草	Aristida adscensionis	种子、宿根	同上	各类甘草田及周边环境
	66.针茅属	97.长芒草	Stipa bungeana	同上	1	旱植甘草移栽地、直播地
		98.短花针茅	S.breviflora	同上	1	同上
		99.大针茅	S. grandis	同上	1	同上
		100.甘青针茅	S. przewalskyi	同上	1	同上

续表

科名	属名	种名(别名)	拉丁名	繁殖方式	杂草密度/级	主要生境
	67.菱菱草属	101.菱菱草	Achnatherum splendens	同上	偶见种	同上
	68.马唐属	102.马唐	Digitaria sanguinalis	种子	2	有灌溉条件的田间、林、渠、路道
		103.毛马唐	D. sanguinalis var. ciliaris	同上	2	同上
	69.稗属	104.稗草	Echinochloa crusgalli	同上	3	各类甘草田及周边环境
		105.无芒稗(变种)	E. crusgalli var mitis	同上	3	同上
	70.狼尾草属	106.白草	Pennisetum centrasiaicum	根状茎	4	同上
	71.狗尾草属	107.狗尾草	Setaria viridis	种子	3	同上
		108.金色狗尾草	S. glauca	同上	3	同上
		109.断穗狗尾草	S. arenaria	同上	3	同上
		110.厚穗狗尾草	S.viridis var.pachystachys	同上	3	同上
		111.紫穗狗尾草	S.viridis var.purpurascens	同上	3	同上
	72.稷属	112.野稷(野糜子)	Panicum spontaneum	同上	1	种过糜子的农田
	73.碱茅属	113.碱茅	Puccinellia distans	同上	偶见种	有灌溉条件的田间、林、渠、路道,或盐碱地内
	74.早熟禾属	114.硬质早熟禾	Poa sphondylodes	种子、宿根	同上	旱植甘草移栽地、直播地
		115.华灰早熟禾	P. botryoides	同上	同上	同上
26.百合科	75.葱属	116.蒙古韭(沙葱)	Allium mongolicum	同上	同上	同上
		117.细叶韭	A. tenuissimum	同上	同上	同上
		118.矮韭	A. anisopodium	同上	同上	同上
27.鸢尾科	76.鸢尾属	119.马蔺	Iris lactea var. chinensis	同上	同上	同上

(二)农田田间杂草中的药用植物资源

本次普查,共从栽培甘草中普查到 27 科 76 属 119 种杂草。而从中部干旱带农牧交错区农田普查到有药用属性的植物有 34 科 80 属(详细情况见表 5-3)。全部 114 种药用植物,在《本草纲目》《本草学》《证类本草》《中药大辞典》……古今典籍及《宁夏中药志》中有记载,其中《中华人民共和国药典》收录的有 23 种,占全部药用植物的 20.2%,分别是萹蓄、马齿苋、葶苈子、蒺藜、远志、地锦草、菟丝子、车前草、苍耳、蒲公英、猪毛蒿、芦苇、益母草、细叶益母草、甘草、薄荷、地肤、瞿麦、王不留行、银柴胡、苘麻、天仙子、小天仙子。

田间杂草是农业种植业中增加种植管理成本和影响产量、效益的主要因素,而这些杂草中有相当一部分具有药用属性,是中医药领域中重要的资源植物。开展农田杂草型药用植物药效物质基础、炮制方法学与质量标准,以及杂草型药用植物多部位多样化综合利用技术和原料药品的中药产品等研究,实现草害防除、作物高产栽培与草药综合利用的目的。

表5-3 宁夏中部干旱带农牧交错区农田"杂草型"药用植物资源

科名	属名	种名(别名)	拉丁名	入药部位	功效	主治	繁殖方式	杂草密度/级	主要生境
1.荨麻科	1.荨麻属	1.麻叶荨麻	Urtica cannabina L	全草入药	辛苦、寒、有毒	治风湿疼痛、产后抽风、小儿惊风、荨麻疹。	种子、根茎	2	生于山地林中或路边
2.蓼科	2.蓼属	2.萹蓄*	Polygonum aviculare	茎叶	苦降下行、通利膀胱、杀虫止痒	用于泌尿系统感染、结石、血尿等。也可治疗蛲虫等寄生虫病。皮肤疮疹、瘙痒	种子	3	有灌溉条件的田间、林、渠、路道
		3.西伯利亚蓼	P. sibiricum	根茎	利水渗湿、清热解毒	用于湿热内蕴之关节积液、腹水,皮肤瘙痒	种子	2	有灌溉条件的田间、林、渠、路道
		4.酸模叶蓼	P. lapathifolium L	果实、茎叶、全草	利水渗湿、清热解毒	用于湿热内蕴之关节积液、腹水,皮肤瘙痒	种子	2	田边、路旁、水边、荒地或沟边湿地
	3.酸模属	5.酸模	Rumex acetosa L.	全草	有凉血、解毒之效	用于湿热内蕴之关节积液、腹水,皮肤瘙痒	种子	2	田边、路旁、水边、荒地或沟边湿地
		6.皱叶酸模	Rumex crispus L.	根、叶	解毒、清热、通便、杀虫、止血	主治便秘和各种顽癣,也可治瘘伤、阑尾炎、慢性肠炎、喉痛、眼角膜炎、白秃、跌打损伤等	种子	3	田边、路旁、水边、荒地或沟边湿地
		7.单瘤皱叶酸模	R. crispus var. unicallosus Pe-term.	根、叶	解毒、清热、通便、杀虫、止血	主治便秘和各种顽癣,也可治瘘伤、阑尾炎、慢性肠炎、喉痛、眼角膜炎、白秃、跌打损伤等	种子	1	田边、路旁、水边、荒地或沟边湿地

续表

科名	属名	种名(别名)	拉丁名	入药部位	功效	主治	繁殖方式	杂草密度级	主要生境
		8.巴天酸模	*Rumex patientia* L.	根、叶	解毒,清热,通便,止血	活血散结,止血,清热解毒,润肠通便	种子	1	田边、路旁、水边、荒地或沟边湿地
3.藜科	4.藜属	9.灰藜(灰条)	*Chenopodium album*	全草	清热,利湿,杀虫	用于止泻痢,止痒,可治痢疾腹泻	种子	4	各类甘草田及周边环境
		10.尖头叶藜	*C.acuminatum*	全草	清热解毒	用于风寒头痛,四肢胀痛	种子	3	田边、路旁、水边、荒地或沟边湿地
		11.小藜	*C.serotinum* L.	全草	祛湿,清热解毒	治疗疮疡肿毒,疥癣瘙痒	种子	3	田边、路旁、水边、荒地或沟边湿地
		12.灰绿藜	*C.glaucum* L.	全草	清热,利湿,杀虫	用于止泻痢,止痒,可治痢疾腹泻	种子	2	田边、路旁、水边、荒地或沟边湿地
	5.沙蓬属	13.沙蓬(沙米)	*Agriophyllum squarrosum*	种子	清热,解毒,利尿	用于感冒发热、感冒发烧、肾炎、饮食积滞、隔膈反胃	种子	2	沙田、流动沙丘附近
6.猪毛菜属		14.猪毛菜	*Salsola collina*	全草	平肝潜阳;润肠通便	用于高血压病;多病;眩晕、失眠;肠燥便秘	种子	4	沙田、流动沙丘附近

续表

科名	属名	种名（别名）	拉丁名	入药部位	功效	主治	繁殖方式	杂草密度 级	主要生境
		15.刺沙蓬	S.ruthenica Iljin	全草	平肝降压	高血压病、头痛、眩晕	种子	2	海拔280~1 400 m 的平原盐生荒漠、阿魏蒿荒漠、洪积荒漠质荒漠的小沙堆及河漫滩沙地
	7.地肤属	16.地肤（扫帚草）*	Kochia scoparia	果实	利小便、清湿热	用于小便不利、淋病、带下、疝气、风疹、疮毒、疥癣、阴部湿痒	种子	3	地肤适应性较强，喜温、耐干旱，不耐寒，喜光，对土壤要求不严格，较耐碱性土壤
4.苋科	8.苋属	17.反枝苋（西风谷）	Amaranthus retroflexus	种子、全草	清热明目、通利二便、收敛消肿、解毒治痢、抗炎止血	用于治疗尿血、内痔出血、扁桃腺炎、急性肠炎等症	种子	3	生于农田、路边或荒地，适应性极强

续表

科名	属名	种名（别名）	拉丁名	入药部位	功效	主治	繁殖方式	杂草密度级	主要生境
5.马齿苋科	9.马齿苋属	18.马齿苋*	Portalaca oleracea	全草	清热解毒，散血消肿	用于散血消肿，利肠清胎，解毒通淋，治产后虚汗	种子、茎、宿根	3	生于农田、路边或荒地，适应性极强
6.石竹科	10.石竹属	19.石竹	Dianthus chinensis L.	根、全草	利小便，清湿热，活血通经	膀胱炎，泌尿系统结实	种子	2	耐寒、耐干旱，不耐酷暑
		20.瞿麦*	D. superbus L	全草入药	利尿通淋，活血通经	用于热淋、血淋、石淋、小便不通、淋沥涩痛、经闭瘀阻	种子	3	生于海拔400~3 700 m丘陵山地疏林下、林缘、草甸、沟谷溪边
	11.繁缕属	21.山蚂蚱草（旱麦瓶草、山银柴胡）	Silene jenisseensis willd.	根	清热凉血	治阴虚潮热、久疟、小儿疳热	种子	2	生于海拔250~1 000 m的草原、草坡、林缘或固定沙丘
		22.银柴胡*	Stellaria dichotoma L. var. lanceolata Bge.	根	清虚热	用于阴虚发热，疳积发热	种子	3	多生于海拔1 200 m左右荒漠草原地带。现多为栽培种

续表

科名	属名	种名(别名)	拉丁名	入药部位	功效	主治	繁殖方式	杂草密度/级	主要生境
	12.麦蓝菜属	23.麦蓝菜(王不留行)*	Vaccaria segetalis (Neck.) Garcke	种子	活血通经	治经闭,乳汁不通,乳腺炎和痈疔肿痛	种子	3	生于田野,路旁,荒地,以麦田中最多
7.毛茛科	13.铁线莲属	24.芹叶铁线莲	Clematis ethusifolia Turcz.	全草	健胃,消食	治胃包囊虫和肝包囊虫;外用除痔,排脓	种子	1	生于山坡及水沟边
		25.短尾铁线莲	C. brevicaudata DC	藤茎	清热利尿,通乳,消食,通便	主治尿道感染,尿频,尿道痛,心烦尿赤,口舌生疮,腹中胀满,大便秘结,乳汁不通	种子	1	生山地灌丛或疏林中
		26.黄花铁线莲	C.intricataBge.	叶	祛风除湿,活血止痛	主治慢性风湿关节炎,关节疼痛	种子	3	生山坡,路旁或灌丛中
	14.翠雀属	27.翠雀	Delphinium grandiflorum L.	全草	泻火止痛杀虫	煎水含漱(有毒勿咽),可治风热牙痛;全草煎浓汁,可以灭虱	种子	1	生海拔500~2800 m 山地草坡或丘陵沙地
	15.碱毛茛属	28.水葫芦苗	Halerpestes ymbalaria (Pursh) Green	全草	利水消肿,祛风除湿	治关节炎,水肿	种子	1	水边,湿地
	16.毛茛属	29.毛茛	Ranunculus japonicus Thunb.	全草	恶疮痈肿,疼痛未溃	退黄,定喘,截疟,镇痛,消翳。主治黄疸,疟疾,偏头痛,牙痛,鹤膝风,风湿关节痛,目生翳膜,瘰疬,痈疮肿毒	种子	2	生于田沟旁和林缘路边的湿草地上,海拔200~2500 m

续表

科名	属名	种名(别名)	拉丁名	入药部位	功效	主治	繁殖方式	杂草密度/级	主要生境
	17.唐松草属	30.展枝唐松草	Thalictrum quarrosum Steph. ex Willd.	全草	清热解毒	健胃,发汗。	种子	1	生于海拔200~1 900 m平原草地、田边或干燥草坡
8.罂粟科	18.角茴香属	31.角茴香	Hypecoum erectum	全草	清火解热利镇咳	治咽喉炎、气管炎、目赤肿痛及伤风感冒	种子	2	生长于海拔400~1 200 m的山坡草地或河边沙地
9.十字花科	19.播娘蒿属	32.播娘蒿	Descurainia sophia (L.) Webb. ex Prantl	种子	利尿消肿、定喘	咳嗽痰多,胸肋满闷,水肿,小便不利	种子	2	生于山地草甸、沟谷、村旁、田边
	20.葶苈属	33.葶苈	Draba nemorosa L.	种子	利尿消肿、定喘	咳嗽痰多,胸肋满闷,水肿,小便不利	种子	2	生于山地草甸、沟谷、村旁、田边
	21.独行菜属	34.独行菜(葶苈子)*	Lepidium apetalum	种子	泻肺降气、祛痰平喘	用于痰涎壅肺之喘咳痰多、肺痈、水肿、胸腹积水、小便不利、慢性肺源性心脏病、心力衰竭之喘肿、瘰疬结核	种子	3	生在海拔400~2 000 m山坡、山沟、路旁及村庄附近

续表

科名	属名	种名（别名）	拉丁名	入药部位	功效	主治	繁殖方式	杂草密度/级	主要生境
		35.宽叶独行菜	L. latifolium L.	种子	泻肺降气、祛痰、平喘	用于痰涎壅肺之喘咳痰多、肺痈、水肿、胸腹积水、小便不利、慢性肺源性心脏病、心力衰竭之喘肿、瘰疬结核	种子	3	生在海拔400~2 000 m山坡、山沟、路旁及村庄附近
		36.柱毛独行菜	L. ruderale L.	种子	泻肺降气、祛痰、平喘	用于痰涎壅肺之喘咳痰多、肺痈、水肿、胸腹积水、小便不利、慢性肺源性心脏病、心力衰竭之喘肿、瘰疬结核	种子	3	生在海拔400~2 000 m山坡、山沟、路旁及村庄附近
	22.菥蓂属	34.菥蓂*	Thlaspi arvense L.	全草、嫩苗和种子	清热解毒、消肿、和中开胃	用于阑尾炎、肺脓疡、痈疖肿毒、丹毒、子宫内膜炎、白带、肾炎、肝硬化腹水、小儿消化不良	种子	2	生在平地路旁、沟边或村落附近
10.蔷薇科	23.委陵菜属	38.鹅绒委陵菜（蕨麻）	Potentilla anserina L.	块根	作收敛剂	补气血、健脾胃、生津止渴、利湿	根茎	2	性喜潮湿环境、不择土壤、耐寒、耐旱、喜湿、喜欢阳光、耐半阴

续表

科名	属名	种名(别名)	拉丁名	入药部位	功效	主治	繁殖方式	杂草密度级	主要生境
		39.二裂委陵菜	P. bifurca L.	枝条	凉血、止血	功能性子宫出血、产后出血过多	用种子或根繁殖	4	生山坡草地、沟谷、林缘、灌丛或疏林下,海拔400~3 200 m
		40.委陵菜	P. chinensis Ser.	全草、根	祛风湿、解毒	治痢疾、风湿筋骨疼痛、瘫痪、癫痫、疮疥	种子或根繁殖	3	生山坡草地、沟谷、林缘、灌丛或疏林下,海拔400~3 200m
		41.匍匐委陵菜	P. reptans L.	块根、全草	清热解毒	收敛解毒、生津止渴、利尿;有发表、止咳作用。鲜品捣烂外敷,可治疮疖	种子或根繁殖	4	生山坡草地、沟谷、林缘、灌丛或疏林下,海拔400~3 200 m
11.豆科	24.米口袋	42.狭叶米口袋	Gueldenstaedtia stenophylla Bge.	带根全草	清热解毒	用于痈疽疔毒、恶疮瘰疬	种子	2	生于向阳的山坡、草地等处
		43.米口袋	Gueldenstaedtia verna (Georgi) Boriss.	带根全草	清热解毒	用于痈疽疔毒、恶疮瘰疬	种子	2	生于向阳的山坡、草地等处

续表

科名	属名	种名(别名)	拉丁名	入药部位	功效	主治	繁殖方式	杂草密度/级	主要生境
	25.甘草属	44.甘草	Glycyrrhiza uralensis Fisch	根、根状茎	清热解毒	主治清热解毒、祛痰止咳、脘腹等	种子、根茎	2	多生长在干旱、半干旱草的沙土、沙漠边缘和黄土丘陵地带，在引黄灌区的田野和河滩地里也易于繁殖。它适应性强,抗逆性强
	26.苜蓿属	45.野苜蓿	Medicago falcata L.	全草	宽中下气、健脾补虚、利尿退黄、舒筋活络	主脾虚腹胀、消化不良、浮肿、黄疸、风湿痹痛	种子、根	2	喜温暖半湿润气候,非常抗旱,不耐水渍,对土壤要求不严,以pH6.5~8.5的富于钙质的沙壤土或壤土最为适宜

续表

科名	属名	种名(别名)	拉丁名	入药部位	功效	主治	繁殖方式	杂草密度级	主要生境
	27.草木樨属	46.草木樨	*Melilotus offici-nalis*(L.) Pall.	全草、果实、根	清热解毒,消炎,干四肢浓水	用于脾脏病,绞肠痧,白喉,乳蛾等。芳香化浊,截疟。用于暑湿胸闷,口臭,头胀,头痛,疟疾,痢疾	种子、根	2	温暖而湿润的沙地、山坡、草原、滩涂及农区的田埂、路旁和弃耕地上
	28.棘豆属	47.小花棘豆	*Oxytropis glabra* (Lam.) DC.	全草	有毒	牲畜误食后可中毒	种子、根	2	山坡草地,石质山坡,河谷阶地,冲积川地、草地,荒地、田边、渠旁、沼泽草甸、盐土草滩上
	29.野豌豆属	48.广布野豌豆	*Viciacracca*L.	全草	活血平胃、明目,疗疮	民间验方 (1)治鼻衄:广布野豌豆30g,水煎服; (2)治疖肿:鲜广布野豌豆适量,加盐捣烂外敷	种子	2	草甸、林缘、山坡、河滩草地及灌丛

437

续表

科名	属名	种名（别名）	拉丁名	入药部位	功效	主治	繁殖方式	杂草密度级	主要生境
	30.槐属	49.苦豆子	Sophora alopecuroides	种子、全草	清热解毒、抗菌消炎、止痛杀虫（不直接入药）	苦参素注射液治疗慢性乙型病毒性肝炎均取得很好的疗效，槐定碱和苦豆子总碱注射液用于治疗肿瘤的研究也已开发成功	种子、宿根	1	各类甘草田及周边环境
	31.黄华属	50.披针叶黄华	Thermopsis lanceolata	种子、全草	祛痰止咳（植株有毒，少量供药用）	用于咳嗽咳喘	种子、宿根	1	生长于草原沙丘、河岸和砾滩
	32.苦马豆属	51.苦马豆	Sphaerophysa salsula	种子、全草	利尿、消肿	用于肾炎水肿、慢性肝炎、肝硬化腹水、血管神经性水肿。青海西宁西郊民间煎水服，用以催产	种子、宿根	1	生于盐化草甸、河滩林下、草原、沙质地、碱地或溪流附近以及农田、沟渠边缘
12. 牻牛儿苗科	33.老鹳草属	52.草地老鹳草	Geranium pratense L.	全草	祛风湿、活血通络、清热解毒	用于肠炎痢疾、筋骨疼痛腰损伤、腹泻、月经不调等	种子、宿根	1	生于山坡、草地及路旁
	34. 牻牛儿苗属	53.牻牛儿苗（红根子）	Erodium stephanianum	全草	祛风湿、活血通络、清热解毒	用于肠炎痢疾、筋骨疼痛腰损伤、腹泻、月经不调等	种子、宿根	1	生于山坡、草地及路旁
13.亚麻科	35.亚麻属	54.宿根亚麻	Linum perenne L.	种子、花	通经利尿	藏医用于治子宫瘀血、闭经、身体虚弱	种子		田边、路旁

续表

科 名	属 名	种名(别名)	拉丁名	入药部位	功 效	主 治	繁殖方式	杂草密度/级	主要生境
14.蒺藜科	36.蒺藜属	55.蒺藜*	Tribulus ter-restris	种子	平肝解郁、活血祛风、明目、止痒	用于头痛眩晕、胸胁胀痛、乳闭乳痈、目赤翳障、风疹瘙痒	种子	2	生长于沙地、荒地、山坡,居民点附近等地
	37.骆驼蓬属	56.多裂骆驼蓬	Peganum multi-sectum (Maxim.) Bobr.	全草、种子	祛风除湿、清热解毒	治疗关节炎、止咳、解毒、止痢通经	种子	4	荒漠地带干旱草地、绿洲边缘轻盐渍化沙地、壤质低山坡或河谷沙丘
		57.骆驼蒿	Peganum nigel-lastrum Bge.	全草、种子	祛风除湿	民间入药,有清热、消炎、祛湿、杀虫的作用	种子	4	荒漠地带干旱草地、绿洲边缘轻盐渍化沙地、壤质低山坡或河谷沙丘
15.远志科	38.远志属	58.远志*	Polygala tenuifolia	根	安神益智、解郁	用于惊悸、健忘、梦遗、失眠、咳嗽多痰、痈疽疮肿	同上	2	生于草原、山坡草地、灌丛中以及杂木林下

439

续表

科名	属名	种名(别名)	拉丁名	入药部位	功效	主治	繁殖方式	杂草密度级	主要生境
16.大戟科	39.大戟属	59.乳浆大戟(猫眼草)	Euphorbia esula	全草	利尿消肿、拔毒止痒	用于四肢浮肿、小便淋痛不利、疣赘；外用于瘰疬、疮癣癣痒	同上	1	生于路旁、杂草丛、山坡、林下、河沟边、荒山、沙丘及草地
		60.地锦*	E. humifusa	全草	清热解毒、凉血止血、利湿退黄	用于痢疾、泄泻、咯血、尿血、便血、崩漏、疮疔痈肿、湿热黄疸	种子	1	各类甘草田及周边环境
17.锦葵科	41.苘麻属	62.苘麻*	Abutilon theophrasti Medicus	种子	清热利湿、退翳	角膜薄翳、痢疾	种子	2	路旁、荒地和田野间
	42.木槿属	63.野西瓜苗	Hibiscus trionum L	全草、种子	清热利湿	止咳、利尿	种子	3	路旁、荒地和田野间
	43.锦葵属	64.冬葵	Malva verticillata	全草	利尿、催乳、润肠、通便	用于肺热咳嗽、热毒下痢、黄疸、二便不通、丹毒等病症	种子、宿根	2	路旁、荒地和田野间
18.堇菜科	44.堇菜属	65.裂叶堇菜	Viola dissecta Ledeb.	全草	清热解毒、消痈肿	无名肿毒、疮疖	种子	2	山坡草丛或灌丛中
19.伞形科	45.阿魏属	68.硬阿魏(沙茴香)	Ferula bungeana	种子	清热解毒、消肿、止痛	用于养阴清肺、除虚热、祛痰止咳(陕西)	种子、宿根	1	路旁、荒地和田野间

续表

科名	属名	种名（别名）	拉丁名	入药部位	功效	主治	繁殖方式	杂草密度级	主要生境
20. 白花丹科	46.补血草属	66.黄花补血草	*Limonium au-reum* (L.) Hill	全草	止痛、消炎、补血	用于神经痛、月经量少、耳鸣、乳汁不足、感冒；外用治牙痛及疮疖痈肿	种子	3	生于土质含盐的砾石滩、黄土坡和砂土地上
		67.二色补血草	*L. bicolor* (Bunge) Kuntze	全草	止痛、消炎、补血	用于神经痛、月经量少、耳鸣、乳汁不足、感冒；外用治牙痛及疮疖痈肿	种子	3	生于土质含盐的砾石滩、黄土坡和沙土地上
21. 夹竹桃科	47.罗布麻属	68.罗布麻	*Apocynum venetum* L.	叶	清热利水、平肝安神	对高血压、高血脂有较好的疗效，尤其对头晕症状、改善睡眠质量有明显效果	种子、根	1	直立半灌木，高可达4 m，最高可达1.5~3.0 m，生长于河岸、山沟、山坡的砂质地
22. 萝摩科	48.鹅绒藤属	69.牛心朴子（老瓜头）	*Cynanchum komarovii*	全草	有毒植物	可用于提取生物农药	种子、根	2	荒漠草原
		70.地梢瓜	*Cynanchum thesioides*	全草及果实	益气、通乳	用于体虚乳汁不下；外用治猴子	种子	1	山坡、沙丘或干旱山谷、荒地、田边等处

科名	属名	种名(别名)	拉丁名	入药部位	功效	主治	繁殖方式	杂草密度级	主要生境
		71.鹅绒藤	C. chinensis	根及乳汁	祛风解毒、健胃止痛	用于风湿痹痛、腰痛、胃痛、小儿食积。乳汁:外用治瘊疣	种子	1	生于沙地、河滩地、田埂、沟渠
		72.牛皮消	C. auriculatum Royle ex Wight	块根	具有解毒消肿、健胃消积、养阴补虚、通经下乳、消痰散结的功效	用于食积腹痛、胃痛、虚损劳伤、阳痿、白带、小儿疳积。产后乳少、痈肿、瘰疬、痰核。外用毒蛇咬伤、疔疮	种子	1	山坡林缘及路旁灌木丛中或河流、水沟边河滩潮湿地
23.旋花科	49.旋花属	73.田旋花	Convolvulus arvensis	全草及花	祛风止痒、止痛	用于风湿痹痛、牙痛、神经性皮炎	种子、根状茎	3	生于耕地及荒坡草地、村边路旁
		74.银灰旋花	C. ammannii	全草及花	辛温解表、止咳	用于风寒感冒、恶寒发热、头痛、鼻塞、咳嗽	种子、根状茎	1	生于耕地及荒坡草地、村边路旁
	50.打碗花属	75.打碗花	Calystegia hederacea	根状茎及花	健脾益气、利尿、调经、止带、疝气、疗疮	用于脾虚消化不良、月经不调、白带、乳汁稀少。花:止痛,外用治牙痛	种子、根状茎	3	生于耕地及荒坡草地、村边路旁
	51.菟丝子属	76.菟丝子*	Cuscuta chinensis	种子	滋补肝肾、固精缩尿、安胎、明目、止泻	阳痿遗精、尿有余沥、遗尿尿频、腰膝酸软、目昏耳鸣、肾虚胎漏、胎动不安、脾肾胎虚泻;外治白癜风	种子	2	田边、山坡阳处、路边灌丛或海边沙丘,通常寄生于豆科、菊科、藜科等多种植物上

续表

科 名	属 名	种名(别名)	拉丁名	入药部位	功 效	主 治	繁殖方式	杂草密度/级	主要生境
	52.牵牛属	77.圆叶牵牛*	Pharbitis pur-purea (L.) Voisgt	种子	泄水通便,消痰涤饮,杀虫攻积	用于水肿胀满,二便不通,痰饮积聚,气逆喘咳,虫积腹痛,蛔虫病,绦虫病	种子,根茎	2	山坡灌丛,干燥河谷路边,园边宅旁,山地路边,或为栽培
		78.牵牛*	Pharbitis nil(L.) Choisy	种子	泄水通便,消痰涤饮,杀虫攻积	用于水肿胀满,二便不通,痰饮积聚,气逆喘咳,虫积腹痛,蛔虫病,绦虫病	种子,根茎	2	山坡灌丛,干燥河谷路边,园边宅旁,山地路边,或为栽培
24.紫草科	53.琉璃草属	79.大果琉璃草	Cynoglossum divaricatum Steph. ex Lehm.	根,果实	清热解毒	主治扁桃体炎及疮疖痈肿	种子	2	山坡、草地、沙丘,石滩及路边
		80.小花琉璃草	Cynoglossum lanceolatum Forsk.	根,全草	清热解毒,利尿活血	主治急性肾炎、月经不调,外用治痈肿疮毒及毒蛇咬伤	种子	2	丘陵,山坡路地及路边
	54.鹤虱属	81.鹤虱	Lappula myoso-tis V. Wolf	种子,全草	杀虫,清热解毒,健脾和胃	治虫积腹痛,阴道滴虫	种子	2	沙性土壤上,田边、路旁常见,农田以近地边处较多

续表

科名	属名	种名(别名)	拉丁名	入药部位	功效	主治	繁殖方式	杂草密度/级	主要生境
		82.狼紫草	Lycopsis orientalis L.	叶	解毒止痛	用于治疗疮肿	种子	2	生山坡、河滩、田边等处
	55.脓疮草属	83.脓疮草	Panzeria lanata	全草	调经活血、清热利水	月经不调、产后瘀血腹痛、急性肾炎、崩漏、乳痈、丹毒、疔肿蒙药治产后腹痛、闭经、月经不调、痛经、瘀血症、火眼、云翳白斑	种子、宿根	1	野荒地、路旁、田埂、山坡的沙地上
25.唇型科	58.夏至草属	84.夏至草	Lagopsis supina (Steph.) Ik. - Gal.	全草、种子	活血调经、利尿消肿	能活血调经	种子	2	野荒地、路旁、田埂、山坡草地,以向阳处为多
	59.益母草属	85.益母草*	Leonurus artemisia (Lour.) S. Y. Hu	全草、种子	活血调经、利尿消肿	治妇女闭经、痛经、月经不调,产后出血过多、恶露不尽,产后子宫收缩不全,胎动不安,子宫脱垂及赤白带下等症	种子	2	野荒地、路旁、田埂、山河草地,以向阳处为多
		86.细叶益母草*	Leonurus sibiricus L	全草、种子	活血调经、利尿消肿	治妇女闭经、痛经、月经不调,产后出血过多、恶露不尽,产后子宫收缩不全,胎动不安,子宫脱垂及赤白带下等症	种子	1	野荒地、路旁、田埂、山河草地,以向阳处为多

续表

科名	属名	种名(别名)	拉丁名	入药部位	功效	主治	繁殖方式	杂草密度级	主要生境
	60.薄荷属	87.薄荷*	Mentha haplocalyx Briq.	全草	祛风热,清头脑	治感冒发热喉痛,头痛,目赤痛,皮肤风疹瘙痒,麻疹不透等症,此外对痈,疽,疥,癣,漆疮亦有效	种子		多生于山野湿地河旁,根茎横生地下,多生于2100m海拔高度
	61.糙苏属	88.串铃草	Phlomis mongolica Turcz.	全草	祛风清热,化痰,生肌敛疮	主风湿性关节炎,打损伤,体虚发热 感冒,跌打	种子	1	生于山坡草地上
	62.百里香属	89.百里香	Thymus mongolicus Ronn.	全草	祛风解表,行气止痛	用来通气消痛,缓解感冒咳嗽,消减头痛牙痛和消化不良和急性胃肠炎等病症	种子	1	排水良好的石灰质土壤中生长良好
26.茄科	63.茄属	90.龙葵	Solanum nigrum L	全草	清热解毒,活血消肿	用于疔疮,痈肿,丹毒,跌打扭伤,慢性咳嗽痰喘,水肿,癌肿	种子	偶见种	有灌溉条件的田间,林,渠,路道
		91.青杞	S. septemlobum Bge.	全草	清热解毒	咽喉肿痛	种子	偶见种	田间,林,渠,路道
	64.曼陀罗属	92.曼陀罗	Darura stramonium L	花	镇痉、镇静、镇痛、麻醉	哮喘咳嗽,胃病	种子	偶见种	田间,林,渠,路道
	65.天仙子属	93.天仙子*	Hyoscyamus niger L	根、叶、种子、花	镇痉镇痛、安神	胃痉挛,喘咳,癫痫	种子	偶见种	田间,林,渠,路道

续表

科名	属名	种名（别名）	拉丁名	入药部位	功效	主治	繁殖方式	杂草密度级	主要生境
		94.小天仙子*	H. bohemicus F. W. Schmidt,	同上	镇痉镇痛、安神	胃痉挛、喘咳、癫痫	种子	偶见种	田间、林、渠、路道
27.玄参科	66.芯芭属	95.蒙古芯芭	Cymbaria mongolica Maxim	全草	祛风除湿、清热利尿、凉血止血	治风湿热痹血、衄血、咳血、便血、风湿性关节炎、月经过多、外伤出血、肾炎水肿、黄水疮等症	种子	偶见种	干山坡地带
	67.疗齿草属	96.疗齿草	Odontites serotina (Lam.) Dum.	全草	清热燥湿、凉血止血	用治湿热所致的多种病症，如湿温、肝胆湿热所致的黄疸、泻痢、热淋以及肝胆瘀热等症。用治瘀血作痛、内热亢盛所致的吐血、咳血、衄血、便血、烦渴、苔黄脉数者	种子	偶见种	多生长于湿草地
28.紫葳科	68.角蒿属	97.角蒿	Incarvillea sinensis	全草	祛风除湿、活血止痛、解毒	中药治风湿关节痛、筋骨酸痛；外用治湿疹、口疮、痈疽肿毒；蒙药治慢性气管炎、肺热咳嗽、肺脓肿、中耳炎、"希日乌素"病、"脉症"、腹胀、大便干燥	种子	3	各类甘草田及周边环境

续表

科名	属名	种名(别名)	拉丁名	入药部位	功效	主治	繁殖方式	杂草密度级	主要生境
29.列当科	69.列当属	98.列当(草苁蓉)	Orobanche coerulescens	全株	补肾、强筋	用于肾虚、腰膝冷痛、阳痿、遗精	同上	偶见种	旱植甘草田栽地、直播地
		99.黄花列当	O. pycnostachya	全株	补肾、强筋	用于肾虚、腰膝冷痛、阳痿、遗精	同上	偶见种	同上
30.车前科	70.车前属	100.车前*	Plantago asiatica	种子/全草	利尿、清热、明目、祛痰	用于治小便不通、尿血、白带、热痢、泄泻、黄疸、感冒、衄血、高血压、赤肿痛、火眼、喉痹乳蛾、百日咳、痰嗽、喘促、惊风、小儿痫病、金疮血出不止、疮疡溃烂	种子、宿根	2	各类甘草田及周边环境
		101.平车前	P. depressa	种子	利尿、清热、明目、祛痰	用于治小便不通、尿血、白带、热痢、泄泻、黄疸、感冒、衄血、高血压、赤肿痛、火眼、喉痹乳蛾、痄腮、痰嗽喘膈、百日咳、金疮血出不止、惊风、小儿痫病、疮疡溃烂	种子	2	各类甘草田及周边环境
31.锦葵科	71.锦葵属	102.蓬子菜	Malva verticillata	全草	利尿、催乳、润肠、通便	用于肺热咳嗽、黄疸、二便不通、丹毒等病症	种子、宿根	2	山地、河滩、旷野、沟边、草地、灌丛或林下

科 名	属 名	种名(别名)	拉丁名	入药部位	功 效	主 治	繁殖方式	杂草密度/级	主要生境
32.菊科	72.苍耳属	103.苍耳*	Xanthium sibiricum	全草	祛风解毒,家热,明目	苍耳根:用于疔疮、痈疽、痢疾、高血压症、痢疾。苍耳茎、叶:用于头风,头晕,湿痹拘挛,疔疮,湿毒肿、崩漏、麻风。苍耳花:用于白癞顽癣,白痢。苍耳子——果实:用于风寒头痛,鼻塞流涕,齿痛,风寒湿痹,四肢挛痛,疥癣,瘙痒。入药治麻风,种子利尿、发汗;茎叶捣烂后涂敷,治疥癣、虫咬伤等	种子	2	平原、丘陵、低山、荒野路边、田边
	73.蒲公英属	104.蒲公英*	Taraxacum mongolicum	全草	清热解毒、利尿散结	用于治急性乳腺炎、淋巴结炎、瘰疬、疔毒疮肿、急性结膜炎、感冒发热、急性扁桃体炎、急性支气管炎、胃炎、肝炎、胆囊炎、尿路感染	种子	2	草地、路边、田野、河滩
	74.苦苣菜属	105.苣荬菜	Sonchus brachyotus	全草	抑协日、清热解毒、开胃	用于清热解毒、凉血利湿、消肿排脓、祛瘀止痛、补虚止咳。	种子	2	草地、路边、田野、河滩

续表

科名	属名	种名(别名)	拉丁名	入药部位	功效	主治	繁殖方式	杂草密度级	主要生境
		106.苦苣菜	S.oleraceus	全草	清热解毒、凉血止血	用于肠炎、痢疾、黄疸、淋证、咽喉肿痛、痈疮肿毒、吐血、咯血、尿血、便血、崩漏	种子	2	草地、路边、田野、河滩
75.乳苣属		107.蒙山莴苣(苦苣菜)	Mulgedium tataricum	全草	清热、解毒、凉血	用于肠炎、痢疾、黄疸、淋证、咽喉肿痛、痈疮肿毒、吐血、咯血、尿血、便血、崩漏	种子	3	草地、路边、田野、河滩
76.刺儿菜属		108.刺儿菜	Cephalanoplos segetum	全草	凉血止血、祛瘀消肿	用于衄血、吐血、尿血、便血、崩漏下血、外伤出血、痈肿疮毒	种子	3	撂荒地、耕地、路边、村庄附近，为常见的杂草
77.栉叶蒿属		109.栉叶蒿	Neopallasia pectinata	全草	清肝利胆、消炎止痛	用于治急性黄疸型肝炎、头痛、头晕	种子、根茎	2	生于荒漠、河谷砾石地及山坡荒地。生于壤质或黏壤质土壤上。局部地区构成植物群落的优势种

科名	属名	种名(别名)	拉丁名	入药部位	功效	主治	繁殖方式	杂草密度级	主要生境
	78.蒿属	110.艾蒿	Artemisia argyi	全草	温经、去湿、止血、消炎、散寒、平喘、止咳、安胎、抗过敏	用作施灸材料,有通经活络,祛除阴寒,消肿散结,回阳救逆等作用	种子、宿根	2	荒地、路旁、河边及山坡等地
		111.黄花蒿	A.annus	全草	清热解疟、祛风止痒	用于治伤暑,疟疾,潮热,小儿惊风,热泻,恶疮疥癣	种子、宿根	2	荒地、路旁、河边及山坡等地
		112.猪毛蒿*	A. scoparia	全草	清热利湿、利胆退黄	用于治黄疸型肝炎、胆囊炎,小便色黄不利,湿疮瘙痒,湿温初起	种子	4	半干旱或半温润地区的山坡、林缘、路旁、草原、黄土高原、荒漠边缘地区都有,局部地区构成植物群落的优势种
33.禾本科	79.芦苇属	113.芦苇*	Phragmites aus-tralis	根	清热泻火、生津止渴、除烦、止呕、利尿	用于热病烦渴、肺热燥咳、内热消渴,疮疡肿毒	种子、根	偶见种	地下水位较高的田间、林、渠、路道

续表

科名	属名	种名(别名)	拉丁名	入药部位	功效	主治	繁殖方式	杂草密度级	主要生境
34.百合科	80.葱属	114.蒙古韭(沙葱)	Allium mongolicum	叶、花	开胃,消食,杀虫	用于消化不良、不思饮食、秃疮,青腿病等	种子、根	偶见种	半荒漠带固定沙地,草原沙地,干旱草原,干旱河谷,荒旱山坡,荒漠草甸,荒漠草甸,荒漠沙地,荒原沙地,沙漠沙地,石地,山坡,阳坡

注:*《中华人民共和国药典》收录。

451

参考文献

[1] 任继周. 草业科学研究方法[M]. 北京: 中国农业出版社, 1998, 277–279.

[2] 庞恒国, 惠华, 窦永明. 保护性耕作条件下农田杂草及病虫害综合防治技术[J]. 农村农牧机械化, 2008, (1): 12–13.

[3] 郭琼霞, 黄可辉. 危险性病虫害与杂草[J]. 武夷科学, 2003, (19): 179–189.

[4] 左忠, 王峰, 温学飞, 等. 宁夏盐池县农田杂草种类与防治技术[J]. 草业科学, 2004, (8): 71–77.

[5] 王劲松, 蒋齐, 李明, 等. 宁夏甘草资源及研究进展[J]. 宁夏农林科技, 2009, (6) :88–89.

[6] 盐池县志编纂委员会. 盐池县志 1981–2000[M]. 银川: 宁夏人民出版社, 2002, 3–48.

[7] 高正中, 戴法和. 宁夏植被[M]. 银川: 宁夏人民出版社, 1988, 233.

[8] 李明, 张清云, 蒋齐, 等. 乌拉尔甘草栽培技术规程[J]. 宁夏农林科技, 2008, (2): 7–11.

[9] 马德滋, 刘惠兰, 胡福秀. 宁夏植物志(第一、二卷)[M]. 银川: 宁夏人民出版社, 2007.

[10] 周世权, 马思伟. 植物分类学[M]. 北京: 中国林业出版社, 1995.

[11] 徐养鹏, 王克制. 中国滩羊区植物志[M]. 银川: 宁夏人民出版社, 1988.

编写人：李明　左忠　刘华　张新慧

第二节　六盘山中药材田间杂草及其中的药用植物资源

六盘山位于我国东南季风区、西北干旱区和青藏高原高寒区的交汇过渡地带,覆盖泾源、隆德、西吉、彭阳、海原 5 县和原州区的 24 个乡镇,总面积 4 146 km²。与自然气候和地理环境相适应,境内分布着西北、华北和青藏高原 3 个区系的植物成分,动植物资源丰富。在世代高寒、阴湿、缺氧、太阳辐射强烈的自然环境中,生就的黄芪、党参、贝母、羌活、秦艽、半夏、柴胡、铁棒锤、猪苓、马勃、大黄、赤芍、淫羊藿、升麻、天南星、白鲜皮、款冬花、贯仲、藁本、桃仁、杏仁、莸仁、穿龙薯蓣、桃儿七、窝儿七、胡芦巴、小茴香、地骨皮、黄精、茵陈、瞿麦、地榆、木贼、九节菖蒲、茜草等重要中药材资源 700 多种,品种多,蕴藏量大,种质资源优势十分明显,是一座具有显著西部特色的天然药库。合理开发利用天然中药材资源,生产品质优良、有效成分基本稳定、无污染的绿色药材,积极推进中药产业开发,对于弘扬民族文化,优化传统产业,增加农民收入,振兴山区经济有着深远的意义。

宁夏六盘山区主要包括固原市原州区、隆德县、彭阳县、西吉县、泾原县等 1 区 4

县。2018年全市中药材(除枸杞、山桃、山杏外)面积达27.6万亩,药材总产量3.08万t,产值近7.1亿元。中药材产业已经成为全区农民致富增收的重要产业。据调查统计,彭阳县城阳、孟塬、冯庄3个中药材种植大乡,农民纯收入的20%来自于中药材。隆德县沙塘镇赵楼村,43%的耕地种植黄芪,55%劳动力经营中药材,农民收入的2/3来自于中药材产业,成为名副其实的"黄芪村"。西吉县是著名的"马铃薯之乡",2018年上海浦发银行在精准扶贫工作中,扶持该县新营乡洞子沟村种植中药材,当年种植黄芪面积近500亩,亩产值达1500元以上。

对中药材田间杂草的有效防治仍是目前制约人工规模化种植的主要技术障碍。常用的杂草防除方法主要是人工除草,耗时较多,无形中增加了种植成本。因为药材的特殊性,除草剂的使用则变得更加谨慎。为进一步明确当地栽培药材种植农地主要存在的杂草种类、分布、危害等基本现状,特进行了本次杂草普查。

一、试验区基本概况

隆德县位于六盘山西麓,隶属宁夏回族自治区固原市,地处北纬35°21′~35°47′、东经105°48′~106°15′。属中温带季风区半湿润向半干旱过渡性气候。境内植物共93科788种,其中药用90科618种。《隆德县志》列明苔藓植物41种,蕨类植物18种,裸子、被子植物729种。被子植物为优势种群,分86科337属,占全国被子植物总科数的28.5%,占总属数的11.3%,占总种数的2.9%。788种植物中,资源植物322种11类。国家重点保护的稀有植物桃儿七、黄芪2种,造林树种及经济植物45种,油料植物50种,淀粉植物14种,纤维植物20种,单宁植物36种,牧草24种,花卉观赏植物18种,食用菌、藻类21种,野生果菜类29种。境内六盘山自然保护区有华山松、糙皮桦、沙棘灌丛等耐寒、耐旱、耐贫瘠的优良树种。

2018年全县栽培药材主要以黄芪、党参、板蓝根、黄芩等为主,在固原国家农业科技园核心区(沙塘许沟)建立规范化基地5 176亩,其中种子种苗繁育1 100亩;以黄芪、党参、柴胡等为主,在联财、神林、观庄、凤岭4个乡镇18个示范村种植1.46万亩;带动全县种植大田药材4.2万亩;以林药间作为主要模式,建立六盘山野生资源修复与保护区4万亩,其中六盘山药用植物园5 300亩。

二、普查方法

(一)主要普查地点

本次调查主要在六盘山西麓的隆德县沙塘镇马河村中药材种植基地和陈靳乡新和村六盘山药用植物园内进行,涉及黄芪、黄芩、党参、板蓝根、柴胡、秦艽、大黄、金莲

花、芍药9种药材种植田。

（二）普查方式

杂草密度采用样方目测法进行，样方大小1 m²，每个栽培种植基地由3个调查者分别估测，随机调查，杂草危害程度采用5级制[1]，依据划分杂草危害从小到大程度的不同依次划分为0~5级，其中0级为无杂草，1级为偶见散生植株，2级为广泛但稀疏，3级为大量，4级为密集。普查时每50 m估测一次，重复6次，对5级法估测到的杂草危害程度按照四舍五入法，对3个调查者的调查结果进行平均，为实测杂草危害程度。实际普查中，只查到杂草种类而基本无危害的（即危害程度界于0~1级之间的杂草）被列入偶见种。杂草种类普查采用实地调查的方式，分别由3位调查者从随机选择的地段开始，分别沿东南、西南和正北方向步行1 km，对所有未见种采样后统一汇总[2-7]。

（三）普查时间

选择在2016年至2018年的6月下旬至9月下旬，即当地"多数杂草种类进入生殖生长阶段，但种子尚未成熟脱落时"进行[1]。

三、普查结果

（一）田间杂草资源种类

该区域的杂草分为两大类：双子叶植物和单子叶植物，其中蓼科、黎科、苋科、石竹科、毛茛科、蔷薇科、十字花科、豆科、茜草科、紫草科、锦葵科、旋花科、唇形科、茄科、玄参科、蒺藜科、车前科、菊科为双子叶植物，共28科89属137种[4-9]（表5-4）。

种类最多的是蓼科杂草，有19种（占13.8%），石竹科次之，有15种（占10.9%），豆科14种，藜科12种，菊科10种，禾本科、十字花科、毛茛科各9种，蔷薇科4种，唇形科、大戟科、牻牛儿苗科、锦葵科各3种，木贼科、罂粟科、蒺藜科、紫草科、茄科、车前科、桑科、荨麻科各2种，亚麻科、蕨科、茜草科、旋花科、玄参科、马齿苋科、苋科各1种。杂草密度4级的有9种，分别为反枝苋、黄花蒿、艾、猪毛蒿、刺儿菜、稗、画眉草、赖草、狗尾草；杂草密度在3级的有18种，分别为马齿苋、藜、菊叶香藜、灰绿藜、猪毛菜、芥菜、播娘蒿、蒺藜、猪殃殃、田旋花、车前、平车前、多头苦荬菜、抱茎苦荬菜、乳苣、苣荬菜、多裂蒲公英、金色狗尾草；2级的有81种；1级的有29种。

按照杂草密度划分标准（3级为大量、4级为密集）可知，杂草密度在3~4级均是人工防除的重点，累计有27种，占总种数的19.7%。

表5-4　六盘山栽培药材田间杂草种类

科名	属名	种名(别名)	拉丁名	繁殖方式	杂草密度/级	主要生境
1.木贼科	1.木贼属	1.问荆	Equisetum arvense L.	孢粉、根状茎	1	沟渠旁、田边或低洼地
		2.木贼	Equisetum hyemate L.	孢粉、根状茎	1	沟渠旁、田边或低洼地
2.蕨科	2.蕨属	3.蕨	Peridium aquilinum (L.)Kuhn var. latiusculum(Desv.)Underw. ex Heller	孢粉、根状茎	1	生山地阳坡及森林边缘林边阳光充足的地方
3.桑科	3.大麻属	4.大麻	Cannabis sativa L.	种子	1	田边
	4.草属	5.草	Humulus scandens (Lour.) Merr.	种子	1	沟边、荒地、废墟、林缘边
4.荨麻科	5.荨麻属	6.麻叶荨麻	Urtica cannabina L.	种子	2	草原、坡地、路边、村庄
		7.宽叶荨麻	Urtica laetevirens Maxim.	种子	2	草原、坡地、路边、村庄
5.蓼科	6.荞麦属	8.荞麦	Fagopyrum esculentum Moench	种子	1	田野、路边
		9.苦荞麦	Fagopyrum tataricum(L.)Gaertn.	种子	1	田野、路边
	7.蓼属	10.扁蓄	Polygonum aviculare L.	种子	2	田野、路边
		11.绵毛酸模叶蓼	Polygonum lapathifolium L. var. salici-folium Sibth	种子	2	低洼湿地、沟渠边
		12.尼泊尔蓼	Polygonum nepalense Meisn.	种子	1	田边、路旁、潮湿草地
		13.倒根蓼	Polygonum ochotense V. Petr. ex Kom.	种子	1	沟边、荒地、林缘边
		14.红蓼	Polygonum orientale L.	种子	1	田边、路旁

续表

科名	属名	种名(别名)	拉丁名	繁殖方式	杂草密度/级	主要生境
		15.西伯利亚蓼	Polygonum sibiricum Laxm.	种子	2	田边,路旁,潮湿草地
		16.珠芽蓼	Polygonum viviparum L.	种子	2	潮湿山坡,林下
	8.何首乌属	17.毛脉蓼	Fallopia multiflora (Thunb.) Harald. var. ciliinerve (Nakai) A. J. Li	种子	2	山坡,潮湿草地
		18.卷茎蓼	Fallopia convolvulus (L.) Love	种子	1	田边,路旁,低注湿地
	9.大黄属	19.掌叶大黄	Rheum palmatum L.	种子	1	田边,路旁
		20.唐古特大黄	Rheum tanguticum Maxim. ex Regel	种子	2	山坡草地,林缘
		21.六盘山鸡爪大黄	Rheum tanguticum Maxim. et Balf. Var. Liupanshanense Cheng et Kao	种子	1	山坡草地,林缘
		22.波叶大黄	Rheum undulatum L	种子	2	向阳山坡,路旁,村庄
	10.酸模属	23.酸模	Rumex acetosa L	种子	2	潮湿沟谷,路旁,草地
		24.水生酸模	Rumex aquaticus L	种子	1	沟谷溪流
		25.皱叶酸模	Rumex crispus L	种子	2	田边,路旁,湿地
		26.巴天酸模	Rumex patientia L	种子	2	路旁,湿地
6.马齿苋科	11.马齿苋属	27.马齿苋	Portulaca oleracea L	种子	3	田边,荒地,路边
7.石竹科	12.狗筋蔓属	28.狗筋蔓	Cucubalus baccifer L	种子	2	山坡草地,林缘

续表

科名	属名	种名(别名)	拉丁名	繁殖方式	杂草密度级	主要生境
	13.石竹属	29.石竹	*Dianthus chinensis* L	种子	1	向阳山坡
		30.瞿麦	*Dianthus superbus* L	种子	2	山坡草地、林缘、路边
	14.石头花属	31.细叶石头花	*Gypsophila licentiana* Hand. –Mazz.	种子	1	向阳山坡
	15.蝇子草属	32.女娄菜	*Silene aprica* Turcz. ex Fisch. et Mey.	种子	1	山坡草地、田边
		33.麦瓶草	*Silene conoidea* L	种子	2	麦田
		34.鹝子草	*Silene gallica* Linn.	种子	2	山坡草地、沟谷林缘
		35.山鹝蚱草	*Silene jenisseensis* Willd.	种子	2	山坡草地、
		36.蔓茎蝇子草	*Silene repens* Patr.	种子	2	山坡草地、沟谷林缘
	16.繁缕属	37.繁缕	*Stellaria media* (L.) Cyr.	种子	1	山坡草地、沟谷林缘
	17.麦蓝菜属	38.麦蓝菜	*Vaccaria segetalis* (Neck.) Garcke	种子	1	山坡草地、沟谷林缘
	18.薄蒴草属	39.薄蒴草	*Lepyrodiclis holosteoides* (C. A. Mey.) Fisch. et Mey.	种子	2	山坡草地、林缘
	19.卷耳属	40.卷耳	*Cerastium arvense* L.	种子、根茎	2	山坡草地、林缘
		41.缘毛卷耳	*Cerastium furcatum* Cham. et Schlecht.	种子	1	山坡草地、林缘
	20.种阜草属	42.种阜草	*Moehringia lateriflora* (L.) Fenzl	种子	1	山坡草地、林缘
8.藜科	21.滨藜属	43.中亚滨藜	*Atriplex centralasiatica* Iljin	种子	2	潮湿盐碱地、沟渠
		44.西伯利亚滨藜	*Atriplex sibirica* L.	种子	2	山坡草地、林缘

科名	属名	种名（别名）	拉丁名	繁殖方式	杂草密度级	主要生境
	22.碱蓬属	45.碱蓬	Suaeda glauca (Bunge) Bunge	种子	2	低洼盐碱地,路边,田边
	23.轴藜属	46.杂配轴藜	Axyris hybrida L.	种子	2	山坡,路边,田边
	24.虫实属	47.软毛虫实	Corispermum puberulum Iljin	种子	2	田边
	25.藜属	48.藜	Chenopodium album L.	种子	3	田野,荒地,路边
		49.刺藜	Chenopodium aristatum L.	种子	2	山坡,路边
		50.菊叶香藜	Chenopodium foetidum Schrad.	种子	3	田野,山坡草地
		51.灰绿藜	Chenopodium glaucum L.	种子	3	田边,荒地,路边
		52.杂配藜	Chenopodium hybridum L.	种子	2	山坡,村庄
	26.地肤属	53.地肤	Kochia scoparia (L.) Schard.	种子	2	田边,荒地,路边
	27.猪毛菜属	54.猪毛菜	Salsola collina Pall.	种子	3	田边,盐碱地,路边
	28.苋属	55.反枝苋	Amaranthus retroflexus L.	种子	4	田边,荒地,路边
9.苋科	29.蓝堇草属	56.蓝堇草	Leptopyrum fumarioides (L.) Reichb.	种子	1	山坡草地,田边,村庄
10.毛茛科	30.乌头属	57.伏毛铁棒锤	Aconitum flavum Hand.-Mazz.	种子	1	阴坡草地,田边
	31.银莲花属	58.小花草玉梅	Anemone rivularis Buch.-Ham. var. flore-minore Maxim.	种子	2	阴坡草地,田边
		59.大火草	Anemone tomentosa (Maxim.) Pei	种子	2	山坡荒地,路边
	32.耧斗菜属	60.无距耧斗菜	Aquilegia ecalcarata Maxim.	种子	1	山坡荒地,路边
	33.铁线莲属	61.黄花铁线莲	Clematis intricata Bunge	种子	2	山坡荒地,路边

续表

科 名	属 名	种名(别名)	拉丁名	繁殖方式	杂草密度级	主要生境
	34.翠雀属	62.翠雀	*Delphinium grandiflorum* L.	种子	1	山坡荒地、路边
	35.毛茛属	63.茴茴蒜	*Ranunculus chinensis* Bunge	种子	2	沟渠边、田边
		64.毛茛	*Ranunculus japonicus* Thunb.	种子	2	沟渠边、田边
11.罂粟科	36.角茴香属	65.角茴香	*Hypecoum erectum* L.	种子	2	山坡、路边
		66.节裂角茴香	*Hypecoum leptocarpum* Hook.f.et Thoms.	种子	2	沟渠边、田边
12.十字花科	37.南芥属	67.垂果南芥	*Arabis pendula* L.	种子	1	林缘、草地
	38.芸苔属	68.芥菜	*Brassica juncea* (L.) Czern. et Coss.	种子	3	路旁、田间
	39.离子芥属	69.离子芥	*Chorispora tenella* (Pall.) DC.	种子	1	路旁、田间
	40.播娘蒿属	70.播娘蒿	*Descurainia sophia* (L.) Webb. ex Prantl	种子	3	山坡、荒地、麦田
	41.葶苈属	71.葶苈	*Draba nemorosa* L.	种子	2	路旁、田间、荒地、林缘
	42.独行菜属	72.独行菜	*Lepidium apetalum* Willd.	种子	2	路旁、草地、田间、荒地、村庄
		73.宽叶独行菜	*Lepidium latifolium* L.	种子	2	路旁、草地、田间、荒地、村庄
		74.柱毛独行菜	*Lepidium ruderale* L.	种子	2	路旁、草地、田间、荒地、村庄
	43.菥蓂属	75.菥蓂	*Thlaspi arvense* L.	种子	2	路旁、草地、田间、荒地、村庄
13.蔷薇科	44.龙芽草属	76.龙芽草	*Agrimonia pilosa* Ldb.	种子	2	山谷湿地、路旁
	45.委陵菜属	77.二裂委陵菜	*Potentilla bifurca* L.	种子	2	路旁、田间、荒地

续表

科名	属名	种名(别名)	拉丁名	繁殖方式	杂草密度级	主要生境
		78.委陵菜	*Potentilla chinensis* Ser.	种子	2	路旁、草地、田间、荒地
		79.绢枝委陵菜	*Potentilla flagellaris* Willd. ex Schlecht.	种子	2	路旁、草地、田间、荒地
14.豆科	46.草木樨属	80.草木樨	*Melilotus officinalis* (L.) Pall.	种子	2	田边、路旁、荒地
	47.槐属	81.苦豆子	*Sophora alopecuroides* L.	种子	2	田边、路旁、荒地
	48.野决明属	82.披针叶野决明	*Thermopsis lanceolata* R. Br.	种子	2	田边、路旁、荒地
	49.野豌豆属	83.大花野豌豆	*Vicia bungei* Ohwi	种子	2	路边、草地、田边
		84.山野豌豆	*Vicia amoena* Fisch. ex DC.	种子	2	田边、路旁、荒地
	50.木蓝属	85.河北木蓝	*Indigofera bungeana* Walp.	种子	2	田边、路旁、荒地
	51.甘草属	86.甘草	*Glycyrrhiza uralensis* Fisch.	种子	2	田边、河岸、荒坡
	52.棘豆属	87.地角儿苗(二色棘豆)	*Oxytropis bicolor* Bunge	种子	2	荒地、干旱田边
		88.黄花棘豆	*Oxytropis ochrocephala* Bunge	种子	2	草地、荒地
	53.黄耆属	89.莲山黄耆	*Astragalus leansanicus* Ulbr.	种子	1	荒地、路边
		90.背扁黄耆	*Astragalus complanatus* Bunge	种子	2	山坡、路边
		91.草木樨状黄耆	*Astragalus melilotoides* Pall.	种子	2	山坡、沟旁、田边
		92.悬垂黄耆	*Astragalus dependens* Bunge	种子	2	干旱山坡、荒地
		93.小果黄耆(皱黄芪)	*Astragalus tataricus* Franch.	种子	1	山坡、草地、路边

续表

科名	属名	种名(别名)	拉丁名	繁殖方式	杂草密度级	主要生境
	54.米口袋属	94.米口袋	Gueldenstaedia verna (Georgi) Boriss. subsp. multiflora (Bunge) Tsui	种子	2	山坡,草地,路边
15.槐牛儿苗科	55.槐牛儿苗属	95.槐牛儿苗	Erodium stephanianum Willd.	种子	2	荒地,路旁,田边
	56.老鹳草属	96.鼠掌老鹳草	Geranium sibiricum L.	种子	2	山坡,草地,路边
		97.尼泊尔老鹳草	Geranium nepalense Sweet	种子	2	草地,荒地,苗圃
16.亚麻科	57.亚麻属	98.宿根亚麻	Linum perenne L.	种子	2	干旱山坡,荒地
17.蒺藜科	58.骆驼蓬属	99.匍根骆驼蓬	Peganum nigellastrum Bunge	种子	2	荒地,路边,村庄
	59.蒺藜属	100.蒺藜	Tribulus terrestris L.	种子	3	田边,路旁
18.大戟科	60.大戟属	101.地锦	Euphorbia humifusa Willd. ex Schlecht.	种子	2	荒地,田野
		102.乳浆大戟	Euphorbia esula L.	种子	2	干旱山坡,路边
	61.地构叶属	103.地构叶	Speranskia tuberculata (Bunge) Baill.	种子	2	干旱山坡,路边
19.锦葵科	62.木槿属	104.野西瓜苗	Hibiscus trionum Linn.	种子	2	农田,荒地,路边
	63.锦葵属	105.冬葵	Malva crispa Linn.	种子	2	农田,荒地,路边
	64.苘麻属	106.苘麻	Abutilon theophrasti Medicus	种子	2	农田,荒地,路边
20.茜草科	65.拉拉藤属	107.猪殃殃	Galium aparine Linn. var. tenerum (Gren. et Godr.) Rchb.	种子	3	农田,荒地,路边

461

续表

科名	属名	种名(别名)	拉丁名	繁殖方式	杂草密度级	主要生境
21.旋花科	66.旋花属	108.田旋花	*Convolvulus arvensis* L.	种子	3	农田,荒地,路边
22.紫草科	67.狼紫草属	109.狼紫草	*Lycopsis orientalis* L.	种子	2	农田,荒地,路边
	68.附地菜属	110.附地菜	*Trigonotis peduncularis* (Trev.) Benth. ex Baker et Moore	种子	2	农田,荒地,路边
23.唇形科	69.青兰属	111.白花枝子花	*Dracocephalum heterophyllum* Benth.	种子	2	农田,荒地,路边
	70.野芝麻属	112.宝盖草	*Lamium amplexicaule* L.	种子	2	农田,荒地,路边
	71.糙苏属	113.串铃草	*Phlomis mongplica* Turcz.	种子	2	农田,荒地,路边
24.茄科	72.茄属	114.龙葵	*Solanum nigrum* L.	种子	2	农田,荒地,路边
		115.青杞	*Solanum septemlobum* Bunge	种子	2	农田,荒地,路边
25.玄参科	73.婆婆纳属	116.阿拉伯婆婆纳	*Veronica persica* Poir.	种子	2	农田,荒地,路边
26.车前科	74.车前属	117.车前	*Plantago asiatica* L.	种子	3	农田,荒地,路边
		118.平车前	*Plantago depressa* Willd.	种子	3	农田,荒地,路边
27.菊科	75.蒿属	119.黄花蒿	*Artemisia annus* Linn.	种子	4	农田,荒地,路边
		120.艾	*Artemisia argyi* Levl. et Van.	种子	4	农田,荒地,路边
		121.猪毛蒿	*Artemisia scoparia* Waldst. et Kit.	种子	4	农田,荒地,路边
	76.蓟属	122.刺儿菜	*Cirsium setosum* (Willd.) MB.	种子	4	农田,荒地,路边
	77 旋覆花属	123.旋覆花	*Inula japonica* Thunb.	种子	2	农田,荒地,路边
	78.苦荬菜属	124.多头苦荬菜	*Ixeris polycephala* Cass.	种子	3	农田,荒地,路边

续表

科 名	属 名	种名(别名)	拉丁名	繁殖方式	杂草密度级	主要生境
		125.抱茎苦荬菜	*Ixeris sonchifolia* (Bge.)Hance	种子	3	农田,荒地,路边
	79.乳苣属	126.乳苣	*Mulgedium tataricum* (L.) DC.	种子	3	农田,荒地,路边
	80.苦荬菜属	127.苣荬菜	*Sonchus arvensis* L.	种子	3	农田,荒地,路边
	81.蒲公英属	128.多裂蒲公英	*Taraxacum dissectum* (Ledeb.) Ledeb.	种子	3	农田,荒地,路边
28.禾本科	82.燕麦属	129.野燕麦	*Avena fatua* L.	种子	2	农田,荒地,路边
	83.孔颖草属	130.白羊草	*Bothriochloa ischaemum* (L.) Keng	种子	2	农田,荒地,路边
	84.雀麦属	131.无芒雀麦	*Bromus inermis* Leyss.	种子	2	农田,荒地,路边
	85.稗属	132.稗	*Echinochloa crusgalli* (L.) Beauv.	种子	4	农田,荒地,路边
	86.画眉草属	133.画眉草	*Eragrostis pilosa* (L.) Beauv.	种子	4	农田,荒地,路边
	87.赖草属	134.赖草	*Leymus secalinus* (Georgi) Tzvel.	种子	4	农田,荒地,路边
	88.狗尾草属	135.金色狗尾草	*Setaria glauca* (L.) Beauv.	种子	3	农田,荒地,路边
		136.狗尾草	*Setaria viridis* (L.) Beauv.	种子	4	农田,荒地,路边
	89.针茅属	137.长芒草	*Stipa bungeana* Trin.	种子	2	农田,荒地,路边

由以上结果可知,本区中药材田间杂草危害现状如下。

(1)春季多年生杂草有刺儿菜、苣荬菜、乳苣、灰绿藜、菊叶香藜、杂配藜、中亚滨藜、田旋花、二裂委陵菜、野燕麦、画眉草、无芒雀麦、狗尾草、荠菁、独行菜、芥菜、离子芥、艾、多裂蒲公英、披针叶野决明等,其中按种群数量的多少依次是刺儿菜、苣荬菜、乳苣、田旋花等呈优势种群分布,其他则是点状零星分布。

(2)夏季由于温度的升高和水分的增加,是各类杂草生长旺盛期,主要的杂草种类为:刺儿菜、苣荬菜、猪毛蒿、黄花蒿、多头苦荬菜、抱茎苦荬菜、旋覆花、反枝苋、猪毛菜、西伯利亚蓼、酸模、皱叶酸模、萹蓄、尼泊尔蓼、委陵菜、匍枝委陵菜、猪殃殃、狼紫草、附地菜、车前、平车前、白花枝子花、串铃草、宝盖草、龙葵、青杞、阿拉伯婆婆纳、黄花铁线莲、野西瓜苗、冬葵、蔓茎蝇子草、大花野豌豆、匍根骆驼蓬、蒺藜、赖草、长芒草、野燕麦、画眉草、无芒雀麦、狗尾草、金色狗尾草、稗、白羊草等,其中按种群数量的多少依次是反枝苋、刺儿菜、稗、画眉草、苣荬菜、狗尾草、金色狗尾草、无芒雀麦、赖草、猪毛蒿和黄花蒿为优势种群,其他则是点状零星分布。

(3)药材种植基地的杂草主要有27种,分别为反枝苋、黄花蒿、艾、猪毛蒿、刺儿菜、稗、画眉草、赖草、狗尾草、马齿苋、藜、菊叶香藜、灰绿藜、猪毛菜、芥菜、播娘蒿、蒺藜、猪殃殃、田旋花、车前、平车前、多头苦荬菜、抱茎苦荬菜、乳苣、苣荬菜、多裂蒲公英、金色狗尾草。

危害特点及防治建议:由于当地种植管理粗放,表现为杂草种类相对贫乏但危害较严重,其中对菊科和苋科的杂草药剂防治技术尚待进一步明确。在中药材生长的过程中,采用大量的人工除草和一些化学除草的方法相结合,但效果不佳。主要原因是在杂草的结实期放松了人工除草的作用,认为药材生长不受影响或影响不大。这就造成了第二年早春和初夏的大量人力和财力的投入,周而复始的恶性循环,既影响了药材的产量,也加大了投入成本。而改变种植制度,采用秋覆膜播种,可以起到很好的防治效果,即改变传统的春季种植,在5~7月让杂草先生长,待到7月下旬至8月上旬立秋前后,杂草种子没有成熟时,耕翻农地,一是增加绿肥,二是可以起到杀灭杂草的目的,防除效果可以达到70%。

杂草的历史与人类耕种史并存。由于杂草一般都具有适应性强、繁殖力强、种子寿命长、再生能力强、种子休眠及分批出苗等特点,给防治工作带来很大难度。杂草的防治,是一项涉及多学科、多领域且具有较大技术难度的历史性任务,只有采取多方考虑、综合应用的技术手段,才能更好地服务于生产、服务于广大群众。

(二)田间杂草中的药用植物资源

六盘山区域杂草共 28 科 89 属 137 种，其中农田杂草 25 科 71 属 110 种杂草,具有药用属性的植物有 24 科 60 属 90 种(表 5-5),占全部农田杂草种数的 81.82%。全部 90 种药用植物,在《本草纲目》《本草学》《证类本草》等本草中均有记载,《宁夏中药志》全部收录 90 种,其中历版《中华人民共和国药典》收录的有 24 种,分别是木贼、大麻、萹蓄、掌叶大黄、唐古特大黄(鸡爪大黄)、马齿苋、石竹、瞿麦、地肤、芥菜、播娘蒿、独行菜、菥蓂、龙芽草、委陵菜、蒺藜、冬葵、车前、平车前、黄花蒿、艾蒿、刺儿菜、旋覆花、蒲公英[10,11]。

表5-5　宁夏六盘山区中药材田间"杂草型"药用植物资源

科名	属名	种名（别名）	拉丁名	药材名	入药部位	功效	主治	繁殖方式	杂草密度级	主要生境
1.木贼科	1.木贼属	1.问荆	Equisetum arvense L.	问荆	全草	利尿、止血	用于小便不利、鼻衄、月经过多	孢粉、根状茎	2	生于沟渠边、田间或低洼湿地
		2.木贼*	Equisetum hiemate L.	木贼	全草	疏散风热、明目退翳	用于风热目赤、迎风流泪、目生云翳	同上	2	生于疏林下或阴湿沟旁、溪边
2.蕨科	2.蕨属	3.蕨	Pteridium aquilinum (L.)Kuhn var. latiusculum (Desv.) Underw. ex Heller	蕨菜	根状茎或全草	热利湿、消肿、安神	用于发热、痢疾、湿热黄疸、高血压病、头昏失眠、风湿性关节炎、白带、痔疮、脱肛	同上	2	生山地阳坡及森林边缘阳光充足的地方
3.桑科	3.大麻属	4.大麻*	Cannabis sativa L.	火麻仁	果实	润肠通便	用于血虚津亏、肠燥便秘	种子	1	我国各地也有栽培或沦为野生。新疆常见野生
	4.葎草属	5.葎草	Humulus scandes	葎草	全草	清热解毒、利尿消肿	用于肺结核潮热、肠胃炎、痢疾、感冒发热、小便不利	同上	1	常生于沟边、荒地、废墟、林缘边
4.荨麻科	5.荨麻属	6.麻叶荨麻（蝎麻）	Urtica cannabina L.	蝎子草	全草	祛风湿、凉血、定痉	治风湿、糖尿病、解虫咬等	同上	2	生于山地、林旁、田埂及村庄附近
		7.宽叶荨麻	Urtica laetevirens M	蝎子草	全草、根和种子	祛风定惊、消食通便	用于风湿关节痛、产后抽风、小儿惊风、小儿麻痹后遗症、高血压、消化不良、大便不通	同上	2	生于海拔800~3500m山谷溪边或山坡林下阴湿处

科名	属名	种名(别名)	拉丁名	药材名	入药部位	功效	主治	繁殖方式	杂草密度级	主要生境
5.蓼科	6.荞麦属	8.苦荞麦	Fagopyrum esculentum	苦荞麦	块根	理气止痛,健脾利湿	用于胃痛,消化不良,腰腿疼痛,跌打损伤	同上	2	生于田边、路旁、山坡,河谷,海拔500~3 900 m
		9.荞麦	Fagopyrum tataricum(L.)Gatren.	荞麦	种子,茎叶	健胃,收敛	用于止虚汗	同上	2	生于荒地,路边
	7.蓼属	10.萹蓄*	Polygonum aviculare L.	萹蓄	全草	利尿通淋,杀虫,止痒	用于热淋涩痛,小便短赤,虫积腹痛,皮肤湿疹,阴痒带下	同上	2	生山谷灌丛、山坡石缝,海拔200~2 700 m
		11.毛脉蓼	Polygonum cillinerve	朱砂七	块根	清热解毒,凉血止血,调经止痛	用于咽喉肿痛,胃痛,腹泻,痢疾,淋症,风湿痹痛等	同上	2	生山谷灌丛,山坡石缝,海拔200~3 900 m
		12.酸模叶蓼	Polygonum lapathifolium L. var. salicifolium Sibth	蓼草	地上部分	清热解毒,利湿止痒	用于泄泻,痢疾,湿疹,瘰疬	同上	2	生田边、路旁、水边,荒地或沟边湿地,海拔30~3 900 m
		13.尼泊尔蓼	Polygonum nepalense Meissn.	尼泊尔蓼	全草	收敛固肠	用于红白痢疾,大便溏泻	同上	2	生山坡草地,山谷路旁,海拔200~4 000 m
		14.倒根蓼	Polygonum ochotense V. Petr. ex Kom.	白三七	根状茎	清热解毒,收敛	用于胃痛	同上	2	生山坡草地,海拔1 500~2 500 m

续表

科名	属名	种名(别名)	拉丁名	药材名	入药部位	功效	主治	繁殖方式	杂草密度/级	主要生境
		15.红蓼	Polygonum orientale	水红花子	全草、花序、果实	活血,止痛,消积,利尿	治风湿性关节炎,疟疾,疝气,脚气,疮肿	同上	2	生于路边和水边湿地
		16.铍牙蓼	Polygonum viviparum L.	红三七	根状茎	止泻,健胃,调经	治胃病,消化不良,腹泻,月经不调,崩漏等	同上	2	生于海拔2 300~3 500 m的潮湿山坡草地,河滩草地及灌丛中
	8.大黄属	17.掌叶大黄*	Rheum palmatum	大黄	根状茎及根	泻热通肠,凉血解毒,逐瘀通经	用于肠痈腹痛,痈肿疔疮,瘀血经闭,跌打损伤,外治水火烫伤,上消化道出血等	同上	1	生于海拔1 500~4 400 m山坡或山合湿地
		18.唐古特大黄(鸡爪大黄)*	Rheum tanguticum	大黄	根状茎及根	泻热通肠,凉血解毒,逐瘀通经	用于实热便秘,积滞腹痛,泻痢不爽,湿热黄疸,血热吐衄,目赤,咽肿等	同上	1	生于海拔1 600~3 000 m高山沟谷
		19.波叶大黄	Rheum undulatum	山大黄	根及根茎	泻热,通便,破积,行瘀	治热结便秘,湿热黄疸,痈肿疔毒,跌打瘀痛,口疮糜烂,汤火伤	同上	1	生于山坡,石隙,草原
	9.酸模属	20.酸模	Rumex acetosa	酸模	根或全草	凉血,解毒,通便,杀虫	用于内出血,痈跌,便秘,内痔出血	同上	2	生长于路边,山坡及湿地

续表

科名	属名	种名（别名）	拉丁名	药材名	入药部位	功效	主治	繁殖方式	杂草密度级	主要生境
		21.水生酸模	Rumex aquaticus	水生酸模	根	理气、健脾	主治消化不良，急性肝炎等症	同上	2	生山谷水边，沟边湿地，海拔200~3 600 m
		22.皱叶酸模	Rumex crispus L.	土大黄	根	清热解毒，止血，通便，杀虫	用于吐血，鼻衄，崩漏，大便燥结，痈疮肿毒，疥疮，水火烫伤	同上	2	生河滩、沟边湿地，海拔 30~2 500 m
		23.巴天酸模	Rumex patientia L.	土大黄	根	清热解毒，止血，通便，杀虫	用于吐血，鼻衄，崩漏，大便燥结，痈疮肿毒，疥疮，水火烫伤	同上	2	生沟边湿地、水边，海拔 20~4 000 m
6.马齿苋科	10.马齿苋属	24.马齿苋*	Portulaca oleracea	马齿苋	全草	清热利湿，凉血解毒	用于细菌性痢疾，急性胃肠炎，阑尾炎，乳腺炎，痔疮出血	同上	3	生于路旁、田间、园圃等向阳
7.石竹科	11.狗筋蔓属	25.狗筋蔓	Cucubalus baccifer	狗筋蔓	根	接骨生肌，散瘀止痛，祛风除湿，利尿消肿	用于骨折，跌打损伤，风湿关节痛，小儿疳积，肾炎水肿，泌尿系感染，肺结核	同上	2	生于森林灌丛间，湿地及河边
	12.石竹属	26.石竹*	Dianthus chinensis	瞿麦	全草	利尿通淋，破血通经	用于热淋，血淋，石淋，小便不通，淋沥涩痛，月经闭止	同上	2	生于草原和山坡草地

续表

科名	属名	种名（别名）	拉丁名	药材名	入药部位	功效	主治	繁殖方式	杂草密度级	主要生境
	13蝇子草属	27.瞿麦*	Dianthus superbus	瞿麦	全草	散瘀消肿，破血通经	用于热淋，血淋，石淋，小便不通，淋沥涩痛，月经闭止		2	生于海拔400-3700 m丘陵山地疏林下，林缘，草甸，沟谷溪边
		28.女娄菜	Silene aprica Turcz. ex Fisch. et Mey. (Caryophyllaceae)	女娄菜	全草	健脾，利尿，通乳	用于乳汁少，体虚浮肿	同上	2	生于平原，丘陵或山地
		29.麦瓶草	Silene conoidea	麦瓶草	全草	清热凉血，止血调经，润肺止咳	用于吐血，衄血，肺痈，虚劳咳嗽，月经不调	同上	2	生于麦田中或低山丘陵草地
	14.繁缕属	30.繁缕	Stellaria media	繁缕	全草	清热解毒，化瘀止痛，催乳	用于肠炎，痢疾，肝炎，阑尾炎，产后瘀血腹痛，子宫收缩痛，牙痛，头发早白，乳汁不下，乳腺炎，跌打损伤，疮疡肿毒	同上	2	生于原野及耕地上
8.藜科	15.滨藜属	31.中亚滨藜	Atriplex centralasiatica	软滨藜	果实	祛风，活血	治结合膜炎，头痛，皮肤瘙痒	同上	2	生于盐碱滩，湖边，河岸和固定沙丘上，或见于草地，宅旁和路边等地

科名	属名	种名(别名)	拉丁名	药材名	入药部位	功效	主治	繁殖方式	杂草密度/级	主要生境
	16.藜属	32.西伯利亚滨藜	Atriplex sibirica	软蒺藜	果实	清肝,明目	肿毒,乳汁不通	同上	2	生于盐碱荒漠,湖边,渠沿,河岸及固定沙丘等处
		33.藜	Chenopodium album L.	灰条	全草	清热利湿,杀虫	用于湿热泄泻,痢疾,白癜风,疥癣湿疮,毒虫咬伤,龋齿	同上	3	生于田间,荒地,路旁
		34.刺藜	Chenopodium aristatum	刺藜	全草	祛风止痒	用于过敏性皮炎,荨麻疹	同上	2	多生于高粱、玉米、谷子田间
		35.菊叶香藜	Chenopodium foetidum	菊叶香藜	全草	消炎,止痛	用于支气管喘息,炎症,痉挛,偏头痛等	同上	2	生于山坡草地,河床,田边及村庄附近
		36.杂配藜	Chenopodium hybridum	大叶藜	全草	调经止血,解毒消肿	主月经不调,崩漏,吐血,衄血	同上	2	生于村边,菜地及林缘草丛中
	17.地肤属	37.地肤*	Kochia scoparia (L.) Schard.	地肤子	果实	清热利湿,祛风止痒	用于小便涩痛,阴痒带下,风疹,湿疹,皮肤瘙痒	同上	2	生于山野荒地,田野,路旁,栽培于庭园
	18.猪毛菜属	38.猪毛菜	Salsola collina	猪毛菜	全草	平肝潜阳,润肠通便	主高血压病,多病,眩晕,失眠,肠燥便秘	同上	3	多生于沟沿、路边,荒地,沙丘或碱性砂质地
9.苋科	19.苋属	39.反枝苋	Amaranthus hypochondriacus	反枝苋	全草	清热祛风,凉血收敛	用于泄泻,痢疾,痔疮肿痛出血,毒蛇咬伤	同上	4	生于田间,路旁及荒地

续表

科名	属名	种名（别名）	拉丁名	药材名	入药部位	功效	主治	繁殖方式	杂草密度级	主要生境
10.毛茛科	20.乌头属	40.伏毛铁棒锤	Aconitum carmichaelii	铁棒锤	子根	祛风止痛，散瘀止血，消肿拔毒	用于风湿关节痛，腰腿痛，跌打损伤	同上	2	生于山地草丛或林缘
	21.银莲花属	41.小花草玉梅	Anemone obtusiloba	破牛膝	根、全草	健胃消食，散瘀消结	用于肝炎、阴疽、痈肿作痛	同上	1	生于林缘、沟谷、河畔
		42.大火草	Anemone tomentosa	大火草	根、全草	化痰、散瘀、截疟、杀虫	治疮疖痈肿,顽癣,秃疮,疟疾,痢疾,劳伤咳喘	同上	2	生于山坡、沟谷、田埂,路旁
	22.楼斗菜属	43.无距楼斗菜	Aquilegia ecalcarata	无距楼斗菜	根和全草	清热解毒	用于感冒头痛,黄水疮久不收口	同上	1	生于林缘、草甸
	23.铁线莲属	44.黄花铁线莲	Clematis intricata	狗肠草	嫩茎叶	祛风、除湿	主风湿性关节炎,四肢麻木,狗掌疼痛,牛皮癣,疥癞	同上	2	生于山坡、路旁或灌木林中
	24.翠雀属	45.翠雀	Delphinium grandiflorum	飞燕草	根、全草、种子	泻火止痛,杀虫	用于风火热牙痛,牙龈肿痛,头虱,体虱,疥疮	同上	2	生于山坡、沟旁及草甸
	25.毛茛属	46.茴茴蒜	Ranunculus chinensis	茴茴蒜	全草	退黄、消肿、平喘,截疟,止痛,杀虫	用于黄疸	同上	2	生于渠沟边及低洼湿地
		47.毛茛	Ranunculus japonicus	毛茛	带根全草	利湿、消肿、止痛,退翳,截疟,杀虫	用于胃痛,黄疸,疟疾、淋巴结结核	同上	2	生于田沟旁和林缘路边的湿草地上,海拔200~2 500 m

科名	属名	种名（别名）	药材名	拉丁名	入药部位	功效	主治	繁殖方式	杂草密度级	主要生境
11.罂粟科	26角茴香属	48.角茴香	角茴香	*Hypecoum erectum*	全草	清热解毒	用于咽喉肿痛，目赤	同上	2	生于干燥山坡、草地，沙地，砾质碎石地
		49.节裂角茴香	细果角茴香	*Hypecoum leptocarpum*	全草	清热解毒，凉血	主治感冒发热，头痛，咽喉疼痛，目赤肿痛	同上	2	生于沙质土壤草地上
12.十字花科	27.南芥属	50.垂果南芥	垂果南芥	*Arabis pendula*	果实	清热解毒，杀虫	用于痈疮肿毒	同上	2	生于林缘、草地，山坡田埂
	28.芸苔属	51.芥菜*	芥子	*Brassica juncea* (L.) Czem. et Coss. (Cruciferae)	种子	温肺豁痰利气，散结通络止痛	用于寒痰喘咳，胸胁胀痛，痰滞经络，关节麻木	同上	3	全国各地均有栽培
	29.播娘蒿属	52.播娘蒿*	南葶苈子	*Descurainia sophia*	种子	泻肺定喘，利水消肿	治肺壅喘急，痰饮咳嗽，水肿胀满	同上	3	生于山坡、荒地，田边、路旁及村庄附近
	30.葶苈属	53.葶苈	葶苈	*Draba nemorosa*	种子	泻肺平喘，行水消肿	用于痰涎壅肺，喘咳痰多，胸胁胀满	同上	3	生于田边路旁，山坡草地及河谷湿地。
	31.独行菜属	54.独行菜*	葶苈子	*Lepidium apetalum*	种子	泻肺平喘，行水消肿	用于痰涎壅肺，喘咳痰多，胸胁胀满	同上	3	生于山坡、荒地，田边、路旁及村庄附近
	32.菥蓂属	55.菥蓂*	菥蓂	*Thlaspi arvense*	全草及种子	清热解毒，利湿消肿，和中开胃	用于阑尾炎，肺脓疡，痈疖肿毒，丹毒	同上	3	生于山坡、草地，路旁或田畔

续表

科名	属名	种名(别名)	拉丁名	药材名	入药部位	功效	主治	繁殖方式	杂草密度级	主要生境
13.蔷薇科	33.龙芽草属	56.龙芽草*	Agrimonia pilosa	仙鹤草	全草	收敛止血,截疟,止痢,解毒	用于咳血,吐血,崩漏下血,疟疾,血痢	同上	2	生于荒地、山坡、路旁、草地
	34.委陵菜属	57.二裂委陵菜	Potentilla bifurca	鸡冠草	紫红色变态根、茎	止血,止痢	用于崩漏,痢疾	同上	3	生地边、道旁、沙滩、山坡草地、坡上
		58.委陵菜*	Potentilla chinensis	委陵菜	全草	清热解毒,凉血止痢	用于赤痢腹痛,久痢不止,痔疮出血,痈肿疮毒	同上	3	生山坡草地、沟谷、林缘,灌丛或疏林下
		59.匍匐委陵菜	Potentilla flagellaris	匍匐委陵菜	块根及全草	生津止渴,补阴除虚热	用于虚劳,白带,虚喘	同上	3	生田边潮湿处,海拔500~600 m
14.豆科	35.草木樨属	60.草木樨	Melilotus officinalis	草木樨	全草	化湿,截疟	用于暑湿胸闷,苦腻,口臭,头胀,头痛,疟疾	同上	3	生于山坡、河岸、路旁,砂质草地及林缘
	36.野决明属	61.披针叶野决明(披针叶黄华)	Thermopsis lanceolata	牧马豆	全草	祛痰,止咳	治咳嗽痰喘	同上	3	生于河岸草地、沙丘,路旁及田边

...

续表

科名	属名	种名（别名）	拉丁名	药材名	入药部位	功效	主治	繁殖方式	杂草密度级	主要生境
15.蒺藜科	37.骆驼蓬属	62.骆驼蒿	Peganum nigellas-trum	骆驼蒿	全草、种子	祛湿解毒，活血止痛，宣肺止咳	用于风湿痹痛，月经不调，咳嗽，头痛	同上	3	生于沙质地，黄土丘陵，路边及村庄附近
	38.蒺藜属	63.蒺藜*	Tribulus terrestris	蒺藜	果实	平肝解郁，活血祛风，明目，止痒	用于头痛眩晕，胀痛，乳闭乳痈，目赤翳障，风疹瘙痒	同上	2	生于荒野，田边，路旁及河边草地
16.锦葵科	39.木槿属	64.野西瓜苗	Hibiscus trionum	野西瓜苗子	种子	补肾，润肺	主肾虚头晕，耳鸣耳聋，肺痨咳嗽	同上	2	生于平原，山野，丘陵或田埂
	40.锦葵属	65.冬葵*	Malva crispa	冬葵	果实、种子、根、茎、叶	清热利湿；补中益气	用于黄疸型肝炎；用于气虚乏力，腰膝酸软，体虚自汗	同上	2	生于田边，路旁，村庄附近
17.茜草科	41.拉拉藤属	66.猪殃殃	Galium aparine L. var. tenerum (Gren. et Godr.) Reichb.	猪殃殃	全草	清热解毒，利尿消肿，活血化瘀	用于淋浊，尿血，痢疾，跌扑损伤，肠痈，痛经，耳鸣	同上	3	生于海拔 20~4 600 m 的山坡、旷野、沟边、河滩、田中、林缘、草地
18.旋花科	42.旋花属	67.田旋花	Convolvulus arven-sis	田旋花	根、花、全草	祛风止痒，止痛	用于风湿性关节炎，牙痛，神经性皮炎	同上	3	生于耕地及荒坡草地上
19.紫草科	43.狼紫草属	68.狼紫草	Lycopsis orientalis	狼紫草	叶	解毒止痛	用于疬肿	同上	1	生山坡，河滩，田边等处

475

科名	属名	种名（别名）	拉丁名	药材名	入药部位	功效	主治	繁殖方式	杂草密度级	主要生境
	44.附地菜属	69.附地菜	Trigonotis peduncularis	附地菜	全草	温中健脾，祛风活络，消肿止痛	用于胃痛，吐酸，吐血，牙痛，小儿疳积，手足麻木，跌扑损伤，骨折	同上	2	生于山地灌丛、林缘及草甸
20.唇形科	45.青兰属	70.白花枝子花	Dracocephalum heterophyllum	异叶青兰	全草	止咳，清肝，散结	用于肺热咳嗽，肝火头痛，瘰疬，婴瘤，瘰疬，口疮	同上	2	生于石质山坡、丘陵坡地
	46.野芝麻属	71.宝盖草	Lamium amplexicaule	宝盖草	全草	清热解毒，活血祛风，利湿消肿	用于湿热黄疸，瘰疬，筋骨疼痛，四肢麻木，跌扑损伤，骨折，黄水疮，高血压	同上	2	生于田边、宅旁、草丛及林缘
	47.糙苏属	72.串铃草	Phlomis mongolica	串铃草	块根	解毒止痛	用于疮肿	同上	2	生于较干旱的山坡、沟旁
21.茄科	48.茄属	73.龙葵	Solanum nigrum	龙葵	全草	清热解毒，活血消肿，利尿	用于咽喉肿痛，目赤肿痛，小儿惊风，痈肿疔毒，疮疹瘙痒，瘰疬，癌症，热淋，小便不利，水肿	同上	2	生于荒地，路边村庄附近，田边
		74.青杞	Solanum septemlobum	青杞	全草	清热解毒	咽喉肿痛，目赤，皮肤瘙痒	同上	2	生于路旁、沟边、林下，林缘
22.车前科	49.车前属	75.车前*	Plantago asiatica	车前子	种子、全草	清热利尿，祛痰，凉血，解毒	水肿胀满，热淋涩痛，暑湿泄泻	同上	3	生于山野，路旁，沟旁菜圃，田埂及河边

续表

科名	属名	种名（别名）	拉丁名	药材名	入药部位	功效	主治	繁殖方式	杂草密度级	主要生境
		76.平车前 *	Plantago depressa	车前子	种子、全草	清热利尿，渗湿通淋，明目，祛痰	水肿胀满，热淋涩痛，暑湿泻泻	同上	3	生于山野、路旁、沟旁、菜圃、田埂及河边
23.菊科	50.蒿属	77.黄花蒿 *	Artemisia annus	青蒿	全草	清热解毒，除蒸，截疟	用于暑邪发热，阴虚发热，夜热早凉，骨蒸劳热，疟疾寒热，湿热黄疸	同上	4	生于山坡、路边、荒地等处
		78.艾蒿 *	Artemisia argyi	艾叶	干燥叶	散热止痛，温经止血	用于小腹冷痛，经寒不调，宫冷不孕，吐血，衄血，崩漏经多，妊娠下血	同上	4	生于山野、路旁、荒地及林缘
		79.猪毛蒿	Artemisia scoparia	茵陈蒿	干燥幼苗	清湿热，退黄疸	用于黄疸尿少，湿疮瘙痒，传染性黄疸型肝炎	同上	4	生于沟边、山坡、田边，砂砾地及盐碱地
	51.蓟属	80.刺儿菜 *	Cirsium setosum (Willd.) MB. (Com—小蓟 positae)		全草	凉血止血，祛瘀消肿	用于衄血，吐血，便血，崩漏下血，外伤出血，痈肿疮毒	同上	4	生于田间、荒地、路旁
	52.旋覆花属	81.旋覆花 *	Inula japonica	旋覆花	头状花序	降气，消痰，行水，止呕	用于风寒咳嗽，痰饮蓄结，胸膈痞满，喘咳痰多，呕吐噫气，心下痞硬	同上	2	生于田边、路边或沟渠边

477

续表

科名	属名	种名（别名）	拉丁名	药材名	入药部位	功效	主治	繁殖方式	杂草密度级	主要生境
	53.苦荬菜属	82.抱茎苦荬菜	Ixeris sonchifolia	苦碟子	全草	清热解毒，镇痛消肿	同于头痛、牙痛、肺痈、肠痛、乳痈、泄泻、痢疾、吐血、衄血、痈肿疖疥	同上	3	生于山间、路旁、撂荒地
	54.苦荬菜属	83.苣荬菜	Sonchus arvensis L.	苣荬菜	全草	清热解毒，消肿排脓，祛瘀止痛	用于肠痛、肺痈、痈疮疖肿、血滞胸腹疼痛、痔疮、肝炎、子宫内膜炎、附件炎、卵巢囊肿	同上	3	生于田边、路边、沟渠边或村庄附近
	55.蒲公英属	84.蒲公英*	Taraxacum dissec-tum	蒲公英	全草	清热解毒，消肿散结，利尿通淋	用于疔疮肿毒、乳痈、瘰疬、目赤、咽痛、肺痈、肠痈、湿热黄疸、热淋涩痛	同上	3	生于中、低海拔地区的山坡草地、路边、田野、河滩
24.禾本科	56.燕麦属	85.野燕麦	Avena fatua	燕麦草	全草	收敛止血，固表止汗	用于吐血、血崩、白带、便血、自汗、盗汗	同上	2	生于荒芜田野或为田间杂草
	57.稗属	86.稗	Echinochloa crus-galli	稗子	果实及茎叶	益气宜脾	益气补脾	同上	3	多生于沼泽地、沟边及水稻田中
	58.画眉草属	87.画眉草	Eragrostis pilosa	画眉草	全草	利尿通淋，清热活血	主热淋、石淋、目赤、痹痛、跌打损伤	同上	3	多生于荒芜田野

续表

科 名	属 名	种 名 （别名）	拉丁名	药材名	入药部位	功 效	主 治	繁殖方式	杂草密度级	主要生境
	59.赖草属	88.赖草	*Leymus secalinus*	赖草	根状茎,全草	清热利湿,止血,平喘	用于感冒,哮喘,咳血,鼻衄,淋症,赤白带下	同上	4	生境范围较广,可见于沙地,平原绿洲及山地草原带
	60.狗尾草属	89.金色狗尾草	*Setaria glauca*	狗尾草	全草	清热,明目,止泻	主治目赤肿痛,眼睑炎,赤白痢疾	同上	4	生于林边,山坡和荒芜的园地及荒野
		90.狗尾草	*Setaria viridis*	狗尾草子	种子	解毒,止泻,截疟	主缠腰火丹,泄泻,疟疾	同上	4	生于荒野,道旁

注:＊为《中华人民共和国药典》收录

479

参考文献

[1] 任继周. 草业科学研究方法[M]. 北京: 中国农业出版社, 1998, 277–279.

[2] 郭琼霞, 黄可辉. 危险性病虫害与杂草[J]. 武夷科学, 2003, (19): 179–189.

[3] 左忠, 李明, 温淑红, 等. 宁夏盐池县农田杂草种类与防治技术[J]. 宁夏农林科技, 2011, 52(01): 18–21.

[4] 高正中, 戴法和. 宁夏植被[M]. 银川: 宁夏人民出版社, 1988, 233.

[5] 马德滋, 刘惠兰, 胡福秀. 宁夏植物志(第一、二卷)[M]. 银川: 宁夏人民出版社, 2007.

[6] 周世权, 马思伟. 植物分类学[M]. 北京: 中国林业出版社, 1995.

[7] 徐养鹏, 王克制. 中国滩羊区植物志(第一卷)[M]. 银川: 宁夏人民出版社, 1988.

[8] 徐养鹏, 王克制. 中国滩羊区植物志(第二卷)[M]. 银川: 宁夏人民出版社, 1993.

[9] 徐养鹏, 王克制. 中国滩羊区植物志(第三卷)[M]. 银川: 宁夏人民出版社, 1996.

[10] 邢世瑞. 宁夏中药志(上、下卷)[M]. 银川: 宁夏人民出版社, 2006.

[11] 中华人民共和国药典委员会. 中华人民共和国药典(第二部)[M]. 北京: 中国医药科技出版社, 2015.

编写人: 李明　李吉宁　刘华　张新慧

第六章　宁夏中药材产业发展报告（2018）

第一节　宁夏中药材种植业发展现状

一、宁夏栽培药材产业发展现状

为了认真贯彻落实宁夏回族自治区第十二次党代会精神和自治区一号文件精神，推进产业创新发展，建立完善产业推进机制，培育大健康产业，引导龙头企业建基地、联农户、打品牌、拓市场，延伸产业链，构建创新链，形成利益链，建立服务链，提升宁夏中药材市场竞争力，打造品牌知名度，促进中药产业持续健康发展，带动农民稳定增收，宁夏科技厅、宁夏中药材产业指导组，组织实施了中药材产业创新"22824"工程，努力以建设2个药用植物园、2个中药材研究所、8个规范化生产科技示范基地、2个中药材产业工程技术研究中心、4个中药材产业园区为目标，着力突破产业发展关键技术，发展一批标准化产地加工企业，实现中药材生产基原品种、规范化种植技术、大宗中药材质量溯源全覆盖，构建绿色优质药材质量控制体系，形成布局合理、功能互补、配套协作、融合发展的产业格局。

多年来，在宁夏中药材产业指导组、各有关市县党委、政府的坚强领导下，在宁夏中药材产业技术专家服务组、宁夏中药材产业协会的大力支持下，在社会各界的共同努力下，宁夏中药材产业得到了较好的发展，建成了盐池甘草种质资源圃和六盘山药用植物园，形成了南部六盘山区、中部干旱风沙区和北部引黄灌区三个特色鲜明的地道中药材种植带，建成了8大产业示范基地。

（一）甘草规范化种植基地。 以中部干旱带盐池县、红寺堡区、同心县（下马关镇）扬黄灌溉区为核心区域，建设甘草规范化种植基地。

(二)**银柴胡规范化种植基地。**以同心县预旺镇及周边地区为核心区域,建设银柴胡规范化种植基地。

(三)**小茴香规范化种植基地。**以海原县西安镇及周边地区为核心区域,建设小茴香规范化种植基地。

(四)**柴胡、秦艽、大黄、黄芩半野生原生态规范化种植基地。**以隆德县、彭阳县、西吉县移民迁出区和退耕还林地为核心区域,建设六盘山中药材原生态规范化种植基地。

(五)**中药材优质种苗规范化繁育基地。**以隆德县、彭阳县为优势核心区域,建设六盘山黄芪、党参、黄芩的种子、种苗规范化繁育基地。

(六)**大宗优质道地药材绿色种植基地。**以隆德县、彭阳县为优势核心区域,建设六盘山黄芪、党参、板蓝根优质药材绿色规范化种植基地。

(七)**彭阳苦杏仁、桃仁规范化种植基地。**以彭阳县为核心区域,建设苦杏仁、桃仁规范化种植基地。

(八)**菟丝子规范化种植基地。**以平罗县、惠农县等银北引黄灌区为核心区域,建设小麦套种黄豆为主要模式的菟丝子规范化种植基地。

2018 年,全区中药种植面积达 68.97 余万亩(表 6-1,不包括六盘山区的山杏、山桃,及 34.7 万亩宁夏枸杞),药材总产量 84 837.3 t,总产值 158 222.9 万元。种植品种包括枸杞、甘草、银柴胡、麻黄、黄芪、小茴香、菟丝子、柴胡、胡芦巴、肉苁蓉、秦艽、大黄、板蓝根、黄芩、党参、郁李仁、当归、苦杏仁、牛蒡子、铁棒锤、金莲花、芍药、菊花、独活、射干、酸枣、山药、草红花、木香、防风、地黄、白芷、桔梗、甘遂、莱菔子、沙苑子、苦参、艾草 38 种。其中,六盘山地区以秦艽、柴胡、黄芪、黄芩、板蓝根、大黄、党参为主的半冷凉、半阴湿地区地道药材 20.9 万亩;中部干旱带以甘草、银柴胡、黄芪、黄芩、板蓝根等为主的沙生中药材稳定在 33.4 万亩;银北引黄灌区菟丝子种植 15 万亩。培育了隆德、彭阳、原州区、同心、红寺堡、盐池、平罗等药材种植或加工大县,各市县区均形成了具有鲜明特色的药材品种。

隆德县农民群众素有种植药材的习惯,黄芪、甘草、黄芩、党参、大黄、柴胡、板蓝根等 10 多个种类已成规模种植,其中有联材联合黄芪规范化种植示范基地、温堡前进中药材育苗基地、沙塘许川金莲花规范化种植示范基地等基地,全县中药材种植总面积达 7.8 万亩,"百户加工、千户育苗、万亩种植"的产业格局基本形成,沙塘镇赵楼村成为名副其实的"黄芪村"。葆易圣药业、国隆药业、西北药材、香雪制药等中药企业,迅速成长、发展壮大为龙头企业,在中药产业助力精准扶贫方面发挥了显著的带动作用。

彭阳县 2003 年成立了彭阳县中药材技术协会,采用"协会+基地+贫困户"的基地建设与精准扶贫模式,协会理事长杨孝自筹资金建起了茹河流域中药材标本展示馆,展示药材标本及种子 175 种,2017 年带动农户 400 户,其中贫困户 315 户,脱贫 14 户。壹珍药业苦杏仁、桃仁年加工量达 1 000 余 t,还建成了以城阳、孟塬为核心区的中药材原生态种植区。

同心县在 2002 年宁夏科技支撑"8613"项目——"地道中药材综合开发技术研究"实施以来,同心银柴胡从无到有,发展到现在年留床面积 16.3 万左右,成为全国银柴胡药材的唯一主产区,在银柴胡药材的带动下,甘草、黄芪、黄芩、板蓝根等药材也大面积种植。

海原县是我国小茴香药材的核心分布区,年种植小茴香约 3 万亩,总药材种植面积达到 5 万亩。

原州区在龙头企业明德中药材公司的带动下,形成了以开城镇种植板蓝根、彭堡镇种植黄芪为主的核心种植区。

盐池县是我国乌拉尔甘草的核心分布区,也是宁夏人工甘草的重点种植区域。近年来,坚持以"水地育苗、旱地移栽、补植补播"多项措施相结合发展人工栽培药材。目前,在龙头企业宁夏拓明农业开发有限公司的带动下,种植各类沙生中药材 5 万余亩。

平罗县及周边县区广大农民一直有种植菟丝子的习惯,逐步形成了春小麦套种黄豆间种菟丝子模式,年种植菟丝子达 10 万亩左右。所产菟丝子以籽粒饱满、成熟度好、市场供应量大而享誉全国,成为全国知名的菟丝子地道产区。

目前,宁夏盐池产甘草,同心产银柴胡,六盘山产黄芪和秦艽,海原产小茴香,平罗产菟丝子等 6 种药材为国内市场公认的地道产区。其中,盐池甘草,六盘山黄芪、秦艽获得了国家农产品地理认证,同心银柴胡地理认证正在申请之中,盐池甘草获批为国家驰名商标。

二、宁夏中药材种子种苗生产情况

(一)甘草种子种苗

盐池县、灵武市、红寺堡等及其周边区域是我国乌拉尔甘草核心分布区域,也是乌拉尔甘草种质核心区。2010 年前后,盐池县正常年份甘草种子产量可有七八吨,由于农业、能源产业开发,以及人工柠条林影响,盐池天然草场甘草种子的生产力越来越弱,2017 年甘草种子几乎绝收。但另一方面,盐池县高沙窝镇是开展人工甘草种植最早的地方之一,甘草种子的交易延续了近 30 年,至今高沙窝镇仍然是全国甘草种子集散流通中心,流通量占全国总量的 2/3。据估算,全国每年甘草种子量不足 300 t,几乎完全依赖于野生甘草,人工甘草种子产量很低,甘草种子严重匮乏。甘草种苗也只有盐池田丰甘草种植合作社、荣峰甘草产业合作社、宁夏拓明农业开发有限公司在繁育,每年生产面积不到 1 000 亩,可供移栽面积 5 000 亩。由于受口岸甘草价格冲击,甘草种植积极性不高,甘草种子基本上属于有价无市,甘草种苗出货不畅。

(二)银柴胡种子种苗

同心县是全国银柴胡的道地产区,每年留床面积约 16.3 万亩以上。种子产量 5~10 kg/亩,全部收获,可年产银柴胡种子 500~1 000 t。银柴胡每年的播种面积约 5 万亩,亩用种量 1 kg/亩,需 50 t 种子。市场供应自给有余。

(三)黄芪种子种苗

六盘山是膜荚黄芪的核心分布区,也是蒙古黄芪的主要种植区,宁夏全区黄芪种子生产田不足 1 万亩,主要分布在盐池拓明公司、同心县下马关镇、预旺镇、原州区、隆德县,种子产量 5~10 kg/亩,年产量 50~100 t。可满足 5 000~10 000 亩育苗,可满足 25 000~50 000 亩的移栽。以全区栽培面积 10 万亩估算,缺口量为 50%。

(四)黄芩种子种苗

黄芩的主产区为华北地区,宁夏自 2015 年开始种植,目前种植面积约 5 000 亩,黄芩移栽当年可以产种,以 2 000 亩的正常产种面积估算,亩产量 10 kg/亩,现每年可产种 20 t,播量 1 kg/亩,可满足 2 万亩直播用种。若面积、产量保持稳定增加,种子种苗市场供应可以自给有余。

(五)柴胡、秦艽种子种苗

六盘山区柴胡,秦艽野生、仿野生量大,人工种植面积极少,因野生柴胡、秦艽生长密度不均一,采种成本高,农民积极性不高,种子产量不详,目前用种多采购于定西市场。

(六)板蓝根种子种苗

宁夏全区均可种植板蓝根,年种植面积 3.5 万亩,种子亩产量 10 kg/亩,年总产量 350 t,可以实现自给有余。

(七)小茴香种子种苗

宁夏海原是我国小茴香的重点地道产区之一,小茴香是种子入药,海原县年种植面积约 3 万亩,亩产量 100~150 kg/亩,年产量约 3 000 t,种子自给有余。

(八)菟丝子种子种苗

宁夏平罗及银北引黄灌区是我国菟丝子的重点地道产区之一,菟丝子是种子入药,宁夏每年种植面积约15万亩,亩产量40 kg/亩,年产量约6 000 t,种子市场供应充足,自给有余。

(九)其他药材种子种苗

目前,宁夏栽培药材包括甘草、银柴胡、麻黄、黄芪、小茴香、菟丝子、柴胡、胡芦巴、肉苁蓉、秦艽、大黄、板蓝根、黄芩、党参、郁李仁、当归、苦杏仁、牛蒡子、铁棒锤、金莲花、芍药、菊花、独活、射干、酸枣、山药、草红花、木香、防风、地黄、白芷、桔梗、甘遂、莱菔子、沙苑子、苦参、艾草共有38种。除银柴胡、黄芪、小茴香、菟丝子外,其他药材均无稳定的种子种苗生产基地。

第二节 宁夏中药材企业发展现状

一、宁夏中药材企业生产现状

截至2017年,全区注册的中药材法人企业259家(不包括245家枸杞法人企业),其中,精深加工企业有宁夏启元药业有限公司、宁夏金太阳药业有限公司、宁夏紫荆花制药有限公司、宁夏都顺生物科技有限公司;产地初加工及饮片加工能力达到2 000 t以上的有宁夏明德中药饮片有限公司;1 000~2 000 t的有彭阳县壹珍药业有限公司、宁夏嘉懿药业有限公司、宁夏同亳药业有限公司、宁夏泰杰农业科技有限公司;500~1 000 t的有隆德县葆易圣药业有限公司、隆德县国隆中药材科技有限公司、宁夏西北药材科技有限公司、宁夏泽艾堂生物科技有限公司、彭阳县利康药业有限公司、宁夏杏林药材种植有限公司、宁夏拓明农业开发有限公司。目前,宁夏中药材产地初加工和饮片生产能力约1万t,直接产值1亿元。

二、宁夏中药材龙头企业

(一)银川市

有规模以上的精深加工企业2家。

1. 宁夏启元药业有限公司

宁夏启元药业有限公司是宁夏重点骨干企业之一,其前身宁夏制药厂和宁夏中药厂均有40多年的生产历史,公司集研发、生产、销售为一体,现拥有3个生产基地、2

个全资子公司,是"宁夏中药材产业协会副会长单位"。具备原料药和各类中西药制剂生产能力,原料药红霉素系列、盐酸四环素系列、阿维菌素系列、维生素系列凭借领先的技术、优良的品质、规模化的生产以及强劲的发展势头,享誉中外。主导产品红霉素、盐酸四环素系列原料药规模占据世界首位,销售市场遍布世界各地。子公司宁夏启元国药有限公司可生产片剂、注射剂、胶囊剂、颗粒剂、丸剂、栓剂等300多个品种规格的中西药制剂。特色制剂有金莲清热颗粒(胶囊)、山楂精降脂片(分散片)、复心片(薄膜衣片)、杞蓉片(薄膜衣片)、消食健胃片、金晶康、苦参碱栓、杞圣胶囊、枸杞益肾胶囊、六味地黄丸(浓缩丸)等。其中金莲清热颗粒(胶囊)为全国独家品种。

2. 宁夏金太阳药业有限公司

宁夏金太阳药业有限公司是在始建于1970年的原兰州军区灵武制药厂的基础上改制成立的,公司集研发、生产、销售为一体,是从事中西药生产和甘草中药材精深加工的龙头企业,是"宁夏中药材产业协会副会长单位"。拥有自主知识产权的国药准字原料药、中西药产品46个,其中中药品种14个,原料药4个、西药品种28个。这其中包含国家基本药物19个、医保产品22个、OTC产品10个。主要产品有甘草酸单钾(铵)盐原料、盐酸(伪)麻黄碱原料、甘草酸、麻黄膏、麻黄粉、中西药制剂及中药饮片。2016年1月,公司全面通过2010年版GMP认证。认证范围:片剂、颗粒剂(含中药前处理及提取)、中药饮片(含毒性饮片、直接口服饮片)。

公司十分重视质量体系建设。重视从原料购进上把关,对外严格资质和质量审核,凡购进原辅料和包装材料,须符合国家相关质量标准;对内加强质量保障体系建设,完善了化验室检测设备和人员,购进了先进的原子分光光度仪、气象色谱仪、高效液相色谱仪、光电分析太平、药物溶出度仪、红外分光光度仪、紫外分光光度仪、自动旋光仪等30余台高精度检测仪器,建立健全了一整套质量保证体系文件和各项管理文件,实现了全过程地控制产品质量。

现有两个生产基地分别位于宁夏银川市经济技术开发区(西区)、灵武市北门。其中,银川市经济技术开发区生产区占地74 467 m²,建筑面积17 000 m³,建成中药前提取车间2 000 m²,中药饮片车间2 000 m²(含毒性饮片车间)和中药制剂车间3 000 m²,仓储7 000 m²,中心化验室1 000 m²。现有专业技术人员35名,中级职称以上人员16名(其中高级职称5名)。

(二)固原市

有规模以上的产地初加工和饮片加工龙头企业9家,合作社2家。

1. 宁夏明德中药饮片有限公司

宁夏明德中药饮片有限公司创建于 2003 年 8 月，位于宁夏固原市六盘山地区，是一家集中药材种植、中药饮片生产、销售、炮制技术、中药材种植技术研究及回药研发为一体的有限责任公司。是"宁夏中药材产业协会会长单位""国家中医药管理局重点学科建设单位""自治区农业产业化重点龙头企业"。公司现有员工 218 人，其中专业技术人员 82 人，占人员总数的 40%，下设生产技术部、质量管理部、财务部、供应部、销售部、办公室、项目部等部门。2008 年 7 月成为宁夏医科大学的教学和科研实践基地；2012 年与南京中医药大学签订了科技合作协议，通过建立校企合作关系，依托南京中医药大学及宁夏医科大学的科研优势使公司的科技进步和人才培养得到了有效保障。

公司通过实施国家中医药管理局"国家基本药物所需中药材种子种苗繁育基地建设项目"对技术创新中心（实验室）进行改建，严格按照相关实验室建设要求，改善了技术创新中心条件，为后续各项科研活动及质量评定奠定了科技基础。公司现有金莲花、秦艽、黄芪、柴胡、甘遂、银柴胡、党参等中药材规范化种植基地共计 5 230 亩。2017 年公司共加工中药材 2 480 t，生产中药饮片 1 909 t。全年实现销售产值 10 289 万元；实现销售收入 10 741 万元；实现利润 2 246 万元；资产规模达到 2.16 亿元。

2. 宁夏西北药材科技有限公司

宁夏西北药材科技有限公司创建于 2001 年，经营范围包括中药材育苗、种植、加工、营销和中药材技术研发服务。是"宁夏中药材产业协会副会长单位"，先后被国务院扶贫领导小组命名为"国家扶贫龙头企业"；被国家科技部评选为"国家中药现代化建设十年优秀单位"；被宁夏人民政府认定为"自治区农业产业化重点龙头企业"；被宁夏科技厅认定为"法人科技特派员创业企业""科技型中小企业"；被宁夏科协授予"宁夏中药材科普教育基地"资质。是宁夏中药材（隆德）技术创新中心、宁夏六盘山区中药材产业技术服务平台、宁夏六盘山区中药材产业技术创新战略联盟、宁夏六盘山区中药材产业国家级科技特派员创业链、国家中药材资源动态监测（宁夏隆德）站的依托单位。是隆德县唯一获准生产许可、通过（GMP）认证的中药饮片企业，宁夏西北药材科技有限公司已成为宁夏六盘山区最具创新活力的科技企业。

2013 年，"六盘山秦艽"通过农业部农产品地理标志认证，成为六盘山区第一个通过国家地理标志认证的中药材品种。2014 年，建成国家中药材资源动态监测（宁夏隆德）站。共申请新型实用性专例 10 项、发明 2 项，已获得实用性专例证书的 9 项；申请"西北一草"商标已获得国家商标总局商标证书。2017 年建立中药材质量可追溯体系，成为商务部在宁夏首批建立中药材质量追溯体系的中药饮片生产企业。针对中药饮片产品开发的需要,从原料、方法、工艺、环境、设施、设备、规程、标准、人才、团队10个方面开展了638种中药饮片炮制技术体系研究,开发出中药饮片炮制技术成果,在隆德县首家建成通过(GMP)认证、获准生产许可的中药饮片炮制体系并投产运行。2017年,中药饮片销售收入达3 000万元以上,"隆珍杰"连续多年被评为宁夏著名商标。

3. 隆德县葆易圣药业有限公司

隆德县葆易圣药业有限公司成立于2014年,位于宁夏固原市隆德县六盘山工业园区B区8号,注册资金1 000万元,现有员工48人,下设"一室四部",注册商标"六盘源""葆易圣"。主要经营加工黄芪、党参、当归、甘草、淫羊藿、北柴胡、枸杞等西北地产大宗品种中药材。是"国家中药材产业技术体系中卫综合试验站试验示范基地""宁夏中药材产业协会副会长单位"。2014年以来,公司在沙塘镇、温堡乡、神林乡等乡镇流转土地1 000亩自建中药材基地。同时,采用"公司+基地+农户"模式,带领当地群众种植中药材5 500亩,提供技术指导,产新后按照市场价格负责回收,解决了农民销售难问题。公司2015年和宁夏大学合作"六盘山区掌叶大黄规范化栽培技术研究与集成示范"项目,获得科技成果鉴定,2016-2017年与宁夏农林科学院在沙塘镇马家河村建立了中药材试验基地,参与了"六盘山重点地道药材标准化栽培技术集成研究与示范"项目的实施,2016年10月和宁夏医科大学建立了"宁夏回族自治区双导师互聘基地",2017年宁夏人力资源和社会保障厅将公司黄芪基地确定为"隆德县黄芪种植专家服务基地",在公司发展过程中,紧密和科研院校合作,以科技创新推动中药材产业发展,2016年6月由宁夏区科技厅评为"法人科技特派员创业企业",形成了产学研有效结合的良好局面。

公司在隆德县六盘山工业园区有4 320 m²加工车间,现有各类加工设备30台,主要加工黄芪、党参、大黄、秦艽等地产品种,可年加工中药材500 t。2014年以来,公司已加工各类中药材3 500 t。年加工销售中药材1 000 t,销售金额达到1 800多万元,占隆德县中药材销售的15%,带动了隆德县乃至固原地区中药材产业的蓬勃发展。公司目前已经建成400 m²的SC加工车间,设备已经购置,完成了SC认证,主要生产药食同源类产品,年销售额达到800万元。公司投资500万元建中药饮片厂,按照GMP标准建设,目前已经完成车间装修工程,预计2018年4月前完成GMP认证。

公司成立以来,先后和康美药业、天士力、安徽华润金蟾药业、太安堂建立了合作关系,年均订单销售中药材在200 t以上,2017年5月和湖北陶福安中药有限公司签订 600 t 的黄芪采购合同，做到订单化运营。同时，积极探索微网营销模式，做到线上线下相结合，采取互联网+中药材，在微店注册的"葆易圣养生馆"，月销量达到 11 万元，2017 年销售达到 200 万元，微店等级达到五钻级别，切实扩大了宁夏中药材在广东、福建等地的影响力，公司自主开发"葆易圣扶贫商城"，将"互联网+中药材+扶贫+商城"落到实处，开拓了新的销售格局，增加了新的销售途径。

公司是宁夏回族自治区法人科技特派员创业企业、"宁夏中药材协会副会长单位"，先后被评为"隆德县 2014 年度特色产业培育龙头企业""2014 年结构产业调整先进集体""2014 年自治区工业企业履行社会责任优秀业""2016 年固原市农业产业化龙头企业"、2017 年宁夏科技厅命名为"科技型中小企业"、2017 年科技部命名为第二批星创天地等。

4. 宁夏国隆药业有限公司

宁夏国隆药业有限公司成立于 2008 年 9 月，注册资金 600 万元，是"宁夏中药材产业协会副会长单位"、宁夏扶贫龙头企业、宁夏农业产业化龙头企业、宁夏科技特派员创业企业、宁夏科技型中小企业、固原市产业化龙头企业。公司现有办公场所 260 m²，生产加工车间 2 468 m²，其中净化车间 1 500 ㎡，晾晒场 2 000 多 m²，购置种植机械 9 台（套），加工及检测检验设备 36 台（件）；公司现有职工 46 名，技术人员 4 人。公司现已逐步形成集中药材种植、加工、销售和科研为一体的科技型企业。公司推行"互联网+中药材"模式，建成了"六盘山中药材网站"，建立了网店、微店，设立网络销售店铺，以药茶、药浴、药酒为重点，开发功能型保健品 20 多个，注册"塞上六盘""六盘灵草""杞蓝红"商标 3 个，"塞上六盘"荣获宁夏著名商标。

公司规划"以扩量提质做强种植基地，以技术改造做优加工基地，以科技创新做精产品基地"为目标，以市场为导向，以科技为支撑，以促进农民增收为根本，建设中药材种植基地 500 亩，参与产业精准扶贫户 52 户 208 人，带动药农 1 500 多人从事中药材生产，年生产加工 800 余 t，创收 662 万元。充分发挥资源优势、气候优势、区位优势和政策优势，加强院（校）企科技合作，加快科技创新，推进创新创业，不断增强示范带动作用，有力地推进中药材产业开发，加快一、二、三产业融合，促进企业发展、农业增效、农民增收。

公司依靠以"互联网+中药材"的销售模式，以特色中药材养生，滋补保健产品黄芪、党参、甘草、黄芩、红花等产品的产业链，"互联网+"促进品牌运作，派专职人员和青年团员参加各类电商培训班，提高业务能力，助推电商销售，线上分别与淘宝、手机微店、京猫猫、南泥湾等第三方平台建立合作关系,线下建立实体店面三家、电商销售平台两处,公司产品主要以品牌黄芪手工切片为主进行线上线下交易,2017年线上交易66万多元,线下交易11万多元。

公司以中药材产业培育发展为重点,规划"以扩量提质做强种植基地,以技术改造做优加工基地,以科技创新做精产品基地"为目标,以市场为导向,以科技为支撑,以促进农民增收为根本,年生产加工800余t,创收662万元。

5. 宁夏隆德县六盘山中药资源开发有限公司

宁夏隆德县六盘山中药资源开发有限公司成立于2012年3月,位于隆德县六盘山工业园区,由广州市香雪制药股份有限公司与南京博善医药技术发展有限公司等共同出资建设,注册资金1 000万元,是"国家中药材产业技术体系中卫综合试验站试验示范基地""宁夏中药材产业副会长单位"、隆德县招商引资的重点企业。主要实施"六盘山绿色中药产业园暨中药现代化科技产业基地"项目和固原国家农业科技园区隆德中药材核心区项目。

公司致力于开发六盘山原生态中药资源产业,建设板蓝根、黄芪、黄芩中药材GAP基地,实现中药材规范化、规模化科学种植,统筹药材资源收购、产品深加工、物流配送、产品研发、科普教育、健康养生、生态旅游为一体的中药现代化科技产业基地,采取"公司+基地+农户"的运行模式,已建成中药材核心区种植基地4 600亩,其中订单种植基地2 476.4亩,流转土地2 123.6亩,自建板蓝根、黄芪、黄芩、柴胡、党参等规范化种植示范基地;通过引领建设示范区1万亩,带动周边建成辐射区10万亩。2012年营销板蓝根500 t、黄芪200 t、甘草300 t,年销售额581万元;2013年度加工和营销板蓝根400 t、枸杞100 t、甘草200 t、当归100 t、黄芪300 t、黄芩150 t,年销售额1 163万元。企业与农户已建立"产加销一条龙"的利益联结机制,带动当地农民创业就业300多人,人均年收入在1万元以上,并为农户提供技术服务、优质种子种苗、机械播种和采挖等生产经营服务。

公司注重加强质量安全管理,已注册"神农六盘"商标,初审通过板蓝根、黄芩、黄芪国家GAP认证,正在申请QS食品质量安全生产体系认证食品生产许可证。

6. 彭阳县壹珍药业有限责任公司

彭阳县壹珍药业有限责任公司地址位于丝绸之路必经之地的固原彭阳县城阳乡街道,成立于2013年,注册资本为500万元。是"国家中药材产业技术体系中卫综合试验站试验示范基地""宁夏中药材产业协会副会长单位""固原市中药材产业协会会长"

单位。主要经营中药材种植、收购、初加工、种子种苗繁育销售;农产品、杏仁、桃仁、红花油、植物油加工销售;组织开展新品种,新技术引进、实验、示范、推广、培训、指导、新产品研发创新服务。2017年公司加工山杏、山桃1 000余t,黄芪、党参、甘草、银柴胡饮片200余t。

7. 宁夏泽艾堂生物科技有限公司

宁夏泽艾堂生物科技有限公司位于西吉县吉德慈善产业园,成立于2017年3月,公司注册资本5 000万元,是集艾草等相关中草药种植、加工、销售为一体的农业产业化企业。公司采用"公司+合作社+农户"的模式,在西吉县推广订单农业种植艾草5万亩,着力打造西北乃至全国艾草加工基地。项目完成后,可生产艾条、艾柱、艾保健品等5个大类35种产品,可带动就业1 000人以上,年加工能力5万吨艾草,年产值可达4亿。

2017年共收购艾草1 600 t,为当地增收240万左右。截至2018年1月1日,阿里巴巴线上销售17万元,淘宝销售56万元,拼多多平台销售130万元,线下分销销售150万元,合计销售353万元。取得较好开门业绩。从产品销售类型来看,艾条销售120.7万元,艾柱销售15.5万元,足浴包销售210万元,艾绒枕系列销售6.8万元。

2018年公司继续扩大种植和加工生产规模。种植方面已在西吉县吉强镇、新营乡、田坪乡、震湖乡、将台乡等几个乡镇与西吉县吉艾种植专业合作社、西吉县益生种子专业合作社等6个合作社联合推广种植8 000亩蕲艾优良品种。新产品开发方面,主要增加艾灸贴(公司自己设计外形,直接用艾绒压膜,增加产品疗效),艾香(倒流香、盘香)。保健艾贴(暖宫、护眼、祛湿三大类),计划销售收入达到3 000万以上。新开京东商铺,争取产品入驻京东固原扶贫馆。积极报名参加各类展销会,拓展销售产品渠道,着力打造西吉县最大的企业电子商务平台。

8. 彭阳县利康药业有限公司

彭阳县利康药业有限公司,位于彭阳县南门工业园B区29号,成立于2014年4月,注册资金500万元。是一家立足于农业多元化发展、整合中药材种植、研究开发、示范推广、生产加工、销售等为一体的民营企业,是"国家中药材产业技术体系中卫综合试验站试验示范基地"、固原市"农业产业化龙头企业"和"科技型中小企业"。主要经营道地中药材饮片,养生茶加工,杏仁加工,种苗繁育,中药材,杏核收购及野生中药材驯化,资源修复利用。重点采用"公司+基地+合作社+农场+农户"产业模式,注重科技创新开发,突出中药材种植技术培训与服务,强调"以带动一方百姓致富为己任"的社会责任。2017年生产销售中药材、八宝茶6.5万t,产品质量各项指标均达到国家标准,远销西安、湖北、安徽、西藏等各大药厂。通过了"QS"食品生产许可认证,注册了"六盘茹益""彭泰药谷"商标,获得了"中药材清洗装置"实用新型专利证书、"包装盒"外观设计专利证书。公司现有从业人员46名,其中,研发技术人员3名,生产技术人员13名,销售人员3名。

公司现有标准化药材种苗繁育基地280亩,标准化中药材种植1 500多亩,辐射带动周边种植特色道地中药材3 000多亩,引进黄芪、黄芩、柴胡、苦参、板蓝根等优质高产中药材品种10多个。拥有生产车间1 000 m²,化验室、包装加工等房屋共计350 m²,先后引进和自主开发中药材种植、移栽、挖掘收获和清洗机械若干套;配套烘干、化验、消毒等质量安全保障检测设备,以及真空自动化包装设备等10台套。所有产品均获得食品药品检验合格证书。年生产加工中药材800余t。

公司注重科技研发力度,商标注册2项,获得自主知识产权的产品外观设计专利3项。其中,自主研制的中药材清洗装置机械获得国家实用新型专利证书(专利号:ZL 201620634679.4),该机械极大提高了对根茎类中药材清洗效率,为彭阳县中药材种植产业化发展起到良好的科技支撑作用。利用本县地产绿色生态无公害杏仁、沙棘果等中药材特色资源,融合祖国中医传统文化,开发出"久久养生茶"产品,取得了1项外观设计专利证书(专利号:ZL 201630224781.2和食品生产许可证书,证号为QS640414020002;四类保健养生茶已全部获得注册产品识别条码,已取得国家商标局颁发的"六盘茹意"商标证书(商标注册证号:第19211843号);中药材种植经销已获得国家商标局颁发的"彭泰药谷"商标注册证书(商标注册证号:第16344242号)。

2017年公司实现总资产达到875万元,销售收入1 104万元,利润92.2万元。公司与种植农户签订收购合同200户,其中贫困户30户,对贫困户每千克高于市场价格0.5元收购(每户种植10亩户均收入2万元以上),支付农民药材款320万元。带动了当地种植、运输、包装等相关产业的发展,促进了农业增产和农民增收,促进了当地新农村建设、农业可持续发展,发挥了巨大的作用,具有良好的经济与社会效益。

9. 宁夏杏林药材种植有限公司

宁夏杏林药材种植有限公司成立于2015年,公司注册资金100万元,是"国家中药材产业技术体系中卫综合试验站试验示范基地"、公司拥有药材种植所需的种苗移栽机、药材挖掘机以及药材加工所需的药材清洗、切片、烘干、筛选、包装等成套设备。

2017年在彭阳新集通过土地流转建立自有种植基地,种植黄芪450多亩,当年收获药用黄芪 290 余 t,培育党参种苗 40 多亩,黄芪种苗 50 多亩,带动引导当地农户种植黄芪、党参 1 000 多亩。全年共收购黄芪、党参 700 余 t,全部为彭阳县订单农户和原州区、隆德县地产药材,使农民获得了可观的经济收入。是目前全固原市唯一——家只收购本地药材的中药企业,没有获得一项国家项目支持,却帮助了彭阳县 300 多个农户走上了脱贫致富路。

2017 年注册成立宁夏仙草汇中药材科技有限公司,注册资金 5 000 万元,在固原市经济技术开发区轻工业园区购置土地 110 亩新建厂房,土地购置手续及规划设计已经办理完毕,一期工程总投资 2 375 万元,建设 3 400 m² 厂房两座,办公楼 700 m²,检测实验楼 700 m²,晾晒场地 8 000 m²。

公司与中国中药有限公司控股的国药种业有限公司建立了长期稳定的合作关系,由国药种业有限公司提供种子、专家实地指导及全部收购,公司负责种植、田间管理及挖苗。2016 年种植的种苗产值 130 万元。2017 年向江苏亚邦中药饮片有限公司合同供货 900 t,向安徽颐生堂中药饮片有限公司合同供货 270 t,销售收入 3 300 万元。

10. 联财镇赵楼中药材专业合作社

隆德县联财镇赵楼村赵楼中药材专业合作社,由致富带头人赵有和牵头成立,吸收和发展社员 102 人,通过提供务工岗位、种子种苗和技术帮助、药材回收等方法,带动建档立卡贫困户 31 户 124 人从事中药材育苗、种植、贩运和加工产业,合作社年加工中药材 500 t,销售中药材 800 t,销售收入达 300 万元,该村中药材产业的收入占到了 80% 以上。

(三)吴忠市

有规模以上的产地初加工、贸易和种植企业 7 家。

1. 宁夏同亳中药材科技有限公司

宁夏同亳中药材科技有限公司,成立于 2013 年 2 月,注册资金 500 万元。公司生产厂区位于同心县同德慈善孵化园,在下马关镇农业科技园建有收购、晾晒、贮存基地,总占地面积 70 690 m²,建筑面积 29 280 m²。现有生产线两条,中药材产地加工和饮片年生产能力达 2 000 t,生产中药饮片 386 种。

公司建立了完善的生产质量管理体系,2017 年通过了药品生产质量管理规范(GMP)认证、是"自治区农业产业化重点龙头企业""自治区扶贫龙头企业""吴忠市农业产业化重点龙头企业""自治区专精特新创新企业"。公司现有资产 1.2 亿元,固定资产 7600 万元,员工 68 人,其中专业技术人员 27 人,并与宁夏药品检验研究院、宁夏职业技术学院、宁夏医科大学、宁夏大学化学化工学院制药工程系及宁夏天然药物工程技术研究中心等院所建立了校企合作关系,使公司的科技研发和人才培养得到了有效保障。

公司始终秉承"以质量求生存、以人才谋发展、以创新为引领、以诚信赢市场"的宗旨,致力于打造同心生态健康中医药养生第一品牌。公司凭管理打造精品,靠质量开拓市场,产品覆盖宁夏全境,辐射安徽、甘肃、陕西、内蒙古等省(自治区),质量享誉西北。2017年年销售收入达到2 123万元,利润300万元,总资产1.2亿元。

公司始终坚持"生态、绿色、健康"的中医药健康理念,致力于打造同心生态健康中医药养生文化第一品牌,以高端产品占领市场,进一步扩大销量,深得广大消费者青睐。在继承中药饮片传统炮制方法的基础上,加大科技研发力度,积极创新中药饮片炮制技术,研究制定中药饮片质量标准,努力提升企业技术水平。2018年公司整体改造建设完成后,将年加工中药材1万t,年生产中药饮片900余种3 000 t,销售收入1.5亿元;以药食同源中药材为原料,年生产中药保健品50种500 t,产值2 000万元;切实提高资源开发利用深度和广度,培育壮大优势特色中药材产业。

2. 宁夏泰杰农业科技有限公司

宁夏泰杰农业科技有限公司,成立于2006年12月,注册资金1 000万元,总资产2 122万元,其中固定资产718万元,包括办公用房1 060 m²、原料存储加工生产基地8 800 m²。公司是一家集中药材种植、种子种苗繁育、中药材饮片加工、技术培训及营销网络建设为一体的高新技术企业,同时经营农作物新品种引进、繁育推广、产品加工、产品研发、基地建设、保鲜贮藏、加工销售及外销等农业产业化综合业务。公司先后成立了同心县中药材科技创新中心、同心县丰禾中药材种植专业合作社、同心县泰杰农机化服务专业合作社。公司现有人员23人,外聘专家3人。其中高级农艺师2人、农产品营销高级经纪人2人、大专以上学历5人、中专以上学历12人。2009年被授予宁夏回族自治区重点龙头企业、2011年至2013年被授予"自治区农业产业化优秀龙头企业"称号,是"国家中药材产业技术体系中卫综合试验站试验示范基地"。2018年获中国药材市场网"全国特色中药材种植基地"称号。

公司坚持产、学、研结合,不断提高技术研发和成果转化能力,与宁夏大学、宁夏农林科学院、中国医学科学院药用植物研究所及同心县科技服务中心合作,先后承担并组织实施了自治区科技惠民计划项目"同心县优势特色沙生中药材品种规范化种植技术示范与推广"、自治区重大专项"区域化高效节水农业综合示范——雨养区中药材规范化种植关键技术集成研究""同心县优质根茎类中药材人工驯化技术研究集成与示范"等多项自治区、国家级成果转化项目，企业科学技术创新研发、科学成果转化能力不断提升，辐射带动区域特色中药材生产技术水平同步提高。

在县政府政策引导、科技支撑下，公司坚持"公司+基地+合作社+农户"的管理模式，加强中药材种植基地建设，不断扩大中药材种植规模，提升规范化种植技术水平。流转土地2800亩种植道地药材，打造了同心县中药材产业科技示范园。在同心县马高庄乡、预旺镇建立银柴胡标准化种植基地1 500亩、银柴胡种子种苗繁育基地500亩、甘草100亩、板蓝根100亩、防风50亩、胡芦巴100亩、红花200亩、黄芪200亩、地黄50亩。与农民以订单方式种植银柴胡5 300亩，辐射带动21 000亩。2014年，在同心县惠安村建成2 000 t中药材烘干车间和面积为1 000 m²的药材储藏库，晾晒场5 000 m²，目前已完成并投入使用。2013年至2016年累计销售收入1.3亿元，为当地药农亩均新增收入1 000元以上，辐射带动农户2 300多户，辐射种植银柴胡21 000亩，户均增收5 739元，劳动力就地转移就业450人，人均劳务月收入3 500元。

公司勇于承担社会责任，积极参与精准扶贫工作，充分发挥自治区级农业产业化发展重点龙头企业作用，突出企业带动优势，通过2 800亩中药材标准化种植基地建设，2 000 t中药材烘干车间投产建设，订单种植收购、土地流转、劳务用工、全程机械化作业示范、辐射带动等方面为基地农户脱贫致富、增产增收做出了应有的贡献，直接带动基地农民1 300户，平均为每户增收1 100多元，有力地助推了全县脱贫销号村脱贫步伐。

3. 宁夏紫荆花制药有限公司

宁夏紫荆花制药有限公司，其前身为宁夏盐池制药厂，始建于1967年，于2001年改制为宁夏盐池紫荆花药业有限公司，2010年改制为宁夏紫荆花制药有限公司，位于宁夏盐池县城南环路东顺工业园区，总投资约1亿元，公司现有员工200余人，大专以上从业人员占50%，均从对口院校专业毕业，并经过严格的培训后持证上岗。公司占地面积200亩，建筑面积15 000 m²，生产总占地10 000 m²，年产量达100 t生物碱，是目前全国最大的苦豆子及苦参系列生物碱原料药生产基地。目前公司主要产品有生物碱系列苦参碱、苦参素、苦参总碱、苦豆子总碱及甘草浸膏、甘草流浸膏6个原料药品种，以及通便消痤片、克泻灵片、冠心七味片、八珍益母片、决明降脂片、血尿胶囊、骨刺消痛胶囊、妇月康胶囊、枸橼酸铋钾颗粒、康媛颗粒、盆炎清栓、苦参碱栓、双黄连栓等19个制剂品种，均为国家食品药品监督管理局批准的国药准字号产品，并取得相应剂型

的 GMP 认证证书。

4. 宁夏都顺生物科技股份有限公司

宁夏都顺生物科技股份有限公司是在宁夏原盐池制药厂改制后于 2002 年 10 月重新成立的。宁夏都顺生物科技有限公司是专业从事医药原料中间体、沙生中药材有效成分提取等相关产品研发、生产、销售为一体的科技型企业,现已形成总资产 740 万元,有职工 40 人。公司坚持产学研结合,与区内外的一些大专院校、科研院所建立长期良好的科研协作关系,被评为自治区级农业产业化重点龙头企业、科技型中小企业、专精特新中小企业、自治区"千家成长,百家培育"扶持企业,被盐池县委、县政府授予2014 年度先进企业,并获得本年度本县最高经济奖励。获得科技部"国家科技创新基金",国家发改委、国家经信委专项资金和自治区农牧厅、财政厅、吴忠市政府等部门的资金扶持。

5. 宁夏拓明农业开发有限公司

宁夏拓明农业开发有限公司成立于 2013 年 5 月,公司由上海拓明农业发展有限公司投资设立,注册资金 5 000 万元人民币,位于中国"滩羊之乡""甘草之乡"盐池县青山乡旺四滩村。宁夏拓明农业开发有限公司是盐池县最大的农业项目投资公司,拥有药材生产基地 1.2 万亩,年生产黄芪、甘草 600 t 以上。有中药材生产加工各类机械设备 30 多台套,可满足(耕种、移栽、病虫草害防控、采挖、饮片加工)2 万亩全程机械化生产。现有生产研发人员 20 人,其中,研究生学历 4 人,本科生学历 15 人。有先进的经营理念和严格的管理制度。与上海中医药大学、华东理工大学、广药集团建立了长期稳定的合作关系,是"国家中药材产业技术体系中卫综合试验站试验示范基地"。

近几年来,在中药材机械研发、农机与农艺融合、标准化种植技术、饮片加工工艺等中药材生产管理环节取得了一批重大技术成果,是宁夏中药材生产技术力量最强的团队之一。经过 4 年来的发展,已与广药集团、长沙九芝堂药厂、上药集团等国内大型制药厂建立长期稳定的黄芪供货渠道,与安徽亳州、河北安国东方药城等中药材专业市场的五家贸易商建立了稳定的贸易关系。公司是盐池县最大的农业项目投资公司,也是宁夏农业产业化龙头企业,通过"公司+合作社+农户+基地"的模式,有效带动了当地群众脱贫致富,成为盐池县开展产业扶贫的重点企业,发挥了良好的经济效益和社会效益。公司以打造绿色生态农业为宗旨,提供优质生态产品为目标,严格按照国家中药材质量管理标准规范化生产,主要经营甘草、黄芪等中药材种植、加工、销售。

6. 宁夏罗山中药材科技有限公司

宁夏罗山中药材科技有限公司，成立于 2014 年 7 月，位于吴忠市红寺堡区柳泉乡甜水河村。目前已完成投资 5 600 万元，建成了占地 20 亩的中药材饮片自动化水生产车间和 3 000 亩的中药材种苗繁育与规范化种植基地，是"国家中药材产业技术体系中卫综合试验站试验示范基地"。公司以"诚于心、精于勤、创于品、健于民"为宗旨，着力于实现可持续的健康发展战略。经过 3 年多发展，逐步完善了以"公司+科技+基地+农户"为核心内容的"四加一"推广经营模式，吸收社会劳动力 320 个。

2017 年 7 月与广药集团公司、广州白云山医药集团股份有限公司、广州采芝林药业有限公司签订中药材种植基地挂牌及销售合同。2018 年，公司将实现万亩中药材种植，全面提升企业建设，一是建成 GMP 中药饮片生产车间，实现由粗加工转向精加工转型发展，可直接带动周边合作社及农户攻坚脱贫；二是建成枸杞烘干生产和包装车间。着力打造红寺堡"北药之乡"和"红枸杞"特色产品，实现 3 000 亩枸杞深加工，提高企业产品附加值，解决周边合作社、农户无产品包装问题；三是加强营销网络建设。主要提高公司营销网络覆盖的广度和深度，加快企业信息化平台的改造，提高企业信息化水平，促进公司运营和管理效率的提升。

公司是红寺堡区及周边乡镇中药产业发展、带动农户攻坚脱贫的龙头企业，2017 年被红寺堡区政府评为先进企业，积极响应吴忠市和红寺堡区人民政府加快"发展农业特色"及打造地方"绿色种植"产业，采用现代化的种植技术和加工，诚信购销经营，力促企业健康、稳定、可持续发展提供基础保障。

7. 同心县润源中药材种植专业合作社

同心县润源中药材种植专业合作社，成立于 2015 年，注册资金 28 万元，现有社员 123 人，技术人员 6 人，其中高级农艺师 2 人、农艺师 3 人、助理农艺师 1 人。按照"合作社+基地+成员"的产业化经营模式经营，主要业务范围为旱作优势特色及中药材种植（种苗培育）、收获采挖、收购、销售、新技术新品种引进示范推广、技术培训、信息咨询服务等，是"国家中药材产业技术体系中卫综合试验站试验示范基地"。

目前投资 207 万元，建有办公室 2 间 100 m²，机库 1 个 900 m²，机具棚 1 个 500 m²，中药材产地初加工厂房 1 000 m²，硬化晾晒场 2 000 m²，建培训室 80 m²，配备培训桌椅 50 套，电脑、投影仪及照相机等一套。大型多层并联穿流式烘干技术和设备 1 台套，拥有各类大型农业机械 7 台，各类农机具 24 台，测土配方施肥智能触摸查询系统 1 套。合作社目前建成了农民田间学校一所，在预旺镇南塬村建成了旱作节水高效农业

示范基地和中药材关键技术集成与示范园区。

2015-2017年，先后举办田间科技培训班32期，涉及预旺、马高庄、张家塬3个乡镇14个村1600人次，培训农民技术员406人。2017年，合作社共接待2100人次，解答旱作节水农业技术22项。合作社实现年销售额达到320万元，合作社纯收入80万元。带动合作社社员及周边农民增加收入达到460万元。

(四)中卫市

海原县华山中药材种植专业合作社

海原县华山中药材合作社成立于2010年4月，是"国家中药材产业技术体系中卫综合试验站试验示范基地"。是宁夏第一家实施中药材生产质量管理规范国际标准的企业，合作社实行全程质量追溯体系，并得到桂林公司和德国客户一致好评。2014-2017年每年出口小茴香110 t左右，并出口到德国。在本合作社的带动下，2017年小茴香根皮海原县产值约100 t，价值达200万人民币。2018年合作社继续与桂林公司合作，并在2018年9月下旬接受德方专家的第二次评估并通过测评。

(五)石嘴山市

宁夏仁源药业有限公司

宁夏仁源药业有限公司成立于2013年1月，是石嘴山地区唯一一家专业从事中药材、中药饮片购销业务的药业公司。公司现有职工32人，主要业务是中药饮片的销售和指导老百姓中药材的种植和收购。

2017年，公司销售菟丝子1300 t，接近本地区产量1/3。2018年公司在完成引导和技术指导老百姓种植菟丝子的任务后，要转向引导老百姓走向精种模式，即联合宁夏农林科学院专家自主培育种子优化研究，帮助老百姓提高单产产量和菟丝子质量，以更好领导本地区菟丝子种植，实现打造菟丝子之乡的知名品牌。

第三节　宁夏中药材产业发展中存在的问题

一、中药材种子种苗方面

药材跟大田作物相比，种子种苗繁育及质量控制几乎是一片空白，高质量的种子种苗很难见到。绝大多数药材种子处于半原始自然采集状态，种子只是药材生产的一种副产品。跟大田作物比，药材品种选育几乎没有利润，药材优良品种的选育进展较慢，更没有良种生产基地和严格的制种技术。据调查，目前市场上的中药材种子发芽率多在 60%~70%，有的甚至才 30%~40%，掺杂、掺"陈"的现象十分普遍，很难保证药材种子的质量。药材种子与一般农作物种子相比有很多特殊性，因种类繁多、种子寿命长短不一，有些种子寿命数十年，而有些仅有几十天甚至更短。不同药材种子的播种育苗技术差异很大，有些有特殊要求，而目前药材种子的经营者无这方面技术，使用者也缺乏相关知识。药材种子市场管理与蔬菜、大田农作物种子市场管理相比，仍处于无序状态，基本上是无品牌、无包装、无标准、无检疫、无许可、无来源的"六无"产品，药材种子市场的主体仍是一些药材集散地自然形成的个体种子公司。

（一）种质混杂

一是由于长期忽视优质种子种苗繁育，造成中药材种子种苗普遍存在种源混乱、基源不清、繁育水平低等问题，严重影响了药材地道性。如六盘山地区种植的黄芪存在种质混杂，主要包括直立黄芪、亮白黄芪、金翼黄芪、乳白花黄芪、乌拉特黄芪、拟糙叶黄芪、糙叶黄芪、多序岩黄芪（高杆黄芪）、多花黄芪、小果黄芪等，而《中华人民共和国药典》只收录了膜荚黄芪、蒙古黄芪和红芪三个种。再如种植的柴胡有红柴胡、黑柴胡、藏柴胡，而药典收录的只有柴胡和狭叶柴胡，也称北柴胡、南柴胡。中药材品种混乱，非入药植物充当药材。

（二）种质退化

如黄芪属豆科的异花授粉植物，种间杂交的几率高且变异大、生态类型庞杂、自然繁育能力低。长期以来，繁种过程中不注重提纯保质，致使种性退化，药材根茎性状变劣，这一问题在柴胡、秦艽中也同样存在。再如，菟丝子为宁夏地产大宗优势道地药材，种子入药，种植面积大，种子用量大，由于种植模式以套种为主，种子成熟度不如单种模式，加之农民在种子成熟过程中有不拔除田间杂草的习惯，直接导致了种子饱满度差，杂草种子混入严重，净度差，既影响了药材质量，又影响了种子质量。

（三）种源不清

由于宁夏当地种子不能满足种植需求，种子种苗大多是从甘肃、内蒙古以及区外其他省区调入。这些购进的种苗基本上没有明确的产地来源、基源名称、采收时间等基本产品标识。

（四）市场混乱

由于中药材种子种苗种类繁多，造成了种苗管理的特殊性和专业性不相符合。目前中药材种子种苗呈现无品牌、无包装、无标准、无检疫、无许可、无来源的"六无"状态。

(五)繁种无序

宁夏中药材种植品种多达38种,主要栽培品种不超过10种。中药材种子繁育不外乎野生和人工繁育两个途径:野生种子,种性好,成熟度高,但由于资源分布不均一,机械化采收技术滞后,多采用人工采收,而人工采收由于劳动力成本高,采收效率低,因此,总产量不高;人工种子,由于育种繁育技术研究起步晚,技术水平低,加之缺乏规范化管理,育、繁、推体系不健全。因此,中药材种子的繁育基本上是处于无序粗放的状态,进而造成了中药材种子质量差、供应无序,要么过剩、要么短缺。

二、中药材种植方面

中药产业包括中药材的种植、采收、加工炮制、运输、销售等诸多环节。中药材种植产业处于中药产业链的最前端,中药材种植直接决定了其他环节成功与否,不仅直接影响着中药临床效果,而且决定了中药材产业发展的好坏。

(一)盲目引种,伪品当药材

历史上,我国中医药使用的多是野生中药材,中药材大量种植始于近代。引种驯化是把外地药用物种以及本地的药用野生种引到本地栽培。但是,不顾中药材的区域特性盲目引种,就会发生水土不服,影响产量、质量和疗效。有些中药材生长适应性强,分布也较为广泛,品质差异不大,引种可以保证质量。只有《中华人民共和国药典》收录的,用于临床治疗的药用植物才可以称为药材,中药材一定是药用植物,药用植物不一定是中药材。调查发现,在宁夏隆德有把藏柴胡当柴胡种的,在彭阳、西吉有把万寿菊当药材的,在同心有把文冠果当木瓜,把油用牡丹当药用牡丹种的。

(二)缺乏全面规划和市场预测,市场抗风险能力不高

中药材种植和其他经济作物种植一样,如果单靠市场调节,会有一定的盲目性。实践中,一方面药材加工企业同中药材种植户没有建立起稳定的合同关系,没有长期稳定的药源基地;另一方面中药材农户被动承担市场风险,收益极不稳定。这不仅直接影响种植的经济效益,而且从长远来说会影响中药饮片、中成药和中药提取物的生产和出口,对中医药产业造成重大冲击,不利于我国中医药产业国际形象的塑造。

(三)种植过程缺乏科学化、规范化管理

实施《中药材生产质量管理规范》是促进中药农业产业化的重要措施。中药材生产本身就是农业结构调整的一部分。发展中药材生产,使之走向产业化,这不仅是制药企业和医疗保健事业的需要,也是广大农民群众脱贫致富的一条途径。我国不少制药企业都在试图进入国际医药主流市场,不少外国制药企业也迫切需要供应标准化的中药

原料。这些都要求中药材的生产必须规范化、规模化，也就是必须按照《中药材生产质量管理规范》生产药材。

中药材种植过程缺乏科学化、规范化管理，将直接影响到药材的质量。GAP种植基地存在很多问题。

1. 规模化、规范化的种植基地数量少

原因在于中药材种植具有特殊要求，如对气候、土壤、倒茬等都有具体要求。中药材大部分是根茎类，根茎类药材80%都具有连作障碍，在种植过程中要求不断换地。这种不断换新地的轮作方式限制了新技术采用，加大了投入和基地建设成本，也造成了连片和机械化困难。

2. 劳动力价高，机械化程度低，增产不增收

据调查中药材基地劳动力成本占基地总成本的1/3~1/2，农村劳动力缺乏及劳动成本过高是中药材种植的一大痛点。中药材种植与农作物相比普遍存在机械化程度低、劳动用工多的特点。2017年一个工要100元上下，有的地方甚至达到150元以上。随着农村劳动力大量转移到城市务工，农村青壮年减少，老年人从事药材种植成为农村的普遍现象，关键性季节、农业"用工荒"成为中药材基地面临的主要问题，如何有效降低劳动力成本是基地能否盈利的关键。

中药材种植机械化是大势所趋，但是中药材多在山区、偏远地区，小规模、分散的种植模式在一定程度上限制了机械化，加之中药材种植的特殊性，配套机械缺乏，使中药材种植机械化程度整体较低。目前多借鉴大田作物的机械或简单改造而成，因而只能在部分种植环节做到局部机械化。

3. 草害严重，绿色防控技术不到位

中药材是小品种，市场上尚无农业部登记的安全的专用除草剂，且中药材种植草害复杂，由于除草剂的选择性很强，中药材基地草害非常严重，防除杂草成为中药材规范化、产业化生产的难题，也是劳动力成本增加的重要原因之一，除草已成为基地发展的瓶颈。宁夏农林科学院总结出了基于秋覆膜种植的甘草、黄芪，机械覆膜铺设滴灌带，精量播种一体化种植技术；其核心一是利用5~7月春夏歇地，在杂草种子没有成熟前耕翻，增加了土壤有机质，有效减少了土壤中杂草种子库数量，使药材田间杂草防除率达到了70%以上；二是秋季播种结合三伏天翻地，可以晒死虫卵、真菌孢子及杂草，减轻病虫草害的发生。

4. 施肥随意性大，科学意识差

中药材施肥须以实现种植有效、治疗有效、使用安全为目标，应依据药材、土壤、灌水条件等方面综合考虑，达到水和肥的高效耦合。调研发现，在中药材种植中主要存在两种情况，一是片面追求高产、高收益，盲目施肥。药材收购过程中往往是以产量计算经济效益，习惯性的思维使药农不太关注质量。在药农看来，只有多施化肥，才能使根茎长得粗壮，果实结得大，药材颜色鲜亮，就能卖上好价钱。因此，种植过程中药农通常会通过大水大肥等措施提高产量，而不是根据药材生长发育特性进行栽培管理。二是过分强调绿色无污染，不施肥不打药。追求绿色无污染对于保障中药材安全性是至关重要的，但不是所有的药材种植中都严禁使用农药、化肥，完全靠自然环境，中药材的原生态种植是基于绿色安全的农业综合技术体系的集成。中药材如果长期不施肥必然会影响到产量和收入，就算轮作土壤里仍有大量前茬作物遗留的肥料，肥料对药材不是猛虎，关键怎么施用，不乱用就行。农药也是一样的道理，在保证质量的前提下需安全合理使用。

5. 药材生长习性与种植立地条件不相适应，种植收益差

地道药材是该药材原物种在其产地的种系与区系的发生发展过程中，长期受着孕育该物种的历史环境条件与人类活动而形成的特殊产物。道地药材对气候、环境有着特殊的要求，如要保证其药用价值，就必须在特定的地区种植，药材的种植须讲究"适地适药"，每一种药材都有与其相适应的立地条件。六盘山区栽培的常用大宗药材有黄芪、党参、黄芩、柴胡、秦艽、大黄、板蓝根等，其中柴胡、秦艽适合于坡耕地仿野生低密度种植，若选择在农地中高密度种植，产量低，种植成本高，效益差。因此，在种植地的选择上应依品种生产习性，坚持"适地适药"原则，黄芪、板蓝根入川，柴胡、秦艽上山，黄芩、大黄可山可川。

三、中药材质量控制方面

（一）GAP 技术可操作性差，规范流于形式，质量难以保证

中药材生产受气候因素和土壤因素等环境条件影响大，产量与质量难稳定。它不同于大田作物，人为调控的力度有限。药材轮作需要不断换地，不同地块种植的药材，每年环境条件差异较大，加上药农质量意识观念淡薄，只关注产量，很难保证药材质量稳定。而中药材 GAP 要求规范化管理，以实现"安全、有效、稳定、可控"为目标，实际操作中在一些基地规范化管理流于形式。

（二）仓储技术落后，设备条件差

药材对仓储条件要求较高，投资大，一般的企业和种植户很难有长期贮存的条件。仓库要求的通风、干燥、避光，农户和小型的基地公司都不具备，同时，防虫、防霉和防鼠也基本做不到。气调等新型仓库因成本高昂在基地使用的可能性不大。经常是一般条件下贮藏半年甚至一年以上，导致药材质量降低或不能作为药材使用，造成经济损失。

（三）药材质量均一性差，优质和优价不相匹配

中药材作为治病救人的特殊商品，保障疗效应放在首位。一旦本末倒置，利益至上，质量则难以保证。当前，中药质量执行的是《中华人民共和国药典》标准，而《中华人民共和国药典》覆盖面广，又面临着执行难的问题，一是标准高到难以企及，导致绝大部分中药检测不合格；二是中药的天然属性，根本不可能达到性状完全一致；三是按标准搞"唯成分论"，导致一些"好药"变"劣药"。同时，中药材质量均一性差，质量分级标准科学性不强，优质优价机制不完善，药农提高品质的重视程度差，企业缺乏原动力。

（四）质量检测手段高，检测成本高，可操作性差

质量检测和监控是保障中药材质量的最有效手段，但是药农和药材种植企业检测条件有限，检测手段停留在传统的"眼观、手摸、鼻闻、口尝"上。现代药材的检测除了基本检测项目外，还需要有效成分含量、重金属、农药残留、二氧化硫和黄曲霉毒素等检测，这些不仅需要专业技术人员还需要大型仪器，如高效液相、气相色谱、原子吸收等贵重仪器。一般的企业很难具备这些条件，有些企业即使有但专业人员少，一年仅有有限的时间使用，大部分时间闲置。送出外检的成本高昂，每个样品若全检价格需要数千甚至上万元，一些药农或种植企业难以承受。

四、中药材种植结构与布局方面

（一）未能很好地区分药材和农作物、药用植物与药材

中药材的种植有和粮食等大田作物种植相似的一面，但也有区别。中药材是用来防病治病的，在兼顾产量的同时更注重质量。如果生产中只强调提高药材产量，而忽略其质量即有效成分含量，就降低或失去了其药用价值。同时，有一些植物中含有一定量的油用或药用化学成分，但却不直接入药，有些虽然作为民间用药收录到地方中药志，但却没有被《中华人民共和国药典》收录。调查发现，有些市县把色素万寿菊、油用牡丹、文冠果等非《中华人民共和国药典》收录的植物规划为药材，纳入药材产业补贴范围，号召农民种植。

(二)只管生产不管市场

发展中药材标准化种植基地,许多企业是为了满足自身生产加工所需。对于企业希望市场种植规模越大越好,能够降低药材成本;而对于药农或种植企业,则是市场规模越小越好,可以卖个好价。一些基地或盲目跟风或埋头发展生产,不考虑当地的自然条件与品种资源优势,不进行深入的市场调研与前景分析,其结果是品种单一,价贱滞销,企业受损,药农跟着蒙受经济损失。

(三)非道地产区盲目种植

"诸药所生,皆有其界"生态因素对中药材质量具有重要的影响。一些药材基地,盲目引进新、奇品种,这些品种在原产地可能属于道地药材,而一旦离开了它的适宜生长环境,则生长不良、品质下降,如同心县引种丹参,原州区、彭阳县引种当归,盐池县引种独活。

目前,全区人工种植药材品种多达 38 种,达到万亩以上规模的只有甘草、黄芪、银柴胡、菟丝子、小茴香、板蓝根、柴胡、郁李仁等不到 10 个品种,且有些药材种苗稀缺,生长期长,投资巨大,见效较慢。其他品种如黄芩、党参、大黄等虽有一定的规模,但受市场不稳定因素影响,种植面积波动很大,大面积发展仍难以实现,2016 年在同心预旺镇大规模种植板蓝根,遭遇极端干旱,出苗率影响严重,当年几乎绝收。

(四)追求短平快的效益

一般的中药材生长期 2~5 年,见效慢;生长期短的,效益相对较低,因而在一个镇或一个村难以形成种植带动效应,更不会在全县形成单个品种的规模化种植,如原州区、盐池县种植的芍药,中卫市的欧梨(郁李仁)。药农种植中药材都希望种植期限短、效益高的品种,同时又希望不投入或少投入,这就导致药材种植"跟风",追求"短、平、快"效益的恶性循环。如同心县银柴胡这类小宗药材并不是规模越大越好,种的面积越大越容易"药贱伤农"。

一些种植户缺乏对市场的把控能力,又具有投资的谨慎性。一般在初期,药农不会轻易投资种植某一药材品种,一旦身边有获得高利的药材品种出现,就会一窝蜂种植,进而导致药材价格暴跌,步入"一缺就上、一上就多、一多就下、一下就缺"的怪圈。

五、中药材产地初加工和高附加值产品开发方面

中药材产地加工是中药材生产过程的重要环节之一,是承接中药材产地种植与中药材流通的枢纽,是中药材饮片生产的前处理过程。因此如何合理地对产地中药材进行初加工,是发挥中药材产地优质种植、品质道地的关键因素。

不同产地的中药材初加工各不相同，大多数都采用传统工艺加工，具有较强的地域性。在药材产地加工方面，虽然有宁夏明德中药饮片有限公司、同亳中药材科技有限公司、葆易圣药业有限公司、国隆中药材有限公司、西北药材有限公司、利康药业有限公司等10余家饮片加工企业，但仍有一些合作社作坊式生产，成本相对较高，卫生条件和质量得不到可靠保证，且易受到二次污染。

在中药材精深加工方面，宁夏主要有宁夏金太阳药业有限公司，从事甘草单铵盐的二次开发，甘草酸产品主要依赖于区外购买；另外就是盐池都顺生物科技有限公司和紫荆花制药有限公司，主要从事苦豆子和苦豆草提取。中药材原料药的初加工生产多数采用的是非规范化操作经营、药用资源大多以初级原材料进入市场，利用形式较为单调，表现在产品的科技含量和附加值较低，资源优势未能有效转化为产品优势、经济优势和生态优势。

第四节　宁夏中药材产业创新发展策略

为进一步推进中药材产业快速发展，全面落实《中医药法》《中医药发展战略规划纲要（2016—2030年）》《中医药健康服务发展规划（2015—2020年）》《中药材保护和发展规划（2015—2020年）》《中药材产业扶贫行动计划（2017—2020年）》，《自治区党委、人民政府关于推进创新驱动战略的实施意见》《宁夏中药材产业创新发展推进方案》，充分发挥中药材产业优势，凝聚多方力量推进精准扶贫，现提出以下意见。

一、指导思想

认真贯彻落实中共中央总书记习近平关于"推进中医药产业化、现代化的指示精神"、宁夏第十二次党代会精神、宁夏中药材产业指导组《宁夏中药材产业创新发展推动实施方案》，坚持"有序、有效、安全"发展目标，提高科技有效供给，加大科技成果的推广力度，推进中药材产地道地化、种源良种化、种植生态化、生产机械化、产业信息化、产品品牌化、发展集约化、管理法制化。同时，积极推动建立中药材"优质优价"相关政策和机制，实现优质中药材产业的可持续发展，以创新驱动中药材产业现代化。

二、发展目标

建设1个中药材产业开发协同创新中心、2个药用植物园、8个规范化生产科技示范基地、3个中药材产业工程技术研究中心、4个中药材产业园区，突破产业发展关键技术,发展一批标准化产地加工企业,实现中药材生产 GAP 备案管理全覆盖,构建绿色优质药材质量控制体系,形成布局合理、功能互补、配套协作、融合发展的产业格局。

实现中药产值实现 20 亿元以上,其中中药种植业产值达到 14 亿元,占比达 70%,中药加工业产值达到 6 亿元,占比达 30%以上。

(1)扶持一批中药材生产销售龙头企业,其中收入 1 000 万元以上 1~3 家、500 万以上 3~5 家、100 万以上 5~10 家、30 万~100 万元中药材合作社 30~50 家。

(2)全区中药材面积稳定在 100 万亩,其中种植面积 70 万亩、林药间作面积 30 万亩,建成标准化生产示范基地 30 万亩,建设 5 万亩优良种子种苗繁育基地。

(3)改造提升仓储物流水平,中药材静态仓储能力达到 5 万吨以上。

(4)打造盐池甘草、同心银柴胡、海原小茴香以及六盘山黄芪、柴胡、秦艽等大宗优势品牌中药材,争取 2~3 个单品种药材年销售收入达 0.5 亿~1 亿元,进入全国中药基地共建联盟名单,确立全国重要的中药现代化基地,将宁夏打造成我国的“西部药谷”。

三、重点任务

根据宁夏中药资源分布及产业布局特点,提高科技有效供给,以创新驱动中药农业现代化。

(一)加强创新驱动平台建设,推进中药产业现代化

着力推进《宁夏中药材产业创新发展推进方案》,加强中药材产业创新平台建设工程,成立“宁夏中药材产业开发协同创新中心”,围绕中药材种子种苗繁育、水肥调控与机械化高效栽培、病虫草害防控、采收与产地初加工、质量监测与保障、产品开发与综合利用等中药材全产业链关键技术环节,充分发掘中药材产业技术服务专家组人才资源潜力,开展联合攻关,破解产业瓶颈,以促进宁夏中药材产业做大做强。

(二)优化种植布局,推进中药材产地道地化

加强规划引导,加快出台《宁夏道地药材生产基地建设规划》,在中医药理论的指导下,优化宁夏中药材生产布局,重视《中华人民共和国药典》收录药材及其产区的道地性,坚持适地适药,限制中药材盲目引种,做到有计划生产。重点加强 8 个优势地道药材规范化种植基地的建设和优化升级。

1. 以盐池县、红寺堡区、同心县(下马关镇)扬黄灌溉区为核心区域,优化升级甘草规范化种植基地。

2. 以同心县为核心区域,优化升级银柴胡规范化种植基地。

3. 以海原县为核心区域,优化升级小茴香规范化种植基地。

4. 以平罗、惠农、贺兰、兴庆区为核心区域,优化升级菟丝子规范化种植基地。

5. 以隆德县、彭阳县为核心区域,优化升级六盘山黄芪,党参,黄芩种子、种苗规范化繁育基地。

6. 以彭阳县、隆德县、西吉县移民迁出区和退耕还林地为核心区域,优化升级六盘山柴胡、秦艽、黄芩等地方优势道地药材原生态种植基地。

7. 以彭阳县为核心区域,优化升级苦杏仁、桃仁规范化生产加工基地。

8. 以固原市为核心区域,优化升级六盘山黄芪、党参、红花、板蓝根、芍药、金莲花等地方优势道地药材绿色规范化种植基地。

(三)加快种子种苗基地建设,推进中药材种源良种化

保护中药材种质资源,加大中药材良种选育、提纯复壮、生产和推广。支持中药材种子种苗生产企业、专业合作社、种植大户,通过政策引导、资金扶持,建成相对集中连片的甘草、黄芪、银柴胡、菟丝子、小茴香、党参、柴胡、秦艽、黄芩、板蓝根、金莲花等优势道地药材种子种苗繁育基地,提高中药材生产良种覆盖率,逐步解决中药材生产上种源混乱问题,从源头上保障优质中药材生产。

(四)强化GAP规范化生产管理,推进中药材种植生态化

发展"拟境栽培""人种天养"与现代农业规范化种植相结合的生态种植,大力推广中药生态种植模式和秋季覆膜、双膜覆盖、节水抗旱、病虫草害预防控制与应急防除等绿色高效生产技术,加大有机肥使用力度,大幅降低化肥施用量,严格控制化学农药、膨大剂、硫黄等农业投入品使用,不断提升中药材质量。鼓励支持企业实施GAP备案管理,建设从种子、种苗到终端消费的全程追溯平台,建立政府、协会、企业、药农"四位一体"的安全管控平台,推进中药材质量安全监管精准化和智能化。

(五)加大机械化研发投入和政策补贴,推进中药材生产机械化

开展重点中药材甘草、黄芪、板蓝根等全程机械化标准化生产过程关键技术研究与集成示范,建立基于甘草、黄芪等大宗中药材机械种子处理技术、机械覆膜、膜下滴灌铺设、精量播种等精细一体化直播技术、机械浅耕施肥和绿色无污染防除技术和适宜于喷灌、滴灌等的根茎类中药材机械采挖技术,引进和研制出适宜于沙生中药材农机与农艺措施相融合的栽培技术和实用机械。以代替不断减少的农业劳动力,降低人工成本;并积极引导农业机械合作社、农机生产服务组织发展壮大,为中药材精量播种、中耕除草、水肥一体化、种苗收获、药材采挖、烘干、储藏、运输提供方便高效的机械化服务。

(六)一、二、三产业融合发展，多种形式适度规模经营，推进中药材发展集约化

发展多种形式适度规模经营，构建农户分享全产业链利益保障机制。推广中药材大品种发展模式，由优势企业和优势科研团队联合攻关打通从资源保障、产品研发、科学应用到流通营销的全产业链发展环节。支持龙头企业通过土地流转、土地入股、股份合作、订单生产、共建基地等方式，带动合作社、家庭农场、种植大户和药农，创建技术优、种苗优、管理优、药材优、价格优的"五优"药材生产基地，依赖龙头企业带动中药材大品种的发展，推动中药材全产业链资源发展和资源整合优化，实现一、二、三产业融合发展，做大做强地方优势特色产品，助力区域经济发展。

(七)加强质量溯源管理和市场体系建设，推进中药材产业信息化

积极参与构建全国统一权威的中药材生产供给和市场需求信息数据系统，推进供求对接、质量溯源、产业调控等方面的信息化管理。建设从种子、种苗到终端消费的全程追溯平台，建立政府、协会、企业、药农"四位一体"的安全管控平台，数据互通共识、互联互通、在线管理，推进中药材质量安全监管精准化和智能化，实现"来源可知、去向可追、质量可查、责任可究"，优先考虑支持1~3个大宗地产品种建立质量追溯系统运行平台，着力提升中药材生产质量。同时，加快培育现代化中药材市场体系，降低中药材交易和市场流通成本，充分运用互联网、物联网、区块链和人工智能等新技术，打造现代化中药材电子交易市场。培育一批物流企业，加大仓储能力，培育药材交易市场，提高应对市场变化和抗风险能力。

(八)加强资源的保护与开发，推进中药材开发多样化

六盘山、罗山、盐州草原是宁夏的天然药库，膜荚黄芪、盘贝、桃儿七、七叶一枝花等名贵中药材物种接近濒危。我国乌拉尔甘草的核心分布区——甘草之乡盐池县野生甘草种质资源已经严重枯竭，连续数年没有甘草种子产出。加强野生中药材资源的保护与修复，是十分必要的，依托"六盘山药用植物园"，"盐池沙旱生药用植物资源保存圃"，建立濒危沙生药用植物种子库、试管苗种质库、基因库，研究宁夏中部干旱带沙地野生濒危种质资源数量、快繁技术、人工栽培抗旱移栽性状表现及育种遗传规律等，为种质资源品种改良、新品种培育及遗传工程研究提供优质、丰富的种质材料保障。

拓展中药农业的深度和广度，加强中药材及副产品的综合利用，如地下药用部位的中药材，其地上部位可用于开发代用茶、中兽药、特定化合物的提取物等，或在中药材种植基地开发生态旅游、药膳、科普、康养体验等，提高中药农业综合收入。

(九)加强品牌培育工程建设,推进中药材产品品牌化

建立大品种、大品牌培育机制,从规范化栽培、质量标准提升、产地质量追溯、市场营销等方面加大扶持力度,定向培育市场需求量大的特色优势产品,实施"一品一策",支持盐池、隆德、同心、海原等产业大县申报大宗药材地理标志产品,打造"西部药谷"网络平台,耦合成都天地网等区内外中药材物联网、电子商务等综合信息服务平台,宣传推介优质中药材生产基地和企业品牌,培育一批新型中药材营销企业和合作组织,支持盐池、隆德、同心、海原、彭阳等产业大县坚定不移的打造"甘草之乡""黄芪之乡""银柴胡之乡""小茴香之乡""菟丝子之乡",并申报大宗药材地理标志产品认证和驰名药材商标。着力提升宁夏优势特色药材品牌影响力。

(十)加强规范化生产与执法管理,推进中药材管理制度化

加强中药种子、药材及其相关产品流通管理,规范经营秩序,将中药材种子生产、销售及农药使用列入农业执法和市场监督管理,加强中药材 GAP 的落实和备案管理,强化中药材生产投入品管理,健全交易管理和质量管理机制,维护中药材流通秩序,加大力度查处中药材市场中不正当竞争行为,促进中药材"优质优价"相关政策和机制的落实,实现优质中药材产业的可持续发展。

四、保障措施

(一)加强组织领导

把发展中药材产业作为实施自治区"三大战略"的突破口和中南部地区脱贫富民的主导产业。一是理顺管理体制,将中药材产业纳入宁夏产业部门统筹管理,完善协同管理机制,合力抓好中药材产业;二是加强政策扶持,在全面用足、用好自治区推进农业特色优势产业发展 3 个政策文件〔宁政发(2016)27 号〕〔宁农(产)发(2016)1 号〕〔宁财(农)发(2016)233 号〕的基础上,将中药材种植、产地初加工、销售纳入农业产业化政策范围之内。

宁夏政府成立由主席为组长、分管副主席为副组长的全区中药材产业发展工作领导小组,科技、发改、财政、农牧、工信、药监、商务、金融、院所、高校等部门参与,办公室设在科技厅,具体负责全区中药材产业发展的组织协调、督查指导等工作。吴忠市、固原市、盐池县等相关市、县(区)也要成立相对应机构,制定产业发展规划和政策措施,推进辖区内中药材产业发展。

(二)协同推进发展

区、市、县三级政府有关职能部门要各司其职、密切配合,制定配套措施,增强服务

意识,建立区、市级部门之间以及市县之间的三级联动机制,合力推进全区中药材产业发展。科技部门负责制定全区中药材产业发展总体规划;组织开展中药材规范化种植基地优化升级及全产业链关键技术集成攻关,为中药材产业的发展提供技术支撑,发改、农业、工信部门对中药材产业项目给予政策倾斜和资金扶持;财政、税务部门对中药材产业重点发展项目提供财税政策支持;商务部门负责指导中药材产品溯源系统建设;中医药管理局负责开展中药资源保护、开发和合理利用等立项;药品监督管理部门负责中药材相关标准制定、质量监管,规范中药材市场秩序;金融管理部门协调银行业金融机构为中药材小微企业提供信贷资金支持,协同相关部门推进政策性农业保险试点工作。

(三)实施创新驱动

坚决贯彻落实"创新驱动"战略,充分发挥中药材产业在"脱贫富民"和"生态立区"等方面的优势。一要强化药材大县科技服务功能,进一步完善并强化"两组一会"专家指导作用的基础上,重点补齐县乡两级服务体系短板,切实加强县、乡两级技术综合服务站建设,提高服务能力和水平。二要加强高素质专业技术队伍建设,培养、引进高层次专业技术领军人才和核心骨干人才,把握产业发展方向和关键技术;选拔一批学历水平和专业技能符合岗位职责要求的科技特派员进入县乡推广队伍。三要加大农村中药材实用技术人才的培养。

(四)强化工作落实

各部门各市县要把推动中药材产业发展摆在重要位置来抓。自治区中药发展领导小组要切实担负起协调和推动产业转型升级发展的重要职责,认真谋划、深入研究、有针对性地提出有助于全市中医药发展的举措,领导小组办公室要建立健全工作例会制度,指导督促有关部门、单位和县区政府抓好工作任务落实。各级政府和相关部门要根据各自职责范围及时向领导小组办公室报送涉及中医药发展的数据、指标及进展情况,强化工作落实,确保完成各项工作任务。

编写人:李明　刘华　李吉宁　张新慧

表 6-1　2018 年度宁夏全区中药材种植面积、产量、产值调查情况

单位：万亩

品种（县、市、区）	黄芪	党参	板蓝根	柴胡	黄芩	勺药	红花	秦艽	枸杞	郁李仁	菊花	小茴香	银柴胡	甘草	山药	菟丝子	白鲜皮	艾草	山杏	山桃	林下药材	其他药材	合计
隆德县	31 220.0	3 168.0	1 250.0	25 800.0	1 180.0	460.0		14 200.0													40 000.0	2 730.0	120 008.0
彭阳县	7 212.0	985.0	2 545.0	2 920.0	1 514.0	986.0	11 402.0														51 000.0	5 436.0	84 000.0
西吉县	1 700.0	300.0	16 900.0	1 200.0	300.0		8 400.0	600.0										2 000.0			3 600.0		35 000.0
泾源县	700.0	300.0		3 000.0	0.0			0.0													3 000.0		7 000.0
原州区	5 500.0	280.0	11 000.0	300.0	580.0	6 600.0	3 200.0	20.0														2 520.0	30 000.0
中宁县																							0.0
沙坡头										10 000.0	3 000.0												13 000.0
海原	8 400.0	1 600.0	3 600.0	4 300.0			100.0					20 900.0											38 900.0
同心	23 000.0				18 000.0								73 000.0	1 000.0								23 500.0	138 500.0
红寺堡	1 200.0			2 000.0	1 800.0									2 820.0									7 820.0
盐池	1 700.0					1 500.0								1 800.0								5 500.0	10 500.0
银川市（含3区2县）															3 000.0	40 000.0						5 000.0	48 000.0
平罗																120 000.0							120 000.0
惠农															2 000.0	30 000.0							32 000.0
大武口区																5 000.0							5 000.0
利通区																							0.0
青铜峡																							0.0
合计	80 632.0	6 633.0	35 295.0	39 520.0	23 374.0	9 546.0	23 102.0	14 820.0	0.0	10 000.0	3 000.0	20 900.0	73 000.0	5 620.0	5 000.0	195 000.0	0.0	2 000.0	0.0	0.0	97 600.0	44 686.0	689 728.0
单产（kg/亩）	235.0	160.0	185.0	35.0	115.0	140.0	28.0	110.0	0.0	85.0	35.0	130.0	200.0	280.0	410.0	75.0	0.0	320.0	0.0	0.0	60.0	170.0	
总产量（吨）	18 948.5	1 061.3	6 529.6	1 383.2	2 688.0	1 336.4	646.9	1 630.2	0.0	850.0	105.0	2 717.0	14 600.0	1 573.6	2 050.0	14 625.0	0.0	640.0	0.0	0.0	5 856.0	7 596.6	84 837.3
单价（元/kg）	12.0	41.0	6.5	38.0	13.0	14.0	120.0	53.0	0.0	15.0	50.0	8.0	20.0	15.0	12.0	20.0	0.0	3.0	0.0	0.0	45.0	8.0	
总产值（万元）	22 738.2	4 351.2	4 244.2	5 256.1	3 494.4	1 871.0	7 762.3	8 640.1	0.0	1 275.0	525.0	2 173.6	29 200.0	2 360.4	2 460.0	29 250.0	0.0	192.0	0.0	0.0	26 352.0	6 077.3	158 222.9

备注：（1）中药材品种：枸杞、甘草、银柴胡、麻黄、黄芪、小茴香、黄芩、菟丝子、柴胡、胡芦巴、肉苁蓉、秦艽、大黄、板蓝根、秦艽、苦杏仁、当归、苦杏仁、牛蒡子、铁棒锤、金莲花、芍药、菊花、独活、射干、酸枣、山药、草红花、木香、防风、地黄、白芷、桔梗、甘遂、莱菔子、沙苑子、苦参、苦参、艾草等38种。
（2）本统计表不包括枸杞药材。